# PROBLEMAS Y
# EJERCICIOS DE
# ANALISIS MATEMATICO

G. BARANENKOV
B. DEMIDOVICH
V. EFIMENKO
S. KOGAN
G. LUNTS
E. PORSHNEVA
E. SICHOVA
S. FROLOV
R. SHOSTAK
A. YANPOLSKI

# PROBLEMAS Y EJERCICIOS DE ANALISIS MATEMATICO

Revisado por el
**Prof. B. DEMIDOVICH**

PARANINFO

UNDECIMA EDICION

# Paraninfo

**Problemas y ejercicios de análisis matemático**

© Demidovich, Baranenkov y Efimenko

**Gerente Editorial Área Universitaria:**
Andrés Otero Reguera

**Editora de Producción:**
Clara M.ª de la Fuente Rojo

**Traducido del ruso por el ingeniero:**
Antonio Molina García

**Traducción revisada por**
Emiliano Aparicio Bernardo
Candidato a Doctor en Ciencias
Físicas-Matemáticas
Catedrático de Matemáticas Superiores
del Instituto Energético de Moscú

**Impresión:**
Liber Digital, S.L.

© "MEZHDUNARODNAJA
KNIGA", Moscú (URSS)
© de la edición española Editorial
Paraninfo, S.A.
Velázquez, 31, 3º dcha. / 28001 Madrid
ESPAÑA
Teléfono: 902 995 240 / Fax: 914 456 218
clientes@paraninfo.es / www.paraninfo.es

© de la traducción española
Editorial Paraninfo, S.A., Madrid (España)
© de la 11ª edición, 3ª impresión,
2015, Ediciones Paraninfo, S.A.

Impreso en España
Printed in Spain

ISBN: 978-84-283-0049-0
Depósito Legal : M-54.418-2008

(13589)

# PROLOGO

El presente libro contiene más de 3.000 problemas y ejercicios de análisis matemático, sistematizados en capítulos (I-X), abarcando todos los conceptos fundamentales que pueden ser de utilidad al alumno que comienza sus estudios universitarios o técnicos. Se ha prestado especial interés a las partes que, por ser más importantes, requieren una mayor práctica (determinación de límites, derivadas, construcción de curvas, integrales indefinidas y definidas, series y ecuaciones diferenciales), incluyéndose por su importancia problemas sobre la teoría de los campos, series de Fourier y cálculo numérico.

La práctica pedagógica demuestra que el número de problemas que se ofrecen no sólo es más que suficiente para cubrir las necesidades de los estudiantes, sino que da también al profesor la posibilidad de hacer una selección variada de los problemas dentro de los límites de cada capítulo, y de elegir los necesarios para las clases prácticas.

Al principio de cada capítulo se da una breve introducción teórica y las definiciones y fórmulas más importantes correspondientes. Al mismo tiempo se ofrecen ejemplos de resolución de los problemas más característicos. Con ello se facilita a los estudiantes la posibilidad de usar este libro individualmente.

Se dan las soluciones de todos los problemas de cálculo. En aquellos que figura un asterisco (*) o dos (**) se incluyen breves indicaciones para su resolución. En diversos problemas se facilitan figuras para hacerlos más comprensibles.

Este libro de problemas, resultado de largos años de enseñanza de la disciplina, por parte de los autores, en los centros de enseñanza técnica de la Unión Soviética, en el cual, además de problemas y ejercicios originales se han recogido numerosos problemas cuyo conocimiento es general, creemos que ha de ser de gran interés para todos los estudiantes hispanoparlantes.

# Capítulo I

# INTRODUCCION AL ANALISIS

## § 1. Concepto de función

1°. **Números reales.** Los números racionales e irracionales se denominan números *reales*. Por *valor absoluto* de un número real $a$ se entiende un número no negativo $|a|$, determinado por las condiciones: $|a| = a$, si $a \geqslant 0$ y $|a| = -a$, si $a < 0$. Para dos números reales cualesquiera $a$ y $b$ se verifica la desigualdad

$$|a+b| \leqslant |a| + |b|.$$

2°. **Definición de la función.** Si a cada uno de los valores \*) que puede tomar una magnitud variable $x$, perteneciente a un determinado conjunto $E$, corresponde un valor único, finito y determinado de la magnitud $y$, esta magnitud $y$ recibe el nombre de *función* (uniforme) de $x$, o de *variable dependiente* determinada en el conjunto $E$; $x$ se llama *argumento* o *variable independiente*. El hecho de que $y$ sea función de $x$ se expresa abreviadamente por medio de las notaciones: $y = f(x)$ o $y = F(x)$, etc.

Si a cada uno de los valores que pueda tomar $x$, perteneciente a un determinado conjunto $E$, corresponden uno o varios valores de la magnitud variable $y$, esta magnitud $y$ se llama *función multiforme* de $x$, determinada en el conjunto $E$. En lo sucesivo, con la palabra «función» designaremos únicamente las funciones u n i f o r m e s, siempre que de forma explícita no se prevenga lo contrario.

3°. **Campo de existencia de la función.** El conjunto de valores de $x$, que determinan la función dada, se llama *campo de existencia* o *campo de definición* de la función.

En los casos más elementales, el campo de existencia de las funciones representa: o un *segmento* $[a, b]$, es decir, un conjunto de números reales $x$, que satisfacen a las desigualdades $a \leqslant x \leqslant b$; o un *intervalo* $(a, b)$, es decir, un conjunto de números reales $x$, que satisfacen a las desigualdades $a < x < b$. Pero la estructura del campo de existencia de las funciones puede ser aún más compleja (véase, por ej., el problema 21).

**Ejemplo 1.** Determinar el campo de existencia de la función

$$y = \frac{1}{\sqrt{x^2 - 1}}.$$

**Solución.** La función estará definida si

$$x^2 - 1 > 0,$$

es decir, si $|x| > 1$. De esta forma, el campo de existencia de la función representa un conjunto de dos intervalos: $-\infty < x < -1$ y $1 < x < +\infty$.

---

\*) En adelante, todos los valores de las magnitudes que se examinen se supondrán reales, siempre que de manera explícita no se indique lo contrario.

**4°. Funciones inversas.** Si la ecuación $y = f(x)$ admite solución única respecto a la variable $x$, es decir, si existe una función $x = g(y)$ tal, que $y \equiv f[g(y)]$, la función $x = g(y)$, o siguiendo las notaciones usuales $y = g(x)$, se llama *inversa* con relación a $y = f(x)$. Es evidente que $g[f(x)] \equiv x$, es decir, que las funciones $f(x)$ y $g(x)$ son *recíprocamente inversas*.

En el caso general, la ecuación $y = f(x)$ determinará una función multiforme inversa $x = f^{-1}(y)$ tal, que $y \equiv f(f^{-1}(y))$ para todas las $y$, que sean valores de la función $f(x)$.

Ejemplo 2. Determinar la inversa de la función

$$y = 1 - 2^{-x}. \tag{1}$$

Solución. Resolviendo la ecuación (1) respecto a $x$, tendremos:

$$2^{-x} = 1 - y$$

y

$$x = -\frac{\lg(1-y)\ *)}{\lg 2} \tag{2}$$

Es evidente que el campo de definición de la función (2) será: $-\infty < y < 1$.

**5°. Funciones compuestas e implícitas.** La función $y$ de $x$, dada por una cadena de igualdades $y = f(u)$, donde $u = \varphi(x)$, etc., se llama *compuesta* o *función de función*.

La función dada por una ecuación que no está resuelta con respecto a la variable dependiente, recibe el nombre de *implícita*. Por ejemplo, la ecuación $x^3 + y^3 = 1$ determina a $y$ como función implícita de $x$.

**6°. Representación gráfica de las funciones.** El conjunto de puntos $(x, y)$ de un plano $XOY$, cuyas coordenadas estén relacionadas entre sí por la ecuación $y = f(x)$, se denomina *gráfica* de dicha función.

**1\*\*.** Demostrar, que si $a$ y $b$ son números reales

$$\big|\,|a| - |b|\,\big| \leqslant |a - b| \leqslant |a| + |b|.$$

**2.** Demostrar las siguientes igualdades:

a) $|ab| = |a| \cdot |b|$;  c) $\left|\dfrac{a}{b}\right| = \dfrac{|a|}{|b|}$ $(b \neq 0)$;

b) $|a|^2 = a^2$;  d) $\sqrt{a^2} = |a|$.

**3.** Resolver las inecuaciones:

a) $|x - 1| < 3$;  c) $|2x + 1| < 1$;

b) $|x + 1| > 2$;  d) $|x - 1| < |x + 1|$.

**4.** Hallar $f(-1)$, $f(0)$, $f(1)$, $f(2)$, $f(3)$ y $f(4)$, si $f(x) = x^3 - 6x^2 + 11x - 6$.

**5.** Hallar $f(0)$, $f\left(-\dfrac{3}{4}\right)$, $f(-x)$, $f\left(\dfrac{1}{x}\right)$, $\dfrac{1}{f(x)}$, si $f(x) = \sqrt{1 + x^2}$.

---

\*) $\lg x = \log_{10} x$, como siempre, designa el logaritmo decimal del número $x$.

**6.** Sea $f(x) = \text{arc cos}\,(\lg x)$. Hallar $f\left(\frac{1}{10}\right)$, $f(1)$ y $f(10)$.

**7.** La función $f(x)$ es lineal. Hallar dicha función, si $f(-1)=2$ y $f(2)=-3$.

**8.** Hallar la función entera y racional de segundo grado $f(x)$, si $f(0)=1$, $f(1)=0$ y $f(3)=5$.

**9.** Se sabe que, $f(4)=-2$ y $f(5)=6$. Hallar el valor aproximado de $f(4,3)$, considerando que la función $f(x)$, en el segmento $4 \leqslant x \leqslant 5$, es lineal (*interpolación lineal de funciones*).

**10.** Escribir una sola fórmula que exprese la función

$$f(x) = \begin{cases} 0, \text{ si } x \leqslant 0, \\ x, \text{ si } x > 0, \end{cases}$$

empleando el signo de valor absoluto.

Determinar el campo de existencia de las siguientes funciones:

**11.** a) $y = \sqrt{x+1}$;    b) $y = \sqrt[3]{x+1}$.

**12.**    $y = \frac{1}{4-x^2}$ .

**13.** a) $y = \sqrt{x^2-2}$;    b) $y = x\sqrt{x^2-2}$.

**14\*\*.**   $y = \sqrt{2+x-x^2}$.

**15.**    $y = \sqrt{-x} + \frac{1}{\sqrt{2+x}}$ .

**16.**    $y = \sqrt{x-x^3}$.

**17.**    $y = \lg \frac{2+x}{2-x}$ .

**18.**    $y = \lg \frac{x^2-3x+2}{x+1}$ .

**19.**    $y = \text{arc cos}\,\frac{2x}{1+x}$ .

**20.**    $y = \text{arc sen}\left(\lg \frac{x}{10}\right)$ .

**21.**    $y = \sqrt{\text{sen}\,2x}$.

**22.**    Sea $f(x) = 2x^4 - 3x^3 - 5x^2 + 6x - 10$. Hallar

$$\varphi(x) = \frac{1}{2}[f(x)+f(-x)] \text{ y } \psi(x) = \frac{1}{2}[f(x)-f(-x)].$$

**23.** La función $f(x)$, determinada en el campo simétrico $-l < x < l$, se denomina *par*, si $f(-x)=f(x)$, e *impar*, si $f(-x)=-f(x)$.

9

Determinar, cuáles de las siguientes funciones son pares y cuáles impares:

a) $f(x) = \frac{1}{2}(a^x + a^{-x})$;

b) $f(x) = \sqrt{1 + x + x^2} - \sqrt{1 - x + x^2}$;

c) $f(x) = \sqrt[3]{(x+1)^2} + \sqrt{(x-1)^2}$;

d) $f(x) = \lg \frac{1+x}{1-x}$ ;

e) $f(x) = \lg(x + \sqrt{1 + x^2})$.

**24\***. Demostrar que cualquier función $f(x)$, determinada en el intervalo $-l < x < l$, puede representarse como la suma de una función par y otra impar.

**25.** Demostrar que el producto de dos funciones pares o de dos impares es una función par, mientras que el producto de una función par por otra impar es una función impar.

**26.** La función $f(x)$ se llama *periódica*, si existe un número positivo $T$ (*período de la función*) tal, que $f(x + T) \equiv f(x)$ para todos los valores de $x$ pertenecientes al campo de existencia de la función $f(x)$.

Determinar cuáles de las funciones que se enumeran a continuación son periódicas y hallar el período mínimo $T$ de las mismas:

a) $f(x) = 10 \operatorname{sen} 3x$;

b) $f(x) = a \operatorname{sen} \lambda x + b \cos \lambda x$;

c) $f(x) = \sqrt{\operatorname{tg} x}$;

d) $f(x) = \operatorname{sen}^2 x$;

e) $f(x) = \operatorname{sen}(\sqrt{x})$.

**27.** Expresar la longitud del segmento $y = MN$ y el área $S$ de la figura $AMN$ como función de $x = AM$ (fig. 1). Construir las gráficas de estas funciones.

**28.** Las densidades lineales (es decir, la masa de una unidad de longitud) de una barra $AB = l$ (fig. 2) en sus porciones $AC = l_1$, $CD = l_2$ y $DB = l_3 (l_1 + l_2 + l_3 = l)$ son respectivamente iguales a $q_1$, $q_2$ y $q_3$. Expresar la masa $m$ de una porción variable $AM = x$ de esta misma barra, como función de $x$. Construir la gráfica de esta función.

**29.** Hallar $\varphi[\psi(x)]$ y $\psi[\varphi(x)]$, si $\varphi(x) = x^2$ y $\psi(x) = 2^x$.

**30.** Hallar $f\{f[f(x)]\}$, si $f(x) = \frac{1}{1-x}$ .

**31.** Hallar $f(x+1)$, si $f(x-1)=x^2$.

**32.** Sea $f(n)$ la suma de $n$ miembros de una progresión aritmética.

Demostrar que:

$$f(n+3)-3f(n+2)+3f(n+1)-f(n)=0.$$

**33.** Demostrar que, si

$$f(x)=kx+b$$

y los números $x_1$, $x_2$ y $x_3$ constituyen una progresión aritmética, también formarán una progresión aritmética los números $f(x_1)$, $f(x_2)$ y $f(x_3)$.

**34.** Demostrar que, si $f(x)$ es una función exponencial, es decir, $f(x)=a^x \, (a>0)$, y los números $x_1$, $x_2$ y $x_3$ constituyen una

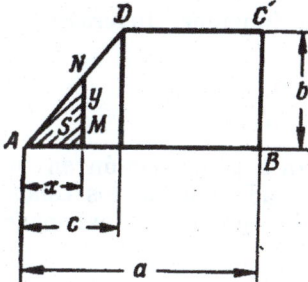

F i g. 1

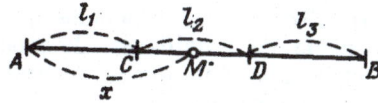

F i g. 2

progresión aritmética, los números $f(x_1)$, $f(x_2)$ y $f(x_3)$ forman una progresión geométrica.

**35.** Sea

$$f(x)=\lg\frac{1+x}{1-x}.$$

Demostrar, que:

$$f(x)+f(y)=f\left(\frac{x+y}{1+xy}\right).$$

**36.** Sea $\varphi(x)=\frac{1}{2}(a^x+a^{-x})$ y $\psi(x)=\frac{1}{2}(a^x-a^{-x})$. Demostrar que:

$$\varphi(x+y)=\varphi(x)\varphi(y)+\psi(x)\psi(y)$$

y

$$\psi(x+y)=\varphi(x)\psi(y)+\varphi(y)\psi(x).$$

**37.** Hallar $f(-1)$, $f(0)$ y $f(1)$, si

$$f(x)=\begin{cases} \operatorname{arc\ sen} x, & \text{para } -1\leqslant x\leqslant 0, \\ \operatorname{arc\ tg} x, & \text{para } 0<x<+\infty. \end{cases}$$

**38.** Determinar las raíces (ceros) y los campos de valores positivos y de valores negativos de la función $y$, si

a) $y = 1 + x$;

d) $y = x^3 - 3x$;

b) $y = 2 + x - x^2$;

e) $y = \lg \dfrac{2x}{1+x}$.

c) $y = 1 - x + x^2$;

**39.** Hallar la función inversa de la $y$, si.

a) $y = 2x + 3$;

d) $y = \lg \dfrac{x}{2}$;

b) $y = x^2 - 1$;

e) $y = \operatorname{arc} \operatorname{tg} 3x$.

c) $y = \sqrt[3]{1 - x^3}$;

¿En qué campos estarán definidas estas funciones inversas?

**40.** Hallar la función inversa de

$$y = \begin{cases} x, & \text{si } x \leqslant 0, \\ x^2, & \text{si } x > 0. \end{cases}$$

**41.** Escribir las funciones que se dan a continuación en forma de cadena de igualdades, de modo que cada uno de los eslabones contenga una función elemental simple (potencial, exponencial, trigonométrica, etc.):

a) $y = (2x - 5)^{10}$;

c) $y = \lg \operatorname{tg} \dfrac{x}{2}$;

b) $y = 2^{\cos x}$;

d) $y = \operatorname{arc} \operatorname{sen} (3^{-x^2})$.

**42.** Escribir en forma de una igualdad las siguientes funciones compuestas, dadas mediante una cadena de igualdades:

a) $y = u^2$, $u = \operatorname{sen} x$;

b) $y = \operatorname{arc} \operatorname{tg} u$, $u = \sqrt{v}$, $v = \lg x$;

c) $y = \begin{cases} 2u, & \text{si } u \leqslant 0, \\ 0, & \text{si } u > 0; \end{cases}$

$u = x^2 - 1$.

**43.** Escribir en forma explícita las funciones $y$ dadas por las ecuaciones:

a) $x^2 - \operatorname{arc} \cos y = \pi$;

b) $10^x + 10^y = 10$;

c) $x + |y| = 2y$.

Hallar los campos de definición de las funciones implícitas dadas.

## § 2. Representación gráfica de las funciones elementales

La construcción de las gráficas de las funciones $y = f(x)$ se efectúa, en lo fundamental, marcando una red suficientemente nutrida de puntos $M_i(x_i, y_i)$, donde $y_i = f(x_i)$ $(i = 0, 1, 2, \ldots)$, y uniendo después estos últimos entre sí con una línea, cuyo carácter debe tener en cuenta la posición de los puntos intermedios. Para hacer las operaciones se recomienda el empleo de la regla de cálculo.

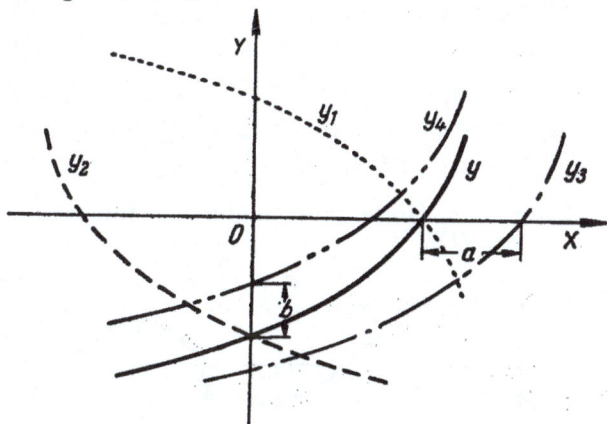

F i g. 3

La construcción de gráficas facilita el estudio de las curvas de las funciones elementales más importantes (véase el apéndice VI). Partiendo de la gráfica

$$y = f(x), \qquad\qquad (\Gamma)$$

con ayuda de construcciones geométricas elementales obtenemos las gráfica de las funciones:

1) $y_1 = -f(x)$, que es la representación simétrica de la gráfica $\Gamma$ respecto al eje $OX$;

2) $y_2 = f(-x)$, que es la representación simétrica de la gráfica $\Gamma$ respecto al eje $OY$;

3) $y_3 = f(x - a)$, que es la misma gráfica $\Gamma$ desplazada a lo largo del eje $OX$ en la magnitud $a$;

4) $y_4 = b + f(x)$, que es la propia gráfica $\Gamma$ desplazada a lo largo del eje $OY$ en la magnitud $b$ (fig. 3).

E j e m p l o. Construir la gráfica de la función

$$y = \operatorname{sen}\left(x - \frac{\pi}{4}\right).$$

S o l u c i ó n. La línea buscada es la sinusoide $y = \operatorname{sen} x$, desplazada a lo largo del eje $OX$, hacia la derecha, en la magnitud $\frac{\pi}{4}$ (fig. 4).

Construir las gráficas de las funciones lineales (*líneas rectas*):

**44.** $y = kx$, si $k = 0, \ 1, \ 2, \ \frac{1}{2}, \ -1, \ -2.$

13

**45.** $y = x + b$, si $b = 0$, 1, 2, $-1$, $-2$.

**46.** $x = 1,5x + 2$.

Construir las gráficas de las siguientes funciones racionales enteras de 2° grado (*parábolas*):

**47.** $y = ax^2$, si $a = 1$, 2, 1/2, $-1$, $-2$, 0.

**48.** $y = x^2 + c$, si $c = 0$, 1, 2, $-1$.

**49.** $y = (x - x_0)^2$, si $x_0 = 0$, 1, 2, $-1$.

**50.** $y = y_0 + (x - 1)^2$, si $y_0 = 0$, 1, 2, $-1$.

**51\*.** $y = ax^2 + bx + c$, si: 1) $a = 1$, $b = -2$, $c = 3$;

2) $a = -2$, $b = 6$, $c = 0$.

**52.** $y = 2 + x - x^2$. Hallar los puntos de intersección de esta parábola con el eje $OX$,

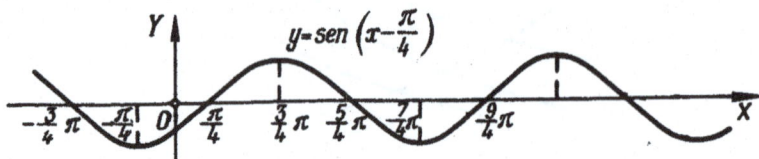

$$y = \operatorname{sen}\left(x - \frac{\pi}{4}\right)$$

F i g. 4

Construir las gráficas de las siguientes funciones racionales enteras de grado superior al segundo:

**53\*.** $y = x^3$ (*parábola cúbica*)

**54.** $y = 2 + (x - 1)^3$.

**55.** $y = x^3 - 3x + 2$.

**56.** $y = x^4$.

**57.** $y = 2x^2 - x^4$.

Construir las gráficas de las funciones homográficas siguientes (*hipérbolas*):

**58\*.** $y = \dfrac{1}{x}$ .

**59.** $y = \dfrac{1}{1 - x}$ .

**60.** $y = \dfrac{x - 2}{x + 2}$ .

**61\*.** $y = y_0 + \dfrac{m}{x - x_0}$, si $x_0 = 1$, $y_0 = -1$, $m = 6$.

**62\*.** $y = \dfrac{2x-3}{3x+2}$ .

Construir las gráficas de las siguientes funciones racionales fraccionarias:

**63.** $y = x + \dfrac{1}{x}$ .

**64.** $y = \dfrac{x^2}{x+1}$ .

**65\*.** $y = \dfrac{1}{x^2}$ .

**66.** $y = \dfrac{1}{x^3}$ .

**67\*.** $y = \dfrac{10}{x^2+1}$ *(curva de Agnesi)*.

**68.** $y = \dfrac{2x}{x^2+1}$ *(serpentina de Newton)*.

**69.** $y = x + \dfrac{1}{x^2}$ .

**70.** $y = x^2 + \dfrac{1}{x}$ *(tridente de Newton)*.

Construir las gráficas de las funciones irracionales siguientes:

**71\*.** $y = \sqrt{x}$ .

**72.** $y = \sqrt[3]{x}$ .

**73\*.** $y = \sqrt[3]{x^2}$ *(parábola de Neil)*.

**74.** $y = \pm\, x\sqrt{x}$ *(parábola semicúbica)*.

**75\*.** $y = \pm\, \dfrac{3}{5}\sqrt{25-x^2}$ *(elipse)*.

**76.** $y = \pm\, \sqrt{x^2-1}$ *(hipérbola)*.

**77.** $y = \dfrac{1}{1-x^2}$ .

**78\*.** $y = \pm\, x\sqrt{\dfrac{x}{4-x}}$ *(cisoide de Diocles)*.

**79.** $y = \pm\, x\sqrt{25-x^2}$ .

Construir las gráficas de las siguientes funciones trigonométricas:

**80\*.** $y = \operatorname{sen} x$ .

**81\*.** $y = \cos x$ .

**82\*.** $y = \operatorname{tg} x$ .

**83\*.** $y = \operatorname{ctg} x$ .

**84\*.** $y = \sec x$ .

**85\*.** $y = \operatorname{cosec} x$ .

86. $y = A \operatorname{sen} x$, si $A = 1$, $10$, $\frac{1}{2}$, $-2$.

87*. $y = \operatorname{sen} nx$, si $n = 1$, $2$, $3$, $\frac{1}{2}$.

88. $y = \operatorname{sen}(x - \varphi)$, si $\varphi = 0$, $\frac{\pi}{2}$, $\frac{3\pi}{2}$, $\pi$, $-\frac{\pi}{4}$.

89*. $y = 5 \operatorname{sen}(2x - 3)$.

90*. $y = a \operatorname{sen} x + b \cos x$, si $a = 6$, $b = -8$.

91. $y = \operatorname{sen} x + \cos x$.

92.* $y = \cos^2 x$.

93*. $y = x + \operatorname{sen} x$.

94*. $y = x \operatorname{sen} x$.

95. $y = \operatorname{tg}^2 x$.

96. $y = 1 - 2 \cos x$.

97. $y = \operatorname{sen} x - \frac{1}{3} \operatorname{sen} 3x$.

98. $y = \cos x + \frac{1}{2} \cos 2x$.

99*. $y = \cos \frac{\pi}{x}$.

100. $y = \pm \sqrt{\operatorname{sen} x}$.

Construir las gráficas de las siguientes funciones exponenciales y logarítmicas:

101. $y = a^x$, si $a = 2$, $\frac{1}{2}$, $e \, (e = 2,718 \ldots)$ *).

102*. $y = \log_a x$, si $a = 10$, $2$, $\frac{1}{2}$, $e$.

103*. $y = \operatorname{sh} x$, donde $\operatorname{sh} x = \frac{1}{2}(e^x - e^{-x})$.

104*. $y = \operatorname{ch} x$, donde $\operatorname{ch} x = \frac{1}{2}(e^x + e^{-x})$.

105*. $y = \operatorname{th} x$, donde $\operatorname{th} x = \frac{\operatorname{sh} x}{\operatorname{ch} x}$.

106. $y = 10^{\frac{1}{x}}$.

107*. $y = e^{-x^2}$ (curva de probabilidades).

108. $y = 2^{-\frac{1}{x^2}}$.

109. $y = \lg x^2$.

110. $y = \lg^2 x$.

111. $y = \lg(\lg x)$.

112. $y = \frac{1}{\lg x}$.

113. $y = \lg \frac{1}{x}$.

114. $y = \lg(-x)$.

115. $y = \log_2(1 + x)$.

116. $y = \lg(\cos x)$.

117. $y = 2^{-x} \operatorname{sen} x$.

---

*) Véase más detalladamente sobre el número $e$ en la pág. 26.

Construir las gráficas de las siguientes funciones trigonométricas inversas:

**118\*.** $y = \text{arc sen } x.$      **122.** $y = \text{arc sen } \dfrac{1}{x}.$

**119\*.** $y = \text{arc cos } x.$      **123.** $y = \text{arc cos } \dfrac{1}{x}.$

**120\*.** $y = \text{arc tg } x.$      **124.** $y = x + \text{arc ctg } x.$

**121\*.** $y = \text{arc ctg } x.$

Construir las gráficas de las siguientes funciones:

**125.** $y = |x|.$

**126.** $y = \dfrac{1}{2}(x + |x|).$

**127.** a) $y = x|x|;$   b) $y = \log_{\sqrt{2}} |x|.$

**128.** a) $y = \text{sen } x + |\text{sen } x|;$   b) $y = \text{sen } x - |\text{sen } x|.$

**129.** $y = \begin{cases} 3 - x^2 \text{ para } |x| \leqslant 1; \\ \dfrac{2}{|x|} \text{ para } |x| > 1. \end{cases}$

**130.** a) $y = [x],$ b) $y = x - [x],$ donde $[x]$ es la parte entera del número $x$, es decir, el mayor número entero, menor o igual a $x$.

Construir las gráficas de las siguientes funciones en el sistema de coordenadas polares $(r, \varphi)$ $(r \geqslant 0)$:

**131.** $r = 1$ *(circunferencia)*.

**132\*.** $r = \dfrac{\varphi}{2}$ *(espiral de Arquímedes)*.

**133\*.** $r = e^\varphi$ *(espiral logarítmica)*.

**134\*.** $r = \dfrac{\pi}{\varphi}$ *(espiral hiperbólica)*.

**135.** $r = 2 \cos \varphi$ *(circunferencia)*.

**136.** $r = \dfrac{1}{\text{sen } \varphi}$ *(línea recta)*.

**137.** $r = \sec^2 \dfrac{\varphi}{2},$ *(parábola)*.

**138\*.** $r = 10 \text{ sen } 3\varphi$ *(rosa de tres pétalos)*.

**139\*.** $r = a(1 + \cos \varphi)$ $(a > 0)$ *(cardioide)*.

**140\*.** $r^2 = a^2 \cos 2\varphi$ $(a > 0)$ *(lemniscata)*.

Construir las gráficas de las siguientes funciones, dadas en forma paramétrica:

**141\*.** $x = t^3$, $y = t^2$ (*parábola semicúbica*).

**142\*.** $x = 10 \cos t$, $y = \operatorname{sen} t$ (*elipse*).

**143\*.** $x = 10 \cos^3 t$, $y = 10 \operatorname{sen}^3 t$ (*astroide*).

**144\*.** $x = a (\cos t + t \operatorname{sen} t)$, $y = a (\operatorname{sen} t - t \cos t)$ (*desarrollo del círculo*).

**145\*.** $x = \dfrac{at}{1+t^3}$, $y = \dfrac{at^2}{1+t^3}$ (*folium de Descartes*).

**146.** $x = \dfrac{a}{\sqrt{1+t^2}}$, $y = \dfrac{at}{\sqrt{1+t^2}}$ (*semicircunferencia*).

**147.** $x = 2^t + 2^{-t}$, $y = 2^t - 2^{-t}$ (*rama de una hipérbola*).

**148.** $x = 2 \cos^2 t$, $y = 2 \operatorname{sen}^2 t$ (*segmento de recta*).

**149.** $x = t - t^2$, $y = t^2 - t^3$.

**150.** $x = a (2 \cos t - \cos 2t)$, $y = a (2 \operatorname{sen} t - \operatorname{sen} 2t)$ (*cardioide*).

Construir las gráficas de las siguientes funciones, dadas en forma implícita:

**151\*.** $x^2 + y^2 = 25$ (*circunferencia*).

**152.** $xy = 12$ (*hipérbola*).

**153\*.** $y^2 = 2x$ (*parábola*).

**154.** $\dfrac{x^2}{100} + \dfrac{y^2}{64} = 1$ (*elipse*).

**155.** $y^2 = x^2 (100 - x^2)$.

**156\*.** $x^{\frac{2}{3}} + y^{\frac{2}{3}} = a^{\frac{2}{3}}$ (*astroide*).

**157\*.** $x + y = 10 \lg y$.

**158\*.** $x^2 = \cos y$.

**159\*.** $\sqrt{x^2 + y^2} = e^{\operatorname{Arctg} \frac{y}{x}}$ (*espiral logarítmica*).

**160\*.** $x^3 + y^3 - 3xy = 0$ (*folium de Descartes*).

**161.** Hallar la fórmula de transición de la escala de Celsio (C) a la de Fahrenheit (F), si se conoce que $0°$ C corresponde a $32°$ F y $100°$ C a $212°$ F.

Construir la gráfica de la función obtenida.

**162.** En un triángulo, cuya base es $b = 10$ y su altura $h = 6$, está inscrito un rectángulo (fig. 5). Expresar la superficie de dicho rectángulo $y$ como función de su base $x$.

Construir la gráfica de esta función y hallar su valor máximo.

**163.** En el triángulo $ACB$, el lado $BC=a$, el $AC=b$ y el ángulo variable $\measuredangle ACB=x$ (fig. 6).

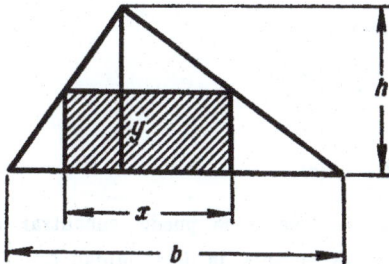

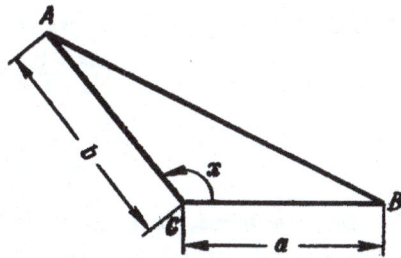

F i g. 5                       F i g. 6

Expresar $y=$ área. $\triangle ABC$ como función de $x$. Construir la gráfica de esta función y hallar su valor máximo.

**164.** Resolver gráficamente las ecuaciones:

a) $2x^2-5x+2=0$;      d) $10^{-x}=x$;

b) $x^3+x-1=0$;        e) $x=1+0{,}5 \operatorname{sen} x$;

c) $\lg x=0{,}1x$;         f) $\operatorname{ctg} x=x$        $(0<x<\pi)$.

**165.** Resolver gráficamente los sistemas de ecuaciones:

a) $xy=10$, $x+y=7$;

b) $xy=6$, $x^2+y^2=13$;

c) $x^2-x+y=4$, $y^2-2x=0$;

d) $x^2+y=10$, $x+y^2=6$;

e) $y=\operatorname{sen} x$, $y=\cos x$      $(0<x<2\pi)$.


## § 3. Límites

**1°. L í m i t e  d e  u n a  s u c e s i ó n.** El número $a$ recibe el nombre de *límite de la sucesión* $x_1$, $x_2$, $\ldots$, $x_n$, $\ldots$:

$$\lim_{n\to\infty} x_n=a,$$

si para cualquier $\varepsilon>0$ existe un número $N=N(\varepsilon)$ tal, que

$$|x_n-a|<\varepsilon \text{ para } n>N.$$

**E j e m p l o  1.** Demostrar que

$$\lim_{n\to\infty}\frac{2n+1}{n+1}=2. \tag{1}$$

Solución. Consideremos la diferencia

$$\frac{2n+1}{n+1} - 2 = -\frac{1}{n+1}.$$

Valorando su magnitud absoluta, tendremos:

$$\left|\frac{2n+1}{n+1} - 2\right| = \frac{1}{n+1} < \varepsilon, \tag{2}$$

si

$$n > \frac{1}{\varepsilon} - 1 = N(\varepsilon).$$

De esta forma, **para** cada número positivo $\varepsilon$ se puede encontrar un número $N = \frac{1}{\varepsilon} - 1$ tal, que para $n > N$ se cumple la desigualdad (2). Por consiguiente, el número 2 es límite de la sucesión $x_n = (2n+1)/(n+1)$, es decir, se verifica la fórmula (1).

2° **Límite de una función.** Se dice que la función $f(x) \to A$ cuando $x \to a$ ($A$ y $a$ son unos números), o que

$$\lim_{x \to a} f(x) = A,$$

si para cualquier $\varepsilon > 0$ existe un número $\delta = \delta(\varepsilon) > 0$ tal, que

$$|f(x) - A| < \varepsilon \text{ para } 0 < |x - a| < \delta.$$

Análogamente

$$\lim_{x \to \infty} f(x) = A,$$

si $|f(x) - A| < \varepsilon$ para $|x| > N(\varepsilon)$.

También se emplea la notación convencional

$$\lim_{x \to a} f(x) = \infty,$$

que indica, que $|f(x)| > E$ para $0 < |x - a| < \delta(E)$, donde $E$ es un número positivo arbitrario.

3° **Límites laterales.** Si $x < a$ y $x \to a$, se escribe convencionalmente $x \to a - 0$; análogamente, si $x > a$ y $x \to a$, se escribirá así: $x \to a + 0$. Los números

$$f(a - 0) = \lim_{x \to a - 0} f(x) \quad \text{y} \quad f(a + 0) = \lim_{x \to a + 0} f(x)$$

se llaman, respectivamente, *límite a la izquierda* de la función $f(x)$ en el punto $a$ y *límite a la derecha* de la función $f(x)$ en el punto $a$ (si es que dichos números existen).

Para que exista el límite de la función $f(x)$ cuando $x \to a$, es necesario y suficiente que se verifique la igualdad

$$f(a - 0) = f(a + 0).$$

Si existen el $\lim_{x \to a} f_1(x)$ y el $\lim_{x \to a} f_2(x)$, tienen lugar los siguientes teoremas:

1) $\lim_{x \to a} [f_1(x) + f_2(x)] = \lim_{x \to a} f_1(x) + \lim_{x \to a} f_2(x);$

2) $\lim\limits_{x \to a} [f_1(x) f_2(x)] = \lim\limits_{x \to a} f_1(x) \cdot \lim\limits_{x \to a} f_2(x)$;

3) $\lim\limits_{x \to a} [f_1(x)/f_2(x)] = \lim\limits_{x \to a} f_1(x)/\lim\limits_{x \to a} f_2(x)$   $(\lim\limits_{x \to a} f_2(x) \neq 0)$.

Los límites siguientes se emplean con frecuencia:

$$\lim_{x \to 0} \frac{\operatorname{sen} x}{x} = 1$$

y

$$\lim_{x \to \infty} \left( 1 + \frac{1}{x} \right)^x = \lim_{\alpha \to 0} (1 + \alpha)^{\frac{1}{\alpha}} = e = 2{,}71828 \ldots$$

Ejemplo 2. Hallar los límites a la derecha y a la izquierda de la función

$$f(x) = \operatorname{arctg} \frac{1}{x}$$

cuando $x \to 0$.

Solución. Tenemos:

$$f(+0) = \lim_{x \to +0} \left( \operatorname{arctg} \frac{1}{x} \right) = \frac{\pi}{2}$$

y

$$f(-0) = \lim_{x \to -0} \left( \operatorname{arctg} \frac{1}{x} \right) = -\frac{\pi}{2}.$$

En este caso, es evidente que no existe límite de la función $f(x)$ cuando $x \to 0$.

**166.** Demostrar que, si $n \to \infty$, el límite de la sucesión

$$1, \ \frac{1}{4}, \ \frac{1}{9}, \ \ldots, \frac{1}{n^2}, \ \ldots$$

es igual a cero. ¿Para qué valores de $n$ se cumple la desigualdad

$$\frac{1}{n^2} < \varepsilon,$$

(siendo $\varepsilon$ un número positivo arbitrario)?

Efectuar el cálculo numérico para: a) $\varepsilon = 0{,}1$; b) $\varepsilon = 0{,}01$; c) $\varepsilon = 0{,}001$.

**167.** Demostrar que el límite de la sucesión

$$x_n = \frac{n}{n+1} \quad (n = 1, \ 2, \ \ldots)$$

cuando $n \to \infty$ es igual a $1$. ¿Para qué valores de $n > N$ se cumple la desigualdad

$$|x_n - 1| < \varepsilon,$$

(siendo $\varepsilon$ un número positivo arbitrario)?

Hallar $N$ para: a) $\varepsilon = 0{,}1$; b) $\varepsilon = 0{,}01$; c) $\varepsilon = 0{,}001$.

**168.** Demostrar que

$$\lim_{x \to 2} x^2 = 4.$$

¿Cómo elegir para el número positivo dado $\varepsilon$ un número positivo $\delta$, de modo que de la desigualdad

$$|x-2|<\delta$$

se deduzca la desigualdad

$$|x^2-4|<\varepsilon?$$

Calcular $\delta$, para: a) $\varepsilon=0,1$; b) $\varepsilon=0,01$; c) $\varepsilon=0,001$.

**169.** Dilucidar el sentido exacto de las notaciones convencionales:

a) $\lim\limits_{x\to+0}\lg x=-\infty$; b) $\lim\limits_{x\to+\infty}2^x=+\infty$; c) $\lim\limits_{x\to\infty}f(x)=\infty$.

**170.** Hallar los límites de las sucesiones:

a) $1,\ -\dfrac{1}{2},\ \dfrac{1}{3},\ -\dfrac{1}{4},\ \ldots,\ \dfrac{(-1)^{n-1}}{n},\ \ldots$;

b) $\dfrac{2}{1},\ \dfrac{4}{3},\ \dfrac{6}{5},\ \ldots,\ \dfrac{2n}{2n-1},\ \ldots$;

c) $\sqrt{2},\ \sqrt{2\sqrt{2}},\ \sqrt{2\sqrt{2\sqrt{2}}},\ \ldots$;

d) $0,2$; $0,23$; $0,233$; $0,2333$; $\ldots$

Hallar los límites:

**171.** $\lim\limits_{n\to\infty}\left(\dfrac{1}{n^2}+\dfrac{2}{n^2}+\dfrac{3}{n^2}+\ldots+\dfrac{n-1}{n^2}\right)$.

**172.** $\lim\limits_{n\to\infty}\dfrac{(n+1)(n+2)(n+3)}{n^3}$.

**173.** $\lim\limits_{n\to\infty}\left[\dfrac{1+3+5+7+\ldots+(2n-1)}{n+1}-\dfrac{2n+1}{2}\right]$.

**174.** $\lim\limits_{n\to\infty}\dfrac{n+(-1)^n}{n-(-1)^n}$.

**175.** $\lim\limits_{n\to\infty}\dfrac{2^{n+1}+3^{n+1}}{2^n+3^n}$.

**176.** $\lim\limits_{n\to\infty}\left(\dfrac{1}{2}+\dfrac{1}{4}+\dfrac{1}{8}+\ldots+\dfrac{1}{2^n}\right)$.

**177.** $\lim\limits_{n\to\infty}\left[1-\dfrac{1}{3}+\dfrac{1}{9}-\dfrac{1}{27}+\ldots+\dfrac{(-1)^{n-1}}{3^{n-1}}\right]$.

**178\*.** $\lim\limits_{n\to\infty}\dfrac{1^2+2^2+3^2+\ldots+n^2}{n^3}$.

**179.** $\lim\limits_{n\to\infty}(\sqrt{n+1}-\sqrt{n})$.

**180.** $\lim\limits_{n\to\infty}\dfrac{n\,\operatorname{sen}n!}{n^2+1}$.

Al buscar el límite de la razón de dos polinomios enteros respecto a $x$, cuando $x \to \infty$, es conveniente dividir previamente los dos términos de la razón por $x^n$, donde $n$ es la mayor potencia de estos polinomios.

En muchos casos puede emplearse un procedimiento análogo, cuando se trata de fracciones que contienen expresiones irracionales.

Ejemplo 1.

$$\lim_{x \to \infty} \frac{(2x-3)(3x+5)(4x-6)}{3x^3+x-1} = \lim_{x \to \infty} \frac{\left(2-\frac{3}{x}\right)\left(3+\frac{5}{x}\right)\left(4-\frac{6}{x}\right)}{3+\frac{1}{x^2}-\frac{1}{x^3}} = \frac{2 \cdot 3 \cdot 4}{3} = 8.$$

Ejemplo 2. $\lim_{x \to \infty} \dfrac{x}{\sqrt[3]{x^3+10}} = \lim_{x \to \infty} \dfrac{1}{\sqrt[3]{1+\frac{10}{x^3}}} = 1.$

181. $\lim_{x \to \infty} \dfrac{(y+1)^2}{x^2+1}$.

182. $\lim_{x \to \infty} \dfrac{1000x}{x^2-1}$.

183. $\lim_{x \to \infty} \dfrac{x^2-5x+1}{3x+7}$.

184. $\lim_{x \to \infty} \dfrac{2x^2-x+3}{x^3-8x+5}$.

185. $\lim_{x \to \infty} \dfrac{(2x+3)^3(3x-2)^2}{x^5+5}$.

186. $\lim_{x \to \infty} \dfrac{2x^2-3x-4}{\sqrt{x^4+1}}$.

187. $\lim_{x \to \infty} \dfrac{2x+3}{x+\sqrt[3]{x}}$.

188. $\lim_{x \to \infty} \dfrac{x^2}{10+x\sqrt{x}}$.

189. $\lim_{x \to \infty} \dfrac{\sqrt[3]{x^2+1}}{x+1}$.

190. $\lim_{x \to +\infty} \dfrac{\sqrt{x}}{\sqrt{x+\sqrt{x+\sqrt{x}}}}$.

Si $P(x)$ y $Q(x)$ son polinomios enteros y $P(a) \neq 0$ o $Q(a) \neq 0$, el límite de la fracción racional

$$\lim_{x \to a} \frac{P(x)}{Q(x)}$$

se halla directamente.

Si $P(a) = Q(a) = 0$, se recomienda simplificar la fracción $\dfrac{P(x)}{Q(x)}$, por el binomio $x-a$, una o varias veces.

Ejemplo 3.

$$\lim_{x \to 2} \frac{x^2-4}{x^2-3x+2} = \lim_{x \to 2} \frac{(x-2)(x+2)}{(x-2)(x-1)} = \lim_{x \to 2} \frac{x+2}{x-1} = 4.$$

191. $\lim_{x \to -1} \dfrac{x^3+1}{x^2+1}$.

192. $\lim_{x \to 5} \dfrac{x^2-5x+10}{x^2-25}$.

193. $\lim_{x \to -1} \dfrac{x^2-1}{x^2+3x+2}$.

194. $\lim_{x \to 2} \dfrac{x^2-2x}{x^2-4x+4}$.

195. $\lim_{x \to 1} \dfrac{x^3-3x+2}{x^4-4x+3}$.

196. $\lim_{x \to a} \dfrac{x^2-(a+1)x+a}{x^3-a^3}$.

197. $\lim_{h \to 0} \dfrac{(x+h)^3-x^3}{h}$.

198. $\lim_{x \to 1} \left(\dfrac{1}{1-x} - \dfrac{3}{1-x^3}\right)$.

Las expresiones irracionales se reducen, en muchos casos, a una forma racional introduciendo una nueva variable.

E j e m p l o 4. Hallar

$$\lim_{x \to 0} \frac{\sqrt{1+x}-1}{\sqrt[3]{1+x}-1}.$$

S o l u c i ó n. Suponiendo

$$1+x=y^6,$$

tenemos:

$$\lim_{x \to 0} \frac{\sqrt{1+x}-1}{\sqrt[3]{1+x}-1} = \lim_{y \to 1} \frac{y^3-1}{y^2-1} = \lim_{y \to 1} \frac{y^2+y+1}{y+1} = \frac{3}{2}.$$

**199.** $\lim\limits_{x \to 1} \dfrac{\sqrt{x}-1}{x-1}$.

**201.** $\lim\limits_{x \to 1} \dfrac{\sqrt[3]{x}-1}{\sqrt[4]{x}-1}$.

**200.** $\lim\limits_{x \to 64} \dfrac{\sqrt{x}-8}{\sqrt[3]{x}-4}$.

**202.** $\lim\limits_{x \to 1} \dfrac{\sqrt[3]{x^2}-2\sqrt[3]{x}+1}{(x-1)^2}$.

Otro procedimiento para hallar el límite de una expresión irracional es el de trasladar la parte irracional del numerador al denominador o, al contrario, del denominador al numerador.

E j e m p l o 5.

$$\lim_{x \to a} \frac{\sqrt{x}-\sqrt{a}}{x-a} = \lim_{x \to a} \frac{x-a}{(x-a)(\sqrt{x}+\sqrt{a})} =$$

$$= \lim_{x \to a} \frac{1}{\sqrt{x}+\sqrt{a}} = \frac{1}{2\sqrt{a}} \qquad (a > 0).$$

**203.** $\lim\limits_{x \to 7} \dfrac{2-\sqrt{x-3}}{x^2-49}$.

**210.** $\lim\limits_{x \to 3} \dfrac{\sqrt{x^2-2x+6}-\sqrt{x^2+2x-6}}{x^2-4x+3}$.

**204.** $\lim\limits_{x \to 8} \dfrac{x-8}{\sqrt[3]{x-2}}$.

**211.** $\lim\limits_{x \to +\infty} (\sqrt{x+a}-\sqrt{x})$.

**205.** $\lim\limits_{x \to 1} \dfrac{\sqrt{x}-1}{\sqrt[3]{x-1}}$.

**212.** $\lim\limits_{x \to +\infty} \left[\sqrt{x(x+a)}-x\right]$.

**206.** $\lim\limits_{x \to 4} \dfrac{3-\sqrt{5+x}}{1-\sqrt{5-x}}$.

**213.** $\lim\limits_{x \to +\infty} (\sqrt{x^2-5x+6}-x)$.

**207.** $\lim\limits_{x \to 0} \dfrac{\sqrt{1+x}-\sqrt{1-x}}{x}$.

**214.** $\lim\limits_{x \to +\infty} x(\sqrt{x^2+1}-x)$.

**208.** $\lim\limits_{h \to 0} \dfrac{\sqrt{x+h}-\sqrt{x}}{h}$.

**215.** $\lim\limits_{x \to \infty} (x+\sqrt[3]{1-x^3})$.

**209.** $\lim\limits_{h \to 0} \dfrac{\sqrt[3]{x+h}-\sqrt[3]{x}}{h}$.

Al hacer el cálculo de los límites, en muchos casos se emplea la fórmula

$$\lim_{x \to 0} \frac{\operatorname{sen} x}{x} = 1$$

y se supone que se sabe que, $\lim\limits_{x \to a} \operatorname{sen} x = \operatorname{sen} a$ y $\lim\limits_{x \to a} \cos x = \cos a$.

E j e m p l o 6. $\lim\limits_{x \to 0} \dfrac{\operatorname{sen} 5x}{x} = \lim\limits_{x \to 0} \left( \dfrac{\operatorname{sen} 5x}{5x} \cdot 5 \right) = 1 \cdot 5 = 5.$

216. a) $\lim\limits_{x \to 2} \dfrac{\operatorname{sen} x}{x}$ ;

    b) $\lim\limits_{x \to \infty} \dfrac{\operatorname{sen} x}{x}$ .

217. $\lim\limits_{x \to 0} \dfrac{\operatorname{sen} 3x}{x}$ .

218. $\lim\limits_{x \to 0} \dfrac{\operatorname{sen} 5x}{\operatorname{sen} 2x}$ .

219. $\lim\limits_{x \to 1} \dfrac{\operatorname{sen} \pi x}{\operatorname{sen} 3\pi x}$ .

220. $\lim\limits_{n \to \infty} \left( n \operatorname{sen} \dfrac{\pi}{n} \right)$ .

221. $\lim\limits_{x \to 0} \dfrac{1 - \cos x}{x^2}$ .

222. $\lim\limits_{x \to a} \dfrac{\operatorname{sen} x - \operatorname{sen} a}{x - a}$ .

223. $\lim\limits_{x \to a} \dfrac{\cos x - \cos a}{x - a}$ .

224. $\lim\limits_{x \to -2} \dfrac{\operatorname{tg} \pi x}{x + 2}$ .

225. $\lim\limits_{h \to 0} \dfrac{\operatorname{sen}(x + h) - \operatorname{sen} x}{h}$ .

226. $\lim\limits_{x \to \frac{\pi}{4}} \dfrac{\operatorname{sen} x - \cos x}{1 - \operatorname{tg} x}$ .

227. a) $\lim\limits_{x \to 0} x \operatorname{sen} \dfrac{1}{x}$ ;

    b) $\lim\limits_{x \to \infty} x \operatorname{sen} \dfrac{1}{x}$ .

228. $\lim\limits_{x \to 1} (1 - x) \operatorname{tg} \dfrac{\pi x}{2}$ .

229. $\lim\limits_{x \to 0} \operatorname{ctg} 2x \operatorname{ctg} \left( \dfrac{\pi}{2} - x \right)$ .

230. $\lim\limits_{x \to \pi} \dfrac{1 - \operatorname{sen} \dfrac{x}{2}}{\pi - x}$ .

231. $\lim\limits_{x \to \frac{\pi}{3}} \dfrac{1 - 2 \cos x}{\pi - 3x}$ .

232. $\lim\limits_{x \to 0} \dfrac{\cos mx - \cos nx}{x^2}$ .

233. $\lim\limits_{x \to 0} \dfrac{\operatorname{tg} x - \operatorname{sen} x}{x^3}$ .

234. $\lim\limits_{x \to 0} \dfrac{\operatorname{arcsen} x}{x}$ .

235. $\lim\limits_{x \to 0} \dfrac{\operatorname{arctg} 2x}{\operatorname{sen} 3x}$ .

236. $\lim\limits_{x \to 1} \dfrac{1 - x^2}{\operatorname{sen} \pi x}$ .

237. $\lim\limits_{x \to 0} \dfrac{x - \operatorname{sen} 2x}{x + \operatorname{sen} 3x}$ .

238. $\lim\limits_{x \to 1} \dfrac{\cos \dfrac{\pi x}{2}}{1 - \sqrt{x}}$ .

239. $\lim\limits_{x \to 0} \dfrac{1 - \sqrt{\cos x}}{x^2}$ .

240. $\lim\limits_{x \to 0} \dfrac{\sqrt{1 + \operatorname{sen} x} - \sqrt{1 - \operatorname{sen} x}}{x}$ .

Al hallar los límites de la forma

$$\lim_{x \to a} [\varphi(x)]^{\psi(x)} = C, \tag{3}$$

debe tenerse en cuenta que:

1) si existen los límites finitos

$$\lim_{x \to a} \varphi(x) = A \quad \text{y} \quad \lim_{x \to a} \psi(x) = B,$$

se tiene que $C = A^B$;

2) si $\lim\limits_{x \to a} \varphi(x) = A \neq 1$ y $\lim\limits_{x \to a} \psi(x) = \pm \infty$, el problema de hallar el límite (3) se resuelve directamente;

3) si $\lim\limits_{x \to a} \varphi(x) = 1$ y $\lim\limits_{x \to a} \psi(x) = \infty$, se supone que $\varphi(x) = 1 + \alpha(x)$, donde $\alpha(x) \to 0$, cuando $x \to a$ y, por consiguiente,

$$C = \lim_{x \to a} \{[1 + \alpha(x)]^{\frac{1}{\alpha(x)}}\}^{\alpha(x)\psi(x)} = e^{\lim\limits_{x \to a} \alpha(x)\psi(x)} = e^{\lim\limits_{x \to a} [\varphi(x) - 1]\psi(x)},$$

siendo $e = 2{,}718 \ldots$ el número de Neper.

E j e m p l o  7. Hallar

$$\lim_{x \to 0} \left( \frac{\operatorname{sen} 2x}{x} \right)^{1+x}$$

S o l u c i ó n. Aquí

$$\lim_{x \to 0} \left( \frac{\operatorname{sen} 2x}{x} \right) = 2 \quad \text{y} \quad \lim_{x \to 0} (1 + x) = 1;$$

por consiguiente,

$$\lim_{x \to 0} \left( \frac{\operatorname{sen} 2x}{x} \right)^{1+x} = 2^1 = 2.$$

E j e m p l o  8. Hallar

$$\lim_{x \to \infty} \left( \frac{x+1}{2x+1} \right)^{x^2}.$$

S o l u c i ó n. Tenemos:

$$\lim_{x \to \infty} \frac{x+1}{2x+1} = \lim_{x \to \infty} \frac{1 + \dfrac{1}{x}}{2 + \dfrac{1}{x}} = \frac{1}{2}$$

y

$$\lim_{x \to \infty} x^2 = +\infty.$$

Por lo cual,

$$\lim_{x \to \infty} \left( \frac{x+1}{2x+1} \right)^{x^2} = 0.$$

E j e m p l o  9. Hallar

$$\lim_{x \to \infty} \left( \frac{x-1}{x+1} \right)^{x}.$$

Solución. Tenemos:

$$\lim_{x\to\infty}\frac{x-1}{x+1}=\lim_{x\to\infty}\frac{1-\dfrac{1}{x}}{1+\dfrac{1}{x}}=1.$$

Haciendo las transformaciones que se indicaron más arriba, obtendremos

$$\lim_{x\to\infty}\left(\frac{x-1}{x+1}\right)^x=\lim_{x\to\infty}\left[1+\left(\frac{x-1}{x+1}-1\right)\right]^x=$$

$$=\lim_{x\to\infty}\left\{\left[1+\left(\frac{-2}{x+1}\right)\right]^{\frac{x+1}{-2}}\right\}^{-\frac{2x}{1+x}}=e^{\lim\limits_{x\to\infty}\frac{-2x}{x+1}}=e^{-2}.$$

En este caso concreto, puede hallarse el límite con más facilidad, sin recurrir al procedimiento general:

$$\lim_{x\to\infty}\left(\frac{x-1}{x+1}\right)^x=\lim_{x\to\infty}\frac{\left(1-\dfrac{1}{x}\right)^x}{\left(1+\dfrac{1}{x}\right)^x}=\frac{\lim\limits_{x\to\infty}\left[\left(1-\dfrac{1}{x}\right)^{-x}\right]^{-1}}{\lim\limits_{x\to\infty}\left(1+\dfrac{1}{x}\right)^x}=\frac{e^{-1}}{e}=e^{-2}.$$

En todo caso, es conveniente recordar que:

$$\lim_{x\to\infty}\left(1+\frac{k}{x}\right)^x=e^k.$$

**241.** $\lim\limits_{x\to0}\left(\dfrac{2+x}{3-x}\right)^x.$

**242.** $\lim\limits_{x\to1}\left(\dfrac{x-1}{x^2-1}\right)^{x+1}.$

**243.** $\lim\limits_{x\to\infty}\left(\dfrac{1}{x^2}\right)^{\frac{2x}{x+1}}.$

**244.** $\lim\limits_{x\to0}\left(\dfrac{x^2-2x+3}{x^2-3x+2}\right)^{\frac{\text{sen }x}{x}}.$

**245.** $\lim\limits_{x\to\infty}\left(\dfrac{x^2+2}{2x^2+1}\right)^{x^2}.$

**246.** $\lim\limits_{n\to\infty}\left(1-\dfrac{1}{n}\right)^n.$

**247.** $\lim\limits_{x\to\infty}\left(1+\dfrac{2}{x}\right)^x.$

**248.** $\lim\limits_{x\to\infty}\left(\dfrac{x}{x+1}\right)^x.$

**249.** $\lim\limits_{x\to\infty}\left(\dfrac{x-1}{x+3}\right)^{x+2}.$

**250.** $\lim\limits_{n\to\infty}\left(1+\dfrac{x}{n}\right)^n.$

**251.** $\lim\limits_{x\to0}(1+\text{sen }x)^{\frac{1}{x}}.$

**252\*\*.** a) $\lim\limits_{x\to0}(\cos x)^{\frac{1}{x}};$

b) $\lim\limits_{x\to0}(\cos x)^{\frac{1}{x^2}}.$

Al calcular los límites que se dan a continuación, es conveniente saber que, si existe y es positivo el $\lim\limits_{x\to a}f(x)$, se tiene:

$$\lim_{x\to a}[\ln f(x)]=\ln[\lim_{x\to a}f(x)].$$

27

Ejemplo 10. Demostrar que

$$\lim_{x \to 0} \frac{\ln(1+x)}{x} = 1. \qquad (*)$$

Solución. Tenemos:

$$\lim_{x \to 0} \frac{\ln(1+x)}{x} = \lim_{x \to 0} [\ln(1+x)^{1/x}] = \ln[\lim_{x \to 0} (1+x)^{1/x}] = \ln e = 1.$$

La fórmula (*) se emplea, frecuentemente, en la resolución de problemas.

**253.** $\lim\limits_{x \to \infty} [\ln(2x+1) - \ln(x+2)]$.

**254.** $\lim\limits_{x \to 0} \dfrac{\lg(1+10x)}{x}$.

**260\*.** $\lim\limits_{n \to \infty} n\left(\sqrt[n]{a}-1\right)$ $(a > 0)$.

**255.** $\lim\limits_{x \to 0} \left(\dfrac{1}{x} \ln \sqrt{\dfrac{1+x}{1-x}}\right)$.

**261.** $\lim\limits_{x \to 0} \dfrac{e^{ax} - e^{bx}}{x}$.

**256.** $\lim\limits_{x \to +\infty} x[\ln(x+1) - \ln x]$.

**262.** $\lim\limits_{x \to 0} \dfrac{1 - e^{-x}}{\operatorname{sen} x}$.

**257.** $\lim\limits_{x \to 0} \dfrac{\ln(\cos x)}{x^2}$.

**263.** a) $\lim\limits_{x \to 0} \dfrac{\operatorname{sh} x}{x}$;

**258\*.** $\lim\limits_{x \to 0} \dfrac{e^x - 1}{x}$.

b) $\lim\limits_{x \to 0} \dfrac{\operatorname{ch} x - 1}{x^2}$.

**259\*.** $\lim\limits_{x \to 0} \dfrac{a^x - 1}{x}$ $(a > 0)$. (Véanse los ejercicios 103 y 104).

Hallar los siguientes límites laterales:

**264.** a) $\lim\limits_{x \to -\infty} \dfrac{x}{\sqrt{x^2+1}}$;

**267.** a) $\lim\limits_{x \to -\infty} \dfrac{\ln(1+e^x)}{x}$;

b) $\lim\limits_{x \to +\infty} \dfrac{x}{\sqrt{x^2+1}}$.

b) $\lim\limits_{x \to +\infty} \dfrac{\ln(1+e^x)}{x}$.

**265.** a) $\lim\limits_{x \to -\infty} \operatorname{th} x$;

**268.** a) $\lim\limits_{x \to -0} \dfrac{|\operatorname{sen} x|}{x}$;

b) $\lim\limits_{x \to +\infty} \operatorname{th} x$,

b) $\lim\limits_{x \to +0} \dfrac{|\operatorname{sen} x|}{x}$.

donde $\operatorname{th} x = \dfrac{e^x - e^{-x}}{e^x + e^{-x}}$.

**269.** a) $\lim\limits_{x \to 1-0} \dfrac{x-1}{|x-1|}$;

**266.** a) $\lim\limits_{x \to -0} \dfrac{1}{1 + e^{\frac{1}{x}}}$;

b) $\lim\limits_{x \to 1+0} \dfrac{x-1}{|x-1|}$.

b) $\lim\limits_{x \to +0} \dfrac{1}{1 + e^{\frac{1}{x}}}$.

**270.** a) $\lim\limits_{x \to 2-0} \dfrac{x}{x-2}$;

b) $\lim\limits_{x \to 2+0} \dfrac{x}{x-2}$.

Construir las gráficas de las funciones:

**271***. $y = \lim\limits_{n \to \infty} (\cos^{2n} x)$.

**272***. $y = \lim\limits_{n \to \infty} \dfrac{x}{1 + x^n}$ $(x \geqslant 0)$.

**273.** $y = \lim\limits_{\alpha \to \infty} \sqrt{x^2 + \alpha^2}$.

**274.** $y = \lim\limits_{n \to \infty} (\operatorname{arctg} nx)$.

**275.** $y = \lim\limits_{n \to \infty} \sqrt[n]{1 + x^n}$ $(x \geqslant 0)$.

**276.** Convertir en ordinaria la siguiente fracción periódica mixta

$$\alpha = 0,13555\ldots,$$

considerándola como el límite de la correspondiente fracción finita.

**277.** ¿Qué ocurrirá con las raíces de la ecuación cuadrada

$$ax^2 + bx + c = 0,$$

si el coeficiente $a$ tiende a cero, y los coeficientes $b$ y $c$ son constantes, siendo $b \neq 0$?

**278.** Hallar el límite del ángulo interno de un polígono regular de $n$ lados si $n \to \infty$.

**279.** Hallar el límite de los perímetros de los polígonos regulares de $n$ lados inscritos en una circunferencia de radio $R$ y de los circunscritos a su alrededor, si $n \to \infty$.

**280.** Hallar el límite de la suma de las longitudes de las ordenadas de la curva

$$y = e^{-x} \cos \pi x,$$

trazadas en los puntos $x = 0, 1, 2, \ldots, n$, si $n \to \infty$.

**281.** Hallar el límite de las áreas de los cuadrados construidos sobre las ordenadas de la curva

$$y = 2^{1-x}$$

como bases, donde $x = 1, 2, 3, \ldots, n$, con la condición de que $n \to \infty$.

**282.** Hallar el límite, cuando $n \to \infty$, del perímetro de la línea quebrada $M_0 M_1 \ldots M_n$, inscrita en la espiral logarítmica

$$r = e^{-\varphi},$$

si los vértices de esta quebrada tienen, respectivamente, los ángulos polares

$$\varphi_0 = 0, \quad \varphi_1 = \frac{\pi}{2}, \quad \ldots, \quad \varphi_n = \frac{n\pi}{2}.$$

**283.** El segmento $AB = a$ (fig. 7) está dividido en $n$ partes iguales. Sobre cada una de ellas, tomándola como base, se ha construido un triángulo isósceles, cuyos ángulos en la base son iguales a $\alpha = 45°$. Demostrar, que el límite del perímetro de la línea quebrada así formada es diferente de la longitud del segmento $AB$, a pesar de que, pasando a límites, la línea quebrada «se confunde geométricamente con el segmento $AB$».

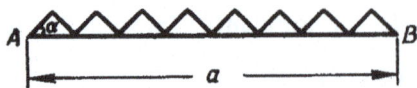
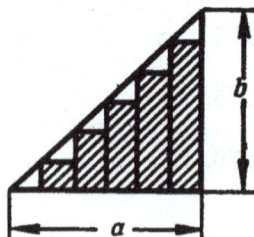

Fig. 7            Fig. 8

**284.** El punto $C_1$ divide al segmento $AB = l$ en dos partes iguales; el punto $C_2$ divide al segmento $AC_1$ en dos partes también iguales; el punto $C_3$ divide, a su vez, al segmento $C_2C_1$ en dos partes iguales; el $C_4$ hace lo propio con el segmento $C_2C_3$ y así sucesivamente. Determinar la posición límite del punto $C_n$, cuando $n \to \infty$.

**285.** Sobre los segmentos obtenidos al dividir el cateto $a$ de un triángulo rectángulo en $n$ partes iguales, se han construido rectángulos inscritos (fig. 8). Determinar el límite del área de la figura escalonada así constituida, si $n \to \infty$.

**286.** Hallar las constantes $k$ y $b$ de la ecuación

$$\lim_{x \to \infty} \left( kx + b - \frac{x^3 + 1}{x^2 + 1} \right) = 0. \tag{1}$$

Esclarecer el sentido geométrico de la igualdad (1).

**287\*.** Un proceso químico se desarrolla de tal forma, que el incremento de la cantidad de substancia en cada intervalo de tiempo $\tau$, de una sucesión infinita de intervalos $(i\tau, (i+1)\tau)$ $(i = 0, 1, 2, \ldots)$, es proporcional a la cantidad de substancia existente al comienzo del intervalo y a la duración de dicho intervalo. Suponiendo que en el momento inicial la cantidad de substancia era $Q_0$, determinar la cantidad $Q_t^{(n)}$ que habrá de la misma después de transcurrir un intervalo de tiempo $t$, si el incremento de la cantidad de substancia se realiza cada eneava parte del intervalo de tiempo

$$\tau = \frac{t}{n}.$$

Hallar $Q_t = \lim_{n \to \infty} Q_t^{(n)}$.

## § 4. Infinitésimos e Infinitos

1°. Infinitésimos. Si

$$\lim_{x \to a} \alpha(x) = 0,$$

es decir, si $|\alpha(x)| < \varepsilon$, cuando $0 < |x-a| < \delta(\varepsilon)$, la función $\alpha(x)$ se llama *infinitésima (infinitamente pequeña)* cuando $x \to a$. Análogamente se determina la función infinitésima (infinitamente pequeña) $\alpha(x)$, cuando $x \to \infty$.

La suma y el producto de un número limitado de infinitésimos, cuando $x \to a$, es también un infinitésimo cuando $x \to a$.

Si $\alpha(x)$ y $\beta(x)$ son infinitésimos cuando $x \to a$ y

$$\lim_{x \to a} \frac{\alpha(x)}{\beta(x)} = C,$$

donde $C$ es un número distinto de cero, las funciones $\alpha(x)$ y $\beta(x)$ reciben el nombre de *infinitésimas de un mismo orden*; si $C = 0$, se dice que la función $\alpha(x)$ es una *infinitésima de orden superior* respecto a $\beta(x)$. La función $\alpha(x)$ se denomina *infinitésima de orden n* respecto a la función $\beta(x)$, si

$$\lim_{x \to a} \frac{\alpha(x)}{[\beta(x)]^n} = C,$$

donde $0 < |C| < +\infty$.

Si

$$\lim_{x \to a} \frac{\alpha(x)}{\beta(x)} = 1,$$

las funciones $\alpha(x)$ y $\beta(x)$ se llaman *equivalentes* cuando $x \to a$:

$$\alpha(x) \sim \beta(x).$$

Por ejemplo, si $x \to 0$ tendremos:

$$\operatorname{sen} x \sim x; \quad \operatorname{tg} x \sim x; \quad \ln(1+x) \sim x,$$

etc.

La suma de dos infinitésimos de orden distinto, equivale al sumando cuyo orden es inferior.

El límite de la razón de dos infinitésimos no se altera, si los términos de la misma se sustituyen por otros cuyos valores respectivos sean equivalentes. De acuerdo con este teorema, al hallar el límite de la fracción

$$\lim_{x \to a} \frac{\alpha(x)}{\beta(x)},$$

donde $\alpha(x) \to 0$ y $\beta(x) \to 0$, cuando $x \to a$, al numerador y denominador de la fracción pueden restársele (o sumársele) infinitésimos de orden superior, elegidos de tal forma, que las cantidades resultantes sean equivalentes a las anteriores.

Ejemplo 1.

$$\lim_{x \to 0} \frac{\sqrt[3]{x^3 + 2x^4}}{\ln(1+2x)} = \lim_{x \to 0} \frac{\sqrt[3]{x^3}}{2x} = \frac{1}{2}.$$

2°. Infinitos. Si para un número cualquiera $N$, tan grande como se desee, existe tal $\delta(N)$, que para $0 < |x-a| < \delta(N)$ se verifica la desigualdad

$$|f(x)| > N,$$

31

la función $f(x)$ recibe el nombre de *infinita* (*infinitamente grande*) cuando $x \to a$.

Análogamente, $f(x)$ se determina como infinita (infinitamente grande) cuando $x \to \infty$. El concepto de infinitos de diversas órdenes se establece de manera semejante a como se hizo para los infinitésimos.

**288.** Demostrar que la función

$$f(x) = \frac{\text{sen } x}{x}$$

es infinitamente pequeña cuando $x \to \infty$. ¿Para qué valores de $x$ se cumple la desigualdad

$$|f(x)| < \varepsilon,$$

si $\varepsilon$ es un número arbitrario?

Hacer los cálculos para: a) $\varepsilon = 0,1$; b) $\varepsilon = 0,01$; c) $\varepsilon = 0,001$.

**289.** Demostrar que la función

$$f(x) = 1 - x^2$$

es infinitamente pequeña cuando $x \to 1$. ¿Para qué valores de $x$ se cumple la desigualdad

$$|f(x)| < \varepsilon,$$

si $\varepsilon$ es un número entero arbitrario? Hacer los cálculos numéricos para:
a) $\varepsilon = 0,1$; b) $\varepsilon = 0,01$; c) $\varepsilon = 0,001$.

**290.** Demostrar que la función

$$f(x) = \frac{1}{x-2}$$

es infinitamente grande cuando $x \to 2$. ¿En qué entornos $|x-2| < \delta$ se verifica la desigualdad

$$|f(x)| > N,$$

si $N$ es un número positivo arbitrario?

Hallar $\delta$, si: a) $N = 10$; b) $N = 100$; c) $N = 1000$.

**291.** Determinar el orden infinitesimal: a) de la superficie de una esfera, y b) del volumen de la misma, si su radio $r$ es un infinitésimo de 1° orden. ¿Cuál será el orden infinitesimal del radio y del volumen respecto al área de esta esfera?

**292.** Sea $\alpha$ el ángulo central de un sector circular $ABO$ (fig. 9), cuyo radio $R$ tiende a cero. Determinar el orden infinitesimal: a) de la cuerda $AB$; b) de la flecha del arco $CD$; c) del área del $\triangle ABD$, respecto al infinitésimo $\alpha$.

**293.** Determinar el orden infinitesimal respecto a $x$, cuando $x \to 0$, de las funciones siguientes:

a) $\dfrac{2x}{1+x}$;          d) $1 - \cos x$;

b) $\sqrt{x + \sqrt{x}}\,$;  e) $\operatorname{tg} x - \operatorname{sen} x$.

c) $\sqrt[3]{x^2} - \sqrt{x^3}$;

**294.** Demostrar que la longitud de un arco infinitésimo de una circunferencia de radio constante, es equivalente a la longitud de la cuerda que tensa.

**295.** ¿Son equivalentes, un segmento infinitésimo y la semicircunferencia infinitésima construida sobre él, como diámetro?

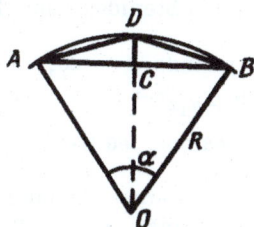

F i g. 9

Aplicando el teorema sobre la razón de dos infinitésimos, hallar:

**296.** $\lim\limits_{x \to 0} \dfrac{\operatorname{sen} 3x \cdot \operatorname{sen} 5x}{(x - x^3)^2}$.

**297.** $\lim\limits_{x \to 0} \dfrac{\operatorname{arcsen} \dfrac{x}{\sqrt{1 - x^2}}}{\ln(1 - x)}$.

**298.** $\lim\limits_{x \to 1} \dfrac{\ln x}{1 - x}$.

**299.** $\lim\limits_{x \to 0} \dfrac{\cos x - \cos 2x}{1 - \cos x}$.

**300.** Demostrar que cuando $x \to 0$, las magnitudes $\dfrac{x}{2}$ y $\sqrt{1 + x} - 1$ son equivalentes entre sí. Empleando este resultado, mostrar que, cuando $|x|$ es pequeño, se verifica la igualdad aproximada

$$\sqrt{1 + x} \approx 1 + \frac{x}{2}\,. \qquad (1)$$

Aplicando la fórmula (1), hallar aproximadamente:

a) $\sqrt{1{,}06}$;  b) $\sqrt{0{,}97}$;  c) $\sqrt{10}$;  d) $\sqrt{120}$

y comparar los valores así obtenidos con los que se dan en las tablas.

**301.** Demostrar que, cuando $x \to 0$, se verifican las igualdades aproximadas siguientes, con precisión hasta los términos de orden $x^2$.

a) $\dfrac{1}{1 + x} \approx 1 - x$;

b) $\sqrt{a^2 + x} \approx a + \dfrac{x}{2a}$  $(a > 0)$;

c) $(1+x)^n \approx 1+nx$ ($n$, es un número natural);

d) $\lg(1+x) \approx Mx$,

donde $M = \lg e = 0,43429\ldots$

Partiendo de estas fórmulas, calcular aproximadamente:

1) $\dfrac{1}{1,02}$;  2) $\dfrac{1}{0,97}$;  3) $\dfrac{1}{105}$;  4) $\sqrt{15}$;

5) $1,04^3$;  6) $0,93^4$;  7) $\lg 1,1$.

Comparar los valores así obtenidos con los que se dan en las tablas.

**302.** Demostrar que, cuando $x \to \infty$, la función racional entera

$$P(x) = a_0 x^n + a_1 x^{n-1} + \ldots + a_n \quad (a_0 \neq 0)$$

es una magnitud infinitésima, equivalente al término superior $a_0 x^n$.

**303.** Supongamos que $x \to \infty$. Tomando a $x$ como magnitud infinita de $1°$ orden, determinar el orden de crecimiento de las funciones:

a) $x^2 - 100x - 1000$;  c) $\sqrt{x + \sqrt{x}}$

b) $\dfrac{x^5}{x+2}$;  d) $\sqrt[3]{x - 2x^2}$.

## § 5. Continuidad de las funciones

$1°$. **Definición de continuidad.** La función $f(x)$ se llama *continua* para $x=\xi$ (o «en el punto $\xi$»), si: 1) dicha función está determinada en el punto $\xi$, es decir, existe el número $f(\xi)$; 2) existe y es finito el límite $\lim\limits_{x\to\xi} f(x)$; 3) este límite es igual al valor de la función en el punto $\xi$, es decir,

$$\lim_{x\to\xi} f(x) = f(\xi). \tag{1}$$

Haciendo la sustitución

$$x = \xi + \Delta\xi,$$

donde $\Delta\xi \to 0$, se puede escribir la condición (1) de la forma:

$$\lim_{\Delta\xi\to 0} \Delta f(\xi) = \lim_{\Delta\xi\to 0} [f(\xi+\Delta\xi) - f(\xi)] = 0, \tag{2}$$

es decir, la función $f(x)$ es continua en el punto $\xi$, cuando, y sólo cuando, en este punto, a un incremento infinitésimo del argumento corresponde un incremento infinitésimo de la función.

Si la función es continua en cada uno de los puntos de un campo determinado (intervalo, segmento, etc.), se dice que es *continua en este campo*.

Ejemplo 1. Demostrar que la función

$$y = \operatorname{sen} x$$

es continua para cualquier valor del argumento $x$.

Solución. Se tiene:

$$\Delta y = \operatorname{sen}\,(x+\Delta x) - \operatorname{sen}\,x = 2\operatorname{sen}\frac{\Delta x}{2}\cos\left(x+\frac{\Delta x}{2}\right) = \frac{\operatorname{sen}\dfrac{\Delta x}{2}}{\dfrac{\Delta x}{2}}\cdot\cos\left(x+\frac{\Delta x}{2}\right)\cdot\Delta x.$$

Como

$$\lim_{\Delta x\to 0}\frac{\operatorname{sen}\dfrac{\Delta x}{2}}{\dfrac{\Delta x}{2}} = 1 \;\; y \;\; \left|\cos\left(x+\frac{\Delta x}{2}\right)\right| \leqslant 1,$$

para cualquier valor de $x$, tendremos:

$$\lim_{\Delta x\to 0}\Delta y = 0.$$

Por consiguiente, la función sen $x$ es continua para $-\infty < x < +\infty$.

2°. Puntos de discontinuidad de una función. Se dice que una función $f(x)$ es *discontinua* en el punto $x_0$, que pertenece al campo de existencia de la función o que es punto frontera de dicho campo, si en este punto no se verifica la condición de continuidad de la función.

Ejemplo 2. La función $f(x) = \dfrac{1}{(1-x)^2}$ (fig. 10, a) es discontinua en el punto $x=1$. Esta función no está definida en el punto $x=1$ y como quiera que se elija el número $f(1)$, la función completada $f(x)$ no será continua en el punto $x=1$.

Si la función $f(x)$ tiene límites f i n i t o s:

$$\lim_{x\to x_0-0}f(x) = f(x_0-0) \;\; y \;\; \lim_{x\to x_0+0}f(x) = f(x_0+0),$$

pero los tres números $f(x_0)$, $f(x_0-0)$ y $f(x_0+0)$ no son iguales entre sí, entonces, $x_0$ recibe el nombre de *punto de discontinuidad de $1^{ra}$ especie*. En particular, si

$$f(x_0-0) = f(x_0+0),$$

$x_0$ se llama *punto de discontinuidad evitable*.

Para que la función $f(x)$ sea continua en el punto $x_0$, es necesario y suficiente que

$$f(x_0) = f(x_0-0) = f(x_0+0).$$

Ejemplo 3. La función $f(x) = \dfrac{\operatorname{sen}\,x}{|x|}$ tiene discontinuidad de $1^{ra}$ especie en el punto $x=0$.

Efectivamente, aquí

$$f(+0) = \lim_{x\to+0}\frac{\operatorname{sen}\,x}{x} = +1$$

y

$$f(-0) = \lim_{x\to-0}\frac{\operatorname{sen}\,x}{-x} = -1.$$

Ejemplo 4. La función $y = E(x)$, donde $E(x)$ representa la parte entera del número $x$ (es decir, $E(x)$ es un número entero que satisface a la igualdad

$x = E(x) + q$, donde $0 \leqslant q < 1$), es discontinua (fig. 10, b) en cada punto entero: $x = 0$, $\pm 1$, $\pm 2$, ..., y todos los puntos de discontinuidad son de 1ra especie.

Efectivamente, si $n$ es un número entero, $E(n-0) = n-1$ y $E(n+0) = n$. Es evidente, que en todos los demás puntos esta función es continua.

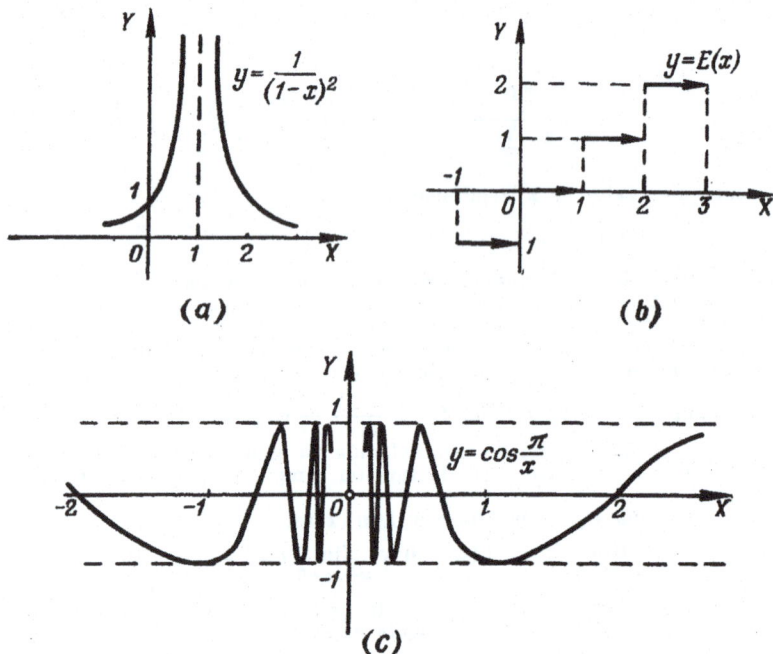

**(a)**

**(b)**

**(c)**

F i g. 10

Los puntos de discontinuidad de la función que no son de 1ra especie, se llaman *puntos de discontinuidad de 2ª especie*.

Son también puntos de discontinuidad de 2ª especie los *puntos de discontinuidad infinita*, es decir, aquellos puntos $x_0$, para los que, por lo menos, uno de los límites laterales $f(x_0 - 0)$ o $f(x_0 + 0)$ es igual a $\infty$ (véase el ej. 2).

E j e m p l o 5. La función $y = \cos \dfrac{\pi}{x}$ (fig. 10, c), en el punto $x = 0$ tiene una discontinuidad de 2ª especie, ya que aquí no existe ninguno de los dos límites laterales

$$\lim_{x \to -0} \cos \frac{\pi}{x} \quad \text{y} \quad \lim_{x \to +0} \cos \frac{\pi}{x}.$$

3°. P r o p i e d a d e s  d e  l a s  f u n c i o n e s  c o n t i n u a s. Al analizar las funciones para determinar si son continuas, hay que tener presentes los siguientes teoremas:

1) La suma y el producto de un número limitado de funciones continuas en un campo determinado es, a su vez, una función continua en este mismo campo;

2) el cociente de la división de dos funciones continuas en un campo determinado, es también una función continua, para todos los valores del argumento de este mismo campo, que no anulan el denominador;

3) si la función $f(x)$ es continua en un intervalo $(a, b)$, estando el conjunto de sus valores comprendido en el intervalo $(A, B)$ y la función $\varphi(x)$ es continua en este intervalo $(A, B)$, la función compuesta $\varphi[f(x)]$ también es continua en el intervalo $(a, b)$.

Toda función $f(x)$, continua en el segmento $[a, b]$, posee las propiedades siguientes:

1) $f(x)$ está acotada en $[a, b]$, es decir, existe cierto número $M$ tal, que $|f(x)| \leqslant M$ para $a \leqslant x \leqslant b$;

2) $f(x)$ alcanza en $[a, b]$ su valor máximo y mínimo;

3) $f(x)$ toma todos los valores intermedios entre dos dados, es decir, si $f(\alpha) = A$ y $f(\beta) = B$ $(a \leqslant \alpha < \beta \leqslant b)$ y $A \neq B$, entonces, cualquiera que sea el número $C$, comprendido entre $A$ y $B$, existe por lo menos un valor de $x = \gamma$ $(\alpha < \gamma < \beta)$ tal, que $f(\gamma) = C$.

En particular, si $f(\alpha) f(\beta) < 0$, la ecuación

$$f(x) = 0$$

tiene en el intervalo $(\alpha, \beta)$, por lo menos, una raíz real.

**304.** Demostrar, que la función $y = x^2$ es continua para cualquier valor del argumento $x$.

**305.** Demostrar, que la función racional entera

$$P(x) = a_0 x^n + a_1 x^{n-1} + \ldots + a_n$$

es continua para cualquier valor de $x$.

**306.** Demostrar, que la función racional fraccionaria

$$R(x) = \frac{a_0 x^n + a_1 x^{n-1} + \ldots + a_n}{b_0 x^m + b_1 x^{m-1} + \ldots + b_m}$$

es continua para todos los valores de $x$, a excepción de aquellos que anulan el denominador.

**307\*.** Demostrar, que la función $y = \sqrt{x}$ es continua para $x \geqslant 0$.

**308.** Demostrar que, si la función $f(x)$ es continua y no negativa en el intervalo $(a, b)$ la función

$$F(x) = \sqrt{f(x)}$$

también es continua en este intervalo.

**309\*.** Demostrar, que la función $y = \cos x$ es continua para cualquier valor de $x$.

**310.** ¿Para qué valores de $x$ serán continuas las funciones: a) $\operatorname{tg} x$ y b) $\operatorname{ctg} x$?

**311\*.** Demostrar, que la función $y = |x|$ es continua. Construir la gráfica de esta función.

**312.** Demostrar, que la magnitud absoluta de una función continua es también una función continua.

**313.** Una función está dada por las fórmulas

$$f(x) = \begin{cases} \dfrac{x^2-4}{x-2} & \text{cuando } x \neq 2, \\ A & \text{cuando } x = 2. \end{cases}$$

¿Cómo debe elegirse el valor de la función $A = f(2)$, para que la función $f(x)$, completada de esta forma, sea continua cuando $x = 2$? Construir la gráfica de la función $y = f(x)$.

**314.** El segundo miembro de la igualdad

$$f(x) = 1 - x \operatorname{sen} \frac{1}{x}$$

carece de sentido cuando $x = 0$. ¿Cómo elegir el valor de $f(0)$ para que la función $f(x)$ sea continua en este punto?

**315.** La función

$$f(x) = \operatorname{arctg} \frac{1}{x-2}$$

carece de sentido cuando $x = 2$. ¿Puede elegirse el valor de $f(2)$ de tal forma, que la función completada sea continua cuando $x = 2$?

**316.** La función $f(x)$ es indeterminada en el punto $x = 0$. Determinar $f(0)$ de tal forma, que $f(x)$ sea continua en este punto, si:

a) $f(x) = \dfrac{(1+x)^n - 1}{x}$ ($n$ es un número natural);

b) $f(x) = \dfrac{1-\cos x}{x^2}$ ;

c) $f(x) = \dfrac{\ln(1+x) - \ln(1-x)}{x}$ ;

d) $f(x) = \dfrac{e^x - e^{-x}}{x}$ ;

e) $f(x) = x^2 \operatorname{sen} \dfrac{1}{x}$ ;

f) $f(x) = x \operatorname{ctg} x$.

Averiguar si son continuas las funciones:

**317.** $y = \dfrac{x^2}{x-2}$ .

**318.** $y = \dfrac{1+x^3}{1+x}$ .

**319.** $y = \dfrac{\sqrt{7+x}-3}{x^2-4}$ .

**320.** $y = \dfrac{x}{|x|}$ .

**321.** a) $y = \operatorname{sen} \dfrac{\pi}{x}$

b) $y = x \operatorname{sen} \dfrac{\pi}{x}$

**322.** $y = \dfrac{x}{\operatorname{sen} x}$ .

**326.** $y = (1 + x) \operatorname{arctg} \dfrac{1}{1 - x^2}$ .

**323.** $y = \ln(\cos x)$.

**327.** $y = e^{\frac{1}{x+1}}$.

**324.** $y = \ln \left| \operatorname{tg} \dfrac{x}{2} \right|$ .

**328.** $y = e^{-\frac{1}{x^2}}$.

**325.** $y = \operatorname{arctg} \dfrac{1}{x}$ .

**329.** $y = \dfrac{1}{1 + e^{\frac{1}{1-x}}}$ .

**330.** $y = \begin{cases} x^2 & \text{cuando } x \leqslant 3, \\ 2x + 1 & \text{cuando } x > 3. \end{cases}$

Construir la gráfica de esta función.

**331.** Demostrar, que la función de Dirichlet $\chi(x)$, que es igual a cero cuando $x$ es irracional e igual a 1 cuando $x$ es racional, es discontinua para cada uno de los valores de $x$.

Averiguar si son continuas y construir la gráfica de las siguientes funciones:

**332.** $y = \lim\limits_{n \to \infty} \dfrac{1}{1 + x^n}$ $(x \geqslant 0)$.

**333.** $y = \lim\limits_{n \to \infty} (x \operatorname{arctg} nx)$.

**334.** a) $y = \operatorname{sgn} x$, b) $y = x \operatorname{sgn} x$, c) $y = \operatorname{sgn}(\operatorname{sen} x)$, donde la función $\operatorname{sgn} x$ se determina por las fórmulas:

$$\operatorname{sgn} x = \begin{cases} +1, & \text{si } x > 0, \\ 0, & \text{si } x = 0, \\ -1, & \text{si } x < 0. \end{cases}$$

**335.** a) $y = x - E(x)$, b) $y = xE(x)$, donde $E(x)$ es la parte entera del número $x$.

**336.** Dar un ejemplo que demuestre que la suma de dos funciones discontinuas puede ser una función continua.

**337\*.** Sea $\alpha$ una fracción propia positiva que tiende a cero $(0 < \alpha < 1)$. ¿Se puede poner en la igualdad

$$E(1 + \alpha) = E(1 - \alpha) + 1,$$

que se verifica para todos los valores de $\alpha$, el límite de la cantidad $\alpha$?

**338.** Demostrar, que la ecuación

$$x^3 - 3x + 1 = 0$$

tiene una raíz real en el intervalo (1, 2). Calcular aproximadamente esta raíz.

**339.** Demostrar, que cualquier polinomio $P(x)$ de grado impar tiene por lo menos una raíz real.

**340.** Demostrar, que la ecuación

$$\operatorname{tg} x = x$$

tiene una infinidad de raíces reales.

## Capítulo II

# DIFERENCIACION DE FUNCIONES

## 1. Cálculo directo de derivadas

1°. **Incremento del argumento e incremento de la función.** Si $x$ y $x_1$ son valores del argumento $x$, mientras que $y = f(x)$ è $y_1 = f(x_1)$ son los correspondientes valores de la función $y = f(x)$,

$$\Delta x = x_1 - x$$

se llama *incremento del argumento* $x$ en el segmento $[x, x_1]$, y

$$\Delta y = y_1 - y,$$

o sea,

$$\Delta y = f(x_1) - f(x) = f(x + \Delta x) - f(x) \qquad (1)$$

recibe el nombre de *incremento de la función* $y$ en este mismo segmento $[x, x_1]$ (fig. 11, donde $\Delta x = MA$ y $\Delta y = AN$). La razón

$$\frac{\Delta y}{\Delta x} = \operatorname{tg} \alpha$$

representa el coeficiente angular de la secante $MN$ de la gráfica de la

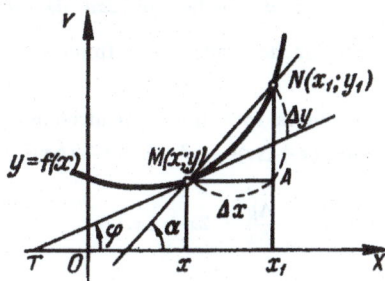

F i g. 11

función $y = f(x)$ (fig. 11) y se llama *velocidad media* de variación de la función $y$ en el segmento $(x, x + \Delta x)$.

E j e m p l o 1. Para la función

$$y = x^2 - 5x + 6,$$

calcular $\Delta x$ y $\Delta y$, correspondientes a las siguientes variaciones del argumento:

a) desde $x = 1$ hasta $x = 1,1$;

b) desde $x = 3$ hasta $x = 2$.

Solución. Tenemos:

a) $\Delta x = 1,1 - 1 = 0,1$,

$\Delta y = (1,1^2 - 5 \cdot 1,1 + 6) - (1^2 - 5 \cdot 1 + 6) = -0,29$;

b) $\Delta x = 2 - 3 = -1$,

$\Delta y = (2^2 - 5 \cdot 2 + 6) - (3^2 - 5 \cdot 3 + 6) = 0$.

Ejemplo 2. Hallar, para la hipérbola $y = \dfrac{1}{x}$, el coeficiente angular de la secante que pasa por los puntos, cuyas abscisas son $x = 3$ y $x_1 = 10$.

Solución. Aquí $\Delta x = 10 - 3 = 7$; $y = \dfrac{1}{3}$; $y_1 = \dfrac{1}{10}$; $\Delta y = \dfrac{1}{10} - \dfrac{1}{3} =$ $= -\dfrac{7}{30}$. Por consiguiente, $k = \dfrac{\Delta y}{\Delta x} = -\dfrac{1}{30}$.

2°. Derivada. *Derivada* $y' = \dfrac{dy}{dx}$ de la función $y = f(x)$ con respecto al argumento $x$ se llama al límite de la razón $\dfrac{\Delta y}{\Delta x}$, cuando $\Delta x$ tiende a cero, es decir

$$y' = \lim_{\Delta x \to 0} \frac{\Delta y}{\Delta x},$$

si dicho límite existe.

El valor de la derivada nos lo da el *coeficiente angular* de la tangente $MT$ a la gráfica de la función $y = f(x)$ en el punto $x$ (fig. 11):

$$y' = \operatorname{tg} \varphi.$$

La operación de hallar la derivada $y'$ recibe el nombre de *derivación de la función*.

La derivada $y' = f'(x)$ representa la *velocidad de variación de la función* en el punto $x$.

Ejemplo 3. Hallar la derivada de la función

$$y = x^2.$$

Solución. Aplicando la fórmula (1) tendremos:

$$\Delta y = (x + \Delta x)^2 - x^2 = 2x\Delta x + (\Delta x)^2$$

y

$$\frac{\Delta y}{\Delta x} = 2x + \Delta x.$$

Por consiguiente,

$$y' = \lim_{\Delta x \to 0} \frac{\Delta y}{\Delta x} = \lim_{\Delta x \to 0} (2x + \Delta x) = 2x.$$

3°. Derivadas laterales. Las expresiones

$$f'_-(x) = \lim_{\Delta x \to -0} \frac{f(x + \Delta x) - f(x)}{\Delta x}$$

y

$$f'_+(x) = \lim_{\Delta x \to +0} \frac{f(x + \Delta x) - f(x)}{\Delta x}$$

se llaman respectivamente *derivadas a la izquierda o a la derecha* de la función $f(x)$ en el punto $x$. Para que exista $f'(x)$ es necesario y suficiente que

$$f'_-(x) = f'_+(x).$$

E j e m p l o 4. Hallar $f'_-(0)$ y $f'_+(0)$ para la función

$$f(x) = |x|.$$

S o l u c i ó n. Por definición, tenemos que

$$f'_-(0) = \lim_{\Delta x \to -0} \frac{|\Delta x|}{\Delta x} = -1,$$

$$f'_+(0) = \lim_{\Delta x \to +0} \frac{|\Delta x|}{\Delta x} = 1.$$

4°. **D e r i v a d a   i n f i n i t a.** Si en un punto determinado tenemos que

$$\lim_{\Delta x \to 0} \frac{f(x + \Delta x) - f(x)}{\Delta x} = \infty,$$

se dice, que la función continua $f(x)$ tiene derivada infinita en el punto $x$. En este caso, la tangente a la gráfica de la función $y = f(x)$ será perpendicular al eje $OX$.

E j e m p l o 5. Hallar $f'(0)$ para la función

$$y = \sqrt[3]{x}.$$

S o l u c i ó n. Tenemos:

$$f'(0) = \lim_{\Delta x \to 0} \frac{\sqrt[3]{\Delta x}}{\Delta x} = \lim_{\Delta x \to 0} \frac{1}{\sqrt[3]{\Delta x^2}} = \infty.$$

**341.** Hallar el incremento de la función $y = x^2$, correspondiente al paso del argumento:

a) de $x = 1$ a $x_1 = 2$;

b) de $x = 1$ a $x_1 = 1,1$;

c) de $x = 1$ a $x_1 = 1 + h$.

**342.** Hallar $\Delta y$ para la función $y = \sqrt[3]{x}$, si:

a) $x = 0$, $\Delta x = 0,001$;

b) $x = 8$, $\Delta x = -9$;

c) $x = a$, $\Delta x = h$.

**343.** ¿Por qué, para la función $y = 2x + 3$ se puede determinar el incremento $\Delta y$, conociendo solamente que el incremento correspondiente es $\Delta x = 5$, mientras que para la función $y = x^2$ no puede hacerse lo mismo?

**344.** Hallar el incremento $\Delta y$ y la razón $\frac{\Delta y}{\Delta x}$ para las funciones:

a) $y = \frac{1}{(x^2 - 2)^2}$, cuando $x = 1$ y $\Delta x = 0,4$;

b) $y = \sqrt{x}$ cuando $x = 0$ y $\Delta x = 0,0001$;

c) $y = \lg x$ cuando $x = 100.000$ y $\Delta x = -90.000$.

**345.** Hallar $\Delta y$ y $\dfrac{\Delta y}{\Delta x}$, correspondientes a la variación del argumento desde $x$ hasta $x + \Delta x$, para las siguientes funciones:

a) $y = ax + b$;  d) $y = \sqrt{x}$;

b) $y = x^3$;  e) $y = 2^x$;

c) $y = \dfrac{1}{x^2}$;  f) $y = \ln x$.

**346.** Hallar el coeficiente angular de la secante a la parábola

$$y = 2x - x^2,$$

si las abscisas de los puntos de intersección son:

a) $x_1 = 1$, $x_2 = 2$;

b) $x_1 = 1$, $x_2 = 0,9$;

c) $x_1 = 1$, $x_2 = 1 + h$.

¿Hacia qué límite tiende el coeficiente angular de la secante en el último caso, si $h \to 0$?

**347.** ¿Cuál es la velocidad media de variación de la función $y = x^3$ en el segmento $1 \leqslant x \leqslant 4$?

**348.** La ley del movimiento de un punto es $s = 2t^2 + 3t + 5$, donde la distancia $s$ se da en centímetros y el tiempo $t$, en segundos. ¿A qué será igual la velocidad media de este punto durante el intervalo de tiempo comprendido entre $t = 1$ y $t = 5$?

**349.** Hallar la pendiente media de la curva $y = 2^x$ en el segmento $1 \leqslant x \leqslant 5$.

**350.** Hallar la pendiente media de la curva $y = f(x)$ en el segmento $[x, x + \Delta x]$.

**351.** ¿Qué se entiende por pendiente de la curva $y = f(x)$ en un punto dado $x$?

**352.** Definir: a) la velocidad media de rotación; b) la velocidad instantánea de rotación.

**353.** Un cuerpo calentado e introducido en un medio cuya temperatura sea menor, se enfría. ¿Qué debe entenderse por: a) velocidad media de enfriamiento; b) velocidad de enfriamiento en un momento dado?

**354.** ¿Qué debe entenderse por velocidad de reacción de una substancia en una reacción química?

**355.** Sea $m = f(x)$ la masa de una barra heterogénea en el segmento $[0, x]$. ¿Qué debe entenderse por: a) densidad lineal media de la barra en el segmento $[x, x + \Delta x]$; b) densidad lineal de la barra en el punto $x$?

**356.** Hallar la razón $\frac{\Delta y}{\Delta x}$, para la función $y = \frac{1}{x}$, en el punto $x = 2$, si: a) $\Delta x = 1$; b) $\Delta x = 0,1$; c) $\Delta x = 0,01$. ¿A qué será igual la derivada $y'$ cuando $x = 2$?

**357\*\*.** Hallar la derivada de la función $y = \operatorname{tg} x$.

**358.** Hallar $y' = \lim\limits_{\Delta x \to 0} \frac{\Delta y}{\Delta x}$ para las funciones:

a) $y = x^3$;     c) $y = \sqrt{x}$;

b) $y = \frac{1}{x^2}$;     d) $y = \operatorname{ctg} x$.

**359.** Calcular $f'(8)$, si $f(x) = \sqrt[3]{x}$.

**360.** Hallar $f'(0)$, $f'(1)$ y $f'(2)$, si $f(x) = x(x-1)^2(x-2)^3$.

**361.** ¿En qué puntos la derivada de la función $f(x) = x^3$ coincide numéricamente con el valor de la propia función, es decir, $f(x) = f'(x)$?

**362.** La ley del movimiento de un punto es $s = 5t^2$, donde la distancia $s$ viene dada en metros y el tiempo $t$, en segundos. Hallar la velocidad del movimiento en el instante $t = 3$.

**363.** Hallar el coeficiente angular de la tangente a la curva $y = 0,1x^3$, trazada en el punto cuya abscisa es $x = 2$.

**364.** Hallar el coeficiente angular de la tangente a la curva $y = \operatorname{sen} x$ en el punto $(\pi; 0)$.

**365.** Hallar el valor de la derivada de la función $f(x) = \frac{1}{x}$ en el punto $x = x_0$ $(x_0 \neq 0)$.

**366\*.** ¿A qué son iguales los coeficientes angulares de las tangentes a las curvas $y = \frac{1}{x}$ e $y = x^2$, en el punto de su intersección? Hallar el ángulo entre estas tangentes.

**367\*\*.** Demostrar que las siguientes funciones no tienen derivadas finitas en los puntos que se indican:

a) $y = \sqrt[3]{x^2}$ en el punto $x = 0$;

b) $y = \sqrt[5]{x-1}$ en el punto $x = 1$;

c) $y = |\cos x|$ en los puntos $x = \frac{2k+1}{2}\pi$ $(k = 0, \pm 1, \pm 2, \ldots)$.

## 2. Derivación por medio de tablas

**1°. Reglas principales para hallar la derivada.** Si $c$ es una constante y $u = \varphi(x)$ y $v = \psi(x)$ son funciones derivables, se tiene:

1) $(c)' = 0$;     3) $(u \pm v)' = u' \pm v'$;

2) $(x)' = 1$;     4) $(cu)' = cu'$:

45

5) $(uv)' = u'v + v'u$;    6) $\left(\dfrac{u}{v}\right)' = \dfrac{u'v - v'u}{v^2}$   $(v \neq 0)$;

7) $\left(\dfrac{c}{v}\right)' = -\dfrac{cv'}{v^2}$   $(v \neq 0)$.

2°. **Tabla de las derivadas de las funciones principales**

I. $(x^n)' = nx^{n-1}$.

XII. $(e^x)' = e^x$.

II. $(\sqrt{x})' = \dfrac{1}{2\sqrt{x}}$   $(x > 0)$.

XIII. $(\ln x)' = \dfrac{1}{x}$   $(x > 0)$.

III. $(\operatorname{sen} x)' = \cos x$.

XIV. $(\log_a x)' = \dfrac{1}{x \ln a} = \dfrac{\log_a e}{x}$
$(x > 0,\ a > 0)$.

IV. $(\cos x)' = -\operatorname{sen} x$.

XV. $(\operatorname{sh} x)' = \operatorname{ch} x$.

V. $(\operatorname{tg} x)' = \dfrac{1}{\cos^2 x}$.

XVI. $(\operatorname{ch} x)' = \operatorname{sh} x$.

VI. $(\operatorname{ctg} x)' = -\dfrac{1}{\operatorname{sen}^2 x}$.

XVII. $(\operatorname{th} x)' = \dfrac{1}{\operatorname{ch}^2 x}$.

VII. $(\operatorname{arcsen} x)' = \dfrac{1}{\sqrt{1-x^2}}$
$(|x| < 1)$.

XVIII. $(\operatorname{cth} x)' = -\dfrac{1}{\operatorname{sh}^2 x}$.

VIII. $(\operatorname{arccos} x)' = -\dfrac{1}{\sqrt{1-x^2}}$
$(|x| < 1)$.

XIX. $(\operatorname{Arsh} x)' = \dfrac{1}{\sqrt{1+x^2}}$.

IX. $(\operatorname{arctg} x)' = \dfrac{1}{1+x^2}$.

XX. $(\operatorname{Arch} x)' = \dfrac{1}{\sqrt{x^2-1}}$
$(|x| > 1)$.

X. $(\operatorname{arcctg} x)' = -\dfrac{1}{x^2+1}$.

XXI. $(\operatorname{Arth} x)' = \dfrac{1}{1-x^2}$
$(|x| < 1)$.

XI. $(a^x)' = a^x \ln a$.

XXII. $(\operatorname{Arcth} x)' = -\dfrac{1}{x^2-1}$
$(|x| > 1)$.

3°. **Regla para derivar las funciones compuestas.** Si $y = f(u)$ y $u = \varphi(x)$, es decir, $y = f[\varphi(x)]$, donde las funciones $y$ y $u$ tienen derivada, se tiene

$$y'_x = y'_u u'_x \tag{1}$$

o en otras notaciones

$$\frac{dy}{dx} = \frac{dy}{du} \cdot \frac{du}{dx}.$$

Esta regla puede aplicarse a cadenas de cualquier número finito de funciones derivables.

Ejemplo 1. Hallar la derivada de la función

$$y = (x^2 - 2x + 3)^5.$$

Solución. Haciendo $y = u^5$, donde $u = x^2 - 2x + 3$, de acuerdo con la fórmula (1) tendremos:

$$y' = (u^5)'_u\,(x^2 - 2x + 3)'_x = 5u^4\,(2x - 2) = 10\,(x - 1)\,(x^2 - 2x + 3)^4$$

Ejemplo 2. Hallar la derivada de la función
$$y = \text{sen}^3 \, 4x.$$
Solución. Haciendo
$$y = u^3; \quad u = \text{sen} \, v; \quad v = 4x,$$
hallamos
$$y' = 3u^2 \cdot \cos v \cdot 4 = 12 \, \text{sen}^2 \, 4x \cos 4x.$$

Hallar las derivadas de las siguientes funciones (en los Nᵒˢ 368—408, no se emplea la regla de derivación de funciones compuestas):

## A. Funciones algebraicas

**368.** $y = x^5 - 4x^3 + 2x - 3.$

**369.** $y = \dfrac{1}{4} - \dfrac{1}{3} x + x^2 - 0,5x^4.$

**370.** $y = ax^2 + bx + c.$

**371.** $y = -\dfrac{5x^3}{a}.$

**372.** $y = at^m + bt^{m+n}.$

**373.** $y = \dfrac{ax^6 + b}{\sqrt{a^2 + b^2}}.$

**374.** $y = \dfrac{\pi}{x} + \ln 2.$

**375.** $y = 3x^{\frac{2}{3}} - 2x^{\frac{5}{2}} + x^{-3}.$

**376\*.** $y = x^2 \sqrt[3]{x^2}.$

**377.** $y = \dfrac{a}{\sqrt[3]{x^2}} - \dfrac{b}{x \sqrt[3]{x}}.$

**378.** $y = \dfrac{a + bx}{c + dx}.$

**379.** $y = \dfrac{2x + 3}{x^2 - 5x + 5}.$

**380.** $y = \dfrac{2}{2x - 1} - \dfrac{1}{x}.$

**381.** $y = \dfrac{1 + \sqrt{z}}{1 - \sqrt{z}}.$

## B. Funciones trigonométricas y circulares inversas

**382.** $y = 5 \, \text{sen} \, x + 3 \cos x.$

**383.** $y = \text{tg} \, x - \text{ctg} \, x.$

**384.** $y = \dfrac{\text{sen} \, x + \cos x}{\text{sen} \, x - \cos x}.$

**385.** $y = 2t \, \text{sen} \, t - (t^2 - 2) \cos t.$

**386.** $y = \text{arctg} \, x + \text{arcctg} \, x.$

**387.** $y + x \, \text{ctg} \, x.$

**388.** $y = x \, \text{arcsen} \, x.$

**389.** $y = \dfrac{(1 + x^2) \, \text{arctg} \, x - x}{2}.$

## C. Funciones exponenciales y logarítmicas

**390.** $y = x^7 \cdot e^x.$

**391.** $y = (x - 1) \, e^x.$

**392.** $y = \dfrac{e^x}{x^2}.$

**393.** $y = \dfrac{x^5}{e^x}.$

**394.** $f(x) = e^x \cos x.$

**395.** $y = (x^2 - 2x + 2) \, e^x.$

**396.** $y = e^x \, \text{arcsen} \, x.$

**397.** $y = \dfrac{x^2}{\ln x}.$

**398.** $y = x^3 \ln x - \dfrac{x^3}{3}.$

**399.** $y = \dfrac{1}{x} + 2 \ln x - \dfrac{\ln x}{x}.$

**400.** $y = \ln x \lg x - \ln a \log_a x.$

### D. Funciones hiperbólicas e hiperbólicas inversas

**401.** $y = x \operatorname{sh} x$.

**405.** $y = \operatorname{arctg} x - \operatorname{Arth} x$.

**402.** $y = \dfrac{x^2}{\operatorname{ch} x}$ .

**406.** $y = \operatorname{arcsen} x \operatorname{Arsh} x$.

**403.** $y = \operatorname{th} x - x$.

**407.** $y = \dfrac{\operatorname{Arch} x}{x}$ .

**404.** $y = \dfrac{3 \operatorname{cth} x}{\ln x}$ .

**408.** $y = \dfrac{\operatorname{Arcth} x}{1 - x^2}$ .

### E. Funciones compuestas

Hallar las derivadas de las siguientes funciones (en los $N^{os.}$ 409 — 466, es necesario aplicar la regla para derivar funciones compuestas de un argumento intermedio):

**409\*\*.** $y = (1 + 3x - 5x^2)^{30}$.

S o l u c i ó n. Designemos $1 + 3x - 5x^2 = u$; entonces $y = u^{30}$. Tendremos:

$$y'_u = 30u^{29}, \quad u'_x = 3 - 10x;$$

$$y'_x = 30u^{29} \cdot (3 - 10x) = 30 (1 + 3x - 5x^2)^{29} \cdot (3 - 10x).$$

**410.** $y = \left(\dfrac{ax + b}{c}\right)^3$ .

**411.** $f(y) = (2a + 3by)^2$.

**412.** $y = (3 + 2x^2)^4$.

**413.** $y = \dfrac{3}{56 (2x - 1)^7} - \dfrac{1}{24 (2x - 1)^6} - \dfrac{1}{40 (2x - 1)^5}$ .

**414.** $y = \sqrt{1 - x^2}$.

**415.** $y = \sqrt[3]{a + bx^3}$.

**416.** $y = (a^{2/3} - x^{2/3})^{3/2}$.

**417.** $y = (3 - 2 \operatorname{sen} x)^5$.

S o l u c i ó n. $y' = 5 (3 - 2 \operatorname{sen} x)^4 \cdot (3 - 2 \operatorname{sen} x)' = 5 (3 - 2 \operatorname{sen} x)^4 (-2 \cos x) = -10 \cos x (3 - 2 \operatorname{sen} x)^4$.

**418.** $y = \operatorname{tg} x - \dfrac{1}{3} \operatorname{tg}^3 x + \dfrac{1}{5} \operatorname{tg}^5 x$.

**419.** $y = \sqrt{\operatorname{ctg} x} - \sqrt{\operatorname{ctg} \alpha}$.

**420.** $y = 2x + 5 \cos^3 x$.

**421\*.** $x = \operatorname{cosec}^2 t + \sec^2 t$.

**422.** $f(x) = -\dfrac{1}{6 (1 - 3 \cos x)^2}$ .

**423.** $y = \dfrac{1}{3\cos^3 x} - \dfrac{1}{\cos x}$.

**424.** $y = \sqrt{\dfrac{3\,\text{sen}\,x - 2\cos x}{5}}$.

**425.** $y = \sqrt[3]{\text{sen}^2 x} + \dfrac{1}{\cos^3 x}$.

**426.** $y = \sqrt{1 + \text{arcsen}\,x}$.

**427.** $y = \sqrt{\text{arctg}\,x} - (\text{arcsen}\,x)^3$.

**428.** $y = \dfrac{1}{\text{arctg}\,x}$.

**429.** $y = \sqrt{xe^x + x}$.

**430.** $y = \sqrt[3]{2e^x - 2^x + 1} + \ln^5 x$.

**431.** $y = \text{sen}\,3x + \cos\dfrac{x}{5} + \text{tg}\,\sqrt{x}$.

Solución. $y' = \cos 3x \cdot (3x)' - \text{sen}\,\dfrac{x}{5}\left(\dfrac{x}{5}\right)' + \dfrac{1}{\cos^2\sqrt{x}}\,(\sqrt{x})' = 3\cos 3x -$

$-\dfrac{1}{5}\,\text{sen}\,\dfrac{x}{5} + \dfrac{1}{2\sqrt{x}\cos^2\sqrt{x}}$.

**432.** $y = \text{sen}\,(x^2 - 5x + 1) + \text{tg}\,\dfrac{a}{x}$.

**433.** $f(x) = \cos(\alpha x + \beta)$.

**434.** $f(t) = \text{sen}\,t\,\text{sen}\,(t + \varphi)$.

**435.** $y = \dfrac{1 + \cos 2x}{1 - \cos 2x}$.

**436.** $f(x) = a\,\text{ctg}\,\dfrac{x}{a}$.

**437.** $y = -\dfrac{1}{20}\cos(5x^2) - \dfrac{1}{4}\cos x^2$.

**438.** $y = \text{arcsen}\,2x$.

Solución. $y' = \dfrac{1}{\sqrt{1 - (2x)^2}} \cdot (2x)' = \dfrac{2}{\sqrt{1 - 4x^2}}$.

**439.** $y = \text{arcsen}\,\dfrac{1}{x^2}$.

**440.** $f(x) = \text{arccos}\,\sqrt{x}$.

**441.** $y = \text{arctg}\,\dfrac{1}{x}$.

**442.** $y - \text{arcctg}\,\dfrac{1 + x}{1 - x}$.

**443.** $y = 5e^{-x^2}$.

**444.** $y = \dfrac{1}{5^{x^2}}$.

**445.** $y = x^2 10^{2x}$

**446.** $f(t) = t\,\text{sen}\,2^t$.

**447.** $y = \text{arccos}\,e^x$.

**448.** $y = \ln(2x + 7)$.

**449.** $y = \lg\,\text{sen}\,x$.

**450.** $y = \ln(1 - x^2)$.

**451.** $y = \ln^2 x - \ln(\ln x)$.

**452.** $y = \ln\left(e^x + 5\,\text{sen}\,x - 4\,\text{arcsen}\,x\right)$.

**453.** $y = \text{arctg}\,(\ln x) + \ln\,(\text{arctg}\,x)$.

**454.** $y = \sqrt{\ln x + 1} + \ln\left(\sqrt{x} + 1\right)$.

### E. Funciones diversas

**455\*\*.** $y = \text{sen}^3\,5x\,\cos^2\dfrac{x}{3}$ .

**456.** $y = -\dfrac{11}{2\,(x-2)^2} - \dfrac{4}{x-2}$ .

**457.** $y = -\dfrac{15}{4\,(x-3)^4} - \dfrac{10}{3\,(x-3)^3} - \dfrac{1}{2\,(x-3)^2}$ .

**458.** $y = \dfrac{x^8}{8\,(1-x^2)^4}$ .

**459.** $y = \dfrac{\sqrt{2x^2 - 2x + 1}}{x}$ .

**460.** $y = \dfrac{x}{a^2\,\sqrt{a^2 + x^2}}$ .

**461.** $y = \dfrac{x^3}{3\,\sqrt{(1+x^2)^3}}$ .

**462.** $y = \dfrac{3}{2}\,\sqrt[3]{x^2} + \dfrac{18}{7}\,x\,\sqrt[6]{x} + \dfrac{9}{5}\,x\,\sqrt[3]{x^2} + \dfrac{6}{13}\,x^2\,\sqrt[6]{x}$.

**463.** $y = \dfrac{1}{8}\,\sqrt[3]{(1+x^3)^8} - \dfrac{1}{5}\,\sqrt[3]{(1+x^3)^5}$.

**464.** $y = \dfrac{4}{3}\,\sqrt[4]{\dfrac{x-1}{x+2}}$ .

**465.** $y = x^4\,(a - 2x^3)^2$.

**466.** $y = \left(\dfrac{a + bx^n}{a - bx^n}\right)^m$ .

**467.** $y = \dfrac{9}{5\,(x+2)^5} - \dfrac{3}{(x+2)^4} + \dfrac{2}{(x+2)^3} - \dfrac{1}{2\,(x+2)^2}$ .

**468.** $y = (a + x)\,\sqrt{a - x}$.

**469.** $y = \sqrt{(x+a)\,(x+b)\,(x+c)}$.

**470.** $z = \sqrt[3]{y + \sqrt{y}}$.

**471.** $f\,(t) = (2t + 1)\,(3t + 2)\,\sqrt[3]{3t + 2}$.

**472.** $x = \dfrac{1}{\sqrt{2ay - y^2}}$ .

**473.** $y = \ln\left(\sqrt{1 + e^x} - 1\right) - \ln\left(\sqrt{1 + e^x} + 1\right)$.

**474.** $y = \dfrac{1}{15}\cos^3 x\,(3\cos^2 x - 5)$.

**475.** $y = \dfrac{(\operatorname{tg}^2 x - 1)(\operatorname{tg}^4 x + 10 \operatorname{tg}^2 x + 1)}{3 \operatorname{tg}^3 x}$ .

**476.** $y = \operatorname{tg}^2 5x$.

**477.** $y = \dfrac{1}{2} \operatorname{sen}(x^2)$.

**478.** $y = \operatorname{sen}^2(t^3)$.

**479.** $y = 3 \operatorname{sen} x \cos^2 x + \operatorname{sen}^3 x$.

**480.** $y = \dfrac{1}{3} \operatorname{tg}^3 x - \operatorname{tg} x + x$.

**481.** $y = -\dfrac{\cos x}{3 \operatorname{sen}^3 x} + \dfrac{4}{3} \operatorname{ctg} x$.

**482.** $y = \sqrt{\alpha \operatorname{sen}^2 x + \beta \cos^2 x}$.

**483.** $y = \operatorname{arcsen} x^2 + \operatorname{arccos} x^2$.

**484.** $y = \dfrac{1}{2} (\operatorname{arcsen} x)^2 \operatorname{arccos} x$.

**485.** $y = \operatorname{arcsen} \dfrac{x^2 - 1}{x^2}$ .

**486.** $y = \operatorname{arcsen} \dfrac{x}{\sqrt{1 + x^2}}$ .

**487.** $y = \dfrac{\operatorname{arccos} x}{\sqrt{1 - x^2}}$ .

**488.** $y = \dfrac{1}{\sqrt{b}} \operatorname{arcsen} \left( x \sqrt{\dfrac{b}{a}} \right)$ .

**489.** $y = \sqrt{a^2 - x^2} + a \operatorname{arcsen} \dfrac{x}{a}$ .

**490.** $y = x \sqrt{a^2 - x^2} + a^2 \operatorname{arcsen} \dfrac{x}{a}$ .

**491.** $y = \operatorname{arcsen}(1 - x) + \sqrt{2x - x^2}$.

**492.** $y = \left( x - \dfrac{1}{2} \right) \operatorname{arcsen} \sqrt{x} + \dfrac{1}{2} \sqrt{x - x^2}$.

**493.** $y = \ln(\operatorname{arcsen} 5x)$.

**494.** $y = \operatorname{arcsen}(\ln x)$.

**495.** $y = \operatorname{arctg} \dfrac{x \operatorname{sen} \alpha}{1 - x \cos \alpha}$ .

**496.** $y = \dfrac{2}{3} \operatorname{arctg} \dfrac{5 \operatorname{tg} \dfrac{x}{2} + 4}{3}$ .

**497.** $y = 3b^2 \operatorname{arctg} \sqrt{\dfrac{x}{b - x}} - (3b + 2x) \sqrt{bx - x^2}$.

**498.** $y = -\sqrt{2} \operatorname{arcctg} \dfrac{\operatorname{tg} x}{\sqrt{2}} - x$.

**499.** $y = \sqrt{e^{ax}}$.

**500.** $y = e^{\operatorname{sen}^2 x}$.

**501.** $F(x) = (2ma^{mx} + b)^p$.

**502.** $F(t) = e^{\alpha t} \cos \beta t$.

**503.** $y = \dfrac{(\alpha \operatorname{sen} \beta x - \beta \cos \beta x)\, e^{\alpha x}}{\alpha^2 + \beta^2}$.

**504.** $y = \dfrac{1}{10} e^{-x} (3 \operatorname{sen} 3x - \cos 3x)$.

**505.** $y = x^n a^{-x^2}$.

**506.** $y = \sqrt{\cos x}\; a^{\sqrt{\cos x}}$.

**507.** $y = 3^{\operatorname{ctg} \frac{1}{x}}$.

**508.** $y = \ln (ax^2 + bx + c)$.

**509.** $y = \ln \left( x + \sqrt{a^2 + x^2} \right)$.

**510.** $y = x - 2\sqrt{x} + 2 \ln \left( 1 + \sqrt{x} \right)$.

**511.** $y = \ln \left( a + x + \sqrt{2ax + x^2} \right)$.

**512.** $y = \dfrac{1}{\ln^2 x}$.

**513.** $y = \ln \cos \dfrac{x-1}{x}$.

**514\*.** $y = \ln \dfrac{(x-2)^5}{(x+1)^3}$.

**515.** $y = \ln \dfrac{(x-1)^3 (x-2)}{x-3}$.

**516.** $y = -\dfrac{1}{2 \operatorname{sen}^2 x} + \ln \operatorname{tg} x$.

**517.** $y = \dfrac{x}{2} \sqrt{x^2 - a^2} - \dfrac{a^2}{2} \ln \left( x + \sqrt{x^2 - a^2} \right)$.

**518.** $y = \ln \ln (3 - 2x^3)$.

**519.** $y = 5 \ln^3 (ax + b)$..

**520.** $y = \ln \dfrac{\sqrt{x^2 + a^2} + x}{\sqrt{x^2 + a^2} - x}$.

**521.** $y = \dfrac{m}{2} \ln (x^2 - a^2) + \dfrac{n}{2a} \ln \dfrac{x-a}{x+a}$.

**522.** $y = x \cdot \operatorname{sen} \left( \ln x - \dfrac{\pi}{4} \right)$.

**523.** $y = \dfrac{1}{2} \ln \operatorname{tg} \dfrac{x}{2} - \dfrac{1}{2} \dfrac{\cos x}{\operatorname{sen}^2 x}$.

**524.** $f(x) = \sqrt{x^2+1} - \ln\dfrac{1+\sqrt{x^2+1}}{x}$ .

**525.** $y = \dfrac{1}{3}\ln\dfrac{x^2-2x+1}{x^2+x+1}$ .

**526.** $y = 2^{\operatorname{arcsen} 3x} + (1-\arccos 3x)^2$.

**527.** $y = 3^{\frac{\operatorname{sen} ax}{\cos bx}} + \dfrac{1}{3}\dfrac{\operatorname{sen}^3 ax}{\cos^3 bx}$ .

**528.** $y = \dfrac{1}{\sqrt{3}}\ln\dfrac{\operatorname{tg}\frac{x}{2}+2-\sqrt{3}}{\operatorname{tg}\frac{x}{2}+2+\sqrt{3}}$ .

**529.** $y = \operatorname{arctg}\ln x$.

**530.** $y = \ln\operatorname{arcsen} x + \dfrac{1}{2}\ln^2 x + \operatorname{arcsen}\ln x$.

**531.** $y = \operatorname{arctg}\ln\dfrac{1}{x}$

**532.** $y = \dfrac{\sqrt{2}}{3}\operatorname{arctg}\dfrac{x}{\sqrt{2}} + \dfrac{1}{6}\ln\dfrac{x-1}{x+1}$ .

**533.** $y = \ln\dfrac{1+\sqrt{\operatorname{sen} x}}{1-\sqrt{\operatorname{sen} x}} + 2\operatorname{arctg}\sqrt{\operatorname{sen} x}$.

**534.** $y = \dfrac{3}{4}\ln\dfrac{x^2+1}{x^2-1} + \dfrac{1}{4}\ln\dfrac{x-1}{x+1} + \dfrac{1}{2}\operatorname{arctg} x$.

**535.** $f(x) = \dfrac{1}{2}\ln(1+x) - \dfrac{1}{6}\ln(x^2-x+1) + \dfrac{1}{\sqrt{3}}\operatorname{arctg}\dfrac{2x-1}{\sqrt{3}}$ .

**536.** $f(x) = \dfrac{x\operatorname{arcsen} x}{\sqrt{1-x^2}} = \ln\sqrt{1-x^2}$.

**537.** $y = \operatorname{sh}^3 2x$.

**538.** $y = e^{\alpha x}\operatorname{ch}\beta x$.

**539.** $y = \operatorname{th}^3 2x$.

**540.** $y = \ln\operatorname{sh} 2x$.

**541.** $y = \operatorname{Arsh}\dfrac{x^2}{a^2}$ .

**542.** $y = \operatorname{Arch}\ln x$.

**543.** $y = \operatorname{Arth}(\operatorname{tg} x)$.

**544.** $y = \operatorname{Arcth}(\sec x)$.

**545.** $y = \operatorname{Arth}\dfrac{2x}{1+x^2}$ .

**546.** $y = \frac{1}{2}(x^2 - 1)\operatorname{Arth} x + \frac{1}{2}x.$

**547.** $y = \left(\frac{1}{2}x^2 + \frac{1}{4}\right)\operatorname{Arsh} x - \frac{1}{4}x\sqrt{1 + x^2}.$

**548.** Hallar $y'$, si:

$$\text{a) } y = |x|;$$
$$\text{b) } y = x|x|.$$

Construir la gráfica de las funciones $y$ e $y'$.

**549.** Hallar $y'$, si

$$y = \ln|x| \quad (x \neq 0).$$

**550.** Hallar $f'(x)$, si

$$f(x) = \begin{cases} 1 - x & \text{cuando } x \leqslant 0, \\ e^{-x} & \text{cuando } x > 0. \end{cases}$$

**551.** Calcular $f'(0)$, si

$$f(x) = e^{-x}\cos 3x.$$

S o l u c i ó n. $f'(x) = e^{-x}(-3\operatorname{sen} 3x) - e^{-x}\cos 3x;$
$$f'(0) = e^0(-3\operatorname{sen} 0) - e^0\cos 0 = -1.$$

**552.** $f(x) = \ln(1 + x) + \arcsin\frac{x}{2}.$ Hallar $f'(1)$.

**553.** $y = \operatorname{tg}^3 \frac{\pi x}{6}.$ Hallar $\left(\frac{dy}{dx}\right)_{x=2}.$

**554.** Hallar $f'_+(0)$ y $f'_-(0)$ para las funciones:

a) $f(x) = \sqrt{\operatorname{sen}(x^2)};$

b) $f(x) = \arcsin\frac{a^2 - x^2}{a^2 + x^2};$

c) $f(x) = \dfrac{x}{1 + e^{\frac{1}{x}}},\quad x \neq 0;\ f(0) = 0;$

d) $f(x) = x^2 \operatorname{sen}\frac{1}{x},\quad x \neq 0;\ f(0) = 0;$

e) $f(x) = x\operatorname{sen}\frac{1}{x},\quad x \neq 0;\ f(0) = 0.$

**555.** Dada la función $f(x) = e^{-x}$, hallar $f(0) + xf'(0)$.

**556.** Dada la función $f(x) = \sqrt{1 + x}$, hallar $f(3) + (x - 3)f'(3)$.

**557.** Dadas las funciones $f(x) = \operatorname{tg} x$ y $\varphi(x) = \ln(1 - x)$, hallar $\dfrac{f'(0)}{\varphi'(0)}.$

**558.** Dadas las funciones $f(x) = 1 - x$ y $\varphi(x) = 1 - \operatorname{sen}\dfrac{\pi x}{2}$, hallar $\dfrac{\varphi'(1)}{f'(1)}$.

**559.** Demostrar que la derivada de una función par es una función impar y la de una función impar, es par.

**560.** Demostrar que la derivada de una función periódica es una función también periódica.

**561.** Demostrar que la función $y = xe^{-x}$ satisface a la ecuación $xy' = (1 - x) y$.

**562.** Demostrar que la función $y = xe^{-\frac{x^2}{2}}$ satisface a la ecuación $xy' = (1 - x^2) y$.

**563.** Demostrar que la función $y = \dfrac{1}{1 + x + \ln x}$ satisface a la ecuación $xy' = y (y \ln x - 1)$.

## F. Derivada logarítmica

Se llama *derivada logarítmica* de una función $y = f(x)$, a la derivada del logaritmo de dicha función, es decir,

$$(\ln y)' = \frac{y'}{y} = \frac{f'(x)}{f(x)}.$$

La logaritmación previa de las funciones facilita en algunos casos el cálculo de sus derivadas.

E j e m p l o. Hallar la derivada de la función exponencial compuesta

$$y = u^v,$$

donde $u = \varphi(x)$ y $v = \psi(x)$.

S o l u c i ó n. Tomando logaritmos, tendremos:

$$\ln y = v \ln u.$$

Derivando los dos miembros de esta igualdad con respecto a $x$

$$(\ln y)' = v' \ln u + v (\ln u)',$$

o

$$\frac{1}{y} y' = v' \ln u + v \frac{1}{u} u',$$

de donde

$$y' = y \left( v' \ln u + \frac{v}{u} u' \right),$$

o sea,

$$y' = u^v \left( v' \ln u + \frac{v}{u} u' \right).$$

**564.** Hallar $y'$, si

$$y = \sqrt[3]{x^2}\, \frac{1 - x}{1 + x^2}\, \operatorname{sen}^3 x \cos^2 x.$$

S o l u c i ó n. $\ln y = \dfrac{2}{3} \ln x + \ln (1-x) - \ln (1+x^2) + 3 \ln \operatorname{sen} x + 2 \ln \cos x;$

$$\frac{1}{y} y' = \frac{2}{3} \frac{1}{x} + \frac{(-1)}{1-x} - \frac{2x}{1+x^2} + 3 \frac{1}{\operatorname{sen} x} \cos x - \frac{2 \operatorname{sen} x}{\cos x} ,$$

de donde

$$y' = y \left( \frac{2}{3x} - \frac{1}{1-x} - \frac{2x}{1+x^2} + 3 \operatorname{ctg} x - 2 \operatorname{tg} x \right) .$$

**565.** Hallar $y'$, si $y = (\operatorname{sen} x)^x$.

S o l u c i ó n. $\ln y = x \ln \operatorname{sen} x;\ \dfrac{1}{y} y' = \ln \operatorname{sen} x + x \operatorname{ctg} x;$

$$y' = (\operatorname{sen} x)^x (\ln \operatorname{sen} x + x \operatorname{ctg} x).$$

Hallar $y'$, tomando previamente logaritmos para la función $y = f(x)$:

**566.** $y = (x+1)(2x+1)(3x+1).$

**567.** $y = \dfrac{(x+2)^2}{(x+1)^3 (x+3)^4}$ .

**568.** $y = \sqrt{\dfrac{x(x-1)}{x-2}}$ .

**569.** $y = x \sqrt[3]{\dfrac{x^2}{x^2+1}}$ .

**570.** $y = \dfrac{(x-2)^9}{\sqrt{(x-1)^5 (x-3)^{11}}}$ .

**571.** $y = \dfrac{\sqrt{x-1}}{\sqrt[3]{(x+2)^2} \sqrt{(x+3)^3}}$ .

**572.** $y = x^x.$

**573.** $y = x^{x^2}.$

**574.** $y = \sqrt[x]{x}.$

**575.** $y = x^{\sqrt{x}}.$

**576.** $y = x^{x^x}.$

**577.** $y = x^{\operatorname{sen} x}.$

**578.** $y = (\cos x)^{\operatorname{sen} x}.$

**579.** $y = \left(1 + \dfrac{1}{x}\right)^x$ .

**580.** $y = (\operatorname{arctg} x)^x.$

## § 3. Derivadas de funciones que no están dadas explícitamente

1.° D e r i v a d a  d e  l a  f u n c i ó n  i n v e r s a. Si la derivada de la función $y = f(x)$ es $y'_x \neq 0$, la derivada de la función inversa $x = f^{-1}(y)$ será

$$x'_y = \frac{1}{y'_x}$$

o sea,

$$\frac{dx}{dy} = \frac{1}{\dfrac{dy}{dx}} .$$

Ejemplo 1. Hallar la derivada $x'_y$, si

$$y = x + \ln x.$$

Solución. Tenemos $y'_x = 1 + \dfrac{1}{x} = \dfrac{x+1}{x}$ ; por consiguiente,

$$x'_y = \frac{x}{x+1}.$$

2°. **Derivadas de funciones dadas en forma paramétrica.** Si la dependencia entre la función $y$ y el argumento $x$ viene dada por medio del parámetro $t$

$$\begin{cases} x = \varphi(t), \\ y = \psi(t), \end{cases}$$

se tiene,

$$y'_x = \frac{y'_t}{x'_t},$$

o con otras notaciones,

$$\frac{dy}{dx} = \frac{\dfrac{dy}{dt}}{\dfrac{dx}{dt}}.$$

Ejemplo 2. Hallar $\dfrac{dy}{dx}$, si

$$\begin{cases} x = a \cos t, \\ y = a \operatorname{sen} t. \end{cases}$$

Solución. Hallamos $\dfrac{dx}{dt} = -a \operatorname{sen} t$ y $\dfrac{dy}{dt} = a \cos t$. De aquí que,

$$\frac{dy}{dx} = \frac{a \cos t}{-a \operatorname{sen} t} = -\operatorname{ctg} t.$$

3°. **Derivada de la función implícita.** Si la dependencia entre $x$ e $y$ viene dada de forma implícita

$$F(x, y) = 0; \tag{1}$$

para hallar la derivada $y'_x = y'$, en los casos más simples, bastará: 1) calcular la derivada con respecto a $x$ del primer miembro de la ecuación (1), considerando $y$ función de $x$: 2) igualar esta derivada a cero, es decir, suponer que

$$\frac{d}{dx} F(x, y) = 0, \tag{2}$$

y 3) resolver la ecuación obtenida con respecto a $y'$.

Ejemplo 3. Hallar la derivada $y'_x$, si

$$x^3 + y^3 - 3axy = 0. \tag{3}$$

Solución. Calculando la derivada del primer miembro de la igualdad (3) e igualándola a cero, tendremos:

$$3x^2 + 3y^2 y' - 3a(y + xy') = 0,$$

de donde

$$y' = \frac{x^2 - ay}{ax - y^2}.$$

**581.** Hallar la derivada $x'_y$, si

a) $y = 3x + x^3$;

b) $y = x - \frac{1}{2} \operatorname{sen} x$;

c) $y' = 0,1x + e^{x/2}$.

Calcular la derivada $y' = \frac{dy}{dx}$ de las funciones $y$ siguientes, dadas en forma paramétrica:

**582.** $\begin{cases} x = 2t - 1, \\ y = t^3. \end{cases}$

**583.** $\begin{cases} x = \frac{1}{t+1}, \\ y = \left( \frac{t}{t+1} \right)^2. \end{cases}$

**584.** $\begin{cases} x = \frac{2at}{1+t^2}, \\ y = \frac{a(1-t^2)}{1+t^2}. \end{cases}$

**585.** $\begin{cases} x = \frac{3at}{1+t^3}, \\ y = \frac{3at^2}{1+t^3}. \end{cases}$

**586.** $\begin{cases} x = \sqrt{t}, \\ y = \sqrt[3]{t}. \end{cases}$

**587.** $\begin{cases} x = \sqrt{t^2 + 1}, \\ y = \frac{t-1}{\sqrt{t^2+1}}. \end{cases}$

**588.** $\begin{cases} x = a(\cos t + t \operatorname{sen} t), \\ y = a(\operatorname{sen} t - t \cos t). \end{cases}$

**589.** $\begin{cases} x = a \cos^2 t, \\ y = b \operatorname{sen}^2 t. \end{cases}$

**590.** $\begin{cases} x = a \cos^3 t, \\ y = b \operatorname{sen}^3 t. \end{cases}$

591.
$$\begin{cases} x = \dfrac{\cos^3 t}{\sqrt{\cos 2t}}, \\ y = \dfrac{\operatorname{sen}^3 t}{\sqrt{\cos 2t}}. \end{cases}$$

592.
$$\begin{cases} x = \arccos \dfrac{1}{\sqrt{1+t^2}}, \\ y = \arcsen \dfrac{t}{\sqrt{1+t^2}}. \end{cases}$$

593.
$$\begin{cases} x = e^{-t}, \\ y = e^{2t}. \end{cases}$$

594.
$$\begin{cases} x = a\left(\ln \operatorname{tg}\dfrac{t}{2} + \cos t - \operatorname{sen} t\right), \\ y = a\,(\operatorname{sen} t + \cos t). \end{cases}$$

595. Calcular $\dfrac{dy}{dx}$ para $t = \dfrac{\pi}{2}$, si
$$\begin{cases} x = a\,(t - \operatorname{sen} t), \\ y = a\,(1 - \cos t). \end{cases}$$

Solución. $\dfrac{dy}{dx} = \dfrac{a \operatorname{sen} t}{a(1 - \cos t)} = \dfrac{\operatorname{sen} t}{1 - \cos t}$ y $\left(\dfrac{dy}{dx}\right)_{t=\frac{\pi}{2}} = \dfrac{\operatorname{sen}\frac{\pi}{2}}{1 - \cos\frac{\pi}{2}} = 1$

596. Hallar $\dfrac{dy}{dx}$ para $t = 1$, si $\begin{cases} x = t \ln t, \\ y = \dfrac{\ln t}{t}. \end{cases}$

597. Hallar $\dfrac{dy}{dx}$ para $t = \dfrac{\pi}{4}$, si $\begin{cases} x = e^t \cos t, \\ y = e^t \operatorname{sen} t. \end{cases}$

598. Demostrar que la función $y$, dada por las ecuaciones paramétricas
$$\begin{cases} x = 2t + 3t^2, \\ y = t^2 + 2t^3, \end{cases}$$
satisface a la ecuación
$$y = \left(\dfrac{dy}{dx}\right)^2 + 2\left(\dfrac{dy}{dx}\right)^3.$$

599. Para $x = 2$ se cumple la igualdad
$$x^2 = 2x.$$
¿Se deduce de ésto que
$$(x^2)' = (2x)'$$
para $x = 2$?

**600.** Sea $y = \sqrt{a^2 - x^2}$. ¿Se puede derivar miembro a miembro la igualdad

$$x^2 + y^2 = a^2?$$

Hallar la derivada $y' = \dfrac{dy}{dx}$ de las siguientes funciones implícitas $y$:

**601.** $2x - 5y + 10 = 0$.

**602.** $\dfrac{x^2}{a^2} + \dfrac{y^2}{b^2} = 1$.

**603.** $x^3 + y^3 = a^3$.

**604.** $x^3 + x^2 y + y^2 = 0$.

**605.** $\sqrt{x} + \sqrt{y} = \sqrt{a}$.

**606.** $\sqrt[3]{x^2} + \sqrt[3]{y^2} = \sqrt[3]{a^2}$.

**607.** $y^3 = \dfrac{x - y}{x + y}$.

**608.** $y - 0,3 \operatorname{sen} y = x$.

**609.** $a \cos^2 (x + y) = b$.

**610.** $\operatorname{tg} y = xy$.

**611.** $xy + \operatorname{arctg} \dfrac{x}{y}$.

**612.** $\operatorname{arctg} (x + y) = x$.

**613.** $e^y = x + y$.

**614.** $\ln x + e^{-\frac{y}{x}} = c$.

**615.** $\ln y + \dfrac{x}{y} = c$.

**616.** $\operatorname{arctg} \dfrac{y}{x} = \dfrac{1}{2} \ln (x^2 + y^2)$.

**617.** $\sqrt{x^2 + y^2} = c \operatorname{arctg} \dfrac{y}{x}$.

**618.** $x^y = y^x$.

**619.** Hallar $y'$ en el punto $M(1; 1)$, si

$$2y = 1 + xy^3.$$

Solución. Derivando, tenemos: $2y' = y^3 + 3xy^2 y'$. Haciendo $x = 1$ e $y = 1$, obtenemos $2y' = 1 + 3y'$, de donde $y' = -1$.

**620.** Hallar las derivadas $y'$ de las funciones $y$, que se dan a continuación, en los puntos que se indican:

a) $(x + y)^3 = 27 (x - y)$ cuando $x = 2$ e $y = 1$;

b) $ye^y = e^{x+1}$ cuando $x = 0$ e $y = 1$;

c) $y^2 = x + \ln \dfrac{y}{x}$ cuando $x = 1$ e $y = 1$.

## § 4. Aplicaciones geométricas y mecánicas de la derivada

1°. Ecuaciones de la tangente y de la normal. De la interpretación geométrica de la derivada se deduce, que la *ecuación de la tangente* a la curva $y = f(x)$ o $F(x, y) = 0$ en el punto $M(x_0, y_0)$ es:

$$y - y_0 = y_0' (x - x_0),$$

donde $y_0'$ es el valor de la derivada $y'$ en el punto $M(x_0, y_0)$. La recta, perpendicular a la tangente, que pasa por el punto de contacto de ésta con la curva, recibe el nombre de *normal a dicha curva*. Para la normal tendremos la siguiente ecuación:

$$x - x_0 + y_0' (y - y_0) = 0.$$

2°. **A n g u l o   e n t r e   c u r v a s.** Por ángulo formado por las curvas

$$y = f_1(x)$$

e

$$y = f_2(x)$$

en su punto común $M_0(x_0, y_0)$ (fig. 12) se entiende el ángulo $\omega$ que forman entre sí las tangentes a estas curvas $M_0 A$ y $M_0 B$ en el punto $M_0$.

Por la conocida fórmula de Geometría Analítica obtenemos:

$$\operatorname{tg} \omega = \frac{f_2'(x_0) - f_1'(x_0)}{1 + f_1'(x_0) \cdot f_2'(x_0)}.$$

3°. **S e g m e n t o s, r e l a c i o n a d o s   c o n   l a   t a n g e n t e   y   l a   n o r-m a l, p a r a   e l   c a s o   d e   u n   s i s t e m a   d e   c o o r d e n a d a s   r e c t a n-g u l a r e s.** La tangente y la normal determinan los cuatro segmentos siguientes (fig. 13):

$t = TM$, llamado *segmento tangente,*

$S_t = TK$, *subtangente,*

$n = NM$, *segmento normal,*

$S_n = KN$, *subnormal.*

Como $KM = |y_0|$ y $\operatorname{tg} \varphi = y_0'$, se tiene

$$t = TM = \left| \frac{y_0}{y_0'} \sqrt{1 + (y_0')^2} \right|;$$

$$n = NM = \left| y_0 \sqrt{1 + (y_0')^2} \right|;$$

$$S_t = TK = \left| \frac{y_0}{y_0'} \right|; \quad S_n = |y_0 y_0'|.$$

4°. **S e g m e n t o s, r a l a c i o n a d o s   c o n   l a   t a n g e n t e   y   l a   n o r m a l, p a r a   e l   c a s o   d e   u n   s i s t e m a   d e   c o o r d e n a d a s   p o-l a r e s.** Si la curva viene dada en coordenadas polares por la ecuación

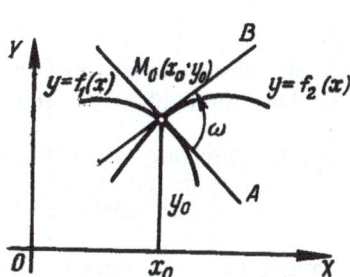

F i g. 12

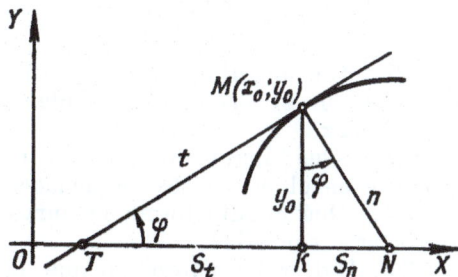

F i g. 13

$r = f(\varphi)$, el ángulo $\mu$, formado por la tangente $MT$ y el radio polar $r = OM$ (fig. 14), se determina por la fórmula siguiente:

$$\operatorname{tg} \mu = r \frac{d\varphi}{dr} = \frac{r}{r'}.$$

La tangente $MT$ y la normal $MN$ en el punto $M$, junto con el radio polar del punto de contacto y la perpendicular a dicho radio trazada por el

61

polo $O$, determinan los cuatro segmentos siguientes (véase la fig. 14):

$t = MT$, *segmento de la tangente polar,*

$n = MN$, *segmento de la normal polar,*

$S_t = OT$, *subtangente polar,*

$S_n = ON$, *subnormal polar.*

Estos segmentos se expresan con las siguientes fórmulas:

$$t = MT = \frac{r}{|r'|} \sqrt{r^2 + (r')^2}; \quad S_t = OT = \frac{r^2}{|r'|} ;$$

$$n = MN = \sqrt{r^2 + (r')^2}; \qquad S_n = ON = |r'|.$$

**621.** ¿Qué ángulos $\varphi$ forman con el eje $OX$ las tangentes a la curva $y = x - x^2$ en los puntos cuyas abscisas son: a) $x = 0$; b) $x = 1/2$: c) $x = 1$?

S o l u c i ó n. Tenemos $y' = 1 - 2x$. De donde: a) $\operatorname{tg}\varphi = 1$, $\varphi = 45°$; b) $\operatorname{tg}\varphi = 0$, $\varphi = 0°$; c) $\operatorname{tg}\varphi = -1$; $\varphi = 135°$ (fig. 15).

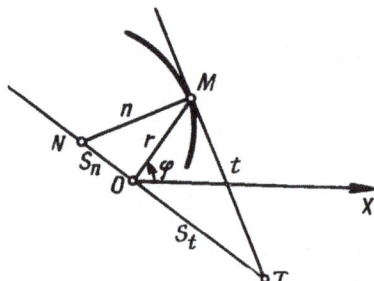

F i g. 14

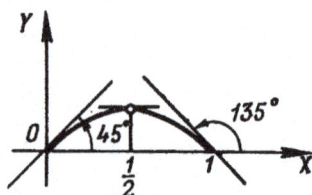

F i g. 15

**622.** ¿Qué ángulos forman con el eje de abscisas, al cortarse con éste en el origen de coordenadas, las sinusoides $y = \operatorname{sen} x$ e $y = \operatorname{sen} 2x$?

**623.** ¿Qué ángulo forma con el eje de abscisas, al cortarse con éste en el origen de coordenadas, la tangentoide $y = \operatorname{tg} x$?

**624.** ¿Qué ángulo forma la curva $y = e^{0,5x}$ con la recta $x = 2$ al cortarse con ella?

**625.** Hallar los puntos en que las tangentes a la curva $y = 3x^4 + 4x^3 - 12x^2 + 20$ sean paralelas al eje de abscisas.

**626.** ¿En qué punto la tangente a la parábola

$$y = x^2 - 7x + 3$$

es paralela a la recta $5x + y - 3 = 0$?

**627.** Hallar la ecuación de la parábola $y = x^2 + bx + c$, que es tangente a la recta $x = y$ en el punto $(1; 1)$.

**628.** Determinar el coeficiente angular de la tangente a la curva $x^3 + y^3 - xy - 7 = 0$ en el punto (1; 2).

**629.** ¿En qué punto de la curva $y^2 = 2x^3$ la tangente es perpendicular a la recta $4x - 3y + 2 = 0$?

**630.** Escribir las ecuaciones de la tangente y de la normal a la parábola

$$y = \sqrt{x}$$

en el punto cuya abscisa es $x = 4$.

S o l u c i ó n. Tenemos $y' = \dfrac{1}{2\sqrt{x}}$; de aquí que, el coeficiente angular

de la tangente será $k = [y']_{x=4} = \dfrac{1}{4}$. Como el punto de contacto tiene las

coordenadas $x = 4$ e $y = 2$, la ecuación de la tangente es $y - 2 = \dfrac{1}{4}(x - 4)$,

o bien, $x - 4y + 4 = 0$.

En virtud de la condición de perpendicularidad, el coeficiente angular de la normal es:

$$k_1 = -4,$$

de donde la ecuación de la normal es

$$y - 2 = -4(x - 4), \text{ o bien, } 4x + y - 18 = 0.$$

**631.** Escribir las ecuaciones de la tangente y de la normal a la curva $y = x^3 + 2x^2 - 4x - 3$ en el punto (−2; 5).

**632.** Hallar las ecuaciones de la tangente y de la normal a la curva

$$y = \sqrt[3]{x - 1}$$

en el punto (1; 0).

**633.** Hallar las ecuaciones de las tangentes y de las normales a las siguientes curvas en los puntos que se indican:

a) $y = \text{tg } 2x$ en el origen de coordenadas;

b) $y = \text{arc sen } \dfrac{x - 1}{2}$ en el punto de intersección con el eje $OX$;

c) $y = \text{arc cos } 3x$ en el punto de intersección con el eje $OY$;

d) $y = \ln x$ en el punto de intersección con el eje $OX$;

e) $y = e^{1 - x^2}$ en los puntos de intersección con la recta $y = 1$.

**634.** Escribir las ecuaciones de la tangente y de la normal a la curva

$$\begin{cases} x = \dfrac{1 + t}{t^3} \\ y = \dfrac{3}{2t^2} + \dfrac{1}{2t}, \end{cases}$$

en el punto (2; 2).

**635.** Escribir la ecuación de la tangente a la curva

$$x = t \cos t, \quad y = t \, \text{sen } t$$

en el origen de coordenadas y en el punto $t = \dfrac{\pi}{4}$.

**636.** Escribir las ecuaciones de la tangente y de la normal a la curva $x^2 + y^2 + 2x - 6 = 0$ en el punto cuya ordenada es $y = 3$.

**637.** Escribir la ecuación de la tangente a la curva $x^5 + y^5 - 2xy = 0$ en el punto $(1; 1)$.

**638.** Escribir las ecuaciones de las tangentes y de las normales a la curva $y = (x-1)(x-2)(x-3)$ en sus puntos de intersección con el eje de abscisas.

**639.** Escribir las ecuaciones de la tangente y de la normal a la curva $y^4 = 4x^4 + 6xy$ en el punto $(1; 2)$.

**640*.** Demostrar que el segmento de tangente a la hipérbola $xy = a^2$, comprendido entre los ejes de coordenadas, está dividido en dos partes iguales por el punto de contacto.

**641.** Demostrar que en la astroide $x^{2/3} + y^{2/3} = a^{2/3}$ el segmento tangente, comprendido entre los ejes de coordenadas, tiene magnitud constante e igual a $a$.

**642.** Demostrar que las normales a la envolvente de la circunferencia

$$x = a(\cos t + t \operatorname{sen} t), \quad y = a(\operatorname{sen} t - t \cos t)$$

son tangentes a la circunferencia $x^2 + y^2 = a^2$.

**643.** Hallar el ángulo de intersección de las parábolas

$$y = (x-2)^2 \quad e \quad y = -4 + 6x - x^2.$$

**644.** ¿Qué ángulo forman entre sí las parábolas $y = x^2$ e $y = x^3$ al cortarse?

**645.** Demostrar que las curvas $y = 4x^2 + 2x - 8$ e $y = x^3 - x + 10$ son tangentes entre sí en el punto $(3; 34)$. ¿Ocurrirá lo mismo en el punto $(-2; 4)$?

**646.** Demostrar que las hipérbolas

$$xy = a^2 \quad y \quad x^2 - y^2 = b^2$$

se cortan entre sí formando un ángulo recto.

**647.** Se da la parábola $y^2 = 4x$. Calcular la longitud de los segmentos tangente, normal, subtangente y subnormal en el punto $(1; 2)$.

**648.** Hallar la longitud del segmento subtangente de la curva $y = 2^x$ en cualquier punto de la misma.

**649.** Demostrar que la longitud del segmento normal a cualquier punto de la hipérbola equilátera $x^2 - y^2 = a^2$ es igual al radio polar de dicho punto.

**650.** Demostrar que la longitud del segmento subnormal de la hipérbola $x^2 - y^2 = a^2$, en un punto cualquiera de la misma, es igual a la abscisa de dicho punto.

**651.** Demostrar que los segmentos subtangentes de la elipse $\dfrac{x^2}{a^2} + \dfrac{y^2}{b^2} = 1$ y de la circunferencia $x^2 + y^2 = a^2$, en los puntos de abscisas iguales, son iguales entre sí. ¿Qué procedimiento de construcción de la tangente a la elipse se desprende de lo antedicho?

**652.** Hallar la longitud de los segmentos tangente, normal, subtangente y subnormal a la cicloide

$$\begin{cases} x = a\,(t - \operatorname{sen} t) \\ y = a\,(1 - \cos t) \end{cases}$$

en un punto cualquiera $t = t_0$.

**653.** Hallar el ángulo que forman entre sí la tangente a la espiral logarítmica

$$r = ae^{k\varphi}$$

y el radio polar del punto de contacto.

**654.** Hallar el ángulo entre la tangente y el radio polar del punto de contacto para la lemniscata $r^2 = a^2 \cos 2\varphi$.

**655.** Hallar las longitudes de los segmentos polares: tangente, normal, subtangente y subnormal y el ángulo que forman entre sí la tangente y el radio polar del punto de contacto para la espiral de Arquímedes

$$r = a\varphi$$

en el punto de ángulo polar $\varphi = 2\pi$.

**656.** Hallar las longitudes de los segmentos polares: subtangente, subnormal, tangente y normal, y el ángulo que forman entre sí la tangente y el radio polar para la espiral hiperbólica $r = \dfrac{a}{\varphi}$ en un punto arbitrario $\varphi = \varphi_0$; $r = r_0$.

**657.** La ley del movimiento de un punto sobre el eje $OX$ es

$$x = 3t - t^3.$$

Hallar la velocidad del movimiento de dicho punto para los instantes $t_0 = 0$; $t_1 = 1$ y $t_2 = 2$ ($x$ se da en centímetros; $t$, en segundos).

**658.** Por el eje $OX$ se mueven dos puntos que tienen respectivamente las leyes de movimiento

$$x = 100 + 5t$$

y

$$x = \frac{1}{2} t^2,$$

donde $t \geqslant 0$. ¿Con qué velocidad se alejarán estos puntos, el uno del otro, en el momento de su encuentro ($x$ se da en centímetros; $t$, en segundos)?

**659.** Los extremos de un segmento $AB = 5$ m. se deslizan por las rectas perpendiculares entre sí $OX$ y $OY$ (fig. 16). La velocidad de desplazamiento del extremo $A$ es igual a 2 m/seg. ¿Cuál será la velocidad de desplazamiento del extremo $B$ en el instante en que el extremo $A$ se encuentre a una distancia $OA = 3$ m. del origen de coordenadas?

**660.** La ley del movimiento de un punto material, lanzado en el plano vertical $XOY$ (fig. 17), formando un ángulo $\alpha$ respecto al horizonte, con una velocidad inicial $v_0$, viene dada por las fórmulas (sin tomar en consideración la resistencia del aire)

$$x = v_0 t \cos \alpha, \quad y = v_0 t \operatorname{sen} \alpha - \frac{gt^2}{2},$$

donde $t$ es el tiempo y $g$ la aceleración de la fuerza de gravedad. Hallar la trayectoria del movimiento y su alcance. Determinar

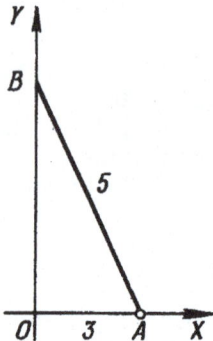

F i g. 16

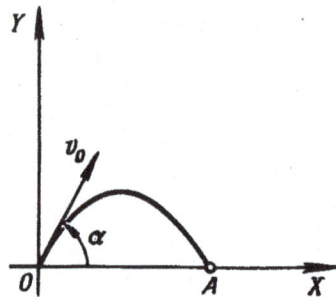

F i g. 17

también la magnitud de la velocidad del movimiento y su dirección.

**661.** Un punto se mueve sobre la hipérbola $y = \dfrac{10}{x}$ de tal modo, que su abscisa $x$ aumenta uniformemente con la velocidad de una unidad por segundo. ¿Con qué velocidad variará su ordenada, cuando el punto pase por la posición (5; 2)?

**662.** ¿En qué punto de la parábola $y^2 = 18x$ la ordenada crece dos veces más de prisa que la abscisa?

**663.** Uno de los lados de un rectángulo tiene una magnitud constante $a = 10$ cm, mientras que el otro, $b$, es variable y aumenta a la velocidad constante de 4 cm/seg. ¿A qué velocidad crecerán la diagonal del rectángulo y su área en el instante en que $b = 30$ cm?

**664.** El radio de una esfera crece uniformemente con una velocidad de 5 cm/seg. ¿A qué velocidad crecerán el área de la superficie de dicha esfera y el volumen de la misma, cuando el radio sea igual a 50 cm?

**665.** Un punto se mueve sobre la espiral de Arquímedes

$$r = a\varphi$$

($a = 10$ cm) de modo que la velocidad angular de rotación de su radio polar es constante e igual a 6° por segundo. Determinar la velocidad con que se alarga dicho radio polar $r$ en el instante en que $r = 25$ cm.

**666.** Una barra heterogénea $AB$ tiene 12 cm. de longitud. La masa de la parte de $AM$ de la misma crece proporcionalmente al cuadrado de la distancia del punto móvil $M$ respecto al extremo $A$ y es igual a 10 g cuando $AM = 2$ cm. Hallar la masa de toda la barra $AB$ y la densidad lineal en cualquier punto $M$ de la misma. ¿A qué es igual la densidad lineal de la barra en los puntos $A$ y $B$?

## § 5. Derivadas de órdenes superiores

**1°. Definición de las derivadas de órdenes superiores.** *Derivada de segundo orden* o *derivada segunda* de una función $y = f(x)$ se llama a la derivada de su derivada, es decir, a

$$y'' = (y')'.$$

La derivada segunda se designa así:

$$y'' \text{ o } \frac{d^2y}{dx^2}, \text{ o } f''(x).$$

Si $x = f(t)$ es la ley del movimiento rectilíneo de un punto, $\frac{d^2x}{dt^2}$ es la aceleración de dicho movimiento.

En general, la *derivada de orden enésimo* de la función $y = f(x)$ es la derivada de la derivada de orden $(n-1)$. La derivada *enésima* se designa así:

$$y^{(n)}, \text{ o } \frac{d^ny}{dx^n}, \text{ o } f^{(n)}(x).$$

**Ejemplo 1.** Hallar la derivada de segundo orden de la función

$$y = \ln(1-x).$$

**Solución.** $y' = \frac{-1}{1-x}; \ y'' = \left(\frac{-1}{1-x}\right) = \frac{1}{(1-x)^2}.$

**2°. Fórmula de Leibniz.** Si las funciones $u = \varphi(x)$ y $v = \psi(x)$ tienen derivadas hasta de orden *enésimo* inclusive, para calcular la derivada *enésima* del producto de estas funciones puede emplearse la *fórmula de Leibniz*

$$(uv)^{(n)} = u^{(n)}v + nu^{(n-1)}v' + \frac{n(n-1)}{1 \cdot 2}u^{(n-2)}v'' + \ldots + uv^{(n)}.$$

**3°. Derivadas de órdenes superiores de funciones dadas en forma paramétrica.** Si

$$\begin{cases} x = \varphi(t), \\ y = \psi(t), \end{cases}$$

sus derivadas $y'_x = \dfrac{dy}{dx}$, $y''_{xx} = \dfrac{d^2y}{dx^2}$, ... pueden calcularse sucesivamente por las fórmulas:

$$y'_x = \frac{y'_t}{x'_t}, \quad y''_{xx} = (y'_x)'_x = \frac{(y'_x)'_t}{x'_t}, \quad y'''_{xxx} = \frac{(y''_{xx})'_t}{x'_t}, \quad \text{etc.}$$

Para la derivada de 2° orden se cumple la fórmula

$$y''_{xx} = \frac{x'_t y''_{tt} - x''_{tt} y'_t}{(x'_t)^3}.$$

E j e m p l o 2. Hallar $y''$, si

$$\begin{cases} x = a \cos t, \\ y = b \operatorname{sen} t. \end{cases}$$

S o l u c i ó n. Tenemos:

$$y' = \frac{(b \operatorname{sen} t)'_t}{(a \cos t)'_t} = \frac{b \cdot \cos t}{-a \operatorname{sen} t} = -\frac{b}{a} \operatorname{ctg} t$$

y

$$y'' = \frac{\left(-\dfrac{b}{a} \operatorname{ctg} t\right)'_t}{(a \cos t)'_t} = \frac{-\dfrac{b}{a} \cdot \dfrac{-1}{\operatorname{sen}^2 t}}{-a \operatorname{sen} t} = -\frac{b}{a^2 \operatorname{sen}^3 t}.$$

*A. Derivadas de órdenes superiores de funciones explícitas.*

Hallar las derivadas de segundo grado de las funciones siguientes:

**667.** $y = x^8 + 7x^6 - 5x + 4$.

**668.** $y = e^{x^2}$.

**669.** $y = \operatorname{sen}^2 x$.

**670.** $y = \ln \sqrt[3]{1 + x^2}$.

**671.** $y = \ln\left(x + \sqrt{a^2 + x^2}\right)$.

**672.** $f(x) = (1 + x^2) \cdot \operatorname{arctg} x$.

**673.** $\dot{y} = (\operatorname{arc} \operatorname{sen} x)^2$.

**674.** $y = a \operatorname{ch} \dfrac{x}{a}$.

**675.** Demostrar, que la función $y = \dfrac{x^2 + 2x + 2}{2}$ satisface a la ecuación diferencial $1 + y'^2 = 2yy''$.

**676.** Demostrar, que la función $y = \dfrac{1}{2} x^2 e^x$ satisface a la ecuación diferencial $y'' - 2y' + y = e^x$.

**677.** Demostrar, que la función $y = C_1 e^{-x} + C_2 e^{-2x}$ para cualquier valor de las constantes $C_1$ y $C_2$ satisface a la ecuación $y'' + 3y' + 2y = 0$.

**678.** Demostrar, que la función $y = e^{3x} \operatorname{sen} 5x$ satisface a la ecuación $y'' - 4y' + 29y = 0$.

**679.** Hallar $y'''$, si $y = x^3 - 5x^2 + 7x - 2$.

**680.** Hallar $f'''(3)$, si $f(x) = (2x - 3)^5$.

**681.** Hallar $y^V$ para la función $y = \ln(1 + x)$.

**682.** Hallar $y^{VI}$ para la función $y = \operatorname{sen} 2x$.

**683.** Demostrar, que la función $y = e^{-x} \cos x$ satisface a la ecuación diferencial $y^{VI} + 4y = 0$.

**684.** Hallar $f(0)$, $f'(0)$, $f''(0)$ y $f'''(0)$, si

$$f(x) = e^x \operatorname{sen} x.$$

**685.** La ecuación del movimiento de un punto sobre el eje $OX$, es

$$x = 100 + 5t - 0{,}001\, t^3.$$

Hallar la velocidad y la aceleración de dicho punto para los instantes

$$t_0 = 0; \quad t_1 = 1; \quad t_2 = 10.$$

**686.** Por la circunferencia $x^2 + y^2 = a^2$ se mueve un punto $M$ con una velocidad angular constante $\omega$. Hallar la ley del movimiento de su proyección $M_1$ sobre el eje $OX$, si en el momento

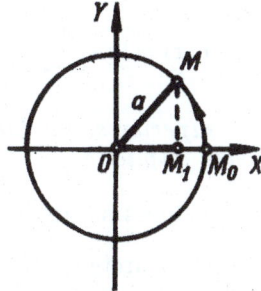

Fig. 18

$t = 0$ el punto ocupaba la posición $M_0(a, 0)$ (fig. 18). Hallar la velocidad y la aceleración del movimiento del punto $M_1$.

¿A qué es igual la velocidad y la aceleración del punto $M_1$ en el momento inicial y en. el momento en que pasa por el origen de coordenadas?

¿Cuáles son los valores absolutos máximos de la velocidad y de la aceleración del punto $M_1$?

**687.** Hallar la derivada de orden $n$-ésimo de la función $y = (ax + b)^n$, donde $n$ es un número entero.

**688.** Hallar las derivadas de orden $n$-ésimo de las funciones:

a) $y = \dfrac{1}{1 - x}$; b) $y = \sqrt{x}$.

**689.** Hallar la derivada *n-ésima* de las funciones:

a) $y = \operatorname{sen} x$;

b) $y = \cos 2x$;

c) $y = e^{-3x}$;

d) $y = \ln(1 + x)$;

e) $y = \dfrac{1}{1+x}$ ;

f) $y = \dfrac{1+x}{1-x}$ ;

g) $y = \operatorname{sen}^2 x$;

h) $y = \ln(ax + b)$.

**690.** Empleando la fórmula de Leibniz, hallar $y^{(n)}$, si:

a) $y = x \cdot e^x$;

b) $y = x^2 \cdot e^{-2x}$;

c) $y = (1 - x^2) \cos x$;

d) $y = \dfrac{1+x}{\sqrt{x}}$ ;

e) $y = x^3 \ln x$.

**691.** Hallar $f^{(n)}(0)$, si $f(x) = \ln \dfrac{1}{1-x}$ .

*B. Derivadas de órdenes superiores, de funciones dadas en forma paramétrica y de funciones implícitas.*

Hallar $\dfrac{d^2y}{dx^2}$ para las funciones siguientes:

**692.** a) $\begin{cases} x = \ln t, \\ y = t^3; \end{cases}$ b) $\begin{cases} x = \operatorname{arctg} t, \\ y = \ln(1 + t^2); \end{cases}$ c) $\begin{cases} x = \operatorname{arcsen} t, \\ y = \sqrt{1 - t^2}. \end{cases}$

**693.** a) $\begin{cases} x = a \cos t, \\ y = a \operatorname{sen} t, \end{cases}$ c) $\begin{cases} x = a(t - \operatorname{sen} t), \\ y = a(1 - \cos t); \end{cases}$

b) $\begin{cases} x = a \cos^3 t, \\ y = a \operatorname{sen}^3 t; \end{cases}$ d) $\begin{cases} x = a(\operatorname{sen} t - t \cos t), \\ y = a(\cos t + t \operatorname{sen} t). \end{cases}$

**694.** a) $\begin{cases} x = \cos 2t, \\ y = \operatorname{sen}^2 t; \end{cases}$ **695.** a) $\begin{cases} x = \operatorname{arctg} t, \\ y = \dfrac{1}{2} t^2; \end{cases}$

b) $\begin{cases} x = e^{-at}, \\ y = e^{at}. \end{cases}$ b) $\begin{cases} x = \ln t, \\ y = \dfrac{1}{1-t}. \end{cases}$

**696.** Hallar $\dfrac{d^2x}{dy^2}$, si $\begin{cases} x = e^t \cos t, \\ y = e^t \operatorname{sen} t. \end{cases}$

**697.** Hallar $\dfrac{d^2y}{dx^2}$ para $t=0$, si $\begin{cases} x = \ln(1+t^2), \\ y = t^3. \end{cases}$

**698.** Demostrar que $y$, determinada como función de $x$ por las ecuaciones $x = \operatorname{sen} t$ e $y = ae^{t\sqrt{2}} + be^{-t\sqrt{2}}$, satisface a la ecuación diferencial

$$(1-x^2)\frac{d^2y}{dx^2} - x\frac{dy}{dx} = 2y$$

cualesquiera que sean las constantes $a$ y $b$.

Hallar $y''' = \dfrac{d^3y}{dx^3}$ para las siguientes funciones:

**699.** $\begin{cases} x = \sec t, \\ y = \operatorname{tg} t. \end{cases}$

**700.** $\begin{cases} x = e^{-t}\cos t, \\ y = e^{-t}\operatorname{sen} t. \end{cases}$

**701.** $\begin{cases} x = e^{-t}, \\ y = t^3. \end{cases}$

**702.** Hallar $\dfrac{d^n y}{dx^n}$, si $\begin{cases} x = \ln t, \\ y = t^m. \end{cases}$

**703.** Conociendo la función $y = f(x)$, hallar las derivadas $x''$ y $x'''$ de la función inversa $x = f^{-1}(y)$.

**704.** Hallar $y''$, si $x^2 + y^2 = 1$.

Solución. Aplicando la regla de derivación de funciones compuestas tenemos $2x + 2yy' = 0$; de donde $y' = -\dfrac{x}{y}$ e

$$y'' = -\left(\frac{x}{y}\right)'_x = -\frac{y - xy'}{y^2}.$$

Poniendo en lugar de $y'$ su valor, obtendremos en definitiva:

$$y'' = -\frac{y^2 + x^2}{y^3} = -\frac{1}{y^3}.$$

Determinar las derivadas $y''$ de las siguientes funciones $y = f(x)$, dadas de forma implícita:

**705.** $y^2 = 2px$.

**706.** $\dfrac{x^2}{a^2} + \dfrac{y^2}{b^2} = 1$.

**707.** $y = x + \operatorname{arctg} y$.

**708.** Dada la ecuación $y = x + \ln y$, hallar $\dfrac{d^2y}{dx^2}$ y $\dfrac{d^2x}{dy^2}$ .

**709.** Hallar $y''$ en el punto $(1; 1)$, si

$$x^2 + 5xy + y^2 - 2x + y - 6 = 0.$$

**710.** Hallar $y''$ en el punto $(0; 1)$, si

$$x^4 - xy + y^4 = 1.$$

**711.** a) La función $y$ está dada implícitamente por la ecuación

$$x^2 + 2xy + y^2 - 4x + 2y - 2 = 0.$$

Hallar $\dfrac{d^3y}{dx^3}$ en el punto $(1; 1)$.

b) Hallar $\dfrac{d^3y}{dx^3}$ , si $x^2 + y^2 = a^2$.

## § 6. Diferenciales de primer orden y de órdenes superiores

1°. Diferencial de primer orden. Se llama *diferencial (de primer orden) de una función* $y = f(x)$ a la parte principal de su incremento,

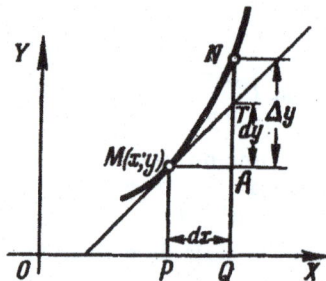

F i g. 19

lineal con respecto al incremento $\Delta x = dx$ de la variable independiente $x$. La diferencial de una función es igual al producto de su derivada por la diferencial de la variable independiente

$$dy = y' \, dx.$$

De aquí, que

$$y' = \frac{dy}{dx} .$$

Si $MN$ es el arco de la gráfica de la función $y = f(x)$ (fig. 19), $MT$ la tangente en el punto $M(x, y)$ y

$$PQ = \Delta x = dx,$$

tendremos que el incremento de la ordenada de la tangente

$$AT = dy$$

y el segmento $AN = \Delta y$.

**Ejemplo 1.** Hallar el incremento y la diferencial de la función

$$y = 3x^2 - x.$$

**Solución.** $1^{er}$ **procedimiento:**

$$\Delta y = 3(x + \Delta x)^2 - (x + \Delta x) - 3x^2 + x$$

o bien,

$$\Delta y = (6x - 1)\Delta x + 3(\Delta x)^2.$$

Por consiguiente,

$$dy = (6x - 1)\Delta x = (6x - 1)dx.$$

**2° procedimiento:**

$$y' = 6x - 1; \quad dy = y'\,dx = (6x - 1)\,dx.$$

**Ejemplo 2.** Calcular $\Delta y$ y $dy$ de la función $y = 3x^2 - x$, para $x = 1$ y $\Delta x = 0,01$.

**Solución.** $\Delta y = (6x - 1)\cdot \Delta x + 3(\Delta x)^2 = 5\cdot 0,01 + 3\cdot (0,01)^2 = 0,0503$

y

$$dy = (6x - 1)\Delta x = 5\cdot 0,01 = 0,0500.$$

**2°. Propiedades fundamentales de las diferenciales:**
1) $dc = 0$, donde $c =$ constante.
2) $dx = \Delta x$, donde $x$ es la variable independiente.
3) $d(cu) = c\,du$.
4) $d(u \pm v) = du \pm dv$.
5) $d(uv) = u\,dv + v\,du$.
6) $d\left(\dfrac{u}{v}\right) = \dfrac{v\,du - u\,dv}{v^2} \ (v \neq 0)$.
7) $df(u) = f'(u)\,du$.

**3°. Aplicación de la diferencial para los cálculos aproximados.** Cuando el valor absoluto del incremento $\Delta x$ de la variable independiente $x$ es pequeño, la diferencial $dy$ de la función $y = f(x)$ y el incremento $\Delta y$ de dicha función son aproximadamente iguales entre sí

$$\Delta y \approx dy,$$

es decir,

$$f(x + \Delta x) - f(x) \approx f'(x)\Delta x,$$

de donde

$$f(x + \Delta x) \approx f(x) + f'(x)\Delta x. \tag{1}$$

**Ejemplo 3.** ¿En cuánto aumentará aproximadamente el lado de un cuadrado, si su área aumenta de 9 m² a 9,1 m²?

**Solución.** Si $x$ es el área del cuadrado e $y$ el lado del mismo, tendremos que

$$y = \sqrt{x}.$$

Por las condiciones del problema: $x = 9$; $\Delta x = 0,1$.
Calculamos aproximadamente el incremento $\Delta y$ del lado del cuadrado

$$\Delta y \approx dy = y'\Delta x = \frac{1}{2\sqrt{9}}\cdot 0,1 = 0,016 \text{ m}.$$

4°. D i f e r e n c i a l e s d e ó r d e n e s s u p e r i o r e s. Se llama *diferencial de segundo orden* a la diferencial de la diferencial de primer orden:

$$d^2y = d\,(dy).$$

De forma análoga se determinan las *diferenciales de tercer orden* y de órdenes sucesivos.

Si $y = f(x)$ y $x$ es la variable independiente, se tiene

$$d^2y = y''\,(dx)^2,$$
$$d^3y = y'''\,(dx^3),$$
. . . . . . .
. . . . . . .
$$d^ny = y^{(n)}\,(dx)^n.$$

Cuando $y = f(u)$, donde $u = \varphi(x)$, se tiene:

$$d^2y = y''\,(du)^2 + y'\,d^2u,$$
$$d^2y = y'''\,(du)^3 + 3y''\,du\cdot d^2u + y'\,d^3u,$$

etc. (En este caso, las apóstrofes designan derivación con respecto a la variable $u$).

**712.** Hallar el incremento $\Delta y$ y la diferencial $dy$ de la función $y = 5x + x^2$ para $x = 2$ y $\Delta x = 0{,}001$.

**713.** Sin calcular la derivada, hallar

$$d\,(1 - x^3)$$

para $x = 1$ y $\Delta x = -\dfrac{1}{3}$.

**714.** El área $S$ de un cuadrado, cuyo lado es igual a $x$, viene dada por la fórmula $S = x^2$. Hallar el incremento y la diferencial de esta función y determinar el valor geométrico de esta última.

**715.** Dar la interpretación geométrica del incremento y de la diferencial de las siguientes funciones:
a) del área del círculo $S = \pi x^2$; b) del volumen del cubo $v = x^3$.

**716.** Demostrar, que cualquiera que sea $x$, el incremento de la función $y = 2^x$, correspondiente al incremento de $x$ en una magnitud $\Delta x$, es equivalente a la expresión $2^x \Delta x \ln 2$, cuando $\Delta x \to 0$.

**717.** ¿Para qué valor de $x$, la diferencial de la función $y = x^2$ no equivale al incremento de esta misma función cuando $\Delta x \to 0$?

**718.** ¿Tiene diferencial la función $y = |x|$ para $x = 0$?

**719.** Empleando la derivada, hallar la diferencial de la función $y = \cos x$, para $x = \dfrac{\pi}{6}$ y $\Delta x = \dfrac{\pi}{36}$.

**720.** Hallar la diferencial de la función

$$y = \frac{2}{\sqrt{x}}$$

para $x = 9$ y $\Delta x = -0{,}01$.

**721.** Calcular la diferencial de la función

$$y = \operatorname{tg} x$$

para $x = \dfrac{\pi}{3}$ y $\Delta x = \dfrac{\pi}{180}$ .

Hallar las diferenciales de las siguientes funciones, para cualquier valor de la variable independiente y de su incremento:

**722.** $y = \dfrac{1}{x^m}$ .

**723.** $y = \dfrac{x}{1-x}$ .

**724.** $y = \operatorname{arcsen} \dfrac{x}{a}$ .

**725.** $y = \operatorname{arctg} \dfrac{x}{a}$ .

**726.** $y = e^{-x^2}$.

**727.** $y = x \ln x - x$.

**728.** $y = \ln \dfrac{1-x}{1+x}$ .

**729.** $r = \operatorname{ctg} \varphi + \operatorname{cosec} \varphi$.

**730.** $s = \operatorname{arctg} e^t$.

**731.** Hallar $dy$, si $x^2 + 2xy - y^2 = a^2$.

S o l u c i ó n. Teniendo en cuenta la invariabilidad de la forma de la diferencial, tenemos:
$2x\,dx + 2(y\,dx + x\,dy) - 2y\,dy = 0$. De donde

$$dy = -\frac{x+y}{x-y}\,dx.$$

Hallar las diferenciales de las siguientes funciones, dadas de forma implícita:

**732.** $(x+y)^2 (2x+y)^3 = 1$.

**733.** $y = e^{-\frac{x}{v}}$.

**734.** $\ln \sqrt{x^2 + y^2} = \operatorname{arctg} \dfrac{y}{x}$ .

**735.** Hallar $dy$ en el punto $(1; 2)$, si $y^3 - y = 6x^2$.

**736.** Hallar el valor aproximado del sen $31°$.

S o l u c i ó n. Tomando $x = \operatorname{arc} 30° = \dfrac{\pi}{6}$ y $\Delta x = \operatorname{arc} 1° = \dfrac{\pi}{180}$ , por la fórmula (1) (véase 3°) tendremos que, sen $31° \approx$ sen $30° + \dfrac{\pi}{180}$ cos $30° = 0{,}500 +$

$+ 0{,}017 \cdot \dfrac{\sqrt{3}}{2} = 0{,}515$.

**737.** Sustituyendo el incremento de la función por la diferencial, calcular aproximadamente:

a) $\cos 61°$;  d) $\lg 0,9$;

b) $\operatorname{tg} 44°$;  e) $\operatorname{arctg} 1,05$.

c) $e^{0,2}$;

**738.** ¿En cuánto aumenta, aproximadamente, el volumen de una esfera, si su radio $R = 15$ cm se alarga en 2 mm?

**739.** Deducir la fórmula aproximada (para valores de $|\Delta x|$, pequeños en comparación con $x$)

$$\sqrt{x + \Delta x} \approx \sqrt{x} + \frac{\Delta x}{2\sqrt{x}}$$

y con ella, hallar los valores aproximados de $\sqrt{5}$; $\sqrt{17}$; $\sqrt{70}$; $\sqrt{640}$.

**740.** Deducir la fórmula aproximada

$$\sqrt[3]{x + \Delta x} \approx \sqrt[3]{x} + \frac{\Delta x}{3\sqrt[3]{x^2}}$$

y hallar los valores aproximados de $\sqrt[3]{10}$, $\sqrt[3]{70}$, $\sqrt[3]{200}$.

**741.** Hallar los valores aproximados de las funciones:

a) $y = x^3 - 4x^2 + 5x + 3$ para $x = 1,03$;

b) $f(x) = \sqrt{1 + x}$ para $x = 0,2$;

c) $f(x) = \sqrt[3]{\dfrac{1-x}{1+x}}$ para $x = 0,1$;

d) $y = e^{1 - x^2}$ para $x = 1,05$.

**742.** Hallar el valor aproximado de $\operatorname{tg} 45°3'20''$.

**743.** Hallar aproximadamente $\operatorname{arcsen} 0,54$.

**744.** Hallar aproximadamente $\sqrt[4]{17}$.

**745.** Demostrar, basándose en la fórmula de la ley de Ohm $I = \dfrac{E}{R}$, que una pequeña variación de la intensidad de la corriente, debida a una pequeña variación de la resistencia, puede hallarse de manera aproximada por la fórmula

$$\Delta I = -\frac{I}{R} \Delta R.$$

**746.** Demostrar, que un error relativo dn 1%, cometido al determinar la longitud del radio, da lugar a un error relativo aproximado de un 2%, al calcular el área del círculo y la superficie de la esfera.

**747.** Calcular $d^2 y$, si $y = \cos 5x$.

Solución. $d^2y = y''(dx)^2 = -25 \cos 5x (dx)^2$.

748. $u = \sqrt{1-x^2}$, hallar $d^2u$.

749. $y = \arccos x$, hallar $d^2y$.

750. $y = \operatorname{sen} x \ln x$, hallar $d^2y$.

751. $z = \dfrac{\ln x}{x}$, hallar $d^2z$.

752. $z = x^2 e^{-x}$, hallar $d^3z$.

753. $z = \dfrac{x^4}{2-x}$, hallar $d^4z$.

754. $u = 3 \operatorname{sen}(2x + 5)$, hallar $d^n u$.

755. $y = e^{x \cos \alpha} \operatorname{sen}(x \operatorname{sen} \alpha)$, hallar $d^n y$.

## § 7. Teoremas del valor medio

1. **Teorema de Rolle.** Si una función $f(x)$ es continua en el segmento $a \leqslant x \leqslant b$, tiene una derivada $f'(x)$ en cada uno de los puntos interiores de éste y

$$f(a) = f(b),$$

para su variable independiente $x$, existe por lo menos un valor $\xi$, donde $a < \xi < b$ es tal, que

$$f'(\xi) = 0.$$

2. **Teorema de Lagrange.** Si una función $f(x)$ es continua en el segmento $a \leqslant x \leqslant b$ y tiene derivada en cada punto interior de éste, se tiene

$$f(b) - f(a) = (b-a) f'(\xi),$$

donde $a < \xi < b$.

3. **Teorema de Cauchy.** Si dos funciones $f(x)$ y $F(x)$ son continuas en el segmento $a \leqslant x \leqslant b$ y tienen en el intervalo $a < x < b$ derivadas que no se anulan simultáneamente, siendo $F(b) \neq F(a)$, se tiene.

$$\frac{f(b) - f(a)}{F(b) - F(a)} = \frac{f'(\xi)}{F'(\xi)}, \text{ donde } a < \xi < b.$$

756. Verificar que la función $f(x) = x - x^3$ satisface a las condiciones del teorema de Rolle en los segmentos $-1 \leqslant x \leqslant 0$ y $0 \leqslant x \leqslant 1$. Hallar los valores correspondientes de $\xi$.

Solución. La función $f(x)$ es continua y derivable para todos los valores de $x$; además de esto, $f(-1) = f(0) = f(1) = 0$. Por consiguiente, el teorema de Rolle puede aplicarse en los segmentos $-1 \leqslant x \leqslant 0$ y $0 \leqslant x \leqslant 1$. Para hallar el número $\xi$ formamos la ecuación:

$$f'(x) = 1 - 3x^2 = 0. \text{ De donde } \xi_1 = -\sqrt{\frac{1}{3}}\,; \quad \xi_2 = \sqrt{\frac{1}{3}}\,,$$

siendo $-1 < \xi_1 < 0; \ 0 < \xi_2 < 1$.

757. La función $f(x) = \sqrt[3]{(x-2)^2}$ en los extremos del segmento $[0, 4]$ toma valores iguales

$$f(0) = f(4) = \sqrt[3]{4}.$$

¿Es válido para esta función el teorema de Rolle en el segmento [0, 4]?

**758.** ¿Se cumplen las condiciones del teorema de Rolle para la función

$$f(x) = \operatorname{tg} x$$

en el segmento [0, π]?

**759.** Sea

$$f(x) = x(x+1)(x+2)(x+3).$$

Demostrar que la ecuación

$$f'(x) = 0$$

tiene tres raíces reales.

**760.** La ecuación

$$e^x = 1 + x,$$

evidentemente, tiene una raíz, $x = 0$. Demostrar que esta ecuación no puede tener otra raíz real.

**761.** Comprobar si se cumplen las condiciones del teorema de Lagrange para la función

$$f(x) = x - x^3$$

en el segmento [—2, 1] y hallar el correspondiente valor intermedio de $\xi$.

Solución. La función $f(x) = x - x^3$ es continua y derivable para todos los valores de $x$, y $f'(x) = 1 - 3x^2$. De donde, por la fórmula de Lagrange, tenemos $f(1) - f(-2) = 0 - 6 = [1 - (-2)]f'(\xi)$, es decir, $f'(\xi) = -2$. Por consiguiente, $1 - 3\xi^2 = -2$ y $\xi = \pm 1$; sirve solamente el valor $\xi = -1$, para el que se cumple la desigualdad $-2 < \xi < 1$.

**762.** Comprobar si se cumplen las condiciones del teorema de Lagrange y hallar el correspondiente punto intermedio $\xi$ para la función

$$f(x) = x^{4/3}$$

en el segmento [—1, 1].

**763.** En el segmento de la parábola $y = x^2$ comprendido entre los puntos $A(1; 1)$ y $B(3; 9)$ hallar un punto cuya tangente sea paralela a la cuerda $AB$.

**764.** Aplicando el teorema de Lagrange, demostrar la fórmula

$$\operatorname{sen}(x+h) - \operatorname{sen} x = h \cos \xi,$$

donde $x < \xi < x + h$.

**765.** a) Comprobar si se cumplen las condiciones del teorema de Cauchy para las funciones $f(x) = x^2 + 2$ y $F(x) = x^3 - 1$, en el segmento [1, 2] y hallar $\xi$;
b) ídem para $f(x) = \operatorname{sen} x$ y $F(x) = \cos x$, en el segmento $\left[0, \dfrac{\pi}{2}\right]$.

## 8. Fórmula de Taylor

Si una función $f(x)$ es continua y tiene derivadas continuas hasta de grado $(n-1)$ inclusive, en el segmento $a \leqslant x \leqslant b$ (o $b \leqslant x \leqslant a$), y para cada punto interior del mismo existe una derivada finita $f^{(n)}(x)$, en este segmento se verifica la *fórmula de Taylor*

$$f(x) = f(a) + (x-a)f'(a) + \frac{(x-a)^2}{2!}f''(a) + \frac{(x-a)^3}{3!}f'''(a) + \dots$$

$$\dots + \frac{(x-a)^{n-1}}{(n-1)!}f^{(n-1)}(a) + \frac{(x-a)^n}{n!}f^{(n)}(\xi),$$

donde $\xi = a + \theta(x-a)$ y $0 < \theta < 1$.

En el caso particular, en que $a = 0$ tenemos (*fórmula de Maclaurin*):

$$f(x) = f(0) + xf'(0) + \frac{x^2}{2!}f''(0) + \dots + \frac{x^{n-1}}{(n-1)!}f^{(n-1)}(0) + \frac{x^n}{n!}f^{(n)}(\xi),$$

donde $\xi = \theta x$, $0 < \theta < 1$.

**766.** Desarrollar el polinomio $f(x) = x^3 - 2x^2 + 3x + 5$ en potencias enteras y positivas del binomio $x - 2$.

Solución. $f'(x) = 3x^2 - 4x + 3$; $f''(x) = 6x - 4$; $f'''(x) = 6$; $f^{(n)}(x) = 0$ para $n \geqslant 4$. De donde:

$$f(2) = 11; \quad f'(2) = 7; \quad f''(2) = 8; \quad f'''(2) = 6.$$

Por consiguiente:

$$x^3 - 2x^2 + 3x + 5 = 11 + (x-2) \cdot 7 + \frac{(x-2)^2}{2!} \cdot 8 + \frac{(x-2)^3}{3!} \cdot 6$$

o bien

$$x^3 - 2x^2 + 3x + 5 = 11 + 7(x-2) + 4(x-2)^2 + (x-2)^3.$$

**767.** Desarrollar la función $f(x) = e^x$ en potencias del binomio $x+1$, hasta el término que contenga $(x+1)^3$.

Solución. $f^{(n)}(x) = e^x$ para todas las $n$, $f^{(n)}(-1) = \frac{1}{e}$. Por consiguiente:

$$e^x = \frac{1}{e} + (x+1)\frac{1}{e} + \frac{(x+1)^2}{2!}\frac{1}{e} + \frac{(x+1)^3}{3!}\frac{1}{e} + \frac{(x+1)^4}{4!}e^\xi,$$

donde $\xi = -1 + \theta(x+1)$; $0 < \theta < 1$.

**768.** Desarrollar la función $f(x) = \ln x$ en potencias de $x-1$, hasta el término con $(x-1)^2$.

**769.** Desarrollar la función $f(x) = \operatorname{sen} x$ en potencias de $x$, hasta el término de $x^3$ y hasta el término de $x^5$.

**770.** Desarrolar la función $f(x) = e^x$ en potencias de $x$ hasta el término de $x^{n-1}$.

**771.** Demostrar que la diferencia entre $\operatorname{sen}(a+h)$ y

$$\operatorname{sen} a + h \cos a$$

no es mayor de $\frac{1}{2}h^2$.

**772.** Determinar el origen de las fórmulas aproximadas:

a) $\sqrt{1+x} \approx 1 + \frac{1}{2}|x - \frac{1}{8} x^2$, $|x| < 1$,

b) $\sqrt[3]{1+x} \approx 1 + \frac{1}{3} x - \frac{1}{9} x^2$, $|x| < 1$

y valorar el error de las mismas.

**773.** Valorar el error de la fórmula

$$e \approx 2 + \frac{1}{2!} + \frac{1}{3!} + \frac{1}{4!}.$$

**774.** Un hilo pesado, bajo la acción de la gravedad, se comba formando la catenaria $y = a \operatorname{ch} \frac{x}{a}$. Demostrar que para valores pequeños de $|x|$ la forma que toma el hilo puede representarse aproximadamente por la parábola

$$y = a + \frac{x^2}{2a}.$$

**775\*.** Demostrar que cuando $|x| \ll a$, con una precisión hasta de $\left(\frac{x}{a}\right)^2$, se verifica la igualdad aproximada

$$e^{\frac{x}{a}} \approx \sqrt{\frac{a+x}{a-x}}.$$

## § 9. Regla de L'Hôpital-Bernoulli para el cálculo de límites indeterminados

**1. Cálculo de límites indeterminados de las formas** $\frac{0}{0}$ y $\frac{\infty}{\infty}$. Sean las funciones uniformes $f(x)$ y $\varphi(x)$ derivables para $0 < |x - a| < h$, sin que la derivada $\varphi'(x)$ se reduzca a cero.

Si $f(x)$ y $\varphi(x)$ son infinitamente pequeños o infinitamente grandes cuando $x \to a$, es decir, si la fracción $\dfrac{f(x)}{\varphi(x)}$ representa en el punto $x = a$ una expresión indeterminada de la forma $\dfrac{0}{0}$ o $\dfrac{\infty}{\infty}$, tendremos que

$$\lim_{x \to a} \frac{f(x)}{\varphi(x)} = \lim_{x \to a} \frac{f'(x)}{\varphi'(x)},$$

a condición de que exista el límite de esta fracción de las derivadas (*regla de L'Hôpital-Bernoulli*). Esta regla es aplicable también en el caso en que $a = \infty$.

Si la fracción $\dfrac{f'(x)}{\varphi'(x)}$ vuelve a dar una expresión indeterminada en el punto $x = a$, de una de las dos formas antes indicadas y $f'(x)$ y $\varphi'(x)$ satisfacen a todas las condiciones que se formularon para $f(x)$ y $\varphi(x)$, se aplica de nuevo la misma regla, con lo que tendremos la fracción de las segundas derivadas y así sucesivamente.

No obstante, debe recordarse que puede existir el límite de la fracción $\frac{f(x)}{\varphi(x)}$, sin que la fracción de las derivadas tienda a límite alguno (véase el № 809).

2. **O t r a s   f o r m a s   i n d e t e r m i n a d a s.** Para calcular los límites de expresiones indeterminadas de la forma $0 \cdot \infty$, hay que transformar los correspondientes productos $f_1(x) \cdot f_2(x)$, donde

$$\lim_{x \to a} f_1(x) = 0 \text{ y } \lim_{x \to a} f_2(x) = \infty, \text{ en la fracción } \frac{f_1(x)}{\dfrac{1}{f_2(x)}}$$

$$\left( \text{forma } \frac{0}{0} \right) \text{ o bien } \frac{f_2(x)}{\dfrac{1}{f_1(x)}} \left( \text{forma } \frac{\infty}{\infty} \right).$$

En caso de expresiones indeterminadas de la forma $\infty - \infty$ debe transformarse la correspondiente diferencia $f_1(x) - f_2(x)$ en el producto $f_1(x) \left[ 1 - \dfrac{f_2(x)}{f_1(x)} \right]$ y calcular, en primer lugar, el límite de la fracción $\dfrac{f_2(x)}{f_1(x)}$; si el $\lim_{x \to a} \dfrac{f_2(x)}{f_1(x)} = 1$, reducimos esta expresión a la forma

$$\frac{1 - \dfrac{f_2(x)}{f_1(x)}}{\dfrac{1}{f_1(x)}} \left( \text{forma } \frac{0}{0} \right).$$

Los límites de las expresiones indeterminadas de las formas $1^\infty$, $0^0$ y $\infty^0$ se determinan buscando previamente sus logaritmos y hallando el límite del logaritmo de la expresión exponencial $[f_1(x)]^{f_2(x)}$ (para lo que será necesario calcular límites indeterminados de la forma $0 \cdot \infty$).

En ciertos casos, es conveniente combinar la regla de L'Hôpital-Bernoulli con el cálculo de límites por medios elementales.

**E j e m p l o  1.** Calcular

$$\lim_{x \to 0} \frac{\ln x}{\operatorname{ctg} x} \left( \text{forma indeterminada } \frac{\infty}{\infty} \right).$$

**S o l u c i ó n.** Aplicando la regla de L'Hôpital-Bernoulli, tenemos:

$$\lim_{x \to 0} \frac{\ln x}{\operatorname{ctg} x} = \lim_{x \to 0} \frac{(\ln x)'}{(\operatorname{ctg} x)'} = - \lim_{x \to 0} \frac{\operatorname{sen}^2 x}{x}.$$

Resulta una expresión indeterminada de la forma $\frac{0}{0}$, pero no es necesario volver a aplicar la regla de L'Hôrital-Bernoulli, puesto que

$$\lim_{x \to 0} \frac{\operatorname{sen}^2 x}{x} = \lim_{x \to 0} \frac{\operatorname{sen} x}{x} \cdot \operatorname{sen} x = 1 \cdot 0 = 0.$$

Con lo que en definitiva, encontramos:

$$\lim_{x \to 0} \frac{\ln x}{\operatorname{ctg} x} = 0.$$

E j e m p l o  2.  Calcular

$$\lim_{x \to 0} \left( \frac{1}{\operatorname{sen}^2 x} - \frac{1}{x^2} \right) \text{ (forma indeterminada } \infty - \infty \text{).}$$

Reduciendo la fracción a un común denominador, tenemos:

$$\lim_{x \to 0} \left( \frac{1}{\operatorname{sen}^2 x} - \frac{1}{x^2} \right) = \lim_{x \to 0} \frac{x^2 - \operatorname{sen}^2 x}{x^2 \operatorname{sen}^2 x} \left( \text{forma indeterminada } \frac{0}{0} \right).$$

Antes de aplicar la regla de L'Hôpital-Bernoulli, sustituimos el denominador de la última fracción por el infinitésimo equivalente (Cap. I, § 4) $x^2 \operatorname{sen}^2 x \sim x^4$. Tenemos:

$$\lim_{x \to 0} \left( \frac{1}{\operatorname{sen}^2 x} - \frac{1}{x^2} \right) = \lim_{x \to 0} \frac{x^2 - \operatorname{sen}^2 x}{x^4} \left( \text{forma indeterminada } \frac{0}{0} \right).$$

Por la regla de L'Hôpital-Bernoulli

$$\lim_{x \to 0} \left( \frac{1}{\operatorname{sen}^2 x} - \frac{1}{x^2} \right) = \lim_{x \to 0} \frac{2x - \operatorname{sen} 2x}{4x^3} = \lim_{x \to 0} \frac{2 - 2\cos 2x}{12x^2}.$$

Después, por medios elementales, hallamos:

$$\lim_{x \to 0} \left( \frac{1}{\operatorname{sen}^2 x} - \frac{1}{x^2} \right) = \lim_{x \to 0} \frac{1 - \cos 2x}{6x^2} = \lim_{x \to 0} \frac{2 \operatorname{sen}^2 x}{6x^2} = \frac{1}{3}.$$

E j e m p l o  3.  Calcular

$$\lim_{x \to 0} (\cos 2x)^{\frac{3}{x^2}} \text{ (forma indeterminada } 1^\infty \text{).}$$

Hallando el logaritmo y aplicando la regla de L'Hôpital-Bernoulli, tenemos:

$$\lim_{x \to 0} \ln (\cos 2x)^{\frac{3}{x^2}} = \lim_{x \to 0} \frac{3 \ln \cos 2x}{x^2} = -6 \lim_{x \to 0} \frac{\operatorname{tg} 2x}{2x} = -6.$$

Por consiguiente, $\lim_{x \to 0} (\cos 2x)^{\frac{3}{x^2}} = e^{-6}$.

Hallar los límites que se indican de las funciones siguientes:

**776.** $\lim_{x \to 1} \dfrac{x^3 - 2x^2 - x + 2}{x^3 - 7x + 6}$,

Solución $\lim\limits_{x \to 1} \dfrac{x^3 - 2x^2 - x + 2}{x^3 - 7x + 6} = \lim\limits_{x \to 1} \dfrac{3x^2 - 4x - 1}{3x^2 - 7} = \dfrac{1}{2}$.

**777.** $\lim\limits_{x \to 0} \dfrac{x \cos x - \operatorname{sen} x}{x^3}$.

**783.** $\lim\limits_{x \to \infty} \dfrac{e^x}{x^5}$.

**778.** $\lim\limits_{x \to 1} \dfrac{1 - x}{1 - \operatorname{sen} \dfrac{\pi x}{2}}$.

**784.** $\lim\limits_{x \to \infty} \dfrac{\ln x}{\sqrt[3]{x}}$.

**779.** $\lim\limits_{x \to 0} \dfrac{\operatorname{ch} x - 1}{1 - \cos x}$.

**785.** $\lim\limits_{x \to 0} \dfrac{\dfrac{\pi}{x}}{\operatorname{ctg} \dfrac{\pi x}{2}}$.

**780.** $\lim\limits_{x \to 0} \dfrac{\operatorname{tg} x - \operatorname{sen} x}{x - \operatorname{sen} x}$.

**786.** $\lim\limits_{x \to 0} \dfrac{\ln (\operatorname{sen} mx)}{\ln \operatorname{sen} x}$.

**781.** $\lim\limits_{x \to \frac{\pi}{4}} \dfrac{\sec^2 x - 2 \operatorname{tg} x}{1 + \cos 4x}$.

**787.** $\lim\limits_{x \to 0} (1 - \cos x) \operatorname{ctg} x$.

**782.** $\lim\limits_{x \to \frac{\pi}{2}} \dfrac{\operatorname{tg} x}{\operatorname{tg} 5x}$.

Solución $\lim\limits_{x \to 0} (1 - \cos x) \operatorname{ctg} x = \lim\limits_{x \to 0} \dfrac{(1 - \cos x) \cos x}{\operatorname{sen} x} = \lim\limits_{x \to 0} \dfrac{(1 - \cos x)}{\operatorname{sen} x} \times$

$\times \lim\limits_{x \to 0} \cos x = \lim\limits_{x \to 0} \dfrac{\operatorname{sen} x}{\cos x} \cdot 1 = 0$.

**788.** $\lim\limits_{x \to 1} (1 - x) \operatorname{tg} \dfrac{\pi x}{2}$.

**792.** $\lim\limits_{x \to \infty} x^n \operatorname{sen} \dfrac{a}{x}$, $n > 0$.

**789.** $\lim\limits_{x \to 0} \operatorname{arcsen} x \operatorname{ctg} x$.

**793.** $\lim\limits_{x \to 1} \ln x \ln (x - 1)$.

**790.** $\lim\limits_{x \to 0} (x^n e^{-x})$, $x > 0$.

**794.** $\lim\limits_{x \to 1} \left( \dfrac{x}{x - 1} - \dfrac{1}{\ln x} \right)$.

**791.** $\lim\limits_{x \to \infty} x \operatorname{sen} \dfrac{a}{x}$.

Solución. $\lim\limits_{x \to 0} \left( \dfrac{x}{x - 1} - \dfrac{1}{\ln x} \right) = \lim\limits_{x \to 1} \dfrac{x \ln x - x + 1}{(x - 1) \ln x} =$

$= \lim\limits_{x \to 1} \dfrac{x \cdot \dfrac{1}{x} + \ln x - 1}{\ln x + \dfrac{1}{x} (x - 1)} = \lim\limits_{x \to 1} \dfrac{\ln x}{\ln x - \dfrac{1}{x} + 1} = \lim\limits_{x \to 1} \dfrac{\dfrac{1}{x}}{\dfrac{1}{x} + \dfrac{1}{x^2}} = \dfrac{1}{2}$.

**795.** $\lim\limits_{x \to 3} \left( \dfrac{1}{x - 3} - \dfrac{5}{x^2 - x - 6} \right)$.

**796.** $\lim\limits_{x \to 1} \left[ \dfrac{1}{2 (1 - \sqrt{x})} - \dfrac{1}{3 (1 - \sqrt[3]{x})} \right]$.

**797.** $\lim\limits_{x \to \frac{\pi}{2}} \left( \dfrac{x}{\operatorname{ctg} x} - \dfrac{\pi}{2 \cos x} \right)$.

**798.** $\lim\limits_{x \to 0} x^x$.

Solución. Tenemos: $x^x = y$;  $\ln y = x \ln x$;  $\lim\limits_{x \to 0} \ln y = \lim\limits_{x \to 0} x \ln x =$

$= \lim\limits_{x \to 0} \dfrac{\ln x}{\frac{1}{x}} = \lim\limits_{x \to 0} \dfrac{\frac{1}{x}}{-\frac{1}{x^2}} = 0$, de donde $\lim\limits_{x \to 0} y = 1$, o sea, $\lim\limits_{x \to 0} x^x = 1$.

**799.** $\lim\limits_{x \to +\infty} x^{\frac{1}{x}}$.

**800.** $\lim\limits_{x \to 0} x^{\frac{3}{4 + \ln x}}$.

**801.** $\lim\limits_{x \to 0} x^{\operatorname{sen} x}$.

**802.** $\lim\limits_{x \to 1} (1 - x)^{\cos \frac{\pi x}{2}}$.

**803.** $\lim\limits_{x \to 0} (1 + x^2)^{\frac{1}{x}}$.

**804.** $\lim\limits_{x \to 1} x^{\frac{1}{1-x}}$.

**805.** $\lim\limits_{x \to 1} \left( \operatorname{tg} \dfrac{\pi x}{4} \right)^{\operatorname{tg} \frac{\pi x}{2}}$.

**806.** $\lim\limits_{x \to 0} (\operatorname{ctg} x)^{\frac{1}{\ln x}}$.

**807.** $\lim\limits_{x \to 0} \left( \dfrac{1}{x} \right)^{\operatorname{tg} x}$.

**808.** $\lim\limits_{x \to 0} (\operatorname{ctg} x)^{\operatorname{sen} x}$.

**809.** Demostrar que los límites:

a) $\lim\limits_{x \to 0} \dfrac{x^2 \operatorname{sen} \frac{1}{x}}{\operatorname{sen} x} = 0$;

b) $\lim\limits_{x \to \infty} \dfrac{x - \operatorname{sen} x}{x + \operatorname{sen} x} = 1$

no pueden hallarse por la regla de L'Hôpital — Bernoulli. Hallar estos límites directamente.

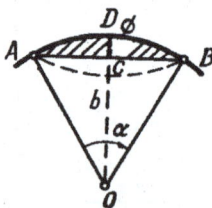

F i g. 20

**810\*.** Demostrar que el área de un segmento circular con un ángulo central $\alpha$ pequeño, que tiene la cuerda $AB = b$ y la sagita $CD = h$ (fig. 20), es aproximadamente igual a

$$S \approx \frac{2}{3} bh$$

con un error relativo tan pequeño como se desee, cuando $\alpha \to 0$.

*Capítulo III·*

# EXTREMOS DE LAS FUNCIONES Y APLICACIONES GEOMETRICAS DE LA DERIVADA

## § 1. Extremos de las funciones de un argumento.

**1. Crecimiento y decrecimiento de las funciones.** La función $y = f(x)$ se llama *creciente (decreciente)* en un intervalo determinado (segmento), cuando para unos puntos cualesquiera $x_1$ y $x_2$, de dicho intervalo (segmento), de la desigualdad $x_1 < x_2$ se deduce la desigualdad $f(x_1) < f(x_2)$ (fig. 21, a) ($f(x_1) > f(x_2)$ (fig. 21, b)). Si la función $f(x)$ es continua en el segmento $[a, b]$ y $f'(x) > 0$ ($f'(x) < 0$) para $a < x < b$, la función $f(x)$ crece (decrece) en dicho segmento $[a, b]$.

En los casos más simples, el campo de existencia de la función $f(x)$ se puede dividir en un número finito de intervalos de crecimiento y decrecimiento de la función (*intervalos de monotonía*). Estos intervalos están limitados por los puntos críticos de $x$ (donde $f'(x) = 0$ o no existe $f'(x)$).

Ejemplo 1. Investigar el crecimiento y decrecimiento de la función

$$y = x^2 - 2x + 5.$$

Solución. Hallamos la derivada

$$y' = 2x - 2 = 2(x - 1). \tag{1}$$

De donde $y' = 0$ para $x = 1$. En el eje numérico obtenemos dos intervalos de monotonía: $(-\infty, 1)$ y $(1, +\infty)$. De la fórmula (1), tenemos: 1) si $-\infty < x < 1$, se tiene $y' < 0$, por consiguiente, la función $f(x)$ decrece en el intervalo $(-\infty, 1)$; 2) si $1 < x < +\infty$, se tiene $y' > 0$ y, por consiguiente, la función $f(x)$ crece en el intervalo $(1, +\infty)$ (fig. 22).

Ejemplo 2. Determinar los intervalos de crecimiento y decrecimiento de la función

$$y = \frac{1}{x+2}.$$

Solución. En este caso, $x = -2$ es el punto de discontinuidad de la función e $y' = -\frac{1}{(x+2)^2} < 0$ cuando $x \neq -2$. Por consiguiente, la función $y$ decrece en los intervalos $-\infty < x < -2$ y $-2 < x < +\infty$.

Ejemplo 3. Investigar el crecimiento y decrecimiento de la función

$$y = \frac{1}{5}x^5 - \frac{1}{3}x^3.$$

Solución. Aquí,

$$y' = x^4 - x^2. \tag{2}$$

Resolviendo la ecuación $x^4 - x^2 = 0$, hallamos los puntos $x_1 = -1$, $x_2 = 0$ y $x_3 = 1$, en los que la derivada $y'$ se anula. Como quiera que $y'$ puede cambiar de signo solamente al pasar por puntos en que ésta se hace igual a cero o se produce una discontinuidad (en el caso dado no hay puntos de discontinuidad para $y'$), tendremos que, en cada uno de los intervalos $(-\infty, -1)$, $(-1, 0)$, $(0, 1)$ y $(1, +\infty)$ la derivada conserva un mismo signo, por lo cual, en cada uno de estos intervalos la función que investigamos

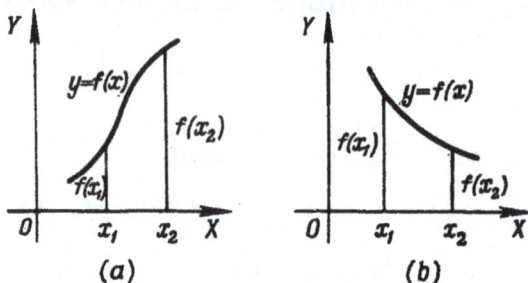

F i g. 21

será monótona. Para determinar en cuáles de estos intervalos crece la función y en cuáles decrece, hay que saber qué signo tiene la derivada en cada uno de ellos. Para averiguar el signo de $y'$ en el intervalo $(-\infty, -1)$, basta saber el signo de $y'$ en cualquier punto de este intervalo. Tomando, por ejemplo, $x = -2$ de la ecuación (2), obtenemos $y' = 12 > 0$, por consiguiente,

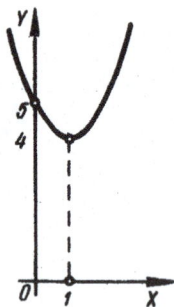

F i g. 22

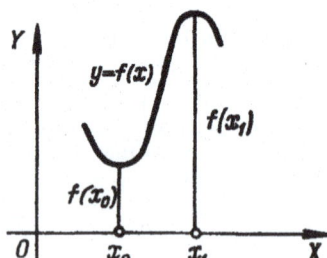

F i g. 23

$y' > 0$ en el intervalo $(-\infty, -1)$ y la función en él es creciente. De forma análoga hallamos que $y' < 0$ en el intervalo $(-1, 0)$ $\Big($para comprobarlo se puede tomar, por ejemplo, $x = -\dfrac{1}{2}\Big)$; $y' < 0$ en el intervalo $(0, 1)$ $\Big($aquí se puede tomar $x = \dfrac{1}{2}\Big)$ y, finalmente, $y' > 0$ en el intervalo $(1, +\infty)$.

De esta forma, la función estudiada crece en el intervalo $(-\infty, -1)$, decrece en el $(-1, 1)$ y vuelve a crecer en el intervalo $(1, +\infty)$.

2. E x t r e m o s d e l a s f u n c i o n e s. Si existe un entorno bilateral del punto $x_0$ tal, que para cualquier otro punto $x \neq x_0$ de este entorno se

verifica la desigualdad $f(x) > f(x_0)$, el punto $x_0$ recibe el nombre de *punto mínimo* de la función $y = f(x)$ y el número $f(x_0)$ el de *mínimo* de dicha función $y = f(x)$. Análogamente, si para cualquier punto $x \neq x_1$ de un entorno determinado del punto $x_1$ se cumple la desigualdad $f(x) < f(x_1)$, $x_1$ recibe el nombre de *punto máximo* de la función $f(x)$, y $f(x_1)$, el de *máximo* de dicha función (fig. 23.) El punto mínimo o máximo de una función se llama tambien *punto extremo* de la misma y el mínimo o máximo de esta función, el de *extremo* de ella. Si $x_0$ es un punto extremo de la función $f(x)$, se tiene, que $f'(x_0) = 0$ (*punto estacionario*), o no existe $f'(x_0)$ (condiciones necesarias para la existencia de extremo). La proposición recíproca no es cierta, puesto que los puntos en que $f'(x) = 0$, o no existe $f'(x)$ (*puntos críticos*), no son obligatoriamente puntos extremos de la función $f(x)$. Las condiciones suficientes de existencia o ausencia de extremo de una función continua $f(x)$ se dan en las reglas siguientes:

1. Si existe tal entorno $(x_0 - \delta, x_0 + \delta)$ del punto crítico $x_0$, en que $f'(x) > 0$ para $x_0 - \delta < x < x_0$ y $f'(x) < 0$ para $x_0 < x < x_0 + \delta$, el punto $x_0$ será un punto máximo de la función $f(x)$; si por el contrario, $f'(x) < 0$ para $x_0 - \delta < x < x_0$ y $f'(x) > 0$ para $x_0 < x < x_0 + \delta$, el punto $x_0$ será un punto mínimo de la función $f(x)$.

Si finalmente, se encuentra un número positivo $\delta$ tal, que $f'(x)$ conserva invariable su signo cuando $0 < |x - x_0| < \delta$, el punto $x_0$ no será punto extremo de la función $f(x)$.

2. Si $f'(x_0) = 0$ y $f''(x_0) < 0$, $x_0$ es un punto máximo de la función $f(x)$; si $f'(x_0) = 0$ y $f''(x_0) > 0$, $x_0$ es un punto mínimo de la función $f(x)$; si $f'(x_0) = 0$, $f''(x_0) = 0$, $f'''(x_0) \neq 0$, el punto $x_0$ no es punto extremo de la función $f(x)$.

En forma más general: Supongamos que la primera de las funciones derivadas de $f(x)$, que no se anula en el punto $x_0$, es de orden $k$. En este caso, si $k$ es par, el punto $x_0$ será un punto extremo, que será máximo si $f^{(k)}(x_0) < 0$ y mínimo, si $f^{(k)}(x_0) > 0$. Si $k$ es impar, $x_0$ no es un punto extremo.

E j e m p l o 4. Hallar los extremos de la función

$$y = 2x + 3 \sqrt[3]{x^2}.$$

S o l u c i ó n. Hallamos la derivada

$$y' = 2 + \frac{2}{\sqrt[3]{x}} = \frac{2}{\sqrt[3]{x}}(\sqrt[3]{x} + 1). \tag{3}$$

Igualando la derivada $y'$ a cero, tenemos:

$$\sqrt[3]{x} + 1 = 0.$$

De donde se deduce el punto estacionario $x_1 = -1$.

De la fórmula (3), tenemos: si $x = -1 - h$, donde $h$ puede ser cualquier número positivo suficientemente pequeño, entonces,, $y' > 0$; si, por el contrario, $x = -1 + h$, se tiene $x' < 0$ *). Por consiguiente, $x_1 = -1$ es un punto máximo de la función $y$, además $y_{\text{máx}} = 1$.

Igualando a cero el denominador de la expresión $y'$ en (3) tenemos:

$$\sqrt[3]{x} = 0;$$

de aquí hallamos el segundo punto crítico $x_2 = 0$ de la función, para el que no existe derivada $y'$. Cuando $x = -h$, evidentemente, tendremos $y' < 0$;

---

*) Si no es fácil determinar el signo de la derivada $y'$, se puede calcular éste por procedimientos aritméticos, tomando como $h$ un número positivo suficientemente pequeño.

cuando $x=h$, tenemos $y' > 0$. Por consiguiente, $x_2=0$ es un punto mínimo de la función $y$, además $y_{\text{mín}}=0$ (fig. 24). La investigación del comportamiento de la función en el punto $x_1=-1$ se puede efectuar también por medio de la segunda derivada

$$y'' = -\frac{2}{3x\sqrt[3]{x}} \, .$$

Aquí $y'' < 0$ para $x_1=-1$ y, por consiguiente, $x_1=-1$ es un punto máximo de la función.

3. **V a l o r e s  m í n i m o  y  m á x i m o  a b s o l u t o s.** El valor mínimo (máximo) absoluto de una función continua $f(x)$ en un segmento dado $[a, b]$

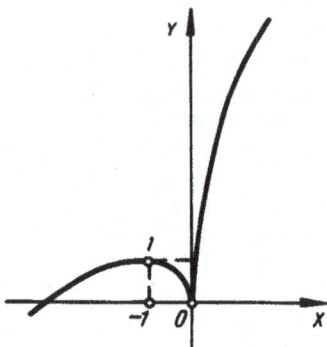

F i g. 24

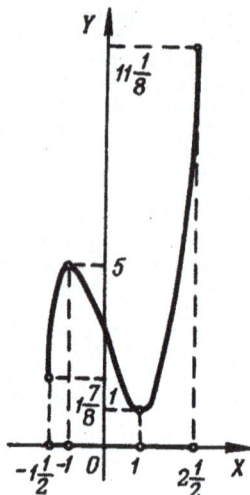

F i g. 25

se alcanza en los puntos críticos de la función o en los extremos de dicho segmento.

E j e m p l o 5. Hallar los valores mínimo y máximo absolutos de la función

$$y = x^3 - 3x + 3$$

en el segmento $-1\frac{1}{2} \leqslant x \leqslant 2\frac{1}{2}$.

S o l u c i ó n. Como

$$y' = 3x^2 - 3,$$

los puntos críticos de la función $y$ son: $x_1=-1$ y $x_2-1$. Comparando los valores de la función en estos puntos con los valores de la función en los extremos del intervalo dado

$$y(-1)=5; \quad y(1)=1; \quad y\left(-1\frac{1}{2}\right)=4\frac{1}{8}; \quad y\left(2\frac{1}{2}\right)=11\frac{1}{8},$$

llegamos a la conclusión (fig. 25), de que el valor mínimo absoluto de la función $m=1$ se alcanza en el punto $x=1$ (en el punto mínimo) y el máximo absoluto $M = 11\frac{1}{8}$, en el punto $x = 2\frac{1}{2}$ (en el punto extremo derecho del segmento).

Determinar los intervalos de decrecimiento y crecimiento de las funciones:

**811.** $y = 1 - 4x - x^2$.

**812.** $y = (x - 2)^2$.

**813.** $y = (x + 4)^3$.

**814.** $y = x^2(x - 3)$.

**815.** $y = \frac{x}{x-2}$.

**816.** $y = \frac{1}{(x-1)^2}$.

**817.** $y = \frac{x}{x^2 - 6x - 16}$.

**818.** $y = (x - 3)\sqrt{x}$.

**819.** $y = \frac{x}{3} - \sqrt[3]{x}$.

**820.** $y = x + \operatorname{sen} x$.

**821.** $y = x \ln x$.

**822.** $y = \arcsen(1 + x)$.

**823.** $y = 2e^{x^2 - 4x}$.

**824.** $y = 2^{\frac{1}{x-a}}$.

**825.** $y = \frac{e^x}{x}$.

Averiguar los extremos de las funciones siguientes:

**826.** $y = x^2 + 4x + 6$.

Solución. Hallamos la derivada de la función dada $y' = 2x + 4$. Igualamos $y'$ a cero y obtenemos el valor crítico del argumento, $x = -2$. Como $y' < 0$ cuando $x < -2$ e $y' > 0$ cuando $x > -2$, tenemos que $x = -2$ es un punto mínimo de la función, además, $y_{\min} = 2$. El mismo resultado se obtiene recurriendo al signo de la segunda derivada en el punto crítico: $y'' = 2 > 0$.

**827.** $y = 2 + x - x^2$.

**828.** $y = x^3 - 3x^2 + 3x + 2$.

**829.** $y = 2x^3 + 3x^2 - 12x + 5$.

Solución. Hallamos la derivada

$$y' = 6x^2 + 6x - 12 = 6(x^2 + x - 2).$$

Igualando a cero la derivada $y'$, obtenemos los puntos críticos $x_1 = -2$ y $x_2 = 1$. Para determinar el carácter del extremo calculamos la segunda derivada $y'' = 6\,(2x+1)$. Como $y''\,(-2) < 0$, el punto $x_1 = -2$ es un punto máximo de la función $y$, siendo $y_{máx} = 25$. Análogamente, tenemos que $y''\,(1) > 0$; por lo que $x_2 = 1$ es un punto mínimo de la función $y$, siendo $y_{mín} = -2$.

**830.** $y = x^2\,(x-12)^2$.

**831.** $y = x\,(x-1)^2\,(x-2)^3$.

**832.** $y = \dfrac{x^3}{x^2+3}$.

**833.** $y = \dfrac{x^2 - 2x + 2}{x-1}$.

**834.** $y = \dfrac{(x-2)\,(8-x)}{x^2}$.

**835.** $y = \dfrac{16}{x\,(4-x^2)}$.

**836.** $y = \dfrac{4}{\sqrt{x^2+8}}$.

**837.** $y = \dfrac{x}{\sqrt[3]{x^2-4}}$.

**838.** $y = \sqrt[3]{(x^2-1)^2}$.

**839.** $y = 2\,\mathrm{sen}\,2x + \mathrm{sen}\,4x$.

**840.** $y = 2\cos\dfrac{x}{2} + 3\cos\dfrac{x}{3}$.

**841.** $y = x - \ln\,(1+x)$.

**842.** $y = x\,\ln x$.

**843.** $y = x\,\ln^2 x$.

**844.** $y = \mathrm{ch}\,x$.

**845.** $y = xe^x$.

**846.** $y = x^2 e^{-x}$.

**847.** $y = \dfrac{e^x}{x}$.

**848.** $y = x - \mathrm{arctg}\,x$.

Determinar los mínimos y máximos absolutos de las siguientes funciones en los segmentos que se indican (cuando los segmentos no se indican, los mínimos y máximos absolutos de las funciones deben determinarse en todo el campo de existencia):

**849.** $y = \dfrac{x}{1+x^2}$.

**850.** $y = \sqrt{x\,(10-x)}$.

**851.** $y = \mathrm{sen}^4\,x + \cos^4 x$.

**852.** $y = \mathrm{arccos}\,x$.

**853.** $y = x^3$ en el segmento $[-1, 3]$.

**854.** $y = 2x^3 + 3x^2 - 12x + 1$:

a) en el segmento $[-1, 5]$;

b) en el segmento $[-10, 12]$.

**855.** Demostrar que para los valores positivos de $x$ se cumple la desigualdad

$$x + \frac{1}{x} \geqslant 2.$$

**856.** Determinar los coeficientes $p$ y $q$ del trinomio cuadrado $y = x^2 + px + q$, de forma que $y = 3$ sea un mínimo de este trinomio cuando $x = 1$. Dar la explicación geométrica del resultado obtenido.

**857.** Demostrar la desigualdad

$$e^x > 1 + x \text{ para } x \neq 0.$$

S o l u c i ó n. Examinamos la función

$$f(x) = e^x - (1 + x).$$

Por el procedimiento general hallamos que esta función tiene un mínimo único, $f(0) = 0$. Por consiguiente,

$$f(x) > f(0) \text{ para } x \neq 0,$$

es decir,

$$e^x > 1 + x \text{ para } x \neq 0,$$

que es lo que se trataba de demostrar.

Demostrar las desigualdades:

**858.** $x - \dfrac{x^3}{6} < \operatorname{sen} x < x$ para $x > 0$.

**859.** $\cos x > 1 - \dfrac{x^2}{2}$ para $x \neq 0$.

**860.** $x - \dfrac{x^2}{2} < \ln(1 + x) < x$ para $x > 0$.

**861.** Dividir un número positivo dado $a$ en dos sumandos, de tal forma, que su producto sea el mayor posible.

**862.** Torcer un trozo de alambre de longitud dada $l$, de manera que forme un rectángulo cuya área sea la mayor posible.

**863.** ¿Cuál de los triángulos rectángulos de perímetro dado, igual a $2p$, tiene mayor área?

**864.** Hay que hacer una superficie rectangular cercada por tres de sus lados con tela metálica y lindante por el cuarto con una larga pared de piedra. ¿Qué forma será más conveniente dar a la superficie (para que su área sea mayor), si se dispone en total de $l$ m lineales de tela metálica?

**865.** De una hoja de cartón cuadrada, de lado $a$, hay que hacer una caja rectangular abierta, que tenga la mayor capacidad posible, recortando para ello cuadrados en los ángulos de la hoja y doblando después los salientes de la figura en forma de cruz así obtenida.

**866.** Un depósito abierto, de hoja de lata, con fondo cuadrado, debe tener capacidad para $v$ litros. ¿Qué dimensiones debe tener dicho depósito para que en su fabricación se necesite la menor cantidad de hoja de lata?

**867.** ¿Cuál de los cilindros de volumen dado tiene menor superficie total?

**868.** Inscribir en una esfera dada un cilindro de volumen máximo.

869. Inscribir en una esfera dada un cilindro que tenga la mayor superficie lateral posible.

870. Inscribir en una esfera dada un cono de volumen máximo.

871. Inscribir en una esfera dada un cono circular recto que tenga la mayor superficie lateral posible.

872. Circunscribir en torno a un cilindro dado un cono recto que tenga el menor volumen posible (los planos y centros de sus bases circulares coinciden).

873. ¿Cuál de los conos circunscritos en torno a una esfera tiene el menor volumen?

874. Una faja de hoja de lata de anchura $a$ debe ser encorvada longitudinalmente en forma de canalón abierto (fig. 26). ¿Qué

F i g. 26

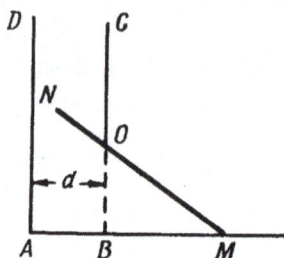

F i g. 27

ángulo central $\varphi$ debe tomarse para que el canalón tenga la mayor capacidad posible?

875. De una hoja circular hay que cortar un sector tal, que enrollado nos dé un embudo de la mayor capacidad posible.

876. Un recipiente abierto está formado por un cilindro, terminado por su parte inferior en una semiesfera; el espesor de sus paredes es constante. ¿Qué dimensiones deberá tener dicho recipiente para que, sin variar su capacidad, se gaste en hacerlo la menor cantidad de material?

877. Determinar la altura mínima $h = OB$ que puede tener la puerta de una torre vertical $ABCD$, para que a través de ella se pueda introducir en la torre una barra rígida $MN$, de longitud $l$, cuyo extremo $M$ resbalará a lo largo de la línea horizontal $AB$. La anchura de la torre es $d < l$ (fig. 27).

878. En un plano de coordenadas se da un punto, $M_0(x_0, y_0)$, situado en el primer cuadrante. Hacer pasar por este punto una recta, de manera que el triángulo formado entre ella y los semiejes positivos de coordenadas tenga la menor área posible.

879. Inscribir, en una elipse dada, un rectángulo de mayor área posible, que tenga los lados paralelos a los ejes de la propia elipse.

**880.** Inscribir un rectángulo de mayor área posible en el segmento de la parábola $y^2 = 2px$ cortado por la recta $x = 2a$.

**881.** Hallar el punto de la curva $y = \dfrac{1}{1+x^2}$, en el que la tangente forme con el eje $OX$ el ángulo de mayor valor absoluto posible.

**882.** Un corredor tiene que ir desde el punto $A$, que se encuentra en una de las orillas de un río, al punto $B$, que se halla en la otra. Sabiendo que la velocidad de movimiento por la orilla es $k$ veces mayor que la del movimiento por el agua, determinar

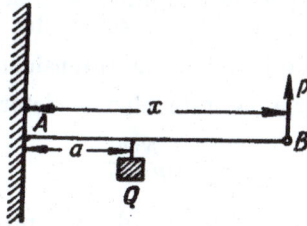

Fig. 28

bajo qué ángulo deberá atravesar el río, para llegar al punto $B$ en el menor tiempo posible. La anchura del río es $h$; la distancia entre los puntos $A$ y $B$ (por la orilla), es $d$.

**883.** En el segmento recto $AB = a$, que une entre sí dos focos luminosos $A$ (de intensidad $p$) y $B$ (de intensidad $q$), hallar el punto menos iluminado $M$ (la iluminación es inversamente proporcional al cuadrado de la distancia al foco luminoso).

**884.** Una lámpara está colgada sobre el centro de una mesa redonda de radio $r$. ¿A qué altura deberá estar la lámpara, sobre la mesa, para que la iluminación de un objeto que se encuentre en el borde sea la mejor posible? (La iluminación es directamente proporcional al coseno del ángulo de incidencia de los rayos luminosos e inversamente proporcional al cuadrado de la distancia al foco de luz).

**885.** De un tronco redondo, de diámetro $d$, hay que cortar una viga de sección rectangular. ¿Qué anchura $x$ y altura $y$ deberá tener esta sección para que la viga tenga la resistencia máxima posible: a) a la compresión y b) a la flexión?

Observación. La resistencia de la viga a la compresión es proporcional al área de su sección transversal, mientras que a la flexión es al producto de la anchura de esta sección por el cuadrado de su altura.

**886.** Una barra uniforme $AB$, que puede girar alrededor del punto $A$ (fig. 28), soporta una carga de $Q$ kg a la distancia de $a$ cm del punto $A$ y se mantiene en equilibrio por medio de una fuerza vertical $P$, aplicada en su extremo libre $B$. Cada cm de longitud de la barra pesa $q$ kg. Determinar la longitud $x$ de la misma, de tal forma, que la fuerza $P$ sea la mínima posible y hallar $P_{\text{mín}}$.

887*. Los centros de tres esferas perfectamente elásticas $A$, $B$ y $C$ están situados en línea recta. La esfera $A$, de masa $M$, choca a una velocidad $v$ con la esfera $B$, la cual, recibiendo una determinada velocidad, choca a su vez con la esfera $C$, cuya masa es $m$. ¿Qué masa deberá tener la esfera $B$ para que la velocidad de la esfera $C$ sea la mayor?

888. Si tenemos $N$ pilas eléctricas idénticas, con ellas podemos formar baterías por procedimientos distintos, uniendo entre sí grupos de $n$ pilas en serie y, después, los grupos así formados, $\left(\text{en número } \dfrac{N}{n}\right)$ en derivación. La intensidad de la corriente que proporciona una batería de este tipo se determina por la fórmula

$$I = \frac{Nn\varepsilon}{NR + n^2 r},$$

donde $\varepsilon$ es la fuerza electromotriz de una pila, $r$ es su resistencia interna, y $R$ es su resistencia externa.

Determinar para qué valor de $n$ es mayor la intensidad de la corriente que proporciona la batería.

889. Determinar qué diámetro $y$ deberá tener la abertura circular de una presa, para que el gasto de agua por segundo $Q$ sea el mayor posible, si $Q = cy\sqrt{h - y}$, donde $h$ es la profundidad del punto inferior de la abertura (tanto $h$, como el coeficiente empírico $c$, son constantes).

890. Si $x_1$, $x_2$, ..., $x_n$, son los resultados de mediciones igualmente precisas de la magnitud $x$, su valor más probable será aquél, para el cual la suma de los cuadrados de los errores

$$\sigma = \sum_{i=1}^{n} (x - x_i)^2$$

tenga el valor mínimo (*principio de los cuadrados mínimos*).

Demostrar que el valor más probable de la magnitud $x$ es la media aritmética de los resultados de las mediciones.

## § 2. Dirección de la concavidad. Puntos de inflexión

1°. Concavidad de la gráfica de una función. Se dice que la gráfica de una función diferenciable $y = f(x)$ es *cóncava hacia abajo* en el intervalo $(a, b)$ (o *cóncava hacia arriba* en el intervalo $(a_1, b_1)$), si para $a < x < b$ el arco de la curva está situado debajo (o correspondiente-

. mente, para $a_1 < x < b_1$, encima) de la tangente trazada en cualquier punto del intervalo $(a, b)$ (o del intervalo $(a_1, b_1)$) (fig. 29). La condición suficiente para que en la gráfica $y = f(x)$ la concavidad esté dirigida hacia abajo (o hacia arriba), es que se verifique en el intervalo correspondiente la desigualdad

$$f''(x) < 0 \quad (f''(x) > 0).$$

En lugar de decir que la gráfica es cóncava hacia abajo, suele decirse, que tiene su *convexidad dirigida hacia arriba*. De forma análoga, para la gráfica cóncava hacia arriba, se dice también que tiene su *convexidad dirigida hacia abajo*.

2°. P u n t o s  d e  i n f l e x i ó n. El punto $(x_0, f(x_0))$, en que cambia de sentido la concavidad de la gráfica de la función, se llama *punto de inflexión* (fig. 29).

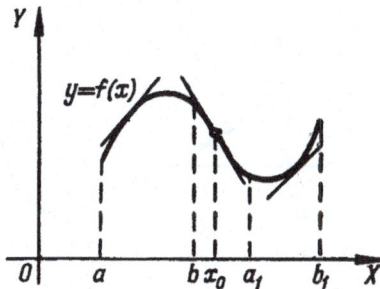

F i g. 29

Para la abscisa del punto de inflexión $x_0$, de la gráfica de la función $y = f(x)$, la segunda derivada $f''(x_0) = 0$ o $f''(x_0)$ no existe. Los puntos en que $f''(x) = 0$ o $f''(x)$ no existe, se llaman *puntos críticos de $2^a$ especie*. El punto crítico de $2^a$ especie $x_0$ es la abscisa del punto de inflexión, si $f''(x)$ conserva signos constantes, y contrarios entre sí, en los intervalos $x_0 - \delta < x < x_0$ y $x_0 < x < x_0 + \delta$, donde $\delta$ es un número positivo determinado, y no será punto de inflexión, si los signos de $f''(x)$ en los intervalos antedichos son iguales.

E j e m p l o  1. Determinar los intervalos de concavidad y convexidad y los puntos de inflexión de la *curva de Gauss*

$$y = e^{-x^2}.$$

S o l u c i ó n. Tenemos:

$$y' = -2xe^{-x^2}$$

e

$$y'' = (4x^2 - 2) e^{-x^2}.$$

Igualando a cero la segunda derivada $y''$, hallamos los puntos críticos de $2^a$ especie

$$x_1 = -\frac{1}{\sqrt{2}} \quad y \quad x_2 = \frac{1}{\sqrt{2}}.$$

Estos puntos dividen al eje numérico $-\infty < x < +\infty$ en tres intervalos: I $(-\infty, x_1)$, II $(x_1, x_2)$ y III $(x_2, +\infty)$. Los signos de $y''$ serán, respectivamente, $+$, $-$ y $+$ (de lo que es fácil convencerse, tomando, por ejemplo, un punto en cada uno de los intervalos indicados y poniendo los correspondientes valores de $x$ en $y''$). Por esto, la curva será: 1) cóncava hacia arriba para $-\infty < x < -\dfrac{1}{\sqrt{2}}$ y $\dfrac{1}{\sqrt{2}} < x < +\infty$; 2) cóncava hacia abajo, para $-\dfrac{1}{\sqrt{2}} < x < \dfrac{1}{\sqrt{2}}$. Los puntos $\left(\dfrac{\pm 1}{\sqrt{2}};\ \dfrac{1}{\sqrt{e}}\right)$ son los puntos de inflexión (fig. 30).

Es de advertir, que debido a la simetría de la curva de Gauss respecto al eje $OY$, la investigación del signo de la concavidad de esta curva hubiera sido suficiente realizarla en el semieje $0 < x < +\infty$.

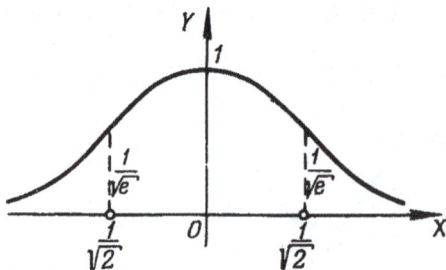
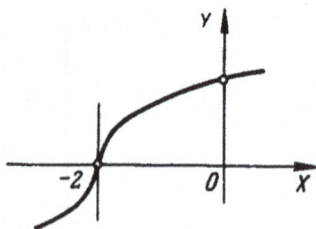

F i g. 30           F i g. 31

E j e m p l o 2. Hallar los puntos de inflexión de la gráfica de la función

$$y = \sqrt[3]{x+2}.$$

S o l u c i ó n. Tenemos:

$$y'' = -\frac{2}{9}(x+2)^{-\frac{5}{3}} = \frac{-2}{9\sqrt[3]{(x+2)^5}}. \tag{1}$$

Es evidente que $y''$ no se anula en ningún sitio.

Igualando a cero el denominador del quebrado del segundo miembro de la igualdad (1), tenemos que, $y''$ no existe para $x = -2$. Como $y'' > 0$ para $x < -2$ e $y'' < 0$ para $x > -2$, el punto $(-2, 0)$ es un punto de inflexión (fig. 31). La tangente a este punto es paralela al eje de ordenadas, ya que la primera derivada $y'$ es infinita para $x = -2$.

Hallar los intervalos de concavidad y los puntos de inflexión de las gráficas de las funciones:

891. $y = x^3 - 6x^2 + 12x + 4$.

892. $y = (x+1)^4$.

893. $y = \dfrac{1}{x+3}$.

894. $y = \dfrac{x^3}{x^2+12}$.

895. $y = \sqrt[3]{4y^3 - 12x}$.

896. $y = \cos x$.

897. $y = x - \operatorname{sen} x$.

898. $y = x^2 \ln x$.

899. $y = \operatorname{arctg} x - x$.

900. $y = (1 + x^2)\, e^x$.

# § 3. Asíntotas

1°. **Definición.** Si un punto $(x, y)$ se desplaza continuamente por una curva $y = f(x)$ de tal forma que, por lo menos, una de sus coordenadas tienda al infinito, mientras que la distancia entre este punto y una recta determinada tiende a cero, esta recta recibe el nombre de *asíntota* de la curva.

2°. **Asíntotas verticales** (paralelas al eje $OY$). Si existe un número $a$ tal, que

$$\lim_{x \to a} f(x) = \infty,$$

la recta $x = a$ es asíntota (*vertical*).

3°. **Asíntotas oblicuas** (respecto a los ejes de coordenadas). Si existen los límites

$$\lim_{x \to +\infty} \frac{f(x)}{x} = k_1$$

y

$$\lim_{x \to +\infty} [f(x) - k_1 x] = b_1,$$

la recta $y = k_1 x + b_1$ será asíntota (*oblicua a la derecha* o bien, si $k_1 = 0$, *horizontal derecha* (paralela al eje $OX$).
Si existen los límites

$$\lim_{x \to -\infty} \frac{f(x)}{x} = k_2$$

y

$$\lim_{x \to -\infty} [f(x) - k_2 x] = b_2,$$

la recta $y = k_2 x + b_2$ es asíntota (*oblicua a la izquierda* o bien, cuando $k_2 = 0$ *horizontal izquierda*, paralela al eje $OX$). La gráfica de la función $y = f(x$ (que se supone uniforme) no puede tener más de una asíntota derecha (oblicua u horizontal), ni más de una asíntota izquierda (oblicua u horizontal).

**Ejemplo 1.** Hallar las asíntotas de la curva

$$y = \frac{x^2}{\sqrt{x^2 - 1}}.$$

**Solución.** Igualando a cero el denominador, obtenemos dos asíntotas verticales:

$$x = -1 \quad y \quad x = 1.$$

Buscamos las asíntotas oblicuas. Cuando $x \to +\infty$, tenemos:

$$k_1 = \lim_{x \to +\infty} \frac{y}{x} = \lim_{x \to +\infty} \frac{x^2}{x \sqrt{x^2 - 1}} = 1,$$

$$b_1 = \lim_{x \to +\infty} (y - x) = \lim_{x \to +\infty} \frac{x^2 - x \sqrt{x^2 - 1}}{\sqrt{x^2 - 1}} = 0,$$

97

por consiguiente, la asíntota derecha será la recta $y=x$. Análogamente, cuando $x \to -\infty$, tenemos:

$$k_2 = \lim_{x \to -\infty} \frac{y}{x} = -1;$$

$$b_2 = \lim_{x \to -\infty} (y+x) = 0.$$

De esta forma, la asíntota izquierda es $y = -x$ (fig. 32). La investigación de las asíntotas de esta curva puede simplificarse si se tiene en cuenta su simetría.

Ejemplo 2. Hallar las asíntotas de la curva

$$y = x + \ln x.$$

Solución. Como

$$\lim_{x \to +0} y = -\infty,$$

la recta $x=0$ será una asíntota vertical (inferior). Investigamos la curva para hallar solamente la asíntota oblicua derecha (ya que $x > 0$).
Tenemos:

$$k = \lim_{x \to +\infty} \frac{y}{x} = 1,$$

$$b = \lim_{x \to +\infty} (y - x) = \lim_{x \to +\infty} \ln x = \infty.$$

Por consiguiente, esta curva no tiene asíntotas oblicuas.

Si la curva viene dada por las ecuaciones paramétricas $x = \varphi(t)$; $y = \psi(t)$, en primer lugar se investiga si el parámetro $t$ tiene valores para los que

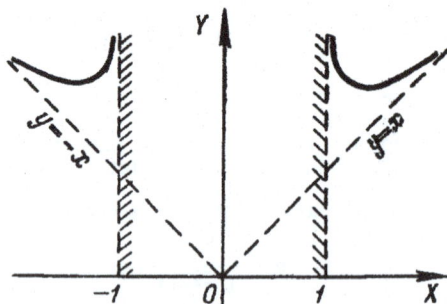

F i g. 32

una de las funciones $\varphi(t)$ o $\psi(t)$ se hace infinita, mientras que la otra sigue siendo finita. Cuando $\varphi(t_0) = \infty$ y $\psi(t_0) = c$, la curva tiene una asíntota horizontal, $y = c$. Si $\psi(t_0) = \infty$ y $\varphi(t_0) = c$, la curva tiene una asíntota vertical, $x = c$.

Cuando $\varphi(t_0) = \psi(t_0) = \infty$, al mismo tiempo que

$$\lim_{t \to t_0} \frac{\psi(t)}{\varphi(t)} = k; \quad \lim_{t \to t_0} [\psi(t) - k\varphi(t)] = b,$$

la curva tendrá una asíntota oblicua, $y = kx + b$.

Si la curva se da en forma de ecuación polar $r = f(\varphi)$, sus asíntotas se pueden hallar por la regla anterior, reduciendo la ecuación de la curva a la forma paramétrica por las fórmulas:

$$x = r \cos \varphi = f(\varphi) \cos \varphi; \quad y = r \operatorname{sen} \varphi = f(\varphi) \operatorname{sen} \varphi.$$

Hallar las asíntotas de las curvas:

**901.** $y = \dfrac{1}{(x-2)^2}$ .

**902.** $y = \dfrac{x}{x^2 - 4x + 3}$ .

**903.** $y = \dfrac{x^2}{x^2 - 4}$ .

**904.** $y = \dfrac{x^3}{x^2 + 9}$ .

**905.** $y = \sqrt{x^2 - 1}$ .

**906.** $y = \dfrac{x}{\sqrt{x^2 + 3}}$ .

**907.** $y = \dfrac{x^2 + 1}{\sqrt{x^2 - 1}}$ .

**908.** $y = x - 2 + \dfrac{x^2}{\sqrt{x^2 + 9}}$ .

**909.** $y = e^{-x^2} + 2$ .

**910.** $y = \dfrac{1}{1 - e^x}$ .

**911.** $y = e^{\frac{1}{x}}$ .

**912.** $y = \dfrac{\operatorname{sen} x}{x}$ .

**913.** $y = \ln(1 + x)$ .

**914.** $x = t$; $y = t + 2 \operatorname{arctg} t$ .

**915.** Hallar la asíntota de la espiral hiperbólica $r = \dfrac{a}{\varphi}$ .

## § 4. Construcción de las gráficas de las funciones por sus puntos característicos

Al construir la gráfica de una función es necesario, ante todo, hallar el campo de definición de la misma y determinar su comportamiento en la frontera de este campo de definición. Es conveniente también señalar previamente ciertas peculiaridades de las funciones (si es que las tienen), como son: la simetría, periodicidad, permanencia del signo, monotonía, etc.

Después, hay que encontrar los puntos de discontinuidad, los puntos extremos de la función, los puntos de inflexión, las asíntotas, etc. Los elementos hallados permiten establecer el carácter general de la gráfica de la función y obtener su diseño matemático verdadero.

Ejemplo 1. Construir la gráfica de la función

$$\cdot \; y = \frac{x}{\sqrt{x^2 - 1}} \; .$$

Solución. a) La función existe en todas partes, menos en los pun tos $x = \pm 1$.

La función es impar, por lo que la gráfica de la misma será simétrica con respecto al punto $O\,(0;\ 0)$. Esta circunstancia simplifica la construcción de la gráfica.

b) Los puntos de discontinuidad son $x = -1$ y $x = 1$, al mismo tiempo que $\lim\limits_{x \to 1 \mp 0} y = \mp \infty$ y $\lim\limits_{x \to -1 \mp 0} y = \mp \infty$, por consiguiente, las rectas $x = \pm 1$ son asíntotas verticales de la gráfica.

c) Buscamos las asíntotas oblicuas. Tenemos:

$$k_1 = \lim_{x \to +\infty} \frac{y}{x} = 0,$$

$$b_1 = \lim_{x \to +\infty} y = \infty,$$

por consiguiente, no existe asíntota oblicua derecha. Como la gráfica es simétrica, tampoco existirá asíntota oblicua izquierda.

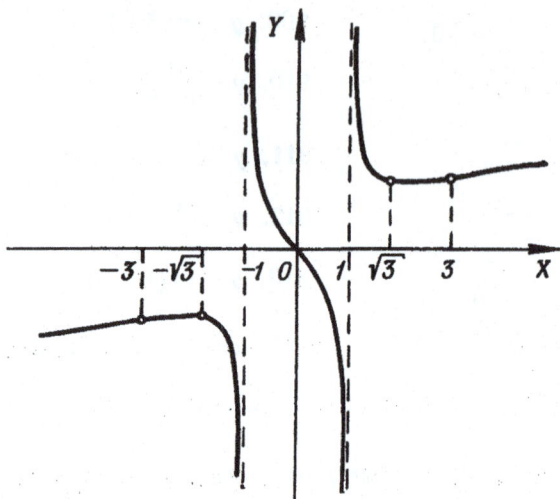

F i g. 33

d) Hallamos los puntos críticos de 1ª y 2ª especie, es decir, aquellos puntos en que se anula o no existe la primera, o correspondientemente, la segunda derivada de la función dada.
Tenemos:

$$y' = \frac{x^2 - 3}{3 \sqrt[3]{(x^2 - 1)^4}}, \qquad (1)$$

$$y'' = \frac{2x(9 - x^2)}{9 \sqrt[3]{(x^2 - 1)^7}}. \qquad (2)$$

Las derivadas $y'$ e $y''$ dejan de existir únicamente cuando $x = \pm 1$, es decir, sólo en aquellos puntos en que tampoco existe la propia función $y$, por seto, serán puntos críticos sólo aquellos en que $y'$ o $y''$ se anulan.
De (1) y (2), se deduce:

$$y' = 0 \text{ para } x = \pm \sqrt{3};$$
$$y'' = 0 \text{ para } x = 0 \text{ y } x = \pm 3.$$

De esta forma, $y'$ conserva constante el signo en cada uno de los intervalos $(-\infty, -\sqrt{3})$, $(-\sqrt{3}, -1)$, $(-1, 1)$, $(1, \sqrt{3})$ y $(\sqrt{3}, +\infty)$, e $y''$ en cada uno de los intervalos $(-\infty, -3)$, $(-3, -1)$, $(-1, 0)$ $(0, 1)$, $(1, 3)$ y $(3, +\infty)$.

Para determinar qué signo tiene $y'$ (o correspondientemente, $y''$) en cada uno de los intervalos señalados, basta con determinar el signo de $y'$ (o de $y''$) en un punto cualquiera de cada uno de estos intervalos.

Los resultados de esta investigación, para mayor comodidad, se incluyen en una tabla (tabla I), junto con los de los cálculos de las ordenadas de

*Tabla I*

| $x$ | 0 | $(0, 1)$ | 1 | $(1, \sqrt{3})$ | $\sqrt{3} \approx 1{,}73$ | $(\sqrt{3}, 3)$ | 3 | $(3, +\infty)$ |
|---|---|---|---|---|---|---|---|---|
| $y$ | 0 | — | $\pm\infty$ | + | $\dfrac{\sqrt{3}}{\sqrt[3]{2}} \approx 1{,}37$ | + | 1,5 | + |
| $y'$ | — | — | no existe | — | 0 | + | + | + |
| $y''$ | 0 | — | no existe | + | + | + | 0 | — |
| Conclusiones | Punto de inflexión | La función decrece; la gráfica es cóncava hacia abajo | Punto de discontinuidad | La función decrece; la gráfica es cóncava hacia arriba | Punto mínimo | La función crece; la gráfica es cóncava hacia arriba | Punto de inflexión | La función crece; la gráfica es cóncava hacia abajo |

los puntos característicos de la gráfica de la función. Debe advertirse, que debido a que la función $y$ es impar, es suficiente hacer los cálculos solamente para $x \geqslant 0$; la mitad izquierda de la gráfica se reconstruye por el principio de la simetría impar.

e) Con los resultados de la investigación, construimos la gráfica de la función (fig. 33).

E j e m p l o 2. Construir la gráfica de la función

$$y = \frac{\ln x}{x}.$$

S o l u c i ó n. a) El campo de existencia de la función es: $0 < x < +\infty$.

b) En el campo de existencia no hay puntos de discontinuidad, pero al aproximarse al punto frontera $(x-0)$ del campo de existencia, tenemos:

$$\lim_{x\to 0} y = \lim_{x\to 0} \frac{\ln x}{x} = -\infty.$$

Por consiguiente, la recta $x = 0$ (el eje de ordenadas) es una asíntota vertical.

c) Buscamos la asíntota oblicua derecha u horizontal (ya que la asíntota oblicua a la izquierda no existe, puesto que no es posible que $x \to -\infty$):

$$k \doteq \lim_{x\to +\infty} \frac{y}{x} = 0,$$

$$b = \lim_{x\to +\infty} y = 0.$$

Por consiguiente, la asíntota horizontal derecha es el eje de abscisas: $y = 0$.

d) Hallamos los puntos críticos. Tenemos:

$$y' = \frac{1 - \ln x}{x^2},$$

$$y'' = \frac{2\ln x - 3}{x^3}.$$

$y'$ e $y''$ existen en todos los puntos del campo de existencia de la función dada e

$$y' = 0, \text{ si } \ln x = 1, \text{ es decir, cuando } x = e;$$

$$y'' = 0, \text{ si } \ln x = \frac{3}{2}, \text{ es decir, cuando } x = e^{3/2}.$$

Hacemos la tabla, en la que incluimos los puntos característicos (tabla II). En este caso, además de los puntos característicos encontrados, es conveniente

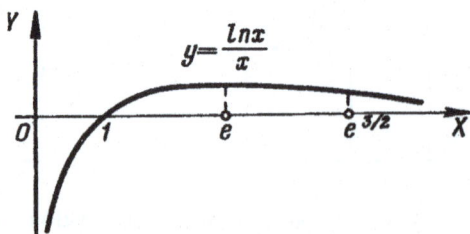

F i g. 34

hallar los puntos de intersección de la gráfica con los ejes de coordenadas. Haciendo $y = 0$, encontramos $x = 1$ (punto de intersección de la curva con el eje de abscisas): la gráfica no se corta con el eje de ordenadas.

e) Con los resultados de la investigación, construimos la gráfica de la función (fig. 34).

Construir las gráficas de las funciones que se indican más abajo, determinando el campo de existencia de cada función, los puntos de discontinuidad, los puntos extremos, los intervalos de

*Tabla II*

| $x$ | $0$ | $(0, 1)$ | $1$ | $(1, e)$ | $e \approx 2,72$ | $(e, e^{\frac{3}{2}})$ | $e^{\frac{3}{2}} \approx 4,49$ | $\left(e^{\frac{3}{2}}, +\infty\right)$ |
|---|---|---|---|---|---|---|---|---|
| $y$ | $-\infty$ | $-$ | $0$ | $+$ | $\dfrac{1}{e} \approx 0,37$ | $+$ | $\dfrac{3}{2\sqrt{e^3}} \approx 0,33$ | $+$ |
| $y'$ | no existe | $+$ | $+$ | $+$ | $0$ | $-$ | $-$ | $-$ |
| $y''$ | no existe | $-$ | $-$ | $-$ | $-$ | $-$ | $0$ | $+$ |
| Conclusiones | Punto frontera del campo de existencia de la función. Asíntota vertical | La función crece; la gráfica es cóncava hacia abajo | Punto de intersección de la gráfica con el eje OX | La función crece; la gráfica es cóncava hacia abajo | Punto máximo de la función | La función decrece; la gráfica es cóncava hacia abajo | Punto de inflexión | La función decrece; la gráfica es cóncava hacia arriba |

crecimiento y decrecimiento, los puntos de inflexión de sus gráficas, la dirección de las concavidades y las asíntotas de las gráficas.

**916.** $y = x^3 - 3x^2$.

**917.** $y = \dfrac{6x^2 - x^4}{9}$.

**918.** $y = (x-1)^2 (x+2)$.

**919.** $y = \dfrac{(x-2)^2 (x+4)}{4}$.

**920.** $y = \dfrac{(x^2-5)^3}{125}$.

**921.** $y = \dfrac{x^2 - 2x + 2}{x-1}$.

**922.** $y = \dfrac{x^4 - 3}{x}$.

**923.** $y = \dfrac{x^4 + 3}{x}$.

**924.** $y = x^2 + \dfrac{2}{x}$.

**925.** $y = \dfrac{1}{x^2+3}$.

**926.** $y = \dfrac{8}{x^2-4}$.

**927.** $y = \dfrac{4x}{4+x^2}$.

**928.** $y = \dfrac{4x-12}{(x-2)^2}$.

**929.** $y = \dfrac{x}{x^2-4}$.

**930.** $y = \dfrac{16}{x^2(x-4)}$.

**931.** $y = \dfrac{3x^4+1}{x^3}$.

**932.** $y = \sqrt{x} + \sqrt{4-x}$.

**933.** $y = \sqrt{8+x} - \sqrt{8-x}$.

**934.** $y = x\sqrt{x+3}$.

**935.** $y = \sqrt{x^3-3x}$.

**936.** $y = \sqrt[3]{1-x^2}$.

**937.** $y = \sqrt[3]{1-x^3}$.

**938.** $y = 2x + 2 - 3\sqrt[3]{(x+1)^2}$.

**939.** $y = \sqrt[3]{x+1} - \sqrt[3]{x-1}$.

**940.** $y = \sqrt[3]{(x+4)^2} - \sqrt[3]{(x-4)^2}$.

**941.** $y = \sqrt[3]{(x-2)^2} + \sqrt[3]{(x-4)^2}$.

**942.** $y = \dfrac{4}{\sqrt{4-x^2}}$.

**943.** $y = \dfrac{8}{x\sqrt{x^2-4}}$.

**944.** $y = \dfrac{x}{\sqrt{x^2-1}}$.

**945.** $y = \dfrac{x}{\sqrt{(x-2)^2}}$.

**946.** $y = xe^{-x}$.

**947.** $y = \left(a + \dfrac{x^2}{a}\right) e^{\frac{x}{a}}$.

**948.** $x = e^{8x-x^2-14}$.

**949.** $y = (2+x^2) e^{-x^2}$.

**950.** $y = 2|x| - x^2$.

**951.** $y = \dfrac{\ln x}{\sqrt{x}}$.

**952.** $y = \dfrac{x^2}{2} \ln \dfrac{x}{a}$.

**953.** $y = \dfrac{x}{\ln x}$.

**954.** $y = (x+1) \ln^2 (x+1)$.

**955.** $y = \ln(x^2-1) + \dfrac{1}{x^2-1}$.

**956.** $y = \ln \dfrac{\sqrt{x^2+1}-1}{x}$.

**957.** $y = \ln(1 + e^{-x})$.

**958.** $y = \ln\left(e + \dfrac{1}{x}\right)$.

**959.** $y = \operatorname{sen} x + \cos x$.

**960.** $y = \text{sen } x + \dfrac{\text{sen } 2x}{2}$ .

**961.** $y = \cos x - \cos^2 x$.

**962.** $y = \text{sen}^3 x + \cos^3 x$.

**963.** $y = \dfrac{1}{\text{sen } x + \cos x}$ .

**964.** $y = \dfrac{\text{sen } x}{\text{sen } \left( x + \dfrac{\pi}{4} \right)}$ .

**965.** $y = \text{sen } x \cdot \text{sen } 2x$.

**966.** $y = \cos x \cdot \cos 2x$.

**967.** $y = x + \text{sen } x$.

**968.** $y = \text{arcsen } \left( 1 - \sqrt[3]{x^2} \right)$.

**969.** $y = \dfrac{\text{arcsen } x}{\sqrt{1 - x^2}}$ .

**970.** $y = 2x - \text{tg } x$.

**971.** $y = x \text{ arctg } x$.

**972.** $y = x \text{ arctg } \dfrac{1}{x}$, si $x \neq 0$

e $y = 0$, si $x = 0$.

**973.** $y = x - 2 \text{ arcctg } x$.

**974.** $y = \dfrac{x}{2} + \text{arctg } x$.

**975.** $y = \ln \text{sh } x$.

**976.** $y = \text{Arch } \left( x + \dfrac{1}{x} \right)$ .

**977.** $y = e^{\text{sen } x}$.

**978.** $y = e^{\text{arcsen } \sqrt{x}}$.

**979.** $y = e^{\text{arctg } x}$.

**980.** $y = \ln \text{sen } x$.

**981.** $y = \ln \text{tg } \left( \dfrac{\pi}{4} - \dfrac{x}{2} \right)$ .

**982.** $y = \ln x - \text{arctg } x$.

**983.** $y = \cos x - \ln \cos x$.

**984.** $y = \text{arctg } (\ln x)$.

**985.** $y = \text{arcsen } \ln (x^2 + 1)$.

**986.** $y = x^x$.

**987.** $y = x^{\frac{1}{x}}$.

También se recomienda construir las gráficas de las funciones indicadas en los N$^{\text{os}}$.N$^{\text{os}}$. 826—848.

Construir las gráficas de las funciones siguientes, dadas en forma paramétrica:

**988.** $x = t^2 - 2t$, $y = t^2 + 2t$.

**989.** $x = a \cos^3 t$, $y = a \text{ sen } t$ $(a > 0)$.

**990.** $x = te^t$, $\quad y = te^{-t}$.

**991.** $x = t + e^{-t}$, $y = 2t + e^{-2t}$.

**992.** $x = a \, (\text{sh } t - t)$, $y = a \, (\text{ch } t - 1)$ $(a > 0)$.

## § 5. Diferencial del arco. Curvatura

1°. **Diferencial del arco.** La diferencial del arco *s* de una curva plana, dada por una ecuación en coordenadas cartesianas *x* e *y*, se expresa por la fórmula

$$ds = \sqrt{(dx)^2 + (dy)^2};$$

si la ecuación de la curva tiene la forma:

a) $y = f(x)$, entonces $ds = \sqrt{1 + \left( \dfrac{dy}{dx} \right)^2 \, dx};$

**105**

b) $x = f_1(y)$, entonces $ds = \sqrt{1 + \left(\dfrac{dx}{dy}\right)^2}\, dy$;

c) $x = \varphi(t)$, $y = \psi(t)$, entonces $ds = \sqrt{\left(\dfrac{dx}{dt}\right)^2 + \left(\dfrac{dy}{dt}\right)^2}\, dt$;

d) $F(x, y) = 0$, entonces $ds = \dfrac{\sqrt{F_x'^2 + F_y'^2}}{|F_y'|}\, dx = \dfrac{\sqrt{F_x'^2 + F_y'^2}}{|F_x'|}\, dy$.

Llamando $\alpha$ al ángulo que forma la dirección positiva de la tangente (es decir, dirigido en el sentido del crecimiento del arco de la curva $s$) con la dirección positiva del eje $OX$, tendremos:

$$\cos \alpha = \frac{dx}{ds},$$

$$\operatorname{sen} \alpha = \frac{dy}{ds}.$$

En coordenadas polares,

$$ds = \sqrt{(dr)^2 + (r\, d\varphi)^2} = \sqrt{r^2 + \left(\frac{dr}{d\varphi}\right)^2}\, d\varphi.$$

Llamando $\beta$ al ángulo formado por el radio polar de un punto de la curva y la tangente a la curva en este mismo punto, tenemos:

$$\cos \beta = \frac{dr}{ds},$$

$$\operatorname{sen} \beta = r\, \frac{d\varphi}{ds}.$$

2°. C u r v a t u r a   d e   u n a   c u r v a. Se llama *curvatura* $K$ de una curva, en su punto $M$, al límite de la razón del ángulo que forman las

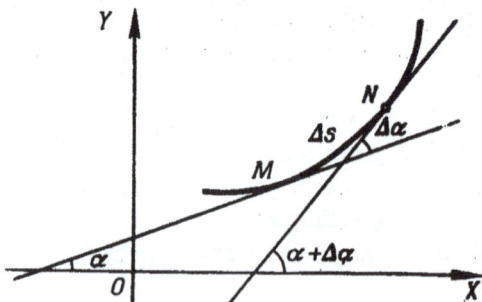

F i g. 35

direcciones positivas de las tangentes a dicha curva en los puntos $M$ y $N$ (*ángulo de adyacencia*) a la longitud del arco $\overset{\frown}{MN} = \Delta s$, cuando $N \to M$ (fig. 35), es decir,

$$K = \lim_{\Delta s \to 0} \frac{\Delta \alpha}{\Delta s} = \frac{d\alpha}{ds},$$

donde $\alpha$ es el ángulo entre la dirección positiva de la tangente en el punto $M$ y el eje $OX$.

*Radio de curvatura R*. Recibe el nombre de radio de curvatura $R$ la cantidad inversa al valor absoluto de la curvatura, es decir:

$$R = \frac{1}{|K|}.$$

Las circunferencias son líneas de curvatura constante $\left( K = \frac{1}{a} \right.$, donde $a$ es el radio de la circunferencia $\Bigr)$, lo mismo que la línea recta ($K=0$).

Las fórmulas para calcular las curvaturas en coordenadas cartesianas son las siguientes (exactas, a excepción del signo):

1) si la curva viene dada por una ecuación explícita $y = f(x)$, la fórmula será

$$K = \frac{y''}{(1+y'^2)^{3/2}};$$

2) si la curva se da por una ecuación implícita $F(x, y) = 0$, se emplea la fórmula

$$K = \frac{\begin{vmatrix} F''_{xx} & F''_{xy} & F'_x \\ F''_{yx} & F''_{yy} & F'_y \\ F'_x & F'_y & 0 \end{vmatrix}}{(F'^2_x + F'^2_y)^{3/2}};$$

3) si la curva se da en forma paramétrica por las ecuaciones $x = \varphi(t)$ $y = \psi(t)$, entonces

$$K = \frac{\begin{vmatrix} x' & y' \\ x'' & y'' \end{vmatrix}}{(x'^2 + y'^2)^{3/2}},$$

donde

$$x' = \frac{dx}{dt}, \quad y' = \frac{dy}{dt}, \quad x'' = \frac{d^2x}{dt^2}, \quad y'' = \frac{d^2y}{dt^2}.$$

En coordenadas polares, cuando la curva se da por la ecuación $r = f(\varphi)$, tenemos:

$$K = \frac{r^2 + 2r'^2 - rr''}{(r^2 + r'^2)^{3/2}},$$

donde

$$r' = \frac{dr}{d\varphi} \quad \text{y} \quad r'' = \frac{d^2r}{d\varphi^2}.$$

3°. **Circunferencia osculatriz** (o círculo osculador). Se llama *circunferencia osculatriz* de una curva, en un punto $M$ de la misma, a la posición límite de la circunferencia que pasa por dicho punto $M$ y por otros dos puntos $P$ y $Q$ de la misma curva, cuando $P \to M$ y $Q \to M$.

El radio de la circunferencia osculatriz es igual al radio de curvatura y su centro (*centro de curvatura*) se encuentra en la normal a la curva, trazada en el punto $M$, hacia el lado de su concavidad.

Las coordenadas $X$ e $Y$ del centro de curvatura se calculan con las fórmulas

$$X = x - \frac{y'(1+y'^2)}{y''}, \qquad Y = y + \frac{1+y'^2}{y''}.$$

La *evoluta* de una curva es el lugar geométrico de los centros de curvatura de dicha curva.

Si en las fórmulas para la determinación de las coordenadas del centro de curvatura se consideran $X$ e $Y$ como las coordenadas variables de los puntos de la evoluta, estas fórmulas nos darán las ecuaciones paramétricas de dicha evoluta con parámetro $x$ o $y$ (o $t$, si la propia curva viene dada por ecuaciones en forma paramétrica).

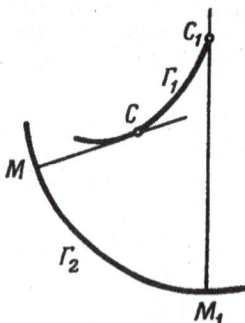

F i g. 36

E j e m p l o 1. Hallar la ecuación de la evoluta de la parábola $y = x^2$.

S o l u c i ó n. $X = -4x^3$, $Y = \frac{1 + 6x^2}{2}$. Eliminando el parámetro $x$, hallamos la ecuación de la evoluta en forma explícita

$$Y = \frac{1}{2} + 3\left(\frac{X}{4}\right)^{2/3}.$$

*Evolvente* de una curva. Se da este nombre a una curva tal, que con relación a ella, la curva dada resulta ser la evoluta.

La normal $MC$ a la evolvente $\Gamma_2$ es tangente a la evoluta $\Gamma_1$: la longitud del arco $\overset{\frown}{CC_1}$ de la evoluta es igual al incremento correspondiente del radio de curvatura $\overset{\frown}{CC_1} = M_1 C_1 - MC$, por cuya razón, la evolvente $\Gamma_2$ recibe también el nombre de *desarrollo* de la curva $\Gamma_1$, que se obtiene desenrollando un hilo tenso enrollado a la evoluta $\Gamma_1$ (fig. 36). A cada evoluta le corresponde una infinidad de evolventes, que responden a las diversas longitudes iniciales que puede tener el hilo.

4°. V é r t i c e s  d e  u n a  c u r v a. Se llama *vértice* de una curva al punto de la misma en que la curvatura tiene máximo o mínimo. Para determinar los vértices de una curva se forma la expresión de la curvatura $K$ y se hallan sus puntos extremos. En lugar de la curvatura $K$ se puede tomar el radio de curvatura $R = \frac{1}{|K|}$ y se busca su punto extremo, si es que en este caso es más fácil el cálculo.

E j e m p l o 2. Hallar el vértice de la catenaria $y = a \operatorname{ch} \frac{x}{a} (a > 0)$.

Solución. Como $y' = \operatorname{sh} \dfrac{x}{a}$, e $y'' = \dfrac{1}{a} \operatorname{ch} \dfrac{x}{a}$, tendremos que $K =$

$= \dfrac{1}{a \operatorname{ch}^2 \dfrac{x}{a}}$ y, por consiguiente, $R = a \operatorname{ch}^2 \dfrac{x}{a}$. Tenemos, que $\dfrac{dR}{dx} = \operatorname{sh} \dfrac{2x}{a}$.

Igualando a cero la derivada $\dfrac{dR}{dx}$, obtenemos $\operatorname{sh} \dfrac{2x}{a} = 0$, de donde hallamos el único punto crítico $x = 0$. Calculando la segunda derivada $\dfrac{d^2R}{dx^2}$ y poniendo en ella el valor de $x = 0$, obtenemos $\dfrac{d^2R}{dx^2}\Big|_{x=0} = \dfrac{2}{a} \operatorname{ch} \dfrac{2x}{a}\Big|_{x=0} = \dfrac{2}{a} > 0$. Por consiguiente, $x = 0$ es el punto mínimo del radio de curvatura (o el máximo de la curvatura) de la catenaria. El vértice de la catenaria $y = a \operatorname{ch} \dfrac{x}{a}$, será pues, el punto $A (0, a)$.

Hallar la diferencial del arco, y el coseno y el seno del ángulo que forma, con la dirección positiva del eje $OX$, la tangente a cada una de las curvas siguientes:

**993.** $x^2 + y^2 = a^2$ (circunferencia).

**994.** $\dfrac{x^2}{a^2} + \dfrac{y^2}{b^2} = 1$ (elipse).

**995.** $y^2 = 2px$ (parábola).

**996.** $x^{2/3} + y^{2/3} = a^{2/3}$ (astroide).

**997.** $y = a \operatorname{ch} \dfrac{x}{a}$ (catenaria).

**998.** $x = a(t - \operatorname{sen} t);\ y = a(1 - \cos t)$ (cicloide).

**999.** $x = a \cos^3 t,\ y = a \operatorname{sen}^3 t$ (astroide).

Hallar la diferencial del arco y el coseno, o el seno, del ángulo que forma el radio polar con la tangente a cada una de las curvas siguientes:

**1000.** $r = a\varphi$ (espiral de Arquímedes).

**1001.** $r = \dfrac{a}{\varphi}$ (espiral hiperbólica).

**1002.** $r = a \sec^2 \dfrac{\varphi}{2}$ (parábola).

**1003.** $r = a \cos^2 \dfrac{\varphi}{2}$ (cardioide).

**1004.** $r = a^{\varphi}$ (espiral logarítmica).

**1005.** $r^2 = a^2 \cos 2\varphi$ (lemniscata).

Calcular la curvatura de las curvas siguientes en los puntos que se indican:

**1006.** $y = x^4 - 4x^3 - 18x^2$ en el origen de coordenadas.

**1007.** $x^2 + xy + y^2 = 3$ en el punto $(1; 1)$.

**1008.** $\dfrac{x^2}{a^2} + \dfrac{y^2}{b^2} = 1$ en los vértices $A(a, 0)$ y $B(0, b)$.

**1009.** $x = t^2$, $y = t^3$ en el punto $(1; 1)$.

**1010.** $r^2 = 2a^2 \cos 2\varphi$ en los vértices cuyos ángulos polares son $\varphi = 0$ y $\varphi = \pi$.

**1011.** ¿En qué punto de la parábola $y^2 = 8x$ su curvatura es igual a 0,128?

**1012.** Hallar el vértice de la curva $y = e^x$.

Hallar los radios de curvatura (en cualquier punto) de las líneas siguientes:

**1013.** $y = x^3$ (parábola cúbica).

**1014.** $\dfrac{x^2}{a^2} + \dfrac{y^2}{b^2} = 1$ (elipse).

**1015.** $x = \dfrac{y^2}{4} - \dfrac{\ln y}{2}$ .

**1016.** $x = a \cos^3 t$; $y = a \operatorname{sen}^3 t$ (astroide).

**1017.** $x = a(\cos t + t \operatorname{sen} t)$; $y = a(\operatorname{sen} t - t \cos t)$ (evolvente de la circunferencia).

**1018.** $r = ae^{k\varphi}$ (espiral logarítmica).

**1019.** $r = a(1 + \cos \varphi)$ (cardioide).

**1020.** Hallar el valor mínimo del radio de curvatura de la parábola $y^2 = 2px$.

**1021.** Demostrar que el radio de curvatura de la catenaria $y = a \operatorname{ch} \dfrac{x}{a}$ es igual a la longitud del segmento de la normal.

Calcular las coordenadas del centro de curvatura de las curvas siguientes, en los puntos que se indican:

**1022.** $xy = 1$ en el punto $(1; 1)$.

**1023.** $ay^2 = x^3$ en el punto $(a, a)$.

Escribir las ecuaciones de las circunferencias osculatrices de las curvas siguientes, en los puntos que se indican:

**1024.** $y = x^2 - 6x + 10$ en el punto $(3; 1)$.

**1025.** $y = e^x$ en el punto $(0; 1)$.

Hallar la evoluta de las curvas:

**1026.** $y^2 = 2px$ (parábola).

**1027.** $\dfrac{x^2}{a^2} + \dfrac{y^2}{b^2} = 1$ (elipse).

**1028.** Demostrar que la evoluta de la cicloide

$$x = a\,(t - \operatorname{sen} t); \quad y = a\,(1 - \cos t)$$

es una cicloide desplazada.

**1029.** Demostrar que la evoluta de la espiral logarítmica

$$r = ae^{k\varphi}$$

también es una espiral logarítmica con el mismo polo.

**1030.** Demostrar que la curva *(desarrollo de la circunferencia)*

$$x = a\,(\cos t + t \operatorname{sen} t); \quad y = a\,(\operatorname{sen} t - t \cos t)$$

es la evolvente de la circunferencia $x = a \cos t$; $y = a \operatorname{sen} t$.

*Capítulo IV*

# INTEGRAL INDEFINIDA

## 1. Integración Inmediata

1°. **Reglas principales para la integración.**
1) Si $F'(x) = f(x)$, entonces

$$\int f(x)\,dx = F(x) + C,$$

donde $C$ es una constante arbitraria.

2) $\int Af(x)\,dx = A\int f(x)\,dx$, donde $A$ es una constante.

3) $\int [f_1(x) \pm f_2(x)]\,dx = \int f_1(x)\,dx \pm \int f_2(x)\,dx.$

4) Si $\int f(x)\,dx = F(x) + C$ y $u = \varphi(x)$, se tiene,

$$\int f(u)\,du = F(u) + C.$$

En particular,

$$\int f(ax+b)\,dx = \frac{1}{a}F(ax+b) + C \qquad (a \neq 0).$$

2°. **Tabla de integrales inmediatas.**

I. $\int x^n\,dx = \dfrac{x^{n+1}}{n+1} + C, \quad n \neq -1.$

II. $\int \dfrac{dx}{x} = \ln|x| + C.$

III. $\int \dfrac{dx}{x^2+a^2} = \dfrac{1}{a}\operatorname{arctg}\dfrac{x}{a} + C = -\dfrac{1}{a}\operatorname{arcctg}\dfrac{x}{a} + C_1 \; (a \neq 0).$

IV. $\int \dfrac{dx}{x^2-a^2} = \dfrac{1}{2a}\ln\left|\dfrac{x-a}{x+a}\right| + C \; (a \neq 0).$

$\int \dfrac{dx}{a^2-x^2} = \dfrac{1}{2a}\ln\left|\dfrac{a+x}{a-x}\right| + C \; (a \neq 0).$

V. $\int \dfrac{dx}{\sqrt{x^2+a}} = \ln|x + \sqrt{x^2+a}| + C \; (a \neq 0).$

VI. $\int \dfrac{dx}{\sqrt{a^2+x^2}} = \operatorname{arcsen}\dfrac{x}{a} + C = -\arccos\dfrac{x}{a} + C_1 \; (a > 0).$

VII. $\int a^x \, dx = \dfrac{a^x}{\ln a} + C \quad (a>0); \qquad \int e^x \, dx = e^x + C.$

VIII. $\int \operatorname{sen} x \, dx = -\cos x + C.$

IX. $\int \cos x \, dx = \operatorname{sen} x + C$

X. $\int \dfrac{dx}{\cos^2 x} = \operatorname{tg} x + C.$

XI. $\int \dfrac{dx}{\operatorname{sen}^2 x} = -\operatorname{ctg} x + C.$

XII. $\int \dfrac{dx}{\operatorname{sen} x} = \ln \left| \operatorname{tg} \dfrac{x}{2} \right| + C = \ln | \operatorname{cosec} x - \operatorname{ctg} x | + C.$

XIII. $\int \dfrac{dx}{\cos x} = \ln \left| \operatorname{tg} \left( \dfrac{x}{2} + \dfrac{\pi}{4} \right) \right| + C = \ln | \operatorname{tg} x + \sec x | + C.$

XIV. $\int \operatorname{sh} x \, dx = \operatorname{ch} x + C.$

XV. $\int \operatorname{ch} x \, dx = \operatorname{sh} x + C.$

XVI. $\int \dfrac{dx}{\operatorname{ch}^2 x} = \operatorname{th} x + C.$

XVII. $\int \dfrac{dx}{\operatorname{sh}^2 x} = -\operatorname{cth} x + C.$

Ejemplo 1. $\int (ax^2 + bx + c) \, dx = \int ax^2 \, dx + \int bx \, dx + \int c \, dx =$

$= a \int x^2 \, dx + b \int x \, dx + c \int dx = a \dfrac{x^3}{3} + b \dfrac{x^2}{2} + cx + C.$

Hallar las siguientes integrales, empleando para ello las reglas principales 1), 2) y 3) y las fórmulas de integración.

1031. $\int 5a^2 x^6 \, dx.$

1032. $\int (6x^2 + 8x + 3) \, dx.$

1033. $\int x (x+a) (x+b) \, dx.$

1034. $\int (a + bx^3)^2 \, dx.$

1035. $\int \sqrt{2px} \, dx.$

1036. $\int \dfrac{dx}{\sqrt[n]{x}}.$

**1037.** $\int (nx)^{\frac{1-n}{n}} dx.$

**1038.** $\int (a^{\frac{2}{3}} - x^{\frac{2}{3}})^3 dx.$

**1039.** $\int (\sqrt{x} + 1)(x - \sqrt{x} + 1) dx.$

**1040.** $\int \frac{(x^2+1)(x^2-2)}{\sqrt[3]{x^2}} dx.$

**1041.** $\int \frac{(x^m - x^n)^2}{\sqrt{x}} dx.$

**1042.** $\int \frac{(\sqrt{a} - \sqrt{x})^4}{\sqrt{ax}} dx.$

**1043.** $\int \frac{dx}{x^2+7}.$

**1044.** $\int \frac{dx}{x^2-10}.$

**1045.** $\int \frac{dx}{\sqrt{4+x^2}}.$

**1046.** $\int \frac{dx}{\sqrt{8-x^2}}.$

**1047.** $\int \frac{\sqrt{2+x^2} - \sqrt{2-x^2}}{\sqrt{4-x^4}} dx.$     **1049.** a) $\int \operatorname{ctg}^2 x \, dx;$

**1048\*.** a) $\int \operatorname{tg}^2 x \, dx;$               b) $\int \operatorname{cth}^2 x \, dx.$

     b) $\int \operatorname{th}^2 x \, dx.$          **1050.** $\int 3^x e^x \, dx.$

3°. Integración mediante la introducción bajo el signo de la diferencial. La regla 4) amplía considerablemente la tabla de las integrales inmediatas. Precisamente, gracias a esta regla, la tabla de las integrales es válida, independientemente de que la variable de integración sea una variable independiente o una función diferenciable.
Ejemplo 2.

$$\int \frac{dx}{\sqrt{5x-2}} = \frac{1}{5} \int (5x-2)^{-\frac{1}{2}} d(5x-2) =$$

$$= \frac{1}{5} \int u^{-\frac{1}{2}} du = \frac{1}{5} \cdot \frac{u^{\frac{1}{2}}}{\frac{1}{2}} + C = \frac{1}{5} \frac{(5x-2)^{\frac{1}{2}}}{\frac{1}{2}} + C = \frac{2}{5} \sqrt{5x-2} + C,$$

donde se supuso $u = 5x - 2$. Se empleó la regla 4) y la integral I de la tabla.

Ejemplo 3. $\int \dfrac{x\,dx}{\sqrt{1+x^4}}=\dfrac{1}{2}\int\dfrac{d\,(x^2)}{\sqrt{1+(x^2)^2}}=\dfrac{1}{2}\ln\left(x^2+\sqrt{1+x^4}\right)+C.$

De forma implícita, se consideró que $u=x^2$ y se empleó la regla 4) y la integral V de la tabla.

Ejemplo 4. $\int x^2 e^{x^3}\,dx=\dfrac{1}{3}\int e^{x^3}\,d\,(x^3)=\dfrac{1}{3}\,e^{x^3}+C$ de acuerdo con la regla 4) y la integral VII de la tabla.

En los ejemplos 2, 3 y 4, antes de aplicar las integrales de la tabla, transformamos la integral dada a la forma

$$\int f\,(\varphi\,(x))\,\varphi'\,(x)\,dx=\int f\,(u)\,du,\ \text{donde}\ u=\varphi\,(x).$$

Este tipo de transformación se llama *introducción bajo el signo de la diferencial.*

Es conveniente señalar las transformaciones de las diferenciales que se emplean con frecuencia, como son las que se utilizaron en los ejemplos 2 y 3:

a) $dx=\dfrac{1}{a}\,d\,(ax+b)\,(a\neq 0)$; b) $x\,dx=\dfrac{1}{2}\,d\,(x^2)$ y otras semejantes.

Hallar las siguientes integrales, empleando para ello las reglas principales y las fórmulas de integración.

1051**. $\int \dfrac{a\,dx}{a-x}.$

1052**. $\int \dfrac{2x+3}{2x+1}\,dx.$

1053. $\int \dfrac{1-3x}{3+2x}\,dx.$

1054. $\int \dfrac{x\,dx}{a+bx}.$

1055. $\int \dfrac{ax+b}{\alpha x+\beta}\,dx.$

1056. $\int \dfrac{x^2+1}{x-1}\,dx.$

1057. $\int \dfrac{x^2+5x+7}{x+3}\,dx.$

1058. $\int \dfrac{x^4+x^2+1}{x-1}\,dx.$

1059. $\int \left(a+\dfrac{b}{x-a}\right)^2 dx.$

1060*. $\int \dfrac{x}{(x+1)^2}\,dx.$

1061. $\int \dfrac{b\,dy}{\sqrt{1-y}}.$

1062. $\int \sqrt{a-bx}\,dx.$

1063*. $\int \dfrac{x}{\sqrt{x^2+1}}\,dx.$

1064. $\int \dfrac{\sqrt{x}+\ln x}{x}\,dx.$

1065. $\int \dfrac{dx}{3x^2+5}.$

1066. $\int \dfrac{dx}{7x^2-8}.$

1067. $\int \dfrac{dx}{(a+b)-(a-b)\,x^2}$

$(0<b<a).$

1068. $\int \dfrac{x^2}{x^2+2}\,dx.$

1069. $\int \dfrac{x^3}{a^2-x^2}\,dx.$

1070. $\int \dfrac{x^2-5x+6}{x^2+4}\,dx.$

1071. $\int \dfrac{dx}{\sqrt{7+8x^2}}.$

1072. $\int \dfrac{dx}{\sqrt{7-5x^2}}.$

1073. $\int \dfrac{2x-5}{3x^2-2}\,dx.$

115

**1074.** $\int \dfrac{3-2x}{5x+7}\,dx.$

**1075.** $\int \dfrac{3x+1}{\sqrt{5x^2+1}}\,dx.$

**1076.** $\int \dfrac{x+3}{\sqrt{x^2-4}}\,dx.$

**1077.** $\int \dfrac{x\,dx}{x^2-5}.$

**1078.** $\int \dfrac{x\,dx}{2x^2+3}.$

**1079.** $\int \dfrac{ax+b}{a^2x^2+b^2}\,dx.$

**1080.** $\int \dfrac{x\,dx}{\sqrt{a^4-x^4}}.$

**1081.** $\int \dfrac{x^2}{1+x^6}\,dx.$

**1082.** $\int \dfrac{x^2\,dx}{\sqrt{x^6-1}}.$

**1083.** $\int \sqrt{\dfrac{\operatorname{arcsen} x}{1-x^2}}\,dx.$

**1084.** $\int \dfrac{\operatorname{arctg} \frac{x}{2}}{4+x^2}\,dx.$

**1085.** $\int \dfrac{x-\sqrt{\operatorname{arctg} 2x}}{1+4x^2}\,dx.$

**1086.** $\int \dfrac{dx}{\sqrt{(1+x^2)}\ln(x+\sqrt{1+x^2})}.$

**1087.** $\int a e^{-mx}\,dx.$

**1088.** $\int 4^{2-3x}\,dx.$

**1089.** $\int (e^t - e^{-t})\,dt.$

**1090.** $\int (e^{\frac{x}{a}} + e^{-\frac{x}{a}})^2\,dx.$

**1091.** $\int \dfrac{(a^x - b^x)^2}{a^x b^x}\,dx.$

**1092.** $\int \dfrac{a^{2x}-1}{\sqrt{a^x}}\,dx.$

**1093.** $\int e^{-(x^2+1)} x\,dx.$

**1094.** $\int x \cdot 7^{x^2}\,dx.$

**1095.** $\int \dfrac{e^{\frac{1}{x}}}{x^2}\,dx.$

**1096.** $\int 5^{\sqrt{x}}\dfrac{dx}{\sqrt{x}}.$

**1097.** $\int \dfrac{e^x}{e^x-1}\,dx.$

**1098.** $\int e^x \sqrt{a-be^x}\,dx.$

**1099.** $\int (e^{\frac{x}{a}}+1)^{\frac{1}{3}} e^{\frac{x}{a}}\,dx.$

**1100\*.** $\int \dfrac{dx}{2^x+3}.$

**1101.** $\int \dfrac{a^x\,dx}{1+a^{2x}}.$

**1102.** $\int \dfrac{e^{-bx}}{1-e^{-2bx}}\,dx.$

**1103.** $\int \dfrac{e^t\,dt}{\sqrt{1-e^{2t}}}.$

**1104.** $\int \operatorname{sen}(a+bx)\,dx.$

**1105.** $\int \cos \dfrac{x}{\sqrt{2}}\,dx.$

**1106.** $\int (\cos ax + \operatorname{sen} ax)^2\,dx.$

**1107.** $\int \cos\sqrt{x}\,\dfrac{dx}{\sqrt{x}}.$

**1108.** $\int \operatorname{sen}(\lg x)\dfrac{dx}{x}.$

**1109\*.** $\int \operatorname{sen}^2 x\,dx.$

**1110\*.** $\int \cos^2 x\,dx.$

**1111.** $\int \sec^2(ax+b)\,dx.$

**1112.** $\int \operatorname{ctg}^2 ax\, dx.$

**1113.** $\int \dfrac{dx}{\operatorname{sen} \dfrac{x}{a}}.$

**1114.** $\int \dfrac{dx)}{3 \cos \left(5x - \dfrac{\pi}{4}\right)}.$

**1115.** $\int \dfrac{dx}{\operatorname{sen}(ax+b)}.$

**1116.** $\int \dfrac{x\, dx}{\cos^2 x^2}.$

**1117.** $\int x \operatorname{sen}(1-x^2)\, dx.$

**1118.** $\int \left(\dfrac{1}{\operatorname{sen} x \sqrt{2}} - 1\right)^2 dx.$

**1119.** $\int \operatorname{tg} x\, dx.$

**1120.** $\int \operatorname{ctg} x\, dx.$

**1121.** $\int \operatorname{ctg} \dfrac{x}{a-b}\, dx.$

**1122.** $\int \dfrac{dx}{\operatorname{tg} \dfrac{x}{5}}.$

**1123.** $\int \operatorname{tg} \sqrt{x}\; \dfrac{dx}{\sqrt{x}}.$

**1124.** $\int x \operatorname{ctg}(x^2+1)\, dx.$

**1125.** $\int \dfrac{dx}{\operatorname{sen} x \cos x}.$

**1126.** $\int \cos\dfrac{x}{a} \operatorname{sen} \dfrac{x}{a}\, dx.$

**1127.** $\int \operatorname{sen}^3 6x \cos 6x\, dx.$

**1128.** $\int \dfrac{\cos ax}{\operatorname{sen}^5 ax}\, dx.$

**1129.** $\int \dfrac{\operatorname{sen} 3x}{3 + \cos 3x}\, dx.$

**1130.** $\int \dfrac{\operatorname{sen} x \cos x}{\sqrt{\cos^2 x - \operatorname{sen}^2 x}}\, dx.$

**1131.** $\int \sqrt{1 + 3\cos^2 x}\, \operatorname{sen} 2x\, dx.$

**1132.** $\int \operatorname{tg}^3 \dfrac{x}{3} \sec^2 \dfrac{x}{3}\, dx.$

**1133.** $\int \dfrac{\sqrt{\operatorname{tg} x}}{\cos^2 x}\, dx.$

**1134.** $\int \dfrac{\operatorname{ctg}^{\frac{2}{3}} x}{\operatorname{sen}^2 x}\, dx.$

**1135.** $\int \dfrac{1 + \operatorname{sen} 3x}{\cos^2 3x}\, dx.$

**1136.** $\int \dfrac{(\cos ax + \operatorname{sen} ax)^2}{\operatorname{sen} ax}\, dx.$

**1137.** $\int \dfrac{\operatorname{cosec}^2 3x}{b - a \operatorname{ctg} 3x}\, dx.$

**1138.** $\int (2\operatorname{sh} 5x - 3\operatorname{ch} 5x)\, dx.$

**1139.** $\int \operatorname{sh}^2 x\, dx.$

**1140.** $\int \dfrac{dx}{\operatorname{sh} x}.$

**1141.** $\int \dfrac{dx}{\operatorname{ch} x}.$

**1142.** $\int \dfrac{dx}{\operatorname{sh} x \operatorname{ch} x}.$

**1143.** $\int \operatorname{th} x\, dx.$

**1144.** $\int \operatorname{cth} x\, dx.$

**Hallar las siguientes integrales indefinidas:**

**1145.** $\int x \sqrt[5]{5 - x^2}\, dx.$

**1146.** $\int \dfrac{x^3 - 1}{x^4 - 4x + 1}\, dx.$

**1147.** $\int \dfrac{x^3}{x^8 + 5}\, dx.$

**1148.** $\int x e^{-x^2}\, dx.$

**1149.** $\int \dfrac{3-\sqrt{2+3x^2}}{2+3x^2}\,dx.$

**1150.** $\int \dfrac{x^3-1}{x+1}\,dx.$

**1151.** $\int \dfrac{dx}{\sqrt{e^x}}.$

**1152.** $\int \dfrac{1-\operatorname{sen} x}{x+\cos x}\,dx.$

**1153.** $\int \dfrac{\operatorname{tg}3x-\operatorname{ctg}3x}{\operatorname{sen}3x}\,dx.$

**1154.** $\int \dfrac{dx}{x\ln^2 x}.$

**1155.** $\int \dfrac{\sec^2 x}{\sqrt{\operatorname{tg}^2 x-2}}\,dx.$

**1156.** $\int \left(2+\dfrac{x}{2x^2+1}\right)\dfrac{dx}{2x^2+1}.$

**1157.** $\int a^{\operatorname{sen} x}\cos x\,dx.$

**1158.** $\int \dfrac{x^2}{\sqrt[3]{x^3+1}}\,dx.$

**1159.** $\int \dfrac{x\,dx}{\sqrt{1-x^4}}.$

**1160.** $\int \operatorname{tg}^2 ax\,dx.$

**1161.** $\int \operatorname{sen}^2 \dfrac{x}{2}\,dx.$

**1162.** $\int \dfrac{\sec^2 x\,dx}{\sqrt{4-\operatorname{tg}^2 x}}.$

**1163.** $\int \dfrac{dx}{\cos\dfrac{x}{a}}.$

**1164.** $\int \dfrac{\sqrt[3]{1+\ln x}}{x}\,dx.$

**1165.** $\int \operatorname{tg}\sqrt{x-1}\,\dfrac{dx}{\sqrt{x-1}}.$

**1166.** $\int \dfrac{x\,dx}{\operatorname{sen}(x^2)}.$

**1167.** $\int \dfrac{e^{\operatorname{arctg}x}+x\ln(1+x^2)+1}{1+x^2}\,dx.$

**1168.** $\int \dfrac{\operatorname{sen} x-\cos x}{\operatorname{sen} x+\cos x}\,dx.$

**1169.** $\int \dfrac{\left(1-\operatorname{sen}\dfrac{x}{\sqrt{2}}\right)^2}{\operatorname{sen}\dfrac{x}{\sqrt{2}}}\,dx.$

**1170.** $\int \dfrac{x^2}{x^2-2}\,dx.$

**1171.** $\int \dfrac{(1+x^2)}{x(1+x^2)}\,dx.$

**1172.** $\int e^{\operatorname{sen}^2 x}\operatorname{sen} 2x\,dx.$

**1173.** $\int \dfrac{5-3x}{\sqrt{4-3x^2}}\,dx.$

**1174.** $\int \dfrac{dx}{e^x+1}.$

**1175.** $\int \dfrac{dx}{(a+b)+(a-b)x^2}$ $(0<b<a).$

**1176.** $\int \dfrac{e^x}{\sqrt{e^{2x}-2}}\,dx.$

**1177.** $\int \dfrac{dx}{\operatorname{sen} ax\cos ax}.$

**1178.** $\int \operatorname{sen}\left(\dfrac{2\pi t}{T}+\varphi_0\right)dt.$

**1179.** $\int \dfrac{dx}{x(4-\ln^2 x)}.$

**1180.** $\int \dfrac{\operatorname{arccos}\dfrac{x}{2}}{\sqrt{4-x^2}}\,dx.$

**1181.** $\int e^{-\operatorname{tg} x}\sec^2 x\,dx.$

**1182.** $\int \dfrac{\operatorname{sen} x\cos x}{\sqrt{2-\operatorname{sen}^4 x}}\,dx.$

**1183.** $\int \dfrac{dx}{\operatorname{sen}^2 x\cos^2 x}.$

**1184.** $\int \dfrac{\operatorname{arcsen} x+x}{\sqrt{1-x^2}}\,dx.$

**1185.** $\int \dfrac{\sec x\,\operatorname{tg} x}{\sqrt{\sec^2 x+1}}\,dx.$

**1186.** $\int \dfrac{\cos 2x}{4+\cos^2 2x}\, dx.$      **1189.** $\int x^2 \operatorname{ch}(x^3+3)\, dx.$

**1187.** $\int \dfrac{dx}{1+\cos^2 x}.$      **1190.** $\int \dfrac{3^{\operatorname{th} x}}{\operatorname{ch}^2 x}\, dx.$

**1188.** $\int \sqrt{\dfrac{\ln(x+\sqrt{x^2+1})}{1+x^2}}\, dx.$

## § 2. Método de sustitución

1°. Sustitución o cambio de variable en la integral indefinida. Poniendo

$$x=\varphi(t),$$

donde $t$ es una nueva variable y $\varphi$ una función continua diferenciable, tendremos:

$$\int f(x)\, dx = \int f[\varphi(t)]\, \varphi'(t)\, dt. \qquad (1)$$

La función $\varphi$ se procura elegir de tal manera, que el segundo miembro de la fórmula (1) tome una forma más adecuada para la integración.

Ejemplo 1. Hallar

$$\int x\sqrt{x-1}\, dx.$$

Solución. Es natural poner $t=\sqrt{x-1}$, de donde $x=t^2+1$, y $dx==2t\, dt$. Por consiguiente:

$$\int x\sqrt{x-1}\, dx = \int (t^2+1)\, t\cdot 2t\, dt = 2\int (t^4+t^2)\, dt =$$

$$=\frac{2}{5}t^5+\frac{2}{3}t^3+C=\frac{2}{5}(x-1)^{\frac{5}{2}}+\frac{2}{3}(x-1)^{\frac{3}{2}}+C.$$

Algunas veces se emplea la sustitución del tipo

$$u=\varphi(x).$$

Supongamos, que hemos conseguido transformar la expresión subintegral $f(x)\, dx$ a la forma siguiente:

$$f(x)\, dx = g(u)\, du, \quad \text{donde} \quad u=\varphi(x).$$

Si la $\int g(u)\, du$ es conocida, es decir,

$$\int g(u)\, du = F(u)+C,$$

tendremos

$$\int f(x)\, dx = F[\varphi(x)]+C.$$

Este procedimiento es el que ya utilizamos en el § 1, 3°.

Los ejemplos 2, 3 y 4 (§ 1) se podrían haber resuelto de la forma siguiente:

**Ejemplo 2.** $u = 5x-2$; $du = 5\,dx$; $dx = \dfrac{1}{5}\,du$.

$$\int \frac{dx}{\sqrt{5x-2}} = \frac{1}{5}\int \frac{du}{\sqrt{u}} = \frac{1}{5}\frac{u^{\frac{1}{2}}}{\frac{1}{2}} + C = \frac{2}{5}\sqrt{5x-2} + C.$$

**Ejemplo 3.** $u = x^2$; $du = 2x\,dx$; $x\,dx = \dfrac{du}{2}$.

$$\int \frac{x\,dx}{\sqrt{1+x^4}} = \frac{1}{2}\int \frac{du}{\sqrt{1+u^2}} = \frac{1}{2}\ln(u+\sqrt{1+u^2}) + C =$$

$$= \frac{1}{2}\ln(x^2+\sqrt{1+x^4}) + C.$$

**Ejemplo 4.** $u = x^3$; $du = 3x^2\,dx$; $x^2\,dx = \dfrac{du}{3}$.

$$\int x^2 e^{x^3}\,dx = \frac{1}{3}\int e^u\,du = \frac{1}{3}e^u + C = \frac{1}{3}e^{x^3} + C.$$

**2°. Sustituciones trigonométricas.**

1) Si la integral contiene el radical $\sqrt{a^2-x^2}$, generalmente se hace $x = a\,\operatorname{sen} t$; de donde

$$\sqrt{a^2-x^2} = a\cos t.$$

2) Si la integral contiene el radical $\sqrt{x^2-a^2}$, se hace $x = a\sec t$; de donde

$$\sqrt{x^2-a^2} = a\operatorname{tg} t.$$

3) Si la integral contiene el radical $\sqrt{x^2+a^2}$, se hace $x = a\operatorname{tg} t$; de donde

$$\sqrt{x^2+a^2} = a\sec t.$$

Hay que advertir, que las sustituciones trigonométricas no son siempre las más convenientes.

En ciertos casos, en lugar de las sustituciones trigonométricas, es preferible emplear las *sustituciones hiperbólicas*, cuyo carácter es análogo (véase el ej. 1209).

En el § 9 se trata más detalladamente de las sustituciones trigonométricas e hiperbólicas.

**Ejemplo 5.** Hallar

$$\int \frac{\sqrt{x^2+1}}{x^2}\,dx.$$

**Solución.** Hacemos $x = \operatorname{tg} t$. Por consiguiente, $dx = \dfrac{dt}{\cos^2 t}$.

$$\int \frac{\sqrt{x^2+1}}{x^2}\,dx = \int \frac{\sqrt{\operatorname{tg}^2 t+1}}{\operatorname{tg}^2 t}\frac{dt}{\cos^2 t} = \int \frac{\operatorname{sen} t \cos^2 t}{\operatorname{sen}^2 t}\frac{dt}{\cos^2 t} =$$

$$= \int \frac{dt}{\operatorname{sen}^2 t \cos t} = \int \frac{\operatorname{sen}^2 t + \cos^2 t}{\operatorname{sen}^2 t \cdot \cos t}\,dt = \int \frac{dt}{\cos t} + \int \frac{\cos t}{\operatorname{sen}^2 t}\,dt =$$

$$= \ln | \operatorname{tg} + \sec t | - \frac{1}{\operatorname{sen} t} + C = \ln | \operatorname{tg} t + \sqrt{1 + \operatorname{tg}^2 t} | -$$

$$- \frac{\sqrt{1 + \operatorname{tg}^2 t}}{\operatorname{tg} t} + C = \ln | x + \sqrt{x^2 + 1} | - \frac{\sqrt{x^2 + 1}}{x} + C.$$

**1191.** Hallar las siguientes integrales, utilizando para ello las sustituciones indicadas:

a) $\displaystyle\int \frac{dx}{x \sqrt{x^2 - 2}}, \quad x = \frac{1}{t}$;

b) $\displaystyle\int \frac{dx}{e^x + 1}, \quad x = -\ln t$;

c) $\displaystyle\int x (5x^2 - 3)^7 \, dx, \quad 5x^2 - 3 = t$;

d) $\displaystyle\int \frac{x \, dx}{\sqrt{x + 1}}, \quad t = \sqrt{x + 1}$;

e) $\displaystyle\int \frac{\cos x \, dx}{\sqrt{1 + \operatorname{sen}^2 x}}, \quad t = \operatorname{sen} x.$

Hallar las integrales siguientes, empleando para ello las sustituciones más adecuadas:

**1192.** $\displaystyle\int x (2x + 5)^{10} \, dx$

**1197.** $\displaystyle\int \frac{(\operatorname{arcsen} x)^2}{\sqrt{1 - x^2}} \, dx.$

**1193.** $\displaystyle\int \frac{1 + x}{1 + \sqrt{x}} \, dx.$

**1198.** $\displaystyle\int \frac{e^{2x}}{\sqrt{e^x + 1}} \, dx.$

**1194.** $\displaystyle\int \frac{dx}{x \sqrt{2x + 1}}.$

**1199.** $\displaystyle\int \frac{\operatorname{sen}^3 x}{\sqrt{\cos x}} \, dx.$

**1195.** $\displaystyle\int \frac{dx}{\sqrt{e^x - 1}}.$

**1200\*.** $\displaystyle\int \frac{dx}{x \sqrt{1 + x^2}}.$

**1196.** $\displaystyle\int \frac{\ln 2x}{\ln 4x} \frac{dx}{x}.$

Hallar las siguientes integrales, empleando sustituciones trigonométricas:

**1201.** $\displaystyle\int \frac{x^2 \, dx}{\sqrt{1 - x^2}}.$

**1205.** $\displaystyle\int \frac{\sqrt{x^2 + 1}}{x} \, dx.$

**1202.** $\displaystyle\int \frac{x^3 \, dx}{\sqrt{2 - x^2}}.$

**1206\*.** $\displaystyle\int \frac{dx}{x^2 \sqrt{4 - x^2}}.$

**1203.** $\displaystyle\int \frac{\sqrt{x^2 - a^2}}{x} \, dx.$

**1207.** $\displaystyle\int \sqrt{1 - x^2} \, dx.$

**1204\*.** $\displaystyle\int \frac{dx}{x \sqrt{x^2 - 1}}$

**1208.** Calcular la integral

$$\int \frac{dx}{x\,(1-x)}$$

valiéndose de la sustitución $x = \text{sen}^2 t$.

**1209.** Hallar

$$\int \sqrt{a^2 + x^2}\, dx,$$

empleando la sustitución hiperbólica $x = a\,\text{sh}\, t$.

Solución. Tenemos, $\sqrt{a^2 + x^2} = \sqrt{a^2 + a^2 \text{sh}^2 t} = a\,\text{ch}\, t$ y $dx = a\,\text{ch}\, t\, dt$
De donde,

$$\int \sqrt{a^2 + x}\, dx = \int a\,\text{ch}\, t \cdot a\,\text{ch}\, t\, dt =$$

$$= a^2 \int \text{ch}^2 t\, dt = a^2 \int \frac{\text{ch}\, 2t + 1}{2}\, dt = \frac{a^2}{2} \left( \frac{1}{2}\,\text{sh}\, 2t + t \right) + C =$$

$$= \frac{a^2}{2}\, (\text{sh}\, t\,\text{ch}\, t + t) + C.$$

Como

$$\text{sh}\, t = \frac{x}{a}, \qquad \text{ch}\, t\, \frac{\sqrt{a^2 + x^2}}{x}$$

y

$$e^t = \text{ch}\, t + \text{sh}\, t = \frac{x + \sqrt{a^2 + x^2}}{a},$$

tendremos en definitiva:

$$\int \sqrt{a^2 + x^2}\, dx = \frac{x}{2}\, \sqrt{a^2 + x^2} + \frac{a^2}{2}\, \ln\,(x + \sqrt{a^2 + x^2}) + C_1,$$

donde $C_1 = C - \dfrac{a^2}{2}\, \ln a$ es una nueva constante arbitraria.

**1210.** Hallar

$$\int \frac{x^2\, dx}{\sqrt{x^2 - a^2}},$$

haciendo $x = a\,\text{ch}\, t$.

## § 3. Integración por partes

Fórmula para la integración por partes. Si $u = \varphi(x)$ y $v = \psi(x)$ son funciones diferenciables, tendremos que

$$\int u\, dv = uv - \int v\, du.$$

Ejemplo 1. Hallar

$$\int x \ln x\, dx.$$

Poniendo $u = \ln x$; $dv = x\,dx$, tendremos $du = \dfrac{dx}{x}$; $v = \dfrac{x^2}{2}$. De donde,

$$\int x \ln x\,dx = \frac{x^2}{2} \ln x - \int \frac{x^2}{2}\,\frac{dx}{x} = \frac{x^2}{2} \ln x - \frac{x^2}{4} + C.$$

A veces, para reducir la integral dada a una inmediata, hay que emplear varias veces la fórmula de integración por partes. En algunos casos, valiéndose de la integración por partes, se obtiene una ecuación, de la que se determina la integral buscada.

Ejemplo 2. Hallar

$$\int e^x \cos x\,dx.$$

Tenemos

$$\int e^x \cos x\,dx = \int e^x\,d(\operatorname{sen} x) = e^x \operatorname{sen} x - \int e^x \operatorname{sen} x\,dx = e^x \operatorname{sen} x +$$

$$+ \int e^x\,d(\cos x) = e^x \operatorname{sen} x + e^x \cos x - \int e^x \cos x\,dx.$$

Por consiguiente,

$$\int e^x \cos x\,dx = e^x \operatorname{sen} x + e^x \cos x - \int e^x \cos x\,dx,$$

de donde

$$\int e^x \cos x\,dx = \frac{e^x}{2}(\operatorname{sen} x + \cos x) + C.$$

Hallar las siguientes integrales, utilizando la fórmula para la integración por partes:

**1211.** $\displaystyle\int \ln x\,dx.$

**1212.** $\displaystyle\int \operatorname{arctg} x\,dx.$

**1213.** $\displaystyle\int \operatorname{arcsen} x\,dx.$

**1214.** $\displaystyle\int x \operatorname{sen} x\,dx.$

**1215.** $\displaystyle\int x \cos 3x\,dx.$

**1216.** $\displaystyle\int \frac{x}{e^x}\,dx.$

**1217.** $\displaystyle\int x \cdot 2^{-x}\,dx.$

**1218\*\*.** $\displaystyle\int x^2 e^{3x}\,dx.$

**1219\*.** $\displaystyle\int (x^2 - 2x + 5)\,e^{-x}\,dx.$

**1220\*.** $\displaystyle\int x^3 e^{-\frac{x}{3}}\,dx.$

**1221.** $\displaystyle\int x \operatorname{sen} x \cos x\,dx.$

**1222\*.** $\displaystyle\int (x^2 + 5x + 6)\cos 2x\,dx.$

**1223.** $\displaystyle\int x^2 \ln x\,dx.$

**1224.** $\displaystyle\int \ln^2 x\,dx.$

**1225.** $\displaystyle\int \frac{\ln x}{x^3}\,dx.$

**1226.** $\displaystyle\int \frac{\ln x}{\sqrt{x}}\,dx.$

**1227.** $\displaystyle\int x \operatorname{arctg} x\,dx.$

**1228.** $\displaystyle\int x \operatorname{arcsen} x\,dx.$

**1229.** $\int \ln(x + \sqrt{1+x^2})\,dx.$

**1230.** $\int \dfrac{x\,dx}{\mathrm{sen}^2 x}.$

**1231.** $\int \dfrac{x\cos x}{\mathrm{sen}^3 x}\,dx.$

**1232.** $\int e^x \,\mathrm{sen}\,x\,dx.$

**1233.** $\int 3^x \cos x\,dx.$

**1234.** $\int e^{ax}\,\mathrm{sen}\,bx\,dx.$

**1235.** $\int \mathrm{sen}\,(\ln x)\,dx.$

Hallar las siguientes integrales, empleando diferentes procedimientos:

**1236.** $\int x^3 e^{-x^2}\,dx.$

**1237.** $\int e^{\sqrt{x}}\,dx.$

**1238.** $\int (x^2 - 2x + 3)\ln x\,dx.$

**1239.** $\int x\ln\dfrac{1-x}{1+x}\,dx.$

**1240.** $\int \dfrac{\ln^2 x}{x^2}\,dx.$

**1241.** $\int \dfrac{\ln(\ln x)}{x}\,dx.$

**1242.** $\int x^2 \arctan 3x\,dx.$

**1243.** $\int x(\arctan x)^2\,dx.$

**1244.** $\int (\mathrm{arcsen}\,x)^2\,dx.$

**1245.** $\int \dfrac{\mathrm{arcsen}\,x}{x^2}\,dx.$

**1246.** $\int \dfrac{\mathrm{arcsen}\,\sqrt{x}}{\sqrt{1-x}}\,dx.$

**1247.** $\int x\,\mathrm{tg}^2\,2x\,dx.$

**1248.** $\int \dfrac{\mathrm{sen}^2 x}{e^x}\,dx.$

**1249.** $\int \cos^2(\ln x)\,dx.$

**1250**.** $\int \dfrac{x^2}{(x^2+1)^2}\,dx.$

**1251*.** $\int \dfrac{dx}{(x^2+a^2)^2}.$

**1252*.** $\int \sqrt{a^2-x^2}\,dx.$

**1253*.** $\int \sqrt{A+x^2}\,dx.$

**1254*.** $\int \dfrac{x^2\,dx}{\sqrt{9-x^2}}.$

## § 4. Integrales elementales que contienen un trinomio cuadrado

1°. **Integrales del tipo** $\int \dfrac{mx+n}{ax^2+bx+c}\,dx.$ El procedimiento principal de cálculo consiste en reducir el trinomio de segundo grado a la forma:

$$ax^2 + bx + c = a(x+k)^2 + l, \qquad (1)$$

donde $k$ y $l$ son constantes. Para efectuar la transformación (1), lo más cómodo es completar cuadrados en el trinomio de segundo grado. También se puede emplear la sustitución

$$2ax + b = t.$$

Si $m=0$, reduciendo el trinomio de segundo grado a la forma (1), obtenemos las integrales inmediatas III o IV (véase § 1, 2°, tabla de las integrales elementales).

Ejemplo 1.

$$\int \frac{dx}{2x^2-5x+7} = \frac{1}{2} \int \frac{\cdot dx}{\left(x^2-2\cdot\frac{5}{4}x+\frac{25}{16}\right)+\left(\frac{7}{2}-\frac{25}{16}\right)} =$$

$$= \frac{1}{2} \int \frac{d\left(x-\frac{5}{4}\right)}{\left(x-\frac{5}{4}\right)^2+\frac{31}{16}} = \frac{1}{2}\frac{1}{\frac{\sqrt{31}}{4}} \operatorname{arctg} \frac{x-\frac{5}{4}}{\frac{\sqrt{31}}{4}} + C =$$

$$= \frac{2}{\sqrt{31}} \operatorname{arctg} \frac{4x-5}{\sqrt{32}} + C.$$

Si $m \neq 0$, del numerador se separa la derivada $2ax+b$ del trinomio de segundo grado

$$\int \frac{mx+n}{ax^2+bx+c}\,dx = \int \frac{\frac{m}{2a}(2ax+b)+\left(n-\frac{mb}{2a}\right)}{ax^2+bx+c}\,dx =$$

$$= \frac{m}{2a} \ln|ax^2+bx+c| + \left(n-\frac{mb}{2a}\right)\int \frac{dx}{ax^2+bx+c},$$

y de esta forma nos encontramos cón una integral como la que analizamos más arriba.

Ejemplo 2.

$$\int \frac{x-1}{x^2-x-1}\,dx = \int \frac{\frac{1}{2}(2-1)-\frac{1}{2}}{x^2-x-1}\,dx = \frac{1}{2}\ln|x^2-x-1| -$$

$$-\frac{1}{2}\int \frac{d\left(x-\frac{1}{2}\right)}{\left(x-\frac{1}{2}\right)^2-\frac{5}{4}} = \frac{1}{2}\ln|x^2-x-1| - \frac{1}{2\sqrt{5}}\ln\left|\frac{2x-1-\sqrt{5}}{2x-1+\sqrt{5}}\right| + C.$$

2°. Integrales del tipo $\int \dfrac{mx+n}{\sqrt{ax^2+bx+c}}\,dx$.

Los métodos de cálculo son analogos a los examinados más arriba. En definitiva la integral sé reduce a la V integral inmediata, si $a>0$, y a la VI. si $a<0$.

Ejemplo 3°.

$$\int \frac{dx}{\sqrt{2+3x-2x^2}} = \frac{1}{\sqrt{2}}\int \frac{dx}{\frac{25}{16}-\left(x-\frac{3}{4}\right)^2} = \frac{1}{\sqrt{2}}\operatorname{arcsen}\frac{4x-3}{5} + C.$$

Ejemplo 4°.

$$\int \frac{x+3}{\sqrt{x^2+2x+2}}\,dx = \frac{1}{2}\int \frac{2x+2}{\sqrt{x^2+2x+2}}\,dx + 2\int \frac{dx}{\sqrt{(x+1)^2+1}} =$$

$$= \sqrt{x^2+2x+2} + 2\ln\left(x+1+\sqrt{x^2+2x+2}\right)+C.$$

3°. Integrales del tipo

$$\frac{dx}{(mx+n)\sqrt{ax^2+bx+c}}\,.$$

Utilizando la sustitución inversa

$$\frac{1}{mx+n} = t,$$

estas integrales se reducen al tipo 2°.

Ejemplo 5. Hallar

$$\int \frac{dx}{(x+1)\sqrt{x^2+1}}\,.$$

Solución. Ponemos

$$x+1 = \frac{1}{t}\,,$$

de donde

$$dx = \frac{dt}{t^2}\,.$$

Tenemos:

$$\int \frac{dx}{(x+1)\sqrt{x^2+1}} = \int \frac{-\dfrac{dt}{t^2}}{\dfrac{1}{t}\sqrt{\left(\dfrac{1}{t}-1\right)^2+1}} = -\frac{dt}{\sqrt{1-2t+2t^2}} =$$

$$= -\frac{1}{\sqrt{2}}\int \frac{dt}{\sqrt{\left(t-\dfrac{1}{2}\right)^2+\dfrac{1}{4}}} = -\frac{1}{\sqrt{2}}\ln\left|t-\frac{1}{2}+\sqrt{t^2-t+\frac{1}{2}}\right| +$$

$$+C = -\frac{1}{\sqrt{2}}\ln\left|\frac{1-x+\sqrt{2(x^2+1)}}{x+1}\right|+C.$$

4°. Integrales del tipo $\int \sqrt{ax^2+bx+c}\,dx$. Completando cuadrados en el trinomio de segundo grado, esta integral se reduce a una de las dos integrales principales siguientes (véanse los Nos.,Nos. 1252 y 1253):

1) $\int \sqrt{a^2-x^2}\,dx = \dfrac{x}{2}\sqrt{a^2-x^2} + \dfrac{a^2}{2}\arcsen\dfrac{x}{a}+C,$

2) $\int \sqrt{x^2+A}\,dx = \dfrac{x}{2}\sqrt{x^2+A} + \dfrac{A}{2}\ln\left|x+\sqrt{x^2+A}\right|+C.$

**Ejemplo 6.**

$$\int \sqrt{1-2x-x^2}\,dx = \int \sqrt{2-(1+x)^2}\,d(1+x) =$$

$$= \frac{1+x}{2}\sqrt{1-2x-x^2} + \arcsin\frac{1+x}{\sqrt{2}} + C.$$

**Hallar las integrales:**

**1255.** $\int \dfrac{dx}{x^2+2x+5}$ .

**1256.** $\int \dfrac{dx}{x^2+2x}$ .

**1257.** $\int \dfrac{dx}{3x^2-x+1}$ .

**1258.** $\int \dfrac{x\,dx}{x^2-7x+13}$ .

**1259.** $\int \dfrac{3x-2}{x^2-4x+5}\,dx.$

**1260.** $\int \dfrac{(x-1)^2}{x^2+3x+4}\,dx.$

**1261.** $\int \dfrac{x^2\,dx}{x^2-6x+10}$ .

**1262.** $\int \dfrac{dx}{\sqrt{2+3x-2x^2}}$ .

**1263.** $\int \dfrac{dx}{\sqrt{x-x^2}}$ .

**1264.** $\int \dfrac{dx}{\sqrt{x^2+px+q}}$ .

**1265.** $\int \dfrac{3x-6}{\sqrt{x^2-4x+5}}\,dx.$

**1266.** $\int \dfrac{2x-8}{\sqrt{1-x-x^2}}\,dx.$

**1267.** $\int \dfrac{x}{\sqrt{5x^2-2x+1}}\,dx.$

**1268.** $\int \dfrac{dx}{x\sqrt{1-x^2}}$ .

**1269.** $\int \dfrac{dx}{x\sqrt{x^2+x-1}}$ .

**1270.** $\int \dfrac{dx}{(x-1)\sqrt{x^2-2}}$ .

**1271.** $\int \dfrac{dx}{(x+1)\sqrt{x^2+2x}}$ .

**1272.** $\int \sqrt{x^2+2x+5}\,dx.$

**1273.** $\int \sqrt{x-x^2}\,dx.$

**2274.** $\int \sqrt{2-x-x^2}\,dx.$

**1275.** $\int \dfrac{x\,dx}{x^4-4x^2+3}$ .

**1276.** $\int \dfrac{\cos x}{\operatorname{sen}^2 x-6\operatorname{sen} x+12}\,dx.$

**1277.** $\int \dfrac{e^x\,dx}{\sqrt{1+e^x+e^{2x}}}$ .

**1278.** $\int \dfrac{\operatorname{sen} x\,dx}{\sqrt{\cos^2 x+4\cos x+1}}$ .

**1279.** $\int \dfrac{\ln x\,dx}{x\sqrt{1-4\ln x-\ln^2 x}}$ .

# § 5. Integración de funciones racionales

1°. **Método de los coeficientes indeterminados.** La integración de una función racional, después de separar la parte entera, se reduce a la integración de una *fracción racional propia*

$$\frac{P(x)}{Q(x)},\qquad\qquad (1)$$

donde $P(x)$ y $Q(x)$ son polinomios enteros y el grado del numerador $P(x)$ es menor que el del denominador $Q(x)$.

Si

$$Q(x) = (x-a)^{\alpha} \ldots (x-l)^{\lambda},$$

donde $a, \ldots l$ son las diferentes raíces reales del polinomio $Q(x)$ y $\alpha, \ldots, \lambda$ son números naturales (grados de multiplicidad de las raíces), la fracción (1) podrá descomponerse en fracciones simples:

$$\frac{P(x)}{Q(x)} \equiv \frac{A_1}{x-a} + \frac{A_2}{(x-a)^2} + \ldots + \frac{A_{\alpha}}{(x-a)^{\alpha}} + \ldots$$

$$\ldots + \frac{L_1}{x-l} + \frac{L_2}{(x-l)^2} + \ldots + \frac{L_{\lambda}}{(x-l)^{\lambda}}. \qquad (2)$$

Para calcular los coeficientes indeterminados $A_1, A_2, \ldots L_{\lambda}$ ambas partes de la identidad (2) se reducen a la forma entera y, después, se igualan los coeficientes de cada una de las potencias iguales de la variable $x$ (p r i m e r p r o c e d i m i e n t o). También se pueden calcular estos coeficientes igualando la $x$, en la igualdad (2) o en su equivalente, a ciertos números debidamente elegidos (s e g u n d o  p r o c e d i m i e n t o).

E j e m p l o 1. Hallar

$$\int \frac{x\,dx}{(x-1)(x+1)^2} = I.$$

S o l u c i ó n. Tenemos:

$$\frac{x}{(x-1)(x+1)^2} = \frac{A}{x-1} + \frac{B_1}{x+1} + \frac{B_2}{(x+1)^2},$$

de donde

$$x \equiv A(x+1)^2 + B_1(x-1)(x+1) + B_2(x-1). \qquad (3)$$

a) *Primer procedimiento para la determinación de los coeficientes.* Copiamos la identidad (3) dándole la forma

$$x \equiv (A+B_1)\,x^2 + (2A+B_2)\,x + (A-B_1-B_2).$$

Igualando los coeficientes de cada una de las potencias iguales de $x$, tenemos

$$0 = A + B_1; \quad 1 = 2A + B_2; \quad 0 = A - B_1 - B_2.$$

De donde

$$A = \frac{1}{4}; \quad B_1 = -\frac{1}{4}; \quad B_2 = \frac{1}{2}.$$

b) *Segundo procedimiento para la determinación de los coeficientes.* Haciendo $x = 1$ en la identidad (3), tendremos:

$$1 = A \cdot 4, \text{ es decir, } A = \frac{1}{4}.$$

Haciendo $x = -1$, tendremos:

$$-1 = -B_2 \cdot 2, \text{ es decir, } B_2 = \frac{1}{2}.$$

Haciendo después $x = 0$, tendremos:

$$0 = A - B_1 - B_2,$$

es decir, $B_1 = A - B_2 = -\frac{1}{4}$.

Por consiguiente,

$$I = \frac{1}{4} \int \frac{dx}{x-1} - \frac{1}{4} \int \frac{dx}{x+1} + \frac{1}{2} \int \frac{dx}{(x+1)^2} =$$

$$= \frac{1}{4} \ln|x-1| - \frac{1}{4} \ln|x+1| - \frac{1}{2(x+1)} + C =$$

$$= -\frac{1}{2(x+1)} + \frac{1}{4} \ln \left| \frac{x-1}{x+1} \right| + C.$$

**Ejemplo 2.** Hallar

$$\int \frac{dx}{x^3 - 2x^2 + x} = I.$$

**Solución.** Tenemos,

$$\frac{1}{x^3 - 2x^2 + x} = \frac{1}{x(x-1)^2} = \frac{A}{x} + \frac{B}{x-1} + \frac{C}{(x-1)^2}$$

y

$$1 = A(x-1)^2 + Bx(x-1) + Cx. \qquad (4)$$

Al resolver este ejemplo, se recomienda combinar los dos procedimientos para la determinación de los coeficientes. Utilizando el segundo procedimiento, hacemos $x=0$ en la identidad (4) y obtenemos $1=A$. Luego, haciendo $x=1$, tendremos que $1=C$. Después, empleando el primer procedimiento, igualamos en la identidad (4) los coeficientes de $x^2$. Tendremos:

$$0 = A + B, \text{ es decir, } B = -1.$$

De esta forma,

$$A = 1, \quad B = -1 \text{ y } C = 1.$$

Por consiguiente,

$$I = \int \frac{dx}{x} - \int \frac{dx}{x-1} + \int \frac{dx}{(x-1)^2} = \ln|x| - \ln|x-1| - \frac{1}{x-1} + C.$$

Si el polinomio $Q(x)$ tiene raíces complejas $a \pm ib$ de multiplicidad $k$, en la descomposición (2) entran además fracciones simples de la forma

$$\frac{M_1 x + N_1}{x^2 + px + q} + \cdots + \frac{M_k x + N_k}{(x^2 + px + q)^k}, \qquad (5)$$

donde

$$x^2 + px + q = [x - (a+ib)][x - (a-ib)]$$

y $M_1, N_1, \ldots, M_k, N_k$ son coeficientes indeterminados que se calculan por los procedimientos indicados más arriba. Cuando $k=1$, la fracción (5) se integra directamente; cuando $k>1$, se emplea el *procedimiento de reducción*, recomendándose que previamente se le dé al trinomio de segundo grado $x^2 + px + q$ la forma $\left( x + \frac{p}{2} \right)^2 + \left( q - \frac{q^2}{4} \right)$ y se haga la sustitución $x + \frac{p}{2} = z$.

**Ejemplo 3.** Hallar

$$\int \frac{x+1}{(x^2 + 4x + 5)^2} \, dx = I.$$

**Solución.** Como

$$x^2 + 4x + 5 = (x+2)^2 + 1,$$

poniendo $x+2=z$, tenemos:

$$I = \int \frac{z-1}{(z^2+1)^2}\,dz = \int \frac{z\,dz}{(z^2+1)^2} - \int \frac{(1+z^2)-z^2}{(z^2+1)^2}\,dz =$$

$$= -\frac{1}{2\,(z^2+1)} - \int \frac{dz}{z^2+1} + \int z\,d\left[-\frac{1}{2\,(z^2+1)}\right] = -\frac{1}{2\,(z^2+1)} -$$

$$-\operatorname{arctg} z - \frac{z}{2\,(z^2+1)} + \frac{1}{2}\operatorname{arctg} z = -\frac{z+1}{2\,(z^2+1)} -$$

$$-\frac{1}{2}\operatorname{arctg} z + C = -\frac{x+3}{2\,(x^2+4x+5)} - \frac{1}{2}\operatorname{arctg}(x+2) + C.$$

2°. **M é t o d o   d e   O s t r o g r a d s k i.** Si $Q(x)$ tiene raíces múltiples, se tiene,

$$\int \frac{P(x)}{Q(x)}\,dx = \frac{X(x)}{Q_1(x)} + \int \frac{Y(x)}{Q_2(x)}\,dx, \tag{6}$$

donde $Q_1(x)$ es el máximo común divisor del polinomio $Q(x)$ y de su derivada $Q'(x)$;

$$Q_2(x) = Q(x) : Q_1(x);$$

$X(x)$ e $Y(x)$ son polinomios con coeficientes indeterminados, cuyos grados son menores en una unidad que los de $Q_1(x)$ y $Q_2(x)$, respectivamente.

Los coeficientes indeterminados de los polinomios $X(x)$ e $Y(x)$ se calculan derivando la identidad (6).

**E j e m p l o   4.** Hallar

$$\int \frac{dx}{(x^3-1)^2}.$$

**S o l u c i ó n.**

$$\int \frac{dx}{(x^3-1)^2} = \frac{Ax^2+Bx+C}{x^3-1} + \int \frac{Dx^2+Ex+F}{x^3-1}\,dx.$$

Derivando esta identidad, tendremos:

$$\frac{1}{(x^3-1)^2} = \frac{(2Ax+B)(x^3-1)-3x^2(Ax^2+Bx+C)}{(x^3-1)^2} + \frac{Dx^2+Ex+F}{x^3-1}$$

o bien,

$$1 = (2Ax+B)(x^3-1) - 3x^2(Ax^2+Bx+C) + (Dx^2+Ex+F)(x^3-1).$$

Igualando los coeficientes de las correspondientes potencias de $x$, tendremos

$$D=0; \quad E-A=0; \quad F-2B=0; \quad D+3C=0; \quad E+2A=0;$$
$$B+F=-1;$$

de donde

$$A=0; \quad B=-\frac{1}{3}; \quad C=0; \quad D=0; \quad E=0; \quad F=-\frac{2}{3}$$

y, por consiguiente,

$$\int \frac{dx}{(x^3-1)^2} = -\frac{1}{3}\cdot\frac{x}{x^3-1} - \frac{2}{3}\int \frac{dx}{x^3-1}. \tag{7}$$

Para calcular la integral del segundo miembro de la igualdad (7), descomponemos la fracción $\dfrac{1}{x^3-1}$ en fracciones elementales:

$$\frac{1}{x^3-1}=\frac{L}{x-1}+\frac{Mx+N}{x^2+x+1}\,,$$

es decir,

$$1=L\,(x^2+x+1)+Mx\,(x-1)+N\,(x-1). \qquad (8)$$

Poniendo $x=1$, tendremos que $L=\dfrac{1}{3}$ .

Igualando los coeficientes de las potencias iguales de $x$ en ambos miembros de la igualdad (8), hallamos:

$$L+M=0;\quad L-N=1;$$

es decir,

$$M=-\frac{1}{3}\;;\;\; N=-\frac{2}{3}\,.$$

Por lo tanto,

$$\int \frac{dx}{x^3-1}=\frac{1}{3}\int \frac{dx}{x-1}-\frac{1}{3}\int \frac{x+2}{x^2+x+1}\,dx=$$

$$=\frac{1}{3}\ln |\,x-1\,|-\frac{1}{6}\ln (x^2+x+1)-\frac{1}{\sqrt{3}}\,\text{arctg}\,\frac{2x+1}{\sqrt{3}}+C$$

y

$$\int \frac{dx}{(x^3-1)^2}=-\frac{x}{3\,(x^3-1)}+\frac{1}{9}\ln \frac{x^2+x+1}{(x-1)^2}+\frac{2}{3\sqrt{3}}\,\text{arctg}\,\frac{2x+1}{\sqrt{3}}+C.$$

## Hallar las integrales:

**1280.** $\displaystyle\int \frac{dx}{(x+a)\,(x+b)}$ .

**1281.** $\displaystyle\int \frac{x^2-5x+9}{x^2-5x+6}\,dx.$

**1282.** $\displaystyle\int \frac{dx}{(x-1)\,(x+2)\,(x+3)}$ .

**1283.** $\displaystyle\int \frac{2x^2+41x-91}{(x-1)\,(x+3)\,(x-4)}\,dx.$

**1284.** $\displaystyle\int \frac{5x^3+2}{x^3-5x^2+4x}\,dx.$

**1285.** $\displaystyle\int \frac{dx}{x\,(x+1)^2}$ .

**1286.** $\displaystyle\int \frac{x^3-1}{4x^3-x}\,dx.$

**1287.** $\displaystyle\int \frac{x^4-6x^3+12x^2+6}{x^3-6x^2+12x-8}\,dx.$

**1288.** $\displaystyle\int \frac{5x^2+6x+9}{(x-3)^2\,(x+1)^2}\,dx.$

**1289.** $\displaystyle\int \frac{x^2-8x+7}{(x^2-3x-10)^2}\,dx.$

**1290.** $\displaystyle\int \frac{2x-3}{(x^2-3x+2)^3}\,dx.$

**1291.** $\displaystyle\int \frac{x^3+x+1}{x\,(x^2+1)}\,dx.$

**1292.** $\displaystyle\int \frac{x^4}{x^4-1}\,dx.$

**1293.** $\displaystyle\int \frac{dx}{(x^2-4x+3)\,(x^2+4x+5)}$ .

**1294.** $\displaystyle\int \frac{dx}{x^3+1}$ .

**1295.** $\displaystyle\int \frac{dx}{x^4+1}$ .

**1296.** $\int \dfrac{dx}{x^4+x^2+1}$.

**1299.** $\int \dfrac{dx}{(x+1)\,(x^2+x+1)^2}$.

**1297.** $\int \dfrac{dx}{(1+x^2)^2}$.

**1300.** $\int \dfrac{x^3+1}{(x^2-4x+5)^2}\,dx$.

**1298.** $\int \dfrac{3x+5}{(x^2+2x+2)^2}\,dx$.

Hallar las integrales siguientes, utilizando el método de Ostrogradski:

**1301.** $\int \dfrac{dx}{(x+1)^2\,(x^2+1)^2}$.

**1303.** $\int \dfrac{dx}{(x^2+1)^4}$.

**1302.** $\int \dfrac{dx}{(x^4-1)^2}$.

**1304.** $\int \dfrac{x^4-2x^2+2}{(x^2-2x+2)^2}\,dx$.

Hallar las integrales siguientes, empleando diversos procedimientos:

**1305.** $\int \dfrac{x^5}{(x^3+1)\,(x^3+8)}\,dx$.

**1310\*.** $\int \dfrac{dx}{x\,(x^7+1)}$.

**1306.** $\int \dfrac{x^7+x^3}{x^{12}-2x^4+1}\,dx$.

**1311.** $\int \dfrac{dx}{x\,(x^5+1)^2}$.

**1307.** $\int \dfrac{x^2-x+14}{(x-4)^3\,(x-2)}\,dx$.

**1312.** $\int \dfrac{dx}{(x^2+2x+2)\,(x^2+2x+5)}$.

**1308.** $\int \dfrac{dx}{x^4\,(x^3+1)^2}$.

**1313.** $\int \dfrac{x^2\,dx}{(x-1)^{10}}$.

**1309.** $\int \dfrac{dx}{x^3-4x^2+5x-2}$.

**1314.** $\int \dfrac{dx}{x^8+x^6}$.

## § 6. Integración de algunas funciones irracionales

1°. Integrales del tipo

$$\int R\left[\,x,\left(\frac{ax+b}{cx+d}\right)^{\frac{p_1}{q_1}},\left(\frac{ax+b}{cx+d}\right)^{\frac{p_2}{q_2}},\dots\right]dx, \qquad (1)$$

donde $R$ es una función racional y $p_1,\ q_1,\ p_2,\ q_2,\ \dots$ son números enteros.

Las integrales del tipo (1) se hallan valiéndose de la sustitución

$$\frac{ax+b}{cx+d}=z^n,$$

donde $n$ es el mínimo común múltiplo de los números $q_1,\ q_2,\ \dots$

Ejemplo 1. Hallar

$$\int \frac{dx}{\sqrt{2x-1}-\sqrt[4]{2x-1}}.$$

Solución. La sustitución $2x-1=z^4$ reduce la integral a la forma

$$\int \frac{dx}{\sqrt{2x-1}-\sqrt[4]{2x-1}}=\int \frac{2z^3\,dz}{z^2-z}=2\int \frac{z^2\,dz}{z-1}=$$

$$=2\int \left(z+1+\frac{1}{z-1}\right)dz=(z+1)^2+2\ln|z-1|+C=$$

$$=(1+\sqrt[4]{2x-1})^2+\ln(\sqrt[4]{2x-1}-1)^2+C.$$

Hallar las integrales:

**1315.** $\int \frac{x^3}{\sqrt{x-1}}\,dx.$

**1316.** $\int \frac{x\,dx}{\sqrt[3]{ax+b}}.$

**1317.** $\int \frac{dx}{\sqrt{x+1}+\sqrt{(x+1)^3}}.$

**1318.** $\int \frac{dx}{\sqrt{x}+\sqrt[3]{x}}.$

**1319.** $\int \frac{\sqrt{x}-1}{\sqrt[3]{x}+1}\,dx.$

**1320.** $\int \frac{\sqrt{x+1}+2}{(x+1)^2-\sqrt{x+1}}\,dx.$

**1321.** $\int \frac{\sqrt{x}}{x+2}\,dx.$

**1322.** $\int \frac{dx}{(2-x)\sqrt{1-x}}$

**1323.** $\int x\sqrt{\frac{x-1}{x+1}}\,dx.$

**1324.** $\int \sqrt[3]{\frac{x+1}{x-1}}\,dx.$

**1325.** $\int \frac{x+3}{x^2\sqrt{2x+3}}\,dx.$

**2°. Integrales del tipo**

$$\int \frac{P_n(x)}{\sqrt{ax^2+bx+c}}\,dx,\qquad (2)$$

**donde $P_n(x)$ es un polinomio de grado $n$.**
Se supone que

$$\int \frac{P_n(x)}{\sqrt{ax^2+bx+c}}\,dx=Q_{n-1}(x)\sqrt{ax^2+bx+c}+\lambda\int \frac{dx}{\sqrt{ax^2+bx+c}},\qquad (3)$$

donde $Q_{n-1}(x)$ es un polinomio de grado $(n-1)$ con coeficientes indeterminados y $\lambda$ es un número.
Los coeficientes del polinomio $Q_{n-1}(x)$ y el número $\lambda$ se hallan derivando la identidad (3).
Ejemplo 2.

$$\int x^2\sqrt{x^2+4}\,dx=\int \frac{x^4+4x^2}{\sqrt{x^2+4}}\,dx=$$

$$=(Ax^3+Bx^2+Cx+D)\sqrt{x^2+4}+\lambda\int \frac{dx}{\sqrt{x^2+4}}$$

De donde

$$\frac{x^4+4x^2}{\sqrt{x^2+4}}=(3Ax^2+2Bx+C)\sqrt{x^2+4}+\frac{(Ax^3+Bx^2+Cx+D)x}{\sqrt{x^2+4}}+\frac{\lambda}{\sqrt{x^2+4}}.$$

**133**

Multiplicando por $\sqrt{x^2+4}$ e igualando los coeficientes de las potencias iguales de $x$, obtenemos:

$$A=\frac{1}{4}\; ;\; B=0;\; C=\frac{1}{2}\; ;\; D=0;\; \lambda=-2.$$

Por consiguiente,

$$\int x^2\sqrt{x^2+4}\,dx=\frac{x^3+2x}{4}\sqrt{x^2+4}-2\ln(x+\sqrt{x^2+4})+C.$$

3°. Integrales del tipo

$$\int\frac{dx}{(x-\alpha)^n\sqrt{ax^2+bx+c}}\; . \tag{4}$$

Se reducen al tipo de integrales (2) valiéndose de la sustitución

$$\frac{1}{x-\alpha}=t.$$

Hallar las integrales:

**1326.** $\int\dfrac{x^2\,dx}{\sqrt{x^2-x+1}}\; .$      **1329.** $\int\dfrac{dx}{x^5\sqrt{x^2-1}}\; .$

**1327.** $\int\dfrac{x^5}{\sqrt{1-x^2}}\,dx.$      **1330.** $\int\dfrac{dx}{(x+1)^3\sqrt{x^2+2x}}\; .$

**1328.** $\int\dfrac{x^6}{\sqrt{1+x^2}}\,dx.$      **1331.** $\int\dfrac{x^2+x+1}{x\sqrt{x^2-x+1}}\,dx.$

4°. Integrales de las diferenciales binomias

$$\int x^m(a+bx^n)^p\,dx, \tag{5}$$

donde $m$, $n$ y $p$ son números racionales.

Condiciones de Chébichev. La integral (5) puede expresarse por medio de una combinación finita de funciones elementales únicamente en los tres casos que siguen:

1) cuando $p$ es número entero;

2) cuando $\dfrac{m+1}{n}$ es número entero. Aquí se emplea la sustitución $a+bx^n=z^s$, donde $s$ es el divisor de la fracción $p$;

3) cuando $\dfrac{m+1}{n}+p$ es número entero. En este caso se emplea la sustitución $ax^{-n}+b=z^s$.

Ejemplo 3. Hallar

$$\int\frac{\sqrt[3]{1+\sqrt[4]{x}}}{\sqrt{x}}\,dx=I.$$

Solución. Aquí $m=\dfrac{1}{2}\; ;\; n=\dfrac{1}{4}\; ;\; p=\dfrac{1}{3}\; ;\; \dfrac{m+1}{n}=\dfrac{-\dfrac{1}{2}+1}{\dfrac{1}{4}}=2.$

Por consiguiente, tenemos el 2) caso de integrabilidad.

La sustitución

$$1 + x^{\frac{1}{4}} = z^3$$

nos da: $x = (z^3 - 1)^4$; $dx = 12z^2 (z^3 - 1)^3 dz$. Por lo que

$$I = \int x^{-\frac{1}{2}} \left(1 + x^{\frac{1}{4}}\right)^{\frac{1}{3}} dx = 12 \int \frac{z^3 (z^3 - 1)^3}{(z^3 - 1)^2} dz =$$

$$= 12 \int (z^6 - z^3) dz = \frac{12}{7} z^7 - 3z^4 + C,$$

donde

$$z = \sqrt[3]{1 + \sqrt[4]{x}}.$$

## Hallar las integrales:

**1332.** $\int x^3 (1 + 2x^2)^{-\frac{3}{2}} dx.$

**1335.** $\int \frac{dx}{x \sqrt[7]{1 + x^5}} \cdot$

**1333.** $\int \frac{dx}{\sqrt[4]{1 + x^4}} \cdot$

**1336.** $\int \frac{dx}{x^2 (2 + x^3)^{\frac{5}{3}}} \cdot$

**1334.** $\int \frac{dx}{x^4 \sqrt{1 + x^2}} \cdot$

**1337.** $\int \frac{dx}{\sqrt{x^3} \sqrt[3]{1 + \sqrt[4]{x^3}}} \cdot$

## § 7. Integración de funciones trigonométricas

1°. Integrales del tipo

$$\int \operatorname{sen}^m x \cos^n x \, dx = I_{m, n}, \tag{1}$$

donde $m$ y $n$ son números enteros.

1) Cuando $m = 2k + 1$ es un número impar y positivo, se supone

$$I_{m, n} = - \int \operatorname{sen}^{2k} x \cos^n x \, d (\cos x) = - \int (1 - \cos^2 x)^k \cos^n x \, d (\cos x).$$

De forma análoga se procede cuando $n$ es un número impar positivo.

Ejemplo 1.

$$\int \operatorname{sen}^{10} x \cos^3 x \, dx = \int \operatorname{sen}^{10} x \, (1 - \operatorname{sen}^2 x) \, d (\operatorname{sen} x) = \frac{\operatorname{sen}^{11} x}{11} - \frac{\operatorname{sen}^{13} x}{13} + C.$$

2) Cuando $m$ y $n$ son números pares y positivos, la expresión subinte-gral (1) se transforma valiéndose de las fórmulas:

$$\operatorname{sen}^2 x = \frac{1}{2} (1 - \cos 2x), \quad \cos^2 x = \frac{1}{2} (1 + \cos 2x),$$

$$\operatorname{sen} x \cos x = \frac{1}{2} \operatorname{sen} 2x.$$

Ejemplo 2.

$$\int \cos^2 3x \, \text{sen}^4 \, 3x \, dx = \int (\cos 3x \, \text{sen} \, 3x)^2 \, \text{sen}^2 \, 3x \, dx =$$

$$= \int \frac{\text{sen}^2 \, 6x}{4} \frac{1-\cos 6x}{2} \, dx = \frac{1}{8} \int (\text{sen}^2 \, 6x - \text{sen}^2 \, 6x \cos 6x) \, dx =$$

$$= \frac{1}{8} \int \left( \frac{1-\cos 12x}{2} - \text{sen}^2 \, 6x \cos 6x \right) dx =$$

$$= \frac{1}{8} \left( \frac{x}{2} - \frac{\text{sen} \, 12x}{24} - \frac{1}{18} \, \text{sen}^3 \, 6x \right) + C.$$

3) Cuando $m = -\mu$ y $n = -\nu$ son números enteros, negativos y pares del mismo orden, tenemos

$$I_{m,\,n} = \int \frac{dx}{\text{sen}^\mu x \cos^\nu x} = \int \text{cosec}^\mu x \sec^{\nu-2} x \, d \, (\text{tg} \, x) =$$

$$= \int \left( 1 + \frac{1}{\text{tg}^2 x} \right)^{\frac{\mu}{2}} (1 + \text{tg}^2 x)^{\frac{\nu-2}{2}} \, d \, (\text{tg} \, x) = \int \frac{(1+\text{tg}^2 x)^{\frac{\mu+\nu}{2}-1}}{\text{tg}^\mu x} \, d \, (\text{tg} \, x).$$

A este caso se reducen, en particular, las integrales

$$\int \frac{dx}{\text{sen}^\mu x} = \frac{1}{2^{\mu-1}} \int \frac{d \left( \dfrac{x}{2} \right)}{\text{sen}^\mu \dfrac{x}{2} \cos^\mu \dfrac{x}{2}} \quad \text{y} \quad \int \frac{dx}{\cos^\nu x} = \int \frac{d \left( x + \dfrac{\pi}{2} \right)}{\text{sen}^\nu \left( x + \dfrac{\pi}{2} \right)}.$$

Ejemplo 3.

$$\int \frac{dx}{\cos^4 x} = \int \sec^2 x \, d \, (\text{tg} \, x) = \int (1 + \text{tg}^2 x) \, d \, (\text{tg} \, x) = \text{tg} \, x + \frac{1}{3} \, \text{tg}^3 x + C.$$

Ejemplo 4.

$$\int \frac{dx}{\text{sen}^3 x} = \frac{1}{2^3} \int \frac{dx}{\text{sen}^3 \dfrac{x}{2} \cos^3 \dfrac{x}{2}} = \frac{1}{8} \int \text{tg}^{-3} \frac{x}{2} \sec^6 \frac{x}{2} \, dx =$$

$$= \frac{1}{8} \int \frac{\left( 1 + \text{tg}^2 \dfrac{x}{2} \right)^2}{\text{tg}^3 \dfrac{x}{2}} \sec^2 \frac{x}{2} \, dx =$$

$$= \frac{2}{8} \int \left[ \text{tg}^{-3} \frac{x}{2} + \frac{2}{\text{tg} \dfrac{x}{2}} + \text{tg} \frac{x}{2} \right] d \left( \text{tg} \frac{x}{2} \right) =$$

$$= \frac{1}{4} \left[ = -\frac{1}{2 \, \text{tg}^2 \dfrac{x}{2}} + 2 \ln \left| \text{tg} \frac{x}{2} \right| + \frac{\text{tg}^2 \dfrac{x}{2}}{2} \right] + C.$$

4) Las integrales de la forma $\int \operatorname{tg}^m x\, dx \left( o \int \operatorname{ctg}^m x\, dx \right)$, donde $m$ es un número entero y positivo, se calculan valiéndose de la fórmula

$$\operatorname{tg}^2 x = \sec^2 x - 1$$

(o de la correspondiente $\operatorname{ctg}^2 x = \operatorname{cosec}^2 x - 1$).

Ejemplo 5.

$$\int \operatorname{tg}^4 x\, dx = \int \operatorname{tg}^2 x\, (\sec^2 x - 1)\, dx = \frac{\operatorname{tg}^3 x}{3} - \int \operatorname{tg}^2 x\, dx =$$

$$= \int \frac{\operatorname{tg}^3 x}{3} - \int (\sec^2 x - 1)\, dx = \frac{\operatorname{tg}^3 x}{3} - \operatorname{tg} x + x + C.$$

5) En el caso general, las integrales $I_{m,n}$ de la forma (1) se calculan por medio de *fórmulas de reducción* (*fórmulas de recurrencia*), que se deducen, ordinariamente, empleando la integración por partes.

Ejemplo 6.

$$\int \frac{dx}{\cos^3 x} = \int \frac{\operatorname{sen}^2 x + \cos^2 x}{\cos^3 x}\, dx = \int \operatorname{sen} x \cdot \frac{\operatorname{sen} x}{\cos^3 x}\, dx + \int \frac{dx}{\cos x} =$$

$$= \operatorname{sen} x \cdot \frac{1}{2 \cos^2 x} - \frac{1}{2} \int \frac{\cos x}{\cos^2 x}\, dx + \int \frac{dx}{\cos x} =$$

$$= \frac{\operatorname{sen} x}{2 \cos^2 x} + \frac{1}{2} \ln |\operatorname{tg} x + \sec x| + C.$$

Hallar las integrales:

**1338.** $\int \cos^3 x\, dx.$

**1339.** $\int \operatorname{sen}^5 x\, dx.$

**1340.** $\int \operatorname{sen}^2 x \cos^3 x\, dx.$

**1341.** $\int \operatorname{sen}^3 \frac{x}{2} \cos^5 \frac{x}{2}\, dx.$

**1342.** $\int \frac{\cos^5 x}{\operatorname{sen}^3 x}\, dx.$

**1343.** $\int \operatorname{sen}^4 x\, dx.$

**1344.** $\int \operatorname{sen}^2 x \cos^2 x\, dx.$

**1345.** $\int \operatorname{sen}^2 x \cos^4 x\, dx.$

**1346.** $\int \cos^6 3x\, dx.$

**1347.** $\int \frac{dx}{\operatorname{sen}^4 x}.$

**1348.** $\int \frac{dx}{\cos^6 x}.$

**1349.** $\int \frac{\cos^2 x}{\operatorname{sen}^6 x}\, dx.$

**1350.** $\int \frac{dx}{\operatorname{sen}^2 x \cos^4 x}.$

**1351.** $\int \frac{dx}{\operatorname{sen}^5 x \cos^3 x}.$

**1352.** $\int \frac{dx}{\operatorname{sen} \frac{x}{2} \cos^3 \frac{x}{2}}.$

**1353.** $\int \frac{\operatorname{sen}\left(x + \frac{\pi}{4}\right)}{\operatorname{sen} x \cos x}\, dx.$

**1354.** $\int \frac{dx}{\operatorname{sen}^5 x}.$

**1355.** $\displaystyle\int \sec^5 4x \, dx.$      **1360.** $\displaystyle\int x \, \text{sen}^2 x^2 \, dx.$

**1356.** $\displaystyle\int \text{tg}^2 \, 5x \, dx.$      **1361.** $\displaystyle\int \frac{\cos^2 x}{\text{sen}^4 x} \, dx.$

**1357.** $\displaystyle\int \text{ctg}^3 x \, dx.$      **1362.** $\displaystyle\int \text{sen}^5 x \sqrt[3]{\cos x} \, dx.$

**1358.** $\displaystyle\int \text{ctg}^4 x \, dx.$      **1363.** $\displaystyle\int \frac{dx}{\sqrt{\text{sen} \, x \cos^3 x}}.$

**1359.** $\displaystyle\int \left( \text{tg}^3 \frac{x}{3} + \text{tg}^4 \frac{x}{4} \right) dx.$      **1364.** $\displaystyle\int \frac{dx}{\sqrt{\text{tg} \, x}}.$

2°. Integrales de las formas: $\displaystyle\int \text{sen} \, mx \cos nx \, dx,$

$\displaystyle\int \text{sen} \, mx \, \text{sen} \, nx \, dx$ y $\displaystyle\int \cos mx \cos nx \, dx.$

En estos casos se emplean las fórmulas:

1) $\text{sen} \, mx \cos nx = \dfrac{1}{2} \left[ \text{sen} \, (m+n) \, x + \text{sen} \, (m-n) \, x \right];$

2) $\text{sen} \, mx \, \text{sen} \, nx = \dfrac{1}{2} \left[ \cos (m-n) \, x - \cos (m+n) \, x \right];$

3) $\cos mx \cos nx = \dfrac{1}{2} \left[ \cos (m-n) \, x + \cos (m+n) \, x \right].$

Ejemplo 7.

$\displaystyle\int \text{sen} \, 9x \, \text{sen} \, x \, dx = \int \frac{1}{2} \left[ \cos 8x - \cos 10x \right] dx = \frac{1}{16} \text{sen} \, 8x - \frac{1}{20} \text{sen} \, 10x + C.$

Hallar las integrales:

**1365.** $\displaystyle\int \text{sen} \, 3x \cos 5x \, dx.$      **1369.** $\displaystyle\int \cos (ax+b) \cos (ax-b) \, dx.$

**1366.** $\displaystyle\int \text{sen} \, 10x \, \text{sen} \, 15x \, dx.$      **1370.** $\displaystyle\int \text{sen} \, \omega t \, \text{sen} \, (\omega t + \varphi) \, dt.$

**1367.** $\displaystyle\int \cos \frac{x}{2} \cos \frac{x}{3} \, dx.$      **1371.** $\displaystyle\int \cos x \cos^2 3x \, dx.$

**1368.** $\displaystyle\int \text{sen} \, \frac{x}{3} \cos \frac{2x}{3} \, dx.$      **1372.** $\displaystyle\int \text{sen} \, x \, \text{sen} \, 2x \, \text{sen} \, 3x \, dx.$

3°. Integrales de la forma

$$\int R \, (\text{sen} \, x, \, \cos x) \, dx, \qquad\qquad (2)$$

donde $R$ es una función racional.
1) Valiéndose de la sustitución

$$\text{tg} \, \frac{x}{2} = t,$$

de donde

$$\text{sen} \, x = \frac{2t}{1+t^2}, \quad \cos x = \frac{1-t^2}{1+t^2}, \quad dx = \frac{2dt}{1+t^2},$$

las integrales de la forma (2) se reducen a integrales de funciones racionales de la nueva variable $t$.

**Ejemplo 8.** Hallar

$$\int \frac{dx}{1+\operatorname{sen} x + \cos x} = I.$$

**Solución.** Suponiendo $\operatorname{tg} \frac{x}{2} = t$, tendremos:

$$I = \int \frac{\dfrac{2dt}{1+t^2}}{1+\dfrac{2t}{1+t^2}+\dfrac{1-t^2}{1+t^2}} = \int \frac{dt}{1+t} = \ln|1+t|+C = \ln\left|1+\operatorname{tg}\frac{x}{2}\right|+C.$$

2) Si se verifica la identidad

$$R(-\operatorname{sen} x, \ -\cos x) \equiv R(\operatorname{sen} x, \cos x),$$

para reducir la integral (2) a la forma racional se puede emplear la sustitución $\operatorname{tg} x = t$.

En este caso,

$$\operatorname{sen} x = \frac{t}{\sqrt{1+t^2}}, \quad \cos x = \frac{1}{\sqrt{1+t^2}}$$

y

$$x = \operatorname{arctg} t, \quad dx = \frac{dt}{1+t^2}.$$

**Ejemplo 9.** Hallar

$$\int \frac{dx}{1+\operatorname{sen}^2 x} = I \tag{3}$$

**Solución.** Poniendo

$$\operatorname{tg} x = t, \quad \operatorname{sen}^2 x = \frac{t^2}{1+t^2}, \quad dx = \frac{dt}{1+t^2},$$

tendremos:

$$I = \int \frac{dt}{(1+t)^2\left(1+\dfrac{t^2}{1+t^2}\right)} = \int \frac{dt}{1+2t^2} = \frac{1}{\sqrt{2}}\int \frac{d(t\sqrt{2})}{1+(t\sqrt{2})^2} =$$

$$= \frac{1}{\sqrt{2}}\operatorname{arctg}(t\sqrt{2})+C = \frac{1}{\sqrt{2}}\operatorname{arctg}(\sqrt{2}\operatorname{tg} x)+C.$$

Debe advertirse que la integral (3) se calcula más de prisa si el numerador y el denominador de la fracción se dividen previamente por $\cos^2 x$.

En algunos casos concretos es conveniente el empleo de procedimientos artificiales (véase el ejemplo N° 1379).

Hallar las integrales:

**1373.** $\displaystyle\int \frac{dx}{3+5\cos x}.$

**1375.** $\displaystyle\int \frac{\cos x}{1+\cos x}\,dx.$

**1374.** $\displaystyle\int \frac{dx}{\operatorname{sen} x + \cos x}.$

**1376.** $\displaystyle\int \frac{\operatorname{sen} x}{1-\operatorname{sen} x}\,dx.$

**1377.** $\displaystyle\int \frac{dx}{8-4\operatorname{sen} x+7\cos x}$ .

**1384\*.** $\displaystyle\int \frac{dx}{\operatorname{sen}^2 x-5\operatorname{sen} x\cos x}$ .

**1378.** $\displaystyle\int \frac{dx}{\cos x+2\operatorname{sen} x+3}$ .

**1385.** $\displaystyle\int \frac{\operatorname{sen} x}{(1-\cos x)^3}\,dx.$

**1379\*\*.** $\displaystyle\int \frac{3\operatorname{sen} x+2\cos x}{2\operatorname{sen} x+3\cos x}\,dx.$

**1386.** $\displaystyle\int \frac{\operatorname{sen} 2x}{1+\operatorname{sen}^2 x}\,dx.$

**1380.** $\displaystyle\int \frac{1+\operatorname{tg} x}{1-\operatorname{tg} x}\,dx.$

**1387.** $\displaystyle\int \frac{\cos 2x}{\cos^4 x+\operatorname{sen}^4 x}\,dx.$

**1381\*.** $\displaystyle\int \frac{dx}{1+3\cos^2 x}$ .

**1388.** $\displaystyle\int \frac{\cos x}{\operatorname{sen}^2 x-6\operatorname{sen} x+5}\,dx.$

**1382\*.** $\displaystyle\int \frac{dx}{3\operatorname{sen}^2 x+5\cos^2 x}$ .

**1389\*.** $\displaystyle\int \frac{dx}{(2-\operatorname{sen} x)(3-\operatorname{sen} x)}$ .

**1383\*.** $\displaystyle\int \frac{dx}{\operatorname{sen}^2 x+3\operatorname{sen} x\cos x-\cos^2 x}.$

**1390\*.** $\displaystyle\int \frac{1-\operatorname{sen} x+\cos x}{1+\operatorname{sen} x-\cos x}\,dx.$

## § 8. Integración de funciones hiperbólicas

La integración de las funciones hiperbólicas es completamente análoga a la integración de las funciones trigonométricas.

Deben recordarse las siguientes fórmulas principales:

1) $\operatorname{ch}^2 x-\operatorname{sh}^2 x=1;$

2 $\operatorname{sh}^2 x=\dfrac{1}{2}(\operatorname{ch} 2x-1);$

3) $\operatorname{ch}^2 x=\dfrac{1}{2}(\operatorname{ch} 2x+1);$

4) $\operatorname{sh} x\operatorname{ch} x=\dfrac{1}{2}\operatorname{sh} 2x.$

**Ejemplo 1. Hallar**

$$\int \operatorname{ch}^2 x\,dx.$$

**Solución.** Tenemos:

$$\int \operatorname{ch}^2 x\,dx=\int \frac{1}{2}(\operatorname{ch} 2x+1)\,dx=\frac{1}{4}\operatorname{sh} 2x+\frac{1}{2}x+C.$$

**Ejemplo 2.** Hallar

$$\int \operatorname{ch}^3 x\,dx.$$

**Solución** Tenemos:

$$\int \operatorname{ch}^3 x\,dx=\int \operatorname{ch}^2 x\,d(\operatorname{sh} x)=\int (1+\operatorname{sh}^2 x)\,d(\operatorname{sh} x)=\operatorname{sh} x+\frac{\operatorname{sh}^3 x}{2}+C.$$

Hallar las integrales:

**1391.** $\int \operatorname{sh}^3 x \, dx.$

**1397.** $\int \operatorname{th}^3 x \, dx.$

**1392.** $\int \operatorname{ch}^4 x \, dx.$

**1398.** $\int \operatorname{cth}^4 x \, dx.$

**1393.** $\int \operatorname{sh}^3 x \operatorname{ch} x \, dx.$

**1399.** $\int \dfrac{dx}{\operatorname{sh}^2 x + \operatorname{ch}^2 x}.$

**1394.** $\int \operatorname{sh}^2 x \operatorname{ch}^2 x \, dx.$

**1400.** $\int \dfrac{dx}{2 \operatorname{sh} x + 3 \operatorname{ch} x}.$

**1395.** $\int \dfrac{dx}{\operatorname{sh} x \operatorname{ch}^2 x}.$

**1401.** $\int \dfrac{dx}{\operatorname{th} x - 1}.$

**1396.** $\int \dfrac{dx}{\operatorname{sh}^2 x \operatorname{ch}^2 x}.$

**1402.** $\int \dfrac{\operatorname{sh} x \, dx}{\sqrt{\operatorname{ch} 2x}}.$

## § 9. Empleo de sustituciones trigonométricas e hiperbólicas para el cálculo de integrales de la forma

$$R\left(x, \sqrt{ax^2 + bx + c}\right) dx, \tag{1}$$

donde $R$ es una función racional.

Transformando el trinomio de segundo grado $ax^2 + bx + c$ en una suma o resta de cuadrados, reducimos la integral (1) a una de las integrales de las formas siguientes:

1) $\int R\left(z, \sqrt{m^2 - z^2}\right) dz;$

2) $\int R\left(z, \sqrt{m^2 + z^2}\right) dz;$

3) $\int R\left(z, \sqrt{z^2 - m^2}\right) dz.$

Estas últimas integrales se resuelven valiéndose, respectivamente, de las sustituciones:

1) $z = m \operatorname{sen} t$ o $z = m \operatorname{th} t$,
2) $z = m \operatorname{tg} t$ o $z = m \operatorname{sh} t$,
3) $z = m \sec t$ o $z = m \operatorname{ch} t$.

**Ejemplo 1.** Hallar

$$\int \frac{dx}{(x+1)^2 \sqrt{x^2 + 2x + 2}} = I.$$

**Solución.** Tenemos:

$$x^2 + 2x + 2 = (x+1)^2 + 1.$$

Pongamos $x + 1 = \operatorname{tg} t$, en cuyo caso $dx = \sec^2 t \, dt$ y

$$I = \int \frac{dx}{(x+1)^2 \sqrt{(x+1)^2 + 1}} = \int \frac{\sec^2 t \, dt}{\operatorname{tg}^2 t \sec t} = \int \frac{\cos t}{\operatorname{sen}^2 t} \, dt =$$

$$= -\frac{1}{\operatorname{sen} t} + C = -\frac{\sqrt{x^2 + 2x + 2}}{x + 1} + C.$$

Ejemplo 2. Hallar

$$\int x \sqrt{x^2+x+1}\, dx = I.$$

Solución. Tenemos:

$$x^2+x+1 = \left(x+\frac{1}{2}\right)^2 + \frac{3}{4}.$$

Poniendo

$$x+\frac{1}{2} = \frac{\sqrt{3}}{2} \operatorname{sh} t \quad \text{y} \quad dx = \frac{\sqrt{3}}{2} \operatorname{ch} t\, dt,$$

obtendremos:

$$I = \int \left(\frac{\sqrt{3}}{2} \operatorname{sh} t - \frac{1}{2}\right) \frac{\sqrt{3}}{2} \operatorname{ch} t \cdot \frac{\sqrt{3}}{2} \operatorname{ch} t\, dt =$$

$$= \frac{3\sqrt{3}}{8} \cdot \int \operatorname{sh} t \operatorname{ch}^2 t\, dt - \frac{3}{8} \int \operatorname{ch}^2 t\, dt =$$

$$= \frac{3\sqrt{3}}{8} \cdot \frac{\operatorname{ch}^3 t}{3} - \frac{3}{8} \left(\frac{1}{2} \operatorname{sh} t \operatorname{ch} t + \frac{1}{2} t\right) + C.$$

Como

$$\operatorname{sh} t = \frac{2}{\sqrt{3}} \left(x+\frac{1}{2}\right), \quad \operatorname{ch} t = \frac{2}{\sqrt{3}} \sqrt{x^2+x+1}$$

y

$$t = \ln \left(x+\frac{1}{2}+\sqrt{x^2+x+1}\right) + \ln \frac{2}{\sqrt{3}},$$

definitivamente, tendremos:

$$I = \frac{1}{3} (x^2+x+1)^{\frac{3}{2}} - \frac{1}{4} \left(x+\frac{1}{2}\right) \sqrt{x^2+x+1} -$$

$$- \frac{3}{16} \ln \left(x+\frac{1}{2}+\sqrt{x^2+x+1}\right) + C.$$

Hallar las integrales:

**1403.** $\int \sqrt{3-2x-x^2}\, dx.$

**1404.** $\int \sqrt{2+x^2}\, dx.$

**1405.** $\int \frac{x^2}{\sqrt{9+x^2}}\, dx.$

**1406.** $\int \sqrt{x^2-2x+2}\, dx.$

**1407.** $\int \sqrt{x^2-4}\, dx.$

**1408.** $\int \sqrt{x^2+x}\, dx.$

**1409.** $\int \sqrt{x^2-6x-7}\, dx.$

**1410.** $\int (x^2+x+1)^{\frac{3}{2}}\, dx.$

**1411.** $\int \frac{dx}{(x-1)\sqrt{x^2-3x+2}}.$

**1412.** $\int \frac{dx}{(x^2-2x+5)^{\frac{3}{2}}}.$

**1413.** $\int \frac{dx}{(1+x^2)\sqrt{1-x^2}}.$

**1414.** $\int \frac{dx}{(1-x^2)\sqrt{1+x^2}}.$

# § 10. Integración de diversas funciones transcendentes

Hallar las integrales:

**1415.** $\int (x^2+1)^2 e^{2x}\, dx.$

**1421.** $\int \dfrac{dx}{e^{2x}+e^x-2}.$

**1416.** $\int x^2 \cos^2 3x\, dx.$

**1422.** $\int \dfrac{dx}{\sqrt{e^{2x}+e^x+1}}.$

**1417.** $\int x \operatorname{sen} x \cos 2x\, dx.$

**1423.** $\int x^2 \ln \dfrac{1+x}{1-x}\, dx.$

**1418.** $\int e^{2x} \operatorname{sen}^2 x\, dx.$

**1424.** $\int \ln^2 \left(x+\sqrt{1+x^2}\right) dx.$

**1419.** $\int e^x \operatorname{sen} x \operatorname{sen} 3x\, dx.$

**1425.** $\int x \arccos (5x-2)\, dx.$

**1420.** $\int xe^x \cos x\, dx.$

**1426.** $\int \operatorname{sen} x \operatorname{sh} x\, dx.$

# § 11. Empleo de las fórmulas de reducción

**1427.** $I_n = \int \dfrac{dx}{(x^2+a^2)^n}$ ; hallar $I_2$ e $I_3$.

**1428.** $I_n = \int \operatorname{sen}^n x\, dx$; hallar $I_4$ e $I_5$.

**1429.** $I_n = \int \dfrac{dx}{\cos^n x}$ ; hallar $I_3$ e $I_4$.

**1430.** $I_n = \int x^n e^{-x}\, dx$; hallar $I_{10}$.

# § 12. Integración de distintas funciones

**1431.** $\int \dfrac{dx}{2x^2-4x+9}.$

**1437.** $\int \dfrac{dx}{(x^2+2)^2}.$

**1432.** $\int \dfrac{x-5}{x^2-2x+2}\, dx.$

**1438.** $\int \dfrac{dx}{x^4-2x^2+1}.$

**1433.** $\int \dfrac{x^3}{x^2+x+\frac{1}{2}}\, dx.$

**1439.** $\int \dfrac{x\, dx}{(x^2-x+1)^3}.$

**1434.** $\int \dfrac{dx}{x(x^2+5)}.$

**1440.** $\int \dfrac{3-4x}{(1-2\sqrt{x})^2}\, dx.$

**1435.** $\int \dfrac{dx}{(x+2)^2(x+3)^2}.$

**1441.** $\int \dfrac{(\sqrt{x}+1)^2}{x^3}\, dx.$

**1436.** $\int \dfrac{dx}{(x+1)^2(x^2+1)}.$

**1442.** $\int \dfrac{dx}{\sqrt{x^2+x+1}}.$

**1443.** $\int \dfrac{1-\sqrt{2x}}{\sqrt{2x}}\,dx.$

**1444.** $\int \dfrac{dx}{(\sqrt[3]{x^2}+\sqrt[3]{x})^2}.$

**1445.** $\int \dfrac{2x+1}{\sqrt{(4x^2-2x+1)^3}}\,dx.$

**1446.** $\int \dfrac{dx}{\sqrt[4]{5-x}+\sqrt{5-x}}.$

**1447.** $\int \dfrac{x^2}{\sqrt{(x^2-1)^3}}\,dx.$

**1448.** $\int \dfrac{x\,dx}{(1+x^2)\sqrt{1-x^4}}.$

**1449.** $\int \dfrac{x\,dx}{\sqrt{1-2x^2-x^4}}.$

**1450.** $\int \dfrac{x+1}{(x^2+1)^{\frac{3}{2}}}\,dx.$

**1451\*.** $\int \dfrac{dx}{(x^2+4x)\sqrt{4-x^2}}.$

**1452.** $\int \sqrt{x^2-9}\,dx.$

**1453.** $\int \sqrt{x-4x^2}\,dx.$

**1454.** $\int \dfrac{dx}{x\sqrt{x^2+x+1}}.$

**1455.** $\int x\sqrt{x^2+2x+2}\,dx.$

**1456.** $\int \dfrac{dx}{x^4\sqrt{x^2-1}}.$

**1457.** $\int \dfrac{dx}{x\sqrt{1-x^3}}.$

**1458.** $\int \dfrac{dx}{\sqrt[3]{1+x^3}}.$

**1459.** $\int \dfrac{5x}{\sqrt[3]{1+x^4}}\,dx.$

**1460.** $\int \cos^4 x\,dx.$

**1461.** $\int \dfrac{dx}{\cos x\,\operatorname{sen}^5 x}.$

**1462.** $\int \dfrac{1+\sqrt{\operatorname{ctg} x}}{\operatorname{sen}^2 x}\,dx.$

**1463.** $\int \dfrac{\operatorname{sen}^3 x}{\sqrt[5]{\cos^3 x}}\,dx.$

**1464.** $\int \operatorname{cosec}^5 5x\,dx.$

**1465.** $\int \dfrac{\operatorname{sen}^2 x}{\cos^6 x}\,dx.$

**1466.** $\int \operatorname{sen}\left(\dfrac{\pi}{4}-x\right)\times$
$\times \operatorname{sen}\left(\dfrac{\pi}{4}+x\right)dx.$

**1467.** $\int \operatorname{tg}^3\left(\dfrac{x}{2}+\dfrac{\pi}{4}\right)dx.$

**1468.** $\int \dfrac{dx}{2\operatorname{sen} x+3\cos x-5}.$

**1469.** $\int \dfrac{dx}{2+3\cos^2 x}.$

**1470.** $\int \dfrac{dx}{\cos^2 x+2\operatorname{sen} x\cos x+{}+2\operatorname{sen}^2 x}$

**1471.** $\int \dfrac{dx}{\operatorname{sen} x\,\operatorname{sen} 2x}.$

**1472.** $\int \dfrac{dx}{(2+\cos x)(3+\cos x)}.$

**1473.** $\int \dfrac{\sec^2 x}{\sqrt{\operatorname{tg}^2 x+4\operatorname{tg} x+1}}\,dx.$

**1474.** $\int \dfrac{\cos ax}{\sqrt{a^2+\operatorname{sen}^2 ax}}\,dx.$

**1475.** $\int \dfrac{x\,dx}{\cos^2 3x}.$

**1476.** $\int x\operatorname{sen}^2 x\,dx.$

**1477.** $\int x^2 e^{x^3}\,dx.$

**1478.** $\int x e^{2x}\,dx.$

**1479.** $\int x^2 \ln \sqrt{1-x}\, dx.$

**1480.** $\int \dfrac{x \operatorname{arctg} x}{\sqrt{1+x^2}}\, dx.$

**1481.** $\int \operatorname{sen}^2 \dfrac{x}{2} \cos \dfrac{3x}{2}\, dx.$

**1482** $\int \dfrac{dx}{(\operatorname{sen} x + \cos x)^2}.$

**1483.** $\int \dfrac{dx}{(\operatorname{tg} x + 1) \operatorname{sen}^2 x}.$

**1484.** $\int \operatorname{sh} x \operatorname{ch} x\, dx.$

**1485.** $\int \dfrac{\operatorname{sh} \sqrt{1-x}}{\sqrt{1-x}}\, dx.$

**1486.** $\int \dfrac{\operatorname{sh} x \operatorname{ch} x}{\operatorname{sh}^2 x + \operatorname{ch}^2 x}\, dx.$

**1487.** $\int \dfrac{x}{\operatorname{sh}^2 x}\, dx.$

**1488.** $\int \dfrac{dx}{e^{2x} - 2e^x}.$

**1489.** $\int \dfrac{e^x}{e^{2x} - 6e^x + 13}\, dx.$

**1490.** $\int \dfrac{e^{2x}}{(e^x+1)^{\frac{1}{4}}}\, dx.$

**1491.** $\int \dfrac{2^x}{1-4^x}\, dx.$

**1492.** $\int (x^2 - 1)\, 10^{-2x}\, dx.$

**1493.** $\int \sqrt{e^x + 1}\, dx.$

**1494.** $\dfrac{\operatorname{arctg} x}{x^2}\, dx.$

**1495.** $\int x^3 \operatorname{arcsen} \dfrac{1}{x}\, dx.$

**1496.** $\int \cos (\ln x)\, dx.$

**1497.** $\int (x^2 - 3x) \operatorname{sen} 5x\, dx.$

**1498.** $\int x \operatorname{arctg} (2x + 3)\, dx.$

**1499.** $\int \operatorname{arcsen} \sqrt{x}\, dx.$

**1500.** $\int |x|\, dx.$

## Capítulo V

# INTEGRAL DEFINIDA

## § 1. La integral definida como límite de una suma

1°. S u m a   i n t e g r a l. Sea $f(x)$ una función definida en el segmento $a \leqslant x \leqslant b$ y $a = x_0 < x_1 < \ldots < x_n = b$ una división arbitraria de este segmento en $n$ partes (fig. 37). La suma de la forma

$$S_n = \sum_{i=0}^{n-1} f(\xi_i) \, \Delta x_i, \tag{1}$$

donde $x_i \leqslant \xi_i \leqslant x_{i+1}$; $\Delta x_i = x_{i+1} - x_i$;

$$i = 0, \ 1, \ 2, \ \ldots (n-1),$$

recibe el nombre de *suma integral* de la función $f(x)$ en $[a, b]$. $S_n$ representa geométricamente la suma algébrica de las áreas de los correspondientes paralelogramos (véase la fig. 37).

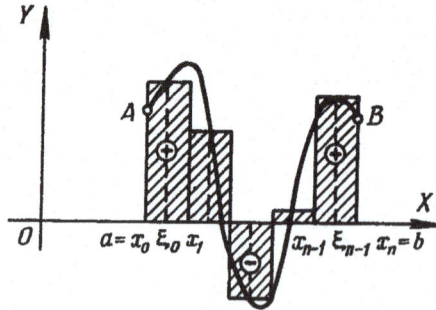

F i g. 37

2°. I n t e g r a l   d e f i n i d a. El límite de la suma $S_n$, cuando el número $n$ de divisiones tiende al infinito y la mayor de las diferencias $\Delta x_i$ tiende a cero, se llama *integral definida* de la función $f(x)$ entre los límites $x = a$ y $x = b$, es decir,

$$\lim_{\text{máx. } \Delta x_i \to 0} \sum_{i=0}^{n-1} f(\xi_i) \, \Delta x_i = \int_a^b f(x) \, dx. \tag{2}$$

Si la función $f(x)$ es continua en $[a, b]$, también será integrable en $[a, b]$, es decir, el límite (2) existe, independientemente del método que se emplee para dividir el segmento de integración $[a, b]$ en segmentos parciales y de la elección de los puntos $\xi_i$ dentro de dichos segmentos. La integral (2), definida geométricamente, es de por sí la suma algébrica de las áreas de las figuras que forman el trapecio mixtilíneo $aABb$, en el que las áreas de las partes situadas sobre el eje $OX$ se toman con signo positivo, mientras que las áreas de las partes que se encuentran bajo el eje $OX$ se toman con signo negativo (véase la fig. 37).

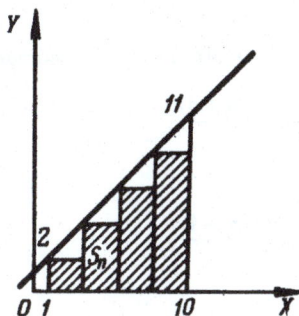

F i g. 38

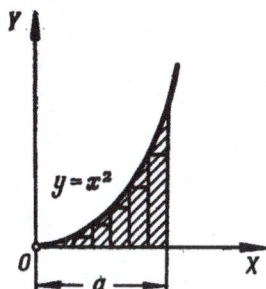

F i g. 39

La definición de la suma integral y de la integral definida se generalizan, naturalmente, al caso cuando $a > b$.

E j e m p l o 1. Formar la suma integral $S_n$ para la función

$$f(x) = 1 + x$$

en el segmento [1, 10], dividiendo este intervalo en $n$ partes iguales y eligiendo los puntos $\xi_i$ de forma que coincidan con los extremos izquierdos de los segmentos parciales $[x_i, x_{i+1}]$. ¿A qué es igual el $\lim\limits_{n \to 0} S_n$?

S o l u c i ó n. Aquí $\Delta x_i = \dfrac{10-1}{n} = \dfrac{9}{n}$ y $\xi_i = x_i = x_0 + i \Delta x_i = 1 + \dfrac{9i}{n}$.

De donde $f(\xi_i) = 1 + 1 + \dfrac{9i}{n} = 2 + \dfrac{9i}{n}$. Por consiguiente (fig. 38),

$$S_n = \sum_{i=0}^{n-1} f(\xi_i)\, \Delta x_i = \sum_{i=0}^{n-1} \left(2 + \frac{9i}{n}\right) \frac{9}{n} = \frac{18}{n} n + \frac{81}{n^2}(0 + 1 + \ldots + n - 1) =$$

$$= 18 + \frac{81}{n^2} \frac{n(n-1)}{2} = 18 + \frac{81}{2}\left(1 - \frac{1}{n}\right) = 58\frac{1}{2} - \frac{81}{2n},$$

$$\lim_{n \to \infty} S_n = 58\frac{1}{2}.$$

E j e m p l o 2. Hallar el área del triángulo mixtilíneo, limitado por el arco de la parábola $y = x^2$, el eje $OX$ y la vertical $x = a$ $(a > 0)$.

S o l u c i ó n. Dividimos la base $a$ en $n$ partes iguales $\Delta x = \dfrac{a}{n}$. Eligiendo el valor de la función en el comienzo de cada segmento, tendremos:

$$y_1 = 0; \quad y_2 = \left(\frac{a}{n}\right)^2; \quad y_3 = \left[2\left(\frac{a}{n}\right)^2\right]; \quad \ldots; \quad y_n = \left[(n-1)\frac{a}{n}\right]^2.$$

147

El área de los rectángulos inscritos se calcula multiplicando cada $y_k$ por la base $\Delta x = \dfrac{a}{n}$ (fig. 39). Sumando, obtenemos el área de la figura escalonada

$$S_n = \frac{a}{n}\left(\frac{a}{n}\right)^2 \left[ 1 + 2^2 + 3^2 + \ldots + (n-1)^2 \right].$$

Utilizando la fórmula de la suma de los cuadrados de los números enteros

$$\sum_{k=1}^{n} k^2 = \frac{n\,(n+1)\,(2n+1)}{6},$$

hallamos

$$S_n = \frac{a^3\,(n-1)\,n\,(2n-1)}{6n^3},$$

de donde, pasando al límite, obtenemos:

$$S = \lim_{n\to\infty} S_n = \lim_{n\to\infty} \frac{a^3\,(n-1)n\,(2n-1)}{6n^3} = \frac{a^3}{3}.$$

Calcular las integrales definidas siguientes, considerándolas como límites de las correspondientes sumas integrales.

**1501.** $\displaystyle\int_a^b dx.$

**1503.** $\displaystyle\int_{-2}^{1} x^2\,dx.$

**1502.** $\displaystyle\int_0^T (v_0 + gt)\,dt,$

**1504.** $\displaystyle\int_0^{10} 2^x\,dx.$

$v_0$ y $g$ son constantes.

**1505\*.** $\displaystyle\int_1^5 x^3\,dx.$

**1506\*.** Hallar el área del trapecio mixtilíneo, limitado por la hipérbola

$$y = \frac{1}{x},$$

el eje $OX$ y las dos ordenadas: $x = a$ y $x = b$ $(0 < a < b)$.
**1507.** Hallar

$$f(x) = \int_0^x \operatorname{sen} t\,dt.$$

## § 2. Cálculo de las integrales definidas por medio de indefinidas

1°. Integral definida con el límite superior variable. Si la función $f(t)$ es continua en el segmento $[a, b]$, la función

$$F(x) = \int_a^x f(t)\,dt$$

es una función primitiva de $f(x)$, es decir,

$$F'(x) = f(x) \text{ para } a \leqslant x \leqslant b.$$

2°. Fórmula de Newton-Leibniz. Si $F'(x) = f(x)$, se tiene,

$$\int_a^b f(x)\,dx = F(x)\Big|_b^a = F(b) - F(a).$$

La función primitiva $F(x)$ se calcula hallando la integral indefinida

$$\int f(x)\,dx = F(x) + C.$$

Ejemplo 1. Hallar la integral

$$\int_{-1}^3 x^4\,dx.$$

Solución. $\int_{-1}^3 x^4\,dx = \dfrac{x^5}{5}\Big|_{-1}^3 = \dfrac{3^5}{5} - \dfrac{(-1)^5}{5} = 48\dfrac{4}{5}.$

1508. Sea

$$I = \int_a^b \frac{dx}{\ln x} \ (b > a > 1).$$

Hallar:

1) $\dfrac{dI}{da}$ ; 2) $\dfrac{dI}{db}$ .

Hallar las derivadas de las siguientes funciones:

1509. $F(x) = \int_1^x \ln t\,dt \ (x>0).$  1511. $F(x) = \int_x^{x^2} e^{-t^2}\,dt.$

1510. $F(x) = \int_x^0 \sqrt{1+t^4}\,dt.$  1512. $I = \int_{\frac{1}{x}}^{\sqrt{x}} \cos(t^2)\,dt \quad (x>0)$

**1513.** Hallar los puntos extremos de la función

$$y = \int_0^x \frac{\operatorname{sen} t}{t}\, dt \text{ en el campo } x > 0.$$

Utilizando la fórmula de Newton-Leibniz, hallar las siguientes integrales:

**1514.** $\displaystyle\int_0^1 \frac{dx}{1+x}$.

**1516.** $\displaystyle\int_{-x}^{x} e^t\, dt$.

**1515.** $\displaystyle\int_{-2}^{-1} \frac{dx}{x^3}$.

**1517.** $\displaystyle\int_0^x \cos t\, dt$.

Valiéndose de las integrales definidas, hallar los límites de las sumas:

**1518\*\*.** $\lim\limits_{n\to\infty} \left( \frac{1}{n^2} + \frac{2}{n^2} + \ldots + \frac{n-1}{n^2} \right)$.

**1519\*\*.** $\lim\limits_{n\to\infty} \left( \frac{1}{n+1} + \frac{1}{n+2} + \ldots + \frac{1}{n+n} \right)$.

**1520.** $\lim\limits_{n\to\infty} \dfrac{1^p + 2^p + \ldots + n^p}{n^{p+1}} \quad (p > 0)$.

Calcular las integrales:

**1521.** $\displaystyle\int_1^2 (x^2 - 2x + 3)\, dx$.

**1527.** $\displaystyle\int_0^1 \frac{x\, dx}{x^2 + 3x + 2}$.

**1522.** $\displaystyle\int_0^8 \left( \sqrt{2x} + \sqrt[3]{x} \right) dx$.

**1528.** $\displaystyle\int_{-1}^1 \frac{y^5\, dy}{y+2}$.

**1523.** $\displaystyle\int_1^4 \frac{1 + \sqrt{y}}{y^2}\, dy$.

**1529.** $\displaystyle\int_0^1 \frac{dx}{x^2 + 4x + 5}$.

**1524.** $\displaystyle\int_2^6 \sqrt{x-2}\, dx$.

**1530.** $\displaystyle\int_3^4 \frac{dx}{x^2 - 3x + 2}$.

**1525.** $\displaystyle\int_0^{-3} \frac{dx}{\sqrt{25 + 3x}}$.

**1531.** $\displaystyle\int_0^1 \frac{z^3}{z^8 + 1}\, dz$.

**1526.** $\displaystyle\int_{-2}^{-3} \frac{dx}{x^2 - 1}$.

**1532.** $\displaystyle\int_{\frac{\pi}{6}}^{\frac{\pi}{4}} \sec^2 \alpha\, d\alpha$.

**1533.** $\displaystyle\int_{0}^{\frac{\sqrt{2}}{2}} \frac{dx}{\sqrt{1-x^2}}$.

**1534.** $\displaystyle\int_{2}^{3,5} \frac{dx}{\sqrt{5+4x-x^2}}$.

**1535.** $\displaystyle\int_{0}^{1} \frac{y^2\,dy}{\sqrt{y^6+4}}$.

**1536.** $\displaystyle\int_{0}^{\frac{\pi}{4}} \cos^2\alpha\,d\alpha$.

**1537.** $\displaystyle\int_{0}^{\frac{\pi}{2}} \operatorname{sen}^3\varphi\,d\varphi$.

**1538.** $\displaystyle\int_{e}^{e^2} \frac{dx}{x\ln x}$.

**1539.** $\displaystyle\int_{1}^{e} \frac{\operatorname{sen}(\ln x)}{x}\,dx$.

**1540.** $\displaystyle\int_{-\frac{\pi}{4}}^{\frac{\pi}{4}} \operatorname{tg} x\,dx$.

**1541.** $\displaystyle\int_{\frac{\pi}{6}}^{\frac{\pi}{3}} \operatorname{ctg}^4\varphi\,d\varphi$.

**1542.** $\displaystyle\int_{0}^{1} \frac{e^x}{1+e^{2x}}\,dx$.

**1543.** $\displaystyle\int_{0}^{1} \operatorname{ch} x\,dx$.

**1544.** $\displaystyle\int_{\ln 2}^{\ln 3} \frac{dx}{\operatorname{ch}^2 x}$.

**1545.** $\displaystyle\int_{0}^{\pi} \operatorname{sh}^2 x\,dx$.

## § 3. Integrales Impropias

1º. **Integrales de las funciones no acotadas.** Si una función $f(x)$ no está acotada en ningún entorno del punto $c$, del segmento $[a, b]$, y es continua cuando $a \leqslant x < c$ y $c < x \leqslant b$, de acuerdo con la definición se supone:

$$\int_{a}^{b} f(x)\,dx = \lim_{\varepsilon \to 0} \int_{a}^{c-\varepsilon} f(x)\,dx + \lim_{\eta \to 0} \int_{c+\eta}^{b} f(x)\,dx. \qquad (1)$$

Si existen y son finitos los límites del segundo miembro de la igualdad (1), la integral impropia recibe el nombre de *convergente*, en el caso contrario será *divergente*. Cuando $c = a$ o $c = b$, la determinación se simplifica de la forma correspondiente.

Si existe una función $F(x)$, continua en el segmento $[a, b]$ tal, que $F'(x) = f(x)$ para $x \neq c$ (*primitiva generalizada*), se tiene,

$$\int_{a}^{b} f(x)\,dx = F(b) - F(a). \qquad (2)$$

151

Si $|f(x)| \leqslant F(x)$ para $a \leqslant x \leqslant b$ y $\int\limits_a^b F(x)\,dx$ converge, la integral (1)

también converge (*criterio de comparación*).

Si $f(x) \geqslant 0$ y $\lim\limits_{x \to c} \{f(x)\,|\,c-x\,|^m\} = A \neq \infty$, $A \neq 0$, es decir, $f(x) \sim$

$\sim \dfrac{A}{|c-x|^m}$ cuando $x \to c$, tendremos que: 1) si $m < 1$, la integral (1) es convergente, 2) si $m \geqslant 1$, la integral (1) es divergente.

2°. **Integrales con límites infinitos.** Si la función $f(x)$ es continua para $a \leqslant x < \infty$, se supone que

$$\int\limits_a^\infty f(x)\,dx = \lim\limits_{b \to \infty} \int\limits_a^b f(x)\,dx \qquad (3)$$

y según que exista o no exista límite finito del segundo miembro de la igualdad (3), la integral correspondiente recibirá el nombre de *convergente* o de *divergente*.

Análogamente

$$\int\limits_{-\infty}^b f(x)\,dx = \lim\limits_{a \to -\infty} \int\limits_a^b f(x)\,dx \quad \text{y} \quad \int\limits_{-\infty}^\infty f(x)\,dx = \lim\limits_{\substack{a \to -\infty \\ b \to +\infty}} \int\limits_a^b f(x)\,dx.$$

Si $|f(x)| \leqslant F(x)$ y la integral $\int\limits_a^\infty F(x)\,dx$ converge, la integral (3) también convergerá.

Si $f(x) \geqslant 0$ y $\lim\limits_{x \to \infty} \{f(x)\,x^m\} = A \neq \infty$, $A \neq 0$, es decir, $f(x) \sim \dfrac{A}{x^m}$ cuando $x \to \infty$, tendremos que: 1) si $m > 1$, la integral (3) es convergente, 2) si $m \leqslant 1$, la integral (3) es divergente.

Ejemplo 1.

$$\int\limits_{-1}^1 \frac{dx}{x^2} = \lim\limits_{\varepsilon \to 0} \int\limits_{-1}^{-\varepsilon} \frac{dx}{x^2} + \lim\limits_{\varepsilon \to 0} \int\limits_\varepsilon^1 \frac{dx}{x^2} = \lim\limits_{\eta \to 0}\left(\frac{1}{\eta}-1\right) + \lim\limits_{\eta \to 0}\left(\frac{1}{\eta}-1\right) = \infty$$

la integral es divergente.

Ejemplo 2.

$$\int\limits_0^\infty \frac{dx}{1+x^2} = \lim\limits_{b \to \infty} \int\limits_0^b \frac{dx}{1+x^2} = \lim\limits_{b \to \infty}(\operatorname{arctg} b - \operatorname{arctg} 0) = \frac{\pi}{2}.$$

Ejemplo 3. Investigar la convergencia de la *integral de Euler-Poisson*

$$\int\limits_0^\infty e^{-x^2}\,dx. \qquad (4)$$

**Solución.** Se tiene,

$$\int_1^\infty e^{-x^2}\,dx = \int_0^1 e^{-x^2}\,dx + \int_1^\infty e^{-x^2}\,dx.$$

La primera de las dos integrales del segundo miembro no es impropia y ia segunda es convergente, ya que $e^{-x^2} \leqslant e^{-x}$ para $x \geqslant 1$ y

$$\int_1^\infty e^{-x}\,dx = \lim_{b\to\infty} \int_1^b e^{-x}\,dx = \lim_{b\to\infty}(-e^{-b}+e^{-1}) = e^{-1};$$

por consiguiente, la integral (4) es convergente.

Ejemplo 4. Investigar si es convergente la integral

$$\int_1^\infty \frac{dx}{x^3+1}. \tag{5}$$

**Solución.** Cuando $x \to +\infty$, tenemos:

$$\frac{1}{\sqrt{x^3+1}} = \frac{1}{\sqrt{x^3\left(1+\frac{1}{x^3}\right)}} = \frac{1}{x^{\frac{3}{2}}}\frac{1}{\sqrt{1+\frac{1}{x^3}}} \sim \frac{1}{x^{\frac{3}{2}}}.$$

Como la integral

$$\int_1^\infty \frac{dx}{x^{\frac{3}{2}}}$$

es convergente, nuestra integral (5) también lo es.

Ejemplo 5. Investigar si es convergente la integral elíptica

$$\int_0^1 \frac{dx}{\sqrt{1-x^4}}. \tag{6}$$

**Solución.** El punto de discontinuidad de la función subintegral es: $x=1$. Aplicando la fórmula de Lagrange a la diferencia $1-x^4=(1-x)\times\times(1+x)(1+x^2)$, obtenemos:

$$\frac{1}{\sqrt{1-x^4}} = \frac{1}{\sqrt{(1-x)\cdot 4x_1^3}} = \frac{1}{(1-x)^{\frac{1}{4}}}\cdot\frac{1}{2x_1^{\frac{3}{2}}},$$

donde $x < x_1 < 1$. Por consiguiente, cuando $x \to 1$, tendremos

$$\frac{1}{\sqrt{1-x^4}} \sim \frac{1}{2}\left(\frac{1}{1-x}\right)^{\frac{1}{4}}.$$

Como la integral

$$\int_0^1 \left( \frac{1}{1-x} \right)^{\frac{1}{4}} dx$$

es convergente, la integral dada (6) también convergerá.

Calcular las siguientes integrales impropias (o determinar su divergencia):

**1546.** $\displaystyle\int_0^1 \frac{dx}{\sqrt{x}}$ .

**1547.** $\displaystyle\int_{-1}^2 \frac{dx}{x}$ .

**1548.** $\displaystyle\int_0^1 \frac{dx}{x^p}$ .

**1549.** $\displaystyle\int_0^3 \frac{dx}{(x-1)^2}$ .

**1550.** $\displaystyle\int_0^1 \frac{dx}{\sqrt{1-x^2}}$ .

**1551.** $\displaystyle\int_1^\infty \frac{dx}{x}$ .

**1552.** $\displaystyle\int_1^\infty \frac{dx}{x^2}$ .

**1553.** $\displaystyle\int_1^\infty \frac{dx}{x^p}$ .

**1554.** $\displaystyle\int_{-\infty}^\infty \frac{dx}{1+x^2}$ .

**1555.** $\displaystyle\int_{-\infty}^\infty \frac{dx}{x^2+4x+9}$ .

**1556.** $\displaystyle\int_0^\infty \operatorname{sen} x \, dx$.

**1557.** $\displaystyle\int_0^{\frac{1}{2}} \frac{dx}{x \ln x}$ .

**1558.** $\displaystyle\int_0^{\frac{1}{2}} \frac{dx}{x \ln^2 x}$ .

**1559.** $\displaystyle\int_a^\infty \frac{dx}{x \ln x}$ $(a>1)$.

**1560.** $\displaystyle\int_a^\infty \frac{dx}{x \ln^2 x}$ $(a>1)$.

**1561.** $\displaystyle\int_0^{\frac{\pi}{2}} \operatorname{ctg} x \, dx$.

**1562.** $\displaystyle\int_0^\infty e^{-kx} \, dx$ $(k>0)$.

**1563.** $\displaystyle\int_0^\infty \frac{\operatorname{arctg} x}{x^2+1} \, dx$.

**1564.** $\displaystyle\int_2^\infty \frac{dx}{(x^2-1)^2}$ .

**1565.** $\displaystyle\int_0^\infty \frac{dx}{x^3+1}$ .

**1566.** $\displaystyle\int_0^1 \frac{dx}{x^3-5x^2}$ .

Averiguar si son convergentes las integrales:

**1567.** $\displaystyle\int_0^{100} \frac{dx}{\sqrt[3]{x}+2\sqrt[4]{x}+x^3}$ .

**1571.** $\displaystyle\int_0^1 \frac{dx}{\sqrt[3]{1-x^4}}$ .

**1568.** $\displaystyle\int_1^{+\infty} \frac{dx}{2x+\sqrt[3]{x^2+1}+5}$ .

**1572.** $\displaystyle\int_1^2 \frac{dx}{\ln x}$ .

**1569.** $\displaystyle\int_{-1}^{\infty} \frac{dx}{x^2+\sqrt[3]{x^4+1}}$ .

**1573.** $\displaystyle\int_{\frac{\pi}{2}}^{\infty} \frac{\operatorname{sen} x}{x^2}\, dx.$

**1570.** $\displaystyle\int_0^{\infty} \frac{x\, dx}{\sqrt{x^5+1}}$ .

**1574\*.** Demostrar que la integral de Euler, de $1^a$ especie (*función beta*)

$$B\,(p,\,q) = \int_0^1 x^{p-1}\,(1-x)^{q-1}\,dx$$

es convergente cuando $p>0$ y $q>0$.

**1575\*·** Demostrar, que la integral de Euler, de $2^a$ especie, (*función gamma*)

$$\Gamma\,(p) = \int_0^{\infty} x^{p-1}e^{-x}\,dx$$

es convergente cuando $p>0$.

## § 4. Cambio de variable en la integral definida

Si la función $f(x)$ es continua en el segmento $a \leqslant x \leqslant b$ y $x=\varphi(t)$ es una función continua conjuntamente con su derivada $\varphi'(t)$, en el segmento $\alpha \leqslant t \leqslant \beta$, donde $a=\varphi(\alpha)$ y $b=\varphi(\beta)$, y la función $f[\varphi(t)]$ es definida y continua en el segmento $\alpha \leqslant t \leqslant \beta$, tenemos

$$\int_a^b f(x)\,dx = \int_\alpha^\beta f[\varphi(t)]\,\varphi'(t)\,dt.$$

Ejemplo 1. Hallar

$$\int_0^a x^2\,\sqrt{a^2-x^2\,dx} \quad (a>0).$$

Solución. Hagamos

$$x = a \operatorname{sen} t;$$
$$dx = a \cos t \, dt.$$

En este caso, $t = \operatorname{arcsen} \dfrac{x}{a}$ y, por consiguiente, se puede tomar $\alpha = \operatorname{arcsen} 0 = 0$, $\beta = \operatorname{arcsen} 1 = \dfrac{\pi}{2}$. Por lo cual, tendremos:

$$\int_0^a x^2 \sqrt{a^2 - x^2} \, dx = \int_0^{\frac{\pi}{2}} a^2 \operatorname{sen}^2 t \sqrt{a^2 - a^2 \operatorname{sen}^2 t} \, a \cos t \, dt =$$

$$= a^4 \int_0^{\frac{\pi}{2}} \operatorname{sen}^2 t \cos^2 t \, dt = \frac{a^4}{4} \int_0^{\frac{\pi}{2}} \operatorname{sen}^2 2t \, dt = \frac{a^4}{8} \int_0^{\frac{\pi}{2}} (1 - \cos 4t) \, dt =$$

$$= \frac{a^4}{8} \left( t - \frac{1}{4} \operatorname{sen} 4t \right) \Big|_0^{\frac{\pi}{2}} = \frac{\pi a^4}{16}.$$

**1576.** ¿Se puede calcular la integral

$$\int_0^2 \sqrt{1 - x^2} \, dx$$

valiéndose de la sustitución $x = \cos t$?

Transformar las siguientes integrales definidas valiéndose de las sustituciones que se indican:

**1577.** $\displaystyle\int_1^3 \sqrt{x + 1} \, dx$, $x = 2t - 1$.  **1579.** $\displaystyle\int_{\frac{3}{4}}^{\frac{4}{3}} \frac{dx}{\sqrt{x^2 + 1}}$, $x = \operatorname{sh} t$.

**1578.** $\displaystyle\int_{\frac{1}{2}}^1 \frac{dx}{\sqrt{1 - x^4}}$, $x = \operatorname{sen} t$.  **1580.** $\displaystyle\int_0^{\frac{\pi}{2}} f(x) \, dx$, $x = \operatorname{arctg} t$.

**1581.** Para la integral

$$\int_a^b f(x) \, dx \qquad (b > a)$$

indicar una sustitución lineal entera

$$x = \alpha t + \beta,$$

que de por resultado que los límites de integración se hagan respectivamente iguales a 0 y 1.

Utilizando las sustituciones que se indican, calcular las siguientes integrales:

**1582.** $\displaystyle\int_0^4 \frac{dx}{1+\sqrt{x}}$   $x=t^2$.

**1583.** $\displaystyle\int_3^{29} \frac{(x-2)^{2/3}}{(x-2)^{2/2}+3}\,dx$,   $x-2=z^3$.

**1584.** $\displaystyle\int_0^{\ln 2} \sqrt{e^x-1}\,dx$,   $e^x-1=z^2$.

**1585.** $\displaystyle\int_0^{\pi} \frac{dt}{3+2\cos t}$,   $\operatorname{tg}\frac{t}{2}=z$.

**1586.** $\displaystyle\int_0^{\frac{\pi}{2}} \frac{dx}{1+a^2\operatorname{sen}^2 x}$,   $\operatorname{tg} x=t$.

Valiéndose de sustituciones adecuadas, calcular las integrales

**1587.** $\displaystyle\int_{\frac{\sqrt{2}}{2}}^1 \frac{\sqrt{1-x^2}}{x^2}\,dx$.

**1589.** $\displaystyle\int_0^{\ln 5} \frac{e^x\sqrt{e^x-1}}{e^x+3}\,dx$.

**1588.** $\displaystyle\int_1^2 \frac{\sqrt{x^2-1}}{x}\,dx$.

**1590.** $\displaystyle\int_0^5 \frac{dx}{2x+\sqrt{3x+1}}$.

Calcular las integrales:

**1591.** $\displaystyle\int_1^3 \frac{dx}{x\sqrt{x^2+5x+1}}$.

**1593.** $\displaystyle\int_0^a \sqrt{ax-x^2}\,dx$.

**1592.** $\displaystyle\int_{-1}^1 \frac{dx}{(1+x^2)^2}$.

**1594.** $\displaystyle\int_0^{2\pi} \frac{dx}{5-3\cos x}$.

**1595.** Demostrar, que si $f(x)$ es una función par,

$$\int_{-a}^a f(x)\,dx = 2\int_0^a f(x)\,dx.$$

Si, por el contrario, $f(x)$ es una función impar,

$$\int_{-a}^{a} f(x)\, dx = 0.$$

**1596.** Demostrar, que

$$\int_{-\infty}^{\infty} e^{-x^2}\, dx = 2\int_{0}^{\infty} e^{-x^2}\, dx = \int_{0}^{\infty} \frac{e^{-x}}{\sqrt{x}}\, dx.$$

**1597.** Demostrar, que

$$\int_{0}^{1} \frac{dx}{\arccos x} = \int_{0}^{\frac{\pi}{2}} \frac{\operatorname{sen} x}{x}\, dx.$$

**1598.** Demostrar, que

$$\int_{0}^{\frac{\pi}{2}} f(\operatorname{sen} x)\, dx = \int_{0}^{\frac{\pi}{2}} f(\cos x)\, dx.$$

## § 5. Integración por partes

Si las funciones $u(x)$ y $v(x)$ tienen derivadas continuas en el segmento $[a, b]$, se tiene,

$$\int_{a}^{b} u(x)\, v'(x)\, dx = u(x)\, v(x)\Big|_{a}^{b} - \int_{a}^{b} v(x)\, u'(x)\, dx. \qquad (1)$$

Calcular las siguientes integrales, empleando la fórmula de integración por partes:

**1599.** $\int_{0}^{\frac{\pi}{2}} x\cos x\, dx.$      **1603.** $\int_{0}^{\infty} xe^{-x}\, dx.$

**1600.** $\int_{1}^{e} \ln x\, dx.$      **1604.** $\int_{0}^{\infty} e^{-ax}\cos bx\, dx \quad (a>0).$

**1601.** $\int_{0}^{1} x^3 e^{2x}\, dx.$      **1605.** $\int_{0}^{\infty} e^{-ax}\operatorname{sen} bx\, dx \quad (a>0).$

**1602.** $\int_{0}^{\pi} e^x \operatorname{sen} x\, dx.$

**1606\*\*.** Demostrar, que para la función **gamma** (véase el N°
1575) es válida la fórmula de reducción:

$$\Gamma(p+1) = p\Gamma(p) \quad (p > 0).$$

Deducir de esto, que $\Gamma(n+1) = n!$, si $n$ es número natural.

**1607.** Demostrar, que para la integral

$$I_n = \int_0^{\frac{\pi}{2}} \operatorname{sen}^n x \, dx = \int_0^{\frac{\pi}{2}} \cos^n x \, dx$$

es válida la *fórmula de reducción*

$$I_n = \frac{n-1}{n} I_{n-2}.$$

Hallar $I_n$, si $n$ es un número natural. Utilizando la fórmula
obtenida, calcular $I_9$ y $I_{10}$.

**1608.** Calcular la integral siguiente (véase el N° 1574), empleando reiteradamente la integración por partes

$$B(p, q) = \int_0^1 x^{p-1}(1-x)^{q-1} \, dx,$$

donde $p$ y $q$ son números enteros y positivos.

**1609\*.** Expresar por medio de $B$ (función beta) la integral

$$I_{m,n} = \int_0^{\frac{\pi}{2}} \operatorname{sen}^m x \cos^n x \, dx,$$

si $m$ y $n$ son números enteros no negativos.

## § 6. Teorema del valor medio

**1°. Acotación de las integrales.** Si $f(x) \leqslant F(x)$ para
$a \leqslant x \leqslant b$, se tiene

$$\int_a^b f(x) \, dx \leqslant \int_a^b F(x) \, dx. \tag{1}$$

Si $f(x)$ y $\varphi(x)$ son continuas para $a \leqslant x \leqslant b$ y, además, $\varphi(x) \geqslant 0$, se tiene,

$$m \int_a^b \varphi(x) \, dx \leqslant \int_a^b f(x)\varphi(x) \, dx \leqslant M \int_a^b \varphi(x) \, dx, \tag{2}$$

donde $m$ es el valor mínimo absoluto y $M$ el valor máximo absoluto de la función $f(x)$ en el segmento $[a, b]$.

En particular, si $\varphi(x) \equiv 1$, se tiene

$$m(b-a) \leqslant \int_a^b f(x)\, dx \leqslant M'(b-a). \tag{3}$$

Las desigualdades (2) y (3) se pueden sustituir respectivamente por sus equivalentes igualdades:

$$\int_a^b f(x)\, \varphi(x)\, dx = f(c) \int_a^b \varphi(x)\, dx$$

y

$$\int_a^b f(x)\, dx = f(\xi)(b-a),$$

donde $c$ y $\xi$ son números que se encuentran entre $a$ y $b$.

E j e m p l o 1. Acotar la integral

$$I = \int_0^{\frac{\pi}{2}} \sqrt{1 + \frac{1}{2}\operatorname{sen}^2 x}\, dx.$$

S o l u c i ó n. Como $0 \leqslant \operatorname{sen}^2 x \leqslant 1$, tendremos:

$$\frac{\pi}{2} < I < \frac{\pi}{2}\sqrt{\frac{3}{2}},$$

es decir,

$$1{,}57 < I < 1{,}91.$$

2°. V a l o r   m e d i o   d e   l a   f u n c i ó n. El número

$$\mu = \frac{1}{b-a} \int_a^b f(x)\, dx,$$

se llama *valor medio* de la función $f(x)$ en el segmento $a \leqslant x \leqslant b$.

1610*. Determinar el signo de las integrales siguientes sin calcularlas:

a) $\displaystyle\int_{-1}^{2} x^3\, dx$;

c) $\displaystyle\int_0^{2\pi} \frac{\operatorname{sen} x}{x}\, dx$.

b) $\displaystyle\int_0^{\pi} x \cos x\, dx$;

**1611.** Determinar (sin calcularlas) cuál de las siguientes integrales es mayor:

a) $\int\limits_0^1 \sqrt{1+x^2}\, dx$ o $\int\limits_0^1 x\, dx$;

b) $\int\limits_0^1 x^2 \operatorname{sen}^2 x\, dx$ o $\int\limits_0^1 x \operatorname{sen}^2 x\, dx$;

c) $\int\limits_1^2 e^{x^2}\, dx$ o $\int\limits_1^2 e^x\, dx$.

Hallar los valores medios de las siguientes funciones en los segmentos que se indican:

**1612.** $f(x) = x^2$,                      $0 \leqslant x \leqslant 1$.

**1613.** $f(x) = a + b \cos x$,      $-\pi \leqslant x \leqslant \pi$.

**1614.** $f(x) = \operatorname{sen}^2 x$,             $0 \leqslant x \leqslant \pi$.

**1615.** $f(x) = \operatorname{sen}^4 x$,             $0 \leqslant x \leqslant \pi$.

**1616.** Demostrar, que la $\int\limits_0^1 \dfrac{dx}{\sqrt{2+x-x^2}}$ está comprendida entre $\dfrac{2}{3} \approx 0{,}67$ y $\dfrac{1}{\sqrt{2}} \approx 0{,}70$. Hallar el valor exacto de esta integral.

Acotar las integrales:

**1617.** $\int\limits_0^1 \sqrt{4+x^2}\, dx$.

**1620\*.** $\int\limits_0^{\frac{\pi}{4}} x \sqrt{\operatorname{tg} x}\, dx$.

**1618.** $\int\limits_{-1}^{+1} \dfrac{dx}{8+x^3}$.

**1621.** $\int\limits_{\frac{\pi}{4}}^{\frac{\pi}{2}} \dfrac{\operatorname{sen} x}{x}\, dx$.

**1619.** $\int\limits_0^{2\pi} \dfrac{dx}{10+3 \cos x}$.

**1622.** Integrando por partes, demostrar que

$$0 < \int\limits_{100\pi}^{200\pi} \frac{\cos x}{x}\, dx < \frac{1}{100\pi}.$$

161

## § 7. Areas de las figuras planas

1°. El área en coordenadas cartesianas. Si una curva continua se da en coordenadas cartesianas por la ecuación $y = f(x)$ $[f(x) \geqslant 0]$, el área del trapecio mixtilíneo, limitado por dicha curva, por dos verticales en los puntos $x = a$ y $x = b$ y por el segmento del eje de abscisas $a \leqslant x \leqslant b$ (fig. 40), se determina por la fórmula

$$S = \int_a^b f(x)\, dx. \tag{1}$$

Ejemplo 1. Calcular el área de la figura limitada por ia parábola $y = \dfrac{x^2}{2}$, por las rectas $x = 1$ y $x = 3$ y por el eje de abscisas (fig. 41).

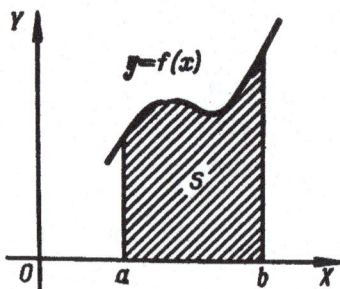

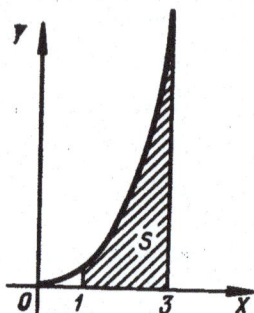

Fig. 40    Fig. 41

Solución. El área que se busca se expresa con la integral

$$S = \int_1^3 \frac{x^2}{2}\, dx = 4\frac{1}{3}$$

Ejemplo 2. Calcular el área de la figura limitada por la curva $x = 2 - y - y^2$ y el eje de ordenadas (fig. 42).

Solución. En este caso están cambiados los ejes de coordenadas y, por consiguiente, el área que se busca se expresa con la integral

$$S = \int_{-1}^1 (2 - y - y^2)\, dy = 4\frac{1}{2},$$

donde los límites de integración $y_1 = -2$ e $y_2 = 1$ son las ordenadas de los puntos de intersección de la curva dada con el eje de ordenadas.

En un caso más general, cuando el área $S$ de la figura está limitada por dos curvas continuas $y = f_1(x)$ e $y = f_2(x)$ y por dos verticales $x = a$

y $x=b$, donde $f_1(x) \leqslant f_2(x)$ para $a \leqslant x \leqslant b$ (fig. 43), tendremos:

$$S = \int_a^b [f_2(x) - f_1(x)]\, dx. \tag{2}$$

E j e m p l o. 3. Calcular el área $S$ de la figura plana comprendida entre las curvas

$$y = 2 - x^2 \quad \text{e} \quad y^3 = x^2 \tag{3}$$

(fig. 44).

S o l u c i ó n. Resolviendo simultáneamente el sistema de ecuaciones (3), hallamos los límites de integración: $x_1 = -1$ y $x_2 = 1$. De acuerdo con la fórmula (2), obtenemos:

$$S = \int_{-1}^{1} (2 - x^2 - x^{2/3})\, dx = \left( 2x - \frac{x^3}{3} - \frac{3}{5} x^{\frac{5}{3}} \right)_{-1}^{1} = 2\frac{2}{15}.$$

Si la curva se da por ecuaciones en forma paramétrica, $x = \varphi(t)$, $y = \psi(t)$, el área del trapecio mixtilíneo, limitado por esta curva, por dos verticales,

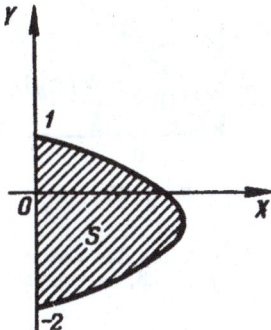

F i g. 42

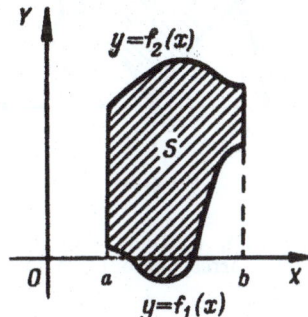

F i g. 43

$x = a$ y $x = b$ respectivamente, y por el segmento del eje $OX$, se expresará por la integral

$$S = \int_{t_1}^{t_2} \psi(t)\, \psi'(t)\, dt,$$

donde $t_1$ y $t_2$ se determinan de las ecuaciones

$a = \varphi(t_1)$ y $b = \varphi(t_2)$ $[\psi(t) \geqslant 0$ en el segmento $[t_1, t_2]]$.

E j e m p l o 4. Hallar el área de la elipse $S$ (fig. 45), utilizando sus ecuaciones paramétricas

$$\begin{cases} x = a \cos t, \\ y = b \operatorname{sen} t. \end{cases}$$

S o l u c i ó n. En virtud de la simetría será suficiente calcular el área de una cuarta parte y, después, cuadruplicar el resultado. Poniendo en la ecuación $x = a \cos t$ primero $x = 0$ y después $x = a$, obtendremos los límites de integración: $t_1 = \dfrac{\pi}{2}$ y $t_2 = 0$. Por lo que

$$\frac{1}{4} S = \int_{\frac{\pi}{2}}^{0} b \operatorname{sen} a \, (-\operatorname{sen} t) \, dt = ab \int_{0}^{\frac{\pi}{2}} \operatorname{sen}^2 t \, dt = \frac{\pi ab}{4}$$

y, por consiguiente, $S = \pi ab$.

2°. **El área en coordenadas polares.** Si la curva continua se da en coordenadas polares por una ecuación $r = f(\varphi)$, el área del sector

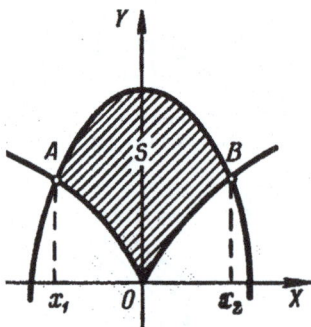

F i g. 44

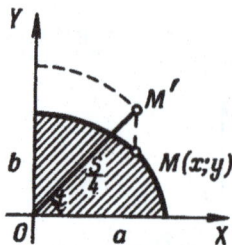

F i g. 45

$AOB$ (fig. 46), limitado por el arco de la curva y los dos radios polares $OA$ y $OB$, correspondientes a los valores $\varphi_1 = \alpha$ y $\varphi_2 = \beta$, se expresa por la integral

$$S = \frac{1}{2} \int_{\alpha}^{\beta} [f(\varphi)]^2 \, d\varphi.$$

E j e m p l o 5. Hallar el área de la figura limitada por la lemniscata de Bernoulli $r^2 = a^2 \cos 2\varphi$ (fig. 47).

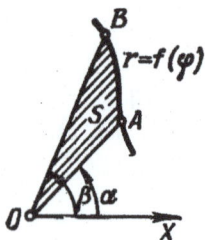

F i g. 46

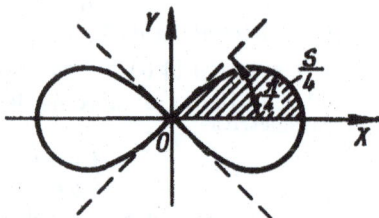

F i g. 47

Solución. Como la curva es simétrica, determinamos primero el área de uno de sus cuadrantes

$$\frac{1}{4} S = \frac{1}{2} \int\limits_{0}^{\frac{\pi}{4}} a^2 \cos 2\varphi \, d\varphi = \frac{a^2}{2} \left[ \frac{1}{2} \operatorname{sen} 2\varphi \right]_{0}^{\frac{\pi}{4}} = \frac{a^2}{4}.$$

De donde $S = a^2$.

**1623.** Calcular el área de la figura limitada por la parábola $y = 4x - x^2$ y el eje de abscisas.

**1624.** Calcular el área de la figura limitada por la curva $y = \ln x$, el eje $OX$ y la recta $x = e$.

**1625\*.** Hallar el área de la figura limitada por la curva $y = x(x-1)(x-2)$ y el eje $OX$.

**1626.** Hallar el área de la figura limitada por la curva $y^3 = x$, la recta $y = 1$ y la vertical $x = 8$.

**1627.** Calcular el área de la figura comprendida entre una semionda de la sinusoide $y = \operatorname{sen} x$ y el eje $OX$.

**1628.** Calcular el área de la figura comprendida entre la curva $y = \operatorname{tg} x$, el eje $OX$ y la recta $x = \frac{\pi}{3}$.

**1629.** Hallar el área de la figura comprendida entre la hipérbola $xy = m^2$, las verticales $x = a$ y $x = 3a$ ($a > 0$) y el eje $OX$.

**1630.** Hallar el área de la figura comprendida entre la curva de Agnesi $y = \frac{a^3}{x^2 + a^2}$ y el eje de abscisas.

**1631.** Calcular el área de la figura limitada por la curva $y = x^3$, la recta $y = 8$ y el eje $OY$.

**1632.** Hallar el área de la figura limitada por las parábolas $y^2 = 2px$ y $x^2 = 2py$.

**1633.** Calcular el área de la figura limitada por la parábola $y = 2x - x^2$ y la recta $y = -x$.

**1634.** Calcular el área del segmento de la parábola $y = x^2$, que corta la recta $y = 3 - 2x$.

**1635.** Calcular el área de la figura comprendida entre las parábolas $y = x^2$, $y = \frac{x^2}{2}$ y la recta $y = 2x$.

**1636.** Calcular el área de la figura comprendida entre las parábolas $y = \frac{x^2}{3}$ e $y = 4 - \frac{2}{3} x^2$.

**1637.** Calcular el área de la figura comprendida entre la curva de Agnesi $y = \frac{1}{1 + x^2}$ y la parábola $y = \frac{x^2}{2}$.

**1638.** Calcular el área de la figura limitada por las curvas $y = e^x$, $y = e^{-x}$ y la recta $x = 1$.

**1639.** Hallar el área de la figura limitada por la hipérbola $\dfrac{x^2}{a^2} - \dfrac{y^2}{b^2} = 1$ y la recta $x = 2a$.

**1640\*.** Hallar el área limitada por la astroide

$$x^{\frac{2}{3}} + y^{\frac{2}{3}} = a^{\frac{2}{3}}.$$

**1641.** Hallar el área de la figura comprendida entre la catenaria

$$y = a\,\mathrm{ch}\,\frac{x}{a},$$

el eje $OY$ y la recta $y = \dfrac{a}{2e}\,(e^2 + 1)$.

**1642.** Hallar el área de la figura limitada por la curva $a^2 y^2 = x^2 (a^2 - x^2)$.

**1643.** Calcular el área de la figura comprendida dentro de la curva

$$\left(\frac{x}{5}\right)^2 + \left(\frac{y}{4}\right)^{\frac{2}{3}} = 1.$$

**1644.** Hallar el área de la figura comprendida entre la hipérbola equilátera $x^2 - y^2 = 9$, el eje $OX$ y el diámetro que pasa por el punto $(5; 4)$.

**1645.** Hallar el área de la figura comprendida entre la curva $y = \dfrac{1}{x^2}$, el eje $OX$ y la recta $x = 1\ (x > 1)$.

**1646\*.** Hallar el área de la figura limitada por la cisoide $y^2 = \dfrac{x^3}{2a - x}$ y su asíntota $x = 2a\ (a > 0)$.

**1647\*.** Hallar el área de la figura comprendida entre el estrofoide $y^2 = \dfrac{x\,(x - a)^2}{2a - x}$ y su asíntota $(a > 0)$.

**1648.** Calcular el área de las dos partes en que la parábola $y^2 = 2x$ divide al círculo $x^2 + y^2 = 8$.

**1649.** Calcular el área de la superficie comprendida entre la circunferencia $x^2 + y^2 = 16$ y la parábola $x^2 = 12\,(y - 1)$.

**1650.** Hallar el área contenida en el interior de la astroide

$$x = a\cos^3 t;\ \ y = b\,\mathrm{sen}^3 t.$$

**1651.** Hallar el área de la superficie comprendida entre el eje $OX$ y un arco de la cicloide

$$x = a\,(t - \mathrm{sen}\,t),\ \ y = a\,(1 - \cos t).$$

**1652.** Hallar el área de la figura limitada por una rama de la trocoide

$$\begin{cases} x = at - b\operatorname{sen} t, \\ y = a - b\cos t \end{cases} \quad (0 < b \leqslant a)$$

y la tangente a la misma en sus puntos inferiores.

**1653.** Hallar el área de la figura limitada por la cardioide

$$\begin{cases} x = a\,(2\cos t - \cos 2t), \\ y = a\,(2\operatorname{sen} t - \operatorname{sen} 2t). \end{cases}$$

**1654\*.** Hallar el área de la figura limitada por el lazo del folium de Descartes

$$x = \frac{3at}{1+t^3}\,; \ y = \frac{3at^2}{1+t^3}\,.$$

**1655\*.** Hallar el área de la figura limitada por la cardioide $r = a\,(1 + \cos \varphi)$.

**1656\*.** Hallar el área comprendida entre la primera y segunda espira de la espiral de Arquímedes $r = a\varphi$ (fig. 48).

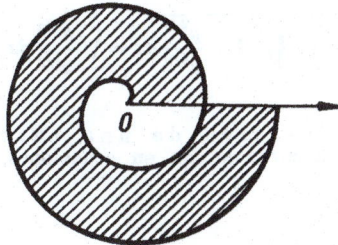

F i g. 48

**1657.** Hallar el área de una de las hojas de la curva

$$r = a\cos 2\varphi.$$

**1658.** Hallar el área limitada por la curva $r^2 = a^2 \operatorname{sen} 4\varphi$.

**1659\*.** Hallar el área limitada por la curva $r = a \operatorname{sen} 3\varphi$.

**1660.** Hallar el área limitada por el caracol de Pascal

$$r = 2 + \cos \varphi.$$

**1661.** Hallar el área limitada por la parábola $r = a\sec^2 \dfrac{\varphi}{2}$

y las semirectas $\varphi = \dfrac{\pi}{4}$ y $\varphi = \dfrac{\pi}{2}$.

**1662.** Hallar el área de la figura limitada por la elipse

$$r = \frac{p}{1 + \varepsilon \cos \varphi}\ (0 \leqslant \varepsilon < 1).$$

**1663.** Hallar el área de la figura limitada por la curva $r = 2a \cos 3\varphi$, que está fuera del círculo $r = a$.

**1664\*.** Hallar el área limitada por la curva $x^4 + y^4 = x^2 + y^2$.

# § 8. Longitud del arco de una curva

**1°. Longitud del arco en coordenadas rectangulares.** La longitud $s$ del arco de una curva regular $y = f(x)$, comprendida entre dos puntos cuyas abscisas sean $x = a$ y $x = b$, es igual a

$$S = \int_b^a \sqrt{1 + y'^2}\, dx.$$

Ejemplo 1. Hallar la longitud de la astroide $x^{2/3} + y^{2/3} = a^{2/3}$ (fig. 49).

Solución. Derivando la ecuación de la astroide, tendremos

$$y' = -\frac{y^{1/3}}{x^{1/3}}.$$

Por lo cual, para la longitud del arco de un cuarto de astroide, tenemos:

$$\frac{1}{4}\, s = \int_0^a \sqrt{1 + \frac{y^{2/3}}{x^{2/3}}}\, dx = \int_0^a \frac{a^{1/3}}{x^{1/3}}\, dx = \frac{3}{2}\, a.$$

De donde, $s = 6a$.

**2°. Longitud del arco de una curva dada en forma paramétrica.** Si la curva se da en ecuaciones de forma paramétrica

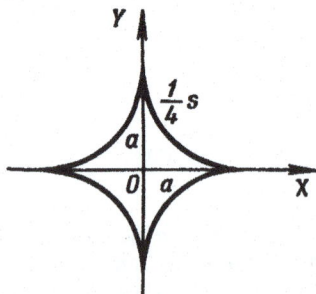

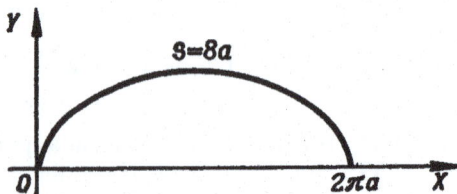

F i g. 49                    F i g. 50

$x = \varphi(t)$ e $y = \psi(t)$ (en que $\varphi(t)$ y $\psi(t)$ tienen derivadas continuas), la longitud $s$ del arco de la curva será igual a

$$s = \int_{t_1}^{t_2} \sqrt{x'^2 + y'^2}\, dt,$$

donde $t_1$ y $t_2$ son los valores del parámetro correspondientes a los extremos del arco.

Ejemplo 2. Hallar la longitud de un arco de la cicloide (fig. 50).

$$\begin{cases} x = a\,(t - \operatorname{sen} t), \\ y = a\,(1 - \cos t). \end{cases}$$

Solución. Tenemos $x' = \dfrac{dx}{dt} = a\,(1 - \cos t)$ e $y' = \dfrac{dy}{dt} = a\operatorname{sen} t$. Por lo cual

$$s = \int_0^{2\pi} \sqrt{a^2\,(1 - \cos t)^2 + a^2 \operatorname{sen}^2 t}\; dt = 2a \int_0^{2\pi} \operatorname{sen}\frac{t}{2}\, dt = 8a.$$

Los límites de integración $t_1 = 0$ y $t_2 = 2\pi$ corresponden a los puntos extremos del arco de la cicloide.

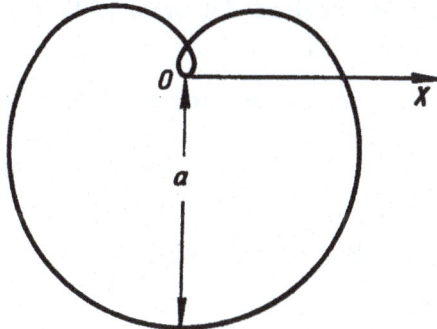

F i g. 51

Si una curva regular viene dada por una ecuación $r = f(\varphi)$ en coordenadas polares $r$ y $\varphi$, la longitud $s$ del arco será igual a

$$s = \int_\alpha^\beta \sqrt{r^2 + r'^2}\, d\varphi,$$

donde $\alpha$ y $\beta$ son los valores del ángulo polar en los puntos extremos del arco.

Ejemplo 3. Hallar la longitud total de la curva $r = a \operatorname{sen}^3 \dfrac{\varphi}{3}$ (fig. 51). Toda la curva está descrita por el punto $(r, \varphi)$ al variar $\varphi$ desde 0 hasta $3\pi$.

Solución. Tenemos $r' = a \operatorname{sen}^2 \dfrac{\varphi}{3} \cos \dfrac{\varphi}{3}$, por lo cual, la longitud de todo el arco de la curva será

$$s = \int_0^{3\pi} \sqrt{a^2 \operatorname{sen}^6 \frac{\varphi}{3} + a^2 \operatorname{sen}^4 \frac{\varphi}{3} \cos^2 \frac{\varphi}{3}}\; d\varphi = a \int_0^{3\pi} \operatorname{sen}^2 \frac{\varphi}{3}\, d\varphi = \frac{3\pi a}{2}.$$

1665. Calcular la longitud del arco de la parábola semicúbica $y^2 = x^3$ desde el origen de coordenadas hasta el punto cuyas coordenadas son $x = 4$, $y = 8$.

169

**1666\*.** Hallar la longitud de la catenaria $y = a \operatorname{ch} \dfrac{x}{a}$ desde el vértice $A(0; a)$ hasta el punto $B(b; h)$.

**1667.** Calcular la longitud del arco de la parábola $y = 2\sqrt{x}$ desde $x = 0$ hasta $x = 1$.

**1668.** Hallar la longitud del arco de la curva $y = e^x$, comprendido entre los puntos $(0; 1)$ y $(1; e)$.

**1669.** Hallar la longitud del arco de la curva $y = \ln x$ desde $x = \sqrt{3}$ hasta $x = \sqrt{8}$.

**1670.** Hallar la longitud del arco $y = \operatorname{arc sen}(e^{-x})$ desde $x = 0$ hasta $x = 1$.

**1671.** Calcular la longitud del arco de la curva $x = \ln \sec y$, comprendido entre $y = 0$ e $y = \dfrac{\pi}{3}$.

**1672.** Hallar la longitud del arco de la curva $x = \dfrac{1}{4} y^2 - \dfrac{1}{2} \ln y$ desde $y = 1$ hasta $y = e$.

**1673.** Hallar la longitud del arco de la rama derecha de la tractriz

$$x = \sqrt{a^2 - y^2} + a \ln\left| \frac{a + \sqrt{a^2 - y^2}}{y} \right|$$

desde $y = a$ hasta $y = b \, (0 < b < a)$.

**1674.** Hallar la longitud de la parte cerrada de la curva $9ay^2 = x(x - 3a)^2$.

**1675.** Hallar la longitud del arco de la curva $y = \ln\left( \operatorname{cth} \dfrac{x}{2} \right)$ desde $x = a$ hasta $x = b \, (0 < a < b)$.

**1676\*.** Hallar la longitud del arco de la evolvente del círculo

$$\left. \begin{array}{l} x = a(\cos t + t \operatorname{sen} t), \\ y = a(\operatorname{sen} t - t \cos t) \end{array} \right\} \quad \text{desde } t = 0 \text{ hasta } t = T.$$

**1677.** Hallar la longitud de la evoluta de la elipse

$$x = \frac{c^2}{a} \cos^3 t; \quad y = \frac{c^2}{b} \operatorname{sen}^3 t \, (c^2 = a^2 - b^2).$$

**1678.** Hallar la longitud de la curva

$$\left. \begin{array}{l} x = a(2\cos t - \cos 2t), \\ y = a(2\operatorname{sen} t - \operatorname{sen} 2t). \end{array} \right\}$$

**1679.** Hallar la longitud de la primera espira de la espiral de Arquímedes $r = a\varphi$.

**1680.** Hallar la longitud total de la cardioide

$$r = a(1 + \cos \varphi).$$

**1681.** Hallar la longitud del arco de la parte de\la parábola $r = a \sec^2 \frac{\varphi}{2}$, cortada de la misma por la recta vertical que pasa por el polo.

**1682.** Hallar la longitud del arco de la espiral hiperbólica $r\varphi = 1$ desde el punto $\left(2; \frac{1}{2}\right)$ hasta el punto $\left(\frac{1}{2}; 2\right)$.

**1683.** Hallar la longitud del arco de la espiral logarítmica $r = ae^{m\varphi}$ $(m > 0)$, que se encuentra dentro del círculo $r = a$.

**1684.** Hallar la longitud del arco de la curva

$$\varphi = \frac{1}{2}\left(r + \frac{1}{r}\right) \text{ desde } r = 1 \text{ hasta } r = 3.$$

## § 9. Volúmenes de cuerpos sólidos

**1°. Volumen de un cuerpo de revolución.** Los volúmenes de los cuerpos engendrados por la revolución de un trapecio mixtilíneo, limitado por una curva $y = f(x)$, el eje $OX$ y dos verticales $x = a$ y $x = b$, alrededor de los ejes $OX$ y $OY$, se expresan, respectivamente, por las fórmulas:

$$1)\ V_X = \pi \int_a^b y^2\,dx; \quad 2)\ V_Y = 2\pi \int_a^b xy\,dx\ *).$$

**Ejemplo 1.** Calcular los volúmenes de los cuerpos engendrados por la rotación de la figura, limitada por una semionda de la sinusoide $y = \operatorname{sen} x$ y por el segmento $0 \leqslant x \leqslant \pi$ del eje $OX$ alrededor: a) del eje $OX$ y b) del eje $OY$.

**Solución.**

a) $V_X = \pi \int_0^\pi \operatorname{sen}^2 x\,dx = \frac{\pi^2}{2}$;

b) $V_Y = 2\pi \int_0^\pi x \operatorname{sen} x\,dx = 2\pi\,(-x\cos x + \operatorname{sen} x)_0^\pi = 2\pi^2$.

El volumen del cuerpo engendrado por la rotación alrededor del eje $OY$ de la figura limitada por la curva $x = g(y)$, el eje $OY$ y las dos paralelas

---

*) Sea un cuerpo engendrado por la revolución alrededor del eje $OY$ de un trapecio mixtilíneo, limitado por la curva $y = f(x)$ y por las rectas $x = a$, $x = b$ e $y = 0$. Como elemento del volumen de este cuerpo se toma el volumen de una parte del mismo, engendrada por la rotación alrededor del eje $OY$ de un rectángulo de lados $y$ y $dx$, que se encuentra a una distancia $x$ del eje $OY$. En este caso, el elemento del volumen es:

$$dV_Y = 2\pi\,xy\,dx, \text{ de donde } V_Y = 2\pi \int_a^b xy\,dx.$$

$y = c$ e $y = d$, puede determinarse por la fórmula:

$$V_Y = \pi \int\limits_c^d x^2 \, dy,$$

que se obtiene de la fórmula 1), expuesta anteriormente, permutando las coordenadas $x$ e $y$.

Si la curva se da de otro modo (en forma paramétrica, en coordenadas polares, etc.) en las fórmulas anteriores hay que hacer el correspondiente cambio de variable de integración.

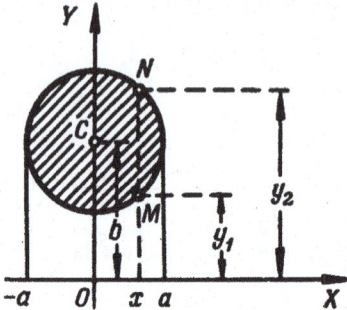

F i g. 52

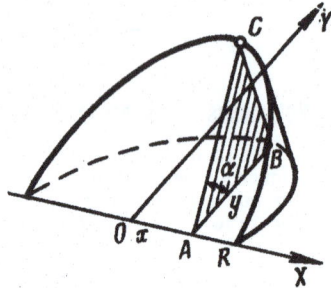

F i g. 53

En el caso más general, los volúmenes de los cuerpos engendrados por la rotación de una figura, limitada por las curvas $y_1 = f_1(x)$ e $y_2 = f_2(x)$ (siendo $f_1(x) \leqslant f_2(x)$) y por las rectas $x = a$, $x = b$, alrededor de los ejes de coordenadas $OX$ y $OY$, serán respectivamente

$$V_X = \pi \int\limits_a^b (y_2^2 - y_1^2) \, dx$$

y

$$V_Y = 2\pi \int\limits_a^b x (y_2 - y_1) \, dx.$$

E j e m p l o 2. Hallar el volumen del toro, engendrado al girar el círculo $x^2 + (y - b)^2 \leqslant a^2$ $(b \geqslant a)$ alrededor del eje $OX$ (fig. 52).

S o l u c i ó n. Tenemos:

$$y_1 = b - \sqrt{a^2 - x^2} \quad \text{e} \quad y_2 = b + \sqrt{a^2 - x^2}.$$

Por lo cual

$$V_X = \pi \int\limits_{-a}^a [(b + \sqrt{a^2 - x^2})^2 - (b - \sqrt{a^2 - x^2})^2] \, dx =$$

$$= 4\pi b \int\limits_{-a}^a \sqrt{a^2 - x^2} \, dx = 2\pi^2 a^2 b$$

esta última integral se resuelve haciendo la sustitución $x = a \operatorname{sen} t$).

El volumen de un cuerpo, obtenido al girar un sector, limitado por un arco de curva $r = F(\varphi)$ y dos radios polares $\varphi = \alpha$, $\varphi = \beta$, alrededor del eje polar, se puede calcular por la fórmula

$$V_P = \frac{2}{3}\pi \int_\alpha^\beta r^3 \operatorname{sen} \varphi \, d\varphi.$$

Esta misma fórmula es cómodo aplicarla cuando se busca el volumen de cuerpos engendrados por la rotación, alrededor del eje polar, de figuras limitadas por cualquier curva cerrada, dada en coordenadas polares.

E j e m p l o 3. Determinar el volumen engendrado por la rotación de la curva $r = a \operatorname{sen} 2\varphi$ alrededor del eje polar.

S o l u c i ó n.

$$V_P = 2 \cdot \frac{2}{3}\pi \int_0^{\frac{\pi}{2}} r^3 \operatorname{sen} \varphi \, d\varphi = \frac{4}{3}\pi a^3 \int_0^{\frac{\pi}{2}} \operatorname{sen}^3 2\varphi \operatorname{sen} \varphi \, d\varphi =$$

$$= \frac{32}{3}\pi a^3 \int_0^{\frac{\pi}{2}} \operatorname{sen}^4 \varphi \cos^3 \varphi \, d\varphi = \frac{64}{105}\pi a^3.$$

2°. C á l c u l o  d e  l o s  v o l ú m e n e s  d e  l o s  c u e r p o s  s ó l i d o s c u a n d o  s e  c o n o c e n  s u s  s e c c i o n e s  t r a n s v e r s a l e s. Si $S = S(x)$ es el área de la sección del cuerpo por un plano, perpendicular a una recta determinada (que se toma como eje $OX$), en el punto de abscisa $x$, el volumen de este cuerpo será igual a

$$V = \int_{x_1}^{x_2} S(x) \, dx,$$

donde $x_1$ y $x_2$ son las abscisas de las secciones extremas de dicho cuerpo.

E j e m p l o 4. Determinar el volumen de una cuña, cortada de un cilindro circular por un plano, que pasando por el diámetro de la base está inclinado respecto a ella, formando un ángulo $\alpha$. El radio de la base es igual a $R$ (fig. 53).

S o l u c i ó n. Tomamos como eje $OX$ el diámetro de la base, por el que pasa el plano de corte, y como eje $OY$ el diámetro de la base, perpendicular al anterior. La ecuación de la circunferencia de la base será $x^2 + y^2 = R^2$.

El área de la sección $ABC$, que se encuentra a la distancia $x$ del origen de coordenadas $O$, será igual a

$$S(x) = \text{ar. } \triangle ABC = \frac{1}{2} AB \cdot BC = \frac{1}{2} yy \operatorname{tg} \alpha = \frac{y^2}{2} \operatorname{tg} \alpha.$$

Por lo que el volumen que se busca de la cuña, es

$$V = 2 \cdot \frac{1}{2} \int_0^R y^2 \operatorname{tg} \alpha \, dx = \operatorname{tg} \alpha \int_0^R (R^2 - x^2) \, dx = \frac{2}{3} \operatorname{tg} \alpha \, R^3.$$

1685. Hallar el volumen del cuerpo engendrado por la rotación, alrededor del eje $OX$, de la superficie limitada por el eje $OX$ y la parábola $y = ax - x^2 (a > 0)$.

**1686.** Hallar el volumen del elipsoide, engendrado por la rotación de la elipse $\frac{x^2}{a^2}+\frac{y^2}{b^2}=1$ alrededor del eje $OX$.

**1687.** Hallar el volumen del cuerpo engendrado al girar, alrededor del eje $OX$, la superficie limitada por la catenaria $y=a\,\mathrm{ch}\frac{x}{a}$, el eje $OX$ y las rectas $x=\pm a$.

**1688.** Hallar el volumen del cuerpo engendrado al girar, alrededor del eje $OX$, la curva $y=\mathrm{sen}^2 x$, en el intervalo $x=0$, hasta $x=\pi$.

**1689.** Hallar el volumen del cuerpo engendrado al girar la superficie limitada por la parábola semicúbica $y^2=x^3$, el eje $OX$ y la recta $x=1$, alrededor del eje $OX$.

**1690.** Hallar el volumen del cuerpo engendrado al girar la misma superficie del problema 1689, alrededor del eje $OY$.

**1691.** Hallar los volúmenes de los cuerpos engendrados al girar las superficies limitadas por las líneas $y=e^x$, $x=0$ e $y=0$, alrededor: a) del eje $OX$ y b) del eje $OY$.

**1692.** Hallar el volumen del cuerpo engendrado al girar, alrededor del eje $OY$, la parte de la parábola $y^2=4ax$, que intercepta la recta $x=a$.

**1693.** Hallar el volumen del cuerpo engendrado al girar, alrededor de la recta $x=a$, la parte de la parábola $y^2=4ax$, que se intercepta por la misma recta.

**1694.** Hallar el volumen del cuerpo engendrado al girar, alrededor de la recta $y=-p$, la figura limitada por la parábola $y^2=2px$ y por la recta $x=\frac{p}{2}$.

**1695.** Hallar el volumen del cuerpo engendrado al girar, alrededor del eje $OX$, la superficie comprendida entre las parábolas $y=x^2$ e $y=\sqrt{x}$.

**1696.** Hallar el volumen del cuerpo engendrado al girar, alrededor del eje $OX$, el lazo de la curva $(x-4a)y^2=ax(x-3a)$ $(a>0)$.

**1697.** Hallar el volumen del cuerpo que se engendra al girar la cisoide $y^2=\frac{x^3}{2a-x}$, alrededor de su asíntota $x=2a$.

**1698.** Hallar el volumen del paraboloide de revolución, si el radio de su base es $R$ y su altura es $H$.

**1699.** Un segmento parabólico recto, de base igual a $2a$ y de altura $h$ gira alrededor de su base. Determinar el volumen del cuerpo de revolución que se engendra («limón» de Cavalieri).

**1700.** Demostrar, que el volumen de la parte del cuerpo de revolución, engendrado al girar la hipérbola equilátera $x^2-y^2=a^2$ alrededor del eje $OX$, que intercepta el plano $x=2a$, es igual al volumen de una esfera de radio $a$.

**1701.** Hallar los volúmenes de los cuerpos engendrados al girar la figura limitada por un arco de la cicloide

$$x = a\,(t - \operatorname{sen} t), \quad y = a\,(1 - \cos t)$$

y por el eje $OX$, alrededor: a) del eje $OX$, b) del eje $OY$ y c) del eje de simetría de la figura.

**1702.** Hallar el volumen del cuerpo engendrado al girar la astroide $x = a\cos^3 t$, $y = b\operatorname{sen}^3 t$ alrededor del eje $OY$.

**1703.** Hallar el volumen del cuerpo que resulta de la rotación de la cardioide $r = a\,(1 + \cos \varphi)$ alrededor del eje polar.

**1704.** Hallar el volumen· del cuerpo engendrado al girar la curva $r = a\cos^2 \varphi$ alrededor del eje polar.

**1705.** Hallar el volumen del obelisco, cuyas bases paralelas son rectángulos de lados $A$, $B$ y $a$, $b$ y la altura igual a $h$.

**1706.** Hallar el volumen del cono elíptico recto, cuya base es una elipse de semiejes $a$ y $b$ y cuya altura es igual a $h$.

**1707.** Sobre las cuerdas de la astroide $x^{2/3} + y^{2/3} = a^{2/3}$, paralelas al eje $OX$, se han construido unos cuadrados, cuyos lados son iguales a las longitudes de las cuerdas y los planos en que se encuentran son perpendiculares al plano $XOY$. Hallar el volumen del cuerpo que forman estos cuadrados.

**1708.** Un círculo deformable se desplaza de tal forma, que uno de los puntos de su circunferencia descansa sobre el eje $OY$, el centro describe la elipse $\dfrac{x^2}{a^2} + \dfrac{y^2}{b^2} = 1$, mientras que el plano del círculo es perpendicular al plano $XOY$. Hallar el volumen del cuerpo engendrado por dicho círculo.

**1709.** El plano de un triángulo móvil permanece perpendicular al diámetro fijo de un círculo de radio $a$. La base del triángulo es la cuerda de dicho círculo, mientras que su vértice resbala por una recta paralela al diámetro fijo, que se encuentra a una distancia $h$ del plano del círculo. Hallar el volumen del cuerpo (llamado *conoide*) engendrado por el movimiento de este triángulo desde un extremo del diámetro hasta el otro.

**1710.** Hallar el volumen del cuerpo limitado por los cilindros $x^2 + z^2 = a^2$ e $y^2 + z^2 = a^2$.

**1711.** Hallar el volumen del segmento del paraboloide elíptico $\dfrac{y^2}{2p} + \dfrac{z^2}{2q} \leqslant x$ interceptado por el plano $x = a$.

**1712.** Hallar el volumen del cuerpo limitado por el hiperboloide de una hoja $\dfrac{x^2}{a^2} + \dfrac{y^2}{b^2} - \dfrac{z^2}{c^2} = 1$ y los planos $z = 0$ y $z = h$.

**1713.** Hallar el volumen del elipsoide $\dfrac{x^2}{a^2} + \dfrac{y^2}{b^2} - \dfrac{z^2}{c^2} = 1$.

## § 10. Area de una superficie de revolución

El área de una superficie engendrada por la rotación, alrededor del eje $OX$, del arco de una curva regular $y = f(x)$, entre los puntos $x = a$ y $x = b$, se expresa por la fórmula

$$S_X = 2\pi \int\limits_a^b y \frac{ds}{dx}\, dx = 2\pi \int\limits_a^b y \sqrt{1 + y'^2}\, dx \qquad (1)$$

($ds$ es la diferencial del arco de la curva).

Cuando la ecuación de la curva se da de otra forma, el área de la superficie $S_X$ se obtiene de la fórmula (1), efectuando los correspondientes cambios de variables.

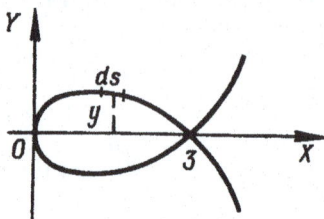
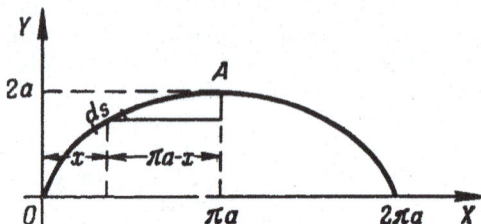

Fig. 54　　　　　　　　　　Fig. 55

Ejemplo 1. Hallar el área de la superficie engendrada al girar alrededor del eje $Ox$, el lazo de la curva

$$9y^2 = x\,(3 - x)^2 \text{ (fig. 54).}$$

Solución. Para la parte superior de la curva, cuando $0 \leqslant x \leqslant 3$, tenemos: $y = \frac{1}{3}(3 - x)\sqrt{x}$. De aquí que la diferencial del arco $ds =$ $= \dfrac{x+1}{2\sqrt{x}}\, dx$. Partiendo de la fórmula (1), el área de la superficie será

$$S = 2\pi \int\limits_0^3 \frac{1}{3}(3 - x)\sqrt{x}\,\frac{x+1}{2\sqrt{x}}\, dx = 3\pi.$$

Ejemplo 2. Hallar el área de la superficie engendrada al girar un arco de la cicloide $x = a\,(t - \operatorname{sen} t)$; $y = a\,(1 - \cos t)$, alrededor de su eje de simetría (fig. 55).

Solución. La superficie que se busca está engendrada por la rotación del arco $OA$ alrededor de la recta $AB$, cuya ecuación es $x = \pi a$. Tomando $y$ como variable independiente y teniendo en cuenta que el eje de rotación $AB$ está desplazado con respecto al eje de coordenadas $OY$ a una distancia $\pi a$, tendremos

$$S = 2\pi \int\limits_0^{2a} (\pi a - x)\,\frac{ds}{dy} \cdot dy.$$

Pasando a la variable $t$, obtenemos:

$$S = 2\pi \int_0^\pi (\pi a - at + a \operatorname{sen} t) \sqrt{\left(\frac{dx}{dt}\right)^2 + \left(\frac{dy}{dt}\right)^2}\, dt =$$

$$= 2\pi \int_0^\pi (\pi a - at + a \operatorname{sen} t)\, 2a \operatorname{sen} \frac{t}{2}\, dt =$$

$$= 4\pi a^2 \int_0^\pi \left(\pi \operatorname{sén} \frac{t}{2} - t \operatorname{sen} \frac{t}{2} + \operatorname{sen} t \operatorname{sen} \frac{t}{2}\right) dt =$$

$$= 4\pi a^2 \left[ -2\pi \cos \frac{t}{2} + 2t \cos \frac{t}{2} - 4 \operatorname{sen} \frac{t}{2} + \frac{4}{3} \operatorname{sen}^3 \frac{t}{2} \right]_0^\pi = 8\pi \left(\pi - \frac{4}{3}\right) a^2.$$

**1714.** En la fig. 56 se dan las dimensiones de un espejo parabólico $AOB$. Hay que hallar la superficie de este espejo.

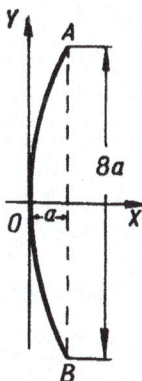

F i g. 56

**1715.** Hallar el área de la superficie del «huso», que resulta al girar una semionda de la sinusoide $y = \operatorname{sen} x$ alrededor del eje $OX$.

**1716.** Hallar el área de la superficie engendrada por la rotación de la parte de la tangentoide $y = \operatorname{tg} x$, comprendida entre $x = 0$ y $x = \frac{\pi}{4}$, alrededor del eje $OX$.

**1717.** Hallar el área de la superficie engendrada por la rotación, alrededor del eje $OX$, del arco de la curva $y = e^{-x}$ comprendido entre $x = 0$ y $x = +\infty$.

**1718.** Hallar el área de la superficie (denominada *catenoide*), engendrada por la rotación de la catenaria $y = a \operatorname{ch} \frac{x}{a}$ alrededor del eje $OX$, entre los límites $x = 0$ y $x = a$.

12—1016

177

**1719.** Hallar el área de la superficie de revolución de la astroide $x^{2/3} + y^{2/3} = a^{2/3}$ alrededor del eje $OY$.

**1720.** Hallar el área de la superficie de revolución de la curva $x = \frac{1}{4} y^2 - \frac{1}{2} \ln y$ alrededor del eje $OX$, comprendida entre $y = 1$ e $y = e$.

**1721\*.** Hallar el área de la superficie del toro engendrado por la rotación del círculo $x^2 + (y - b)^2 = a^2$ alrededor del eje $OX$ $(b > a)$.

**1722.** Hallar el área de la superficie engendrada al girar la elipse $\frac{x^2}{a^2} + \frac{y^2}{b^2} = 1$ alrededor: 1) del eje $OX$; 2) del eje $OY$ $(a > b)$.

**1723.** Hallar el área de la superficie engendrada al girar uno de los arcos de la cicloide $x = a(t - \operatorname{sen} t)$, $y = a(1 - \cos t)$ alrededor: a) del eje $OX$; b) del eje $OY$; c) de la tangente a la cicloide en su punto superior.

**1724.** Hallar el área de la superficie engendrada por la rotación, alrededor del eje $OX$, de la cardioide

$$\left. \begin{array}{l} x = a(2\cos t - \cos 2t), \\ y = a(2\operatorname{sen} t - \operatorname{sen} 2t). \end{array} \right\}$$

**1725.** Hallar el área de la superficie engendrada al girar la lemniscata $r^2 = a^2 \cos 2\varphi$ alrededor del eje polar.

**1726.** Hallar el área de la superficie engendrada por la rotación de la cardioide $r = 2a(1 + \cos \varphi)$ alrededor del eje polar.

## § 11. Momentos. Centros de gravedad. Teoremas de Guldin

1°. **Momento estático.** Se denomina *momento estático* de un punto material $A$, de masa $m$, situado a una distancia $d$ del eje $l$, con respecto a este mismo eje $l$, a la magnitud

$$M_l = md.$$

Recibe el nombre de *momento estático* de un sistema de $n$ puntos materiales, de masas $m_1, m_2, \ldots, m_n$, situados en el mismo plano que el eje $l$, con respecto al cual se toman, y separados de él por las distancias $d_1, d_2, \ldots d_n$, la suma

$$M_l = \sum_{i=1}^{n} m_i d_i, \tag{1}$$

debiendo tomarse las distancias de los puntos que se encuentren a un lado del eje $l$ con signo más $(+)$, y los que estén al otro, con signo menos $(-)$. De forma análoga se determina el *momento estático de un sistema de puntos* con respecto a un plano.

Si la masa ocupa continuamente toda una línea o una figura del plano $XOY$, los momentos estáticos $M_X$ y $M_Y$ respecto a los ejes de coordenadas $OX$ y $OY$, en lugar de la suma (1), se expresan por las correspondientes integrales. Cuando se trata de figuras geométricas, la densidad se considera igual a la unidad.

En particular: 1) para la curva $x = x(s)$; $y = y(s)$, donde el parámetro $s$ es la longitud del arco, tenemos:

$$M_X = \int_0^L y(s)\,ds; \quad M_Y = \int_0^L x(s)\,ds \tag{2}$$

$(ds = \sqrt{(dx)^2 + (dy)^2}$ es la diferencial del arco);

2) para una figura plana, limitada por la curva $y = y(x)$, el eje $OX$ y dos verticales $x = a$ e $y = b$, obtenemos:

$$M_X = \frac{1}{2}\int_a^b y\,|y|\,dx; \quad M_Y = \int_a^b x\,|y|\,dx. \tag{3}$$

Ejemplo 1. Hallar los momentos estáticos, respecto a los ejes $OX$ y $OY$, del triángulo limitado por las rectas:

$$\frac{x}{a} + \frac{y}{b} = 1, \quad x = 0, \quad y = 0 \text{ (fig. 57)}.$$

Solución. En este caso, $y = b\left(1 - \dfrac{x}{a}\right)$. Aplicando la fórmula (3), obtenemos:

$$M_X = \frac{b^2}{2}\int_0^a \left(1 - \frac{x}{a}\right)^2 dx = \frac{ab^2}{6}$$

y

$$M_Y = b\int_0^a x\left(1 - \frac{x}{a}\right)dx = \frac{a^2 b}{6}.$$

2°. Momentos de inercia. Se denomina *momento de inercia*, respecto a un eje $l$, de un punto material de masa $m$, situado a una distancia $d$ de dicho eje $l$, al número $I_l = md^2$.

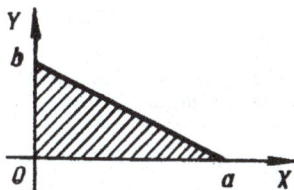

F i g. 57

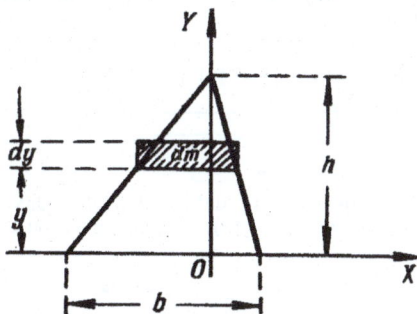

F i g. 58

Se da el nombre de *momento de inercia*, respecto a un eje $l$, de un sistema de $n$ puntos materiales, de masas $m_1$, $m_2$, ... $m_n$, a la suma

$$I_l = \sum_{i=1}^n m_i d_i^2,$$

179

donde $d_1$, $d_2$, ..., $d_n$, son las distancias desde los puntos al eje $l$. Cuando la masa es continua, en lugar de la suma, obtendremos la integral correspondiente.

E j e m p l o 2. Hallar el momento de inercia de un triángulo de base $b$ y altura $h$, respecto a su propia base.

S o l u c i ó n. Tomamos la base del triángulo como eje $OX$ y su altura como eje $OY$ (fig. 58).

Dividimos el triángulo en fajas horizontales infinitamente delgadas, de espesor $dy$, que juegan el papel de masas elementales $dm$. Empleando la semejanza de triángulos, obtenemos:

$$dm = b \, \frac{h-y}{h} \, dy$$

y

$$dI_X = y^2 \, dm = \frac{b}{h} \, y^2 \, (h-y) \, dy.$$

De donde

$$I_X = \frac{b}{h} \int\limits_0^h y^2 \, (h-y) \, dy = \frac{1}{12} \, bh^3.$$

3°. C e n t r o   d e   g r a v e d a d. Las *coordenadas del centro de gravedad* de una figura plana (ya sea arco o superficie) de masa $M$, se calculan por las fórmulas

$$\overline{x} = \frac{M_Y}{M}, \quad \overline{y} = \frac{M_X}{M},$$

donde $M_X$ y $M_Y$ son los momentos estáticos de las masas. Cuando se trata de figuras geométricas, la masa $M$ es numéricamente igual al correspondiente arco o al área.

Para las coordenadas del centro de gravedad $(\overline{x}, \overline{y})$ de un arco de curva plana $y = f(x)$ $(a \leqslant x \leqslant b)$, que une los puntos $A(a; f(a))$ y $B(b; f(b))$, tenemos

$$\overline{x} = \frac{\int\limits_A^B x \, ds}{s} = \frac{\int\limits_a^b x \, \sqrt{1+(y')^2} \, dx}{\int\limits_a^b \sqrt{1+(y')^2} \, dx}, \qquad \overline{y} = \frac{\int\limits_A^B y \, ds}{s} = \frac{\int\limits_a^b y \, \sqrt{1+(y')^2} \, dx}{\int\limits_a^b \sqrt{1+(y')^2} \, dx}.$$

Las coordenadas del centro de gravedad $(\overline{x}, \overline{y})$ del trapecio mixtilíneo $a \leqslant x \leqslant b$, $0 \leqslant y \leqslant f(x)$, se pueden calcular por las fórmulas

$$\overline{x} = \frac{\int\limits_a^b xy \, dx}{S}, \qquad \overline{y} = \frac{\frac{1}{2} \int\limits_a^b y^2 \, dx}{S},$$

donde $S = \int\limits_a^b y \, dx$ es el área de la figura.

Fórmulas análogas se emplean para hallar las coordenadas del centro de gravedad de los cuerpos sólidos.

E j e m p l o 3. Hallar el centro de gravedad del arco de la semicircunferencia $x^2 + y^2 = a^2$ $(y \geqslant 0)$ (fig. 59).

S o l u c i ó n. Tenemos

$$y = \sqrt{a^2 - x^2}; \quad y' = \frac{-x}{\sqrt{a^2 - x^2}}$$

y

$$ds = \sqrt{1 + (y')^2}\, dx = \frac{a\, dx}{\sqrt{a^2 - x^2}}.$$

De donde

$$M_Y = \int_{-a}^{a} x\, ds = \int_{-a}^{a} \frac{ax}{\sqrt{a^2 - x^2}}\, dx = 0,$$

$$M_X = \int_{-a}^{a} y\, ds = \int_{-a}^{a} \sqrt{a^2 - x^2}\, \frac{a\, dx}{\sqrt{a^2 - x^2}} = 2a^2,$$

$$M = \int_{-a}^{a} \frac{a\, dx}{\sqrt{a^2 - x^2}} = \pi a.$$

Por consiguiente,

$$\overline{x} = 0; \quad \overline{y} = \frac{2}{\pi} a.$$

4°. T e o r e m a s   d e   G u l d i n.

T e o r e m a 1°. El área de la superficie engendrada por la rotación del arco de una curva plana alrededor de un eje, situado en el mismo plano

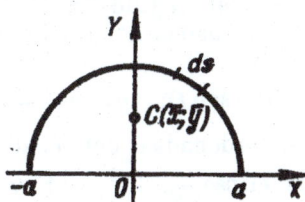

F i g. 59

que la curva, pero que no se corta con ella, es igual al producto de la longitud de dicho arco por la longitud de la circunferencia que describe el centro de gravedad del mismo.

T e o r e m a 2°. El volumen del cuerpo engendrado por la rotación de una figura plana alrededor de un eje, situado en el mismo plano que la figura, pero que no se corta con ella, es igual al producto del área de dicha figura por la longitud de la circunferencia que describe el centro de gravedad de la misma.

181

**1727.** Hallar los momentos estáticos, respecto a los ejes de coordenadas, del segmento de la línea recta

$$\frac{x}{a} + \frac{y}{b} = 1,$$

comprendido entre dichos ejes de coordenadas.

**1728.** Hallar los momentos estáticos del rectángulo de lados $a$ y $b$, respecto a estos mismos lados.

**1729.** Hallar los momentos estáticos, respecto a los ejes $OX$ y $OY$, y las coordenadas del centro de gravedad del triángulo limitado por las rectas: $x + y = a$, $x = 0$ e $y = 0$.

**1730.** Hallar los momentos estáticos, respecto a los ejes $OX$ y $OY$, y las coordenadas del centro de gravedad del arco de la astroide

$$x^{2/3} + y^{2/3} = a^{2/3},$$

situado en el primer cuadrante.

**1731.** Hallar el momento estático de la circunferencia

$$r = 2a \operatorname{sen} \varphi,$$

respecto al eje polar.

**1732.** Hallar las coordenadas del centro de gravedad del arco de la catenaria

$$y = a \operatorname{ch} \frac{x}{a}$$

comprendido entre $x = -a$ y $x = a$.

**1733.** Hallar el centro de gravedad del arco de circunferencia, de radio $a$, que subtiende el ángulo $2\alpha$.

**1734.** Hallar las coordenadas del centro de gravedad del primer arco de la cicloide

$$x = a(t - \operatorname{sen} t); \quad y = a(1 - \cos t).$$

**1735.** Hallar las coordenadas del centro de gravedad de la figura limitada por la elipse $\frac{x^2}{a^2} + \frac{y^2}{b^2} = 1$ y por los ejes de coordenadas $OX$ y $OY$ $(x \geqslant 0, y \geqslant 0)$ $(0 \leqslant t \leqslant 2\pi)$.

**1736.** Hallar las coordenadas del centro de gravedad de la figura limitada por las curvas

$$y = x^2; \quad y = \sqrt{x}.$$

**1737.** Hallar las coordenadas del centro de gravedad de la figura limitada por el primer arco de la cicloide

$$x = a(t - \operatorname{sen} t), \quad y = a(1 - \cos t)$$

y por el eje $OX$.

**1738\*\*.** Hallar el centro de gravedad del hemisferio de radio $a$, con el centro en el origen de coordenadas, situado sobre el plano $XOY$.

**1739\*\*.** Hallar el centro de gravedad de un cono circular recto, homogéneo, si el radio de la base es $r$ y la altura es $h$.

**1740\*\*.** Hallar el centro de gravedad del hemisferio de una bola homogénea de radio $a$, con el centro en el origen de coordenadas, situado sobre el plano $XOY$.

**1741.** Hallar el momento de inercia de una circunferencia de radio $a$, respecto a su propio diámetro.

**1742.** Hallar el momento de inercia de un rectángulo de lados $a$ y $b$, respecto a estos lados.

**1743.** Hallar el momento de inercia de un segmento parabólico recto, respecto a su eje de simetría, si la base es $2b$ y la altura es $h$.

**1744.** Hallar el momento de inercia de la superficie de la elipse $\dfrac{x^2}{a^2} + \dfrac{y^2}{b^2} = 1$, respecto a sus ejes principales.

**1745\*\*.** Hallar el momento polar de inercia de un anillo circular de radios $R_1$ y $R_2$ $(R_1 < R_2)$, es decir, el momento de inercia respecto al eje que pasa por el centro del anillo y es perpendicular al plano del mismo.

**1746\*\*.** Hallar el momento de inercia de un cono circular recto, homogéneo, respecto a su eje, si el radio de la base es $R$ y la altura es $H$.

**1747\*\*.** Hallar el momento de inercia de una bola homogénea de radio $a$ y masa $M$, respecto a su diámetro.

**1748.** Hallar el área y el volumen de un toro engendrado por la revolución de un círculo de radio $a$, alrededor de un eje situado en el mismo plano que el círculo y que se encuentra a una distancia $b$ $(b \geqslant a)$ del centro de éste.

**1749.** a) Determinar la posición del centro de gravedad del arco de la astroide $x^{2/3} + y^{2/3} = a^{2/3}$, situado en el primer cuadrante.

b) Hallar el centro de gravedad de la figura limitada por las curvas $y^2 = 2px$ y $x^2 = 2py$.

**1750\*\*.** a) Hallar el centro de gravedad del semicírculo, aplicando el teorema de Guldin.

b) Demostrar, aplicando el teorema de Guldin, que el centro de gravedad de un triángulo dista de su base a un tercio de la altura.

## § 12. Aplicación de las integrales definidas a la resolución de problemas de física

1°. Trayectoria recorrida por un punto. Si un punto se mueve sobre una curva y el valor absoluto de su velocidad $v = f(t)$ es una función conocida del tiempo $t$, el *espacio* recorrido por dicho punto en un intervalo de tiempo $[t_1, t_2]$ será igual a

$$s = \int_{t_1}^{t_2} f(t)\, dt.$$

E j e m p l o 1. La velocidad de un punto es igual a

$$v = 0,1t^3 \text{ m/seg.}$$

Hallar el espacio $s$, recorrido por el punto, durante un intervalo de tiempo $T = 10$ seg, transcurrido desde el comienzo de su movimiento. ¿A qué será igual la velocidad media del movimiento durante este intervalo?

S o l u c i ó n. Tenemos

$$s = \int_0^{10} 0,1t^3\, dt = 0,1\, \frac{t^4}{4}\,\Big|_0^{10} = 250$$

y

$$v_m = \frac{s}{T} = 25 \text{ m/seg.}$$

2°. T r a b a j o  d e  u n a  f u e r z a. Si una fuerza variable $X = f(x)$ actúa en la dirección del eje $OX$, el *trabajo de esta fuerza* en el segmento $[x_1, x_2]$ será igual a

$$A = \int_{x_1}^{x_2} f(x)\, dx.$$

E j e m p l o 2. Si para estirar un muelle 1 cm se necesita una fuerza de 1 kgf ¿qué trabajo habrá que emplear para estirarlo 6 cm?

S o l u c i ó n. Por la ley de Hooke, la fuerza $X$ kgf que estira en $x_m$ el muelle es igual a $X = kx$, donde $k$ es un coeficiente de proporcionalidad.

Suponiendo que $x = 0,01$ m y $X = 1$ kgf, tendremos que $k = 100$ y, por consiguiente, $X = 100\,x$.

De aquí, que el trabajo que se busca es:

$$A = \int_0^{0,06} 100x\, dx = 50x^2\,\Big|_0^{0,06} = 0,18 \text{ kgf } m.$$

3°. E n e r g í a  c i n é t i c a. Se da el nombre de *energía cinética* de un punto material, de masa $m$ y velocidad $v$, a la siguiente expresión:

$$K = \frac{mv^2}{2}.$$

La *energía cinética* de un sistema de $n$ puntos materiales, de masas $m_1, m_2, \ldots, m_n$, cuyas velocidades respectivas sean $v_1, v_2, \ldots, v_n$, es igual a

$$K = \sum_{i=1}^{n} \frac{m_i v_i^2}{2}. \tag{1}$$

Para calcular la energía cinética de un cuerpo, hay que dividirlo con-venientemente en partes elementales (que juegan el papel de puntos mate-riales) y, después, sumando la energía cinética de estas partes, y pasando a límites, en lugar de la suma (1) se obtendrá la correspondiente integral.

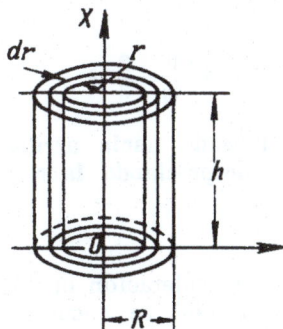
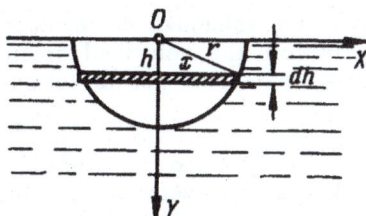

F i g. 60                    F i g. 61

E j e m p l o  3.  Hallar la energía cinética de un cilindro circular homo-géneo (macizo), de densidad δ, cuyo radio de la base es $R$ y la altura $h$, que gira con una velocidad angular ω alrededor de su eje.

S o l u c i ó n.  Como masa elemental $dm$ se toma la masa de un cilindro hueco, de altura $h$, radio interior $r$ y espesor de la pared $dr$ (fig. 60). Tenemos:

$$dm = 2\pi r \cdot h\delta \, dr.$$

Como la velocidad lineal de la masa $dm$ es igual a $v = r\omega$, la energía cinética elemental es

$$dK = \frac{v^2 \, dm}{2} = \pi r^3 \omega^2 h\delta \, dr.$$

De donde

$$K = \pi \omega^2 h\delta \int_0^R r^3 \, dr = \frac{\pi \omega^2 \delta R^4 h}{4}.$$

4°. P r e s i ó n  d e  l o s  l í q u i d o s.  Para calcular la fuerza con que *presionan los líquidos* se emplea la ley de Pascal, según la cual, la presión que ejercen los líquidos sobre un área $S$ sumergida a una profundidad $h$, es igual a

$$P = \gamma h S,$$

donde $\gamma$ es el peso específico del líquido.

E j e m p l o  4.  Hallar la presión que soporta un semicírculo de radio $r$, sumergido verticalmente en agua, de tal forma, que su diámetro coincida con la superficie libre de aquélla (fig. 61).

S o l u c i ó n.  Dividimos la superficie del semicírculo en elementos, fajas paralelas a la superficie del agua. El área de uno de estos elementos (omi-tiendo los infinitésimos de orden superior), situado a la distancia $h$ de la superficie del agua, es igual a

$$dS = 2x \, dh = 2\sqrt{r^2 - h^2} \, dh.$$

185

La presión que soporta este elemento es igual a

$$dP = \gamma h\, ds = 2\gamma h \sqrt{r^2 - h^2}\, dh,$$

donde $\gamma$ es el peso específico del agua, igual a la unidad.
De aquí que, la presión total es

$$P = 2 \int_0^r h \sqrt{r^2 - h^2}\, dh = -\frac{2}{3}(r^2 - h^2)^{\frac{3}{2}}\Big|_0^r = \frac{2}{3} r^3.$$

**1751.** La velocidad de un cuerpo, lanzado hacia arriba verticalmente con una velocidad inicial $v_0$, despreciando la resistencia del aire, se expresa por la fórmula

$$v = v_0 - gt,$$

donde $t$ es el tiempo transcurrido y $g$ la aceleración de la gravedad. ¿A qué distancia de la posición inicial se encontrará este cuerpo a los $t$ seg de haberlo lanzado?

**1752.** La velocidad de un cuerpo, lanzado verticalmente hacia arriba con una velocidad inicial $v_0$, contando la resistencia del aire, se expresa por la fórmula

$$v = c \cdot \operatorname{tg}\left(-\frac{g}{c} t + \operatorname{arct} \frac{v_0}{c}\right),$$

donde $t$ es el tiempo transcurrido, $g$ es la aceleración de la gravedad y $c$ es una constante. Hallar la altura a que se eleva el cuerpo.

**1753.** Un punto del eje $OX$ vibra armónicamente alrededor del origen de coordenadas con una velocidad que viene dada por la fórmula

$$v = v_0 \cos \omega t,$$

donde t es el tiempo y $v_0$ y $\omega$ son unas constantes.
Hallar la ley de la vibración del punto, si para $t = 0$ tenía una abscisa $x = 0$. ¿A qué será igual el valor medio de la magnitud absoluta de la velocidad del punto durante el período de la vibración?

**1754.** La velocidad del movimiento de un punto es

$$v = te^{-0,01t} \text{ m/seg.}$$

Hallar el camino recorrido por dicho punto desde que comenzó a moverse hasta que se pare por completo.

**1755.** Un proyectil cohete se levanta verticalmente. Suponiendo que, siendo constante la fuerza de arrastre, la aceleración del cohete aumenta a causa de la disminución de su peso según la ley

$$j = \frac{A}{a - bt}(a - bt > 0),$$

hallar la velocidad del cohete en cualquier instante $t$, si su velocidad inicial es igual a cero. Hallar también la altura que alcanza el cohete en el instante $t = t_1$.

**1756\*.** Calcular el trabajo necesario para sacar el agua que hay en una cuba cilíndrica vertical, que tiene un radio de base $R$ y una altura $H$.

**1757.** Calcular el trabajo necesario para sacar el agua que hay en un recipiente cónico, con el vértice hacia abajo, cuyo radio de la base es $R$ y la altura $H$.

**1758.** Calcular el trabajo necesario para sacar el agua de una caldera semiesférica, que tiene un radio $R = 10$ m.

**1759.** Calcular el trabajo necesario para sacar, por el orificio superior, el aceite contenido en una cisterna de forma cilíndrica con el eje horizontal, si el peso específico del aceite es $\gamma$, la longitud de la cisterna $H$ y el radio de la base $R$.

**1760\*\*.** ¿Qué trabajo hay que realizar para levantar un cuerpo de masa $m$ de la superficie de la Tierra, cuyo radio es $R$, a una altura $h$? ¿A qué será igual este trabajo si hay que expulsar el cuerpo al infinito?

**1761\*\*.** Dos cargas eléctricas $e_0 = 100$ CGSE y $e_1 = 200$ CGSE se encuentran en el eje $OX$ en los puntos $x_0 = 0$ y $x_1 = 1$ cm, respectivamente. ¿Qué trabajo se realizará si la segunda carga se traslada al punto $x_2 = 10$ cm?

**1762\*\*.** Un cilindro con un émbolo móvil, de diámetro $D = 20$ cm y de longitud $l = 80$ cm, está lleno de vapor a presión de $p = 10$ kgf/cm². ¿Qué trabajo hace falta realizar para disminuir el volumen del vapor en dos veces si la temperatura es constante (*proceso isotérmico*)?

**1763\*\*.** Determinar el trabajo realizado en la expansión adiabática del aire, hasta ocupar un volumen $V_1 = 10$ m³, si el volumen inicial es $V_0 = 1$ m³ y la presión $p_0 = 1$ kgf/cm².

**1764\*\*.** Un árbol vertical, de peso $P$ y radio $a$, se apoya en una rangua $AB$ (fig. 62). La fricción entre una parte pequeña $\sigma$ de la base del árbol y la superficie del apoyo que está en contacto con ella es igual a $F = \mu p \sigma$, donde $p = $const. es la presión del árbol sobre la superficie del apoyo, referida a la unidad de superficie del mismo, y $\mu$ es el coeficiente de fricción. Hallar el trabajo de la fuerza de fricción en una revolución del árbol.

**1765\*\*.** Calcular la energía cinética de un disco, de masa $M$ y radio $R$, que gira alrededor de un eje que pasa por su centro y es perpendicular al plano del disco con una velocidad angular $\omega$.

**1766.** Calcular la energía cinética de un cono circular recto, de masa $M$, que gira alrededor de su eje con una velocidad angular $\omega$. El radio de la base del cono es $R$, la altura $H$.

**1767\*.** ¿Qué trabajo es necesario realizar para detener una bola de hierro de radio $R = 2$ m, que gira alrededor de su diámetro con una velocidad angular $\omega = 1000$ vueltas/minuto? (El peso específico del hierro $\gamma = 7,8$ gf/cm³).

**1768.** Un triángulo de base $b$ y altura $h$ está sumergido verticalmente en agua, con el vértice hacia abajo, de forma, que su

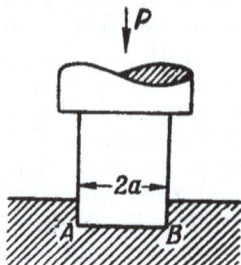

F i g. 62

base coincide con la superficie del agua. Hallar la presión que el agua ejerce sobre él.

**1769.** Una presa vertical tiene forma de trapecio. Calcular la presión total del agua sobre dicha presa, sabiendo que la base superior tiene $a = 70$ m, la base inferior $b = 50$ m y su altura $h = 20$ m.

**1770.** Hallar la presión que ejerce un líquido, cuyo peso específico es $\gamma$, sobre una elipse vertical, de ejes $2a$ y $2b$, el centro de la cual está sumergido hasta una profundidad $h$. El eje mayor $2a$ de la elipse es paralelo a la superficie del líquido ($h \geqslant b$).

**1771.** Hallar la presión que ejerce el agua sobre un cono cilíndrico vertical, con radio de la base $R$ y altura $H$, sumergido en ella con el vértice hacia abajo, de forma que la base se encuentra al nivel del agua.

*Problemas diversos*

**1772.** Hallar la masa de una barra de longitud $l = 100$ cm, si la densidad lineal de la misma a la distancia $x$ cm, respecto a uno de los extremos, es igual a

$$\delta = 2 + 0,001x^2 \frac{g}{cm}.$$

**1773.** Según datos empíricos, la capacidad calorífica específica del agua, a la temperatura $t°$C ($0 \leqslant t \leqslant 100°$), es igual a

$$c = 0,9983 - 5,184 \cdot 10^{-5}t + 6,912 \cdot 10^{-7}t^2.$$

¿Qué cantidad de calor se necesita para calentar 1 g de agua desde 0° hasta 100° C?

**1774.** El viento ejerce una presión uniforme $p$ gf/cm² sobre una puerta, cuya anchura es $b$ cm y la altura $h$ cm. Hallar el momento de la fuerza con que presiona el viento, que tiende a hacer girar la puerta sobre sus goznes.

**1775.** ¿Qué fuerza de atracción ejerce una barra material, de longitud $l$ y masa $M$, sobre un punto material de masa $m$, situado en la misma recta de la barra a una distancia $a$ de uno de sus extremos?

**1776\*\*.** Cuando la corriente de líquido que pasa por un tubo de sección circular, de radio $a$, es laminar estable, la velocidad $v$ en un punto que se encuentra a la distancia $r$ del eje del tubo, se expresa por la fórmula

$$v = \frac{p}{4\mu l}\,(a^2 - r^2),$$

donde $p$ es la diferencia de presión del líquido en los extremos del tubo, $\mu$ es el coeficiente de viscosidad y $l$ la longitud del tubo. Determinar el *gasto de líquido Q*, es decir, la cantidad del mismo que pasa por la sección transversal del tubo en la unidad de tiempo.

**1777\*.** Las mismas condiciones del problema anterior (1776), pero con un tubo de sección rectangular, en que la base $a$ es grande con relación a la altura $2b$. En este caso, la velocidad de la corriente $v$ en el punto $M(x, y)$ se determina por la fórmula

$$v = \frac{p}{2\mu l}\,[b^2 - (b - y)^2].$$

Determinar el gasto $Q$ de líquido.

**˙1778\*\*.** Al estudiar las cualidades dinámicas de los automóviles se recurre frecuentemente a la construcción de diagramas especiales: sobre el eje de abscisas se toman las velocidades $v$ y sobre el de ordenadas, las magnitudes inversas a las correspondientes aceleraciones $a$: Demostrar, que el área $S$, limitada por la curva de esta gráfica, por las dos ordenadas $v = v_1$ y $v = v_2$ y el eje de abscisas, es numéricamente igual al tiempo que se necesita para aumentar la velocidad del automóvil desde $v_1$ a $v_2$ (*tiempo de «embalado»*).

**1779.** Una viga horizontal, de longitud $l$, está en equilibrio bajo la acción de una carga, uniformemente repartida a lo largo de ella y dirigida verticalmente hacia abajo, y de las reacciones de sus apoyos $A$ y $B\left(A = B = \dfrac{Q}{2}\right)$, dirigidas verticalmente hacia

189

arriba. Hallar el momento de flexión $M_x$ en la sección transversal $x$, es decir, el momento respecto al punto $P$, de abscisa $x$, de todas las fuerzas que actúan en la parte $AP$ de la viga.

**1780.** Una viga horizontal, de longitud $l$, está en equilibrio bajo la acción de las reacciones de sus apoyos $A$ y $B$ y de una carga repartida a lo largo de la misma, con una intensidad de $q = kx$, donde $x$ es la distancia al apoyo izquierdo y $k$ un coeficiente constante. Hallar el momento de flexión $M_x$ en la sección $x$.

Observación. Se da el nombre de intensidad de distribución de la carga, a la carga (fuerza) referida a la unidad de longitud.

**1781\*.** Hallar la cantidad de calor que desprende una corriente alterna sinusoidal

$$I = I_0 \operatorname{sen} \left( \frac{2\pi}{T} t - \varphi \right)$$

durante el período $T$ en un conductor de resistencia $R$.

## Capítulo VI

# FUNCIONES DE VARIAS VARIABLES

## § 1. Conceptos fundamentales

1°. Concepto de función de varias variables. Designaciones de las funciones. Una magnitud variable $z$ se denomina *función* uniforme de dos variables $x$ e $y$, si a cada conjunto de valores de éstas $(x, y)$ del campo dado, corresponde un valor único y determinado de $z$. Las variables $x$ e $y$ se llaman *argumentos* o *variables independientes*. La dependencia funcional se representa así:

$$z = f(x, y); \quad z = F(x, y); \quad \text{etc.}$$

Las funciones de tres o más argumentos se definen de manera análoga.

Ejemplo 1. Expresar el volumen $V$ del cono en función de su generatriz $x$ y del radio de la base $y$.

Solución. Sabemos por la geometría, que el volumen del cono es igual a

$$V = \frac{1}{3} \pi y^2 h,$$

donde $h$ es la altura del cono. Pero $h = \sqrt{x^2 - y^2}$. Por consiguiente,

$$V = \frac{1}{3} \pi y^2 \sqrt{x^2 - y^2}.$$

Esta es, precisamente, la dependencia funcional que se buscaba.

El valor de la función $z = f(x, y)$ en el punto $P(a, b)$, es decir, cuando $x = a$ e $x = b$, se designa por $f(a, b)$ o $f(P)$. La representación geométrica de la función $z = f(x, y)$ en un sistema de coordenadas cartesianas $X$, $Y$, $Z$ es, en términos generales, una superficie (fig. 63).

Ejemplo 2. Hallar $f(2, -3)$ y $f\left(1, \dfrac{y}{x}\right)$, si

$$f(x, y) = \frac{x^2 + y^2}{2xy}.$$

Solución. Poniendo $x = 2$ e $y = -3$, hallamos:

$$f(2, -3) = \frac{2^2 + (-3)^2}{2 \cdot 2 \cdot (-3)} = -\frac{13}{12}.$$

Poniendo $x = 1$ y sustituyendo $y$ por $\dfrac{y}{x}$ tenemos:

$$f\left(1, \frac{y}{x}\right) = \frac{1 + \left(\dfrac{y}{x}\right)^2}{2 \cdot 1\left(\dfrac{y}{x}\right)} = \frac{x^2 + y^2}{2xy} \ ,$$

es decir, $f\left(1, \dfrac{y}{x}\right) = f(x, y)$.

2. **Campo de existencia de la función.** Por *campo de existencia (de definición)* de la función $z = f(x, y)$, se entiende el conjunto de puntos $(x, y)$ del plano $XOY$ que determinan la función dada (es decir,

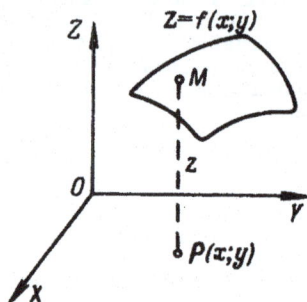

F i g. 63

para los que la función toma valores reales determinados). En los casos más elementales, el campo de existencia de la función representa una parte finita, o infinita, del plano coordenado $XOY$, limitada por una o varias curvas (*frontera del campo*).

De forma análoga, para las funciones de tres variables $u = f(x, y, z)$, el campo de existencia de la función es un cuerpo determinado del espacio $OXYZ$.

E j e m p l o 3. Hallar el campo de existencia de la función

$$z = \frac{1}{\sqrt{4 - x^2 - y^2}} \ .$$

S o l u c i ó n. Esta función tiene valores reales cuando

$$4 - x^2 - y^2 > 0 \ \text{ó bien } x^2 + y^2 < 4.$$

A esta última desigualdad satisfacen las coordenadas de los puntos situados dentro de un círculo de radio 2 con el centro en el origen de coordenadas. El campo de existencia de esta función es pues el interior de este círculo (fig. 64).

E j e m p l o 4. Hallar el campo de existencia de la función

$$z = \text{arc sen } \frac{x}{2} + \sqrt{xy}.$$

Solución. El primer sumando de la función queda determinado para $-1 \leqslant \frac{x}{2} \leqslant 1$ ó bien $-2 \leqslant x \leqslant 2$. El segundo sumando tiene valores reales cuando $xy \geqslant 0$, es decir, en dos casos:

$$\text{si} \begin{cases} x \geqslant 0, \\ y \geqslant 0, \end{cases} \text{o si} \begin{cases} x \leqslant 0, \\ y \leqslant 0. \end{cases}$$

El campo de existencia de toda la función se representa en la fig. 65 y comprende la frontera del campo.

3. **Líneas y superficies de nivel de las funciones.** Se da el nombre de *línea de nivel* de una función $z = f(x, y)$, a la línea

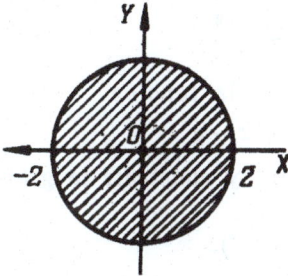

Fig. 64

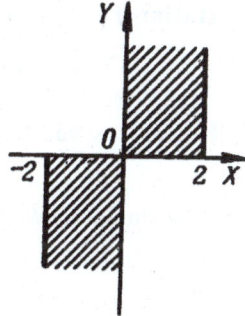

Fig. 65

$f(x, y) = C$ del plano $XOY$, para cuyos puntos la función toma un mismo valor $z = C$ (que generalmente se señala como anotación en el dibujo).

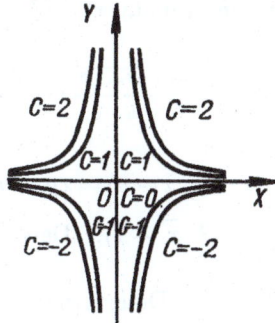

Fig. 66

Se llama *superficie de nivel* de una función de tres argumentos $u = f(x, y, z)$ aquella superficie $f(x, y, z) = C$ en cuyos puntos la función toma un valor constante $u = C$.

Ejemplo 5. Construir la línea de nivel de la función $z = x^2 y$.

Solución. La ecuación de la línea de nivel tiene la forma $x^2 y = C$ o bien $y = \frac{C}{x^2}$. Haciendo $C = 0, \pm 1, \pm 2 \ldots$, obtenemos la familia de líneas de nivel (fig. 66).

**1782.** Expresar el volumen $V$ de una pirámide cuadrangular regular en función de su altura $x$ y de su arista lateral $y$

**1783.** Expresar el área $S$ de la superficie lateral de un tronco de pirámide exagonal regular, en función de los lados $x$ e $y$ de las bases y de la altura $z$.

**1784.** Hallar $f\left(\dfrac{1}{2},\ 3\right)$ y $f(1,\ -1)$, si

$$f(x,\ y)=xy+\frac{x}{y}.$$

**1785.** Hallar $f(x,\ y)$, $f(-x,\ -y)$, $f\left(\dfrac{1}{x},\ \dfrac{1}{y}\right)$, $\dfrac{1}{f(x,\ y)}$, si

$$f(x,\ y)=\frac{x^2-y^2}{2xy}.$$

**1786.** Hallar los valores que toma la función

$$f(x,\ y)=1+x-y$$

en los puntos de la parábola $y=x^2$, y construir la gráfica de la función

$$F(x)=f(x,\ x^2).$$

**1787.** Hallar el valor de la función

$$z=\frac{x^4+2x^2y^2+y^4}{1-x^2-y^2}$$

en los puntos de la circunferencia $x^2+y^2=R^2$.

**1788\*.** Determinar $f(x)$, si

$$f\left(\frac{y}{x}\right)=\frac{\sqrt{x^2+y^2}}{y}\quad (xy>0).$$

**1789\*.** Hallar $f(x,\ y)$, si

$$f(x+y,\ x-y)=xy+y^2.$$

**1790\*.** Sea $z=\sqrt{y}+f(\sqrt{x}-1)$. Determinar las funciones $f$ y $z$, si $z=x$ para $y=1$.

**1791\*\*.** Sea $z=xf\left(\dfrac{y}{x}\right)$. Determinar las funciones $f$ y $z$, si $z=\sqrt{1+y^2}$ para $x=1$.

**1792.** Hallar y representar los campos de existencia de las siguientes funciones:

a) $z=\sqrt{1-x^2-y^2}$;

b) $z=1+\sqrt{-(x-y)^2}$:

c) $z=\ln(x+y)$;

d) $z = x + \arccos y;$

e) $z = \sqrt{1 - x^2} + \sqrt{1 - y^2};$

f) $z = \operatorname{arc\,sen} \dfrac{y}{x};$

g) $z = \sqrt{x^2 - 4} + \sqrt{4 - y^2};$

h) $z = \sqrt{(x^2 + y^2 - a^2)(2a^2 - x^2 - y^2)} \; (a > 0);$

i) $z = \sqrt{y \operatorname{sen} x};$       m) $z = \dfrac{1}{\sqrt{y - \sqrt{x}}};$

j) $z = \ln(x^2 + y);$       n) $z = \dfrac{1}{x - 1} + \dfrac{1}{y};$

k) $z = \operatorname{arc\,tg} \dfrac{x - y}{1 + x^2 y^2};$       o) $z = \sqrt{\operatorname{sen}(x^2 + y^2)}.$

l) $z = \dfrac{1}{x^2 + y^2};$

**1793.** Hallar los campos de existencia de las siguientes funciones de res argumentos:

a) $u = \sqrt{x} + \sqrt{y} + \sqrt{z};$     c) $y = \operatorname{arc\,sen} x + \operatorname{arc\,sen} y + \operatorname{arc\,sen} z;$

b) $u = \ln(xyz);$            d) $y = \sqrt{1 - x^2 - y^2 - z^2}.$

**1794.** Construir las líneas de nivel de las funciones que se dan a continuación y averiguar el carácter de las superficies representadas por dichas funciones:

a) $z = x + y;$     d) $z = \sqrt{xy};$         g) $z = \dfrac{y}{x^2};$

b) $z = x^2 + y^2;$     e) $z = (1 + x + y)^2;$     h) $z = \dfrac{y}{\sqrt{x}};$

c) $z = x^2 - y^2;$     f) $z = 1 - |x| - |y|;$     i) $z = \dfrac{2x}{x^2 + y^2}.$

**1795.** Hallar las líneas de nivel de las siguientes funciones:

a) $z = \ln(x^2 + y);$       d) $z = f(y - ax);$

b) $z = \operatorname{arc\,sen} xy;$       e) $z = f\left(\dfrac{y}{x}\right).$

c) $z = f(\sqrt{x^2 + y^2});$

**1796.** Hallar las superficies de nivel de las siguientes funciones de tres variables:

a) $u = x + y + z,$

b) $u = x^2 + y^2 + z^2,$

c) $u = x^2 + y^2 - z^2.$

FUNCIONES DE VARIAS VARIABLES

## § 2. Continuidad

1. **Límite de una función.** El número $A$ recibe el nombre de *límite de la función* $z = f(x, y)$ cuando el punto $P'(x, y)$ tiende al punto $P(a, b)$, si para cualquier $\varepsilon > 0$ existe un $\delta > 0$ tal, que cuando $0 < \rho < \delta$, (donde $\rho = \sqrt{(x-a)^2 + (y-b)^2}$ es la distancia entre los puntos $P$ y $P'$), se verifica la desigualdad

$$|f(x, y) - A| < \varepsilon.$$

En este caso se escribe:

$$\lim_{\substack{x \to a \\ y \to b}} f(x, y) = A.$$

2. **Continuidad y puntos de discontinuidad.** La función $z = f(x, y)$ recibe el nombre de *continua en el punto* $P(a, b)$, si

$$\lim_{\substack{x \to a \\ y \to b}} f(x, y) = f(a, b).$$

La función que es continua en todos los puntos de un campo determinado, se llama *continua en este campo.*

Las condiciones de continuidad de una función $f(x, y)$ pueden no cumplirse en puntos aislados (*puntos aislados de discontinuidad*), o en puntos que formen una o varias líneas (*líneas de discontinuidad*) y, a veces, figuras geométricas más complicadas.

**Ejemplo 1.** Hallar los puntos de discontinuidad de la función

$$x = \frac{xy + 1}{x^2 - y}.$$

**Solución.** La función pierde su sentido, si el denominador se anula. Pero, $x^2 - y = 0$ o sea, $y = x^2$ es la ecuación de una parábola. Por consiguiente, la función dada tiene una línea de discontinuidad: la parábola $y = x^2$.

**1797\*.** Hallar los siguientes límites de las funciones:

a) $\displaystyle\lim_{\substack{x \to 0 \\ y \to 0}} (x^2 + y^2) \operatorname{sen} \frac{1}{xy}$;

c) $\displaystyle\lim_{\substack{x \to 0 \\ y \to 2}} \frac{\operatorname{sen} xy}{x}$;

e) $\displaystyle\lim_{\substack{x \to 0 \\ y \to 0}} \frac{x}{x + y}$;

b) $\displaystyle\lim_{\substack{x \to \infty \\ y \to \infty}} \frac{x + y}{x^2 + y^2}$;

d) $\displaystyle\lim_{\substack{x \to \infty \\ y \to k}} \left(1 + \frac{y}{x}\right)^x$;

f) $\displaystyle\lim_{\substack{x \to 0 \\ y \to 0}} \frac{x^2 - y^2}{x^2 + y^2}$.

**1798.** Averiguar si es continua la función

$$f(x, y) = \begin{cases} \sqrt{1 - x^2 - y^2}, & \text{si } x^2 + y^2 \leqslant 1, \\ 0, & \text{si } x^2 + y^2 > 1. \end{cases}$$

**1799.** Hallar los puntos de discontinuidad de las siguientes funciones:

a) $z = \ln \sqrt{x^2 + y^2}$;

c) $z = \dfrac{1}{1 - x^2 - y^2}$;

b) $z = \dfrac{1}{(x - y)^2}$;

d) $z = \cos \dfrac{1}{xy}$.

**1800\*.** Demostrar, que la función

$$z = \begin{cases} \dfrac{2xy}{x^2+y^2}, & \text{si } x^2+y^2 \neq 0, \\ 0, & \text{si } x=y=0. \end{cases}$$

es continua con relación a cada una de las variables $x$ e $y$ por separado, pero no es continua en el punto $(0, 0)$ respecto al conjunto de estas variables.

## § 3. Derivadas parciales

1. **Definición de las derivadas parciales.** Si $z = f(x, y)$, si hacemos, por ej., que $y$ sea constante, obtenemos la derivada

$$\frac{\partial z}{\partial x} = \lim_{\Delta x \to 0} \frac{f(x+\Delta x,\, y) - f(x,\, y)}{\Delta x} = f'_x(x,\, y),$$

que recibe el nombre de *derivada parcial* de la función $z$ con respecto a la variable $x$. De modo análogo se define y se designa la derivada parcial de la función $z$ con respecto a la variable $y$. Es evidente, que para hallar las derivadas parciales pueden utilizarse las fórmulas ordinarias de derivación.

**Ejemplo 1.** Hallar las derivadas parciales de la función

$$z = \ln \operatorname{tg} \frac{x}{y}.$$

**Solución.** Considerando $y$ como magnitud constante, tenemos:

$$\frac{\partial z}{\partial x} = \frac{1}{\operatorname{tg} \dfrac{x}{y}} \cdot \frac{1}{\cos^2 \dfrac{x}{y}} \cdot \frac{1}{y} = \frac{2}{y \operatorname{sen} \dfrac{2x}{y}}.$$

Análogamente, considerando $x$ como constante, tendremos:

$$\frac{\partial z}{\partial y} = \frac{1}{\operatorname{tg} \dfrac{x}{y}} \cdot \frac{1}{\cos^2 \dfrac{x}{y}} \left( -\frac{x}{y^2} \right) = -\frac{2x}{y^2 \operatorname{sen} \dfrac{2x}{y}}.$$

**Ejemplo 2.** Hallar las derivadas parciales de la función de tres argumentos

$$u = x^3 y^2 z + 2x - 3y + z + 5.$$

**Solución.**

$$\frac{\partial u}{\partial x} = 3x^2 y^2 z + 2,$$

$$\frac{\partial u}{\partial y} = 2x^3 yz - 3,$$

$$\frac{\partial u}{\partial z} = x^3 y^2 + 1.$$

FUNCIONES DE VARIAS VARIABLES

2. **Teorema de Euler.** La función $f(x, y)$ se llama función *homogénea* de grado $n$, si para cualquier factor real $k$ se verifica la igualdad

$$f(kx, ky) \equiv k^n f(x, y).$$

Una función racional entera será homogénea, si todos los términos de la misma son del mismo grado.

Para toda función homogénea diferenciable de grado $n$, se verifica siempre la igualdad (*teorema de Euler*):

$$xf'_x(x, y) + yf'_y(x, y) = nf(x, y).$$

Hallar las derivadas parciales de las funciones:

**1801.** $z = x^3 + y^3 - 3axy$.    **1808.** $z = x^y$.

**1802.** $z = \dfrac{x-y}{x+y}$ .    **1809.** $z = e^{\operatorname{sen} \frac{y}{x}}$.

**1803.** $z = \dfrac{y}{x}$ .    **1810.** $z = \operatorname{arc sen} \sqrt{\dfrac{x^2 - y^2}{x^2 + y^2}}$ .

**1804.** $z = \sqrt{x^2 - y^2}$.    **1811.** $z = \ln \operatorname{sen} \dfrac{x+a}{\sqrt{y}}$ .

**1805.** $z = \dfrac{x}{\sqrt{x^2 + y^2}}$ .    **1812.** $u = (xy^z)$.

**1806.** $z = \ln (x + \sqrt{x^2 + y^2})$.    **1813.** $u = z^{xy}$.

**1807.** $z = \operatorname{arctg} \dfrac{y}{x}$ .

**1814.** Hallar $f'_x(2; 1)$ y $f'_y(2; 1)$, si $f(x, y) = \sqrt{xy + \dfrac{x}{y}}$ .

**1815.** Hallar $f'_x(1; 2; 0)$, $f'_y(1; 2; 0)$ y $f'_z(1; 2; 0)$, si $f(x, y, z) = \ln (xy + z)$.

Comprobar el teorema de Euler sobre las funciones homogéneas (N$^{os}$, N$^{os}$ 1816—1819):

**1816.** $f(x, y) = Ax^2 + 2Bxy + Cy^2$.    **1818.** $f(x, y) = \dfrac{x+y}{\sqrt[y]{x^2 + y^2}}$ .

**1817.** $z = \dfrac{x}{x^2 + y^2}$ .    **1819.** $f(x, y) = \ln \dfrac{y}{x}$ .

**1820.** Hallar $\dfrac{\partial}{\partial x} \left( \dfrac{1}{r} \right)$, donde $r = \sqrt{x^2 + y^2 + z^2}$.

**1821.** Calcular $\begin{vmatrix} \dfrac{\partial x}{\partial r} & \dfrac{\partial x}{\partial \varphi} \\ \dfrac{\partial y}{\partial r} & \dfrac{\partial y}{\partial \varphi} \end{vmatrix}$, si $x = r \cos \varphi$ e $y = r \operatorname{sen} \varphi$.

**1822.** Demostrar, que $x\dfrac{\partial z}{\partial x}+y\dfrac{\partial z}{\partial y}=2$, si

$$z=\ln\,(x^2+xy+y^2).$$

**1823.** Demostrar, que $x\dfrac{\partial z}{\partial x}+y\dfrac{\partial z}{\partial y}=xy+z$, si

$$z=xy+xe^{\frac{y}{x}}.$$

**1824.** Demostrar, que $\dfrac{\partial u}{\partial x}+\dfrac{\partial u}{\partial y}+\dfrac{\partial u}{\partial z}=0$, si

$$u=(x-y)\,(y-z)\,(z-x).$$

**1825.** Demostrar, que $\dfrac{\partial u}{\partial x}+\dfrac{\partial u}{\partial y}+\dfrac{\partial u}{\partial z}=1$, si

$$u=x+\dfrac{x-y}{y-z}\,.$$

**1826.** Hallar $z=z\,(x,\,y)$, si

$$\dfrac{\partial z}{\partial y}=\dfrac{x}{x^2+y^2}\,.$$

**1827.** Hallar $z=z\,(x,\,y)$, sabiendo, que

$$\dfrac{\partial z}{\partial x}=\dfrac{x^2+y^2}{x}\ \ \text{y}\ \ z\,(x,\,y)=\text{sen}\ y\ \text{cuando}\ x=1.$$

**1828.** Por el punto $M\,(1;\,2;\,6)$ de la superficie $z=2x^2+y^2$ se han hecho pasar planos paralelos a los coordenados $XOZ$ e $YOZ$. Determinar, qué ángulos forman con los ejes de coordenadas las tangentes a las secciones así obtenidas, en su punto común $M$.

**1829.** El área de un trapecio de bases $a$, $b$ y de altura $h$ es igual a $S=\dfrac{1}{2}\,(a+b)\,h$. Hallar $\dfrac{\partial S}{\partial a}$, $\dfrac{\partial S}{\partial b}$, $\dfrac{\partial S}{\partial h}$ y, mediante su dibujo, esclarecer su sentido geométrico.

**1830\*.** Demostrar, que la función

$$f\,(x,\,y)=\begin{cases}\dfrac{2xy}{x^2+y^2}\,, & \text{si}\ x^2+y^2\neq 0\\[2mm] 0, & \text{si}\ x=y=0,\end{cases}$$

tiene derivadas parciales $f'_x\,(x,\,y)$ y $f'_y\,(x,\,y)$ en el punto $(0,\,0)$, a pesar de ser discontinua en este punto. Representar geométricamente esta función en las proximidades del punto $(0;\,0)$.

## § 4. Diferencial total de una función

1. **Incremento total de una función.** Se llama *incremento total* de una función $z=f\,(x,\,y)$ a la diferencia

$$\Delta z=\Delta f\,(x,\,y)=f\,(x+\Delta x,\,y+\Delta y)-f\,(x,\,y).$$

FUNCIONES DE VARIAS VARIABLES

2. Diferencial total de una función. Recibe el nombre de *diferencial total* de una función $z = f(x, y)$ la parte principal del incremento total $\Delta z$, lineal respecto a los incrementos de los argumentos $\Delta x$ y $\Delta y$.

La diferencia entre el incremento total y la diferencial total de la función es un infinitésimo de orden superior a $\rho = \sqrt{\Delta x^2 + \Delta y^2}$.

La función tiene, indubitablemente, diferencial total, cuando sus diferenciales parciales son continuas. Si la función tiene diferencial total, se llama *diferenciable*. Las diferenciales de las variables independientes, por definición, coinciden con sus incrementos, es decir, $dx = \Delta x$ y $dy = \Delta y$. La diferencial total de la función $z = f(x, y)$ se calcula por la fórmula

$$dz = \frac{\partial z}{\partial x}\,dx + \frac{\partial z}{\partial y}\,dy.$$

Análogamente, la diferencial total de una función de tres argumentos $u = f(x, y, z)$ se calcula por la fórmula

$$du = \frac{\partial u}{\partial x}\,dx + \frac{\partial u}{\partial y}\,dy + \frac{\partial u}{\partial z}\,dz.$$

Ejemplo 1. Para la función

$$f(x, y) = x^2 + xy - y^2$$

hallar el incremento total y la diferencial total.
Solución.

$$f(x + \Delta x, y + \Delta y) = (x + \Delta x)^2 + (x + \Delta x)(y + \Delta y) - (y + \Delta y)^2;$$
$$\Delta f(x, y) = [(x + \Delta x)^2 + (x + \Delta x)(y + \Delta y) - (y + \Delta y)^2] - (x^2 + xy - y^2) =$$
$$= 2x \cdot \Delta x + \Delta x^2 + x \cdot \Delta y + y \cdot \Delta x + \Delta x \cdot \Delta y - 2y \cdot \Delta y - \Delta y^2 =$$
$$= [(2x + y)\,\Delta x + (x - 2y)\,\Delta y] + (\Delta x^2 + \Delta x \cdot \Delta y - \Delta y^2).$$

Aquí, la expresión $df = (2x + y)\,\Delta x + (x - 2y)\,\Delta y$ es la diferencial total de la función, mientras que $(\Delta x^2 + \Delta x \cdot \Delta y - \Delta y^2)$ es un infinitésimo de orden superior al del infinitésimo $\rho = \sqrt{\Delta x^2 + \Delta y^2}$.

Ejemplo 2. Hallar la diferencial total de la función

$$z = \sqrt{x^2 + y^2}.$$

Solución.

$$\frac{\partial z}{\partial x} = \frac{x}{\sqrt{x^2 + y^2}}; \quad \frac{\partial z}{\partial y} = \frac{y}{\sqrt{x^2 + y^2}}.$$
$$dz = \frac{x}{\sqrt{x^2 + y^2}}\,dx + \frac{y}{\sqrt{x^2 + y^2}}\,dy = \frac{x\,dx + y\,dy}{\sqrt{x^2 + y^2}}.$$

3. Aplicación de la diferencial de la función a los cálculos aproximados. Cuando $|\Delta x|$ y $|\Delta y|$ son suficientemente pequeños, y por consiguiente, es suficientemente pequeño también $\rho = \sqrt{\Delta x^2 + \Delta y^2}$, para la función diferenciable $z = f(x, y)$ se verifica la igualdad aproximada $\Delta z \approx dz$, o sea,

$$\Delta z \approx \frac{\partial z}{\partial x}\,\Delta x + \frac{\partial z}{\partial y}\,\Delta y.$$

Ejemplo 3. La altura de un cono es $H = 30$ cm, el radio de su base $R = 10$ cm. ¿Cómo variará el volumen de dicho cono si $H$ se aumenta 3 mm y $R$ se disminuye 1 mm?

Solución. El volumen del cono es $V = \frac{1}{3}\pi R^2 H$. La variación del volumen la sustituimos aproximadamente por la diferencial $\Delta V \approx dV =$
$$= \frac{1}{3}\pi (2RH\,dR + R^2\,dH) = \frac{1}{3}\pi(-2\cdot 10\cdot 30\cdot 0,1 + 100\cdot 0,3) = -10\pi \approx -31,4 \text{ cm}^3.$$

Ejemplo 4. Calcular aproximadamente $1,02^{3,01}$.
Solución. Examinemos la función $z = x^y$. El número que se busca puede considerarse como el valor incrementado de esta función cuando $x = 1$, $y = 3$, $\Delta x = 0,02$ y $\Delta y - 0,01$. El valor inicial de la función es $z = 1^3 = 1$,

$$\Delta z \approx dz = yx^{y-1}\Delta x + x^y \ln x\,\Delta y = 3\cdot 1\cdot 0,02 + 1\cdot \ln 1\cdot 0,01 = 0,06.$$

Por consiguiente, $1,02^{3,01} \approx 1 + 0,06 = 1,06$.

**1831.** Para la función $f(x, y) = x^2 y$, hallar el incremento total y la diferencial total en el punto $(1; 2)$; compararlos entre sí, si:

a) $\Delta x = 1$, $\Delta y = 2$; b) $\Delta x = 0,1$, $\Delta y = 0,2$.

**1832.** Demostrar, que para las funciones $u$ y $v$ de varias (por ej., de dos) variables se verifican las reglas ordinarias de derivación:

a) $d(u+v) = du + dv$;  b) $d(uv) = v\,du + u\,dv$;

c) $d\left(\dfrac{u}{v}\right) = \dfrac{v\,du - u\,dv}{v^2}$.

Hallar las diferenciales totales de las siguientes funciones:

**1833.** $z = x^3 + y^2 - 3xy$.

**1834.** $z = x^2 y^3$.

**1835.** $z = \dfrac{x^2 - y^2}{x^2 + y^2}$.

**1836.** $z = \operatorname{sen}^2 x + \cos^2 y$.

**1837.** $z = yx^y$.

**1838.** $z = \ln(x^2 + y^2)$.

**1839.** $f(x, y) = \ln\left(1 + \dfrac{x}{y}\right)$.

**1840.** $z = \operatorname{arctg}\dfrac{y}{x} + \operatorname{arctg}\dfrac{x}{y}$.

**1841.** $z = \ln \operatorname{tg}\dfrac{y}{x}$.

**1842.** Hallar $df(1; 1)$, si $f(x, y) = \dfrac{x}{y^2}$.

**1843.** $u = xyz$.

**1844.** $u = \sqrt{x^2 + y^2 + z^2}$.

**1845.** $u = \left(xy + \dfrac{x}{y}\right)^z$.

**1846.** $u = \operatorname{arctg}\dfrac{xy}{z^2}$.

**1847.** Hallar $df(3; 4; 5)$, si $f(x, y, z) = \dfrac{z}{x^2 + y^2}$.

201

**1848.** Uno de los lados de un rectángulo es $a = 10$ cm, el otro, $b = 24$ cm. ¿Cómo variará la diagonal $l$ de este rectángulo si el lado $a$ se alarga 4 mm y el lado $b$ se acorta 1 mm? Hallar la magnitud aproximada de la variación y compararla con la exacta.

**1849.** Una caja cerrada, cuyas dimensiones exteriores son de 10 cm, 8 cm y 6 cm, está hecha de madera contrachapada de 2 mm de espesor. Determinar el volumen aproximado del material que se gastó en hacer la caja.

**1850\*.** El ángulo central de un sector circular es igual a 80° y se desea disminuirlo en 1°. ¿En cuánto hay que alargar el radio del sector, para que su área no varíe, si su longitud inicial era igual a 20 cm?

**1851.** Calcular aproximadamente:

a) $(1,02)^3 \cdot (0,97)^2$; b) $\sqrt{(4,05)^2 + (2,93)^2}$;

c) sen 32°·cos 59° (al convertir los grados en radianes y cuando se calcule el sen 60°, tomar solamente tres cifras decimales; la última cifra debe redondearse).

**1852.** Demostrar, que el error relativo de un producto es aproximadamente igual a la suma de los errores relativos de los factores.

**1853.** Al medir en un lugar el triángulo $ABC$, se obtuvieron los datos siguientes: el lado $a = 100$ m $\pm$ 2 m, el lado $b = 200$ m $\pm$ 3 m y el ángulo $C = 60° \pm 1°$. ¿Con qué grado de exactitud puede calcularse el lado $c$?

**1854.** El período $T$ de oscilación del péndulo se calcula por la fórmula

$$T = 2\pi \sqrt{\frac{l}{g}},$$

donde $l$ es la longitud del péndulo y $g$, la aceleración de la gravedad. Hallar el error que se comete al determinar $T$, como resultado de los pequeños errores $\Delta l = \alpha$ y $\Delta g = \beta$ cometidos al medir $l$ y $g$.

**1855.** La distancia entre los puntos $P_0 (x_0; y_0)$ y $P (x; y)$ es igual a o, y el ángulo formado por el vector $\overline{P_0 P}$ con el eje $OX$, es igual a $\alpha$. ¿En cuánto variará el ángulo $\alpha$, si el punto $P$ toma la posición $P_1 (x + dx, y + dy)$, mientras que el punto $P_0$ sigue invariable?

## § 5. Derivación de funciones compuestas

1. **Caso de una sola variable independiente.** Si $z = = f(x, y)$ es una función diferenciable de los argumentos $x$ e $y$, que son, a su vez, funciones diferenciables de una variable independiente $t$:

$$x = \varphi(t), \quad y = \psi(t),$$

la derivada de la función compuesta $z = f[\varphi(t), \psi(t)]$ se puede calcular por la fórmula

$$\frac{dz}{dt} = \frac{\partial z}{\partial x}\frac{dx}{dt} + \frac{\partial z}{\partial y}\frac{dy}{dt}. \tag{1}$$

En el caso particular de que $t$ coincida con uno de los argumentos, por ejemplo, con $x$, la derivada «total» de la función $z$ con respecto a $x$ será:

$$\frac{dz}{dx} = \frac{\partial z}{\partial x} + \frac{\partial z}{\partial y}\frac{dy}{dx}. \tag{2}$$

Ejemplo 1. Hallar $\frac{dz}{dt}$, si

$$z = e^{3x+2y}, \text{ donde } x = \cos t, \quad y = t^2.$$

Solución. Por la fórmula (1) tenemos:

$$\frac{dz}{dt} = e^{3x+2y}\cdot 3(-\operatorname{sen} t) + e^{3x+2y}\cdot 2\cdot 2t =$$

$$= e^{3x+2y}(4t - 3\operatorname{sen} t) = e^{3\cos t + 2t^2}(4t - 3\operatorname{sen} t).$$

Ejemplo 2. Hallar la derivada parcial $\frac{\partial z}{\partial x}$ y la derivada total $\frac{dz}{dx}$, si

$$z = e^{xy}, \text{ donde } y = \varphi(x).$$

Solución. $\frac{\partial z}{\partial x} = ye^{xy}$. Basándonos en la fórmula (2), obtenemos:

$$\frac{dz}{dx} = ye^{xy} + xe^{xy}\varphi'(x).$$

2. Caso de varias variables independientes. Si $z$ es una función compuesta de varias variables independientes, por ejemplo, $z = f(x, y)$, donde $x = \varphi(u, v)$ e $y = \psi(u, v)$ ($u$ y $v$ son variables independientes; $f$, $\varphi$ y $\psi$ son funciones diferenciables), las derivadas parciales de $z$ con respecto a $u$ y $v$ se expresan así:

$$\frac{\partial z}{\partial u} = \frac{\partial z}{\partial x}\frac{\partial x}{\partial u} + \frac{\partial z}{\partial y}\frac{\partial y}{\partial u} \tag{3}$$

y

$$\frac{\partial z}{\partial v} = \frac{\partial z}{\partial x}\frac{\partial x}{\partial v} + \frac{\partial z}{\partial y}\frac{\partial y}{\partial v}. \tag{4}$$

En todos los casos examinados se verifica la fórmula

$$dz = \frac{\partial z}{\partial x}dx + \frac{\partial z}{\partial y}dy$$

(*propiedad de invariabilidad de la diferencial total*).

Ejemplo 3. Hallar $\frac{\partial z}{\partial u}$ y $\frac{\partial z}{\partial v}$, si

$$z = f(x, y), \text{ donde } x = uv, \quad y = \frac{u}{v}.$$

Solución Aplicando las fórmulas (3) y (4), obtenemos:

$$\frac{\partial z}{\partial u}=f'_x(x,\,y)\cdot v+f'_y(x,\,y)\frac{1}{v}$$

y

$$\frac{\partial z}{\partial v}=f'_x(x,\,y)\,u-f'_y(x,\,y)\frac{u}{v^2}.$$

Ejemplo 4. Demostrar, que la función $z=\varphi(x^2+y^2)$ satisface a la ecuación $y\dfrac{\partial z}{\partial x}-x\dfrac{\partial z}{\partial y}=0$.

Solución. La función $\varphi$ depende de $x$ e $y$ a través del argumento intermedio $x^2+y^2=t$, por lo cual

$$\frac{\partial z}{\partial x}=\frac{dz}{dt}\frac{\partial t}{\partial x}=\varphi'(x^2+y^2)\,2x$$

y

$$\frac{\partial z}{\partial y}=\frac{dz}{dt}\frac{\partial t}{\partial y}=\varphi'(x^2+y^2)\,2y.$$

Poniendo las derivadas parciales en el primer miembro de la ecuación tendremos:

$$y\frac{\partial z}{\partial x}-x\frac{\partial z}{\partial y}=y\varphi'(x^2+y^2)\,2x-x\varphi'(x^2+y^2)\,2y=$$
$$=2xy\varphi'(x^2+y^2)-2xy\varphi'(x^2+y^2)\equiv 0,$$

es decir, la función $z$ satisface a la ecuación dada.

**1856.** Hallar $\dfrac{dz}{dt}$, si

$$z=\frac{x}{y},\ \text{donde}\ x=e^t,\ y=\ln t.$$

**1857.** Hallar $\dfrac{du}{dt}$, si

$$u=\ln \operatorname{sen}\frac{x}{\sqrt{y}},\ \text{donde}\ x=3t^2,\ y=\sqrt{t^2+1}.$$

**1858.** Hallar $\dfrac{du}{dt}$, si

$$u=xyz,\ \text{donde}\ x=t^2+1,\ y=\ln t,\ z=\operatorname{tg}t.$$

**1859.** Hallar $\dfrac{dy}{dt}$, si

$$u=\frac{z}{\sqrt{x^2+y^2}},\ \text{donde}\ x=R\cos t,\ y=R\operatorname{sen}t,\ z=H.$$

**1860.** Hallar $\dfrac{dz}{dx}$, si

$$z=u^v,\ \text{donde}\ u=\operatorname{sen}x,\ v=\cos x.$$

**1861.** Hallar $\dfrac{\partial z}{\partial x}$ y $\dfrac{dz}{dx}$, si

$$z = \operatorname{arctg}\frac{y}{x} \ \text{ e } \ y = x^2.$$

**1862.** Hallar $\dfrac{\partial z}{\partial x}$ y $\dfrac{dz}{dx}$, si

$$z = x^y, \ \text{ donde } \ y = \varphi(x).$$

**1863.** Hallar $\dfrac{\partial z}{\partial x}$ y $\dfrac{\partial z}{\partial y}$, si

$$z = f(u, v), \ \text{ donde } \ u = x^2 - y^2, \ v = e^{xy}.$$

**1864.** Hallar $\dfrac{\partial z}{\partial u}$ y $\dfrac{\partial z}{\partial v}$, si

$$z = \operatorname{arctg}\frac{x}{y}, \ \text{ donde } \ x = u \operatorname{sen} v, \ y = u \cos v.$$

**1865.** Hallar $\dfrac{\partial z}{\partial x}$ y $\dfrac{\partial z}{\partial y}$, si

$$z = f(u), \ \text{ donde } \ u = xy + \frac{y}{x}.$$

**1866.** Demostrar, que si

$$u = \Phi(x^2 + y^2 + z^2), \ \text{ donde } \ x = R \cos \varphi \cos \psi,$$
$$y = R \cos \varphi \operatorname{sen} \psi, \ z = R \operatorname{sen} \varphi,$$

entonces,

$$\frac{\partial u}{\partial \varphi} = 0 \ \text{ y } \ \frac{\partial u}{\partial \psi} = 0.$$

**1867.** Hallar $\dfrac{du}{dx}$, si

$$u = f(x, y, z), \ \text{ donde } \ y = \varphi(x), \ z = \psi(x, y).$$

**1868.** Demostrar, que si

$$z = f(x + ay),$$

donde $f$ es una función diferenciable, entonces,

$$\frac{\partial z}{\partial y} = a \cdot \frac{\partial z}{\partial x}.$$

**1869.** Demostrar, que la función

$$w = f(u, v),$$

donde $u = x + at$, $v = y + bt$, satisface a la ecuación

$$\frac{\partial w}{\partial t} = a \frac{\partial w}{\partial x} + b \frac{\partial w}{\partial y}.$$

**1870.** Demostrar, que la función

$$z = y\varphi\,(x^2 - y^2)$$

satisface a la ecuación

$$\frac{1}{x}\,\frac{\partial z}{\partial x} + \frac{1}{y}\,\frac{\partial z}{\partial y} = \frac{z}{y^2}\,.$$

**1871.** Demostrar, que la función

$$z = xy + x\varphi\left(\frac{y}{x}\right),$$

satisface a la ecuación

$$x\,\frac{\partial z}{\partial x} + y\,\frac{\partial z}{\partial y} = xy + z.$$

**1872.** Demostrar, que la función

$$z = e^y\varphi\,(y e^{\frac{x^2}{2y^2}})$$

satisface a la ecuación

$$(x^2 - y^2)\,\frac{\partial z}{\partial x} + xy\,\frac{\partial z}{\partial y} = xyz.$$

**1873.** Un lado de un rectángulo de $x = 20$ m, aumenta con una velocidad de 5 m/seg, el otro lado de $y = 30$ m, disminuye con una velocidad de 4 m/seg. ¿Con qué velocidad variarán el perímetro y el área de dicho rectángulo?

**1874.** Las ecuaciones del movimiento de un punto material son

$$x = t,\quad y = t^2,\quad z = t^3.$$

¿Con qué velocidad aumentará la distancia desde este punto al origen de coordenadas?

**1875.** Dos barcos, que salieron al mismo tiempo del punto $A$, van, uno, hacia el norte y, el otro, hacia el nordeste. Las velocidades de dichos barcos son: 20 km/h, y 40 km/h, respectivamente. ¿Con qué velocidad aumenta la distancia entre ellos?

## § 6. Derivada en una dirección dada y gradiente de una función

**1. Derivada de una función en una dirección dada.** Se da el nombre de *derivada* de una función $z = f\,(x,\,y)$ *en una dirección dada* $l = \overrightarrow{PP_1}$ a la expresión

$$\frac{\partial z}{\partial l} = \lim_{P_1 P \to 0}\frac{f\,(P_1) - f\,(P)}{P_1 P}\,,$$

donde $f(P)$ y $f(P_1)$ son los valores de la función en los puntos $P$ y $P_1$. Si la función $z$ es diferenciable, se verificará la fórmula

$$\frac{\partial z}{\partial l} = \frac{\partial z}{\partial x} \cos \alpha + \frac{\partial z}{\partial y} \operatorname{sen} \alpha, \qquad (1)$$

donde $\alpha$ es el ángulo formado por el vector $l$ con el eje $OX$ (fig. 67).

Análogamente se determina la derivada en una dirección dada $l$, para una función de tres argumentos $u = f(x, y, z)$. En este caso

$$\frac{\partial u}{\partial l} = \frac{\partial u}{\partial x} \cos \alpha + \frac{\partial u}{\partial y} \cos \beta + \frac{\partial u}{\partial z} \cos \gamma, \qquad (2)$$

donde $\alpha$, $\beta$ y $\gamma$ son los ángulos entre la dirección $l$ y los correspondientes ejes de coordenadas. La derivada en una dirección dada caracteriza la velocidad con que varía la función en dicha dirección.

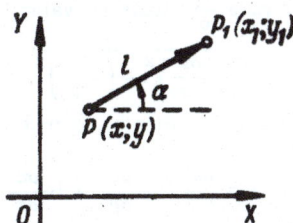

F i g. 67

E j e m p l o 1. Hallar la derivada de la función $z = 2x^2 - 3y^2$ en el punto $P(1; 0)$, en la dirección que forma con el eje $OX$ un ángulo de $120°$.

S o l u c i ó n. Hallamos las derivadas parciales de la función dada y sus valores en el punto $P$:

$$\frac{\partial z}{\partial x} = 4x; \quad \left(\frac{\partial z}{\partial x}\right)_P = 4;$$

$$\frac{\partial z}{\partial y} = -6y; \quad \left(\frac{\partial z}{\partial y}\right)_P = 0.$$

Aquí

$$\cos \alpha = \cos 120° = -\frac{1}{2},$$

$$\operatorname{sen} \alpha = \operatorname{sen} 120° = \frac{\sqrt{3}}{2}.$$

Aplicando la fórmula (1), obtenemos:

$$\frac{\partial z}{\partial l} = 4\left(-\frac{1}{2}\right) + 0 \cdot \frac{\sqrt{3}}{2} = -2.$$

El signo menos indica, que la función en este punto y en la dirección dada, decrece.

2°. G r a d i e n t e d e u n a f u n c i ó n. Recibe el nombre de *gradiente* de una función $z = f(x, y)$, un vector, cuyas proyecciones sobre los ejes de coordenadas son las correspondientes derivadas parciales de dicha función:

$$\operatorname{grad} z = \frac{\partial z}{\partial x}\, \boldsymbol{i} + \frac{\partial z}{\partial y}\, \boldsymbol{j}. \tag{3}$$

La derivada de la función dada en la dirección $l$, está relacionada con el gradiente de la misma por la siguiente fórmula:

$$\frac{\partial z}{\partial l} = \operatorname{np}_l \operatorname{grad} z,$$

es decir, la derivada en esta dirección es igual a la proyección del gradiente de la función sobre la dirección en que se deriva.

El gradiente de la función en cada punto tiene la dirección de la normal a la correspondiente línea de nivel de la función. La dirección del gradiente de la función, en un punto dado, es la dirección de la velocidad máxima de crecimiento de la función en este punto, es decir, cuando $l = \operatorname{grad} z$, la derivada $\dfrac{\partial z}{\partial l}$ toma su valor máximo, igual a

$$\sqrt{\left(\frac{\partial z}{\partial x}\right)^2 + \left(\frac{\partial z}{\partial y}\right)^2}.$$

Análogamente se determina el gradiente de una función de tres variables $u = f(x, y, z)$:

$$\operatorname{grad} u = \frac{\partial u}{\partial x}\, \boldsymbol{i} + \frac{\partial u}{\partial y}\, \boldsymbol{j} + \frac{\partial u}{\partial z}\, \boldsymbol{k}. \tag{4}$$

El gradiente de una función de tres variables, en cada punto lleva la dirección de la normal a la superficie de nivel que pasa por dicho punto.

Ejemplo 2. Hallar y construir el gradiente de la función $z = x^2 y$ en el punto $P(1; 1)$.

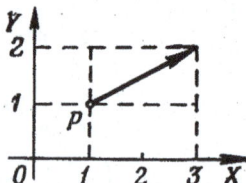

F i g. 68

Solución. Calculamos las derivadas parciales y sus valores en el punto P.

$$\frac{\partial z}{\partial x} = 2xy; \quad \left(\frac{\partial z}{\partial x}\right)_P = 2;$$

$$\frac{\partial z}{\partial y} = x^2; \quad \left(\frac{\partial z}{\partial y}\right)_P = 1.$$

Por consiguiente, $\operatorname{grad} z = 2\boldsymbol{i} + \boldsymbol{j}$ (fig. 68).

**1876.** Hallar la derivada de la función $z = x^2 - xy - 2y^2$ en el punto $P(1; 2)$ y en la dirección que forma con el eje $OX$ un ángulo de 60°.

**1877.** Hallar la derivada de la función $z = x^3 - 2x^2y + xy^2 + 1$ en el punto $P(1; 2)$, en la dirección que va desde éste al punto $N(4; 6)$.

**1878.** Hallar la derivada de la función $z = \ln \sqrt{x^2 + y^2}$ en el punto $P(1; 1)$ en la dirección de la bisectriz del primer ángulo coordenado.

**1879.** Hallar la derivada de la función $u = x^2 - 3yz + 5$ en el punto $M(1; 2; -1)$ en la dirección que forma ángulos iguales con todos los ejes de coordenadas.

**1880.** Hallar la derivada de la función $u = xy + yz + zx$ en el punto $M(2; 1; 3)$ en la dirección que va desde éste al punto $N(5; 5; 15)$.

**1881.** Hallar la derivada de la función $u = \ln(e^x + e^y + e^z)$ en el origen de coordenadas, en la dirección que forma con los ejes de coordenadas $OX$, $OY$ y $OZ$ los ángulos $\alpha$, $\beta$ y $\gamma$, respectivamente.

**1882.** El punto en que la derivada de una función, en cualquier dirección, es igual a cero, se llama *punto estacionario* de esta función. Hallar los puntos estacionarios de las siguientes funciones:

a) $z = x^2 + xy + y^2 - 4x - 2y$;
b) $z = x^3 + y^3 - 3xy$;
c) $u = 2y^2 + z^2 - xy - yz + 2x$.

**1883.** Demostrar, que la derivada de la función $z = \dfrac{y^2}{x}$, tomada en cualquier punto de la elipse $2x^2 + y^2 = C^2$ a lo largo de la normal a la misma, es igual a cero.

**1884.** Hallar el grad $z$ en el punto $(2; 1)$, si

$$z = x^3 + y^3 - 3xy.$$

**1885.** Hallar el grad $z$ en el punto $(5; 3)$, si

$$z = \sqrt{x^2 - y^2}.$$

**1886.** Hallar el grad $u$ en el punto $(1; 2; 3)$, si $u = xyz$.

**1887.** Hallar la magnitud y la dirección del grad $u$ en el punto $(2; -2; 1)$, si

$$u \doteq x^2 + y^2 + z^2.$$

**1888.** Hallar el ángulo entre los gradientes de la función $z = \ln \dfrac{y}{x}$ en los puntos $A\left(\dfrac{1}{2}; \dfrac{1}{4}\right)$ y $B(1; 1)$.

**1889.** Hallar la magnitud de la elevación máxima de la superficie

$$z = x^2 + 4y^2$$

en el punto $(2; 1; 8)$.

**1890.** Construir el campo vectorial del gradiente de las siguientes funciones:

a) $z = x + y$;  c) $z = x^2 + y^2$;

b) $z = xy$;  d) $u = \dfrac{1}{\sqrt{x^2 + y^2 + z^2}}$.

## § 7. Derivadas y diferenciales de órdenes superiores

**1. Derivadas parciales de órdenes superiores.** Se llaman *derivadas parciales de segundo orden* de una función $z = f(x, y)$ a las derivadas parciales de sus derivadas parciales de primer orden.

Para designar las derivadas de segundo orden se emplean las siguientes notaciones

$$\frac{\partial}{\partial x}\left(\frac{\partial z}{\partial x}\right) = \frac{\partial^2 z}{\partial x^2} = f''_{xx}(x, y);$$

$$\frac{\partial}{\partial y}\left(\frac{\partial z}{\partial x}\right) = \frac{\partial^2 z}{\partial x \, \partial y} = f''_{xy}(x, y), \text{ etc.}$$

Análogamente se determinan y se designan las derivadas parciales de orden superior al segundo.

Si las derivadas parciales que hay que calcular son continuas, el *resultado de la derivación sucesiva no depende del orden de dicha derivación.*

Ejemplo 1. Hallar las derivadas parciales de segundo orden de la función

$$z = \operatorname{arctg} \frac{x}{y}.$$

Solución. Hallamos primeramente las derivadas parciales de primer orden:

$$\frac{\partial z}{\partial x} = \frac{1}{1 + \dfrac{x^2}{y^2}} \cdot \frac{1}{y} = \frac{y}{x^2 + y^2},$$

$$\frac{\partial z}{\partial y} = \frac{1}{1 + \dfrac{x^2}{y^2}}\left(-\frac{x}{y^2}\right) = -\frac{x}{x^2 + y^2}.$$

Ahora volvemos a derivar:

$$\frac{\partial^2 z}{\partial x^2} = \frac{\partial}{\partial x}\left(\frac{y}{x^2 + y^2}\right) = -\frac{2xy}{(x^2 + y^2)^2},$$

$$\frac{\partial^2 z}{\partial y^2} = \frac{\partial}{\partial y}\left(-\frac{x}{x^2 + y^2}\right) = \frac{2xy}{(x^2 + y^2)^2}.$$

$$\frac{\partial^2 z}{\partial x \, \partial y} = \frac{\partial}{\partial y}\left(\frac{y}{x^2 + y^2}\right) = \frac{1 \cdot (x^2 + y^2) - 2y \cdot y}{(x^2 + y^2)^2} = \frac{x^2 - y^2}{(x^2 + y^2)^2}.$$

Debe advertirse que la llamada derivada parcial «cruzada» se puede hallar de otra manera, a saber:

$$\frac{\partial^2 z}{\partial x \, \partial y} = \frac{\partial^2 z}{\partial y \, \partial x} = \frac{\partial}{\partial x}\left(-\frac{x}{x^2 + y^2}\right) = -\frac{1 \cdot (x^2 + y^2) - 2x \cdot x}{(x^2 + y^2)^2} = \frac{x^2 - y^2}{(x^2 + y^2)^2}.$$

2. Diferenciales de órdenes superiores. Recibe el nombre de *diferencial de segundo orden* de una función $z = f(x, y)$, la diferencial de la diferencial de primer orden de dicha función:

$$d^2z = d\,(dz).$$

Análogamente se determinan las diferenciales de la función $z$ de orden superior al segundo, por ejemplo:

$$d^3z = d\,(d^2z)$$

y, en general,

$$d^n z = d\,(d^{n-1}z).$$

Si $z = f(x, y)$, donde $x$ e $y$ son variables independientes y la función $f$ tiene derivadas parciales continuas de segundo grado, la diferencial de 2° orden de la función $z$ se calcula por la fórmula

$$d^2z = \frac{\partial^2 z}{\partial x^2}\,dx^2 + 2\frac{\partial^2 z}{\partial x\,\partial y}\,dx\,dy + \frac{\partial^2 z}{\partial y^2}\,dy^2. \qquad (1)$$

En general, cuando existen las correspondientes derivadas se verifica la fórmula simbólica

$$d^n z = \left( dx\,\frac{\partial}{\partial x} + dy\,\frac{\partial}{\partial y} \right)^n z,$$

que formalmente se desarrolla según la ley binomial.

Si $z = f(x, y)$, donde los argumentos $x$ e $y$ son a su vez funciones de una o varias variables independientes, tendremos

$$d^2z = \frac{\partial^2 z}{\partial x^2}\,dx^2 + 2\frac{\partial^2 z}{\partial x\,\partial y}\,dx\,dy + \frac{\partial^2 z}{\partial y^2}\,dy^2 + \frac{\partial z}{\partial x}\,d^2x + \frac{\partial z}{\partial y}\,d^2y. \qquad (2)$$

Si $x$ e $y$ son variables independientes, $d^2x = 0$, $d^2y = 0$ y la fórmula (2) se hace equivalente a la fórmula (1).

Ejemplo 2. Hallar las diferenciales totales de 1° y 2° órdenes de la función

$$z = 2x^2 - 3xy - y^2.$$

Solución. 1$^{\text{er}}$ procedimiento. Tenemos:

$$\frac{\partial z}{\partial x} = 4x - 3y, \qquad \frac{\partial z}{\partial y} = -3x - 2y.$$

Por lo cual,

$$dz = \frac{\partial z}{\partial x}\,dx + \frac{\partial z}{\partial y}\,dy = (4x - 3y)\,dx - (3x + 2y)\,dy.$$

Después,

$$\frac{\partial^2 z}{\partial x^2} = 4, \qquad \frac{\partial^2 z}{\partial x\,\partial y} = -3, \qquad \frac{\partial^2 z}{\partial y^2} = -2,$$

de donde se deduce que

$$d^2z = \frac{\partial^2 z}{\partial x^2}\,dx^2 + 2\frac{\partial^2 z}{\partial x\,\partial y}\,dx\,dy + \frac{\partial^2 z}{\partial y^2}\,dy^2 = 4\,dx^2 - 6\,dx\,dy - 2\,dy^2.$$

2° procedimiento. Diferenciando, hallamos:

$$dz = 4x\,dx - 3\,(y\,dx + x\,dy) - 2y\,dy = (4x - 3y)\,dx - (3x + 2y)\,dy.$$

Volviendo a diferenciar y recordando que $dx$ y $dy$ no dependen de $x$ e $y$, obtenemos:

$$d^2z = (4\,dx - 3\,dy)\,dx - (3\,dx + 2\,dy)\,dy = 4\,dx^2 - 6\,dx\,dy - 2\,dy^2.$$

**1891.** Hallar $\dfrac{\partial^2 z}{\partial x^2}$, $\dfrac{\partial^2 z}{\partial x\,\partial y}$, $\dfrac{\partial^2 z}{\partial y^2}$, si

$$z = c\sqrt{\frac{x^2}{a^2} + \frac{y^2}{b^2}}.$$

**1892.** Hallar $\dfrac{\partial^2 z}{\partial x^2}$, $\dfrac{\partial^2 z}{\partial x\,\partial y}$, $\dfrac{\partial^2 z}{\partial y^2}$, si

$$z = \ln(x^2 + y).$$

**1893.** Hallar $\dfrac{\partial^2 z}{\partial x\,\partial y}$, si

$$z = \sqrt{2xy + y^2}.$$

**1894.** Hallar $\dfrac{\partial^2 z}{\partial x\,\partial y}$, si

$$z = \operatorname{arctg}\frac{x+y}{1-xy}.$$

**1895.** Hallar $\dfrac{\partial^2 r}{\partial x^2}$, si

$$r = \sqrt{x^2 + y^2 + z^2}.$$

**1896.** Hallar todas las derivadas parciales de 2° orden de la función

$$u = xy + yz + zx.$$

**1897.** Hallar $\dfrac{\partial^3 u}{\partial x\,\partial y\,\partial z}$, si

$$u = x^\alpha y^\beta z^\gamma.$$

**1898.** Hallar $\dfrac{\partial^3 z}{\partial x\,\partial y^2}$, si

$$z = \operatorname{sen}(xy).$$

**1899.** Hallar $f''_{xx}(0, 0)$, $f''_{xy}(0, 0)$, $f''_{yy}(0, 0)$, si

$$f(x, y) = (1 + x)^m (1 + y)^n.$$

**1900.** Demostrar, que $\dfrac{\partial^2 z}{\partial x\,\partial y} = \dfrac{\partial^2 z}{\partial y\,\partial x}$, si

$$z = \operatorname{arsen}\sqrt{\frac{x-y}{x}}.$$

**1901.** Demostrar, que $\dfrac{\partial^2 z}{\partial x\,\partial y} = \dfrac{\partial^2 z}{\partial y\,\partial x}$, si

$$z = x^y.$$

**1902\*.** Demostrar, que para la función

$$f(x, y) = xy \frac{x^2 - y^2}{x^2 + y^2}$$

con la condición complementaria de $f(0, 0) = 0$, tenemos

$$f''_{xy}(0, 0) = -1, \quad f''_{yx}(0, 0) = +1.$$

**1903.** Hallar $\dfrac{\partial^2 z}{\partial x^2}$, $\dfrac{\partial^2 z}{\partial x\, \partial y}$, $\dfrac{\partial^2 z}{\partial y^2}$, si

$$z = f(u, v),$$

donde $u = x^2 + y^2$, $v = xy$.

**1904.** Hallar $\dfrac{\partial^2 u}{\partial x^2}$, si

$$u = f(x, y, z), \text{ donde } z = \varphi(x, y).$$

**1905.** Hallar $\dfrac{\partial^2 z}{\partial x^2}$, $\dfrac{\partial^2 z}{\partial x\, \partial y}$, $\dfrac{\partial^2 z}{\partial y^2}$, si

$z = f(u, v)$ donde $u = \varphi(x, y)$, $v = \psi(x, y)$.

**1906.** Demostrar, que la función

$$u = \text{arctg} \, \frac{y}{x}$$

satisface a la ecuación de Laplace

$$\frac{\partial^2 u}{\partial x^2} + \frac{\partial^2 u}{\partial y^2} = 0.$$

**1907.** Demostrar, que la función

$$u = \ln \frac{1}{r},$$

donde $r = \sqrt{(x - a)^2 + (y - b)^2}$, satisface a la ecuación de Laplace

$$\frac{\partial^2 u}{\partial x^2} + \frac{\partial^2 u}{\partial y^2} = 0.$$

**1908.** Demostrar, que la función

$$u(x, t) = A \, \text{sen}\,(a\lambda t + \varphi) \, \text{sen} \, \lambda x$$

satisface a la ecuación de vibraciones de la cuerda

$$\frac{\partial^2 u}{\partial t^2} = a^2 \frac{\partial^2 u}{\partial x^2}.$$

**1909.** Demostrar, que la función

$$u(x, y, z, t) = \frac{1}{(2a \sqrt{\pi t})^3} e^{-\frac{(x - x_0)^2 + (y - y_0)^2 + (z - z_0)^2}{4a^2 t}}$$

($x_0$, $y_0$, $z_0$, $a$, son constantes) satisface a la ecuación de la conductividad calorífica

$$\frac{\partial u}{\partial t} = a^2 \left( \frac{\partial^2 u}{\partial x^2} + \frac{\partial^2 u}{\partial y^2} + \frac{\partial^2 u}{\partial z^2} \right).$$

**1910.** Demostrar, que la función

$$u = \varphi(x - at) + \psi(x + at),$$

donde $\varphi$ y $\psi$ son unas funciones cualesquiera, diferenciables dos veces, satisface a la ecuación de las vibraciones de la cuerda

$$\frac{\partial^2 u}{\partial t^2} = a^2 \frac{\partial^2 u}{\partial x^2}.$$

**1911.** Demostrar, que la función

$$z = x\varphi\left(\frac{y}{x}\right) + \psi\left(\frac{y}{x}\right)$$

satisface a la ecuación

$$x^2 \frac{\partial^2 x}{\partial x^2} + 2xy \frac{\partial^2 z}{\partial x\,\partial y} + y^2 \frac{\partial^2 z}{\partial y^2} = 0.$$

**1912.** Demostrar, que la función

$$u = \varphi(xy) + \sqrt{xy}\,\psi\left(\frac{y}{x}\right)$$

satisface a la ecuación

$$x^2 \frac{\partial^2 u}{\partial x^2} - y^2 \frac{\partial^2 u}{\partial y^2} = 0.$$

**1913.** Demostrar, que la función $z = f[x + \varphi(y)]$ satisface a la ecuación

$$\frac{\partial z}{\partial x} \frac{\partial^2 z}{\partial x\,\partial y} = \frac{\partial z}{\partial y} \frac{\partial^2 z}{\partial x^2}.$$

**1914.** Hallar $u = u(x, y)$, si

$$\frac{\partial^2 u}{\partial x\,\partial y} = 0.$$

**1915.** Determinar la forma de la función $u = u(x, y)$ que satisface a la ecuación

$$\frac{\partial^2 u}{\partial x^2} = 0.$$

**1916.** Hallar $d^2 z$, si

$$z = e^{xy}.$$

**1917.** Hallar $d^2 u$, si

$$u = xyz.$$

**1918,** Hallar $d^2z$, si
$$z = \varphi(t), \text{ donde } t = x^2 + y^2.$$

**1919.** Hallar $dz$ y $d^2z$, si
$$z = u^v, \text{ donde } u = \frac{x}{y}, \ v = xy.$$

**1920.** Hallar $d^2z$, si
$$z = f(u, v), \text{ donde } u = ax, \ v = by.$$

**1921.** Hallar $d^2z$, si
$$z = f(u, v), \text{ donde } u = xe^y, \ v = ye^x.$$

**1922.** Hallar $d^3z$, si
$$z = e^x \cos y.$$

**1923.** Hallar la diferencial de $3^{er}$ orden de la función
$$z = x \cos y + y \operatorname{sen} x,$$
y determinar todas derivadas parciales de $3^{er}$ orden.

**1924.** Hallar $df(1, 2)$ y $d^2f(1, 2)$, si
$$f(x, y) = x^2 + xy + y^2 - 4 \ln x - 10 \ln y.$$

**1925.** Hallar $d^2f(0, 0, 0)$, si $f(x, y, z) = x^2 + 2y^2 + 3z^2 - 2xy + 4xz + 2yz.$

## § 8. Integración de diferenciales exactas

**1°. Condición de diferencial exacta.** Para que la expresión $P(x, y)\,dx + Q(x, y)\,dy$, en que las funciones $P(x, y)$ y $Q(x, y)$ son continuas conjuntamente con sus derivadas parciales de primer orden en un recinto simplemente conexo $D$, represente de por sí, en el recinto $D$, la diferencial exacta de una función determinada $u(x, y)$, es necesario y suficiente que se cumpla la condición

$$\frac{\partial Q}{\partial x} \equiv \frac{\partial P}{\partial y}.$$

Ejemplo 1. Cerciorarse de que la expresión
$$(2x + y)\,dx + (x + 2y)\,dy$$
es la diferencial exacta de una función determinada y hallar dicha función.

Solución. En este caso $P = 2x + y$, $Q = x + 2y$. Por esto, $\dfrac{\partial Q}{\partial x} = \dfrac{\partial P}{\partial y} = 1$ y, por consiguiente,

$$(2x + y)\,dx + (x + 2y)\,dy = du = \frac{\partial u}{\partial x}\,dx + \frac{\partial u}{\partial y}\,dy,$$

donde $u$ es la función que se busca.

De acuerdo con la condición $\dfrac{\partial u}{\partial x} = 2x + y$, por consiguiente,

$$u = \int (2x + y)\, dx = x^2 + xy + \varphi(y).$$

Pero, por otra parte, $\dfrac{\partial u}{\partial y} = x + \varphi'(y) = x + 2y$, de donde $\varphi'(y) = 2y$, $\varphi(y) = y^2 + C$

y

$$u = x^2 + xy + y^2 + C.$$

Finalmente,

$$(2x + y)\, dx + (x + 2y)\, dy = d\,(x^2 + xy + y^2 + C).$$

2°. C a s o   d e   t r e s   v a r i a b l e s. Análogamente, la expresión

$$P(x, y, z)\, dx + Q(x, y, z)\, dy + R(x, y, z)\, dz,$$

en que $P(x, y, z)$, $Q(x, y, z)$ y $R(x, y, z)$, junto con sus derivadas parciales de $1^{\text{er}}$ orden, son funciones continuas de las variables $x$, $y$, $z$ representa la diferencial exacta de una función determinada $u(x, y, z)$, en un recinto simplemente conexo $D$ del espacio, cuando, y sólo cuando, en $D$ se cumpla la condición

$$\frac{\partial Q}{\partial x} \equiv \frac{\partial P}{\partial y}, \quad \frac{\partial R}{\partial y} \equiv \frac{\partial Q}{\partial z}, \quad \frac{\partial P}{\partial z} \equiv \frac{\partial R}{\partial x}.$$

E j e m p l o  2. Cerciorarse de que la expresión

$$(3x^2 + 3y - 1)\, dx + (z^2 + 3x)\, dy + (2yz + 1)\, dz$$

es la diferencial exacta de una función y hallar dicha función.

S o l u c i ó n. Aquí $P = 3x^2 + 3y - 1$, $Q = z^2 + 3x$ y $R = 2yz + 1$. Establecemos, que

$$\frac{\partial Q}{\partial x} = \frac{\partial P}{\partial y} = 3, \quad \frac{\partial R}{\partial y} = \frac{\partial Q}{\partial z} = 2z, \quad \frac{\partial P}{\partial z} = \frac{\partial R}{\partial x} = 0$$

y, por consiguiente,

$$(3x^2 + 3y - 1)\, dx + (z^2 + 3x)\, dy + (2yz + 1)\, dz = du = \frac{\partial u}{\partial x}\, dx + \frac{\partial u}{\partial y}\, dy + \frac{\partial u}{\partial z}\, dz,$$

donde $u$ es la función que se busca.

Tenemos:

$$\frac{\partial u}{\partial x} = 3x^2 + 3y - 1,$$

es decir,

$$u = \int (3x^2 + 3y - 1)\, dx = x^3 + 3xy - x + \varphi(y, z).$$

De otra parte,

$$\frac{\partial u}{\partial y} = 3x + \frac{\partial \varphi}{\partial y} = z^2 + 3x,$$

$$\frac{\partial u}{\partial z} = \frac{\partial \varphi}{\partial z} = 2yz + 1$$

de donde $\dfrac{\partial \varphi}{\partial y} = z^2$ y $\dfrac{\partial \varphi}{\partial z} = 2yz + 1$. El problema se reduce a buscar una función de dos variables $\varphi(y, z)$, cuyas derivadas parciales se conocen, habiéndose cumplido la condición de diferencial exacta

Hallamos $\varphi$:

$$\varphi(y, z) = \int z^2 \, dy = yz^2 + \psi(z)$$

$$\frac{\partial \varphi}{\partial z} = 2yz + \psi'(z) = 2yz + 1,$$

$$\psi'(z) = 1, \quad \psi(z) = z + C,$$

es decir, $\varphi(y, z) = yz^2 + z + C$. Y, finalmente, obtenemos
$$u = x^3 + 3xy - x + yz^2 + z + C.$$

Después de comprobar que las expresiones que se dan más abajo son diferenciales exactas de ciertas funciones, hallar estas funciones.

**1926.** $y \, dx + x \, dy$.

**1927.** $(\cos x + 3x^2 y) \, dx + (x^3 - y^2) \, dy$.

**1928.** $\dfrac{(x + 2y) \, dx + y \, dy}{(x + y)^2}$ .

**1929.** $\dfrac{x + 2y}{x^2 + y^2} \, dx - \dfrac{2x - y}{x^2 + y^2} \, dy$.

**1930.** $\dfrac{1}{y} \, dx - \dfrac{x}{y^2} \, dy$.

**1931.** $\dfrac{x}{\sqrt{x^2 + y^2}} dx + \dfrac{y}{\sqrt{x^2 + y^2}} \, dy$.

**1932.** Determinar las constantes $a$ y $b$ de tal forma, que la expresión

$$\frac{(ax^2 + 2xy + y^2) \, dx - (x^2 + 2xy + by^2) \, dy}{(x^2 + y^2)^2}$$

sea la diferencial exacta de una función $z$, y hallar esta última.

Después de comprobar que las expresiones que se dan más abajo son las diferenciales exactas de ciertas funciones, hallar estas funciones.

**1933.** $(2x + y + z) \, dx + (x + 2y + z) \, dy + (x + y + 2z) \, dz$.

**1934.** $(3x^2 + 2y^2 + 3z) \, dx + (4xy + 2y - z) \, dy + (3x - y - 2) \, dz$.

**1935.** $(2xyz - 3y^2 z + 8xy^2 + 2) \, dx +$
$\qquad + (x^2 z - 6xyz + 8x^2 y + 1) \, dy + (x^2 y - 3xy^2 + 3) \, dz$.

**1936.** $\left( \dfrac{1}{y} - \dfrac{z}{x^2} \right) dx + \left( \dfrac{1}{z} - \dfrac{x}{y^2} \right) dy + \left( \dfrac{1}{x} - \dfrac{y}{z^2} \right) dz$.

**1937.** $\dfrac{x \, dx + y \, dy + z \, dz}{\sqrt{x^2 + y^2 + z^2}}$ .

**1938\*.** Se dan las proyecciones de una fuerza sobre los ejes de coordenadas:

$$X = \frac{y}{(x+y)^2}, \quad Y = \frac{\lambda x}{(x+y)^2},$$

donde $\lambda$ es una magnitud constante. ¿Cuál debe ser el coeficiente $\lambda$, para que la fuerza tenga potencial?

**1939.** ¿A qué condición debe satisfacer la función $f(x, y)$, para que la expresión

$$f(x, y)(dx + dy)$$

sea una diferencial exacta?

**1940.** Hallar la función $u$, si

$$du = f(xy)(y\,dx + x\,dy).$$

## § 9. Derivación de funciones implícitas

**1. Caso de una variable independiente.** Si una ecuación $f(x, y) = 0$, donde $f(x, y)$ es una función diferenciable de las variables $x$ e $y$, determina a $y$ como función de $x$, la derivada de esta función dada en forma implícita, siempre que $f'_y(x, y) \neq 0$, puede hallarse por la fórmula

$$\frac{dy}{dx} = -\frac{f'_x(x, y)}{f'_y(x, y)}. \tag{1}$$

Las derivadas de órdenes superiores se hallan por derivación sucesiva de la fórmula (1).

**Ejemplo 1.** Hallar $\frac{dy}{dx}$ y $\frac{d^2y}{dx^2}$, si

$$(x^2+y^2)^3 - 3(x^2+y^2) + 1 = 0.$$

**Solución.** Designando el primer miembro de esta ecuación por $f(x, y)$, hallamos las derivadas parciales

$$f'_x(x, y) = 3(x^2+y^2)^2 \cdot 2x - 3 \cdot 2x = 6x[(x^2+y^2)^2 - 1],$$

$$f'_y(x, y) = 3(x^2+y^2)^2 \cdot 2y - 3 \cdot 2y = 6y[(x^2+y^2)^2 - 1].$$

De donde, aplicando la fórmula (1), obtenemos:

$$\frac{dy}{dx} = -\frac{f'_x(x, y)}{f'_y(x, y)} = -\frac{6x[(x^2+y^2)^2-1]}{6y[(x^2+y^2)^2-1]} = -\frac{x}{y}.$$

Para hallar la segunda derivada, derivamos con respecto a $x$ la primera derivada que hemos encontrado, teniendo en cuenta al hacerlo que $y$ es función de $x$:

$$\frac{d^2y}{dx^2} = \frac{d}{dx}\left(-\frac{x}{y}\right) = -\frac{1 \cdot y - x\frac{dy}{dx}}{y^2} = -\frac{y - x\left(-\frac{x}{y}\right)}{y^2} = -\frac{y^2+x^2}{y^3}.$$

**2. Caso de varias variables independientes.** Análogamente, si la ecuación $F(x, y, z) = 0$, donde $F(x, y, z)$ es una función diferenciable de las variables $x$, $y$ y $z$, determina a $z$ como función de las variables independientes $x$ e $y$, y $F_z'(x, y, z) \neq 0$, las derivadas parciales de esta función dada de forma implícita pueden hallarse por las fórmulas:

$$\frac{\partial z}{\partial x} = -\frac{F_x'(x, y, z)}{F_z'(x, y, z)}, \quad \frac{\partial z}{\partial y} = -\frac{F_y'(x, y, z)}{F_z'(x, y, z)}. \tag{2}$$

Otro procedimiento para hallar las derivadas de la función $z$ es el siguiente: diferenciando la ecuación $F(x, y, z) = 0$, obtenemos:

$$\frac{\partial F}{\partial x} dx + \frac{\partial F}{\partial y} dy + \frac{\partial F}{\partial z} dz = 0.$$

De donde puede determinarse $dz$, y por consiguiente $\dfrac{\partial z}{\partial x}$ y $\dfrac{\partial z}{\partial y}$.

**Ejemplo 2.** Hallar $\dfrac{\partial z}{\partial x}$ y $\dfrac{\partial z}{\partial y}$, si

$$x^2 - 2y^2 + 3z^2 - yz + y = 0.$$

**Solución.** 1$^{er}$ **procedimiento.** Designando el primer miembro de esta ecuación por medio de $F(x, y, z)$, hallamos las derivadas parciales

$$F_x'(x, y, z) = 2x, \quad F_y'(x, y, z) = -4y - z + 1,$$

$$F_z'(x, y, z) = 6z - y.$$

Aplicando la fórmula (2), obtenemos:

$$\frac{\partial z}{\partial x} = -\frac{F_x'(x, y, z)}{F_z'(x, y, z)} = -\frac{2x}{6z - y}; \quad \frac{\partial z}{\partial y} = -\frac{F_y'(x, y, z)}{F_z'(x, y, z)} = -\frac{1 - 4y - z}{6z - y}.$$

2° **procedimiento.** Diferenciado la ecuación dada, obtenemos:

$$2x\,dx - 4y\,dy + 6z\,dz - y\,dz - z\,dy + dy = 0.$$

De donde determinamos $dz$, es decir, la diferencial total de la función implícita:

$$dz = \frac{2x\,dx + (1 - 4y - z)\,dy}{y - 6z}.$$

Comparándola con la fórmula $dz = \dfrac{\partial z}{\partial x} dx + \dfrac{\partial z}{\partial y} dy$, vemos, que

$$\frac{\partial z}{\partial x} = \frac{2x}{y - 6z}, \quad \frac{\partial z}{\partial y} = \frac{1 - 4y - z}{y - 6z}.$$

3°. **Sistema de funciones implícitas.** Si el sistema de dos ecuaciones

$$\begin{cases} F(x, y, u, v) = 0, \\ G(x, y, u, v) = 0 \end{cases}$$

determina $u$ y $v$ como funciones diferenciables de las variables $x$ e $y$, y el jacobiano

$$\frac{D(F, G)}{D(u, v)} = \begin{vmatrix} \dfrac{\partial F}{\partial u} & \dfrac{\partial F}{\partial v} \\ \dfrac{\partial G}{\partial u} & \dfrac{\partial G}{\partial v} \end{vmatrix} \neq 0,$$

las diferenciales de estas funciones (y por consiguiente, sus derivadas parciales) se pueden hallar de las siguientes ecuaciones

$$\begin{cases} \dfrac{\partial F}{\partial x}\,dx + \dfrac{\partial F}{\partial y}\,dy + \dfrac{\partial F}{\partial u}\,du + \dfrac{\partial F}{\partial v}\,dv = 0, \\[2mm] \dfrac{\partial G}{\partial x}\,dx + \dfrac{\partial G}{\partial y}\,dy + \dfrac{\partial G}{\partial u}\,du + \dfrac{\partial G}{\partial v}\,dv = 0. \end{cases} \tag{3}$$

E j e m p l o 3. Las ecuaciones

$$u + v = x + y, \qquad xu + yv = 1$$

determinan $u$ y $v$ como funciones de $x$ e $y$; hallar $\dfrac{\partial u}{\partial x}$ ; $\dfrac{\partial u}{\partial y}$ ; $\dfrac{\partial v}{\partial x}$ y $\dfrac{\partial v}{\partial y}$ .

S o l u c i ó n. 1$^{er}$ p r o c e d i m i e n t o. Derivando ambas ecuaciones con respecto a $x$, obtenemos:

$$\frac{\partial u}{\partial x} + \frac{\partial v}{\partial x} = 1,$$

$$u + x\frac{\partial u}{\partial x} + y\frac{\partial v}{\partial x} = 0,$$

de donde

$$\frac{\partial u}{\partial x} = -\frac{u+y}{x-y},\quad \frac{\partial v}{\partial x} = \frac{u+x}{x-y}\ .$$

Análogamente, hallamos:

$$\frac{\partial u}{\partial y} = -\frac{v+y}{x-y}\ ,\quad \frac{\partial v}{\partial y} = \frac{v+x}{x-y}\ .$$

2$^\circ$ p r o c e d i m i e n t o. Por derivación hallamos dos ecuaciones que relacionan entre sí las cuatro variables:

$$du + dv = dx + dy,$$

$$x\,du + u\,dx + y\,dv + v\,dy = 0.$$

Resolviendo este sistema respecto a las diferenciales $du$ y $dv$, obtenemos:

$$du = -\frac{(u+y)\,dx + (v+y)\,dy}{x-y}\ ,\qquad dv = \frac{(u+x)\,dx + (v+x)\,dy}{x-y}$$

De donde

$$\frac{\partial u}{\partial x} = -\frac{u+y}{x-y}\ ,\quad \frac{\partial u}{\partial y} = -\frac{v+y}{x-y}\ ,$$

$$\frac{\partial v}{\partial x} = \frac{u+x}{x-y}\ ,\quad \frac{\partial v}{\partial y} = \frac{v+x}{x-y}\ .$$

4$^\circ$. F u n c i o n e s  d a d a s  e n  f o r m a  p a r a m é t r i c a. Si la función diferenciable $z$ de las variables $x$ e $y$ se da en ecuaciones paramétricas

$$x = x\,(u,\,v),\qquad y = y\,(u,\,v),\qquad z = z\,(u,\,v)$$

y

$$\frac{D\,(x,\,y)}{D\,(u,\,v)} = \begin{vmatrix} \dfrac{\partial x}{\partial u} & \dfrac{\partial x}{\partial v} \\[2mm] \dfrac{\partial y}{\partial u} & \dfrac{\partial y}{\partial v} \end{vmatrix} \neq 0,$$

la diferencial de esta función se puede hallar del sistema de ecuaciones

$$\begin{cases} dx = \dfrac{\partial x}{\partial u} du + \dfrac{\partial x}{\partial v} dv, \\[2mm] dy = \dfrac{\partial y}{\partial u} du + \dfrac{\partial y}{\partial v} dv, \\[2mm] dz = \dfrac{\partial z}{\partial u} du + \dfrac{\partial z}{\partial v} dv. \end{cases} \qquad (4)$$

Conociendo la diferencial $dz = p\,dx + q\,dy$ hallamos las derivadas parciales $\dfrac{\partial z}{\partial x} = p$ y $\dfrac{\partial z}{\partial y} = q$.

E j e m p l o 4. La función $z$ de los argumentos $x$ e $y$ viene dada por las ecuaciones

$$x = u + v, \quad y = u^2 + v^2, \quad z = u^3 + v^3 \; (u \neq v).$$

Hallar $\dfrac{\partial z}{\partial x}$ y $\dfrac{\partial z}{\partial y}$.

S o l u c i ó n. 1$^{er}$ p r o c e d i m i e n t o. Por diferenciación hallamos tres ecuaciones que relacionan entre sí las cinco variables:

$$\begin{cases} dx = du + dv, \\ dy = 2u\,du + 2v\,dv, \\ dz = 3u^2\,du + 3v^2\,dv. \end{cases}$$

De las primeras dos ecuaciones despejamos $du$ y $dv$:

$$du = \frac{2v\,dx - dy}{2\,(v - u)}, \quad dv = \frac{dy - 2u\,dx}{2\,(v - u)}.$$

Ponemos en la tercera ecuación las expresiones así determinadas de $du$ y $dv$:

$$dz = 3u^2\,\frac{2v\,dx - dy}{2\,(v - u)} + 3v^2\,\frac{dy - 2u\,dx}{2\,(v - u)} =$$

$$= \frac{6uv\,(u - v)\,dx + 3\,(v^2 - u^2)\,dy}{2\,(v - u)} = -3uv\,dx + \frac{3}{2}\,(u + v)\,dy.$$

De donde

$$\frac{\partial z}{\partial x} = -3uv, \quad \frac{\partial z}{\partial y} = \frac{3}{2}\,(u + v).$$

2° p r o c e d i m i e n t o. De la tercera ecuación dada se puede hallar:

$$\frac{\partial z}{\partial x} = 3u^2\,\frac{\partial u}{\partial x} + 3v^2\,\frac{\partial v}{\partial x}; \quad \frac{\partial z}{\partial y} = 3u^2\,\frac{\partial u}{\partial y} + 3v^2\,\frac{\partial v}{\partial y}. \qquad (5)$$

Derivamos las dos primeras ecuaciones, primeramente, con respecto a $x$, y después, con respecto a $y$:

$$\begin{cases} 1 = \dfrac{\partial u}{\partial x} + \dfrac{\partial v}{\partial x}, \qquad\qquad 0 = \dfrac{\partial u}{\partial y} + \dfrac{\partial v}{\partial y}, \\[3mm] 0 = 2u\,\dfrac{\partial u}{\partial x} + 2v\,\dfrac{\partial v}{\partial x}, \qquad 1 = 2u\,\dfrac{\partial u}{\partial y} + 2v\,\dfrac{\partial v}{\partial y}. \end{cases}$$

Del primer sistema tenemos:

$$\frac{\partial u}{\partial x} = \frac{v}{v-u}, \quad \frac{\partial v}{\partial x} = \frac{u}{u-v}.$$

Del segundo sistema tenemos:

$$\frac{\partial u}{\partial y} = \frac{1}{2(u-v)}, \quad \frac{\partial v}{\partial y} = \frac{1}{2(v-u)}.$$

Poniendo las expresiones $\frac{\partial z}{\partial x}$ y $\frac{\partial z}{\partial y}$ en la fórmula (5), obtenemos:

$$\frac{\partial z}{\partial x} = 3u^2\frac{v}{v-u} + 3v^2\frac{u}{u-v} = -3uv,$$

$$\frac{\partial z}{\partial y} = 3u^2\frac{1}{2(u-v)} + 3v^2\cdot\frac{1}{2(v-u)} = \frac{3}{2}(u+v).$$

**1941.** Sea $y$ una función de $x$, determinada por la ecuación

$$\frac{x^2}{a^2} + \frac{y^2}{b^2} = 1.$$

Hallar $\frac{dy}{dx}$, $\frac{d^2y}{dx^2}$ y $\frac{d^3y}{dx^3}$.

**1942.** Sea $y$ una función determinada por la ecuación

$$x^2 + y^2 + 2axy = 0 \quad (a > 1).$$

Demostrar, que $\frac{d^2y}{dx^2} = 0$ y explicar el resultado obtenido.

**1943.** Hallar $\frac{dy}{dx}$, si $y = 1 + y^x$.

**1944.** Hallar $\frac{dy}{dx}$ y $\frac{d^2y}{dx^2}$, si $y = x + \ln y$.

**1945.** Hallar $\left(\frac{dy}{dx}\right)_{x=1}$ y $\left(\frac{d^2y}{dx^2}\right)_{x=1}$, si

$$x^2 - 2xy + y^2 + x + y - 2 = 0.$$

Utilizando los resultados obtenidos, representar aproximada-mente la gráfica de esta curva en el entorno del punto $x = 1$.
**1946.** La función $y$ está determinada por la ecuación

$$\ln\sqrt{x^2+y^2} = a\,\mathrm{arctg}\,\frac{y}{x} \quad (a \neq 0).$$

Hallar $\frac{dy}{dx}$ y $\frac{d^2y}{dx^2}$.

**1947.** $\frac{dy}{dx}$ y $\frac{d^2y}{dx^2}$, si

$$1 + xy - \ln(e^{xy} + e^{-xy}) = 0.$$

**1948.** La función $z$ de las variables $x$ e $y$ se da por la ecuación

$$x^3 + 2y^3 + z^3 - 3xyz - 2y + 3 = 0.$$

Hallar $\dfrac{\partial z}{\partial x}$ y $\dfrac{\partial z}{\partial y}$ .

**1949.** Hallar $\dfrac{\partial z}{\partial x}$ y $\dfrac{\partial z}{\partial y}$ , si

$$x \cos y + y \cos z + z \cos x = 1.$$

**1950.** La función $z$ viene dada por la ecuación

$$x^2 + y^2 - z^2 - xy = 0.$$

Hallar $\dfrac{\partial z}{\partial x}$ y $\dfrac{\partial z}{\partial y}$ para el sistema de valores $x = -1$, $y = 0$ y $z = 1$.

**1951.** Hallar $\dfrac{\partial z}{\partial x}$ , $\dfrac{\partial z}{\partial y}$ , $\dfrac{\partial^2 z}{\partial x^2}$ , $\dfrac{\partial^2 z}{\partial x\,\partial y}$ , $\dfrac{\partial^2 z}{\partial y^2}$ , si $\dfrac{x^2}{a^2} + \dfrac{y^2}{b^2} + \dfrac{z^2}{c^2} = 1$.

**1952.** $f(x, y, z) = 0$. Demostrar, que $\dfrac{\partial x}{\partial y} \cdot \dfrac{\partial y}{\partial z} \cdot \dfrac{\partial z}{\partial x} = -1$.

**1953.** $z = \varphi(x, y)$, donde $y$ es función de $x$, determinada por la ecuación $\psi(x, y) = 0$. Hallar $\dfrac{dz}{dx}$ .

**1954.** Hallar $dz$ y $d^2z$, si

$$x^2 + y^2 + z^2 = a^2.$$

**1955.** Sea $z$ una función de las variables $x$ e $y$ determinada por la ecuación

$$2x^2 + 2y^2 + z^2 - 8xz - z + 8 = 0.$$

Hallar $dz$ y $d^2z$ para el sistema de valores $x = 2$, $y = 0$ y $z = 1$.

**1956.** Hallar $dz$ y $d^2z$, si $\ln z = x + y + z = 1$. ¿A qué son iguales las derivadas primera y segunda de la función $z$?

**1957.** Sea la función $z$ dada por la ecuación

$$x^2 + y^2 + z^2 = \varphi(ax + by + cz),$$

donde $\varphi$ es una función cualquiera diferenciable y $a$, $b$, $c$, constantes. Demostrar, que

$$(cy - bz)\frac{\partial z}{\partial x} + (az - cx)\frac{\partial z}{\partial y} = bx - ay.$$

**1958.** Demostrar que la función $z$, determinada por la ecuación

$$F(x - az, y - bz) = 0,$$

donde $F$ es una función diferenciable cualquiera de dos argumentos, satisface a la ecuación

$$a\frac{\partial z}{\partial x} + b\frac{\partial z}{\partial y} = 1.$$

**1959.** $F\left(\dfrac{x}{z}, \dfrac{y}{z}\right) = 0$. Demostrar, que $x\dfrac{\partial z}{\partial x} + y\dfrac{\partial z}{\partial y} = z$.

**1960.** Demostrar, que la función $z$, determinada por la ecuación $y = x\varphi(z) + \psi(z)$, satisface a la ecuación

$$\frac{\partial^2 z}{\partial x^2}\left(\frac{\partial z}{\partial y}\right)^2 - 2\frac{\partial z}{\partial x}\frac{\partial z}{\partial y}\frac{\partial^2 z}{\partial x\,\partial y} + \frac{\partial^2 z}{\partial y^2}\left(\frac{\partial z}{\partial x}\right)^2 = 0.$$

**1961.** Las funciones $y$ y $z$ de la variable independiente $x$ se dan por el sistema de ecuaciones

$x^2 + y^2 - z^2 = 0$, $x^2 + 2y^2 + 3z^2 = 4$. Hallar $\dfrac{dy}{dx}$, $\dfrac{dz}{dx}$, $\dfrac{d^2y}{dx^2}$ y $\dfrac{d^2z}{dx^2}$ para $x = 1$, $y = 0$ y $z = 1$.

**1962.** Las funciones $y$ y $z$ de la variable independiente $x$ se dan por el sistema de ecuaciones

$$xyz = a, \quad x + y + z = b.$$

Hallar $dy$, $dz$, $d^2y$, $d^2z$.

**1963.** Las funciones $u$ y $v$ de las variables independientes $x$ e $y$ se dan por el sistema de ecuaciones implícitas

$$u = x + y, \quad uv = y.$$

Calcular

$$\frac{\partial u}{\partial x}, \ \frac{\partial u}{\partial y}, \ \frac{\partial^2 u}{\partial x^2}, \ \frac{\partial^2 u}{\partial x\,\partial y}, \ \frac{\partial^2 u}{\partial y^2}, \ \frac{\partial v}{\partial x}, \ \frac{\partial v}{\partial y}, \ \frac{\partial^2 v}{\partial x^2} \ \frac{\partial^2 v}{\partial x\,\partial y}, \ \frac{\partial^2 v}{\partial y^2} \text{ para}$$
$$x = 0, \ y = 1.$$

**1964.** Las funciones $u$ y $v$ de las variables independientes $x$ e $y$ se dan por el sistema de ecuaciones implícitas

$$u + v = x, \quad u - yv = 0.$$

Hallar $du$, $dv$, $d^2u$, $d^2v$.

**1965.** Las funciones $u$ y $v$ de las variables $x$ e $y$ se dan por el sistema de ecuaciones implícitas

$$x = \varphi(u, v), \quad y = \psi(u, v).$$

Hallar $\dfrac{\partial u}{\partial x}$, $\dfrac{\partial u}{\partial y}$, $\dfrac{\partial v}{\partial x}$ y $\dfrac{\partial v}{\partial y}$.

**1966.** a) Hallar $\dfrac{\partial z}{\partial x}$ y $\dfrac{\partial z}{\partial y}$, si $x = u\cos v$, $y = u\,\mathrm{sen}\,v$ y $z = cv$.

b) Hallar $\dfrac{\partial z}{\partial x}$ y $\dfrac{\partial z}{\partial y}$, si $x = u + v$, $y = u - v$ y $z = uv$.

c) Hallar $dz$, si $x + e^{u+v}$, $y = e^{u-v}$ y $z = uv$.

**1967.** $z = F(r, \varphi)$, donde $r$ y $\varphi$ son funciones de las variables $x$ e $y$, determinadas por el sistema de ecuaciones

$$x = r \cos \varphi, \quad y = r \operatorname{sen} \varphi.$$

Hallar $\dfrac{\partial z}{\partial x}$ y $\dfrac{\partial z}{\partial y}$ .

**1968.** Considerando $z$ como función de $x$ e $y$, hallar $\dfrac{\partial z}{\partial x}$ y $\dfrac{\partial z}{\partial y}$, si $x = a \cos \varphi \cos \psi$, $y = b \operatorname{sen} \varphi \cos \psi$,

$$z = c \operatorname{sen} \psi.$$

## § 10. Cambio de variables

Cuando se cambian las variables en las expresiones diferenciales, las derivadas que entran en ellas deben expresarse por medio de derivadas con respecto a las nuevas variables, aplicando para ello la regla de diferenciación de funciones compuestas.

1°. **Cambio de variables en las expresiones que contienen derivadas ordinarias.**

E j e m p l o 1. Transformar la ecuación

$$x^2 \frac{d^2 y}{dx^2} + 2x \frac{dy}{dx} + \frac{a^2}{x^2} y = 0,$$

poniendo $x = \dfrac{1}{t}$ .

S o l u c i ó n. Expresamos las derivadas de $y$ respecto a $x$ por medio de las derivadas de $y$ con respecto a $t$. Tenemos:

$$\frac{dy}{dx} = \frac{\dfrac{dy}{dt}}{\dfrac{dx}{dt}} = \frac{\dfrac{dy}{dt}}{-\dfrac{1}{t^2}} = -t^2 \frac{dy}{dt},$$

$$\frac{d^2 y}{dx^2} = \frac{d}{dx} \left( \frac{dy}{dx} \right) = \frac{\dfrac{d}{dt} \left( \dfrac{dy}{dx} \right)}{\dfrac{dx}{dt}} =$$

$$= -\left( 2t \frac{dy}{dt} + t^2 \frac{d^2 y}{dt^2} \right) (-t^2) = 2t^3 \frac{dy}{dt} + t^4 \frac{d^2 y}{dt^2} .$$

Ponemos las expresiones de las derivadas halladas en la ecuación dada y cambiando $x$ por $\dfrac{1}{t}$ , obtenemos:

$$\frac{1}{t^2} \cdot t^3 \left( 2 \frac{dy}{dt} + t \frac{d^2 y}{dt^2} \right) + 2 \cdot \frac{1}{t} \left( -t^2 \frac{dy}{dt} \right) + a^2 t^2 y = 0$$

o

$$\frac{d^2 y}{dt^2} + a^2 y = 0.$$

Ejemplo 2. Transformar la ecuación

$$x\frac{d^2y}{dx^2}+\left(\frac{dy}{dx}\right)^3-\frac{dy}{dx}=0,$$

tomando $y$ como argumento y $x$ como función.

Solución. Expresamos las derivadas de $y$ respecto a $x$ por medio de las derivadas de $x$ respecto a $y$

$$\frac{dy}{dx}=\frac{1}{\frac{dx}{dy}}\ ;$$

$$\frac{d^2y}{dx^2}=\frac{d}{dx}\left(\frac{1}{\frac{dx}{dy}}\right)=\frac{d}{dy}\left(\frac{1}{\frac{dx}{dy}}\right)\frac{dy}{dx}=-\frac{\frac{d^2x}{dy^2}}{\left(\frac{dx}{dy}\right)^2}\cdot\frac{1}{\frac{dx}{dy}}=-\frac{\frac{d^2x}{dy^2}}{\left(\frac{dx}{dy}\right)^3}\ .$$

Poniendo estas expresiones de las derivadas en la ecuación dada, tendremos:

$$x\left[-\frac{\frac{d^2x}{dy^2}}{\left(\frac{dx}{dy}\right)^3}\right]+\frac{1}{\left(\frac{dx}{dy}\right)^3}-\frac{1}{\frac{dx}{dy}}=0,$$

o, finalmente,

$$x=\frac{d^2x}{dy^2}-1+\left(\frac{dx}{dy}\right)^2=0.$$

Ejemplo 3. Transformar la ecuación

$$\frac{dy}{dx}=\frac{x+y}{x-y}\ ,$$

pasando a las coordenadas polares

$$x=r\cos\varphi,\ y=r\,\text{sen}\,\varphi. \tag{1}$$

Solución. Considerando $r$ como función de $\varphi$, de la fórmula (1) obtenemos:

$dx=\cos\varphi\,dr-r\,\text{sen}\,\varphi\,d\varphi,\ dy=\text{sen}\,\varphi\,dr+r\cos\varphi\,d\varphi$, de donde

$$\frac{dy}{dx}=\frac{\text{sen}\,\varphi\,dr+r\cos\varphi\,d\varphi}{\cos\varphi\,dr-r\,\text{sen}\,\varphi\,d\varphi}=\frac{\text{sen}\,\varphi\frac{dr}{d\varphi}+r\cos\varphi}{\cos\varphi\frac{dr}{d\varphi}-r\,\text{sen}\,\varphi}$$

Poniendo en la ecuación dada las expresiones de $x$, $y$ y $\frac{dy}{dx}$ tendremos:

$$\frac{\text{sen}\,\varphi\frac{dr}{d\varphi}+r\cos\varphi}{\cos\varphi\frac{dr}{d\varphi}-r\,\text{sen}\,\varphi}=\frac{r\cos\varphi+r\,\text{sen}\,\varphi}{r\cos\varphi-r\,\text{sen}\,\varphi}\ ,$$

o, después de simplificar,

$$\frac{dr}{d\varphi}=r.$$

2°. **Cambio de variables en las expresiones que contienen derivadas parciales.**

Ejemplo 4. Transformar la ecuación de las vibraciones de la cuerda

$$\frac{\partial^2 u}{\partial t^2} = a^2 \frac{\partial^2 u}{\partial x^2} \qquad (a \neq 0)$$

a unas nuevas variables independientes $\alpha$ y $\beta$, donde $\alpha = x - at$, $\beta = x + at$.

Solución. Expresamos las derivadas parciales de $u$ con respecto a $x$ y $t$ por medio de derivadas parciales de $u$ con respecto a $\alpha$ y $\beta$. Aplicando las fórmulas de derivación de funciones compuestas

$$\frac{\partial u}{\partial t} = \frac{\partial u}{\partial \alpha} \frac{\partial \alpha}{\partial t} + \frac{\partial u}{\partial \beta} \frac{\partial \beta}{\partial t}, \quad \frac{\partial u}{\partial x} = \frac{\partial u}{\partial \alpha} \frac{\partial \alpha}{\partial x} + \frac{\partial u}{\partial \beta} \frac{\partial \beta}{\partial x},$$

obtenemos:

$$\frac{\partial u}{\partial t} = \frac{\partial u}{\partial \alpha} (-a) + \frac{\partial u}{\partial \beta} a = a \left( \frac{\partial u}{\partial \beta} - \frac{\partial u}{\partial \alpha} \right),$$

$$\frac{\partial u}{\partial x} = \frac{\partial u}{\partial \alpha} \cdot 1 + \frac{\partial u}{\partial \beta} \cdot 1 = \frac{\partial u}{\partial \alpha} + \frac{\partial u}{\partial \beta}.$$

Volvemos a derivar aplicando estas mismas fórmulas:

$$\frac{\partial^2 u}{\partial t^2} = \frac{\partial}{\partial t} \left( \frac{\partial u}{\partial t} \right) = \frac{\partial}{\partial \alpha} \left( \frac{\partial u}{\partial t} \right) \frac{\partial \alpha}{\partial t} + \frac{\partial}{\partial \beta} \left( \frac{\partial u}{\partial t} \right) \frac{\partial \beta}{\partial t} =$$

$$= a \left( \frac{\partial^2 u}{\partial \alpha \, \partial \beta} - \frac{\partial^2 u}{\partial \alpha^2} \right) (-a) + a \left( \frac{\partial^2 u}{\partial \beta^2} - \frac{\partial^2 u}{\partial \alpha \, \partial \beta} \right) a =$$

$$= a^2 \left( \frac{\partial^2 u}{\partial \alpha^2} - 2 \frac{\partial^2 u}{\partial \alpha \, \partial \beta} + \frac{\partial^2 u}{\partial \beta^2} \right);$$

$$\frac{\partial^2 u}{\partial x^2} = \frac{\partial}{\partial x} \left( \frac{\partial u}{\partial x} \right) = \frac{\partial}{\partial \alpha} \left( \frac{\partial u}{\partial x} \right) \frac{\partial \alpha}{\partial x} + \frac{\partial}{\partial \beta} \left( \frac{\partial u}{\partial x} \right) \frac{\partial \beta}{\partial x} =$$

$$= \left( \frac{\partial^2 u}{\partial \alpha^2} + \frac{\partial^2 u}{\partial \alpha \, \partial \beta} \right) \cdot 1 + \left( \frac{\partial^2 u}{\partial \alpha \, \partial \beta} + \frac{\partial^2 u}{\partial \beta^2} \right) \cdot 1 = \frac{\partial^2 u}{\partial \alpha^2} + 2 \frac{\partial^2 u}{\partial \alpha \, \partial \beta} + \frac{\partial^2 u}{\partial \beta^2}.$$

Poniéndolo en la ecuación dada, tendremos:

$$a^2 \left( \frac{\partial^2 u}{\partial \alpha^2} - 2 \frac{\partial^2 u}{\partial \alpha \, \partial \beta} + \frac{\partial^2 u}{\partial \beta^2} \right) = a^2 \left( \frac{\partial^2 u}{\partial \alpha^2} + 2 \frac{\partial^2 u}{\partial \alpha \, \partial \beta} + \frac{\partial^2 u}{\partial \beta^2} \right)$$

o bien,

$$\frac{\partial^2 u}{\partial \alpha \, \partial \beta} = 0.$$

Ejemplo 5. Transformar la ecuación $x^2 \frac{\partial z}{\partial x} + y^2 \frac{\partial z}{\partial y} = z^2$, tomando como nuevas variables independientes $u = x$, $v = \frac{1}{y} - \frac{1}{x}$, y como nueva función

$$w = \frac{1}{z} - \frac{1}{x}.$$

So l u c i ó n. Expresamos las derivadas parciales $\dfrac{\partial z}{\partial x}$ y $\dfrac{\partial z}{\partial y}$ mediante las derivadas parciales $\dfrac{\partial w}{\partial u}$ y $\dfrac{\partial w}{\partial v}$. Para ello, diferenciamos las relaciones dadas entre las variables antiguas y las nuevas

$$du = dx, \quad dv = \frac{dx}{x^2} - \frac{dy}{y^2}, \quad dw = \frac{dx}{x^2} = \frac{dz}{z^2}.$$

Por otra parte,

$$dw = \frac{\partial w}{\partial u} du + \frac{\partial w}{\partial v} dv.$$

Por esto

$$\frac{\partial w}{\partial u} du + \frac{\partial w}{\partial v} dv = \frac{dx}{x^2} - \frac{dz}{z^2}$$

o bien,

$$\frac{\partial w}{\partial u} dx + \frac{\partial w}{\partial v} \left( \frac{dx}{x^2} - \frac{dy}{y^2} \right) = \frac{dx}{x^2} - \frac{dz}{z^2}.$$

De aquí que

$$dz = z^2 \left( \frac{1}{x^2} - \frac{\partial w}{\partial u} - \frac{1}{x^2} \frac{\partial w}{\partial v} \right) dx + \frac{z^2}{y^2} \frac{\partial w}{\partial v} dy$$

y, por consiguiente,

$$\frac{\partial z}{\partial x} = z^2 \left( \frac{1}{x^2} - \frac{\partial w}{\partial u} - \frac{1}{x^2} \frac{\partial w}{\partial v} \right)$$

y

$$\frac{\partial z}{\partial y} = \frac{z^2}{y^2} \frac{\partial w}{\partial v}.$$

Poniendo estas expresiones en la ecuación dada, obtenemos:

$$x^2 z^2 \left( \frac{1}{x^2} - \frac{\partial w}{\partial u} - \frac{1}{x^2} \frac{\partial w}{\partial v} \right) + z^2 \frac{\partial w}{\partial v} = z^2$$

o bien,

$$\frac{\partial w}{\partial u} = 0.$$

**1969.** Transformar la ecuación

$$x^2 \frac{d^2 y}{dx^2} + 2x \frac{dy}{dx} + y = 0.$$

haciendo $x = e^t$.

**1970.** Transformar la ecuación

$$(1 - x^2) \frac{d^2 y}{dx^2} - x \frac{dy}{dx} = 0,$$

poniendo $x = \cos t$.

**1971.** Transformar las siguientes ecuaciones, tomando $y$ como argumento:

a) $\dfrac{d^2y}{dx^2} + 2y\left(\dfrac{dy}{dx}\right)^2 = 0$,

b) $\dfrac{dy}{dx}\dfrac{d^3y}{dx^3} - 3\left(\dfrac{d^2y}{dx^2}\right)^2 = 0$.

**1972.** La tangente del ángulo $\mu$, formado por la tangente $MT$ y el radio vector $OM$ del punto de tangencia (fig. 69), se expresa de la forma siguiente:

$$\operatorname{tg}\mu = \frac{y' - \dfrac{y}{x}}{1 + \dfrac{y}{x}\,y'}.$$

Transformar esta expresión, pasando a las coordenadas polares: $x = r\cos\varphi$, $y = r\operatorname{sen}\varphi$.

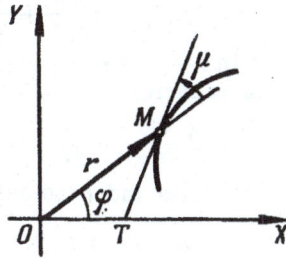

F i g. 69

**1973.** Expresar la fórmula de la curvatura de una línea

$$K = \frac{y''}{[1 + (y')^2]^{3/2}}$$

en coordenadas polares $x = r\cos\varphi$, $y = r\operatorname{sen}\varphi$.

**1974.** Transformar a las nuevas variables independientes $u$ y $v$ la ecuación

$$y\,\frac{\partial z}{\partial x} - x\,\frac{\partial z}{\partial y} = 0,$$

si $u = x$, $v = x^2 + y^2$.

**1975.** Transformar a las nuevas variables independientes $u$ y $v$ la ecuación

$$x\,\frac{\partial z}{\partial x} + y\,\frac{\partial z}{\partial y} - z = 0,$$

si $u = x$, $v = \dfrac{y}{x}$.

**1976.** Transformar la ecuación de Laplace

$$\frac{\partial^2 u}{\partial x^2} + \frac{\partial^2 u}{\partial y^2} = 0$$

a las coordenadas polares $r$ y $\varphi$, poniendo

$$x = r\cos\varphi, \quad y = r\,\operatorname{sen}\varphi.$$

**1977.** Transformar la ecuación

$$x^2\frac{\partial^2 z}{\partial x^2} - y^2\frac{\partial^2 z}{\partial y^2} = 0,$$

haciendo $u = xy$, $v = \dfrac{x}{y}$.

**1978.** Transformar la ecuación

$$y\frac{\partial z}{\partial x} - x\frac{\partial z}{\partial y} = (y - x)\,z,$$

introduciendo las nuevas variables independientes

$$u = x^2 + y^2, \quad v = \frac{1}{x} + \frac{1}{y}$$

y la nueva función $w = \ln z - (x + y)$.

**1979.** Transformar la ecuación

$$\frac{\partial^2 z}{\partial x^2} - 2\frac{\partial^2 z}{\partial x\,\partial y} + \frac{\partial^2 z}{\partial y^2} = 0,$$

tomando como nuevas variables independientes

$$u = x + y, \quad v = \frac{y}{x}$$

y como nueva función $w = \dfrac{z}{x}$.

**1980.** Transformar la ecuación

$$\frac{\partial^2 z}{\partial x^2} + 2\frac{\partial^2 z}{\partial x\,\partial y} + \frac{\partial^2 z}{\partial y^2} = 0,$$

poniendo $u = x + y$, $v = x - y$, $w = xy - z$, donde $w = w(u, v)$.

## § 11. Plano tangente y normal a una superficie

1°. **Ecuaciones del plano tangente y de la normal para el caso en que la superficie está dada de forma explícita.** Recibe el nombre de *plano tangente* de una superficie en el punto $M$ (punto de contacto) el plano en que están situadas todas las tangentes en el punto $M$, a las curvas trazadas en dicha superficie que pasan por este punto $M$.

Se llama *normal* de una superficie a la recta perpendicular al plano tangente en el punto de contacto.

Si la ecuación de la superficie está dada de forma explícita en un sistema de coordenadas cartesianas, $z = f(x, y)$, donde $f(x, y)$ es una función diferen ciable, la ecuación del plano tangente en el punto $M(x_0, y_0, z_0)$ a la superficie será

$$Z - z_0 = f'_x(x_0, y_0)(X - x_0) + f'_y(x_0, y_0)(Y - y_0). \qquad (1)$$

Aquí $z_0 = f(x_0, y_0)$ y $X$, $Y$, $Z$, son las coordenadas variables de los puntos del plano tangente.

Las ecuaciones de la normal tienen la forma:

$$\frac{X - x_0}{f'_x(x_0, y_0)} = \frac{Y - y_0}{f'_y(x_0, y_0)} = \frac{Z - z_0}{-1}, \qquad (2)$$

donde $X$, $Y$, $Z$, son las coordenadas variables de los puntos de la normal.

E j e m p l o 1. Escribir las ecuaciones del plano tangente y de la normal a la superficie $z = \frac{x^2}{2} - y^2$ en su punto $M(2; -1; 1)$.

S o l u c i ó n. Hallamos las derivadas parciales de la función dada y sus valores en el punto $M$.

$$\frac{\partial z}{\partial x} = x, \qquad \left(\frac{\partial z}{\partial x}\right)_M = 2,$$

$$\frac{\partial z}{\partial y} = -2y, \qquad \left(\frac{\partial z}{\partial y}\right)_M = 2.$$

De donde, aplicando las fórmulas (1) y (2), tendremos: $z - 1 = 2(x - 2) + 2(y + 1)$ o bien, $2x + 2y - z - 1 = 0$, que es la ecuación del plano tangente, y $\frac{x - 2}{2} = \frac{y + 1}{2} = \frac{z - 1}{-1}$, que son las ecuaciones de la normal.

2°. E c u a c i o n e s  d e l  p l a n o  t a n g e n t e  y  d e  l a  n o r m a l  p a r a  e l  c a s o  e n  q u e  l a  s u p e r f i c i e  e s t á  d a d a  d e  f o r m a  i m p l í c i t a. En el caso en que la ecuación de la superficie regular esté dada de forma implícita

$$F(x, y, z) = 0$$

y $F(x_0, y_0, z_0) = 0$, las ecuaciones correspondientes tendrán la forma

$$F'_x(x_0, y_0, z_0)(X - x_0) + F'_y(x_0, y_0, z_0)(Y - y_0) + F'_z(x_0, y_0, z_0)(Z - z_0) = 0, \qquad (3)$$

que es la ecuación del plano tangente, y

$$\frac{X - x_0}{F'_x(x_0, y_0, z_0)} = \frac{Y - y_0}{F'_y(x_0, y_0, z_0)} = \frac{Z - z_0}{F'_z(x_0, y_0, z_0)}, \qquad (4)$$

que son las ecuaciones de la normal.

E j e m p l o 2. Escribir la ecuación del plano tangente y de la normal a la superficie $3xyz - z^3 = a^3$ en el punto que tiene $x = 0$ o $y = a$.

S o l u c i ó n. Hallamos la cota $z$ del punto de contacto, poniendo $x = 0$ e $y = a$ en la ecuación de la superficie: $-z^3 = a^3$, de donde $z = -a$. De esta forma, el punto de contacto es $M(0, a, -a)$.

Designando por $F(x, y, z)$ el primer miembro de la ecuación, hallamos las derivadas parciales y sus valores en el punto $M$:

$$F'_x = 3yz, \qquad (F'_x)_M = -3a^2,$$

$$F'_y = 3xz, \qquad (F'_y)_M = 0,$$

$$F'_z = 3xy - 3z^2, \qquad (F'_z)_M = -3a^2.$$

Aplicando las fórmulas (3) y (4), obtenemos:

$$-3a^2(x-0)+0(y-a)-3a^2(z+a)=0,$$

o sea, $x+z+a=0$, ecuación del plano tangente,

$$\frac{x-0}{-3a^2}=\frac{y-a}{0}=\frac{z+a}{-3a^2},$$

o sea, $\dfrac{x}{1}=\dfrac{y-a}{0}=\dfrac{z+a}{1}$, ecuaciones de la normal.

**1981.** Escribir las ecuaciones de los planos tangentes y las de las normales a las siguientes superficies en los puntos que se indican:

a) al paraboloide de revolución $z=x^2+y^2$, en el punto $(1;-2;5)$;

b) al cono $\dfrac{x^2}{16}+\dfrac{y^2}{9}-\dfrac{z^2}{8}=0$, en el punto $(4;3;4)$;

c) a la esfera $x^2+y^2+z^2=2Rz$, en el punto $(r\cos\alpha; R\sin\alpha; R)$.

**1982.** ¿En qué punto del elipsoide

$$\frac{x^2}{a^2}+\frac{y^2}{b^2}+\frac{z^2}{c^2}=1$$

la normal forma ángulos iguales con los ejes coordenados?

**1983.** Por el punto $M(3;4;12)$ de la esfera $x^2+y^2+z^2=169$ pasan planos perpendiculares a los ejes $OX$ y $OY$. Escribir la ecuación del plano que pasa por las tangentes a las secciones que originan aquéllos, en el punto común $M$.

**1984.** Demostrar, que la ecuación del plano tangente a la superficie central de 2° orden

$$ax^2+by^2+cz^2=k$$

en su punto $M(x_0,y_0,z_0)$ tiene la forma

$$ax_0x+by_0y+cz_0z=k.$$

**1985.** Dada la superficie $x^2+2y^2+3z^2=21$, trazar a ella planos tangentes que sean paralelos al plano $x+4y+6z=0$.

**1986.** Dado el elipsoide

$$\frac{x^2}{a^2}+\frac{y^2}{b^2}+\frac{z^2}{c^2}=1,$$

trazar a él planos tangentes que intercepten en los ejes coordenados segmentos de igual longitud.

**1987.** Hallar en la superficie $x^2+y^2-z^2-2x=0$ los puntos en que los planos tangentes a ella sean paralelos a los planos coordenados.

**1988.** Demostrar, que los planos tangentes a la superficie $xyz=m^3$ forman con los planos coordenados tetraedros de volumen constante.

**1989.** Demostrar, que los planos tangentes a la superficie $\sqrt{x} + \sqrt{y} + \sqrt{z} = \sqrt{a}$ interceptan en los ejes coordenados segmentos, cuya suma es constante.

**1990.** Demostrar, que el cono

$$\frac{x^2}{a^2} + \frac{y^2}{b^2} = \frac{z^2}{c^2}$$

y la esfera

$$x^2 + y^2 + \left( z - \frac{b^2 + c^2}{c} \right)^2 = \frac{b^2}{c^2} (b^2 + c^2)$$

son tangentes entre sí en los puntos $(0, \pm b, c)$.

**1991.** Se llama *ángulo entre dos superficies* en el punto de su intersección, al ángulo que forman los planos tangentes a dichas superficies en el punto que se considera.

¿Qué ángulo forman en su intersección el cilindro $x^2 + y^2 = R^2$ y la esfera $(x - R)^2 + y^2 + z^2 = R^2$ en el punto $M \left( \frac{R}{2} ; \frac{R \sqrt{3}}{2} ; 0 \right)$?

**1992.** Se llaman *ortogonales* las superficies que se cortan entre sí formando ángulo recto en cada uno de los puntos de la línea de su intersección.

Demostrar, que las superficies $x^2 + y^2 + z^2 = r^2$ (esfera), $y = x \operatorname{tg} \varphi$ (plano) y $z^2 = (x^2 + y^2) \operatorname{tg}^2 \psi$ (cono), que son superficies coordenadas del sistema de coordenadas esféricas $r$, $\varphi$, $\psi$, son ortogonales entre sí.

**1993.** Demostrar, que todos los planos tangentes a la superficie cónica $z = xf \left( \frac{y}{x} \right)$ en su punto $M (x_0, y_0, z_0)$, donde $x_0 \neq 0$, pasan por el origen de coordenadas.

**1994\*.** Hallar las proyecciones del elipsoide

$$x^2 + y^2 + z^2 - xy - 1 = 0$$

sobre los planos coordenados.

**1995.** Demostrar, que la normal, en cualquier punto de la superficie de revolución $z = f \left( \sqrt{x^2 + y^2} \right) (f' \neq 0)$ corta a su eje de rotación.

## § 12. Fórmula de Taylor para las funciones de varias variables

Supongamos que la función $f(x, y)$ tiene en un entorno del punto $(a, b)$ derivadas parciales continuas hasta el orden $(n+1)$ inclusive. Entonces, en este entorno se verifica la *fórmula de Taylor:*

$$f(x, y) = f(a, b) + \frac{1}{1!} [f'_x (a, b) (x-a) + f'_y (a, b) (y-b)] +$$

$$+ \frac{1}{2!} [f''_{xx} (a, b) (x-a)^2 + 2f''_{xy} (a, b) (x-a) (y-b) + f''_{yy} (a, b) (y-b)^2] + \dots$$

$$\dots + \frac{1}{n!} \left[ (x-a) \frac{\partial}{\partial x} + (y-b) \frac{\partial}{\partial y} \right]^n f(a, b) + R_n (x, y), \qquad (1)$$

donde

$$R_n\,(x,\,y)=\frac{1}{(n+1)!}\left[\,(x-a)\,\frac{\partial}{\partial x}+(y-b)\,\frac{\partial}{\partial y}\,\right]^{n+1}\times$$

$$\times f\,[a+\theta\,(x-a),\;b+\theta\,(y-b]\qquad(0<\theta<1).$$

En otras notaciones:

$$(x+h,\,y+k)=f\,(x,\,y)+\frac{1}{1!}\,[hf'_x\,(x,\,y)+kf'_y\,(x,\,y)]+\frac{1}{2!}\,[h^2f''_{xx}\,(x,\,y)+$$

$$+2hkf''_{xy}\,(x,\,y)+k^2f''_{yy}\,(x,\,y)]+\ldots+\frac{1}{n!}\left(h\,\frac{\partial}{\partial x}+k\,\frac{\partial}{\partial y}\right)^n f\,(x,\,y)+$$

$$+\frac{1}{(n+1)!}\left(h\,\frac{\partial}{\partial x}+k\,\frac{\partial}{\partial y}\right)^{n+1}f\,(x+\theta h;\,y+\theta k),\qquad(2)$$

o bien,

$$\Delta f\,(x,\,y)=df\,(x,\,y)+\frac{1}{2!}\,d^2f\,(x,\,y)+\ldots$$

$$\ldots+\frac{1}{n!}\,d^nf\,(x,\,y)+\frac{1}{(n+1)!}\,d^{n+1}f\,(x+\theta h;\,y+\theta k).\qquad(3)$$

En el caso particular en que $a=b=0$, la fórmula (1) recibe el nombre de *fórmula de Maclaurin*.

Fórmulas análogas son válidas para las funciones de tres y más variab es.

Ejemplo. Hallar el incremento que recibe la función $f(x,\,y)=$ $=x^3-2y^3+3xy$ al pasar de los valores $x=1$, $y=2$, a los valores $x_1=1+h$, $y_1=2+k$.

Solución. El incremento que se busca puede encontrarse aplicando la fórmula (2). Calculamos previamente las derivadas parciales sucesivas y sus valores en el punto dado (1, 2):

$$f'_x\,(x,\,y)=3x^2+3y,\qquad\qquad f'_x\,(1;\,2)=3\cdot1+3\cdot2=9,$$

$$f'_y\,(x,\,y)=-6y^2+3x,\qquad\quad f'_y\,(1;\,2)=-6\cdot4+3\cdot1=-21,$$

$$f''_{xx}\,(x,\,y)=6x,\qquad\qquad\quad f''_{xx}\,(1;\,2)==6\cdot1=6,$$

$$f''_{xy}\,(x,\,y)=3,\qquad\qquad\qquad f''_{xy}\,(1;\,2)=3,$$

$$f''_{yy}\,(x,\,y)=-12y,\qquad\qquad f''_{yy}\,(1;\,2)=-12\cdot2=-24,$$

$$f'''_{xxx}\,(x,\,y)=6,\qquad\qquad\quad f'''_{xxx}\,(1;\,2)=6,$$

$$f'''_{xxy}\,(x,\,y)=0,\qquad\qquad\quad f'''_{xxy}\,(1;\,2)=0,$$

$$f'''_{xyy}\,(x,\,y)=0,\qquad\qquad\quad f'''_{xyy}\,(1;\,2)=0,$$

$$f'''_{yyy}\,(x,\,y)=-12,\qquad\qquad f'''_{yyy}\,(1;\,2)=-12.$$

Todas las derivadas siguientes serán idénticamente iguales a cero. Poniendo los resultados obtenidos en la fórmula (2), obtenemos:

$$\Delta f\,(x,\,y)=f\,(1+h,\,2+k)-f\,(1,\,2)=h\cdot9+k\,(-21)+$$

$$+\frac{1}{2!}\,[h^2\cdot6+2hk\cdot3+k^2\,(-24)]+\frac{1}{3!}\,[h^3\cdot6+3h^2k\cdot0+3hk^2\cdot0+k^3\,(-12)]=$$

$$=9h-21k+3h^2+3hk-12k^2+h^3-2k^3.$$

**1996.** Desarrollar $f(x+h, y+k)$ en potencias enteras y positivas de $h$ y $k$, si

$$f(x, y) = ax^2 + 2bxy + cy^2.$$

**1997.** Desarrollar la función $f(x, y) = -x^2 + 2xy + 3y^2 - 6x - 2y - 4$ por la fórmula de Taylor en un entorno del punto $(-2; 1)$.

**1998.** Hallar el incremento que recibe la función $f(x, y) = x^2 y$ al pasar de los valores $x = 1$, $y = 1$ a los valores

$$x_1 = 1 + h, \quad y_1 = 1 + k.$$

**1999.** Desarrollar la función

$$f(x, y, z) = x^2 + y^2 + z^2 + 2xy - yz - 4x - 3y - z + 4$$

por la fórmula de Taylor en el entorno del punto $(1; 1; 1)$.

**2000.** Desarrollar $f(x+h, y+k, z+l)$ en potencias enteras y positivas de $h$, $k$ y $l$, si

$$f(x, y, z) = x^2 + y^2 + z^2 - 2xy - 2xz - 2yz.$$

**2001.** Desarrollar por la fórmula de Maclaurin, hasta los términos de 3° orden inclusive, la función

$$f(x, y) = e^x \operatorname{sen} y.$$

**2002.** Desarrollar por la fórmula de Maclaurin, hasta los términos de 4° orden inclusive, la función

$$f(x, y) = \cos x \cos y.$$

**2003.** Desarrollar por la fórmula de Taylor, en un entorno del punto $(1; 1)$ hasta los términos de 2° orden inclusive, la función

$$f(x, y) = y^x.$$

**2004.** Desarrollar por la fórmula de Taylor, en un entorno del punto $(1; -1)$ hasta los términos de 3° orden inclusive, la función

$$f(x, y) = e^{x+y}.$$

**2005.** Deducir las fórmulas aproximadas, con exactitud hasta los términos de 2° orden, con relación a las magnitudes $\alpha$ y $\beta$, para las expresiones

$$\text{a) } \operatorname{arctg} \frac{1+\alpha}{1-\beta}; \quad \text{b) } \sqrt{\frac{(a+\alpha)^m + (1+\beta)^n}{2}},$$

si $|\alpha|$ y $|\beta|$ son pequeños en comparación con 1.

**2006\*.** Aplicando la fórmula de Taylor, hasta los términos de 2° orden, calcular aproximadamente:

a) $\sqrt{1,03}$; $\sqrt[3]{0,98}$;  b) $(0,95)^{2,01}$.

**2007.** Sea $z$ una función implícita de $x$ e $y$, determinada por la ecuación $z^3 - 2xz + y = 0$, que toma el valor $z = 1$ cuando $x = 1$ e $y = 1$. Escribir varios términos del desarrollo de la función $z$ en potencias crecientes de las diferencias $x - 1$ e $y - 1$.

## § 13. Extremo de una función de varias variables

1°. Definición de extremo de una función. Se dice que una función $f(x, y)$ tiene un *máximo* (o un *mínimo*) $f(a, b)$ en el punto $P(a, b)$, si para todos los puntos $P'(x; y)$ diferentes de $P$, de un entorno suficientemente pequeño del punto $P$, se cumple la desigualdad $f(a, b) > f(x, y)$ (o, respectivamente, $f(a, b) < f(x, y)$). El máximo o mínimo de una función recibe también el nombre de *extremo* de la misma. Análogamente se determina el extremo de una función de tres o más variables.

2°. Condiciones necesarias para la existencia de extremo. Los puntos, en que la función diferenciable $f(x, y)$ puede alcanzar un extremo (es decir, los llamados *puntos estacionarios*), se hallan resolviendo el sistema de ecuaciones

$$f'_x(x, y) = 0, \quad f'_y(x, y) = 0 \tag{1}$$

(*condiciones necesarias* para la existencia de extremo). El sistema (1) es equivalente a una ecuación $df(x, y) = 0$. En el caso general, en el punto extremo $P(a, b)$ de la función $f(x, y)$, o no existe $df(a, b)$ o bien $df(a, b) = 0$.

3°. Condiciones suficientes para la existencia de extremo. Sea $P(a, b)$ un punto estacionario de la función $f(x, y)$, es decir, $df(a, b) = 0$. En este caso: a) si $d^2f(a, b) < 0$, siendo $dx^2 + dy^2 > 0$, $f(a, b)$ es un *máximo* de la función $f(x, y)$; b) si $d^2f(a, b) > 0$, siendo $dx^2 + dy^2 > 0$, $f(a, b)$ es un *mínimo* de la función $f(x, y)$; c) si $d^2f(a, b)$ cambia de signo, $f(a, b)$ no es punto extremo de la función $f(x, y)$.

Las condiciones citadas equivalen a las siguientes: sea $f'_x(a, b) = f'_y(a, b) = 0$ y $A = f''_{xx}(a, b)$, $B = f''_{xy}(a, b)$, $C = f''_{yy}(a, b)$. Formamos el *discriminante*

$$\Delta = AC - B^2.$$

En este caso: 1) si $\Delta > 0$, la función tiene un extremo en el punto $P(a, b)$ y éste es un máximo, si $A < 0$ (o $C < 0$), y un mínimo, si $A > 0$ (o $C > 0$); 2) si $\Delta < 0$, en el punto $P(a, b)$ no existe extremo; 3) si $\Delta = 0$, la existencia de extremo de la función en el punto $P(a, b)$ queda indeterminada (es necesario continuar la investigación).

4°. Caso de funciones de muchas variables. Para las funciones de tres o más variables, las condiciones necesarias para la existencia de extremos son análogas a las condiciones del párrafo 1°, (1), y las condiciones suficientes, análogas a las del párrafo 3°, a), b) y c).

Ejemplo 1. Averiguar los extremos de la función

$$z = x^3 + 3xy^2 - 15x - 12y.$$

S o l u c i ó n. Hallamos las derivadas parciales y formamos el sistema de ecuaciones (1):

$$\frac{\partial z}{\partial x} \equiv 3x^2 + 3y^2 - 15 = 0 \qquad \frac{\partial z}{\partial y} \equiv 6xy - 12 = 0$$

o bien,

$$\begin{cases} x^2 + y^2 - 5 = 0, \\ xy - 2 = 0. \end{cases}$$

Resolviendo este sistema obtenemos cuatro puntos estacionarios:

$$P_1(1; 2); \quad P_2(2; 1); \quad P_3(-1; -2); \quad P_4(-2; -1).$$

Hallamos las derivadas de 2° orden

$$\frac{\partial^2 z}{\partial x^2} = 6x, \quad \frac{\partial^2 z}{\partial x\, \partial y} = 6y, \quad \frac{\partial^2 z}{\partial y^2} = 6x$$

y formamos el discriminante $\Delta = AC - B^2$ para cada uno de los puntos estacionarios.

1) Para el punto $P_1$: $A = \left(\frac{\partial^2 z}{\partial x^2}\right)_{P_1} = 6$, $B = \left(\frac{\partial^2 z}{\partial x\, \partial y}\right)_{P_1} = 12$, $C =$ $= \left(\frac{\partial^2 z}{\partial y^2}\right)_{P_1} = 6$, $\Delta = AC - B^2 = 36 - 144 < 0$. Es decir, en el punto $P_1$ no hay extremo.

2) Para el punto $P_2$: $A = 12$, $B = 6$, $C = 12$; $\Delta = 144 - 36 > 0$, $A > 0$. En el punto $P_2$ la función tiene un mínimo. Este mínimo es igual al valor de la función cuando $x = 2$, $y = 1$:

$$z_{\min} = 8 + 6 - 30 - 12 = -28.$$

3) Para el punto $P_3$: $A = -6$, $B = -12$, $C = -6$; $\Delta = 36 - 144 < 0$. No hay extremo.

4) Para el punto $P_4$: $A = -12$, $B = -6$, $C = -12$; $\Delta = 144 - 36 > 0$, $A < 0$. En el punto $P_4$ la función tiene un máximo. Este máximo es igual a

$$z_{\max} = -8 - 6 + 30 + 12 = 28.$$

5°. E x t r e m o   c o n d i c i o n a d o. Se llama *extremo condicionado* de una función $f(x, z)$, en el caso más simple, al máximo o mínimo de esta función, alcanzado con la condición de que sus argumentos estén ligados entre sí por la ecuación $\varphi(x, y) = 0$ (*ecuación de enlace*). Para hallar el extremo condicionado de la función $f(x, y)$, con la ecuación de enlace $\varphi(x, z) = 0$, se forma la llamada *función de Lagrange*

$$F(x, y) = f(x, y) + \lambda \cdot \varphi(x, y),$$

donde $\lambda$ es un multiplicador constante indeterminado, y se busca el extremo ordinario de esta función auxiliar. Las condiciones necesarias para que haya un extremo se reducen al sistema de tres ecuaciones

$$\begin{cases} \dfrac{\partial F}{\partial x} \equiv \dfrac{\partial f}{\partial x} + \lambda \dfrac{\partial \varphi}{\partial x} = 0, \\[2mm] \dfrac{\partial F}{\partial y} \equiv \dfrac{\partial f}{\partial y} + \lambda \dfrac{\partial \varphi}{\partial y} = 0, \\[2mm] \varphi(x, y) = 0 \end{cases} \qquad (2)$$

con tres incógnitas, $x$, $y$, $\lambda$, de las que, en general, se pueden deducir éstas.

El problema de la existencia y el carácter del extremo condicionado se resuelve sobre la base del estudio del signo que tiene la segunda diferencial de la función de Lagrange

$$d^2F(x, y) = \frac{\partial^2 F}{\partial x^2} dx^2 + 2 \frac{\partial^2 F}{\partial x \, \partial y} dx \, dy + \frac{\partial^2 F}{\partial y^2} dy^2$$

para el sistema de valores de $x$, $y$, $\lambda$ que investigamos, obtenido de (2), con la condición de que $dx$ y $dy$ estén relacionados entre sí por la ecuación

$$\frac{\partial \varphi}{\partial x} dx + \frac{\partial \varphi}{\partial y} dy = 0 \quad (dx^2 + dy^2 \neq 0).$$

Precisamente, la función $f(x, y)$ tendrá un máximo condicionado, si $d^2F < 0$, y un mínimo condicionado, si $d^2F > 0$. En particular, si el discriminante $\Delta$ para la función $F(x, y)$ en el punto estacionario es positivo, en este punto habrá un máximo condicionado de la función $f(x, y)$, si $A < 0$ (o $C < 0$), y un mínimo condicionado, si $A > 0$ (o $C > 0$).

Análogamente se hallan los extremos condicionados de las funciones de tres y más variables cuando existen una o más ecuaciones de enlace (cuyo número debe ser menor que el de variables). En este caso, hay que incluir en la función de Lagrange tantos multiplicadores indeterminados como ecuaciones de enlace haya.

E j e m p l o. 2. Hallar los extremos de la función

$$z = 6 - 4x - 3y,$$

con la condición de que las variables $x$ e $y$ satisfagan a la ecuación

$$x^2 + y^2 = 1.$$

S o l u c i ó n. Geométricamente, el problema se reduce a encontrar los valores máximo y mínimo de la cota $z$ del plano $z = 6 - 4x - 3y$ para sus puntos de intersección con el cilindro $x^2 + y^2 = 1$.

Formamos la función de Lagrange

$$F(x, y) = 6 - 4x - 3y + \lambda (x^2 + y^2 - 1).$$

Tenemos, $\dfrac{\partial F}{\partial x} = -4 + 2\lambda x$, $\dfrac{\partial F}{\partial y} = -3 + 2\lambda y$. Las condiciones necesarias proporcionan el sistema de ecuaciones

$$\begin{cases} -4 + 2\lambda x = 0, \\ -3 + 2\lambda y = 0, \\ x^2 + y^2 = 1, \end{cases}$$

resolviendo el cual, encontramos:

$$\lambda_1 = \frac{5}{2}, \quad x_1 = \frac{4}{5}, \quad y_1 = \frac{3}{5}$$

y

$$\lambda_2 = -\frac{5}{2}, \quad x_2 = -\frac{4}{5}, \quad y_2 = -\frac{3}{5}.$$

Como

$$\frac{\partial^2 F}{\partial x^2} = 2\lambda, \quad \frac{\partial^2 F}{\partial x \, \partial y} = 0, \quad \frac{\partial^2 F}{\partial y^2} = 2\lambda,$$

tenemos

$$d^2F = 2\lambda\,(dx^2 + dy^2).$$

Si $\lambda = \dfrac{5}{2}$, $x = \dfrac{4}{5}$ e $y = \dfrac{3}{5}$, entonces, $d^2F > 0$, y, por consiguiente, en este punto la función tiene un mínimo condicionado. Si $\lambda = -\dfrac{5}{2}$, $x = -\dfrac{4}{5}$ e $y = -\dfrac{3}{5}$, entonces, $d^2F < 0$ y, por consiguiente, en este punto la función tiene un máximo condicionado.

De esta forma,

$$z_{\text{máx.}} = 6 + \frac{16}{5} + \frac{9}{5} = 11,$$

$$z_{\text{mín.}} = 6 - \frac{16}{5} - \frac{9}{5} = 1.$$

6°. **Máximo y mínimo absolutos de la función.** Toda función, diferenciable en una región acotada y cerrada, alcanza su valor

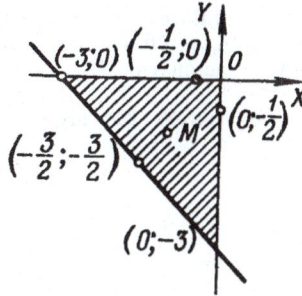

F i g. 70

máximo (mínimo), o en un punto estacionario, o en un punto de la frontera de la región.

E j e m p l o 3. Determinar los valores máximo y mínimo de la función

$$z = x^2 + y^2 - xy + x + y$$

en la región

$$x \leqslant 0, \qquad y \leqslant 0, \qquad x + y \geqslant -3.$$

S o l u c i ó n. La región indicada es un triángulo (fig. 70).

1) Hallamos los puntos estacionarios:

$$\begin{cases} z'_x \equiv 2x - y + 1 = 0, \\ z'_y \equiv 2y - x + 1 = 0; \end{cases}$$

de donde $x = -1$, $y = -1$; obtenemos el punto $M(-1; -1)$.

En el punto $M$ el valor de la función es $z_M = -1$. No es necesario investigar si hay extremo.

2) Examinamos la función en la frontera de la región.

Cuando $x = 0$, tenemos que $z = y^2 + y$, y el problema se reduce a buscar el máximo y mínimo absolutos de esta función de un argumento en el segmento $-3 \leqslant y \leqslant 0$. Al hacer esta investigación, hallamos que $(z_{\text{máx. abs.}})_{x=0} = 6$ en el punto $(0; -3)$ y $(z_{\text{mín. abs.}})_{x=0} = -\dfrac{1}{4}$ en el punto $\left(0; -\dfrac{1}{2}\right)$.

Cuando $y = 0$, obtenemos que $z = x^2 + x$. Análogamente hallamos, que $(z_{\text{máx. abs.}})_{y=0} = 6$ en el punto $(-3; 0)$ y $(z_{\text{mín. abs.}})_{y=0} = -\dfrac{1}{4}$ en el punto $\left(-\dfrac{1}{2}; 0\right)$.

Cuando $x + y = -3$ o bien $y = -3 - x$, tendremos que $z = 3x^2 + 9x + 6$. Análogamente hallamos, que $(z_{\text{mín. abs.}})_{x+y=-3} = -\dfrac{3}{4}$ en el punto $\left(-\dfrac{3}{2}; -\dfrac{3}{2}\right)$; $(z_{\text{máx. abs.}})_{x+y=-3} = 6$ coincide con $(z_{\text{máx. abs.}})_{x=0}$ y con $(z_{\text{máx. abs.}})_{y=0}$. En la recta $x + y = -3$ se podría hacer la investigación de la existencia de extremo condicionado sin recurrir a la función de un solo argumento.

3) Comparando todos los valores de la función $z$ obtenidos, llegamos a la conclusión de que $z_{\text{máx. abs.}} = 6$ en los puntos $(0; -3)$ y $(-3; 0)$ y $z_{\text{mín. abs.}} = -1$ en el punto estacionario $M$.

Investigar si tienen extremos las siguientes funciones de dos variables:

**2008.** $z = (x-1)^2 + 2y^2$.

**2009.** $z = (x-1)^2 - 2y^2$.

**2010.** $z = x^2 + xy + y^2 - 2x - y$.

**2011.** $z = x^3 y^2 (6 - x - y)$ $(x > 0,\ y > 0)$.

**2012.** $z = x^4 + y^4 - 2x^2 + 4xy - 2y^2$.

**2013.** $z = xy \sqrt{1 - \dfrac{x^2}{a^2} - \dfrac{y^2}{b^2}}$.

**2014.** $z = 1 - (x^2 + y^2)^{2/3}$.

**2015.** $z = (x^2 + y^2)\, e^{-(x^2 + y^2)}$.

**2016.** $z = \dfrac{1 + x - y}{\sqrt{1 + x^2 + y^2}}$.

**2016.1.** $z = \dfrac{8}{x} + \dfrac{x}{y} + y$ $(x > 0,\ y > 0)$.

**2016.2.** $z = e^{x-y}(x^2 - 2y^2)$.

Hallar los extremos de las funciones de tres variables:

**2017.** $u = x^2 + y^2 + z^2 - xy + x - 2z$.

**2018.** $u = x + \dfrac{y^2}{4x} + \dfrac{z^2}{y} + \dfrac{2}{z}$ $(x > 0,\ y > 0,\ z > 0)$.

Hallar los extremos de las funciones $z$, dadas de forma implícita:

**2019\*.** $x^2 + y^2 + z^2 - 2x + 4y - 6z - 11 = 0$.

**2020.** $x^3 - y^2 - 3x + 4y + z^2 + z - 8 = 0$.

Determinar los extremos condicionados de las funciones:

**2021.** $z = xy$, si $x + y = 1$.

**2022.** $z = x + 2y$, si $x^2 + y^2 = 5$.

**2023.** $z = x^2 + y^2$, si $\dfrac{x}{2} + \dfrac{y}{3} = 1$.

**2024.** $z = \cos^2 x + \cos^2 y$, si $y - x = \dfrac{\pi}{4}$.

**2025.** $u = x - 2y + 2z$, si $x^2 + y^2 + z^2 = 9$.

**2026.** $u = x^2 + y^2 + z^2$, si $\dfrac{x^2}{a^2} + \dfrac{y^2}{b^2} + \dfrac{z^2}{c^2} = 1 \ (a > b > c > 0)$.

**2027.** $u = xy^2z^3$, si $x + y + z = 12 \, (x > 0, \ y > 0, \ z > 0)$.

**2028.** $u = xyz$ con las condiciones: $x + y + z = 5$,

$$xy + yz + zx = 8.$$

**2029.** Demostrar la desigualdad

$$\frac{x + y + z}{3} \geqslant \sqrt[3]{xyz},$$

si $x \geqslant 0, \ y \geqslant 0, \ z \geqslant 0$.

I n d i c a c i ó n. Buscar el máximo de la función $u = xyz$ con la condición de que $x + y + z = S$.

**2030.** Determinar el máximo absoluto de la función

$$z = 1 + x + 2y$$

en las regiones: a) $x \geqslant 0, \ y \geqslant 0, \ x + y \leqslant 1$; b) $x \geqslant 0, \ y \leqslant 0, \ x - y \leqslant 1$.

**2031.** Determinar el máximo y mínimo absolutos de las funciones: a) $z = x^2 y$ y b) $z = x^2 - y^2$ en la región $x^2 + y^2 \leqslant 1$.

**2032.** Determinar el máximo y mínimo absoluto de la función $z = \operatorname{sen} x + \operatorname{sen} y + \operatorname{sen} (x + y)$ en la región $0 \leqslant x \leqslant \dfrac{\pi}{2}, \ 0 \leqslant y \leqslant \dfrac{\pi}{2}$.

**2033.** Determinar el máximo y mínimo absoluto de la función $z = x^3 + y^3 - 3xy$ en la región $0 \leqslant x \leqslant 2, \ -1 \leqslant y \leqslant 2$.

## § 14. Problemas de determinación de los máximos y mínimos absolutos de las funciones

E j e m p l o 1. Hay que dividir un número entero $a$ en tres sumandos no negativos de manera que el producto de éstos sea máximo.

S o l u c i ó n. Sean los sumandos que se buscan $x$, $y$, $a - x - y$. Buscamos el máximo absoluto de la función $f(x, y) = xy (a - x - y)$.

Por el sentido que tiene el problema, la función $f(x, y)$ se examina dentro del triángulo cerrado $x \geqslant 0$, $y \geqslant 0$, $x+y \leqslant a$ (fig. 71).
Resolviendo el sistema

$$\begin{cases} f'_x(x, y) \equiv y(a-2x-y)=0, \\ f'_y(x, y) \equiv x(a-x-2y)=0, \end{cases}$$

obtenemos para el interior del triángulo un solo punto estacionario $\left(\dfrac{a}{3}; \dfrac{a}{3}\right)$. Para él comprobamos si se cumplen las condiciones necesarias.
Tenemos

$$f''_{xx}(x, y)=-2y, \quad f''_{xy}(x, y)=a-2x-2y, \quad f''_{yy}(x, y)=-2x.$$

Por consiguiente, $A=f''_{xx}\left(\dfrac{a}{3}, \dfrac{a}{3}\right)=-\dfrac{2}{3}a,$

$$B=f''_{xy}\left(\dfrac{a}{3}, \dfrac{a}{3}\right)=-\dfrac{1}{3}a.$$

$$C=f''_{yy}\left(\dfrac{a}{3}, \dfrac{a}{3}\right)=-\dfrac{2}{3}a \text{ y}$$

$$\Delta=AC-B^2>0, \quad A<0.$$

Es decir, la función tiene máximo en el punto $\left(\dfrac{a}{3}; \dfrac{a}{3}\right)$.

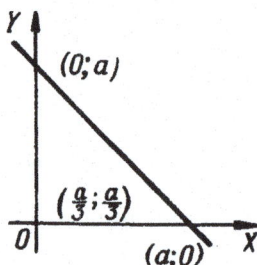

F i g. 71

Como en el contorno del triángulo la función $f(x, y)=0$, este máximo será el máximo absoluto de dicha función, es decir, el producto será máximo cuando $x=y=a-x-y=\dfrac{a}{3}$ y el valor máximo del mismo será igual a $\dfrac{a^3}{27}$.

O b s e r v a c i ó n. Este problema podría haberse resuelto también por el método del extremo condicionado, buscando el máximo de la función $u=xyz$ con la condición de que $x+y+z=a$.

**2034.** Entre todos los paralelepípedos rectangulares de volumen $V$ dado, hallar aquél cuya superficie total sea menor.

**2035.** ¿Qué dimensiones deberá tener un baño abierto, de volumen $V$ dado, para que su superficie sea la menor posible?

**2036.** Entre todos los triángulos de perímetro igual a $2p$, hallar el que tiene mayor área.

**2037.** Hallar el paralelepípedo rectangular de área $S$ dada, que tenga el mayor volumen posible.

**2038.** Representar el número positivo $a$ en forma de producto de cuatro factores positivos, cuya suma sea la menor posible.

**2039.** En el plano $XOY$ hay que hallar un punto $M(x, y)$ tal, que la suma de los cuadrados de sus distancias hasta las tres rectas, $x = 0$, $y = 0$, $x - y + 1 = 0$, sea la menor posible.

**2040.** Hallar el triángulo de perímetro $2p$ dado, que al girar alrededor de uno de sus lados engendre el cuerpo de mayor volumen.

**2041.** En un plano se dan tres puntos materiales $P_1(x_1, y_1)$, $P_2(x_2, y_2)$ y $P_3(x_3, y_3)$, cuyas masas respectivas son $m_1, m_2$ y $m_3$. ¿Qué posición deberá ocupar el punto $P(x, y)$ para que el momento cuadrático (momento de inercia) de este sistema de puntos, con relación a dicho punto $P$ (es decir, la suma $m_1 P_1 P^2 + m_2 P_2 P^2 + m_3 P_3 P^2$) sea el menor posible?

**2042.** Hacer pasar un plano por el punto $M(a, b, c)$ que forme con los planos coordenados un tetraedro que tenga el menor volumen posible.

**2043.** Inscribir en un elipsoide un paralelepípedo rectangular que tenga el mayor volumen posible.

**2044.** Calcular las dimensiones exteriores que deberá tener un cajón rectangular abierto, del que se dan el espesor de las paredes $\delta$ y la capacidad (interior) $V$, para que al hacerlo se gaste la menor cantidad posible de material.

**2045.** ¿En qué punto de la elipse

$$\frac{x^2}{a^2} + \frac{y^2}{b^2} = 1$$

la tangente a ésta forma con los ejes coordenados el triángulo de menor área?

**2046\*.** Hallar los ejes de la elipse

$$5x^2 + 8xy + 5y^2 = 9.$$

**2047.** En una esfera dada, inscribir el cilindro cuya superficie total sea máxima.

**2048.** Los cursos de dos ríos (dentro de los límites de una región determinada) representan aproximadamente una parábola, $y = x^2$, y una recta, $x - y - 2 = 0$. Hay que unir estos ríos por medio de un canal rectilíneo que tenga la menor longitud posible. ¿Por qué puntos habrá que trazarlo?

**2049.** Hallar la distancia más corta del punto $M(1, 2, 3)$ a la recta

$$\frac{x}{1} = \frac{y}{-3} = \frac{z}{2}.$$

**2050\*.** Los puntos $A$ y $B$ están situados en diferentes medios ópticos, separados el uno del otro por una línea recta (fig. 72). La velocidad de propagación de la luz en el primer medio es igual a $v_1$, en el segundo, a $v_2$. Aplicando el «principio de Fermat», según el cual el rayo luminoso se propaga a lo largo de la línea $AMB$, para cuyo recorrido necesita el mínimo de tiempo, deducir la ley de la refracción del rayo de luz.

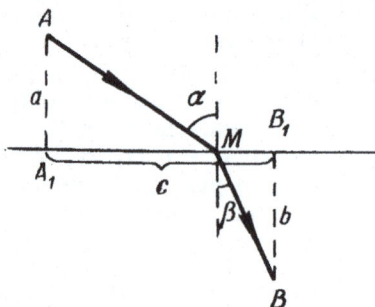

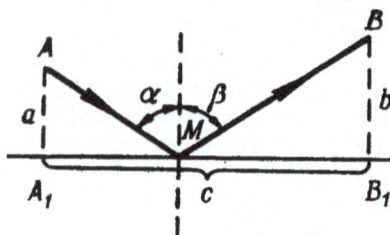

F i g. 72                     F i g. 73

**2051.** Aplicando el «principio de Fermat», deducir la ley de la reflexión del rayo de luz de un plano en un medio homogéneo (fig. 73).

**2052\*.** Si por un circuito eléctrico de resistencia $R$ pasa una corriente I, la cantidad de calor que se desprende en una unidad de tiempo es proporcional a $I^2R$. Determinar, ¿cómo habrá que distribuir la corriente $I$ en $I_1$, $I_2$ e $I_3$ valiéndose de tres conductores de resistencias $R_1$, $R_2$, y $R_3$, respectivamente, para conseguir que el desprendimiento de calor sea mínimo?

## § 15. Puntos singulares de las curvas planas

1°. D e f i n i c i ó n   d e   p u n t o   s i n g u l a r. Un punto $M(x_0, y_0)$ de una curva plana $f(x, y) = 0$ se llama *punto singular*, si sus coordenadas satisfacen simultáneamente a las tres ecuaciones:

$$f(x_0, y_0) = 0, \quad f'_x(x_0, y_0) = 0, \quad f'_y(x_0, y_0) = 0.$$

2°. T i p o s   p r i n c i p a l e s   d e   p u n t o s   s i n g u l a r e s. Supongamos que en el punto singular $M(x_0, y_0)$ las derivadas de 2° orden

$$A = f''_{xx}(x_0, y_0),$$
$$B = f''_{xy}(x_0, y_0),$$
$$C = f''_{yy}(x_0, y_0)$$

no son todas iguales a cero y que

$$\Delta = AC - B^2,$$

en este caso tendremos:
a) si $\Delta > 0$, $M$ será un *punto aislado* (fig. 74);
b) si $\Delta < 0$, $M$ será un *punto crunodal* (*punto doble*) (fig. 75):

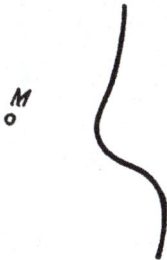 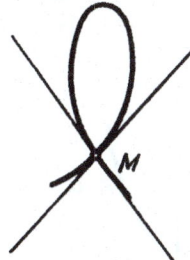

F i g. 74        F i g. 75

c) si $\Delta = 0$, $M$ puede ser un *punto de retroceso* de 1ª especie (fig. 76) o de 2ª especie (fig. 77), o un *punto aislado*, o *punto doble* con tangentes coincidentes o tacnodo (fig. 78).

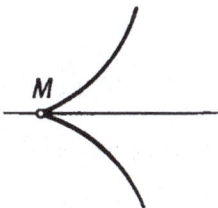 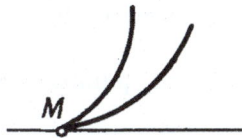 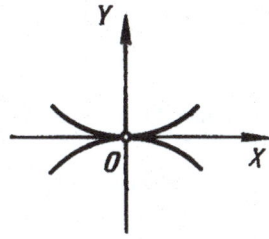

F i g . 76        F i g. 77        F i g. 78

Al resolver los problemas de este apartado, se considera obligatoria la construcción de las curvas.

E j e m p l o 1. Demostrar, que la curva $y^2 = ax^2 + x^3$ tiene: un punto crunodal, si $a > 0$; un punto aislado, si $a < 0$ y un punto de retroceso de 1ª especie, si $a = 0$.

S o l u c i ó n. En este caso $f(x, y) = ax^2 + x^3 - y^2$. Hallamos las derivadas parciales y las igualamos a cero

$$f'_x(x, y) \equiv 2ax + 3x^2 = 0,$$

$$f'_y(x, y) \equiv -2y = 0.$$

Este sistema tiene dos soluciones: $0 \, (0; 0)$ y $N \left( -\dfrac{2}{3} a; 0 \right)$, pero las coordenadas del punto $N$ no satisfacen a la ecuación de la curva dada. Es decir, hay un solo punto singular $0 \, (0; 0)$.

Hallamos las segundas derivadas y sus valores en el punto $O$;

$$f''_{xx}(x, y) = 2a + 6x, \quad A = 2a,$$
$$f''_{xy}(x, y) = 0, \quad\quad\quad B = 0,$$
$$f''_{yy}(x, y) = -2, \quad\quad C = -2,$$
$$\Delta = AC - B^2 = -4a.$$

**245**

Por consiguiente,

Si $a>0$, $\Delta<0$ y el punto $O$ será un punto crunodal (fig. 79);

Si $a<0$, $\Delta>0$ y el punto $O$ será un punto aislado (fig. 80);

Si $a=0$, $\Delta=0$. La ecuación de la curva en este caso será $y^2=x^3$ o bien $y=\pm\sqrt{x^3}$, donde $x\geqslant0$; la curva es simétrica con respecto al eje $OX$, que

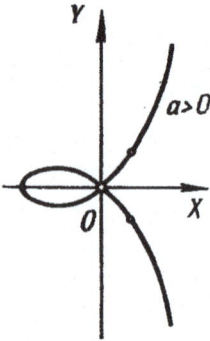

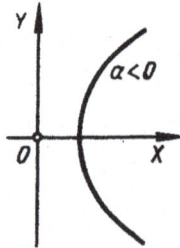

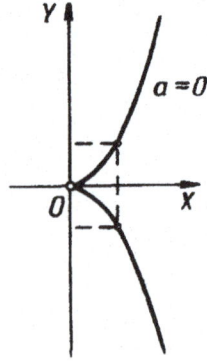

F i g. 79          F i g. 80          F i g. 81

es tangente a la misma. Por consiguiente, el punto $M$ será un punto de retroceso de 1ª especie (fig. 81).

Determinar el carácter de los puntos singulares de las curvas siguientes:

**2053.** $y^2=-x^2+x^4$.

**2054.** $(y-x^2)^2=x^5$.

**2055.** $a^4y^2=a^2x^4-x^6$.

**2056.** $x^2y^2-x^2-y^2=0$.

**2057.** $x^3+y^3-3axy=0$ *(folium de Descartes)*.

**2058.** $y^2(a-x)=x^3$ *(cisoide)*.

**2059.** $(x^2+y^2)^2=a^2(x^2-y^2)$ *(lemniscata)*.

**2060.** $(a+x)y^2=(a-x)x^2$ *(estrofoide)*.

**2061.** $(x^2+y^2)(x-a)^2=b^2x^2$ $(a>0,\ b>0)$ *(concoide)*. **Examinar** tres casos:

1) $a>b$, 2) $a=b$, 3) $a<b$.

**2062.** Determinar cómo varía el carácter del punto singular de la curva $y^2=(x-a)(x-b)(x-c)$ en dependencia de los valores de $a$, $b$ y $c$ $(a\leqslant b\leqslant c$ son reales$)$.

## § 16. Envolvente

1°. Definición de la envolvente. *Envolvente de una familia de curvas planas* se llama a la curva (o al conjunto de curvas) tangente a todas las líneas de dicha familia, además cada uno de sus puntos tiene contacto con alguna de la líneas de la familia que se examina.

2°. Ecuación de la envolvente. Si una familia de curvas dependiente de un parámetro variable $\alpha$

$$f(x, y, \alpha) = 0$$

tiene envolvente, las ecuaciones paramétricas de ésta se determinan por medio del sistema de ecuaciones

$$\begin{cases} f(x, y, \alpha) = 0, \\ f'_\alpha(x, y, \alpha) = 0. \end{cases} \tag{1}$$

Eliminando el parámetro $\alpha$ del sistema (1), obtendremos una ecuación de la forma

$$D(x, y) = 0. \tag{2}$$

Debe advertirse, que la curva (2), obtenida formalmente, llamada *curva discriminante*, además de la envolvente, si ésta existe, puede contener lugares geométricos de puntos singulares de la familia dada, que no forman parte de la envolvente de la misma.

Al resolver los problemas de este parágrafo, se recomienda hacer los dibujos.

Ejemplo 1. Hallar la envolvente de la familia de rectas

$$x \cos \alpha + y \operatorname{sen} \alpha - p = 0 \quad (p = \text{const.}, \ p > 0).$$

Solución. Esta familia de rectas depende del parámetro $\alpha$. Formamos el sistema de ecuaciones (1)

$$\begin{cases} x \cos \alpha + y \sin \alpha - p = 0, \\ -x \operatorname{sen} \alpha + y \cos \alpha = 0. \end{cases}$$

Resolviendo este sistema con respecto a $x$ e $y$, obtenemos las ecuaciones paramétricas de la envolvente

$$x = p \cos \alpha, \quad y = p \operatorname{sen} \alpha.$$

Elevando ambas ecuaciones al cuadrado y sumándolas, eliminamos el parámetro $\alpha$:

$$x^2 + y^2 = p^2.$$

Es decir, la envolvente de esta familia de rectas es una circunferencia de radio $p$ con el centro en el origen de coordenadas. La familia de rectas dada es, a su vez, la familia de tangentes de esta circunferencia (fig. 82).

**2063.** Hallar la envolvente de la familia de circunferencias

$$(x - a)^2 + y^2 = \frac{a^2}{2}.$$

**2064.** Hallar la envolvente de la familia de rectas

$$y = kx + \frac{p}{2k}$$

($k$ es un parámetro, $p = \text{const}$).

**2065.** Hallar la envolvente de la familia de circunferencias de radios iguales a $R$, cuyos centros se encuentran en el eje $OX$.

**2066.** Hallar la curva que envuelve a un segmento de longitud $l$, cuando sus extremos resbalan por los ejes de coordenadas.

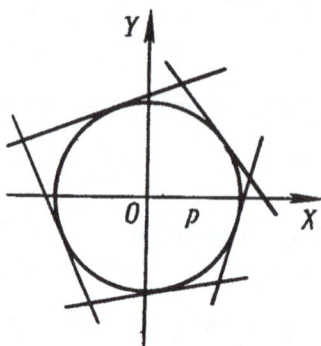

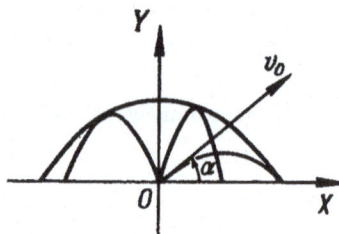

Fig. 82        Fig. 83

**2067.** Hallar la envolvente de la familia de rectas que forman con los ejes de coordenadas triángulos de área constante $S$.

**2068.** Hallar la envolvente de las elipses de área constante $S$, cuyos ejes de simetría coinciden.

**2069.** Averiguar el carácter de las *curvas discriminantes* de las familias de curvas siguientes ($C$ es el parámetro):

a) $y = (x - C)^3$ (parábolas cúbicas);

b) $y^2 = (x - C)^3$ (parábolas semicúbicas);

c) $y^3 = (x - C)^2$ (parábolas de Neil);

d) $(a + x)(y - C)^2 = x^2 (a - x)$ (estrofoides).

**2070.** La ecuación de la trayectoria que sigue un proyectil lanzado desde el punto $O$, con la velocidad inicial $v_0$ y formando un ángulo $\alpha$ con el horizonte (prescindiendo de la resistencia del aire), es

$$y = x \operatorname{tg} \alpha - \frac{gx^2}{2v_0^2 \cos^2 \alpha}.$$

Tomando el angulo $\alpha$ como parámetro, hallar la envolvente de todas las trayectorias del proyectil situadas en un mismo plano vertical («*parábola de seguridad*») (fig. 83).

## § 17. Longitud de un arco de curva en el espacio

La *diferencial del arco* de una curva en el espacio en coordenadas cartesianas rectangulares es

$$ds = \sqrt{dx^2 + dy^2 + dz^2},$$

donde $x$, $y$, $z$, son las coordenadas variables del punto de la curva.

Si

$$x = x(t), \quad y = y(t), \quad z = z(t)$$

son las ecuaciones paramétricas de la curva en el espacio, la longitud del arco en el intervalo comprendido entre $t = t_1$ y $t = t_2$ será

$$s = \int_{t_1}^{t_2} \sqrt{\left(\frac{dx}{dt}\right)^2 + \left(\frac{dx}{dt}\right)^2 + \left(\frac{dz}{dt}\right)^2} \, dt.$$

Hallar la longitud de los arcos de las curvas que se dan en los problemas 2071 — 2076:

**2071.** $x = t$, $y = t^2$, $z = \dfrac{2t^3}{3}$ desde $t = 0$ hasta $t = 2$.

**2072.** $x = 2\cos t$, $y = 2\,\text{sen}\,t$, $z = \dfrac{3}{\pi} t$ desde $t = 0$ hasta $t = \pi$.

**2073.** $x = e^t \cos t$, $y = e^t \,\text{sen}\,t$, $z = e^t$ desde $t = 0$ hasta un valor arbitrario de $t$.

**2074.** $y = \dfrac{x^2}{2}$, $z = \dfrac{x^3}{6}$ desde $x = 0$ hasta $x = 6$.

**2075.** $x^2 = 3y$, $2xy = 9z$ desde el punto $O\,(0;\,0;\,0)$ hasta el punto $M\,(3;\,3;\,2)$.

**2076.** $y = a \arctan \text{sen}\,\dfrac{x}{a}$, $z = \dfrac{a}{4} \ln \dfrac{a+x}{a-x}$ desde el punto $O\,(0;\,0;\,0)$ hasta el punto $M\,(x_0,\,y_0,\,z_0)$.

**2077.** La posición de un punto en cualquier instante $t\,(t > 0)$ se determina por las ecuaciones

$$x = 2t, \quad y = \ln t, \quad z = t^2.$$

Hallar la velocidad media· del movimiento entre los instantes $t = 1$ y $t = 10$.

## § 18. Función vectorial de un argumento escalar

1°. Derivada de una función vectorial de un argumento escalar. La *función vectorial* $a = a(t)$ puede determinarse dando las tres funciones escalares $a_x(t)$, $a_y(t)$ y $a_z(t)$ de sus proyecciones sobre los ejes de coordenadas:

$$a = a_x(t)\,i + a_y(t)\,j + a_z(t)\,k.$$

La derivada de la función vectorial $a = a(t)$ con respecto al argumento escalar $t$ es una nueva función vectorial determinada por la igualdad

$$\frac{da}{dt} = \lim_{\Delta t \to 0} \frac{a(t + \Delta t) - a(t)}{\Delta t} = \frac{da_x(t)}{dt} i + \frac{da_y(t)}{dt} j + \frac{da_z(t)}{dt} k.$$

El módulo de la derivada de la función vectorial es igual a

$$\left| \frac{da}{dt} \right| = \sqrt{\left(\frac{da_x}{dt}\right)^2 + \left(\frac{da_y}{dt}\right)^2 + \left(\frac{da_z}{dt}\right)^2}.$$

El extremo del radio vector variable $r = r(t)$ describe en el espacio una curva

$$r = x(t) i + y(t) j + z(t) k,$$

que recibe el nombre de *hodógrafo* del vector $r$.

La derivada $\frac{dr}{dt}$ representa de por sí un vector, tangente al hodógrafo en el punto correspondiente,

$$\left| \frac{dr}{dt} \right| = \frac{ds}{dt},$$

donde $s$ es la longitud del arco del hodógrafo, tomada desde cierto punto inicial.

En particular, $\left| \dfrac{dr}{ds} \right| = 1$.

Si el parámetro $t$ es el tiempo, $\frac{dr}{dt} = v$ es el *vector de la velocidad* del extremo del vector $r$, $\frac{d^2 r}{dt^2} = \frac{dv}{dt} = w$ es el *vector de la aceleración* de dicho extremo.

2°. **Reglas principales para la derivación de funciones vectoriales de un argumento escalar.**

1) $\dfrac{d}{dt}(a + b - c) = \dfrac{da}{dt} + \dfrac{db}{dt} - \dfrac{dc}{dt};$

2) $\dfrac{d}{dt}(ma) = m \dfrac{da}{dt}$, donde $m$ es un escalar constante;

3) $\dfrac{d}{dt}(\varphi a) = \dfrac{d\varphi}{dt} a + \varphi \dfrac{da}{dt}$, donde $\varphi(t)$ es una función escalar de $t$:

4) $\dfrac{d}{dt}(ab) = \dfrac{da}{dt} b + a \dfrac{db}{dt};$

5) $\dfrac{d}{dt}(a \times b) = \dfrac{da}{dt} \times b + a \times \dfrac{db}{dt};$

6) $\dfrac{d}{dt} a[\varphi(t)] = \dfrac{da}{d\varphi} \cdot \dfrac{d\varphi}{dt};$

7) $a \dfrac{da}{dt} = 0$, si $|a| = $ const.

E j e m p l o 1. El radio vector de un punto móvil, en cualquier instante de tiempo, se da por la ecuación

$$r = t - 4t^2 j + 3t^2 k. \tag{1}$$

Determinar la trayectoria, la velocidad y la aceleración del movimiento.
S o l u c i ó n. De la ecuación (1), tenemos:

$$x = 1, \; y = -4t^2, \; z = 3t^2.$$

Eliminando el tiempo $t$, tenemos, que la trayectoria del movimiento es una línea recta

$$\frac{x-1}{0} = \frac{y}{-4} = \frac{z}{3}.$$

Derivando la expresión (1), hallamos la velocidad del movimiento

$$\frac{dr}{dt} = -8t\boldsymbol{j} + 6t\boldsymbol{k}$$

y la aceleración del mismo

$$\frac{d^2r}{dt^2} = -8\boldsymbol{j} + 6\boldsymbol{k}.$$

La magnitud de la velocidad es igual a

$$\left| \frac{dr}{dt} \right| = \sqrt{(8t)^2 + (6t)^2} = 10 \mid t \mid.$$

Notemos, que la aceleración es constante y tiene la siguiente magnitud

$$\left| \frac{d^2r}{dt^2} \right| = \sqrt{(-8)^2 + 6^2} = 10.$$

**2078.** Demostrar, que la ecuación vectorial

$$r - r_1 = (r_2 - r_1) \, t,$$

donde $r_1$ y $r_2$ son los radios vectores de dos puntos dados, es la ecuación de una recta.

**2079.** Determinar, qué líneas son los hodógrafos de las siguientes funciones vectoriales:

a) $r = at + c$;    c) $r = a \cos t + b \operatorname{sen} t$;

b) $r = at^2 + bt$;    d) $r = a \operatorname{ch} t + b \operatorname{sh} t$,

donde, $a$, $b$ y $c$ son vectores constantes, al mismo tiempo que los vectores $a$ y $b$ son perpendiculares entre sí.

**2080.** Hallar la derivada de la función vectorial $a(t) = a(t)\,a^\circ(t)$, donde $a(t)$ es una función escalar, mientras que $a^\circ(t)$ es un vector unidad, en los casos en que el vector $a(t)$ varía: 1) solamente en longitud, 2) solamente en dirección, 3) en longitud y en dirección (caso general). Esclarecer el sentido geométrico de los resultados obtenidos.

**2081.** Aplicando las reglas para la derivación de funciones vectoriales de un argumento escalar, deducir la fórmula para la derivación del producto mixto de tres funciones vectoriales, $a$, $b$ y $c$.

**2082.** Hallar la derivada, con respecto al parámetro $t$, del volumen del paralelepípedo construido sobre los tres vectores:

$$a = i + tj + t^2 k;$$
$$b = 2ti - j + t^3 k;$$
$$c = -t^2 i + t^3 j + k.$$

**2083.** La ecuación de un movimiento es

$$r = 3i \cos t + 4j \operatorname{sen} t,$$

donde $t$ es el tiempo. Determinar la trayectoria de este movimiento, la velocidad y aceleración del mismo. Construir la trayectoria del movimiento y los vectores de la velocidad y de la aceleración para los instantes $t = 0$, $t = \frac{\pi}{4}$ y $t = \frac{\pi}{2}$.

**2084.** La ecuación de un movimiento es

$$r = 2i \cos t - 2j \operatorname{sen} t + 3kt.$$

Determinar la trayectoria, velocidad y aceleración de este movimiento. ¿A qué son iguales la magnitud de la velocidad y de la aceleración y cuáles son sus direcciones en los instantes $t = 0$ y $t = \frac{\pi}{2}$?

**2085.** La ecuación de un movimiento es

$$r = i \cos \alpha \cos \omega t + j \operatorname{sen} \alpha \cos \omega t + k \operatorname{sen} \omega t,$$

donde $\alpha$ y $\omega$ son constantes y $t$ es el tiempo. Determinar la trayectoria, la magnitud y la dirección de la velocidad y la aceleración del movimiento.

**2086.** La ecuación del movimiento de un proyectil (prescindiendo de la resistencia del aire) es

$$r = v_0 t - \frac{gt^2}{2} k,$$

donde $v_0 \{v_{0x}, v_{0y}, v_{0z}\}$ es la velocidad inicial. Hallar la velocidad y la aceleración en cualquier instante.

**2087.** Demostrar, que si un punto se mueve por la parábola $y = \frac{x^2}{a}$, $z = 0$ de tal forma, que la proyección de la velocidad sobre el eje $OX$ se mantiene consante $\left( \frac{dx}{dt} = \text{const.} \right)$, la aceleración también se mantendrá constante.

**2088.** Un punto situado en la rosca de un tornillo, que se enrosca en una viga, describe una hélice circular

$$x = a \cos \theta, \quad y = a \operatorname{sen} \theta, \quad z = h\theta,$$

donde θ, es el ángulo de giro del tornillo, $a$, el radio del tornillo y $h$ la elevación correspondiente al giro de un radiante. Determinar la velocidad del movimiento del punto.

**2089.** Hallar la velocidad de un punto de la circunferencia de una rueda, de radio $a$, que gira con una velocidad angular constante ω, de tal forma, que su centro, al ocurrir esto, se desplaza en línea recta con una velocidad constante $v_0$.

## § 19. Triedro intrínseco de una curva en el espacio

En todo punto $M(x, y, z)$, que no sea singular, de una curva en el espacio $r = r(t)$, se puede construir un *triedro intrínseco* formado por tres planos perpendiculares entre sí (fig. 84):

1) el plano *osculador*, $MM_1M_2$, en el que están situados los vectores

$$\frac{dr}{dt} \text{ y } \frac{d^2r}{dt^2};$$

2) el plano *normal*, $MM_2M_3$, perpendicular al vector $\dfrac{dr}{dt}$ y 3) el plano *rectificante*, $MM_1M_3$, perpendicular a los dos planos primeros.

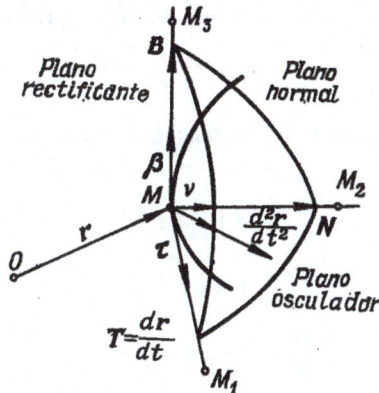

F i g. 84

Las intersecciones de estos tres planos forman tres rectas:
1) la *tangente* $MM_1$; 2) la *normal principal* $MM_2$ y 3) la *binormal* $MM_3$, que se determinan respectivamente con los vectores:

1) $T = \dfrac{dr}{dt}$ (*vector de la tangente*);

2) $B = \dfrac{dr}{dt} \times \dfrac{d^2r}{dt^2}$ (*vector de la binormal*) y

3) $N = B \times T$ (*vector de la normal principal*).

Los **correspondientes vectores unitarios**

$$\tau = \frac{T}{|T|} \; ; \; \beta = \frac{B}{|B|} \; ; \; v = \frac{N}{|N|}$$

se pueden calcular por las fórmulas

$$\tau = \frac{dr}{ds} \; ; \; v = \frac{\dfrac{d\tau}{dt}}{\left|\dfrac{d\tau}{ds}\right|} \; ; \; \beta = \tau \times v.$$

Si $X$, $Y$, $Z$, son las coordenadas variables del punto de la tangente, las ecuaciones de dicha tangente en el punto $M(x, y, z)$ tendrán la forma

$$\frac{X-x}{T_x} = \frac{Y-y}{T_y} = \frac{Z-z}{T_z} \qquad (1)$$

donde $T_x = \dfrac{dx}{dt}$, $T_y = \dfrac{dy}{dt}$, $T_z = \dfrac{dz}{dt}$; partiendo de la condición de perpendicularidad de la recta y el plano, obtenemos la ecuación del plano normal

$$T_x(X-x) + T_y(Y-y) + T_z(Z-z) = 0. \qquad (2)$$

Sustituyendo en las ecuaciones (1) y (2) $T_x$, $T_y$ y $T_z$ por $B_x$, $B_y$, $B_z$ y $N_x$, $N_y$, $N_z$, obtenemos las ecuaciones de las rectas binormal y normal principal y, respectivamente, de los planos osculador y rectificante.

E j e m p l o 1. Hallar los vectores unitarios principales $\tau$, $v$ y $\beta$ de la curva

$$x = t, \; y = t^2, \; z = t^3$$

en el punto $\iota = 1$.

Escribir las ecuaciones de la tangente, normal principal y binormal en este punto.

S o l u c i ó n. Tenemos:

$$r = ti + t^2 j + t^3 k$$

y

$$\frac{dr}{dt} = i + 2t j + 3t^2 k,$$

$$\frac{d^2r}{dt^2} = 2j + 6t k.$$

De donde, para $t = 1$, obtenemos:

$$T = \frac{dr}{dt} = i + 2j + 3k;$$

$$B = \frac{dr}{dt} \times \frac{d^2r}{dt^2} = \begin{vmatrix} i & j & k \\ 1 & 2 & 3 \\ 0 & 2 & 6 \end{vmatrix} = 6i - 6j + 2k;$$

$$N = B \times T = \begin{vmatrix} i & j & k \\ 6 & -6 & 2 \\ 1 & 2 & 3 \end{vmatrix} = -22i - 16j + 18k.$$

Por consiguiente,

$$\tau = \frac{i + 2j + 3k}{\sqrt{14}}, \quad \beta = \frac{3i - 3j + k}{\sqrt{19}}, \quad v = \frac{-11i - 8j + 9k}{\sqrt{226}}$$

Como para $t = 1$, tenemos $x = 1$, $y = 1$, $z = 1$, entonces

$$\frac{x-1}{1} = \frac{y-1}{2} = \frac{z-1}{3}$$

es la ecuación de la tangente,

$$\frac{x-1}{3} = \frac{y-1}{-3} = \frac{z-1}{1}$$

es la ecuación de la binormal y

$$\frac{x-1}{-11} = \frac{y-1}{-8} = \frac{z-1}{9}$$

es la de la normal principal.

Si la curva en el espacio se da como la intersección de dos superficies

$$F(x, y, z) = 0, \quad G(x, y, z) = 0,$$

en lugar de los vectores $\dfrac{dr}{dt}$ y $\dfrac{d^2r}{dt^2}$ se pueden tomar los vectores $dr\{dx,\ dy,\ dz\}$ y $d^2r\{d^2x,\ d^2y,\ d^2z\}$, pudiéndose considerar una de las variables $x$, $y$, $z$ como independiente y suponer que su segunda diferencial es igual a cero.

Ejemplo 2. Escribir la ecuación del plano osculador de la circunferencia

$$x^2 + y^2 + z^2 = 6, \qquad x + y + z = 0 \tag{3}$$

en el punto $M(1;\ 1;\ -2)$.

Solución. Diferenciando el sistema (3), como si $x$ fuera variable independiente, tendremos:

$$x\,dx + y\,dy + z\,dz = 0,$$
$$dx + dy + dz = 0$$

y

$$dx^2 + dy^2 + y\,d^2y + dz^2 + z\,d^2z = 0,$$
$$d^2y + d^2z = 0.$$

Poniendo $x = 1$, $y = 1$, $z = -2$, obtenemos:

$$dy = -dx;\quad dz = 0;$$
$$d^2y = -\frac{2}{3}\,dx^2;\quad d^2z = \frac{2}{3}\,dx^2.$$

Por consiguiente, el plano osculador se determina por los vectores

$$\{dx,\ -dx,\ 0\} \quad \text{y} \quad \left\{0,\ -\frac{2}{3}\,dx^2,\ \frac{2}{3}\,dx^2\right\}$$

o bien,

$$\{1,\ -1,\ 0\} \quad \text{y} \quad \{0,\ -1,\ 1\}.$$

De donde, el vector normal al plano osculador es

$$B = \begin{vmatrix} i & j & k \\ 1 & -1 & 0 \\ 0 & -1 & 1 \end{vmatrix} = -i - j - k$$

y, por consiguiente, su ecuación será

$$-1\,(x-1) - (y-1) - (z+2) = 0,$$

es decir,

$$x + y + z = 0,$$

como debía ocurrir, ya que nuestra curva se encuentra en este plano.

**2090.** Hallar los vectores unitarios principales $\tau$, $\nu$, $\beta$ de la curva

$$x = 1 - \cos t, \ y = \operatorname{sen} t, \ z = t$$

en el punto $t = \dfrac{\pi}{2}$.

**2091.** Hallar los vectores unitarios de la tangente y normal principal de la espiral cónica

$$r = e^t \,(i \cos t + j \operatorname{sen} t + k)$$

en un punto arbitrario. Determinar los ángulos que forman estas rectas con el eje $OZ$.

**2092.** Hallar los vectores unitarios principales $\tau$, $\nu$, $\beta$ de la curva

$$y = x^2, \ z = 2x$$

en el punto $x = 2$.

**2093.** Dada la hélice circular

$$x = a \cos t, \ y = a \operatorname{sen} t, \ z = bt$$

escribir las ecuaciones de las rectas que forman las aristas del tetraedro intrínseco en un punto arbitrario de dicha línea. Determinar los cosenos directores de la tangente y de la normal principal.

**2094.** Escribir las ecuaciones de los planos que forman el tetraedro intrínseco de la curva

$$x^2 + y^2 + z^2 = 6, \ x^2 - y^2 + z^2 = 4$$

en el punto $M\,(1;\ 1;\ 2)$.

**2095.** Hallar las ecuaciones de la tangente, del plano normal y del plano osculador de la curva

$$x = t, \ y = t^2, \ z = t^2 \ \text{en el punto } M\,(2;\ 4;\ 8).$$

**2096.** Hallar las ecuaciones de la tangente, de la normal principal y de la binormal en un punto arbitrario de la curva

$$x = \frac{t^4}{4}, \quad y = \frac{t^3}{3}, \quad z = \frac{t^2}{2}.$$

Hallar los puntos en que la tangente a esta curva es paralela al plano $x + 3y + 2z - 10 = 0$.

**2097.** Hallar las ecuaciones de la tangente, del plano osculador, de la normal principal y de la binormal de la curva

$$x = t, \quad y = -t, \quad z = \frac{t^2}{2}$$

en el punto $t = 2$. Calcular los cosenos directores de la binormal en este punto.

**2098.** Escribir las ecuaciones de la tangente y del plano normal a las curvas siguientes:

a) $x = R \cos^2 t$, $y = R \operatorname{sen} t \cos t$, $z = R \operatorname{sen} t$ cuando $t = \frac{\pi}{4}$ ;

b) $z = x^2 + y^2$, $x = y$ en el punto $(1; 1; 2)$;

c) $x^2 + y^2 + z^2 = 25$, $x + z = 5$ en el punto $(2; 2\sqrt{3}; 3)$.

**2099.** Hallar la ecuación del plano normal a la curva $z = x^2 - y^2$, $y = x$ en el origen de coordenadas.

**2100.** Hallar la ecuación del plano osculador a la curva $x = e^t$, $y = e^{-t}$, $z = t\sqrt{2}$ en el punto $t = 0$.

**2101.** Hallar las ecuaciones de los planos osculadores a las curvas:

a) $x^2 + y^2 + z^2 = 9$, $x^2 - y^2 = 3$ en el punto $(2; 1; 2)$;

b) $x^2 = 4y$, $x^3 = 24z$ en el punto $(6; 9; 9)$;

c) $x^2 + z^2 = a^2$, $y^2 + z^2 = b^2$ en cualquier punto de la curva $(x_0, y_0, z_0)$.

**2102.** Hallar las ecuaciones del plano osculador, de la normal principal y de la binormal a la curva

$$y^2 = x, \quad x^2 = z \text{ en el punto } (1; 1; 1).$$

**2103.** Hallar las ecuaciones del plano osculador, de la normal principal y de la binormal a la hélice cónica $x = t \cos t$, $y = t \operatorname{sen} t$, $z = bt$ en el origen de coordenadas. Hallar los vectores unitarios de la tangente, de la normal principal y de la binormal en el origen de coordenadas.

## § 20. Curvaturas de flexión y de torsión de una curva en el espacio

1°. Curvatura de flexión. Se entiende por *curvatura de flexión* de una curva en un punto $M$, el número

$$K = \frac{1}{R} = \lim_{\Delta s \to 0} \frac{\varphi}{\Delta s},$$

donde $\varphi$ es el ángulo de giro de la tangente (*ángulo de contingencia*) en el segmento de curva $\overset{\frown}{MN}$, y $\Delta s$, la longitud del arco de este segmento de curva. $R$ se llama radio de *curvatura de flexión*. Si la curva se da por la ecuación $r = r(s)$, donde $s$ es la longitud del arco, tendremos

$$\frac{1}{R} = \left| \frac{d^2 r}{ds^2} \right|.$$

Para el caso en que la curva se dé en forma paramétrica general, tenemos:

$$\frac{1}{R} = \frac{\left| \dfrac{dr}{dt} \times \dfrac{d^2 r}{dt^2} \right|}{\left| \dfrac{dr}{dt} \right|^3} \tag{1}$$

2°. Curvatura de torsión. Se entiende por *curvatura de torsión* de una curva en el punto $M$, el número

$$T = \frac{1}{\rho} = \lim_{\Delta s \to 0} \frac{\theta}{\Delta s},$$

donde $\theta$ es el ángulo de giro de la binormal en el segmento de curva $\overset{\frown}{MN}$. La mangnitud $\rho$ se llama *radio de curvatura de torsión*. Si $r = r(s)$, se tiene

$$\frac{1}{\rho} = \mp \left| \frac{d\beta}{ds} \right| = \frac{\dfrac{dr}{ds} \dfrac{d^2 r}{ds^2} \dfrac{d^3 r}{ds^3}}{\left( \dfrac{d^2 r}{ds^2} \right)},$$

donde el signo menos se toma cuando los vectores $\dfrac{d\beta}{ds}$ y $\nu$ tienen la misma dirección, y el signo más, en el caso contrario.

Si $r = r(t)$, donde $t$ es un parámetro arbitrario, se tendrá

$$\frac{1}{\rho} = \frac{\dfrac{dr}{dt} \dfrac{d^2 r}{dt^2} \dfrac{d^2 r}{dt^3}}{\left( \dfrac{dr}{dt} \times \dfrac{d^2 r}{dt^2} \right)^2}. \tag{2}$$

Ejemplo 1. Hallar las curvaturas de flexión y de torsión de la hélice circular

$$r = i \, a \cos t + j \, a \, \text{sen} \, t + k \, bt \quad (a > 0).$$

Solución. Tenemos:

$$\frac{dr}{dt} = -i\,a\,\text{sen}\,t + j\,a\,\cos t + kb,$$

$$\frac{d^2r}{dt^2} = -i\,a\,\cos t - j\,a\,\text{sen}\,t,$$

$$\frac{d^3r}{dt^3} = -i\,a\,\text{sen}\,t - j\,a\,\cos t.$$

De donde

$$\frac{dr}{dt} \times \frac{d^2r}{dt^2} = \begin{vmatrix} i & j & k \\ -a\,\text{sen}\,t & a\,\cos t & b \\ -a\,\cos t & -a\,\text{sen}\,t & 0 \end{vmatrix} = i\,ab\,\text{sen}\,t - j\,ab\,\cos t + a^2 k$$

y

$$\frac{dr}{dt}\,\frac{d^2r}{dt^2}\,\frac{d^3r}{dt^3} = \begin{vmatrix} -a\,\text{sen}\,t & a\,\cos t & b \\ -a\,\cos t & -a\,\text{sen}\,t & 0 \\ a\,\text{sen}\,t & -a\,\cos t & 0 \end{vmatrix} = a^2 b.$$

Por consiguiente, basándonos en las fórmulas (1) y (2), obtenemos:

$$\frac{1}{R} = \frac{a\,\sqrt{a^2+b^2}}{(a^2+b^2)^{3/2}} = \frac{a}{a^2+b^2}$$

y

$$\frac{1}{\rho} = \frac{a^2 b}{a^2\,(a^2+b^2)} = \frac{b}{a^2+b^2},$$

es decir, para la hélice circular, las curvaturas de flexión y de torsión son constantes.

3°. Fórmulas de Frenet

$$\frac{d\tau}{ds} = \frac{v}{R}, \quad \frac{dv}{ds} = -\frac{\tau}{R} + \frac{\beta}{\rho}, \quad \frac{d\beta}{ds} = -\frac{v}{\rho}.$$

2104. Demostrar, que si la curvatura de flexión es igual a cero en todos los puntos de una línea, ésta es una recta.

2105. Demostrar, que si la curvatura de torsión es igual a cero en todos los puntos de una curva, ésta es una curva plana.

2106. Demostrar, que la curva

$$x = 1 + 3t + 2t^2, \quad y = 2 - 2t + 5t^2,$$
$$z = 1 - t^2$$

es plana; hallar el plano en que se encuentra.

2107. Calcular la curvatura de las líneas:

a) $x = \cos t$, $y = \text{sen}\,t$, $z = \text{ch}\,t$ cuando $t = 0$;

b) $x^2 - y^2 + z^2 = 1$, $y^2 - 2x + z = 0$ en el punto $(1; 1; 1)$.

**2108.** Calcular las curvaturas de flexión y de torsión de las siguientes curvas en cualquier punto:

a) $x = e^t \cos t$, $y = e^t \operatorname{sen} t$, $z = e^t$;

b) $x = a \operatorname{ch} t$, $y = a \operatorname{sh} t$, $z = at$ (*hélice hiperbólica*).

**2109.** Hallar los radios de curvatura de flexión y de torsión de las siguientes líneas en un punto arbitrario $(x, y, z)$:

a) $x^2 = 2ay$, $x^3 = 6a^2z$;

b) $x^3 = 3p^2y$, $2xz = p^2$.

**2110.** Demostrar, que las componentes tangencial y normal del vector de aceleración $w$ se expresan por las fórmulas

$$w_\tau = \frac{dv}{dt}\, \tau, \qquad w_\nu = \frac{v^2}{R}\, \nu,$$

donde $v$ es la velocidad, $R$ el radio de curvatura de flexión de la trayectoria, $\tau$ y $\nu$ los vectores unitarios de la tangente y de la normal principal a la curva.

**2111.** Por la hélice circular $r = ia \cos t + j\, a \operatorname{sen} t + btk$ se mueve uniformemente un punto con velocidad $v$. Calcular su aceleración $w$.

**2112.** La ecuación de un movimiento es

$$r = ti + t^2j + t^3k.$$

Determinar en los instantes $t = 0$ y $t = 1$: 1) la curvatura de flexión de la trayectoria y 2) las componentes tangencial y normal del vector de aceleración del movimiento.

*Capítulo VII*

# INTEGRALES MULTIPLES Y CURVILINEAS

## § 1. Integral doble en coordenadas rectangulares

1°. **Cálculo inmediato de integrales dobles.** Se llama *integral doble* de una función continua $f(x, y)$ sobre un recinto cerrado y acotado $S$ del plano $XOY$, al límite de la suma integral doble correspondiente

$$\int\limits_{(S)} f(x, y)\, dx\, dy = \lim_{\substack{\text{máx } \Delta x_i \to 0 \\ \text{máx } \Delta y_k \to 0}} \sum_i \sum_k f(x_i, y_k)\, \Delta x_i \Delta y_k, \qquad (1)$$

donde $\Delta x_i = x_{i+1} - x_i$, $\Delta y_k = y_{k+1} - y_k$ y la suma se extiende a aquellos valores de $i$ y $k$, para los que los puntos $(x_i; y_k)$ pertenecen al recinto S.

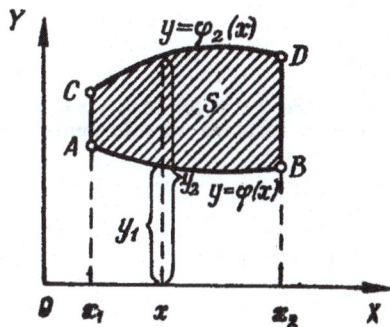

F i g. 85

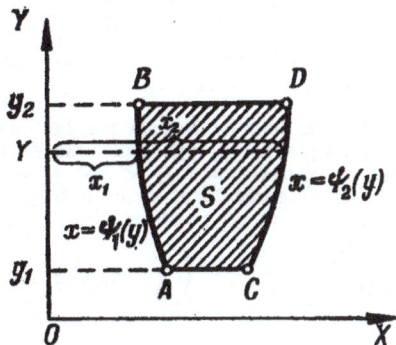

F i g. 86

2° **Colocación de los límites de integración en la integral doble.** Se distinguen dos formas principales de recintos de integración:

1) El recinto de integración $S$ (fig. 85), está limitado a izquierda y derecha por las rectas $x = x_1$ y $x = x_2$ $(x_2 > x_1)$, mientras que por abajo y por arriba lo está por las curvas continuas $y = \varphi_1(x)\,(AB)$ e $y = \varphi_2(x)\,(CD)$ $[\varphi_2(x) \geqslant \varphi_1(x)]$, cada una de las cuales se corta con la vertical $x = X$ $(x_1 < X < x_2)$ en un solo punto (véase la fig. 85). En el recinto $S$, la variable $x$ varía desde $x_1$ hasta $x_2$ y la variable $y$, cuando $x$ permanece constante, varía entre $y_1 = \varphi_1(x$ e $y_2 = \varphi_2(x)$. El cálculo de la integral (1)

puede realizarse reduciéndola a una integral reiterada de la forma

$$\iint\limits_{(S)} f(x,\,y)\,dx\,dy = \int\limits_{x_1}^{x_2} dx \int\limits_{\varphi_1(x)}^{\varphi_2(x)} f(x,\,y)\,dy,$$

donde, al calcular $\displaystyle\int\limits_{\varphi_1(x)}^{\varphi_2(x)} f(x,\,y)\,dy,$ se considera $x$ como cantidad constante.

2) El recinto de integración $S$ (fig. 86), está limitado por abajo y por arriba por las rectas $y=y_1$ e $y=y_2$ $(y_2 > y_1)$, mientras que por la izquierda

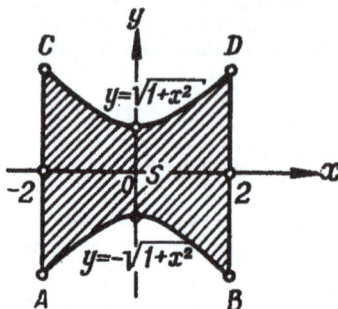

F i g. 87

y por la derecha lo está por las curvas continuas $x = \psi_1(y)$ $(AB)$ y $x = \psi_2(y)$ $(CD)$ $[\psi_2(y) \geqslant \psi_1(y)]$, cada una de las cuales se corta en un solo punto con la horizontal $y = Y$ $(y_1 < Y < y_2)$ (fig. 86).

Análogamente al caso anterior tenemos:

$$\iint\limits_{(S)} f(x,\,y)\,dx\,dy = \int\limits_{y_1}^{y_2} dy \int\limits_{\psi_1(y)}^{\psi_2(y)} f(x,\,y)\,dx,$$

donde, al calcular la integral $\displaystyle\int\limits_{\psi_1(y)}^{\psi_2(y)} f(x,\,y)\,dx$, se considera $y$ como cantidad constante.

Si el recinto de integración no pertenece a ninguna de las formas anteriormente examinadas, se procura dividirlo en partes, de manera, que cada una de ellas corresponda a alguna de aquellas dos formas.

E j e m p l o 1. Calcular la integral

$$I = \int\limits_{0}^{1} dx \int\limits_{x}^{1} (x+y)\,dy.$$

Solución

$$I = \int_0^1 \left( xy + \frac{y^2}{2} \right) \Big|_{y=x}^{y=1} dx = \int_0^1 \left[ \left( x + \frac{1}{2} \right) - \left( x^2 + \frac{x^2}{2} \right) \right] dx = \frac{1}{2}.$$

Ejemplo 2. Determinar los límites de integración de la integral

$$\iint_{(S)} f(x,\ y)\, dx\, dy,$$

si el recinto de integración $S$ (fig. 87) está limitado por la hipérbola $y^2 - x^2 = 1$ y por las dos rectas $x = 2$ y $x = -2$ (se considera el recinto que comprende al origen de coordenadas).

Solución. El recinto de integración $ABCD$ (fig. 87) está limitado por las dos rectas $x = -2$ y $x = 2$ y por las dos ramas de la hipérbola:

$$y = \sqrt{1 + x^2} \quad \text{e} \quad y = -\sqrt{1 + x^2},$$

es decir, pertenece a la primera forma. Tenemos:

$$\iint_{(S)} f(x,\ y)\, dx\, dy = \int_{-2}^2 dx \int_{-\sqrt{1+x^2}}^{\sqrt{1+x^2}} f(x,\ y)\, dy.$$

Calcular las siguientes integrales reiteradas:

**2113.** $\displaystyle\int_0^2 dy \int_0^1 (x^2 + 2y)\, dx.$

**2117.** $\displaystyle\int_{-3}^3 dy \int_{y^2-4}^5 (x + 2y)\, dx.$

**2114.** $\displaystyle\int_3^4 dx \int_1^2 \frac{dy}{(x+y)^2}.$

**2118.** $\displaystyle\int_0^{2\pi} d\varphi \int_{a\,\text{sen}\,\varphi}^a r\, dr.$

**2115.** $\displaystyle\int_0^1 dx \int_0^1 \frac{x^2\, dy}{1+y^2}.$

**2119.** $\displaystyle\int_{-\frac{\pi}{2}}^{\frac{\pi}{2}} d\varphi \int_0^{3\cos\varphi} r^2 \,\text{sen}^2\, \varphi\, dr.$

**2116.** $\displaystyle\int_1^2 dx \int_{\frac{1}{x}}^x \frac{x^2\, dy}{y^2}.$

**2120.** $\displaystyle\int_0^1 dx \int_0^{\sqrt{1-x^2}} \sqrt{1-x^2-y^2}\, dy.$

Escribir las ecuaciones de las líneas que limitan los recintos a que se extienden las integrales dobles que se indican más abajo

INTEGRALES MULTIPLES Y CURVILINEAS

y dibujar estos recintos:

2121. $\int_{-6}^{2} dy \int_{\frac{y^2}{4}-1}^{2-y} f(x, y)\, dx.$

2124. $\int_{1}^{3} dx \int_{\frac{x}{3}}^{2x} f(x, y)\, dy.$

2122. $\int_{1}^{3} dx \int_{x^2}^{x+9} f(x, y)\, dy.$

2125. $\int_{0}^{3} dx \int_{0}^{\sqrt{25-x^2}} f(x, y)\, dy.$

2123. $\int_{0}^{4} dy \int_{y}^{10-y} f(x, y)\, dx.$

2126. $\int_{-1}^{2} dx \int_{x^2}^{x+2} f(x, y)\, dy.$

Colocar los límites de integración, en uno y otro orden, en la integral doble

$$\iint_{(S)} f(x, y)\, dx\, dy$$

para los recintos $S$ que a continuación se indican.

2127. $S$ es un rectángulo cuyos vértices son: $O\,(0;\,0)$, $A\,(2;\,0)$, $B\,(2;\,1)$ y $C\,(0;\,1)$.

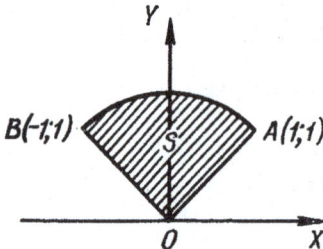

F i g. 88

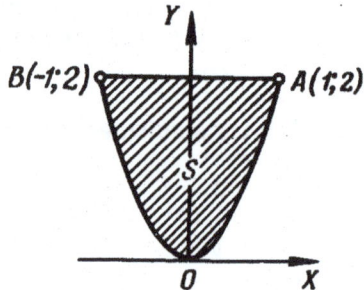

F i g 89

2128. $S$ es un triángulo cuyos vértices son: $O\,(0;\,0)$, $A\,(1;\,0)$ y $B\,(1;\,1)$.

2129. $S$ es un trapecio cuyos vértices son; $O\,(0;\,0)$, $A\,(2;\,0)$, $B\,(1;\,1)$ y $C\,(0;\,1)$.

2130. $S$ es un paralelogramo cuyos vértices son: $A\,(1;\,2)$, $B\,(2;\,4)$, $C\,(2;\,7)$ y $D\,(1;\,5)$.

2131. $S$ es un sector circular $OAB$ con centro en el punto $O\,(0;\,0)$, cuyo arco tiene sus extremos en $A\,(1;\,1)$ y $B\,(-1;\,1)$ (fig. 88).

2132. $S$ es un segmento parabólico recto $AOB$, limitado por la parábola $BOA$ y por el segmento de recta $BA$, que une entre sí los puntos $B\,(-1;\,2)$ y $A\,(1;\,2)$ (fig. 89).

264

**2133.** $S$ es un anillo circular limitado por las circunferencias, cuyos radios son $r = 1$ y $R = 2$, y cuyo centro común está situado en el punto $O(0; 0)$.

**2134.** $S$ está limitado por la hipérbola $y^2 - x^2 = 1$ y por la circunferencia $x^2 + y^2 = 9$ (se considera el recinto que comprende el origen de coordenadas).

**2135.** Colocar los límites de integración en la integral doble

$$\int\int\limits_{(S)} f(x, y)\, dx\, dy,$$

si el recinto $S$ está determinado por las desigualdades siguientes:

a) $x \geqslant 0$;  $y \geqslant 0$;  $x + y \leqslant 1$;

b) $x^2 + y^2 \leqslant a^2$;

c) $x^2 + y^2 \leqslant x$;

d) $y \geqslant x$; $x \geqslant -1$; $y \leqslant 1$;

e) $y \leqslant x \leqslant y + 2a$;

f) $0 \leqslant y \leqslant a$.

Invertir el orden de integración en las siguientes integrales dobles:

**2136.** $\displaystyle\int_0^4 dx \int_{3x^2}^{12x} f(x, y)\, dy.$

**2137.** $\displaystyle\int_0^1 dx \int_{2x}^{3x} f(x, y)\, dy.$

**2138.** $\displaystyle\int_0^a dx \int_{\frac{a^2 - x^2}{2a}}^{\sqrt{a^2 - x^2}} f(x, y)\, dy.$

**2139.** $\displaystyle\int_{\frac{a}{2}}^a dx \int_0^{\sqrt{2ax - x^2}} f(x, y)\, dy.$

**2140.** $\displaystyle\int_0^{2a} dx \int_{\sqrt{2ax - x^2}}^{\sqrt{4ax}} f(x, y)\, dy.$

**2141.** $\displaystyle\int_0^1 dy \int_{-\sqrt{1 - y^2}}^{1 - y} f(x, y)\, dx.$

**2142.** $\displaystyle\int_0^1 dy \int_{\frac{y^2}{2}}^{\sqrt{3 - y^2}} f(x, y)\, dx.$

**2143.** $\displaystyle\int_0^{\frac{R\sqrt{2}}{2}} dx \int_0^x f(x, y)\, dy + \int_{\frac{R\sqrt{2}}{2}}^R dx \int_0^{\sqrt{R^2 - x^2}} f(x, y)\, dy.$

**2144.** $\displaystyle\int_0^{\pi} dx \int_0^{\operatorname{sen} x} f(x, y)\, dy.$

Calcular las siguientes integrales dobles:

**2145.** $\int\int\limits_{(S)} x\,dx\,dy$, donde $S$ es un triángulo cuyos vértices son $O(0;\ 0)$, $A(1;\ 1)$ y $B(0;\ 1)$.

**2146.** $\int\int\limits_{(S)} x\,dx\,dy$, donde el recinto de integración $S$ está limitado por la recta que pasa por los puntos $A(2;\ 0)$, $B(0;\ 2)$ y por

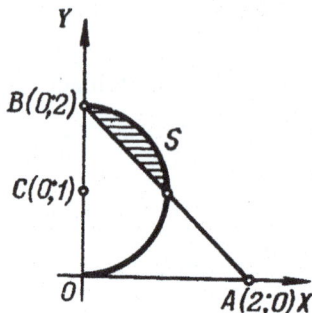

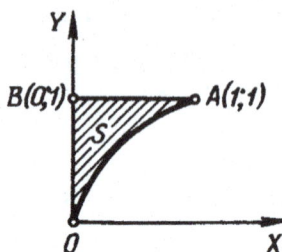

Fig. 90    Fig. 91

el arco de circunferencia de radio 1 que tiene su centro en el punto $C(0;\ 1)$ (fig. 90).

**2147.** $\int\int\limits_{(S)} \dfrac{dx\,dy}{\sqrt{a^2-x^2-y^2}}$, donde $S$ es la parte del círculo de radio $a$, con centro en el punto $O(0;\ 0)$, situado en el primer cuadrante.

**2148.** $\int\int\limits_{(S)} \sqrt{x^2-y^2}\,dx\,dy$, donde $S$ es un triángulo con los vértices en los puntos $O(0;\ 0)$, $A(1;\ -1)$ y $B(1;\ 1)$.

**2149.** $\int\int\limits_{(S)} \sqrt{xy-y^2}\,dx\,dy$, donde $S$ es un triángulo con los vértices en los puntos $O(0;\ 0)$, $A(10;\ 1)$ y $B(1;\ 1)$.

**2150.** $\int\int\limits_{(S)} e^{\frac{x}{y}}\,dx\,dy$, donde $S$ es un triángulo mixtilíneo $OAB$, limitado por la parábola $y^2=x$ y por las rectas $x=0$ e $y=1$ (fig. 91).

**2151.** $\int\int\limits_{(S)} \dfrac{x\,dx\,dy}{x^2+y^2}$, donde $S$ es un segmento parabólico, limitado por la parábola $y=\dfrac{x^2}{2}$ y por la recta $y=x$.

**2152.** Calcular las siguientes integrales y dibujar los recintos a que se extienden:

a) $\displaystyle\int_0^{\pi} dx \int_0^{1+\cos x} y^2 \operatorname{sen} x \, dy;$    c) $\displaystyle\int_{-\frac{\pi}{2}}^{\frac{\pi}{2}} dy \int_0^{3\cos y} x^2 \operatorname{sen}^2 y \, dx.$

b) $\displaystyle\int_0^{\frac{\pi}{2}} dx \int_{\cos x}^{1} y^4 \, dy;$

Antes de resolver los problemas 2153—2157 se recomienda hacer los dibujos correspondientes.

**2153.** Calcular la integral doble

$$\iint_{(S)} xy^2 \, dx \, dy,$$

si $S$ es un recinto limitado por la parábola $y^2 = 2px$ y por la recta $x = p$.

**2154\*.** Calcular la integral doble

$$\iint_{(S)} xy \, dx \, dy,$$

que se extiende al recinto $S$, limitado por el eje $OX$ y la semi-circunferencia superior $(x-2)^2 + y^2 = 1$.

**2155.** Calcular la integral doble

$$\iint_{(S)} \frac{dx \, dy}{\sqrt{2a-x}},$$

donde $S$ es un círculo de radio $a$, tangente a los ejes de coordenadas y que se encuentra en el primer cuadrante.

**2156\*.** Calcular la integral doble

$$\iint_{(S)} y \, dx \, dy,$$

donde el recinto $S$ está limitado por el eje de abscisas y el arco de cicloide

$$\begin{cases} x = R\,(t-\operatorname{sen} t) \\ y = R\,(1-\cos t) \quad (0 \leqslant t \leqslant 2\pi). \end{cases}$$

**2157.** Calcular la integral doble

$$\iint_{(S)} xy \, dx \, xy,$$

en la que el recinto de integración $S$ está limitado por los ejes de coordenadas y por el arco de astroide

$$x = R \cos^3 t, \quad y = R \operatorname{sen}^3 t \quad \left(0 \leqslant t \leqslant \frac{\pi}{2}\right).$$

**2158.** Hallar el valor medio de la función $f(x, y) = xy^2$ en el recinto $S \{0 \leqslant x \leqslant 1; \; 0 \leqslant y \leqslant 1\}$.

Indicación. Se da el nombre de *valor medio de una función* $f(x, y)$ en el recinto $S$ al número

$$\bar{f} = \frac{1}{S} \iint\limits_{(S)} f(x, y)\, dx\, dy,$$

donde $S$, en el denominador, señala el área del recinto $S$.

**2159.** Hallar el valor medio del cuadrado de la distancia del punto $M(x, y)$ del círculo $(x - a)^2 + y^2 \leqslant R^2$, al origen de coordenadas.

## § 2. Cambio de variables en la integral doble

1°. Integral doble en coordenadas polares. Cuando en la integral doble se pasa de las coordenadas rectangulares $x$, $y$ a las polares $r$, $\varphi$, relacionadas con las primeras por las expresiones

$$x = r \cos \varphi, \quad y = r \operatorname{sen} \varphi,$$

se verifica la fórmula

$$\iint\limits_{(S)} f(x, y)\, dx\, dy = \iint\limits_{(S)} f(r \cos \varphi, r \operatorname{sen} \varphi)\, r\, dr\, d\varphi. \tag{1}$$

Si el recinto de integración $S$ está limitado por los rayos $r = \alpha$ y $r = \beta$ $(\alpha < \beta)$ y por las curvas $r = r_1(\varphi)$ y $r = r_2(\varphi)$, donde $r_1(\varphi)$ y $r_2(\varphi)$ $(r_1(\varphi) \leqslant r_2(\varphi))$ son funciones uniformes en el segmento $\alpha \leqslant \varphi \leqslant \beta$, la integral doble se puede calcular por la fórmula

$$\iint\limits_{(S)} F(\varphi, r)\, r\, dr\, d\varphi = \int\limits_{\alpha}^{\beta} d\varphi \int\limits_{r_1(\varphi)}^{r_2(\varphi)} F(\varphi, r)\, r\, dr,$$

donde $F(\varphi, r) = f(r \cos \varphi, r \operatorname{sen} \varphi)$. Al calcular la integral $\displaystyle\int\limits_{r_1(\varphi)}^{r_2(\varphi)} F(\varphi, r)\, r\, dr$, se considera constante la magnitud $\varphi$.

Si el recinto de integración no pertenece a la forma examinada, se divide en partes, de manera que cada una de ellas represente de por sí un recinto de la forma dada.

2°. Integral doble en coordenadas curvilíneas. En el caso más general, si en la integral doble

$$\iint\limits_{(S)} f(x, y)\, dx\, dy$$

se quiere pasar de las variables $x$, $y$ a las variables $u$, $v$, relacionadas con aquéllas por medio de las expresiones continuas y diferenciables

$$x = \varphi(u, v), \quad y = \psi(u, v),$$

que establecen una correspondencia biunívoca y continua en ambos sentidos, entre los puntos del recinto $S$ del plano $XOY$ y los puntos de un recinto determinado $R'$ del plano $UO'V$, al mismo tiempo que el *jacobiano*

$$I = \frac{D(x, y)}{D(u, v)} = \begin{vmatrix} \frac{\partial x}{\partial u} & \frac{\partial y}{\partial u} \\ \frac{\partial x}{\partial v} & \frac{\partial y}{\partial v} \end{vmatrix}$$

conserva invariable su signo en el recinto $S$, será válida la fórmula

$$\iint\limits_{(S)} f(x, y)\, dx\, dy = \iint\limits_{(S')} f[\varphi(x, v), \psi(u, v)] \, |I| \, du\, dv.$$

Los límites de esta nueva integral se determinan de acuerdo con las reglas generales, sobre la base de la forma que tenga el recinto $S'$.

Ejemplo 1. Calcular la siguiente integral pasando a coordenadas polares

$$\iint\limits_{(S)} \sqrt{1 - x^2 - y^2}\, dx\, dy$$

donde el recinto $S$ es un círculo de radio $R = 1$ con centro en el origen de coordenadas (fig. 92).

Solución. Haciendo la sustitución $x = r\cos\varphi$, $y = r\,\text{sen}\,\varphi$, obtenemos

$$\sqrt{1 - x^2 - y^2} = \sqrt{1 - (r\cos\varphi)^2 - (r\,\text{sen}\,\varphi)^2} = \sqrt{1 - r^2}.$$

Como en el recinto $S$ la coordenada $r$ varía de 0 a 1, cualquiera que sea el valor de $\varphi$, mientras que $\varphi$ varía de 0 a $2\pi$, tenemos

$$\iint\limits_{(S)} \sqrt{1 - x^2 - y^2}\, dx\, dy = \int_0^{2\pi} d\varphi \int_0^1 r\sqrt{1 - r^2}\, dr = \frac{2}{3}\pi.$$

Pasar a las coordenadas polares $r$ y $\varphi$ y colocar los límites de integración para las nuevas variables en las siguientes integrales:

**2160.** $\displaystyle\int_0^1 dx \int_0^1 f(x, y)\, dy.$ \qquad **2161.** $\displaystyle\int_0^2 dx \int_0^x f(\sqrt{x^2 + y^2})\, dy.$

**2162.** $\displaystyle\iint\limits_{(S)} f(x, y)\, dx\, dy,$

donde $S$ es un triángulo limitado por las rectas $y = x$, $y = -x$ e $y = 1$.

**2163.** $\displaystyle\int_{-1}^1 dx \int_{x^2}^1 f\left(\frac{y}{x}\right) dy.$

**2164.** $\displaystyle\iint_{(S)} f(x, y)\, dx\, dy$, donde el recinto $S$ está limitado por la lemniscata

$$(x^2 + y^2)^2 = a^2 (x^2 - y^2).$$

**2165.** Calcular la siguiente integral doble, pasando previamente a coordenadas polares

$$\iint_{(S)} y\, dx\, dy,$$

donde $S$ es un semicírculo de diámetro $a$ con centro en el punto $C\left(\dfrac{a}{2}; 0\right)$ (fig. 93).

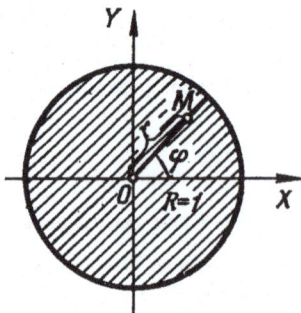

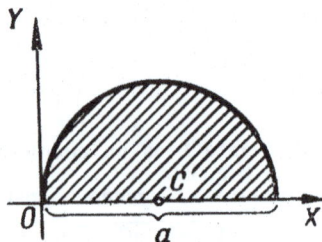

Fig. 92         Fig. 93

**2166.** Pasando a coordenadas polares, calcular la siguiente integral doble,

$$\iint_{(S)} (x^2 + y^2)\, dx\, dy,$$

que se extiende al recinto limitado por la circunferencia

$$x^2 + y^2 = 2ax.$$

**2167.** Calcular la siguiente integral doble, pasando a coordenadas polares,

$$\iint_{(S)} \sqrt{a^2 - x^2 - y^2}\, dx\, dy,$$

donde el recinto de integración $S$ es un semicírculo de radio $a$ con centro en el origen de coordenadas, situado sobre el eje $OX$.

**2168.** Calcular la integral doble de la función $f(r, \varphi) = r$ sobre el recinto limitado por la cardiode $r = a(1 + \cos\varphi)$ y la circunferencia $r = a$. (Se considera el recinto que no contiene el polo).

**2169.** Calcular la siguiente integral, pasando a coordenadas polares

$$\int_0^a dx \int_0^{\sqrt{a^2-x^2}} \sqrt{x^2+y^2}\, dy.$$

**2170.** Calcular la siguiente integral, pasando a coordenadas polares

$$\iint_{(S)} \sqrt{a^2-x^2-y^2}\, dx\, dy.$$

donde el recinto $S$ está limitado por la hoja de lemniscata

$$(x^2+y^2)^2 = a^2(x^2-y^2) \quad (x \geqslant 0).$$

**2171\*.** Calcular la integral doble

$$\iint_{(S)} \sqrt{1 - \frac{x^2}{a^2} - \frac{y^2}{b^2}}\, dx\, dy,$$

que se extiende al recinto $S$, limitado por la elipse $\frac{x^2}{a^2} + \frac{y^2}{b^2} = 1$, pasando a las *coordenadas polares generalizadas* $r$ y $\varphi$ según las fórmulas:

$$\frac{x}{a} = r \cos\varphi, \quad \frac{y}{b} = r \operatorname{sen}\varphi.$$

**2172\*\*.** Transformar la integral

$$\int_0^c dx \int_{\alpha x}^{\beta x} f(x, y)\, dy$$

$(0 < \alpha < \beta$ y $c > 0)$, introduciendo las nuevas variables $u = x + y_2$ $uv = y$.

**2173\*.** Efectuar el cambio de variables $u = x + y$, $v = x - y$ en la integral

$$\int_0^1 dx \int_0^1 f(x, y)\, dy.$$

**2174\*\*.** Calcular la integral doble

$$\iint_{(S)} dx\, dy,$$

donde $S$ es un recinto limitado por la curva

$$\left( \frac{x^2}{a^2} + \frac{y^2}{b^2} \right)^2 = \frac{x^2}{h^2} - \frac{y^2}{k^2}\,.$$

271

I n d i c a c i ó n. Efectuar el cambio de variables

$$x = ar \cos \varphi, \quad y = br \text{ sen } \varphi.$$

## § 3. Cálculo de áreas de figuras planas

1°. El área en coordenadas rectangulares. El *área S de un recinto plano (S) es igual a*

$$S = \iint\limits_{(S)} dx \, dy.$$

Si el recinto $(S)$ está determinado por las desigualdades $a \leqslant |x \leqslant b$, $\varphi(x) \leqslant \leqslant y \leqslant \psi(x)$, tendremos

$$S = \int_a^b dx \int_{\varphi(x)}^{\psi(x)} dy.$$

2°. El área en coordenadas polares. Si el recinto $(S)$ está determinado, en coordenadas polares $r$ y $\varphi$, por las desigualdades $\alpha \leqslant \varphi \leqslant \beta$, $f(\varphi) \leqslant r \leqslant F(\varphi)$, se tiene

$$S = \iint\limits_{(S)} r \, d\varphi \, dr = \int_\alpha^\beta d\varphi \int_{(f)\varphi}^{F(\varphi)} r \, dr.$$

**2175.** Construir los recintos cuyas áreas se expresan por las siguientes integrales:

a) $\displaystyle\int_{-1}^{2} dx \int_{x^2}^{x+2} dy;$     b) $\displaystyle\int_{0}^{a} dy \int_{a-y}^{\sqrt{a^2-y^2}} dx.$

Calcular estas áreas y cambiar el orden de integración.

**2176.** Construir los recintos cuyas áreas se expresan por las integrales:

a) $\displaystyle\int_{\frac{\pi}{4}}^{\text{arctg } 2} d\varphi \int_{0}^{3 \sec \varphi} r \, dr;$     b) $\displaystyle\int_{-\frac{\pi}{2}}^{\frac{\pi}{2}} d\varphi \int_{a}^{a(1+\cos \varphi)} r \, dr.$

Calcular estas áreas.

**2177.** Calcular el área limitada por las rectas $x = y$, $x = 2y$. $x + y = a$ y $x + 3y = a$ $(a > 0)$.

**2178.** Calcular el área de la figura situada sobre el eje $OX$ y limitada por este eje, la parábola $y^2 = 4ax$ y la recta $x + y = 3a$.

**2179\*.** Calcular el área limitada por la elipse

$$(y - x)^2 + x^2 = 1.$$

**2180.** Hallar el área limitada por las parábolas

$$y^2 = 10x + 25 \text{ e } y^2 = -6x + 9.$$

**2181.** Hallar el área limitada por las siguientes líneas, pasando a coordenadas polares,

$$x^2 + y^2 = 2x, \quad x^2 + y^2 = 4x, \quad y = x, \quad y = 0.$$

**2182.** Hallar el área limitada por la recta $r\cos\varphi = 1$ y la circunferencia $r = 2$. (Se considera la superficie que no contiene el polo).

**2183.** Hallar el área limitada por las curvas

$$r = a\,(1 + \cos\varphi) \text{ y } r = a\cos\varphi\,(a > 0).$$

**2184.** Hallar el área limitada por la línea

$$\left( \frac{x^2}{4} + \frac{y^2}{9} \right)^2 = \frac{x^2}{4} - \frac{y^2}{9}.$$

**2185\*.** Hallar el área limitada por la elipse

$$(x - 2y + 3)^2 + (3x + 4y - 1)^2 = 100.$$

**2186.** Hallar el área del cuadrilátero curvilíneo limitado por los arcos de las parábolas $x^2 = ay$, $x^2 = by$, $y^2 = \alpha x$, $y^2 = \beta x$ $(0 < a < b, \ 0 < \alpha < \beta)$.

Indicación. Introducir nuevas variables $u$ y $v$, suponiendo

$$x^2 = uy, \ y^2 = vx.$$

**2187.** Hallar el área del cuadrilátero curvilíneo limitado por los arcos de las curvas $y^2 = ax$, $y^2 = bx$, $xy = \alpha$, $xy = \beta$ $(0 < a < b, \ 0 < \alpha < \beta)$.

Indicación. Introducir nuevas variables $u$ y $v$, suponiendo $xy = u$, $y^2 = vx$.

## § 4. Cálculo de volúmenes

*El volumen $V$ de un cilindroide*, limitado por arriba por la superficie continua $z = f(x, y)$, por abajo por el plano $z = 0$ y lateralmente por la superficie cilíndrica recta que corta en el plano $XOY$ el recinto $S$ (fig. 94), es igual a

$$V = \iint\limits_{(S)} f(x, y)\,dx\,dy.$$

**2188.** Expresar, por medio de una integral doble, el volumen de una pirámide cuyos vértices son: $O\,(0;\ 0;\ 0)$, $A\,(1;\ 0;\ 0)$, $B\,(1;\ 1;\ 0)$ y $C\,(0;\ 0;\ 1)$ (fig. 95). Colocar los límites de integración.

En los problemas 2189—2192 hay que dibujar los cuerpos, cuyos volúmenes se expresan por las integrales dobles que se dan:

**2189.** $\displaystyle\int_{0}^{1} dx \int_{0}^{1-x} (1-x-y)\,dy.$   **2191.** $\displaystyle\int_{0}^{.2} dx \int_{0}^{\sqrt{1-x^2}} (1-x)\,dy.$

**2190.** $\displaystyle\int_{0}^{2} dx \int_{0}^{2-x} (4-x-y)\,dy.$   **2192.** $\displaystyle\int_{0}^{2} dx \int_{2-x}^{2} (4-x-y)\,dy.$

**2193.** Dibujar el cuerpo, cuyo volumen expresa la integral

$\displaystyle\int_{0}^{a} dx \int_{0}^{\sqrt{a^2-x^2}} \sqrt{a^2-x^2-y^2}\,dy$, y basándose en razonamientos geométricos, hallar el valor de esta integral.

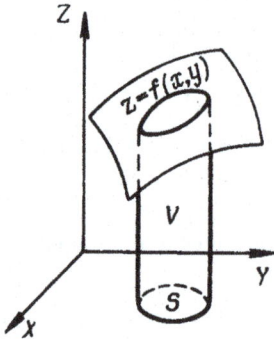

Fig. 94

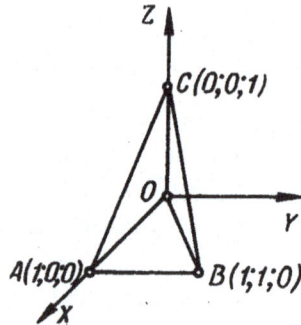

Fig. 95

**2194.** Hallar el volumen del cuerpo limitado por el paraboloide elíptico $z = 2x^2+y^2+1$, el plano $x+y=1$ y los planos coordenados.

**2195.** Un cuerpo está limitado por el paraboloide hiperbólico $z = x^2-y^2$ y los planos $y=0$, $z=0$, $x=1$. Calcular su volumen.

**2196.** Un cuerpo está limitado por el cilindro $x^2+z^2=a^2$ y los planos $y=0$, $z=0$, $y=x$. Calcular su volumen.

Hallar los volúmenes de los cuerpos limitados por las superficies siguientes:

**2197.** $az=y^2$, $x^2+y^2=r^2$, $z=0$.

**2198.** $y=\sqrt{x}$, $y=2\sqrt{x}$, $x+z=6$, $z=0$.

**2199.** $z=x^2+y^2$, $y=x^2$, $y=1$, $z=0$.

**2200.** $x + y + z = a$, $3x + y = a$, $\frac{3}{2}x + y = a$, $y = 0$, $z = 0$.

**2201.** $\frac{x^2}{a^2} + \frac{z^2}{c^2} = 1$, $y = \frac{b}{a}x$, $y = 0$, $z = 0$.

**2202.** $x^2 + y^2 = 2ax$, $z = \alpha x$, $z = \beta x$ $(\alpha > \beta)$.

En los problemas 2203—2211 empléense coordenadas polares y generalizadas.

**2203.** Hallar el volumen total del espacio comprendido entre el cilindro $x^2 + y^2 = a^2$ y el hiperboloide $x^2 + y^2 - z^2 = -a^2$.

**2204.** Hallar el volumen total del espacio comprendido entre el cono $2(x^2 + y^2) - z^2 = 0$ y el hiperboloide

$$x^2 + y^2 - z^2 = -a^2.$$

**2205.** Hallar el volumen limitado por las superficies $2az = x^2 + y^2$, $x^2 + y^2 - z^2 = a^2$, $z = 0$.

**2206.** Determinar el volumen del elipsoide

$$\frac{x^2}{a^2} + \frac{y^2}{b^2} + \frac{z^2}{c^2} = 1.$$

**2207.** Hallar el volumen del sólido limitado por el paraboloide $2az = x^2 + y^2$ y la esfera $x^2 + y^2 + z^2 = 3a^2$. (Se sobreentiende el volumen situado dentro del paraboloide).

**2208.** Calcular el volumen del sólido limitado por el plano $XOY$, el cilindro $x^2 + y^2 = 2ax$ y el cono $x^2 + y^2 = z^2$.

**2209.** Calcular el volumen del sólido limitado por el plano $XOY$, la superficie $z = ae^{-(x^2+y^2)}$ y el cilindro $x^2 + y^2 = R^2$.

**2210.** Calcular el volumen del sólido limitado por el plano $XOY$, el paraboloide $z = \frac{x^2}{a^2} + \frac{y^2}{b^2}$ y el cilindro $\frac{x^2}{a^2} + \frac{y^2}{b^2} = 2\frac{x}{a}$.

**2211.** ¿En qué razón divide el hiperboloide $x^2 + y^2 - z^2 = a^2$ al volumen de la esfera $x^2 + y^2 + z^2 \leqslant 3a^2$?

**2212\*.** Hallar el volumen del sólido limitado por las superficies $= x + y$, $xy = 1$, $xy = 2$, $y = x$, $y = 2x$, $z = 0$ $(x > 0, \ y > 0)$.

## § 5. Cálculo de áreas de superficies

El *área* $\sigma$ de una superficie regular $z = f(x, y)$, que tenga como proyección en el plano $XOY$ un recinto $S$, es igual a

$$\sigma = \iint_{(S)} \sqrt{1 + \left(\frac{\partial z}{\partial x}\right)^2 + \left(\frac{\partial z}{\partial y}\right)^2} \, dx \, dy.$$

**2213.** Hallar el área de la parte del plano $\frac{x}{a} + \frac{y}{b} + \frac{z}{c} = 1$, comprendida entre los planos de coordenadas.

**2214.** Hallar el área de la parte de superficie del cilindro $z^2 + y^2 = R^2\,(z \geqslant 0)$, comprendida entre los planos $z = mx$ y $x = nx\,(m > n > 0)$.

**2215\*.** Calcular el área de la parte de superficie del cono $x^2 - y^2 = z^2$, situada en el primer octante y limitada por el plano $y + z = a$.

**2216.** Calcular el área de la parte de superficie del cilindro $x^2 + y^2 = ax$, cortada del mismo por la esfera $x^2 + y^2 + z^2 = a^2$.

**2217.** Calcular el área de la parte de superficie de la esfera $x^2 + y^2 + z^2 = a^2$, cortada por la superficie $\dfrac{x^2}{a^2} + \dfrac{y^2}{b^2} = 1$.

**2218.** Calcular el área de la parte de superficie del paraboloide $y^2 + z^2 = 2ax$, comprendida entre el cilindro $y^2 = ax$ y el plano $x = a$.

**2219.** Calcular el área de la parte de superficie del cilindro $x^2 + y^2 = 2ax$, comprendida entre el plano $XOY$ y el cono $x^2 + y^2 = z^2$.

**2220\*.** Calcular el área de la parte de superficie del cono $x^2 - y^2 = z^2$, situada dentro del cilindro $x^2 + y^2 = 2ax$.

**2220.1\*.** Hallar el área de la parte del cilindro $y^2 = 4x$ cortada por la esfera $x^2 + y^2 + z^2 = 5x$.

**2220.2.** Hallar el área de la parte del cono $z = \sqrt{x^2 + y^2}$ cortada por el cilindro $(x^2 + y^2)^2 = a^2\,(x^2 - y^2)$.

**2221\*.** Demostrar, que las áreas de las partes de las superficies de los paraboloides $x^2 + y^2 = 2az$ y $x^2 - y^2 = 2az$ cortadas por el cilindro $x^2 + y^2 = R^2$ son iguales.

**2222\*.** Una esfera de radio $a$ está cortada por dos cilindros circulares, cuyas bases tienen los diámetros iguales al radio de aquélla, y que son tangentes entre sí a lo largo de uno de los diámetros de la misma. Hallar el volumen y el área de la parte de superficie de la esfera que queda.

**2223\*.** En una esfera de radio $a$ se ha cortado un orificio, con salida, de base cuadrada, cuyo lado también es igual a $a$. El eje de este orificio coincide con el diámetro de la esfera. Hallar el área de la superficie de ésta cortada por el orificio.

**2224\*.** Calcular el área de la parte de superficie helicoidal $z = c\,\operatorname{arctg}\dfrac{y}{x}$, situada en el primer octante y que está comprendida entre los cilindros $x^2 + y^2 = a^2$ y $x^2 + y^2 = b^2$.

## § 6. Aplicaciones de la integral doble a la mecánica

$1°$. **Masa y momentos estáticos de las láminas.** Si $S$ es un recinto del plano $XOY$, ocupado por una lámina, y $\rho\,(x, y)$ es la densidad superficial de dicha lámina en el punto $(x; y)$, la masa $M$ de ésta y sus momentos estáticos $M_X$ y $M_Y$ con respecto a los ejes $OX$ y $OY$ se expresan por las integrales dobles

$$M = \iint\limits_{(S)} \rho(x, y)\, dx\, dy, \quad M_X = \iint\limits_{(S)} y\rho(x, y)\, dx\, dy,$$

$$M_Y = \iint\limits_{(S)} x\rho(x, y)\, dx\, dy. \tag{1}$$

Si la lámina es homogénea, $\rho(x, y) = \text{const.}$

2°. Coordenadas del centro de gravedad de las láminas. Si $C(\bar{x}, \bar{y})$ es el centro de gravedad de una lámina, se tiene,

$$\bar{x} = \frac{M_Y}{M}, \quad \bar{y} = \frac{M_X}{M},$$

donde $M$ es la masa de la lámina y $M_X$, $M_Y$ sus momentos estáticos con respecto a los ejes de coordenadas (véase 1°). Si la lámina es homogénea, en las fórmulas (1) se puede poner $\rho = 1$.

3°. Momentos de inercia de las láminas. Los momentos de inercia de una lámina, con respecto a los ejes $OX$ y $OY$, son iguales respectivamente a

$$I_X = \iint\limits_{(S)} y^3\rho(x, y)\, dx\, dy, \quad I_Y = \iint\limits_{(S)} x^2\rho(x, y)\, dx\, dy. \tag{2}$$

El momento de inercia de la lámina con respecto al origen de coordenadas

$$I_0 = \iint\limits_{(S)} (x^2 + y^2)\,\rho(x, y)\, dx\, dy = I_X + I_Y. \tag{3}$$

Poniendo $\rho(x, y) = 1$, en las fórmulas (2) y (3), obtenemos los momentos geométricos de inercia de las figuras planas.

**2225.** Hallar la masa de una lámina circular de radio $R$, si su densidad es proporcional a la distancia desde el punto al centro e igual a $\delta$ en el borde de la lámina.

**2226.** Una lámina tiene la forma de triángulo rectángulo con catetos $OB = a$ y $OA = b$; su densidad en cualquier punto es igual a la distancia desde éste al cateto $OA$. Hallar los momentos estáticos de la lámina con respecto a los catetos $OA$ y $OB$.

**2227.** Calcular las coordenadas del centro de gravedad de la figura $OmAnO$ (fig. 96), limitada por la curva $y = \operatorname{sen} x$ y por la recta $OA$, que pasa por el origen de coordenadas y por el vértice $A\left(\frac{\pi}{2}; 1\right)$ de la sinusoide.

**2228.** Hallar las coordenadas del centro de gravedad de la figura limitada por la cardioide $r = a(1 + \cos\varphi)$.

**2229.** Hallar las coordenadas del centro de gravedad de un sector circular de radio $a$, cuyo ángulo central es igual a $2\alpha$ (fig. 97).

2230. Calcular las coordenadas del centro de gravedad de la figura limitada por las parábolas $y^2 = 4x + 4$ e $y^2 = -2x + 4$.

2231. Calcular el momento de inercia del triángulo limitado por las rectas $x + y = 2$, $x = 2$ e $y = 2$, con respecto al eje $OX$.

2232. Hallar el momento de inercia de un anillo circular de diámetros $d$ y $D$ ($d < D$): a) con respecto a su propio centro y b) con respecto a su diámetro.

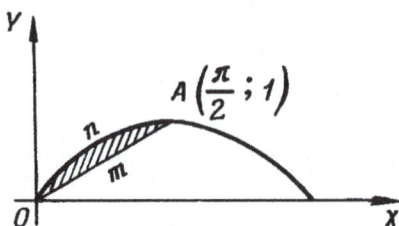

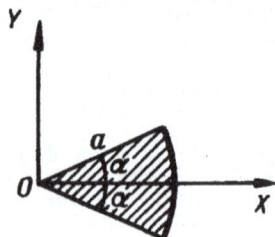

Fig 96.                    Fig. 97

2233. Calcular el momento de inercia de un cuadrado de lado $a$, con respecto al eje que, pasando por uno de sus vértices, es perpendicular al plano del cuadrado.

2234*. Calcular el momento de inercia del segmento interceptado de la parábola $y^2 = ax$ por la recta $x = a$, con respecto a la recta $y^2 = -a$.

2235*. Calcular el momento de inercia de la superficie limitada por la hipérbola $xy = 4$ y la recta $x + y = 5$, con respecto a la recta $x = y$.

2236*. En una lámina cuadrada de lado $a$, la densidad es proporcional a la distancia hasta uno de sus vértices. Calcular el momento de inercia de dicha lámina con respecto a los lados que pasan por éste vértice.

2237. Hallar el momento de inercia de la cardioide $r = a (1 + \cos \varphi)$, con respecto al polo.

2238. Calcular el momento de inercia de la superficie de la lemniscata $r^2 = 2a^2 \cos 2\varphi$, con respecto al eje, perpendicular al plano de la misma, que pasa por el polo.

2239*. Calcular el momento de inercia de una lámina homogénea limitada por un arco de la cicloide $x = a (t - \operatorname{sen} t)$, $y = a (1 - \cos t)$ y el eje $OX$, con respecto al eje $OX$.

## § 7. Integrales triples

1°. La integral triple en coordenadas rectangulares. Se llama integral triple de una función $f(x, y, z)$, sobre un recinto $V$, al límite de la correspondiente suma triple

$$\iiint\limits_{(V)} f(x, y, z)\, dx\, dy\, dz = \lim\limits_{\substack{\text{máx } \Delta x_i \to 0 \\ \text{máx } \Delta y_j \to 0 \\ \text{máx } \Delta z_k \to 0}} \sum_i \sum_j \sum_k f(x_i, y_j, z_k)\, \Delta x_i\, \Delta y_j\, \Delta z_k.$$

El cálculo de la integral triple se reduce a calcular sucesivamente tres integrales ordinarias (simples) o a calcular una doble y una simple.

Ejemplo 1. Calcular

$$I = \iiint\limits_{V} x^3 y^2 z\, dx\, dy\, dz,$$

donde el recinto $V$ se determina por las desigualdades

$$0 \leqslant x \leqslant 1, \quad 0 \leqslant y \leqslant x, \quad 0 \leqslant z \leqslant xy.$$

Solución. Tenemos:

$$I = \int\limits_0^1 dx \int\limits_0^x dy \int\limits_0^{xy} x^3 y^2 z\, dz = \int\limits_0^1 dx \int\limits_0^x x^3 y^2 \frac{z^2}{2} \Big|_0^{xy} dy =$$

$$= \int\limits_0^1 dx \int\limits_0^x \frac{x^2 y^4}{2}\, dy = \int\limits_0^1 \frac{x^5}{2} \frac{y^5}{5} \Big|_0^x dx = \int\limits_0^1 \frac{x^{10}}{10}\, dx = \frac{1}{110}.$$

Ejemplo 2. Calcular

$$\iiint\limits_{(V)} x^2\, dx\, dy\, dz,$$

extendida al volumen del elipsoide $\dfrac{x^2}{a^2} + \dfrac{y^2}{b^2} + \dfrac{z^2}{c^2} = 1$.

Solución.

$$\iiint\limits_{(V)} x^2\, dx\, dy\, dz = \int\limits_{-a}^a x^2\, dx \iint\limits_{(S_{yz})} dy\, dz = \int\limits_{-a}^a x^2 S_{yz}\, dx,$$

donde $S_{yz}$ es el área de la elipse $\dfrac{y^2}{b^2} + \dfrac{z^2}{c^2} = 1 - \dfrac{x^2}{a^2}$, $x = \text{const}$, igual a

$$S_{yz} = \pi b \sqrt{1 - \frac{x^2}{a^2}} \cdot c \sqrt{1 - \frac{x^2}{a^2}} = \pi bc \left(1 - \frac{x^2}{a^2}\right).$$

Por esto, en definitiva, tenemos:

$$\iiint\limits_{(V)} x^2\, dx\, dy\, dz = \pi bc \int\limits_{-a}^a x^2 \left(1 - \frac{x^2}{a^2}\right) dx = \frac{4}{15}\, \pi a^3 bc.$$

279

2°. **Cambio de variables en la integral triple.** Si en la integral triple

$$\iiint\limits_{(V)} f(x, y, z)\, dx\, dy\, dz$$

hay que pasar de las variables $x$, $y$, $z$, a las variables $u$, $v$, $w$, relacionadas con las primeras por las igualdades $x = \varphi(u, v, w)$, $y = \psi(u, v, w)$, $z = \chi(u, v, w)$, donde las funciones $\varphi$, $\psi$, $\chi$:

1) son continuas, junto con sus derivadas parciales de 1° orden.

2) establecen una correspondencia biunívoca continua en ambos sentidos, entre los puntos del recinto de integración $V$ del espacio $OXYZ$ y los puntos de un recinto determinado $V'$ del espacio $O'UVW$ y

3) el determinante funcional (jacobiano) de estas funciones

$$I = \frac{D(x, y, z)}{D(u, v, w)} = \begin{vmatrix} \dfrac{\partial x}{\partial u} & \dfrac{\partial x}{\partial v} & \dfrac{\partial x}{\partial w} \\[2mm] \dfrac{\partial y}{\partial u} & \dfrac{\partial y}{\partial v} & \dfrac{\partial y}{\partial w} \\[2mm] \dfrac{\partial z}{\partial u} & \dfrac{\partial z}{\partial v} & \dfrac{\partial z}{\partial w} \end{vmatrix}$$

conserva invariable su signo en el recinto $V$, entonces, será válida la fórmula

$$\iiint\limits_{(V)} f(x, y, z)\, dx\, dy\, dz = \iiint\limits_{(V')} f[\varphi(u,v,w), \psi(u,v,w), \chi(u,v,w)]\,|I|\, du\, dv\, dw.$$

En particular,

1) para las coordenadas cilíndricas , $r$, $\varphi$, $h$ (fig. 98), donde

$$x = r \cos \varphi, \quad y = r \operatorname{sen} \varphi, \quad z = h,$$

obtenemos que, $I = r$;

2) para las coordenadas esféricas $\varphi$, $\psi$, $r$ ($\varphi$ es la longitud; $\psi$, la latitud y $r$ el radio vector) (fig. 99), donde

$$x = r \cos \psi \cos \varphi, \quad y = r \cos \psi \operatorname{sen} \varphi,$$

$$z = r \operatorname{sen} \psi,$$

tenemos $I = r^2 \cos \psi$.

**Ejemplo 3.** Calcular la siguiente integral, pasándola a las coordenadas esféricas,

$$\iiint\limits_{(V)} \sqrt{x^2 + y^2 + z^2}\, dx\, dy\, dz,$$

donde $V$ es una esfera de radio $R$.

**Solución.** Para la esfera, los límites de variación de las coordenadas esféricas $\varphi$ (longitud), $\psi$ (latitud) y $r$ (radio vector), serán:

$$0 \leqslant \varphi \leqslant 2\pi, \quad -\frac{\pi}{2} \leqslant \psi \leqslant \frac{\pi}{2}, \quad 0 \leqslant r \leqslant R.$$

Por esto, tendremos:

$$\iiint\limits_{(V)} \sqrt{x^2 + y^2 + z^2}\, dx\, dy\, dz = \int_0^{2\pi} d\varphi \int_{-\frac{\pi}{2}}^{\frac{\pi}{2}} d\psi \int_0^R r \cdot r^2 \cos \psi\, dr = \pi R^4.$$

3°. **Aplicaciones de las integrales triples.** El *volumen* de un recinto del espacio tridimensional $OXYZ$ es igual a

$$V = \iiint\limits_{(V)} dx\, dy\, dz.$$

La *masa* de un cuerpo que ocupa el recinto $V$,

$$M = \iiint\limits_{(V)} \gamma(x,\, y,\, z)\, dx\, dy\, dz:$$

donde $\gamma(x,\, y,\, z)$ es la densidad del cuerpo en el punto $(x,\, y,\, z)$.

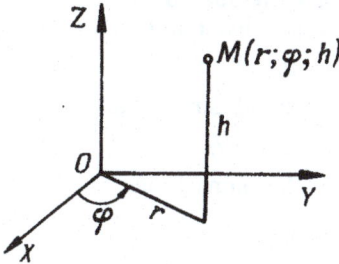

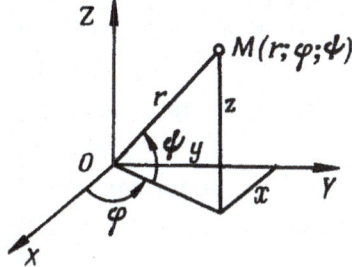

F i g. 98          F i g. 99

Los *momentos estáticos* de un cuerpo, con respecto a los planos coordenados son:

$$M_{XY} = \iiint\limits_{(V)} \gamma(x,\, y,\, z)\, z\, dx\, dy\, dz;$$

$$M_{YZ} = \iiint\limits_{(V)} \gamma(x,\, y,\, z)\, x\, dx\, dy\, dz;$$

$$M_{ZX} = \iiint\limits_{(V)} \gamma(x,\, y,\, z)\, y\, dx\, dy\, dz.$$

Las *coordenadas del centro de gravedad*

$$\overline{x} = \frac{M_{YZ}}{M}, \quad \overline{y} = \frac{M_{ZX}}{M}, \quad \overline{z} = \frac{M_{XY}}{M}.$$

Si el cuerpo es homogéneo, en las fórmulas para determinar las coordenadas del centro de gravedad se puede poner $\gamma(x,\, y,\, z) = 1$.

Los *momentos de inercia*, con respecto a los ejes coordenados son:

$$I_X = \iiint\limits_{(V)} (y^2 + z^2)\, \gamma(x,\, y,\, z)\, dx\, dy\, dz;$$

$$I_Y = \iiint\limits_{(V)} (z^2 + x^2)\, \gamma(x,\, y,\, z)\, dx\, dy\, dz;$$

$$I_Z = \iiint\limits_{(V)} (x^2 + y^2)\, \gamma(x,\, y,\, z)\, dx\, dy\, dz.$$

Poniendo en estas fórmulas $\gamma(x, y, z)=1$, obtenemos los momentos geométricos de inercia del cuerpo.

## A. Cálculo de las integrales triples

Calcular los límites de integración en la integral triple

$$\iiint\limits_{(V)} f(x, y, z) \, dx \, dy \, dz$$

para los recintos $V$ que se indican a continuación:

**2240.** $V$ es un tetraedro limitado por los planos

$$x+y+z=1, \quad x=0, \quad y=0, \quad z=0.$$

**2241.** $V$ es un cilindro limitado por las superficies

$$x^2+y^2=R^2, \quad z=0, \quad z=H.$$

**2242\*.** $V$ es un cono limitado por las superficies

$$\frac{x^2}{a^2}+\frac{y^2}{b^2}=\frac{z^2}{c^2}, \quad z=c.$$

**2243.** $V$ es un volumen limitado por las superficies

$$z=1-x^2-y^2, \quad z=0.$$

Calcular las siguientes integrales:

**2244.** $\displaystyle\int_0^1 dx \int_0^1 dy \int_0^1 \frac{dz}{\sqrt{x+y+z+1}}.$

**2245.** $\displaystyle\int_0^2 dx \int_0^{2\sqrt{x}} dy \int_0^{\sqrt{\frac{4x-y^2}{2}}} x \, dz.$

**2246.** $\displaystyle\int_0^a dx \int_0^{\sqrt{a^2-x^2}} dy \int_0^{\sqrt{a^2-x^2-y^2}} \frac{dz}{\sqrt{a^2-x^2-y^2-z^2}}.$

**2247.** $\displaystyle\int_0^1 dx \int_0^{1-x} dy \int_0^{1-x-y} xyz \, dz.$

**2248.** Calcular

$$\iiint\limits_{(V)} \frac{dx \, dy \, dz}{(x+y+z+1)^3},$$

donde $V$ es el recinto de integración, que está limitado por los planos de coordenadas y por el plano $x+y+z=1$.

**2249.** Calcular

$$\iiint\limits_{(V)} (x+y+z)^2 \, dx \, dy \, dz,$$

donde $V$ es la parte común del paraboloide $2az \geqslant x^2+y^2$ y de la esfera $x^2+y^2+z^2 \leqslant 3a^2$.

**2250.** Calcular

$$\iiint\limits_{(V)} z^2 \, dx \, dy \, dz,$$

donde $V$ es la parte común de las esferas $x^2+y^2+z^2 \leqslant R^2$ y $x^2+y^2+z^2 \leqslant 2Rz$.

**2251.** Calcular

$$\iiint\limits_{(V)} z \, dx \, dy \, dz,$$

donde $V$ es el volumen limitado por el plano $z=0$ y por la mitad superior del elipsoide $\dfrac{x^2}{a^2}+\dfrac{y^2}{b^2}+\dfrac{z^2}{c^2}=1$.

**2252.** Calcular

$$\iiint\limits_{(V)} \left( \frac{x^2}{a^2}+\frac{y^2}{b^2}+\frac{z^2}{c^2} \right) dx \, dy \, dz,$$

donde $V$ es la parte interna del elipsoide $\dfrac{x^2}{a^2}+\dfrac{y^2}{b^2}+\dfrac{z^2}{c^2}=1$.

**2253.** Calcular

$$\iiint\limits_{(V)} z \, dx \, dy \, dz,$$

donde $V$ es el recinto limitado por el cono $z^2=\dfrac{h^2}{R^2}(x^2+y^2)$ y por el plano $z=h$.

**2254.** Calcular la siguiente integral, pasando a coordenadas cilíndricas,

$$\iiint\limits_{(V)} dx \, dy \, dz,$$

donde $V$ es el recinto limitado por las superficies $x^2+y^2+z^2=2Rz$, $x^2+y^2=z^2$ y que contiene el punto $(0, 0, R)$.

**2255.** Calcular

$$\int\limits_0^2 dx \int\limits_0^{\sqrt{2x-x^2}} dy \int\limits_0^a z\sqrt{x^2+y^2} \, dz,$$

transformándola previamente a las coordenadas cilíndricas.

**2256.** Calcular

$$\int_0^{2r} dx \int_{-\sqrt{2rx-x^2}}^{\sqrt{2rx-x^2}} dy \int_0^{\sqrt{4r^2-x^2-y^2}} dz,$$

transformándola previamente a las coordenadas cilíndricas.

**2257.** Calcular

$$\int_{-R}^{R} dx \int_{-\sqrt{R^2-x^2}}^{\sqrt{R^2-x^2}} dy \int_0^{\sqrt{R^2-x^2-y^2}} (x^2+y^2)\, dz,$$

tranformándola previamente a las coordenadas esféricas.

**2258.** Calcular la integral siguiente, pasando a las coordenadas esféricas

$$\iiint\limits_{(V)} \sqrt{x^2+y^2+z^2}\, dx\, dy\, dz,$$

donde $V$ es la parte interna de la esfera $x^2+y^2+z^2 \leqslant x$.

B. *Cálculo de volúmenes por medio de integrales triples*

**2259.** Calcular, por medio de una integral triple, el volumen del cuerpo limitado por las superficies

$$y^2 = 4a^2 - 3ax, \quad y^2 = ax, \quad z = \pm h.$$

**2260\*\*.** Calcular el volumen de la parte del cilindro $x^2+y^2 = 2ax$, comprendido entre el paraboloide $x^2+y^2=2az$ y el plano $XOY$.

**2261\*.** Calcular el volumen del cuerpo limitado por la esfera $x^2+y^2+z^2=a^2$ y el cono $z^2=x^2+y^2$ (la parte exterior con respecto al cono).

**2262\*.** Calcular el volumen del cuerpo limitado por la esfera $x^2+y^2+z^2=4$ y el paraboloide $x^2+y^2=3z$ (la parte interior con respecto al paraboloide).

**2263.** Calcular el volumen del cuerpo limitado por el plano $XOY$, el cilindro $x^2+y^2=ax$ y la esfera $x^2+y^2+z^2=a^2$ (interno con respecto al cilindro).

**2264.** Calcular el volumen del cuerpo limitado por el paraboloide $\frac{y^2}{b^2}+\frac{z^2}{c^2}=2\frac{x}{a}$ y el plano $x=a$.

**2264. 1.** Hallar el volumen del cuerpo limitado por la superficie

$$\left(\frac{x^2}{a^2}+\frac{y^2}{b^2}+\frac{z^2}{c^2}\right)^2=\frac{x^2}{a^2}+\frac{y^2}{b^2}-\frac{z^2}{c^2}.$$

**2264. 2.** Hallar el volumen del cuerpo limitado por las superficies

$$\frac{x^2}{a^2}+\frac{y^2}{b^2}+\frac{z^2}{c^2}=2, \quad \frac{x^2}{a^2}+\frac{y^2}{b^2}-\frac{z^2}{c^2}=0 \qquad (z\geqslant 0).$$

*C. Aplicaciones de las integrales triples a la mecánica y a la física*

**2265.** Hallar la masa $M$ del paralelepípedo rectangular $0\leqslant x\leqslant a$, $0\leqslant y\leqslant b$, $0\leqslant z\leqslant c$, si la densidad en el punto $(x,\,y,\,z)$ es $\rho\,(x,\,y,\,z)=$ $=x+y+z$.

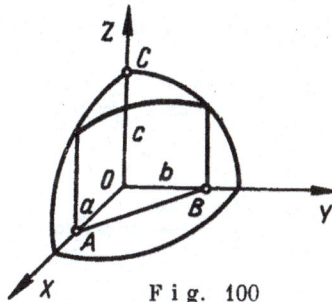

Fig. 100

**2266.** Del octante de la esfera $x^2+y^2+z^2\leqslant c^2$, $x\geqslant 0$, $y\geqslant 0$, $z\geqslant 0$, se ha cortado el cuerpo $OABC$, limitado por los planos de coordenadas y por el plano $\frac{x}{a}+\frac{y}{b}=1$ $(a\leqslant c,\ b\leqslant c)$ (fig. 100). Hallar la masa de este cuerpo, si su densidad en cada punto $(x,\,y,\,z)$ es igual a la cota $z$ del mismo.

**2267\*.** En el cuerpo de forma semiesférica $x^2+y^2+z^2\leqslant a^2$, $z\geqslant 0$, la densidad varía proporcionalmente a la distancia desde el punto al centro. Hallar el centro de gravedad de este cuerpo.

**2268.** Hallar el centro de gravedad del cuerpo limitado por el paraboloide $y^2+2z^2=4x$ y por el plano $x=2$.

**2269\*.** Hallar el momento de inercia del cilindro circular, que tiene por altura $h$ y por radio de la base $a$, con respecto al eje que sirve de diámetro de la base del propio cilindro.

**2270\*.** Hallar el momento de inercia del cono circular, que tiene por altura $h$, por radio de la base $a$ y de densidad $\rho$, con respecto al diámetro de su base.

**2271\*\*.** Hallar la atracción que ejerce el cono homogéneo, de altura $h$ y ángulo en el vértice $\alpha$ (en la sección axial), sobre un punto material, que tenga una unidad de masa y que esté situado en su vértice.

**2272\*\*.** Demostrar, que la atracción que ejerce una esfera homogénea sobre un punto material exterior a ella no varía, si toda la masa de la esfera se concentra en su centro.

## § 8. Integrales impropias, dependientes de un parámetro. Integrales impropias múltiples

1°. **Derivación respecto del parámetro.** Cumpliéndose ciertas restricciones que se imponen a las funciones $f(x, \alpha)$ y $f'_\alpha(x, \alpha)$ y a las correspondientes integrales impropias, se verifica la *regla de Leibniz*

$$\frac{d}{d\alpha} \int\limits_a^\infty f(x, \alpha) \, dx = \int\limits_a^\infty f'_\alpha(x, \alpha) \, dx.$$

Ejemplo 1. Valiéndose de la derivación respecto del parámetro, calcular

$$\int\limits_0^\infty \frac{e^{-\alpha x^2} - e^{-\beta x^2}}{x} \, dx \qquad (\alpha > 0, \, \beta > 0).$$

Solución. Sea

$$\int\limits_0^\infty \frac{e^{-\alpha x^2} - e^{-\beta x^2}}{x} \, dx = F(\alpha, \beta).$$

Entonces,

$$\frac{\partial F(\alpha, \beta)}{\partial \alpha} = -\int\limits_0^\infty x e^{-\alpha x^2} \, dx = \frac{1}{2\alpha} e^{-\alpha x^2} \Big|_0^\infty = -\frac{1}{2\alpha}.$$

De donde $F(\alpha, \beta) = -\frac{1}{2} \ln \alpha + C(\beta)$. Para hallar $C(\beta)$, ponemos $\alpha = \beta$ en la última igualdad. Tenemos, $0 = -\frac{1}{2} \ln \beta + C(\beta)$.

De donde $C(\beta) = \frac{1}{2} \ln \beta$. Por consiguiente,

$$F(\alpha, \beta) = -\frac{1}{2} \ln \alpha + \frac{1}{2} \ln \beta = \frac{1}{2} \ln \frac{\beta}{\alpha}.$$

2°. **Integrales dobles impropias.** a) **Caso en que el recinto de integración es infinito.** Si la función $f(x, y)$ es continua en un recinto infinito $S$, se supone

$$\iint\limits_{(S)} f(x, y) \, dx \, dy = \lim_{\sigma \to S} \iint\limits_{(\sigma)} f(x, y) \, dx \, dy, \qquad (1)$$

donde $\sigma$ es un recinto finito, situado totalmente en $S$, entendiéndose por $\sigma \to S$, que ampliamos el recinto $\sigma$ según una ley arbitraria, de manera que en éste entre y permanezca en él cualquier punto del recinto $S$. Si el segundo miembro tiene límite y éste no depende de la elección que se haga de $\sigma$, la correspondiente integral impropia recibe el nombre de *convergente*; en el caso contrario se llama *divergente*.

Si la función subintegral $f(x, y)$ no es negativa ($f(x, y) \geqslant 0$), para que la integral impropia sea convergente es necesario y suficiente que exista el límite del segundo miembro de la igualdad (1), aunque sea para un sistema de recintos σ que completen el recinto S.

b) C a s o  d e  u n a  f u n c i ó n  d i s c o n t i n u a. Si la función $f(x, y)$ es continua en todo un recinto cerrado y acotado S, a excepción del punto $P(a, b)$, se supone:

$$\iint\limits_{(S)} f(x, y)\, dx\, dy = \lim_{\varepsilon \to 0} \iint\limits_{(S_\varepsilon)} f(x, y)\, dx\, dy, \qquad (2)$$

donde $S_\varepsilon$ es el recinto que resulta de excluir del S un recinto interior pequeño de diámetro ε que contiene al punto P. En el caso de que exista el límite (2) y de que no dependa de la forma de los recintos interiores pequeños que se excluyan del recinto S, la integral considerada se llama *convergente*, mientras que en el caso contrario, es *divergente*.

Si $f(x, y) \geqslant 0$, el límite del segundo miembro de la igualdad (2) no depende de la forma de los recintos internos que se excluyen de S; en particular, en calidad de tales recintos pueden tomarse círculos de radio $\frac{\varepsilon}{2}$ con centro en el punto P.

El concepto de integrales impropias dobles es fácil pasarlo al caso de integrales triples.

E j e m p l o  2. Investigar la convergencia de la integral

$$\iint\limits_{(S)} \frac{dx\, dy}{(1 + x^2 + y^2)^p}, \qquad (3)$$

donde S es todo el plano XOY.

S o l u c i ó n. Sea σ un círculo de radio ρ con centro en el origen de coordenadas. Pasando a las coordenadas polares, si $p \neq 1$, tenemos:

$$I_{(\sigma)} = \iint\limits_{(\sigma)} \frac{dx\, dy}{(1 + x^2 + y^2)^p} = \int_0^{2\pi} d\varphi \int_0^\rho \frac{r\, dr}{(1 + r^2)^p} =$$

$$= \int_0^{2\pi} \frac{1}{2} \frac{(1 + r^2)^{1-p}}{1 - p} \Big|_0^\rho \, d\varphi = \frac{\pi}{1 - p} [(1 + \rho^2)^{1-p} - 1].$$

Si $p < 1$, se tiene $\lim\limits_{\sigma \to S} I(\sigma) = \lim\limits_{\rho \to \infty} I(\sigma) = \infty$ y la integral diverge. Si por el contrario, $p > 1$, se tiene $\lim\limits_{\rho \to \infty} I(\sigma) = \frac{\pi}{p-1}$ y la integral converge. Cuando $p = 1$, tenemos que $I(\sigma) = \int_0^{2\pi} d\varphi \int_0^\rho \frac{r\, dr}{1 + r^2} = \pi \ln(1 + \rho^2)$; $\lim\limits_{\rho \to \infty} I(\sigma) = \infty$, es decir, la integral diverge.

Por consiguiente, la integral (3) es convergente para $p > 1$.

**2273.** Hallar $f'(x)$, si

$$f(x) = \int_x^\infty e^{-xy}\,dy \qquad (x>0).$$

**2274.** Demostrar, que la función

$$u = \int_{-\infty}^{+\infty} \frac{xf(z)}{x^2+(y-z)^2}\,dz$$

satisface a la ecuación de Laplace

$$\frac{\partial^2 u}{\partial x^2} + \frac{\partial^2 u}{\partial y^2} = 0.$$

**2275.** La transformación de Laplace $F(p)$ para la funcion $f(t)$ se determina por la fórmula

$$F(p) = \int_0^\infty e^{-pt} f(t)\,dt.$$

Hallar $F(p)$, si: a) $f(t)=1$; b) $f(t)=e^{\alpha t}$; c) $f(t)=\operatorname{sen}\beta t$; d) $f(t)=\cos\beta t$.

**2276.** Aplicando la fórmula

$$\int_0^1 x^{n-1}\,dx = \frac{1}{n} \qquad (n>0),$$

calcular la integral

$$\int_0^1 x^{n-1}\ln x\,dx.$$

**2277\*.** Aplicando la fórmula

$$\int_0^\infty e^{-pt}\,dt = \frac{1}{p} \qquad (p>0),$$

calcular la integral

$$\int_0^\infty t^2 e^{-pt}\,dt.$$

Utilizando la derivación respecto al parámetro, calcular las siguientes integrales:

**2278.** $\displaystyle\int_0^\infty \frac{e^{-\alpha x}-e^{-\beta x}}{x}\,dx \quad (\alpha>0,\ \beta>0).$

**2279.** $\displaystyle\int_0^\infty \frac{e^{-\alpha x}-e^{-\beta x}}{x}\operatorname{sen} mx\,dx \quad (\alpha>0,\ \beta>0).$

**2280.** $\displaystyle\int_0^\infty \frac{\operatorname{arctg}\alpha x}{x\,(1+x^2)}\,dx.$

**2281.** $\displaystyle\int_0^1 \frac{\ln(1-\alpha^2 x^2)}{x^2\sqrt{1-x^2}}\,dx \quad (|\alpha|<1).$

**2282.** $\displaystyle\int_0^\infty e^{-\alpha x}\frac{\operatorname{sen}\beta x}{x}\,dx \quad (\alpha\geqslant 0).$

Calcular las siguientes integrales impropias:

**2283.** $\displaystyle\int_0^\infty dx\int_0^\infty e^{-(x+y)}\,dy.$

**2284.** $\displaystyle\int_0^1 dy\int_0^{y^2} e^{\frac{x}{y}}\,dx.$

**2285.** $\displaystyle\iint_{(S)} \frac{dx\,dy}{x^4+y^2}$, donde $S$ es un recinto, que se determina por las desigualdades $x\geqslant 1,\ y\geqslant x^2$.

**2286\*.** $\displaystyle\int_0^\infty dx\int_0^\infty \frac{dy}{(x^2+y^2+a^2)^2} \quad (a>0).$

**2287.** La *integral de Euler-Poisson*, determinada por la fórmula $I=\displaystyle\int_0^\infty e^{-x^2}\,dx$, se puede escribir también en la forma $I=\displaystyle\int_0^\infty e^{-y^2}\,dy$. Multiplicando entre sí estas fórmulas y pasando después a las coordenadas polares, calcular $I$.

**2288.** Calcular

$$\int_0^\infty dx\int_0^\infty dy\int_0^\infty \frac{dz}{(x^2+y^2+z^2+1)^2}.$$

19

Averiguar si convergen las siguientes integrales dobles impropias:

**2289\*\*.** $\displaystyle\iint\limits_{(S)} \ln\sqrt{x^2+y^2}\,dx\,dy$, donde $S$ es el círculo $x^2+y^2 \leqslant 1$.

**2290.** $\displaystyle\iint\limits_{(S)} \frac{dx\,dy}{(x^2+y^2)^{\alpha}}$, donde $S$ es un recinto que se determina por la desigualdad $x^2+y^2 \geqslant 1$ («parte exterior» del círculo).

**2291\*.** $\displaystyle\iint\limits_{(S)} \frac{dx\,dy}{\sqrt[3]{(x-y)^2}}$, donde $S$ es un cuadrado $|x| \leqslant 1$, $|y| \leqslant 1$.

**2292.** $\displaystyle\iiint\limits_{(V)} \frac{dx\,dy\,dz}{(x^2+y^2+z^2)^{\alpha}}$, donde $V$ es un recinto, que se determina por la desigualdad $x^2+y^2+z^2 \geqslant 1$ («parte exterior» de la esfera).

## § 9. Integrales curvilíneas

1° **Integrales curvilíneas de primer tipo.** Sea $f(x, y)$ una función continua e $y = \varphi(x)$ $[a \leqslant x \leqslant b]$ la ecuación de una curva plana determinada $C$.

Marcamos un sistema de puntos $M_i (x_i, y_i)$ $(i = 0, 1, 2, \ldots, n)$, que dividan la curva $C$ en arcos elementales $\overparen{M_{i-1}M_i} = \Delta s_i$, y formamos la suma integral $S_n = \sum\limits_{i=1}^{n} f(x_i, y_i)\,\Delta s_i$. El límite de esta suma, cuando $n \to \infty$ y máx $\Delta s_i \to 0$ recibe el nombre de *integral curvilínea de primer tipo*

$$\lim_{n\to\infty} \sum_{i=1}^{n} f(x_i, y_i)\,\Delta s_i = \int\limits_{C} f(x, y)\,ds$$

($ds$ es la diferencial del arco) y se calcula por la fórmula

$$\int\limits_{C} f(x, y)\,ds = \int\limits_{a}^{b} f(x, \varphi(x))\sqrt{1 + (\varphi'(x))^2}\,dx.$$

En el caso de que la curva $C$ esté dada en forma paramétrica: $x = \varphi(t)$, $y = \psi(t)$ $[\alpha \leqslant t \leqslant \beta]$, tenemos:

$$\int\limits_{C} f(x, y)\,ds = \int\limits_{\alpha}^{\beta} f(\varphi(t), \psi(t))\sqrt{\varphi'^2(t) + \psi'^2(t)}\,dt.$$

Se consideran también integrales curvilíneas de primer tipo de funciones de tres variables $f(x, y, z)$, tomadas sobre una curva en el espacio, que se calculan análogamente. La integral curvilínea de primer tipo *no depende del sentido del camino de integración.* Si la función subintegral $f$ se interpreta como la densidad lineal de la curva de integración $C$, esta integral representará de por sí la *masa de la curva C*.

Ejemplo 1. Calcular la integral curvilínea

$$\int_C (x+y)\,ds,$$

donde $C$ es el contorno del triángulo *ABO*, cuyos vértices son: $A(1; 0)$, $B(0; 1)$ y $O(0; 0)$ (fig. 101).

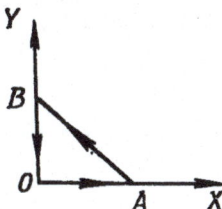

F i g. 101

Solución. Aquí, la ecuación de *AB* es: $y = 1 - x$, la de *OB*: $x = 0$ y la de *OA*: $y = 0$.
Por lo tanto, tendremos:

$$\int_C (x+y)\,ds = \int_{AB} (x+y)\,ds + \int_{BO} (x+y)\,ds + \int_{OA} (x+y)\,ds =$$

$$= \int_0^1 \sqrt{2}\,dx + \int_0^1 y\,dy + \int_0^1 x\,dx = \sqrt{2} + 1.$$

2°. Integrales curvilíneas de segundo tipo. Si $P(x, y)$ y $Q(x, y)$ son funciones continuas e $y = \varphi(x)$ es una curva plana $C$, que se recorre al variar $x$ desde $a$ hasta $b$, la correspondiente *integral curvilínea de segundo tipo* se expresa de la forma siguiente

$$\int_C P(x, y)\,dx + Q(x, y)\,dy = \int_a^b [P(x, \varphi(x)) + \varphi'(x)\,Q(x, \varphi(x))]\,dx.$$

En el caso más general, cuando la curva $C$ se da en la forma paramétrica: $x = \varphi(t)$, $y = \psi(t)$, donde $t$ varía entre $\alpha$ y $\beta$, tenemos:

$$\int_C P(x, y)\,dx + Q(x, y)\,dy = \int_\alpha^\beta [P(\varphi(t), \psi(t))\,\varphi'(t) + Q(\varphi(t), \psi(t))\,\psi'(t)]\,dt.$$

Fórmulas análogas son válidas para la integral curvilínea de segundo tipo tomada sobre una curva en el espacio.

La integral curvilínea de segundo tipo c a m b i a s u s i g n o p o r el c o n t r a r i o, al c a m b i a r el s e n t i d o del c a m i n o de i n t e- g r a c i ó n. Mecánicamente, esta integral puede interpretarse como el trabajo de la correspondiente fuerza variable $\{P(x, y), Q(x, y)\}$ a lo largo de la curva de integración $C$.

E j e m p l o 2. Calcular la integral curvilínea

$$\int_C y^2\, dx + x^2\, dy,$$

donde $C$ es la mitad superior de la elipse $x = a\cos t$, $y = b\,\text{sen}\, t$, que se recorre en el sentido de las agujas del reloj.

S o l u c i ó n. Tenemos

$$\int_C y^2\, dx + x^2\, dy = \int_\pi^0 [b^2\,\text{sen}^2\, t \cdot (-a\,\text{sen}\, t) + a^2 \cos^2 t \cdot b \cos t]\, dt =$$

$$= -ab^2 \int_\pi^0 \text{sen}^3\, t\, dt + a^2 b \int_\pi^0 \cos^3 t\, dt\ \frac{4}{3}\, ab^2.$$

$3°.$ C a s o de d i f e r e n c i a l e x a c t a. Si la expresión subintegral de la integral curvilínea de segundo tipo es la diferencial exacta de una función uniforme determinada $U = U(x, y)$, es decir, $P(x, y)\, dx + Q(x, y)\, dy = dU(x, y)$, esta integral curvilínea no depende del camino de integración y se cumple la fórmula de Newton-Leibniz

$$\int_{(x_1;\, y_1)}^{(x_2;\, y_2)} P(x, y)\, dx + Q(x, y)\, dy = U(x_2, y_2) - U(x_1, y_1), \tag{1}$$

donde $(x_1;\, y_1)$ es el punto inicial y $(x_2;\, y_2)$, el punto final del camino. En particular, si el contorno de integración $C$ es cerrado, se tiene

$$\int_C P(x, y)\, dx + Q(x, y)\, dy = 0. \tag{2}$$

Si, 1) el contorno de integración $C$ está comprendido totalmente en un determinado recinto simplemente conexo $S$ y 2) las funciones $P(x, y)$ y $Q(x, y)$, junto con sus derivadas parciales de $1°$ orden, son continuas en el recinto $S$, la condición necesaria y suficiente para la existencia de la función $U$ es que se verifique idénticamente en todo el recinto $S$ la igualdad

$$\frac{\partial Q}{\partial x} = \frac{\partial P}{\partial y} \tag{3}$$

(véase integración de diferenciales exactas). Si no se cumplen las condicio- nes 1) y 2), la subsistencia de la condición (3) no garantiza la existencia de la función uniforme $U$ y las fórmulas (1) y (2) pueden resultar ser erróneas (véase el problema 2332). Señalemos un procedimiento para hallar la función $U(x, y)$ por medio de su diferencial total, basado en el empleo de las integrales curvilíneas (es decir, un procedimiento más de integración de la diferencial exacta). Como contorno de integración $C$ se toma la línea

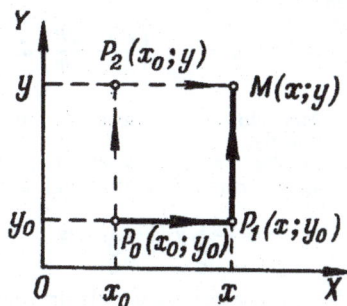

F i g. 102

quebrada $P_0 P_1 M$ (fig. 102), donde $P_0 (x_0; y_0)$ es un punto fijo, $M(x; y)$ un punto variable. En este caso, a lo largo de $P_0 P_1$, tenemos que $y = y_0$ y $dy = 0$ mientras que a lo largo de $P_1 M$, tenemos que $dx = 0$. Obtenemos:

$$U(x, y) - U(x_0, y_0) = \int_{(x_0; y_0)}^{(x; y)} P(x, y) \, dx + Q(x, y) \, dy =$$

$$= \int_{x_0}^{x} P(x, y_0) \, dx + \int_{y_0}^{y} Q(x, y) \, dy.$$

Análogamente, integrando sobre la línea quebrada $P_0 P_2 M$, tenemos:

$$U(x, y) - U(x_0, y) = \int_{y_0}^{y} Q(x_0, y) \, dy + \int_{x_0}^{x} P(x, y) \, dx.$$

E j e m p l o  3.  $(4x + 2y) \, dx + (2x - 6y) \, dy = dU$. Hallar $U$.

S o l u c i ó n.  Aquí, $P(x, y) = 4x + 2y$ y $Q(x, y) = 2x - 6y$; al mismo tiempo que, evidentemente, se cumple la condición (3). Sean $x_0 = 0$, $y_0 = 0$. Entonces,

$$U(x, y) = \int_{0}^{x} 4x \, dx + \int_{0}^{y} (2x - 6y) \, dy + C = 2x^2 + 2xy - 3y^2 + C,$$

o bien,

$$U(x, y) = \int_{0}^{y} -6y \, dy + \int_{0}^{x} (4x + 2y) \, dx + C = -3y^2 + 2x^2 + 2xy + C,$$

donde $C = U(0; 0)$ es una constante arbitraria.

293

4°. Fórmula de Green para el plano Si $C$ es la frontera del recinto $S$ y las funciones $P(x, y)$ y $Q(x, y)$ son continuas, junto con sus derivadas parciales de 1° orden, en el recinto cerrado $S+C$, se verifica la *fórmula de Green*

$$\oint_C P\,dx + Q\,dy = \iint_{(S)} \left( \frac{\partial Q}{\partial x} - \frac{\partial P}{\partial y} \right) dx\,dy,$$

donde el sentido del recorrido del contorno $C$ se elige de forma que el recinto $S$ quede a la izquierda.

5°. Aplicaciones de las integrales curvilíneas. 1) El *área* limitada por un contorno cerrado $C$, es igual a

$$S = -\oint_C y\,dx = \oint_C x\,dy$$

(el sentido del recorrido del contorno debe elegirse contrario al movimiento de las agujas del reloj).

Más útil para las aplicaciones es la siguiente fórmula

$$S = \frac{1}{2} \oint_C (x\,dy - y\,dx) = \frac{1}{2} \oint_C x^2\,d\left( \frac{y}{x} \right).$$

2) El *trabajo de una fuerza*, cuyas proyecciones sean $X = X(x, y, z)$, $Y = Y(x, y, z)$, $Z = Z(x, y, z)$ (o correspondientemente, el trabajo de un campo de fuerzas), a lo largo del camino $C$, se expresa por la integral

$$A = \int_C X\,dx + Y\,dy + Z\,dz.$$

Si la fuerza tiene potencial, es decir, si existe una función $U = U(x, y, z)$ (función potencial o de fuerza) tal, que

$$\frac{\partial U}{\partial x} = X, \quad \frac{\partial U}{\partial y} = Y, \quad \frac{\partial U}{\partial z} = Z,$$

el trabajo, independientemente de la forma del camino $C$, es igual a

$$A = \int_{(x_1;\, y_1;\, z_1)}^{(x_2;\, y_2;\, z_2)} X\,dx + Y\,dy + Z\,dz = \int_{(x_1;\, y_1;\, z_1)}^{(x_2;\, y_2;\, z_2)} dU = U(x_2, y_2, z_2) - U(x_1, y_1, z_1),$$

donde $(x_1, y_1, z_1)$ es el punto inicial y $(x_2, y_2, z_2)$ el punto final del camino.

## A. Integrales curvilíneas de primer tipo

Calcular las siguientes integrales curvilíneas:

2293. $\int_C xy\,ds$, donde $C$ es el contorno del cuadrado $|x| + |y| = a \ (a > 0)$.

2294. $\int_C \dfrac{ds}{\sqrt{x^2 + y^2 + 4}}$, donde $C$ es un segmento de recta que une entre sí los puntos $O(0; 0)$ y $A(1; 2)$.

**2295.** $\int_C xy\,ds$, donde $C$ es el cuadrante de la elipse $\frac{x^2}{a^2}+\frac{y^2}{b^2}=1$, situado en el primer cuadrante.

**2296.** $\int_C y^2\,ds$, donde $C$ es el primer arco de la cicloide $x=a\,(t-\operatorname{sen}t)$, $y=a\,(1-\cos t)$.

**2297.** $\int_C \sqrt{x^2+y^2}\,ds$, donde $C$ es el arco de la evolvente de la circunferencia $x=a\,(\cos t+t\operatorname{sen}t)$, $y=a\,(\operatorname{sen}t-t\cos t)$ $[0\leqslant t\leqslant 2\pi]$.

**2298.** $\int_C (x^2+y^2)^2\,ds$, donde $C$ es el arco de la espiral logarítmica $r=ae^{m\varphi}\,(m>0)$ desde el punto $A\,(0;\,a)$ hasta el punto $O\,(-\infty;\,0)$.

**2299.** $\int_C (x+y)\,ds$, donde $C$ es el lazo derecho de la lemniscata $r^2=a^2\cos 2\varphi$.

**2300.** $\int_C (x+z)\,ds$, donde $C$ es un arco de la curva $x=t$, $y=\frac{3t^2}{\sqrt{2}}$, $z=t^3$ $[0\leqslant t\leqslant 1]$.

**2301.** $\int_C \frac{ds}{x^2+y^2+z^2}$, donde $C$ es la primera espira de la hélice circular $x=a\cos t$, $y=a\operatorname{sen}t$, $z=bt$.

**2302.** $\int_C \sqrt{2y^2+z^2}\,ds$, donde $C$ es el círculo $x^2+y^2+z^2=a^2$, $x=y$.

**2303\*.** Hallar el área de la superficie lateral del cilindro parabólico $y=\frac{3}{8}x^2$, limitada por los planos $z=0$, $x=0$, $z=x$, $y=6$.

**2304.** Hallar la longitud del arco de hélice cónica $C$, $x=ae^t\cos t$, $y=ae^t\operatorname{sen}t$, $z=ae^t$, desde el punto $O\,(0;\,0;\,0)$ hasta el punto $A\,(a;\,0;\,a)$.

**2305.** Determinar la masa del contorno de la elipse $\frac{x^2}{a^2}+\frac{y^2}{b^2}=1$, si su densidad lineal en cada punto $M\,(x,y)$ es igual a $|y|$.

**2306.** Hallar la masa de la primera espira de la hélice circular $x=a\cos t$, $y=a\operatorname{sen}t$, $z=bt$, si la densidad en cada punto es igual al radio vector del mismo.

**2307.** Determinar las coordenadas del centro de gravedad del semiarco de la cicloide

$$x=a\,(t-\operatorname{sen}t),\quad y=a\,(1-\cos t)\ [0\leqslant t\leqslant\pi].$$

**2308.** Hallar el momento de inercia, con respesto al eje $OZ$, de la primera espira de la hélice circular $x = a \cos t$, $y = a \operatorname{sen} t$, $z = bt$.

**2309.** ¿Con qué fuerza influye la masa $M$, distribuida con densidad constante por la circunferencia $x^2 + y^2 = a^2$, $z = 0$, sobre la masa $m$, situada en el punto $A(0; 0; b)$?

### B. Integrales curvilíneas de segundo tipo.

Calcular las siguientes integrales curvilíneas:

**2310.** $\displaystyle\int_{AB} (x^2 - 2xy)\, dx + (2xy + y^2)\, dy$, donde $AB$ es el arco de la parábola $y = x^2$ que va desde el punto $A(1; 1)$ hasta el punto $B(2; 4)$.

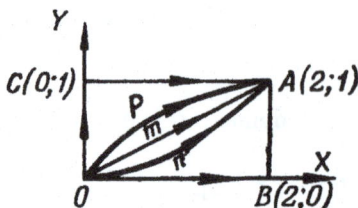

F i g. 103

**2311.** $\displaystyle\int_{C} (2a - y)\, dx + x\, dy$, donde $C$ es el primer arco de la cicloide $x = a(t - \operatorname{sen} t)$, $y = a(1 - \cos t)$ recorrido en el sentido del crecimiento del parámetro $t$.

**2312.** $\displaystyle\int_{OA} 2xy\, dx - x^2\, dy$, tomándola a lo largo de los diferentes caminos, que parten del origen de coordenadas $O(0; 0)$ y que finalizan en el punto $A(2; 1)$ (fig. 103):

    a) sobre la recta $OmA$;
    b) sobre la parábola $OnA$, cuyo eje de simetría es el eje $OY$;
    c) sobre la parábola $OpA$, cuyo eje de simetría es el eje $OX$;
    d) sobre la línea quebrada $OBA$;
    e) sobre la línea quebrada $OCA$.

**2313.** $\displaystyle\int_{OA} 2xy\, dx + x^2\, dy$, en las mismas condiciones que el problema 2312.

**2314\*.** $\oint \frac{(x+y)\,dx-(x-y)\,dy}{x^2+y^2}$ , tomándola a lo largo de la circunferencia $x^2+y^2=a^2$ en sentido contrario al de las agujas del reloj.

**2315.** $\int_C y^2\,dx+x^2\,dy$, donde $C$ es la mitad superior de la elipse

$x=a\cos t,\ y=b\,\mathrm{sen}\,t$, que se sigue en el sentido de las agujas del reloj.

**2316.** $\int_{AB}\cos y\,dx-\mathrm{sen}\,x\,dy$, tomándola a lo largo del segmento

$AB$ de la bisectriz del segundo ángulo coordenado, si la abscisa del punto $A$ es igual a 2 y la ordenada del punto $B$ igual a 2.

**2317.** $\oint_C \frac{xy\,(y\,dx-x\,dy)}{x^2+y^2}$ , donde $C$ es el lazo derecho de la lemnis

cata $r^2=a^2\cos 2\varphi$, que se sigue en el sentido contrario al de las agujas del reloj.

**2318.** Calcular las integrales curvilíneas de las expresiones diferenciales exactas siguientes:

a) $\int_{(-1;\,2)}^{(2;\,3)} x\,dy+y\,dx$, b) $\int_{(0;\,1)}^{(3;\,4)} x\,dx+y\,dy$, c) $\int_{(0;\,0)}^{(1;\,1)} (x+y)\,(dx+dy)$,

d) $\int_{(1;\,2)}^{(2;\,1)} \frac{y\,dx-x\,dy}{y^2}$ (por un camino que no corte al eje $OX$),

e) $\int_{\left(\frac{1}{2};\frac{1}{2}\right)}^{(x;\,y)} \frac{dx+dy}{x+y}$ (por un camino que no corte a la recta $x+y=0$),

f) $\int_{(x_1;\,y_1)}^{(x_2;\,y_2)} \varphi(x)\,dx+\psi(y)\,dy.$

**2319.** Hallar las funciones primitivas de las expresiones subintegrales y calcular las siguientes integrales:

a) $\int_{(-2;\,-1)}^{(3;\,0)} (x^4+4xy^3)\,dx+(6x^2y^2-5y^4)\,dy,$

b) $\int_{(0;\,-1)}^{(1;\,0)} \frac{x\,dy-y\,dx}{(x-y)^2}$ (el camino de integración no se corta con la recta $y=x$),

297

c) $\displaystyle\int_{(1;\,1)}^{(3;\,1)} \frac{(x+2y)\,dx + y\,dy}{(x+y)^2}$ (el camino de integración no se corta

con la recta $y = -x$),

d) $\displaystyle\int_{(0;\,0)}^{(1;\,1!} \left( \frac{x}{\sqrt{x^2+y^2}} + y \right) dx + \left( \frac{y}{\sqrt{x^2+y^2}} + x \right) dy.$

**2320.** Calcular la integral

$$I = \int \frac{x\,dx + y\,dy}{\sqrt{1+x^2+y^2}},$$

tomándola en el sentido de las agujas del reloj, a lo largo del cuarto de la elipse $\dfrac{x^2}{a^2} + \dfrac{y^2}{b^2} = 1$, que se encuentra en el primer cuadrante.

**2321.** Demostrar, que si $f(u)$ es una función continua y $C$ es un contorno cerrado «regular a trozos», la

$$\oint_C f(x^2+y^2)\,(x\,dx + y\,dy) = 0.$$

**2322.** Hallar la función primitiva $U$, si:

a) $du = (2x+3y)\,dx + (3x-4y)\,dy;$

b) $du = (3x^2 - 2xy + y^2)\,dx - (x^2 - 2xy + 3y^2)\,dy;$

c) $du = e^{x-y}\,[(1+x+y)\,dx + (1-x-y)\,dy];$

d) $du = \dfrac{dx}{x+y} + \dfrac{dy}{x+y}.$

Calcular las siguientes integrales curvilíneas, tomadas a lo largo de curvas en el espacio:

**2323.** $\displaystyle\int_C (y-z)\,dx + (z-x)\,dy + (x-y)\,dz,$ donde $C$ es una

espira de la hélice circular

$$\begin{cases} x = a\cos t, \\ y = a\,\text{sen}\,t, \\ z = bt, \end{cases}$$

correspondientes a la variación del parámetro $t$ desde $0$ a $2\pi$.

**2324.** $\oint\limits_{C} y\,dx + z\,dy + x\,dz$, donde $C$ es la circunferencia

$$\begin{cases} x = R\cos\alpha\cos t, \\ y = R\cos\alpha\,\mathrm{sen}\,t, \\ z = R\,\mathrm{sen}\,\alpha\;(\alpha = \mathrm{const}), \end{cases}$$

recorrida en el sentido del crecimiento del parámetro.

**2325.** $\int\limits_{OA} xy\,dx + yz\,dy + zx\,dz$, donde $OA$ es el arco de la cir-

cunferencia $x^2 + y^2 + z^2 = 2Rx$, $z = x$, situado por el lado del plano $XOZ$, donde $y > 0$.

**2326.** Calcular las integrales curvilíneas de las diferenciales exactas siguientes:

a) $\int\limits_{(1;\,0;\,-3)}^{(6;\,4;\,8)} x\,dx + y\,dy - z\,dz,$

b) $\int\limits_{(1;\,1;\,1)}^{(a;\,b;\,c)} yz\,dx + zx\,dy + xy\,dz,$

c) $\int\limits_{(0;\,0;\,0)}^{(3;\,4;\,5)} \dfrac{x\,dx + y\,dy + z\,dz}{\sqrt{x^2 + y^2 + z^2}},$

d) $\int\limits_{(1;\,1;\,1)}^{\left(x;\,v;\,\frac{1}{xy}\right)} \dfrac{yz\,dx + zx\,dy + xy\,dz}{xyz}$ (el camino de integración está situado en el primer octante).

## B. Fórmula de Green

**2327.** Valiéndose de la fórmula de Green, transformar la integral curvilínea

$$I = \oint\limits_{C} \sqrt{x^2 + y^2}\,dx + y\left[xy + \ln\left(x + \sqrt{x^2 + y^2}\right)\right]dy,$$

donde el contorno $C$ limita un recinto $S$.

**2328.** Aplicando la fórmula de Green, calcular

$$I = \oint\limits_{C} 2(x^2 + y^2)\,dx + (x + y)^2\,dy,$$

donde $C$ es el contorno de un triángulo, cuyos vértices están en los puntos $A(1; 1)$, $B(2; 2)$ y $C(1; 3)$ y que se recorre en sentido positivo. Comprobar el resultado obtenido, calculando la integral directamente.

**2329.** Aplicando la fórmula de Green, calcular la integral

$$\oint_C -x^3 y\, dx + xy^2\, dy,$$

donde $C$ es la circunferencia $x^2 + y^2 = R^2$, que se recorre en sentido contrario al de las agujas del reloj.

**2330.** Por los puntos $A(1; 0)$ y $B(2; 3)$ se ha trazado una parábola $AmB$, cuyo eje coincide con el eje $OY$, y su cuerda es $AnB$. Hallar la

$$\oint_{AmBnA} (x+y)\, dx - (x-y)\, dy$$

directamente, aplicando la fórmula de Green.

**2331.** Hallar la $\displaystyle\int_{AmB} e^{xy} [y^2\, dx + (1+xy)\, dy]$, si los puntos $A$ y $B$ están situados en el eje $OX$ y el área, limitada por el camino de integración $AmB$ y por el segmento $AB$, es igual a $S$.

**2332\*.** Calcular la $\displaystyle\oint_C \frac{x\, dy - y\, dx}{x^2 + y^2}$. Examinar dos casos:

a) cuando el origen de coordenadas está fuera del contorno $C$,
b) cuando el contorno rodea $n$ veces el origen de coordenadas.

**2333\*\*.** Demostrar que si $C$ es una curva cerrada, entonces

$$\oint_C \cos(X, n)\, ds = 0,$$

donde $s$ es la longitud del arco y $n$ la normal exterior.

**2334.** Valiéndose de la fórmula de Green, hallar la integral

$$I = \oint_C [x \cos(X, n) + y \operatorname{sen}(X, n)]\, ds,$$

donde $ds$ es la diferencial del arco y $n$, la normal exterior al contorno $C$.

**2335\*.** Calcular la integral

$$\oint_C \frac{dx - dy}{x + y},$$

tomada a lo largo del contorno del cuadrado que tiene sus vértices en los puntos $A(1; 0)$, $B(0; 1)$, $C(-1; 0)$ y $D(0; -1)$, con la condición de que el recorrido del contorno se haga en sentido contrario al de las agujas del reloj.

### D. Aplicaciones de la integral curvilínea

Calcular el área de las figuras limitadas por las siguientes curvas:

**2336.** Por la elipse $x = a \cos t$, $y = b \operatorname{sen} t$.

**2337.** Por la astroide $x = a \cos^3 t$, $y = a \operatorname{sen}^3 t$.

**2338.** Por la cardioide $x = a(2 \cos t - \cos 2t)$,

$$y = a(2 \operatorname{sen} t - \operatorname{sen} 2t).$$

**2339\*.** Por el lazo del folium de Descartes $x^3 + y^2 - 3axy = 0 \, (a > 0)$.

**2340.** Por la curva $(x + y)^3 = axy$.

**2341\*.** Una circunferencia de radio $r$ rueda sin resbalar sobre otra circunferencia fija, de radio $R$, conservándose siempre fuera de ella. Suponiendo que $\frac{R}{r}$ sea un número entero, hallar el área limitada por la curva (epicicloide) que describe cualquiera de los puntos de la circunferencia móvil. Analizar el caso particular en que $r = R$ (cardioide).

**2342\*.** Una circunferencia de radio $r$ rueda sin resbalar por otra circunferencia fija, de radio $R$, permaneciendo siempre dentro de ella. Suponiendo que $\frac{R}{r}$ sea un número entero, hallar el área limitada por la curva (hipocicloide) descrita por cualquiera de los puntos de la circunferencia móvil. Analizar el caso particular en que $r = \frac{R}{4}$ (astroide).

**2343.** Un campo está engendrado por una fuerza de magnitud constante $F$, que tiene la dirección del semieje positivo $OX$. Hallar el trabajo de dicho campo, cuando un punto material describe, en el sentido de las agujas del reloj, el cuarto del círculo $x^2 + y^2 = R^2$ que se encuentra en el primer cuadrante.

**2344.** Hallar el trabajo que realiza la fuerza de gravedad al trasladar un punto material de masa $m$, desde la posición $A(x_1; y_1; z_1)$ hasta la posición $B(x_2; y_2; z_2)$ (el eje $OZ$ está dirigido verticalmente hacia arriba).

**2345.** Hallar el trabajo de una fuerza elástica, dirigida hacia el origen de coordenadas, cuya magnitud es proporcional al alejamiento del punto respecto al origen de coordenadas, si el punto de aplicación de dicha fuerza describe, en sentido contrario al de las agujas del reloj, el cuarto de elipse $\frac{x^2}{a^2}+\frac{y^2}{b^2}=1$ situado en el primer cuadrante.

**2346.** Hallar la función potencial de la fuerza $R\{X, Y, Z\}$ y determinar el trabajo de dicha fuerza en el trozo de camino que se da, si:

a) $X=0$, $Y=0$, $Z=-mg$ (fuerza de gravedad) y el punto material se desplaza desde la posición $A(x_1, y_1, z_1)$ a la posición $B(x_2, y_2, z_2)$;

b) $X=-\frac{\mu x}{r^3}$, $Y=-\frac{\mu y}{r^3}$, $Z=-\frac{\mu z}{r^3}$, donde $\mu=$ const y $r=\sqrt{x^2+y^2+z^2}$ (fuerza de atracción de Newton) y el punto material se desplaza desde la posición $A(a, b, c)$ hasta el infinito;

c) $X=-k^2x$, $Y=-k^2y$, $Z=-k^2z$, donde $k=$ const (fuerza elástica), estando el punto inicial del camino en la esfera $x^2+y^2+z^2=R^2$ y el final en la esfera $x^2+y^2+z^2=r^2$ $(R>r)$.

## § 10. Integrales de superficie

**1. Integrales de superficie de primer tipo.** Sea $f(x, y, z)$ una función continua y $z=\varphi(x, y)$ una superficie regular $S$.

La *integral de superficie de primer tipo* representa de por sí el límite de la suma integral

$$\iint_S f(x, y, z)\,dS = \lim_{n\to\infty}\sum_{i=1}^{n} f(x_i, y_i, z_i)\,\Delta S_i,$$

donde $\Delta S_i$ es el área de un elemento $i$ de la superficie $S$, al que pertenece el punto $(x_i, y_i, z_i)$; el diámetro máximo de estos elementos en que se divide la superficie tiende a cero.

El valor de esta integral no depende del lado de la superficie $S$ que se elija para la integración.

Si la proyección $\sigma$ de la superficie $S$ sobre el plano $XOY$ es uniforme, es decir, que cualquier recta paralela al eje $OZ$ corta a la superficie $S$ en un solo punto, la correspondiente integral de superficie de primer tipo se puede calcular por la fórmula

$$\iint_S f(x, y, z)\,dS = \iint_{(\sigma)} f[x, y, \varphi(x, y)]\sqrt{1+\varphi_x'^2(x, y)+\varphi_y'^2(x, y)}\,dx\,dy.$$

Ejemplo 1. Calcular la integral de superficie

$$\iint_S (x+y+z)\,dS,$$

donde $S$ es la superficie del cubo $0\leqslant x\leqslant 1$, $0\leqslant y\leqslant 1$, $0\leqslant z\leqslant 1$.

Calculamos la suma de las integrales de superficie tomadas sobre la cara superior del cubo $(z=1)$ y sobre la cara inferior del mismo $(z=0)$

$$\int_0^1\int_0^1 (x+y+1)\,dx\,dy + \int_0^1\int_0^1 (x+y)\,dx\,dy = \int_0^1\int_0^1 (2x+2y+1)\,dx\,dy = 3.$$

Es evidente, que la integral de superficie que se busca será tres veces mayor e igual a

$$\iint_{S} (x+y+z)\, dS = 9.$$

2°. **Integral de superficie de segundo tipo.**
Si $P=P(x, y, z)$, $Q=Q(x, y, z)$ y $R=R(x, y, z)$ son funciones continuas y $S^{+}$ es la cara de una superficie regular $S$ que se caracteriza por la dirección de la normal $n\{\cos\alpha,\ \cos\beta,\ \cos\gamma\}$, la correspondiente *integral de superficie de segundo tipo* se expresa de la forma siguiente:

$$\iint_{S^{+}} P\, dy\, dz + Q\, dz\, dx + R\, dx\, dy = \iint_{S} (P\cos\alpha + Q\cos\beta + R\cos\gamma)\, dS.$$

Al pasar a la otra cara $S^{-}$ de la superficie, esta integral cambia su signo por el contrario.

Si la superficie $S$ está dada de forma implícita, $F(x, y, z)=0$, los cosenos directores de la normal a esta superficie se determinan por las fórmulas

$$\cos\alpha = \frac{1}{D}\frac{\partial F}{\partial x}, \quad \cos\beta = \frac{1}{D}\frac{\partial F}{\partial y}, \quad \cos\gamma = \frac{1}{D}\frac{\partial F}{\partial z},$$

donde

$$D = \pm\sqrt{\left(\frac{\partial F}{\partial x}\right)^{2} + \left(\frac{\partial F}{\partial y}\right)^{2} + \left(\frac{\partial F}{\partial z}\right)^{2}},$$

y el signo que se ponga delante del radical dede elegirse de acuerdo con la cara de la superficie $S$ que se tome.

3°. **Fórmula de Stockes.** Si las funciones $P=P(x, y, z)$, $Q=Q(x, y, z)$ y $R=R(x, y, z)$ tienen derivadas continuas y $C$ es un contorno cerrado, que limita una superficie bilateral $S$, se verifica la *fórmula de Stockes*

$$\oint_{C} P\, dx + Q\, dy + R\, dz =$$

$$= \iint_{S} \left[ \left(\frac{\partial R}{\partial y} - \frac{\partial Q}{\partial z}\right)\cos\alpha + \left(\frac{\partial P}{\partial z} - \frac{\partial R}{\partial x}\right)\cos\beta + \left(\frac{\partial Q}{\partial x} - \frac{\partial P}{\partial y}\right)\cos\gamma \right] dS,$$

donde $\cos\alpha$, $\cos\beta$ y $\cos\gamma$, son los cosenos directores de la normal a la superficie $S$, debiendo determinarse la dirección de la normal de tal forma que, desde ésta, el recorrido del contorno $C$ se efectúe en sentido contrario al que siguen las agujas del reloj (en un sistema de coordenadas de mano derecha).

Calcular las siguientes integrales de superficie de primer tipo:

**2347.** $\iint_{S} (x^{2}+y^{2})\, dS$, donde $S$ es la esfera $x^{2}+y^{2}+z^{2}=a^{2}$.

**2348.** $\iint_{S} \sqrt{x^{2}+y^{2}}\, dS$, donde $S$ es la superficie lateral del cono $\dfrac{x^{2}}{a^{2}} + \dfrac{y^{2}}{a^{2}} - \dfrac{z^{2}}{b^{2}} = 0$ $[0 \leqslant z \leqslant b]$.

Calcular las siguientes integrales de superficie de segundo tipo:

**2349.** $\iint_S yz\,dy\,dz + xz\,dz\,dx + xy\,dx\,dy$, donde $S$ es la cara exterior de la superficie del tetraedro limitado por los planos $x=0$, $y=0$, $z=0$, $x+y+z=a$.

**2350.** $\iint_{(S)} z\,dx\,dy$, donde $S$ es la cara exterior del elipsoide

$$\frac{x^2}{a^2} + \frac{y^2}{b^2} + \frac{z^2}{c^2} = 1.$$

**2351.** $\iint_S x^2\,dy\,dz + y^2\,dz\,dx + z^2\,dx\,dy$, donde $S$ es la cara exterior de la superficie de la semiesfera $x^2 + y^2 + z^2 = a^2\,(z \geqslant 0)$.

**2352.** Hallar la masa de la superficie del cubo $0 \leqslant x \leqslant 1$, $0 \leqslant y \leqslant 1$, $0 \leqslant z \leqslant 1$, si la densidad superficial en el punto $M(x; y; z)$ es igual a $xyz$.

**2353.** Determinar las coordenadas del centro de gravedad de la cápsula parabólica homogénea $az = x^2 + y^2$ $(0 \leqslant z \leqslant a)$.

**2354.** Hallar el momento de inercia de la parte de superficie lateral del cono $z = \sqrt{x^2 + y^2}$ $[0 \leqslant z \leqslant h]$ con respecto al eje $OZ$.

**2355.** Valiéndose de la fórmula de Stockes, transformar las integrales:

a) $\oint_C (x^2 - yz)\,dx + (y^2 - zx)\,dy + (z^2 - xy)\,dz$;

b) $\oint_C y\,dx + z\,dy + x\,dz$.

Aplicando la fórmula de Stockes, hallar las integrales que se dan a continuación y comprobar los resultados calculándolas directamente:

**2356.** $\oint_C (y+z)\,dx + (z+x)\,dy + (x+y)\,dz$, donde $C$ es la circunferencia $x^2 + y^2 + z^2 = a^2$, $x+y+z=0$.

**2357.** $\oint_C (y-z)\,dx + (z-x)\,dy + (x-y)\,dz$, donde $C$ es la elipse

$$x^2 + y^2 = 1, \quad x+z=1.$$

**2358.** $\oint_C x\,dx + (x+y)\,dy + (x+y+z)\,dz$, donde $C$ es la curva $x = a\,\text{sen}\,t$, $y = a\cos t$, $z = a\,(\text{sen}\,t + \cos t)$ $[0 \leqslant t \leqslant 2\pi]$.

**2359.** $\displaystyle\oint_{ABCA} y^2\, dx + z^2\, dy + x^2\, dz,$ donde $ABCA$ es el contorno

del $\triangle\ ABC$ con los vértices en los puntos $A\,(a;\ 0;\ 0)$, $B\,(0;\ a;\ 0)$ y $C\,(0;\ 0;\ a)$.

**2360.** ¿En qué caso la integral curvilínea

$$I = \oint_C P\, dx + Q\, dy + R\, dz$$

será igual a cero, para cualquier contorno cerrado $C$?

## § 11. Fórmula de Ostrogradski-Gauss

Si $S$ es una superficie regular cerrada, que limita un volumen $V$, y $P = P\,(x,\ y,\ z)$, $Q = Q\,(x,\ y,\ z)$ y $R = R\,(x,\ y,\ z)$ son funciones continuas, junto con sus derivadas parciales de $1°$ orden, en el recinto cerrado $V$, se verifica la fórmula de Ostrogradski-Gauss

$$\iint_S (P\cos\alpha + Q\cos\beta + R\cos\gamma)\, dS = \iiint_{(V)} \left(\frac{\partial P}{\partial x} + \frac{\partial Q}{\partial y} + \frac{\partial R}{\partial z}\right) dx\, dy\, dz,$$

donde $\cos\alpha$, $\cos\beta$ y $\cos\gamma$, son los cosenos directores de la normal exterior a la superficie $S$.

Valiéndose de la fórmula de Ostrogradski-Gauss, transformar las siguientes integrales de superficie, sobre las superficies cerradas $S$, que limitan el volumen $V$ (donde $\cos\alpha$, $\cos\beta$ y $\cos\gamma$, son los cosenos directores de la normal exterior a la superficie $S$).

**2361.** $\displaystyle\iint_S xy\, dx\, dy + yz\, dy\, dz + zx\, dz\, dx.$

**2362.** $\displaystyle\iint_S x^2\, dy\, dz + y^2\, dz\, dx + z^2\, dx\, dy.$

**2363.** $\displaystyle\iint_S \frac{x\cos\alpha + y\cos\beta + z\cos\gamma}{\sqrt{x^2+y^2+z^2}}\, dS.$

**2364.** $\displaystyle\iint_S \left(\frac{\partial u}{\partial x}\cos\alpha + \frac{\partial u}{\partial y}\cos\beta + \frac{\partial u}{\partial z}\cos\gamma\right) dS.$

Valiéndose de la fórmula de Ostrogradski-Gauss calcular las siguientes integrales de superficie:

**2365.** $\displaystyle\iint_S x^2\, dy\, dz + y^2\, dz\, dx + z^2\, dx\, dy,$ donde $S$ es la cara exterior de la superficie del cubo $0\leqslant x\leqslant a$, $0\leqslant y\leqslant a$, $0\leqslant z\leqslant a$.

**2366.** $\displaystyle\iint_S x\, dy\, dz + y\, dz\, dx + z\, dx\, dy,$ donde $S$ es la cara exte-

305

rior de la pirámide limitada por las superficies $x+y+z=a$, $x=0$, $y=0$, $z=0$.

**2367.** $\iint\limits_{S} x^3\,dy\,dz + y^3\,dz\,dx + z^3\,dx\,dy$, donde $S$ es la cara exterior de la esfera $x^2+y^2+z^2=a^2$.

**2368.** $\iint\limits_{S} (x^2\cos\alpha + y^2\cos\beta + z^2\cos\gamma)\,dS$, donde $S$ es la superficie exterior total del cono

$$\frac{x^2}{a^2}+\frac{y^2}{a^2}-\frac{z^2}{b^2}=0 \qquad [0\leqslant z\leqslant b].$$

**2369.** Demostrar, que si $S$ es una superficie cerrada y $l$ cualquier dirección constante,

$$\iint\limits_{S} \cos(n,\,l)\,dS = 0,$$

donde $n$ es la normal exterior a la superficie $S$.

**2370.** Demostrar, que el volumen $V$, limitado por la superficie $S$, es igual a

$$V=\frac{1}{3}\iint\limits_{S}(x\cos\alpha + y\cos\beta + z\cos\gamma)\,dS,$$

donde $\cos\alpha$, $\cos\beta$ y $\cos\gamma$, son los cosenos directores de la normal exterior a la superficie $S$.

## § 12. Elementos de la teoría de los campos

1° **Campo escalar y campo vectorial.** El *campo escalar* se determina por una función escalar del punto $u=f(P)=f(x,y,z)$, donde $P(x,y,z)$ es un punto del espacio. Las superficies $f(x,y,z)=C$, donde $C=$const, se llaman *superficies de nivel* del campo escalar.

El *campo vectorial* se determina por la función vectorial del punto $a=a(P)=a(r)$, donde $P$ es un punto en el espacio y $r=xi+yj+zk$ es el radio vector del punto $P$. En forma coordenada $a=a_xi+a_yj+a_zk$, donde $a_x=a_x(x,y,z)$, $a_y=a_y(x,y,z)$, $a_z=a_z(x,y,z)$, son las proyecciones del vector $a$ sobre los ejes de coordenadas. Las *líneas vectoriales* (*líneas de fuerza, líneas de corriente*) del campo vectorial se deducen del sistema de ecuaciones diferenciales

$$\frac{dx}{a_x}=\frac{dy}{a_y}=\frac{dz}{a_z}.$$

El campo escalar o vectorial que no depende del tiempo $t$, se llama *estacionario*, mientras que el que depende del tiempo, *no es estacionario*.

2°. **Gradiente.** El vector

$$\operatorname{grad}U(P)=\frac{\partial U}{\partial x}i+\frac{\partial U}{\partial y}j+\frac{\partial U}{\partial z}k\equiv\nabla U,$$

donde $\nabla = i\dfrac{\partial}{\partial x} + j\dfrac{\partial}{\partial y} + k\dfrac{\partial}{\partial z}$, es el operador de Hamilton (nabla), recibe el nombre de *gradiente* del campo $U = f(P)$ en el punto $P$ (véase el cap. VI. § 6). El gradiente está dirigido por la normal $n$ a la superficie de nivel en el punto $P$, en el sentido del crecimiento de la función $U$, y tiene una longitud igual a

$$\frac{\partial U}{\partial n} = \sqrt{\left(\frac{\partial U}{\partial x}\right)^2 + \left(\frac{\partial U}{\partial y}\right)^2 + \left(\frac{\partial U}{\partial z}\right)^2}$$

Si la dirección se da por el vector unitario $l$ {$\cos\alpha$, $\cos\beta$, $\cos\gamma$}, entonces

$$\frac{\partial U}{\partial l} = \operatorname{grad} U \cdot l = \operatorname{grad}_l U = \frac{\partial U}{\partial x}\cos\alpha + \frac{\partial U}{\partial y}\cos\beta + \frac{\partial U}{\partial z}\cos\gamma.$$

(*Derivada de la función U en la dirección l*).

3°. **D i v e r g e n c i a  y  r o t o r.** Se llama *divergencia* de un campo vectorial $a(P) = a_x i + a_y j + a_z k$, el escalar

$$\operatorname{div} a = \frac{\partial a_x}{\partial x} + \frac{\partial a_y}{\partial y} + \frac{\partial a_z}{\partial z} \equiv \nabla a.$$

Recibe el nombre de *rotor* de un campo vectorial $a(P) = a_x i + a_y j + a_z k$, el vector

$$\operatorname{rot} a = \left(\frac{\partial a_z}{\partial y} - \frac{\partial a_y}{\partial z}\right) i + \left(\frac{\partial a_x}{\partial z} - \frac{\partial a_z}{\partial x}\right) j + \left(\frac{\partial a_y}{\partial x} - \frac{\partial a_x}{\partial y}\right) k \equiv \nabla \times a.$$

4°. **F l u j o  d e l  v e c t o r.** Se denomina *flujo* del campo vectorial $a(P)$, a través de la superficie $S$, en el sentido determinado por el vector unitario de la normal $n$ {$\cos\alpha$, $\cos\beta$, $\cos\gamma$} a dicha superficie $S$, la integral

$$\iint_S a n \, dS = \iint_S a_n \, dS = \iint_S (a_x \cos\alpha + a_y \cos\beta + a_z \cos\gamma) \, dS.$$

Si $S$ es una superficie cerrada, que limita un volumen $V$, y $n$ es el vector unitario de la normal exterior a la superficie $S$, será válida la *fórmula de Ostrogradski-Gauss,*, cuya forma vectorial es

$$\oiint_S a_n \, dS = \iiint_{(V)} \operatorname{div} a \, dx \, dy \, dz.$$

5°. **C i r c u l a c i ó n  d e l  v e c t o r;  t r a b a j o  d e l  c a m p o.** La *integral lineal* del vector $a$ sobre la curva $C$ se determina por la fórmula

$$\int_C a \, dr = \int_C a_s \, ds = \int_C a_x \, dx + a_y \, dy + a_z \, dz \tag{1}$$

y representa de por sí el *trabajo* del campo $a$ a lo largo de la curva $C$ ($a_s$ es la proyección del vector $a$ sobre la tangente a $C$).

Si la curva $C$ es cerrada, la integral lineal (1) se llama *circulación* del campo vectorial $a$ a lo largo del contorno $C$.

Si la curva cerrada $C$ limita una superficie bilateral $S$, se verifica la *fórmula de Stockes*, cuya forma vectorial es

$$\oint_C a \, dr = \int\int_S n \operatorname{rot} a \, dS = \int\int_S (\operatorname{rot} a)_n \, dS,$$

donde $n$ es el vector de la normal a la superficie $S$, cuya dirección deberá elegirse de tal modo, que para el observador que mire en el sentido de $n$, el recorrido del contorno $C$ se efectúe en dirección contraria a la que siguen las agujas del reloj, cuando el sistema de coordenadas es de mano derecha.

6°. **Campo potencial y campo solenoidal.** Un campo vectorial $a(r)$ se llama *potencial*, si

$$a = \operatorname{grad} U,$$

donde $U = f(r)$ es una función escalar (*potencial* del campo).

Para que sea potencial un campo $a$, dado en un recinto simplemente conexo, es necesario y suficiente que $a$ sea *irrotacional*, es decir, que rot $a = 0$. En este caso existe un potencial $U$, que se determina por la ecuación

$$dU = a_x \, dx + a_y \, dy + a_z \, dz.$$

Si el potencial $U$ es una función uniforme, se tiene $\displaystyle\int_{AB} a \, dr = U(B) -$
$- U(A)$; en particular, la circulación del vector $a$ será igual a cero:

$$\oint_C a \, dr = 0.$$

Un campo vectorial $a(r)$ se llama *solenoidal*, si en cada punto del campo la div $a = 0$; en este caso, el flujo del vector a través de cualquier superficie cerrada será igual a cero.

Si el campo es a la vez potencial y solenoidal, se tiene div $(\operatorname{grad} U) = 0$ y la función potencial $U$ es armónica, es decir, satisface a la ecuación de Laplace $\dfrac{\partial^2 U}{\partial x^2} + \dfrac{\partial^2 U}{\partial y^2} + \dfrac{\partial^2 U}{\partial z^2} = 0$, o sea $\Delta U = 0$, donde $\Delta = \nabla^2 = \dfrac{\partial^2}{\partial x^2} +$
$+ \dfrac{\partial^2}{\partial y^2} + \dfrac{\partial^2}{\partial z^2}$ es el operador de Laplace.

**2371.** Determinar las superficies de nivel del campo escalar $U = f(r)$, donde $r = \sqrt{x^2 + y^2 + z^2}$. ¿Cuáles serán las superficies de nivel del campo $U = F(\rho)$, donde $\rho = \sqrt{x^2 + y^2}$?

**2372.** Determinar las superficies de nivel del campo escalar

$$U = \operatorname{arcsen} \frac{z}{\sqrt{x^2 + y^2}} \cdot$$

**2373.** Demostrar, que las líneas vectoriales del campo vectorial $a(P) = c$, donde $c$ es un vector constante, son rectas paralelas al vector $c$.

**2374.** Hallar las líneas vectoriales del campo $a = -\omega y i + \omega x j$, donde $\omega$ es una constante.

**2375.** Deducir las fórmulas:

a) $\operatorname{grad}(C_1 U + C_2 V) = C_1 \operatorname{grad} U + C_2 \operatorname{grad} V$, donde $C_1$ y $C_2$ son constantes;

b) $\operatorname{grad}(UV) = U \operatorname{grad} V + V \operatorname{grad} U$;

c) $\operatorname{grad}(U^2) = 2U \operatorname{grad} U$;

d) $\operatorname{grad}\left(\dfrac{U}{V}\right) = \dfrac{V \operatorname{grad} U - U \operatorname{grad} V}{V^2}$;

e) $\operatorname{grad} \varphi(U) = \varphi'(U) \operatorname{grad} U$.

**2376.** Hallar la magnitud y la dirección del gradiente del campo $U = x^3 + y^3 + z^3 - 3xyz$ en el punto $A$ (2; 1; 1). Determinar en qué puntos el gradiente del campo es perpendicular al eje $OZ$ y en cuáles es igual a cero.

**2377.** Calcular el grad $U$, si $U$ es respectivamente igual a:

a) $r$, b) $r^2$, c) $\dfrac{1}{r}$, d) $f(r)$ $(r = \sqrt{x^2 + y^2 + z^2})$.

**2378.** Hallar el gradiente del campo escalar $U = cr$, donde $c$ es un vector constante. ¿Cuáles serán las superficies de nivel de este campo y cómo están situadas respecto al vector $c$?

**2379.** Hallar la derivada de la función $U = \dfrac{x^2}{a^2} + \dfrac{y^2}{b^2} + \dfrac{z^2}{c^2}$ en un punto dado $P(x, y, z,)$, en la dirección del radio vector $r$ de este punto. ¿En qué caso esta derivada será igual a la magnitud del gradiente?

**2380.** Hallar la derivada de la función $U = \dfrac{1}{r}$ en la dirección $l \{\cos\alpha,\ \cos\beta,\ \cos\gamma\}$. ¿En qué caso esta derivada es igual a cero?

**2381.** Deducir las fórmulas:

a) $\operatorname{div}(C_1 a_1 + C_2 a_2) = C_1 \operatorname{div} a_1 + C_2 \operatorname{div} a_2$, donde $C_1$ y $C_2$ son constantes;

b) $\operatorname{div}(Uc) = \operatorname{grad} U \cdot c$, donde $c$ es un vector constante;

c) $\operatorname{div}(Ua) = \operatorname{grad} U \cdot a + U \operatorname{div} a$.

**2382.** Calcular la $\operatorname{div}\left(\dfrac{r}{r}\right)$.

**2383.** Hallar la div $a$ para el campo vectorial central $a(p) = f(r)\dfrac{r}{r}$, donde $r = \sqrt{x^2 + y^2 + z^2}$.

**2384.** Deducir las fórmulas:

a) $\operatorname{rot}(C_1 a_1 + C_2 a_2) = C_1 \operatorname{rot} a_1 + C_2 \operatorname{rot} a_2$, donde $C_1$ y $C_2$ son constantes;

b) $\operatorname{rot}(Uc) = \operatorname{grad} U \times c$, donde $c$ es un vector constante;

c) $\operatorname{rot}(Ua) = \operatorname{grad} U \times a + U \operatorname{rot} a$.

**2385.** Calcular la divergencia y el rotor del vector $a$, si $a$ es igual respectivamente a: a) $r$; b) $rc$ y c) $f(r)c$, donde $c$ es un vector constante.

**2386.** Hallar la divergencia y el rotor del campo de las velocidades lineales de los puntos de un cuerpo, que gira con una velocidad angular $\omega$ constante, alrededor del eje $OZ$ en dirección contraria a la que siguen las agujas del reloj.

**2387.** Calcular el rotor del campo de las velocidades lineales $v = \omega \times r$ de los puntos de un cuerpo, que gira con una velocidad angular $\omega$ constante, alrededor de eje determinado que pasa por el origen de coordenadas.

**2388.** Calcular la divergencia y el rotor del gradiente de un campo escalar $U$.

**2389.** Demostrar, que div $(\text{rot } a) = 0$.

**2390.** Valiéndose del teorema de Ostrogradski-Gauss, demostrar que el flujo del vector $a = r$, a través de una superficie cerrada, que limita un volumen arbitrario $v$, es igual al triple de este volumen.

**2391.** Hallar el flujo del vector $r$, a través de la superficie total del cilindro $x^2 + y^2 \leqslant R^2$, $0 \leqslant z \leqslant H$.

**2392.** Hallar el flujo del vector $a = x^3 i + y^3 j + z^3 k$ a través de : a) la superficie lateral del cono $\dfrac{x^2+y^2}{R^2} \leqslant \dfrac{z^2}{H^2}$, $0 \leqslant z \leqslant H$; b) la superficie total de este mismo cono.

**2393\*.** Calcular la divergencia y el flujo de la fuerza de atracción $F = -\dfrac{mr}{r^3}$ de un punto de masa $m$, situado en el origen de coordenadas, a través de una superficie cerrada arbitraria que rodea a dicho punto.

**2394.** Calcular la integral lineal del vector $r$ a lo largo de una espira de la hélice circular $x = R \cos t$; $y = R \operatorname{sen} t$; $z = ht$, desde $t = 0$ hasta $t = 2\pi$.

**2395.** Valiéndose del teorema de Stockes, calcular la circulación del vector $a = x^2 y^3 i + j + zk$ a lo largo de la circunferencia $x^2 + y^2 = R^2$; $z = 0$, tomando en calidad de superficie el hemisferio $z = \sqrt{R^2 - x^2 - y^2}$.

**2396.** Demostrar, que si $F$ es una fuerza central, es decir, que está dirigida a un punto fijo $0$ y depende solamente de la distancia $r$ hasta este punto: $F = f(r) r$, donde $f(r)$ es una función uniforme continua, el campo será potencial. Hallar el potencial $U$ del campo.

**2397.** Hallar el potencial $U$ del campo de gravitación, que engendra un punto material de masa $m$, situado en el origen de coordenadas: $a = -\dfrac{m}{r^3} r$. Demostrar, que el potencial $U$ satisface a la ecuación de Laplace $\Delta U = 0$.

**2398.** Comprobar si los campos vectoriales que se dan a continuación tienen potencial $U$ y, si lo tienen, hallarlo:

a) $a = (5x^2y - 4xy)\,i + (3x^2 - 2y)\,j$;

b) $a = yz\,i + zx\,j + xy\,k$;

c) $a = (y + z)\,i + (x + z)\,j + (x + y)\,k$.

**2399.** Demostrar, que el campo central espacial $a = f(r)\,r$ será solenoidal sólo cuando $f(r) = \dfrac{k}{r^3}$, donde $k =$ const.

**2400.** ¿Será solenoidal el campo vectorial $a = r\,(c \times r)$, donde $c$ es un vector constante?

## Capítulo VIII

# SERIES

## 1. Series numéricas

1°. **Conceptos principales.** Una serie numérica

$$a_1 + a_2 + \ldots + a_n + \ldots = \sum_{n=1}^{\infty} a_n \qquad (1)$$

se llama *convergente*, si su *suma parcial*

$$S_n = a_1 + a_2 + \ldots + a_n$$

tiene límite cuando $n \to \infty$. El número $S = \lim_{n\to\infty} S_n$ recibe el nombre de *suma* de la serie y la cantidad

$$R_n = S - S_n = a_{n+1} + a_{n+2} + \ldots$$

el de *resto* de la serie. Si el límite $\lim_{n\to\infty} S_n$ no existe, la serie recibe el nombre de *divergente*.

Si la serie es convergente, el $\lim_{n\to\infty} a_n = 0$ (*condición necesaria para la convergencia*). Pero la afirmación inversa no es cierta.

Para que la serie (1) sea convergente es necesario y suficiente que para cualquier número positivo $\varepsilon$ se pueda encontrar un $N$ tal, que para $n > N$ y para cualquier número positivo $p$, se cumpla la desigualdad

$$|a_{n+1} + a_{n+2} + \ldots + a_{n+p}| < \varepsilon$$

(*criterio de Cauchy*).

La convergencia o divergencia de una serie no se altera si añade o se suprime un número finito de términos.

2°. **Criterios de convergencia y divergencia de las series de términos positivos.**

a) I **criterio de comparación.** Si $0 \leqslant a_n \leqslant b_n$, a partir de un determinado $n = n_0$, y la serie

$$b_1 + b_2 + \ldots + b_n + \ldots = \sum_{n=1}^{\infty} b_n \qquad (2)$$

es convergente, la serie (1) también será convergente. Si por el contrario, la serie (1) es divergente, la serie (2) también lo será.

En calidad de series comparativas es muy cómodo tomar, en particular, la *progresión geométrica*

$$\sum_{n=0}^{\infty} aq^n \qquad (a \neq 0),$$

que es convergente cuando $|q| < 1$ y divergente cuando $|q| \geqslant 1$, y la *serie armónica*

$$\sum_{n=1}^{\infty} \frac{1}{n},$$

que es divergente.

E j e m p l o 1. La serie

$$\frac{1}{1 \cdot 2} + \frac{1}{2 \cdot 2^2} + \frac{1}{3 \cdot 2^3} + \cdots + \frac{1}{n \cdot 2^n} + \cdots$$

es convergente, ya que aquí

$$a_n = \frac{1}{n \cdot 2^n} < \frac{1}{2^n},$$

y la progresión geométrica

$$\sum_{n=1}^{\infty} \frac{1}{2^n},$$

cuya razón es $q = \frac{1}{2}$, es convergente.

E j e m p l o 2. La serie

$$\frac{\ln 2}{2} + \frac{\ln 3}{3} + \cdots + \frac{\ln n}{n} + \cdots$$

es divergente, ya que su término general $\dfrac{\ln n}{n}$ es mayor que el término correspondiente $\dfrac{1}{n}$ de la serie armónica (que es divergente).

b) II c r i t e r i o   d e   c o m p a r a c i ó n. Si existe un $\lim\limits_{n \to \infty} \dfrac{a_n}{b_n}$ finito y diferente de cero (en particular, si $a_n \sim b_n$), las series (1) y (2) son convergentes o divergentes simultáneamente.

E j e m p l o 3. La serie

$$1 + \frac{1}{3} + \frac{1}{5} + \cdots + \frac{1}{2n-1} + \cdots$$

es divergente, ya que

$$\lim_{n \to \infty} \left( \frac{1}{2n-1} : \frac{1}{n} \right) = \frac{1}{2} \neq 0,$$

y la serie cuyo término general es $\dfrac{1}{n}$ es divergente.

E j e m p l o 4. La serie

$$\frac{1}{2-1} + \frac{1}{2^2-2} + \frac{1}{2^3-3} + \cdots + \frac{1}{2^n-n} + \cdots$$

es convergente, porque

$$\lim_{n\to\infty} \left( \frac{1}{2^n - n} : \frac{1}{2^n} \right) = 1, \text{ o sea } \frac{1}{2^n - 2} \sim \frac{1}{2^n},$$

y la serie cuyo término general es $\frac{1}{2^n}$ es convergente.

c) Criterio de D'Alembert. Cuando $a_n > 0$ (a partir de un determinado $n = n_0$) y existe el límite

$$\lim_{n\to\infty} \frac{a_{n+1}}{a_n} = q$$

la serie (1) será convergente, si $q < 1$, y divergente, si $q > 1$. Cuando $q = 1$, la convergencia de la serie queda sin esclarecer.

Ejemplo 5. Investigar la convergencia de la serie

$$\frac{1}{2} + \frac{3}{2^2} + \frac{5}{2^3} + \ldots + \frac{2n-1}{2^n} + \ldots$$

Solución. Aquí

$$a_n = \frac{2n-1}{2^n}, \quad a_{n+1} = \frac{2n+1}{2^{n+1}}$$

y

$$\lim_{n\to\infty} \frac{a_{n+1}}{a_n} = \lim_{n\to\infty} \frac{(2n+1)\,2^n}{2^{n+1}\,(2n-1)} = \frac{1}{2} \lim_{n\to\infty} \frac{1 + \dfrac{1}{2n}}{1 - \dfrac{1}{2n}} = \frac{1}{2}.$$

Por consiguiente, la serie dada es convergente.

d) Criterio de Cauchy. Cuando $a_n \geqslant 0$ (a partir de un término determinado $n = n_0$) y existe el límite

$$\lim_{n\to\infty} \sqrt[n]{a_n} = q,$$

la serie (1) es convergente, si $q < 1$, y divergente, si $q > 1$. En el caso en que $q = 1$, la convergencia de la serie quede sin esclarecer.

e) Criterio integral de Cauchy. Si $a_n = f(n)$, donde la función $f(x)$ es positiva, monótona decreciente y continua cuando $x \geqslant a \geqslant 1$, la serie (1) y la integral

$$\int_a^\infty f(x)\,dx$$

son convergentes o divergentes simultáneamente.

Valiéndose del criterio integral se demuestra que la *serie de Dirichlet*

$$\sum_{n=1}^\infty \frac{1}{n^p} \qquad\qquad (3)$$

es convergente, si $p > 1$, y divergente, si $p \leqslant 1$. La convergencia de muchas series se puede investigar comparándolas con la correspondiente serie de Dirichlet (3).

E j e m p l o 6. Investigar la convergencia de la serie

$$\frac{1}{1\cdot 2}+\frac{1}{3\cdot 4}+\frac{1}{5\cdot 6}+\ldots+\frac{1}{(2n-1)\,2n}+\ldots$$

S o l u c i ó n. Tenemos:

$$a_n=\frac{1}{(2n-1)\,2n}=\frac{1}{4n^2}\,\frac{1}{1-\frac{1}{2n}}\sim\frac{1}{4n^2}\,.$$

Como la serie de Dirichlet cuando $p=2$ es convergente, basándose en el II criterio de comparación puede afirmarse que la serie dada también es convergente.

3°. C r i t e r i o  d e  c o n v e r g e n c i a  d e  l a s  s e r i e s  d e  t é r m i n o s  p o s i t i v o s  y  n e g a t i v o s. Si la serie

$$|\,a_1\,|+|\,a_2\,|+\ldots+|\,a_n\,|+\ldots,\qquad\qquad(4)$$

formada por los valores absolutos de los términos de la serie (1) es convergente, la serie (1) también es convergente y recibe el nombre de *absolutamente convergente*. Si por el contrario, la serie (1) es convergente, mientras que la (4) es divergente, la serie (1) se llama *condicionalmente convergente*.

Para averiguar si la serie (1) es absolutamente convergente pueden emplearse para la serie (4) los ya conocidos criterios de convergencia de las series de términos positivos. En particular, la serie (1) será absolutamente convergente, si

$$\lim_{n\to\infty}\left|\frac{a_{n+1}}{a_n}\right|<1\ \text{o}\ \lim_{n\to\infty}\sqrt[n]{|\,a_n\,|}<1.$$

En el caso general, de la divergencia de la serie (4) no se desprende la divergencia de la serie (1). Pero si el $\lim\limits_{n\to\infty}\left|\dfrac{a_{n+1}}{a_n}\right|>1$ o bien el $\lim\limits_{n\to\infty}\sqrt[n]{|\,a_n\,|}>1$, entonces será divergente no sólo la serie (4), sino también la serie (1).

C r i t e r i o  d e  L e i b n i z. Si para una serie alternada

$$b_1-b_2+b_3-b_4+\ldots(b_n\geqslant 0)\qquad\qquad(5)$$

se cumplen las condiciones: 1) $b_1\geqslant b_2\geqslant b_3\geqslant\ldots$; 2) $\lim\limits_{n\to\infty}b_n=0$, la serie (5) será convergente.

Para el resto de la serie $R_n$, en este caso, será válida la acotación

$$|\,R_n\,|\leqslant b_{n+1}.$$

E j e m p l o 7. Investigar la convergencia de la serie

$$1-\left(\frac{2}{3}\right)^2-\left(\frac{3}{5}\right)^3+\left(\frac{4}{7}\right)^4+\ldots+(-1)^{\frac{n(n-1)}{2}}\left(\frac{n}{2n-1}\right)^n+\ldots$$

S o l u c i ó n. Tomamos la serie de los valores absolutos de los términos de la serie dada:

$$1+\left(\frac{2}{3}\right)^2+\left(\frac{3}{5}\right)^3+\left(\frac{4}{7}\right)^4+\ldots+\left(\frac{n}{2n-1}\right)^n+\ldots$$

Como

$$\lim_{n\to\infty} \sqrt[n]{\left(\frac{n}{2n-1}\right)^n} = \lim_{n\to\infty} \frac{n}{2n-1} = \lim_{n\to\infty} \frac{1}{2-\frac{1}{n}} = \frac{1}{2},$$

la serie dada es absolutamente convergente.

E j e m p l o 8. La serie

$$1 - \frac{1}{2} + \frac{1}{3} - \cdots + (-1)^{n+1} \cdot \frac{1}{n} + \cdots$$

es convergente, ya que se cumplen las condiciones del criterio de Leibniz. Pero converge no absolutamente (condicionalmente), ya que la serie

$$1 + \frac{1}{2} + \frac{1}{3} + \cdots + \frac{1}{n} + \cdots$$

es divergente (serie armónica).

O b s e r v a c i ó n. Para que las series alternadas sean convergentes, no es suficiente que su término general tienda a cero. El criterio de Leibniz afirma únicamente, que la serie alternativa converge si el valor absoluto del término general de la misma tiende a cero m o n ó t o n a m e n t e. Por ejemplo, la serie

$$1 - \frac{1}{5} + \frac{1}{2} - \frac{1}{5^2} + \frac{1}{3} - \cdots + \frac{1}{k} - \frac{1}{5^k} + \cdots$$

es divergente, a pesar de que su término general tiende a cero (la variación monótona del valor absoluto de este término general, aquí, naturalmente, no se cumple). Efectivamente, en este caso $S_{2k} = S'_k + S''_k$, donde

$$S'_k = 1 + \frac{1}{2} + \frac{1}{3} + \cdots + \frac{1}{k}, \qquad S''_k = -\left(\frac{1}{5} + \frac{1}{5^2} + \cdots + \frac{1}{5^k}\right),$$

y el límite $\lim_{k\to\infty} S'_k + \infty$ ($S'_k$ es la suma parcial de la serie armónica), mientras que el $\lim_{k\to\infty} S''_k$ existe y es finito ($S''_k$ es la suma parcial de la progresión geométrica, que es convergente), por consiguiente, $\lim_{k\to\infty} S_{2k} = \infty$.

Por otra parte, para que la serie alternada sea convergente, no es necesario que se cumpla el criterio de Leibniz, ya que la serie alternada puede ser convergente, si el valor absoluto de su término general tiende a cero de forma no monótona.

Así, la serie

$$1 - \frac{1}{2^2} + \frac{1}{3^3} - \frac{1}{4^2} + \cdots + \frac{1}{(2n-1)^3} - \frac{1}{(2n)^2} + \cdots$$

es convergente, y además absolutamente, a pesar de que el criterio de Leibniz no se cumple, puesto que el valor absoluto del término general de la serie, aunque tiende a cero, no lo hace monótonamente.

4° S e r i e s   d e   t é r m i n o s   c o m p l e j o s. La serie que tiene por término genera l$c_n = a_n + ib_n$ ($i^2 = -1$) es convergente si, y sólo si, son convergentes simultáneamente las series de sus términos reales $\sum_{n=1}^{\infty} a_n$ y $\sum_{n=1}^{\infty} b_n$ y en este caso,

$$\sum_{n=1}^{\infty} c_n = \sum_{n=1}^{\infty} a_n + i \sum_{n=1}^{\infty} b_n. \tag{6}$$

La serie (6) es indubitablemente convergente y se denomina *absolutamente convergente*, si converge la serie

$$\sum_{n=1}^{\infty} |c_n| = \sum_{n=1}^{\infty} \sqrt{a_n^2 + b_n^2},$$

cuyos términos son los módulos de los de la serie (6).

5°. O p e r a c i o n e s   c o n   l a s   s e r i e s.

a) Cada uno de los términos de una serie convergente puede multiplicarse por un número cualquiera $k$, es decir, si

se tendrá

$$a_1 + a_2 + \ldots + a_n + \ldots = S,$$

$$ka_1 + ka_2 + \ldots + ka_n + \ldots = kS.$$

b) Se entiende por *suma (o resta)* de dos series convergentes

$$a_1 + a_2 + \ldots + a_n + \ldots = S_1, \tag{7}$$

$$b_1 + b_2 + \ldots + b_n + \ldots = S_2 \tag{8}$$

la correspondiente serie

$$(a_1 \pm b_1) + (a_2 \pm b_2) + \ldots + (a_n \pm b_n) + \ldots = S_1 \pm S_2.$$

c) Se llama *producto* de las series (7) y (8), la serie

$$c_1 + c_2 + \ldots + c_n + \ldots, \tag{9}$$

donde $c_n = a_1 b_n + a_2 b_{n-1} + \ldots + a_n b_1$ $(n = 1, 2, \ldots)$.

Si las series (7) y (8) son absolutamente convergentes, la serie (9) también lo será y su suma será igual a $S_1 S_2$.

d) si una serie es absolutamente convergente, su suma no varía cuando se altera el orden de sus términos. Esta propiedad no tiene lugar cuando la convergencia no es absoluta.

Escribir la fórmula más simple del término enésimo de las siguientes series, de acuerdo con los términos que se indican:

**2401.** $1 + \frac{1}{3} + \frac{1}{5} + \frac{1}{7} + \ldots$

**2402.** $\frac{1}{2} + \frac{1}{4} + \frac{1}{6} + \frac{1}{8} + \ldots$

**2403.** $1 + \frac{2}{2} + \frac{3}{4} + \frac{4}{8} + \ldots$

**2404.** $1 + \frac{1}{4} + \frac{1}{9} + \frac{1}{16} + \ldots$

**2405.** $\frac{3}{4} + \frac{4}{9} + \frac{5}{16} + \frac{6}{25} + \ldots$

**2406.** $\frac{2}{5} + \frac{4}{8} + \frac{6}{11} + \frac{8}{14} + \ldots$

**2407.** $\frac{1}{2} + \frac{1}{6} + \frac{1}{12} + \frac{1}{20} + \frac{1}{30} + \frac{1}{42} + \ldots$

**2408.** $1 + \frac{1 \cdot 3}{1 \cdot 4} + \frac{1 \cdot 3 \cdot 5}{1 \cdot 4 \cdot 7} + \frac{1 \cdot 3 \cdot 5 \cdot 7}{1 \cdot 4 \cdot 7 \cdot 10} + \ldots$

**2409.** $1 - 1 + 1 - 1 + 1 - 1 + \ldots$

**2410.** $1 + \frac{1}{2} + 3 + \frac{1}{4} + 5 + \frac{1}{6} + \ldots$

En los problemas N$^{os.}$ 2411-2415 es necesario escribir los 4 ó 5 primeros términos de la serie, partiendo del término general $a_n$ que ya se conoce.

**2411.** $a_n = \dfrac{3n-2}{n^2+1}$ .

**2414.** $a_n = \dfrac{1}{[3+(-1)^n]^n}$ .

**2412.** $a_n = \dfrac{(-1)^n n}{2^n}$ .

**2415.** $a_n = \dfrac{\left(2+\operatorname{sen}\dfrac{n\pi}{2}\right)\cos n\pi}{n!}$ .

**2413.** $a_n = \dfrac{2+(-1)^n}{n^2}$ .

Investigar la convergencia de las series siguientes, valiéndose de los criterios de comparación (o de la condición necesaria):

**2416.** $1-1+1-1+\ldots+(-1)^{n-1}+\ldots$

**2417.** $\dfrac{2}{5}+\dfrac{1}{2}\left(\dfrac{2}{5}\right)^2+\dfrac{1}{3}\left(\dfrac{2}{5}\right)^3+\ldots+\dfrac{1}{n}\left(\dfrac{2}{5}\right)^n+\ldots$

**2418.** $\dfrac{2}{3}+\dfrac{3}{5}+\dfrac{4}{7}+\ldots+\dfrac{n+1}{2n+1}+\ldots$

**2419.** $\dfrac{1}{\sqrt{10}}-\dfrac{1}{\sqrt[3]{10}}+\dfrac{1}{\sqrt[4]{10}}-\ldots+\dfrac{(-1)^{n+1}}{\sqrt[n+1]{10}}+\ldots$

**2420.** $\dfrac{1}{2}+\dfrac{1}{4}+\dfrac{1}{6}+\ldots+\dfrac{1}{2n}+\ldots$

**2421.** $\dfrac{1}{11}+\dfrac{1}{21}+\dfrac{1}{31}+\ldots+\dfrac{1}{10n+1}+\ldots$

**2422.** $\dfrac{1}{\sqrt{1\cdot2}}+\dfrac{1}{\sqrt{2\cdot3}}+\dfrac{1}{\sqrt{3\cdot4}}+\ldots+\dfrac{1}{\sqrt{n(n+1)}}+\ldots$

**2423.** $2+\dfrac{2^2}{2}+\dfrac{2^3}{3}+\ldots+\dfrac{2^n}{n}+\ldots$

**2424.** $1+\dfrac{1}{\sqrt{2}}+\dfrac{1}{\sqrt{3}}+\ldots\dfrac{1}{\sqrt{n}}+\ldots$

**2425.** $\dfrac{1}{2^2}+\dfrac{1}{5^2}+\dfrac{1}{8^2}+\ldots+\dfrac{1}{(3n-1)^2}+\ldots$

**2426.** $\dfrac{1}{2}+\dfrac{\sqrt[3]{2}}{3\sqrt{2}}+\dfrac{\sqrt[3]{3}}{4\sqrt{3}}+\ldots+\dfrac{\sqrt[3]{n}}{(n+1)\sqrt{n}}+\ldots$

Valiéndose del criterio de D'Alembert, investigar la convergencia de las series:

**2427.** $\dfrac{1}{\sqrt{2}}+\dfrac{3}{2}+\dfrac{5}{2\sqrt{2}}+\ldots+\dfrac{3n-1}{(\sqrt{2})^n}+\ldots$

**2428.** $\dfrac{2}{1}+\dfrac{2\cdot5}{1\cdot5}+\dfrac{2\cdot5\cdot8}{1\cdot5\cdot9}+\ldots+\dfrac{2\cdot5\cdot8\ldots(3n-1)}{1\cdot5\cdot9\ldots(4n-3)}+\ldots$

Valiéndose del criterio de Cauchy, investigar la convergencia de las series:

**2429.** $\frac{2}{1} + \left(\frac{3}{3}\right)^2 + \left(\frac{4}{5}\right)^3 + \ldots + \left(\frac{n+1}{2n-1}\right)^n + \ldots$

**2430.** $\frac{1}{2} + \left(\frac{2}{5}\right)^3 + \left(\frac{3}{8}\right)^5 + \ldots + \left(\frac{n}{3n-1}\right)^{2n-1} + \ldots$

Investigar la convergencia de las siguientes series de términos positivos:

**2431.** $1 + \frac{1}{2!} + \frac{1}{3!} + \ldots + \frac{1}{n!} + \ldots$

**2432.** $\frac{1}{3} + \frac{1}{8} + \frac{1}{15} + \ldots + \frac{1}{(n+1)^2 - 1} + \ldots$

**2433.** $\frac{1}{1\cdot4} + \frac{1}{4\cdot7} + \frac{1}{7\cdot10} + \ldots + \frac{1}{(3n-2)(3n+1)} + \ldots$

**2434.** $\frac{1}{3} + \frac{4}{9} + \frac{9}{19} + \ldots + \frac{n^2}{2n^2+1} + \ldots$

**2435.** $\frac{1}{2} + \frac{2}{5} + \frac{3}{10} + \ldots + \frac{n}{n^2+1} + \ldots$

**2436.** $\frac{3}{2^2\cdot3^3} + \frac{5}{3^2\cdot4^2} + \frac{7}{4^2\cdot5^2} + \ldots + \frac{2n+1}{(n+1)^2(n+2)^2} + \ldots$

**2437.** $\frac{3}{4} + \left(\frac{6}{7}\right)^2 + \left(\frac{9}{10}\right)^3 + \ldots + \left(\frac{3n}{3n+1}\right)^n + \ldots$

**2438.** $\left(\frac{3}{4}\right)^{\frac{1}{2}} + \frac{5}{7} + \left(\frac{7}{10}\right)^{\frac{3}{2}} + \ldots + \left(\frac{2n+1}{3n+1}\right)^{\frac{n}{2}} + \ldots$

**2439.** $\frac{1}{e} + \frac{8}{e^2} + \frac{27}{e^3} + \ldots + \frac{n^3}{e^n} + \ldots$

**2440.** $1 + \frac{2}{2^2} + \frac{4}{3^3} + \ldots + \frac{2^{n-1}}{n^n} + \ldots$

**2441.** $\frac{1!}{2+1} + \frac{2!}{2^2+1} + \frac{3!}{2^3+1} + \ldots + \frac{n!}{2^n+1} + \ldots$

**2442.** $1 + \frac{2}{1!} + \frac{4}{2!} + \ldots + \frac{2^{n-1}}{(n-1)!} + \ldots$

**2443.** $\frac{1}{4} + \frac{1\cdot3}{4\cdot8} + \frac{1\cdot3\cdot5}{4\cdot8\cdot12} + \ldots + \frac{1\cdot3\cdot5\ldots(2n-1)}{4\cdot8\cdot12\ldots4n} + \ldots$

**2444.** $\frac{(1!)^2}{2!} + \frac{(2!)^2}{4!} + \frac{(3!)^2}{6!} + \ldots + \frac{(n!)^2}{(2n)!} + \ldots$

**2445.** $1000 + \frac{1000\cdot1002}{1\cdot4} + \frac{1000\cdot1002\cdot1004}{1\cdot4\cdot7} + \ldots$

$$\ldots + \frac{1000\cdot1002\cdot1004\ldots(998+2n)}{1\cdot4\cdot7\ldots(3n-2)} + \ldots$$

**2446.** $\dfrac{2}{1}+\dfrac{2\cdot 5\cdot 8}{1\cdot 5\cdot 9}+\cdots+\dfrac{2\cdot 5\cdot 8\cdot 11\cdot 14\ldots(6n-7)(6n-4)}{1\cdot 5\cdot 9\cdot 13\cdot 17\ldots(8n-11)(8n-7)}+\cdots$

**2447.** $\dfrac{1}{2}+\dfrac{1\cdot 5}{2\cdot 4\cdot 6}+\cdots+\dfrac{1\cdot 5\cdot 9\ldots(4n-3)}{2\cdot 4\cdot 6\cdot 8\cdot 10\ldots(4n-4)(4n-2)}+\cdots$

**2448.** $\dfrac{1}{1!}+\dfrac{1\cdot 11}{3!}+\dfrac{1\cdot 11\cdot 21}{5!}+\cdots+\dfrac{1\cdot 11\cdot 21\ldots(10n-9)}{(2n-1)!}+\cdots$

**2449.** $1+\dfrac{1\cdot 4}{1\cdot 3\cdot 5}+\dfrac{1\cdot 4\cdot 9}{1\cdot 3\cdot 5\cdot 7\cdot 9}+\cdots+\dfrac{1\cdot 4\cdot 9\ldots n^2}{1\cdot 3\cdot 5\cdot 7\cdot 9\ldots(4n-3)}+\cdots$

**2450.** $\displaystyle\sum_{n=1}^{\infty}\operatorname{arcsen}\dfrac{1}{\sqrt{n}}$ .

**2451.** $\displaystyle\sum_{n=1}^{\infty}\operatorname{sen}\dfrac{1}{n^2}$ .

**2452.** $\displaystyle\sum_{n=1}^{\infty}\ln\left(1+\dfrac{1}{n}\right)$ .

**2453.** $\displaystyle\sum_{n=1}^{\infty}\ln\dfrac{n^2+1}{n^2}$ .

**2454.** $\displaystyle\sum_{n=2}^{\infty}\dfrac{1}{\ln n}$ .

**2455.** $\displaystyle\sum_{n=2}^{\infty}\dfrac{1}{n\ln n}$ .

**2456.** $\displaystyle\sum_{n=2}^{\infty}\dfrac{1}{n\ln^2 n}$ .

**2457.** $\displaystyle\sum_{n=2}^{\infty}\dfrac{1}{n\cdot\ln n\cdot\ln\ln n}$ .

**2458.** $\displaystyle\sum_{n=2}^{\infty}\dfrac{1}{n^2-n}$ .

**2459.** $\displaystyle\sum_{n=1}^{\infty}\dfrac{1}{\sqrt{n(n+1)}}$ .

**2460.** $\displaystyle\sum_{n=1}^{\infty}\dfrac{1}{\sqrt{n(n+1)(n+2)}}$ .

**2461.** $\displaystyle\sum_{n=2}^{\infty}\dfrac{1}{n\ln n+\sqrt{\ln^3 n}}$ .

**2462.** $\displaystyle\sum_{n=2}^{\infty}\dfrac{1}{n\sqrt[3]{n}-\sqrt{n}}$ .

**2463.** $\displaystyle\sum_{n=1}^{\infty}\dfrac{\sqrt[3]{n}}{(2n-1)(5\sqrt[3]{n}-1)}$ .

**2464.** $\displaystyle\sum_{n=1}^{\infty}\left(1-\cos\dfrac{\pi}{n}\right)$ .

**2465.** $\displaystyle\sum_{1=n}^{\infty}\dfrac{n!}{n^n}$ .

**2466.** $\displaystyle\sum_{n=1}^{\infty}\dfrac{2^n n!}{n^n}$ .

**2467.** $\displaystyle\sum_{n=1}^{\infty}\dfrac{3^n n!}{n^n}$ .

**2468\*.** $\displaystyle\sum_{n=1}^{\infty}\dfrac{e^n n!}{n^n}$ .

**2469.** Demostrar, que la serie $\displaystyle\sum_{n=2}^{\infty}\dfrac{1}{n^p\ln^q n}$ :

1) es convergente, cualquiera que sea $q$, si $p>1$, y cuando $q>1$, si $p=1$;

2) es divergente, cualquiera que sea $q$, si $p<1$, y cuando $q\leqslant 1$, si $p=1$.

Averiguar la convergencia de las siguientes series alternadas. Si son convergentes, comprobar si lo son absoluta o condicionalmente.

**2470.** $1-\dfrac{1}{3}+\dfrac{1}{5}-\ldots+\dfrac{(-1)^{n-1}}{2n-1}+\ldots$

**2471.** $1-\dfrac{1}{\sqrt{2}}+\dfrac{1}{\sqrt{3}}-\ldots+\dfrac{(-1)^{n-1}}{\sqrt{n}}+\ldots$

**2472.** $1-\dfrac{1}{4}+\dfrac{1}{9}-\ldots+\dfrac{(-1)^{n-1}}{n^2}+\ldots$

**2473.** $1-\dfrac{2}{7}+\dfrac{3}{13}-\ldots+\dfrac{(-1)^{n-1}n}{6n-5}+\ldots$

**2474.** $\dfrac{3}{1\cdot2}-\dfrac{5}{2\cdot3}+\dfrac{7}{3\cdot4}-\ldots+(-1)^{n-1}\dfrac{2n+1}{n(n+1)}+\ldots$

**2475.** $-\dfrac{1}{2}-\dfrac{2}{4}+\dfrac{3}{8}+\dfrac{4}{16}-\ldots+(-1)^{\frac{n^2+n}{2}}\cdot\dfrac{n}{2^n}+\ldots$

**2476.** $-\dfrac{2}{2\sqrt{2}-1}+\dfrac{3}{3\sqrt{3}-1}-\dfrac{4}{4\sqrt{4}-1}+\ldots$

$\ldots+(-1)^n\dfrac{n+1}{(n+1)\sqrt{n+1}-1}+\ldots$

**2477.** $-\dfrac{3}{4}+\left(\dfrac{5}{7}\right)^2-\left(\dfrac{7}{10}\right)^3+\ldots+(-1)^n\left(\dfrac{2n+1}{3n+1}\right)^n+\ldots$

**2478.** $\dfrac{3}{2}-\dfrac{3\cdot5}{2\cdot5}+\dfrac{3\cdot5\cdot7}{2\cdot5\cdot8}-\ldots+(-1)^{n-1}\dfrac{3\cdot5\cdot7\ldots(2n+1)}{2\cdot5\cdot8\ldots(3n-1)}+\ldots$

**2479.** $\dfrac{1}{7}-\dfrac{1\cdot4}{7\cdot9}+\dfrac{1\cdot4\cdot7}{7\cdot9\cdot11}-\ldots+(-1)^{n-1}\dfrac{1\cdot4\cdot7\ldots(3n-2)}{7\cdot9\cdot11\ldots(2n+5)}+\ldots$

**2480.** $\dfrac{\operatorname{sen}\alpha}{\ln 10}+\dfrac{\operatorname{sen}2\alpha}{(\ln 10)^2}+\ldots+\dfrac{\operatorname{sen}n\alpha}{(\ln 10)^n}+\ldots$

**2481.** $\displaystyle\sum_{n=1}^{\infty}(-1)^n\dfrac{\ln n}{n}$.

**2482.** $\displaystyle\sum_{n=1}^{\infty}(-1)^{n-1}\operatorname{tg}\dfrac{1}{n\sqrt{n}}$.

**2483.** Cerciorarse de que el criterio de convergencia de D'Alembert no resuelve el problema del esclarecimiento de la convergencia de la serie $\sum\limits_{n=1}^{\infty} a_n$, donde

$$a_{2k-1} = \frac{2^{k-1}}{3^{k-1}}, \quad a_{2k} = \frac{2^{k-1}}{3^k} \ (k = 1, 2, \ldots),$$

mientras que con ayuda del criterio de Cauchy se puede comprobar que esta serie es convergente.

**2484\*.** Cerciorarse de que el criterio de Leibniz no es aplicable a las series alternativas $a) - d)$. Comprobar, cuáles de estas series son divergentes, cuáles convergentes condicionalmente y cuáles absolutamente convergentes:

a) $\dfrac{1}{\sqrt{2}-1} - \dfrac{1}{\sqrt{2}+1} + \dfrac{1}{\sqrt{3}-1} - \dfrac{1}{\sqrt{3}+1} + \dfrac{1}{\sqrt{4}-1} - \dfrac{1}{\sqrt{4}+1} + \cdots$

$$\left( a_{2k-1} = \frac{1}{\sqrt{k+1}-1}; \ a_{2k} = -\frac{1}{\sqrt{k+1}+1} \right);$$

b) $1 - \dfrac{1}{3} + \dfrac{1}{2} - \dfrac{1}{3^3} + \dfrac{1}{2^2} - \dfrac{1}{3^5} + \cdots$

$$\left( a_{2k-1} = \frac{1}{2^{k-1}}, \ a_{2k} = -\frac{1}{3^{2k-1}} \right);$$

c) $1 - \dfrac{1}{3} + \dfrac{1}{3} - \dfrac{1}{3^2} + \dfrac{1}{5} - \dfrac{1}{3^3} + \cdots$

$$\left( a_{2k-1} = \frac{1}{2k-1}, \ a_{2k} = -\frac{1}{3k} \right);$$

d) $\dfrac{1}{3} - 1 + \dfrac{1}{7} - \dfrac{1}{5} + \dfrac{1}{11} - \dfrac{1}{9} + \cdots$

$$\left( a_{2k-1} = \frac{1}{4k-1}, \ a_{2k} = -\frac{1}{4k-3} \right).$$

Investigar la convergencia de las siguientes series de términos complejos:

**2485.** $\sum\limits_{n=1}^{\infty} \dfrac{n(2+i)^n}{2^n}$.

**2489.** $\sum\limits_{n=1}^{\infty} \dfrac{1}{\sqrt{n}+i}$.

**2486.** $\sum\limits_{n=1}^{\infty} \dfrac{n(2i-1)^n}{3^n}$.

**2490.** $\sum\limits_{n=1}^{\infty} \dfrac{1}{(n+i)\sqrt{n}}$.

**2487.** $\sum\limits_{n=1}^{\infty} \dfrac{1}{n(3+i)^n}$.

**2491.** $\sum\limits_{n=1}^{\infty} \dfrac{1}{[n+(2n-1)i]^2}$.

**2488.** $\sum\limits_{n=1}^{\infty} \dfrac{i^n}{n}$.

**2492.** $\sum\limits_{n=1}^{\infty} \left[ \dfrac{n(2-i)+1}{n(3-2i)-3i} \right]^n$.

**2493.** Entre las curvas $y = \frac{1}{x^3}$ e $y = \frac{1}{x^2}$, a la derecha de su punto de intersección, se han construido segmentos paralelos al eje $OY$ y que guardan entre sí distancias iguales. ¿Será finita la suma de las longitudes de estos segmentos?

**2494.** ¿Será finita la suma de las longitudes de los segmentos de que se habla en el problema anterior, si la curva $y = \frac{1}{x^2}$ se sustituye por la curva $y = \frac{1}{x}$?

**2495.** Formar la suma de las series $\sum\limits_{n=1}^{\infty} \frac{1+n}{3^n}$ y $\sum\limits_{n=1}^{\infty} \frac{(-1)^n - n}{3^n}$. ¿Será convergente esta suma?

**2496.** Formar la diferencia de las series divergentes $\sum\limits_{n=1}^{\infty} \frac{1}{2n-1}$ y $\sum\limits_{n=1}^{\infty} \frac{1}{2n}$ e investigar su convergencia.

**2497.** ¿Será convergente la serie que resulta de restar la serie $\sum\limits_{n=1}^{\infty} \frac{1}{2n-1}$ de la serie $\sum\limits_{n=1}^{\infty} \frac{1}{n}$?

**2498.** Buscar dos series tales, que su suma sea convergente y su diferencia divergente.

**2499.** Formar el producto de las series $\sum\limits_{n=1}^{\infty} \frac{1}{n\sqrt{n}}$ y $\sum\limits_{n=1}^{\infty} \frac{1}{2^{n-1}}$. Este producto ¿será convergente?

**2500.** Formar la serie $\left(1 + \frac{1}{2} + \frac{1}{4} + \cdots + \frac{1}{2^{n-1}} + \cdots\right)^2$. ¿Será convergente esta serie?

**2501.** Se da la serie $-1 + \frac{1}{2!} - \frac{1}{3!} + \cdots + \frac{(-1)^n}{n!} + \cdots$ Apreciar el valor del error que se comete al sustituir la suma de esta serie por la suma de sus cuatro primeros términos y por la suma de sus cinco primeros términos. ¿Qué puede decirse de los signos de estos errores?

**2502*.** Acotar el error que se comete al sustituir la suma de la serie

$$\frac{1}{2} + \frac{1}{2!}\left(\frac{1}{2}\right)^2 + \frac{1}{3!}\left(\frac{1}{2}\right)^3 + \cdots + \frac{1}{n!}\left(\frac{1}{2}\right)^n + \cdots$$

por la suma de sus $n$ primeros términos.

**2503.** Acotar el error que se comete al sustituir la suma de la serie

$$1 + \frac{1}{2!} + \frac{1}{3!} + \ldots + \frac{1}{n!} + \ldots$$

por la suma de sus $n$ primeros términos. En particular, acotar la exactitud de esta aproximación cuando $n = 10$.

**2504\*\*.** Acotar el error que se comete al sustituir la suma de la serie

$$1 + \frac{1}{2^2} + \frac{1}{3^2} + \ldots + \frac{1}{n^2} + \ldots$$

por la suma de sus $n$ primeros términos. En particular, acotar la exactitud de esta aproximación cuando $n = 1000$.

**2505\*.** Acotar el error que se comete al sustituir la suma de la serie

$$1 + 2\left(\frac{1}{4}\right)^2 + 3\left(\frac{1}{4}\right)^4 + \ldots + n\left(\frac{1}{4}\right)^{2n-2} + \ldots$$

por la suma de sus $n$ primeros términos.

**2506.** ¿Cuántos términos de la serie $\sum\limits_{n=1}^{\infty} \frac{(-1)^{n-1}}{n}$ hay que tomar para calcular su suma con exactitud desde 0,01 hasta 0,001?

**2507.** ¿Cuántos términos de la serie $\sum\limits_{n=1}^{\infty} \frac{n}{(2n+1)5^n}$ hay que tomar para calcular su suma con exactitud hasta 0,01, 0,001 y 0,0001?

**2508\*.** Hallar la suma de la serie

$$\frac{1}{1 \cdot 2} + \frac{1}{2 \cdot 3} + \frac{1}{3 \cdot 4} + \ldots + \frac{1}{n(n+1)} + \ldots$$

**2509.** Hallar la suma de la serie

$$\sqrt[3]{x} + \left(\sqrt[5]{x} - \sqrt[3]{x}\right) + \left(\sqrt[7]{x} - \sqrt[5]{x}\right) + \ldots + \left(\sqrt[2k+1]{x} - \sqrt[2k-1]{x}\right) + \ldots$$

## § 2. Series de funciones

**1°. Campo de convergencia.** El conjunto de los valores del argumento $x$, para los que la serie de funciones

$$f_1(x) + f_2(x) + \ldots + f_n(x) + \ldots \tag{1}$$

es convergente, se llama *campo de convergencia* de esta serie. L función

$$S(x) = \lim_{n \to \infty} S_n(x),$$

donde $S_n(x) = f_1(x) + f_2(x) + \ldots + f_n(x)$ y $x$ pertenece al campo de convergencia, recibe el nombre de *suma* de la serie, y $R_n(x) = S(x) - S_n(x)$, el de *resto* de la serie.

En los casos más simples, para determinar el campo de convergencia de la serie (1) basta aplicar a esta serie los conocidos criterios de convergencia, considerando $x$ fijo.

E j e m p l o 1. Determinar el campo de convergencia de la serie

$$\frac{x+1}{1\cdot 2}+\frac{(x+1)^2}{2\cdot 2^2}+\frac{(x+1)^3}{3\cdot 2^3}+\ldots+\frac{(x+1)^n}{n\cdot 2^n}+\ldots \qquad (2)$$

S o l u c i ó n. Designando por medio de $u_n$ el término general de la serie, tendremos

$$\lim_{n\to\infty}\frac{|u_{n+1}|}{|u_n|}=\lim_{n\to\infty}\frac{|x+1|^{n+1}\,2^n n}{2^{n+1}\,(n+1)\,|x+1|^n}=\frac{|x+1|}{2}.$$

Basándose en el criterio de D'Alembert se puede afirmar que la serie es convergente (y además absolutamente convergente), si $\dfrac{|x+1|}{2}<1$, es decir,

F i g. 104

si $-3<x<1$; la serie es divergente, si $\dfrac{|x+1|}{2}>1$, es decir, si $-\infty<$ $<x<-3$ o si $1<x<\infty$ (fig. 104). Cuando $x=1$ se obtiene la serie armónica $1+\frac{1}{2}+\frac{1}{3}+\ldots$, que es divergente, y cuando $x=-3$, la serie $-1+\frac{1}{2}-\frac{1}{3}+\ldots$, que (de acuerdo con el criterio de Leibniz) es convergente (pero no absolutamente).

Es decir, la serie converge cuando $-3\leqslant x<1$.

2°. S e r i e s  d e  p o t e n c i a s. Para toda *serie de potencias*

$$c_0+c_1\,(x-a)+c_2\,(x-a)^2+\ldots+c_n\,(x-a)^n+\ldots \qquad (3)$$

($c_n$ y $a$ son números reales) existe un intervalo (*intervalo de convergencia*) $|x-a|<R$ con centro en el punto $x=a$, en cuyo interior la serie (3) es absolutamente convergente; cuando $|x-a|>R$ la serie es divergente. El *radio de convergencia* $R$ puede ser en casos particulares igual a 0 y a $\infty$. En los puntos extremos del intervalo de convergencia $x=a\pm R$ puede tener lugar, tanto la convergencia, como la divergencia de la serie de potencias. El intervalo de convergencia se determina generalmente por medio de los criterios de D'Alembert o de Cauchy, aplicándolos a la serie formada por los valores absolutos de los términos de la serie dada (3).

Aplicando a la serie de los valores absolutos

$$|c_0|+|c_1|\,|x-a|+\ldots+|c_n|\,|x-a|^n+\ldots$$

los criterios de D'Alembert y de Cauchy, obtenemos respectivamente las siguientes fórmulas para el radio de convergencia de la serie de potencias (3):

$$R = \frac{1}{\lim\limits_{n \to \infty} \sqrt[n]{|c_n|}} \quad \text{y} \quad R = \lim_{n \to \infty} \left| \frac{c_n}{c_{n+1}} \right|.$$

No obstante, hay que emplearlos con mucha precaución, ya que, frecuentemente, los límites que figuran en los segundos miembros de estas fórmulas no existen. Así, por ejemplo, si un conjunto infinito de coeficientes $c_n$ se anula (lo que, en particular, ocurre cuando la serie consta solamente de términos de potencias pares, o solamente de potencias impares de $(x-a)$), no se pueden emplear las fórmulas indicadas. Debido a esto, se recomienda que, al determinar el intervalo de convergencia, se emplee el criterio de D'Alembert o el de Cauchy directamente, como se hizo más arriba al investigar la serie (2), sin recurrir a las fórmulas generales de determinación del radio de convergencia.

Si $z = x + iy$ es una variable compleja, para la serie de potencias

$$c_0 + c_1 (z - z_0) + c_2 (z - z_0)^2 + \ldots + c_n (z - z_0)^n + \ldots \qquad (4)$$

$(c_n = a_n + ib_n,\ z_0 = x_0 + iy_0)$ existe un determinado círculo (*círculo de convergencia*) $|z - z_0| < R$ con el centro en el punto $z = z_0$, en cuyo interior la serie es absolutamente convergente; cuando $|z - z_0| > R$, la serie es divergente. En los puntos situados en la misma circunferencia de este círculo de convergencia, la serie (4) puede ser tanto convergente como divergente. El círculo de convergencia se determina, generalmente, valiéndose de los criterios de D'Alembert o de Cauchy, aplicados a la serie

$$|c_0| + |c_1| \cdot |z - z_0| + |c_2| \cdot |z - z_0|^2 + \ldots + |c_n| \cdot |z - z_0|^n + \ldots,$$

cuyos términos son los módulos de los de la serie dada. Así, por ej., utilizando el criterio de D'Alembert es fácil observar de que el círculo de convergencia de la serie

$$\frac{z+1}{1 \cdot 2} + \frac{(z+1)^2}{2 \cdot 2^2} + \frac{(z+1)^3}{3 \cdot 2^3} + \ldots + \frac{(z+1)^n}{n \cdot 2^n} + \ldots$$

está determinado por la desigualdad $|z + 1| < 2$ (basta repetir las operaciones que se hicieron en la pág. 288 para determinar el intervalo de convergencia de la serie (2), y sustituir $x$ por $z$). El centro del círculo de convergencia está en el punto $z = -1$, y el radio $R$ de este círculo (radio de convergencia) es igual a 2.

3°. **Convergencia uniforme.** La serie de funciones (1) converge uniformemente en un intervalo determinado, si para cualquier $\varepsilon > 0$ se puede hallar un $N$ tal, que no depende de $x$, que cuando $n > N$, para todos los valores de $x$ del intervalo dado, se cumple la desigualdad $|R_n(x)| < \varepsilon$, donde $R_n(x)$ es el resto de la serie dada.

Si $|f_n(x)| \leqslant c_n$ $(n = 1, 2, \ldots)$ para $a \leqslant x \leqslant b$ y la serie numérica $\sum\limits_{n=1}^{\infty} c_n$ es convergente, la serie de funciones (1) será absoluta y uniformemente convergente en el segmento $[a, b]$ (*criterio de Weierstrass*).

La serie de potencias (3) converge absoluta y uniformemente en cualquier segmento situado dentro de su intervalo de convergencia. La serie de potencias (3) se puede derivar e integrar término a término dentro de su intervalo de convergencia (cuando $|x - a| < R$), es decir, que si

$$c_0 + c_1 (x - a) + c_2 (x - a)^2 + \ldots + c_n (x - a)^n + \ldots = f(x), \qquad (5)$$

entonces, para cualquier $x$ del intervalo de convergencia de la serie (3) tenemos:

$$c_1 + 2c_2(x-a) + \ldots + nc_n(x-a)^{n-1} + \ldots = f'(x), \qquad (6)$$

$$\int_{x_0}^{x} c_0\, dx + \int_{x_0}^{x} c_1(x-a)\, dx + \int_{x_0}^{x} c_2(x-a)^2\, dx + \ldots + \int_{x_0}^{x} c_n(x-a)^n\, dx + \ldots =$$

$$= \sum_{n=0}^{\infty} c_n \frac{(x-a)^{n+1}(x_0-a)^{n+1}}{n+1} = \int_{x_0}^{x} f(x)\, dx \qquad (7)$$

(el número $x_0$ también pertenece al intervalo de convergencia de la serie (3)) Además, las series (6) y (7) tienen el mismo intervalo de convergencia que la serie (3).

Hallar el campo de convergencia de las series:

**2510.** $\displaystyle\sum_{n=1}^{\infty} \frac{1}{n^x}$ .

**2511.** $\displaystyle\sum_{n=1}^{\infty} (-1)^{n+1} \frac{1}{n^x}$ .

**2512.** $\displaystyle\sum_{n=1}^{\infty} (-1)^{n+1} \frac{1}{n^{\ln x}}$ .

**2513.** $\displaystyle\sum_{n=1}^{\infty} \frac{\operatorname{sen}(2n-1)x}{(2n-1)^2}$ .

**2514.** $\displaystyle\sum_{n=0}^{\infty} 2^n \operatorname{sen} \frac{x}{3^n}$ .

**2515\*\*.** $\displaystyle\sum_{n=0}^{\infty} \frac{\cos nx}{e^{nx}}$ .

**2516.** $\displaystyle\sum_{n=0}^{\infty} (-1)^{n+1} e^{-n \operatorname{sen} x}$ .

**2517.** $\displaystyle\sum_{n=1}^{\infty} \frac{n!}{x^n}$ .

**2518.** $\displaystyle\sum_{n=1}^{\infty} \frac{1}{n! x^n}$ .

**2519.** $\displaystyle\sum_{n=1}^{\infty} \frac{1}{(2n-1)x^n}$ .

**2520.** $\displaystyle\sum_{n=1}^{\infty} \frac{\sqrt{n}}{(x-2)^n}$ .

**2521.** $\displaystyle\sum_{n=0}^{\infty} \frac{2n+1}{(n+1)^5 x^{2n}}$ .

**2522.** $\displaystyle\sum_{n=1}^{\infty} \frac{(-1)^{n-1}}{n \cdot 3^n (x-5)^n}$ .

**2523.** $\displaystyle\sum_{n=1}^{\infty} \frac{n^n}{x^{n^n}}$ .

**2524\*.** $\displaystyle\sum_{n=1}^{\infty} \left( x^n + \frac{1}{n x^n} \right)$ .

**2525.** $\displaystyle\sum_{n=-1}^{\infty} x^n$ .

Hallar el intervalo de convergencia de las siguientes series de potencias e investigar la convergencia en los extremos de dicho intervalo:

2526. $\displaystyle\sum_{n=0}^{\infty} x^n.$

2527. $\displaystyle\sum_{n=1}^{\infty} \frac{x^n}{n \cdot 2^n}.$

2528. $\displaystyle\sum_{n=1}^{\infty} \frac{x^{2n-1}}{2n-1}.$

2529. $\displaystyle\sum_{n=1}^{\infty} \frac{2^{n-1}x^{2n-1}}{(4n-3)^2}.$

2530. $\displaystyle\sum_{n=1}^{\infty} \frac{(-1)^{n-1}x^n}{n}.$

2531. $\displaystyle\sum_{n=0}^{\infty} \frac{(n+1)^5 x^{2n}}{2n+1}.$

2532. $\displaystyle\sum_{n=0}^{\infty} (-1)^n (2n+1)^2 x^n.$

2533. $\displaystyle\sum_{n=1}^{\infty} \frac{x^n}{n!}.$

2534. $\displaystyle\sum_{n=1}^{\infty} n! x^n.$

2535. $\displaystyle\sum_{n=1}^{\infty} \frac{x^n}{n^n}.$

2536. $\displaystyle\sum_{n=1}^{\infty} \left(\frac{n}{2n+1}\right)^{2n-1} x^n.$

2537. $\displaystyle\sum_{n=0}^{\infty} 3^{n^2} x^{n^2}.$

2538. $\displaystyle\sum_{n=1}^{\infty} \frac{n}{n+1}\left(\frac{x}{2}\right)^n.$

2539. $\displaystyle\sum_{n=1}^{\infty} \frac{n! x^n}{n^n}.$

2540. $\displaystyle\sum_{n=2}^{\infty} \frac{x^{n-1}}{n \cdot 3^n \cdot \ln n}.$

2541. $\displaystyle\sum_{n=1}^{\infty} x^{n!}$

2542**. $\displaystyle\sum_{n=1}^{\infty} n! x^{n!}.$

2543*. $\displaystyle\sum_{n=1}^{\infty} \frac{x^{n^2}}{2^{n-1}n^n}.$

2544*. $\displaystyle\sum_{n=1}^{\infty} \frac{x^{n^n}}{n^n}.$

2545. $\displaystyle\sum_{n=1}^{\infty} (-1)^{n-1} \frac{(x-5)^n}{n \cdot 3^n}.$

2546. $\displaystyle\sum_{n=1}^{\infty} \frac{(x-3)^n}{n \cdot 5^n}.$

2547. $\displaystyle\sum_{n=1}^{\infty} \frac{(x-1)^{2n}}{n \cdot 9^n}.$

2548. $\displaystyle\sum_{n=1}^{\infty} (-1)^{n-1} \frac{(x-2)^{2n}}{2n}.$

2549. $\displaystyle\sum_{n=1}^{\infty} \frac{(x+3)^n}{n^2}.$

2550. $\displaystyle\sum_{n=1}^{\infty} n^n (x+3)^n.$

2551. $\displaystyle\sum_{n=1}^{\infty} \frac{(x+5)^{2n-1}}{2n \cdot 4^n}.$

**2552.** $\displaystyle\sum_{n=1}^{\infty} \frac{(x-2)^n}{(2n-1).2^n}$ .

**2558.** $\displaystyle\sum_{n=1}^{\infty} \frac{(x+2)^{n^2}}{n^n}$ .

**2553.** $\displaystyle\sum_{n=1}^{\infty} (-1)^{n+1}\frac{(2n-1)^{2n}(x-1)^n}{(3n-2)^{2n}}$.

**2559\*.** $\displaystyle\sum_{n=1}^{\infty} \left(1+\frac{1}{n}\right)^{n^2} (x-1)^n$.

**2554.** $\displaystyle\sum_{n=1}^{\infty} \frac{n!\,(x+3)^n}{n^n}$ .

**2560.** $\displaystyle\sum_{n=1}^{\infty} \frac{(2n-1)^n\,(x+1)^n}{2^{n-1}.n^n}$ .

**2555.** $\displaystyle\sum_{n=1}^{\infty} \frac{(x+1)^n}{(n+1)\ln^2(n+1)}$ .

**2561.** $\displaystyle\sum_{n=0}^{\infty} (-1)^n\frac{\sqrt{n+2}}{n+1}(x-2)^n$.

**2556.** $\displaystyle\sum_{n=1}^{\infty} \frac{(x-3)^{2n}}{(n+1)\ln(n+1)}$ .

**2562.** $\displaystyle\sum_{n=0}^{\infty} \frac{(3n-2)\,(x-3)^n}{(n+1)^2 2^{n+1}}$ .

**2557.** $\displaystyle\sum_{n=1}^{\infty}(-1)^{n+1}\frac{(x-2)^n}{(n+1)\ln(n+1)}$.

**2563.** $\displaystyle\sum_{n=0}^{\infty} (-1)^n\frac{(x-3)^n}{(2n+1)\sqrt{n+1}}$.

Determinar el círculo de convergencia:

**2564.** $\displaystyle\sum_{n=0}^{\infty} i^n z^n$.

**2566.** $\displaystyle\sum_{n=1}^{\infty} \frac{(z-2i)^n}{n\cdot 3^n}$ .

**2565.** $\displaystyle\sum_{n=0}^{\infty} (1+ni)\,z^n$.

**2567.** $\displaystyle\sum_{n=0}^{\infty} \frac{z^{2n}}{2^n}$ .

**2568.** $(1+2i)+(1+2i)(3+2i)\,z+\dots$
$$\dots+(1+2i)(3+2i)\dots(2n+1+2i)\,z^n+\dots$$

**2569.** $1+\dfrac{z}{1-i}+\dfrac{z^2}{(1-i)(1-2i)}+\dots$
$$\dots+\frac{z^n}{(1-i)(1-2i)\dots(1-ni)}+\dots$$

**2570.** $\displaystyle\sum_{n=0}^{\infty} \left(\frac{1+2ni}{n+2i}\right)^n z^n$.

**2571.** Partiendo del concepto de convergencia uniforme, demostrar que la serie

$$1+x+x^2+\dots+x^n+\dots$$

no converge uniformemente en el intervalo $(-1, 1)$, pero es uniformemente convergente en cualquier segmento situado dentro de él-

329

Solución. Utilizando la fórmula de la suma de la progresión geométrica, para $|x| < 1$ obtenemos

$$R_n(x) = x^{n+1} + x^{n+2} + \ldots = \frac{x^{n+1}}{1-x}.$$

Tomemos el segmento $[-1+\alpha,\ 1-\alpha]$, dentro del intervalo $(-1,\ 1)$ donde $\alpha$ es un número positivo tan pequeño como se desee. En este segmento $|x| \leqslant 1-\alpha$ y $|1-x| \geqslant \alpha$ y, por consiguiente,

$$|R_n(x)| \leqslant \frac{(1-\alpha)^{n+1}}{\alpha}.$$

Para demostrar la convergencia uniforme de la serie dada en el segmento $[-1+\alpha,\ 1-\alpha]$, hace falta probar que para cualquier $\varepsilon > 0$ se puede hallar un $N$ tal, que dependa exclusivamente de $\varepsilon$, y que para cualquier $n > N$ se verifique la desigualdad $|R_n(x)| < \varepsilon$ para todas las $x$ del segmento examinado.

Tomando cualquier $\varepsilon > 0$, hacemos que $\dfrac{(1-\alpha)^{n+1}}{\alpha} < \varepsilon$; de donde

$(1-\alpha)^{n+1} < \varepsilon\alpha$, $(n+1)\ln(1-\alpha) < \ln(\varepsilon\alpha)$, es decir, $n+1 > \dfrac{\ln(\varepsilon\alpha)}{\ln(1-\alpha)}$ (ya que

$\ln(1-\alpha) < 0$) y $n > \dfrac{\ln(\varepsilon\alpha)}{\ln(1-\alpha)} - 1$. Tomando, de esta forma, $N =$

$= \dfrac{\ln(\varepsilon\alpha)}{\ln(1-\alpha)} - 1$, nos convencemos de que, efectivamente, cuando $n > N$, se verifica la desigualdad $|R_n(x)| < \varepsilon$ para todas las $x$ del segmento $[-1+\alpha,\ 1-\alpha]$ y, por consiguiente, queda demostrada la convergencia uniforme de la serie dada en cualquier segmento situado dentro del $(-1,\ 1)$.

En lo que se refiere a la totalidad del intervalo $(-1,\ 1)$, éste contiene puntos tan próximos como se desee al punto $x = 1$, y como $\lim\limits_{x \to 1} R_n(x) =$

$= \lim\limits_{x \to 1} \dfrac{x^{n+1}}{1-x} = \infty$, por grande que sea $n$, siempre se pueden hallar puntos $x$ para los que $R_n(x)$ será mayor que cualquier otro número, tan grande como se desee. Por consiguiente, es imposible elegir $N$ tal, que para $n > N$ se verifique la desigualdad $|R_n(x)| < \varepsilon$ en todos los puntos del intervalo $(-1,\ 1)$, lo que quiere decir, que la convergencia de esta serie en dicho intervalo $(-1,\ 1)$ no es uniforme.

**2572.** Partiendo del concepto de convergencia uniforme, demostrar que:

a) la serie

$$1 + \frac{x}{1!} + \frac{x^2}{2!} + \ldots + \frac{x^n}{n!} + \ldots$$

converge uniformemente en cualquier intervalo finito;

b) la serie

$$\frac{x^2}{1} - \frac{x^4}{2} + \frac{x^6}{3} - \ldots + \frac{(-1)^{n-1}x^{2n}}{n} + \ldots$$

converge uniformemente en todo el intervalo de convergencia $(-1,\ 1)$;

c) la serie

$$1+\frac{1}{2^x}+\frac{1}{3^x}+\cdots+\frac{1}{n^x}+\cdots$$

converge uniformemente en el intervalo $(1+\delta,\ \infty)$, donde $\delta$ es un número positivo cualquiera;

d) la serie

$$(x^2-x^4)+(x^4-x^6)+(x^6-x^8)+\cdots+(x^{2n}-x^{2n+2})+\cdots$$

es convergente, no sólo dentro del intervalo $(-1, 1)$, sino también en los extremos del mismo, pero la convergencia de la serie en el intervalo $(-1, 1)$ no es uniforme.

Demostrar la convergencia uniforme de las siguientes series de funciones en los intervalos que se indican:

**2573.** $\displaystyle\sum_{n=1}^{\infty}\frac{x^n}{n^2}$ en el segmento $[-1; 1]$.

**2574.** $\displaystyle\sum_{n=1}^{\infty}\frac{\operatorname{sen} nx}{2^n}$ en todo el eje numérico.

**2575.** $\displaystyle\sum_{n=1}^{\infty}(-1)^{n-1}\frac{x^n}{\sqrt{n}}$ en el segmento $[0, 1]$.

Valiéndose de la derivación e integración término a término, hallar las sumas de las series:

**2576.** $x+\dfrac{x^2}{2}+\dfrac{x^3}{3}+\cdots+\dfrac{x^n}{n}+\cdots$

**2577.** $x-\dfrac{x^2}{2}+\dfrac{x^3}{3}-\cdots+(-1)^{n-1}\dfrac{x^n}{n}+\cdots$

**2578.** $x+\dfrac{x^3}{3}+\dfrac{x^5}{5}+\cdots+\dfrac{x^{2n-1}}{2n-1}+\cdots$

**2579.** $x-\dfrac{x^3}{3}+\dfrac{x^5}{5}-\cdots+(-1)^{n-1}\dfrac{x^{2n-1}}{2n-1}+\cdots$

**2580.** $1+2x+3x^2+\cdots+(n+1)x^n+\cdots$

**2581.** $1-3x^2+5x^4-\cdots+(-1)^{n-1}(2n-1)x^{2n-2}+\cdots$

**2582.** $1\cdot2+2\cdot3x+3\cdot4x^2+\cdots+n(n+1)x^{n-1}+\cdots$

Hallar las sumas de las series:

**2583.** $\dfrac{1}{x}+\dfrac{2}{x^2}+\dfrac{3}{x^3}+\cdots+\dfrac{n}{x^n}+\cdots$

**2584.** $x+\dfrac{x^5}{5}+\dfrac{x^9}{9}+\cdots+\dfrac{x^{4n-3}}{4n-3}+\cdots$

331

**2585\*.** $1-\dfrac{1}{3\cdot3}+\dfrac{1}{5\cdot3^2}-\dfrac{1}{7\cdot3^3}+\cdots+\dfrac{(-1)^{n-1}}{(2n-1)\,3^{n-1}}+\cdots$

**2586.** $\dfrac{1}{2}+\dfrac{3}{2^2}+\dfrac{5}{2^3}+\cdots+\dfrac{2n-1}{2^n}+\cdots$

## § 3. Serie de Taylor

1. **Desarrollo de una función en serie de potencias.** Si una función $f(x)$ admite un desarrollo en serie de potencias de $x-a$ en un entorno $|x-a|<R$ del punto $a$, esta serie (*serie de Taylor*) tendrá la forma:

$$f(x)=f(a)+f'(a)(x-a)+\frac{f''(a)}{2!}(x-a)^2+\cdots+\frac{f^{(n)}(a)}{n!}(x-a)^n+\cdots \quad (1)$$

Cuando $a=0$, la serie de Taylor recibe también el nombre de *serie de Maclaurin*. La igualdad (1) es cierta, si para $|x-a|<R$ el *término complementario* de la fórmula de Taylor

$$R_n(x)=f(x)-\left[f(a)+\sum_{k=1}^{n}\frac{f^{(k)}(a)}{k!}(x-a)^k\right]\to 0$$

cuando $n\to\infty$.

Para acotar el resto de la serie se puede emplear la fórmula

$$R_n(x)=\frac{(x-a)^{n+1}}{(n+1)!}f^{(n+1)}[a+\theta(x-a)],\ \text{donde } 0<\theta<1 \quad (2)$$

(*forma de Lagrange*).

**Ejemplo 1.** Desarrollar la función $f(x)=\operatorname{ch}x$ en serie de potencias de $x$.

**Solución.** Hallamos las derivadas de la función dada $f(x)=\operatorname{ch}x$, $f'(x)=\operatorname{sh}x$, $f''(x)=\operatorname{ch}x$, $f'''(x)=\operatorname{sh}x$, ...; en general, $f^{(n)}(x)=\operatorname{ch}x$, si $n$ es par, y $f^{(n)}(x)=\operatorname{sh}x$, si $n$ es impar. Poniendo $a=0$, obtenemos: $f(0)=1$, $f'(0)=0$, $f''(0)=1$, $f'''(0)=0$ ...; en general, $f^{(n)}(0)=1$, si $n$ es par, y $f^{(n)}(0)=0$, si $n$ es impar. De donde, basándonos en (1), tenemos:

$$\operatorname{ch}x=1+\frac{x^2}{2!}+\frac{x^4}{4!}+\cdots+\frac{x^{2n}}{(2n)!}+\cdots \quad (3)$$

Para determinar el intervalo de convergencia de la serie (3) empleamos el criterio de D'Alembert. Tenemos:

$$\lim_{n\to\infty}\left|\frac{x^{2n+2}}{(2n+2)!}:\frac{x^{2n}}{(2n)!}\right|=\lim_{n\to\infty}\frac{x^2}{(2n+1)(2n+2)}=0$$

para cualquier $x$. Por consiguiente, la serie es convergente en el intervalo $-\infty<x<\infty$. El resto de la serie, de acuerdo con la fórmula (2), tiene la forma

$$R_n(x)=\frac{x^{n+1}}{(n+1)!}\operatorname{ch}\theta x,\ \text{si } n \text{ es impar, y}$$

$$R_n(x)=\frac{x^{n+1}}{(n+1)!}\operatorname{sh}\theta x,\ \text{si } n \text{ es par.}$$

Como $0>\theta>1$, tendremos

$$|\operatorname{ch}\theta x|=\frac{e^{\theta x}+e^{-\theta x}}{2}\leqslant e^{|x|},\quad |\operatorname{sh}\theta x|=\left|\frac{e^{\theta x}-e^{-\theta x}}{2}\right|\leqslant e^{|x|},$$

por lo cual $|R_n(x)| \leqslant \dfrac{|x|^{n+1}}{(n+1)!} e^{|x|}$. La serie cuyo término general es $\dfrac{|x|^n}{n!}$ es convergente para cualquier $x$ (lo que es fácil de comprobar valiéndose del criterio de D'Alembert), por lo que, de acuerdo con el criterio necesario de convergencia

$$\lim_{n \to \infty} \frac{|x|^{n+1}}{(n+1)!} = 0,$$

y, por consiguiente, $\lim\limits_{n \to \infty} R_n(x) = 0$ cualquiera que sea $x$. Esto significa, que la suma de la serie (3), para cualquier $x$, es efectivamente igual a ch $x$.

2. Procedimientos que se emplean al desarrollar en serie de potencias.

Valiéndose de los desarrollos fundamentales

I. $e^x = 1 + \dfrac{x}{1!} + \dfrac{x^2}{2!} + \ldots + \dfrac{x^n}{n!} + \ldots \; (-\infty < x < \infty)$,

II. $\operatorname{sen} x = \dfrac{x}{1!} - \dfrac{x^3}{3!} + \dfrac{x^5}{5!} - \ldots + (-1)^n \dfrac{x^{2n+1}}{(2n+1)!} + \ldots \; (-\infty < x < \infty)$,

III. $\cos x = 1 - \dfrac{x^2}{2!} + \dfrac{x^4}{4!} - \ldots + (-1)^n \dfrac{x^{2n}}{(2n)!} + \ldots \; (-\infty < x < \infty)$,

IV. $(1+x)^m = 1 + \dfrac{m}{1!} x + \dfrac{m(m-1)}{2!} x^2 + \ldots$

$$\ldots + \frac{m(m-1) \ldots (m-n+1)}{n!} x^n + \ldots \; (-1 < x < 1) \, *),$$

V. $\ln(1+x) = x - \dfrac{x^2}{2} + \dfrac{x^3}{3} - \ldots + (-1)^{n-1} \dfrac{x^n}{n} + \ldots \; (-1 < x \leqslant 1)$,

y de la fórmula de la suma de la progresión geométrica se puede, en muchos casos, obtener fácilmente el desarrollo de una función dada en serie de potencias, sin que haya necesidad de investigar el resto de la serie. A veces, al hacer el desarrollo, es conveniente utilizar la derivación o integración término a término. Cuando se trate de desarrollar en serie de potencias funciones racionales, se recomienda desarrollar dichas funciones en fracciones simples.

Ejemplo 2. Desarrollar en serie de potencias de $x$ **) la función

$$f(x) = \frac{3}{(1-x)(1+2x)}.$$

Solución. Desarrollando la función en fracciones simples, tendremos:

$$f(x) = \frac{1}{1-x} + \frac{2}{1+2x}.$$

---

*) En los extremos del intervalo de convergencia (es decir, cuando $x = -1$ y $x = 1$) el desarrollo IV se comporta de la siguiente manera: si $m \geqslant 0$, converge absolutamente en ambos extremos; si $0 > m > -1$, diverge cuando $x = -1$ y converge condicionalmente cuando $x = 1$; si $m \leqslant -1$, diverge en ambos extremos.

**) Aquí, lo mismo que en lo sucesivo, se sobreentiende «potencias enteras y positivas».

Como

$$\frac{1}{1-x}=1+x+x^2+\ldots=\sum_{n=0}^{\infty} x^n \qquad (4)$$

y

$$\frac{1}{1+2x}=1-2x+(2x)^2-\ldots=\sum_{n=0}^{\infty} (-1)^n 2^n x^n, \qquad (5)$$

en definitiva tenemos,

$$f(x)=\sum_{n=0}^{\infty} x^n+2\sum_{n=0}^{\infty} (-1)^n 2^n x^n=\sum_{n=0}^{\infty} [1+(-1)^n 2^{n+1}] x^n. \qquad (6)$$

Las progresiones geométricas (4) y (5) son convergentes respectivamente cuando $|x|<1$ y $|x|<\frac{1}{2}$; por consiguiente, la fórmula (6) es cierta cuando $|x|<\frac{1}{2}$, es decir, cuando $-\frac{1}{2}<x<\frac{1}{2}$.

3°. **S e r i e  d e  T a y l o r  p a r a  f u n c i o n e s  d e  d o s  v a r i a b l e s.** El desarrollo de una función de dos variables $f(x, y)$ en la *serie de Taylor*, en un entorno del punto $(a; b)$, tiene la forma

$$f(x, y)=f(a, b)+\frac{1}{1!}\left[(x-a)\frac{\partial}{\partial x}+(y-b)\frac{\partial}{\partial y}\right]f(a, b)+\frac{1}{2!}\left[(x-a)\frac{\partial}{\partial x}+\right.$$

$$\left.+(y-b)\frac{\partial}{\partial y}\right]^2 f(a, b)+\ldots+\frac{1}{n!}\left[(x-a)\frac{\partial}{\partial x}+(y-b)\frac{\partial}{\partial y}\right]^n f(a, b)+\ldots \quad (7)$$

Si $a=b=0$, la serie de Taylor se llama también *serie de Maclaurin.* En este caso, se usan las siguientes notaciones:

$$\left[(x-a)\frac{\partial}{\partial x}+(y-b)\frac{\partial}{\partial y}\right]f(a, b)=\frac{\partial f(x, y)}{\partial x}\bigg|_{\substack{x=a\\y=b}}(x-a)+\frac{\partial f(x, y)}{\partial y}\bigg|_{\substack{x=a\\y=b}}(y-b);$$

$$\left[(x-a)\frac{\partial}{\partial x}+(y-b)\frac{\partial}{\partial y}\right]^2 f(a, b)=\frac{\partial^2 f(x, y)}{\partial x^2}\bigg|_{\substack{x=a\\y=b}}(x-a)^2+$$

$$+2\frac{\partial^2 f(x, y)}{\partial x\, \partial y}\bigg|_{\substack{x=a\\y=b}}(x-a)(y-b)+\frac{\partial^2 f(x, y)}{\partial y^2}\bigg|_{\substack{x=a\\y=b}}(y-b)^2.$$

El desarrollo de la serie (7) tiene lugar, si el resto de la serie

$$R_n(x, y)=f(x. y)+\left\{f(a, b)+\sum_{k=1}^{n}\frac{1}{k!}\left[(x-a)\frac{\partial}{\partial x}+(y-b)\frac{\partial}{\partial y}\right]^k f(a, b)\right\}\longrightarrow 0$$

cuando $n\longrightarrow\infty$. El resto de la serie puede representarse en la forma

$$R_n(x, y)=\frac{1}{(n+1)!}\left[(x-a)\frac{\partial}{\partial x}+(y-b)\frac{\partial}{\partial y}\right]^{n+1} f(x, y)\bigg|_{\substack{x=a+\theta(x-a)\\y=b+\theta(y-b)}},$$

donde $0<\theta<1$.

Desarrollar en serie de potencias enteras y positivas de $x$ las funciones que se indican a continuación, hallar los intervalos de convergencia de las series obtenidas e investigar el comportamiento de los restos de las mismas:

**2587.** $a^x\,(a>0)$.

**2588.** sen $\left(x+\dfrac{\pi}{4}\right)$.

**2589.** $\cos(x+a)$.

**2590.** sen$^2 x$.

**2591\*.** $\ln(2+x)$.

Utilizando los desarrollos fundamentales I—V y la progresión geométrica, escribir el desarrollo en serie de potencias de $x$, de las siguientes funciones e indicar los intervalos de convergencia de ellas:

**2592.** $\dfrac{2x-3}{(x-1)^2}$.

**2593.** $\dfrac{3x-5}{x^2-4x+3}$.

**2594.** $xe^{-2x}$.

**2595.** $e^{x^2}$.

**2596.** sh $x$.

**2597.** $\cos 2x$.

**2598.** $\cos^2 x$.

**2599.** sen $3x + x\cos 3x$.

**2600.** $\dfrac{x}{9+x^2}$.

**2601.** $\dfrac{1}{\sqrt{4-x^2}}$.

**2602.** $\ln\dfrac{1+x}{1-x}$.

**2603.** $\ln(1+x-2x^2)$.

Aplicando la derivación, desarrollar en serie de potencias de $x$, las siguientes funciones e indicar los intervalos en que dichos desarrollos tienen lugar:

**2604.** $(1+x)\ln(1+x)$.

**2605.** arctg $x$.

**2606.** arcsen $x$.

**2607.** $\ln(x+\sqrt{1+x^2})$.

Valiéndose de diferentes procedimientos, desarrollar en serie de potencias de $x$, las funciones que se dan a continuación e indicar los intervalos en que dichos desarrollos tienen lugar:

**2608.** sen$^2 x \cos^2 x$.

**2609.** $(1+x)e^{-x}$.

**2610.** $(1+e^x)^3$.

**2611.** $\sqrt[3]{8+x}$.

**2612.** $\dfrac{x^2-3x+1}{x^2-5x+6}$.

**2613.** ch$^3 x$.

**2614.** $\dfrac{1}{4-x^4}$.

**2615.** $\ln(x^2+3x+2)$.

**2616.** $\displaystyle\int_0^x \dfrac{\text{sen } x}{x}\,dx$.

**2617.** $\displaystyle\int_0^x e^{-x^2}\,dx$.

**2618.** $\displaystyle\int_0^x \dfrac{\ln(1+x)\,dx}{x}$.

**2619.** $\displaystyle\int_0^x \dfrac{dx}{\sqrt{1-x^4}}$.

Escribir los tres primeros términos diferentes de cero, de los desarrollos en serie de potencias de $x$ de las siguientes funciones:

2620. tg $x$.  2623. sec $x$.

2621. th $x$.  2624. ln cos $x$.

2622. $e^{\cos x}$.  2625. $e^x$ sen $x$.

2626*. Demostrar, que para calcular la longitud de la elipse se puede utilizar la fórmula aproximada

$$s \approx 2\pi a \left(1 - \frac{\varepsilon^2}{4}\right),$$

donde $\varepsilon$ es la excentricidad y $2a$ el eje mayor de la elipse.

2627. Un hilo pesado suspendido por sus extremos forma, por su propio peso, la catenaria $y = a\,\text{ch}\,\frac{x}{a}$, siendo $a\,\frac{H}{q}$, donde $H$ es la tensión horizontal del hilo y $q$ el peso de una unidad de longitud del mismo. Demostrar, que para valores pequeños de $x$, puede admitirse, con aproximación hasta una cantidad del orden de $x^4$, que el hilo cuelga formando la parábola $y = a + \frac{x^2}{2a}$.

2628. Desarrollar la función $x^3 - 2x^2 - 5x - 2$ en serie de potencias de $x+4$.

2629. $f(x) = 5x^3 - 4x^2 - 3x + 2$. Desarrollar $f(x+h)$ en serie de potencias de $h$.

2630. Desarrollar ln $x$ en serie de potencias de $x-1$.

2631. Desarrollar $\frac{1}{x}$ en serie de potencias de $x-1$.

2632. Desarrollar $\frac{1}{x^2}$ en serie de potencias de $x+1$.

2633. Desarrollar $\frac{1}{x^2+3x+2}$ en serie de potencias de $x+4$.

2634. Desarrollar $\frac{1}{x^2+4x+7}$ en serie de potencias de $x+2$.

2635. Desarrollar $e^x$ en serie de potencias de $x+2$.

2636. Desarrollar $\sqrt{x}$ en serie de potencias de $x-4$.

2637. Desarrollar cos $x$ en serie de potencias de $x-\frac{\pi}{2}$.

2638. Desarrollar $\cos^2 x$ en serie de potencias de $x-\frac{\pi}{4}$.

2639*. Desarrollar ln $x$ en serie de potencias de $\frac{1-x}{1+x}$.

2640. Desarrollar $\frac{x}{\sqrt{1+x}}$ en serie de potencias de $\frac{x}{1+x}$.

2641. ¿Qué error se comete si se supone que aproximadamente

$$e \approx 2 + \frac{1}{2!} + \frac{1}{3!} + \frac{1}{4!}?$$

**2642.** ¿Con qué exactitud se calculará el número $\frac{\pi}{4}$ si se emplea la serie

$$\operatorname{arctg} x = x - \frac{x^3}{3} + \frac{x^5}{5} - \cdots,$$

tomando la suma de sus cinco primeros términos con $x = 1$?

**2643\*.** Calcular el número $\frac{\pi}{6}$ con exactitud hasta 0,001, valiéndose del desarrollo en serie de potencias de $x$, de la función arcsen $x$ (véase el ejemplo 2606).

**2644.** ¿Cuántos términos hay que tomar de la serie

$$\cos x = 1 - \frac{x^2}{2!} + \cdots,$$

para calcular el cos 18° con exactitud hasta 0,001?

**2645.** ¿Cuántos términos hay que tomar de la serie

$$\operatorname{sen} x = x - \frac{x^3}{3!} + \cdots,$$

para calcular el sen 15° con exactitud hasta 0,0001?

**2646.** ¿Cuántos términos hay que tomar de la serie

$$e^x = 1 + \frac{x}{1!} + \frac{x^2}{2!} + \cdots,$$

para hallar el número $e$ con exactitud hasta 0,0001?

**2647.** ¿Cuántos términos hay que tomar de la serie

$$\ln(1+x) = x - \frac{x^2}{2} + \cdots,$$

para calcular el ln 2 con exactitud hasta 0,01 y hasta 0,001?

**2648.** Calcular $\sqrt[3]{7}$ con exactitud hasta 0,01, por medio del desarrollo de la función $\sqrt[3]{8+x}$ en serie de potencias de $x$.

**2649.** Aclarar la procedencia de la fórmula aproximada $\sqrt{a^2+x} \approx a + \frac{x}{2a} \,(a>0)$, calcular con ella $\sqrt{23}$, tomando $a=5$, y valorar el error cometido.

**2650.** Calcular $\sqrt[4]{19}$ con exactitud hasta 0,001.

**2651.** ¿Para qué valores de $x$ la fórmula aproximada

$$\cos x \approx 1 - \frac{x^2}{2}$$

da un error no mayor de 0,01; 0,001 y 0,0001?

**2652.** ¿Para qué valores de $x$ la fórmula aproximada

$$\operatorname{sen} x \approx x$$

da un error no mayor de 0,01 y 0,001?

**2653.** Calcular $\displaystyle\int_0^{1/2} \frac{\operatorname{sen} x}{x}\, dx$ con exactitud hasta 0,0001.

**2654.** Calcular $\displaystyle\int_0^1 e^{-x^2}\, dx$ con exactitud hasta 0,0001.

**2655.** Calcular $\displaystyle\int_0^1 \sqrt[3]{x}\cos x\, dx$ con exactitud hasta 0,001.

**2656.** Calcular $\displaystyle\int_0^1 \frac{\operatorname{sen} x}{\sqrt{x}}\, dx$ con exactitud hasta 0,001.

**2657.** Calcular $\displaystyle\int_0^{1/4} \sqrt{1+x^3}\, dx$ con exactitud hasta 0,0001.

**2658.** Calcular $\displaystyle\int_0^{1/9} \sqrt{x}e^x\, dx$ con exactitud hasta 0,001.

**2659.** Desarrollar en serie de potencias de $x$ e $y$ la función $\cos(x-y)$, hallar el campo de convergencia de la serie obtenida y analizar el resto de la misma.

Escribir el desarrollo en serie de potencias de $x$ e $y$ de las siguientes funciones e indicar sus campos de convergencia:

**2660.** $\operatorname{sen} x \cdot \operatorname{sen} y$.

**2663*.** $\ln(1-x-y+xy)$.

**2661.** $\operatorname{sen}(x^2+y^2)$.

**2664*.** $\operatorname{arctg} \dfrac{x+y}{1-xy}$.

**2662*.** $\dfrac{1-x+y}{1+x-y}$.

**2665.** $f(x,y)=ax^2+2bxy+cy^2$ Desarrollar $f(x+h, y+k)$ en serie de potencias de $h$ y $k$.

**2666.** $f(x, y)=x^3-2y^3+3xy$. Hallar el incremento de esta función al pasar de los valores $x=1$, $y=2$, a los valores $x=1+h$, $y=2+k$.

**2667.** Desarrollar la función $e^{x+y}$ en serie de potencias de $x-2$ e $y+2$.

**2668.** Desarrollar la función $\operatorname{sen}(x+y)$ en serie de potencias de $x$ e $y-\dfrac{\pi}{2}$.

Escribir los tres o cuatro primeros términos del desarrollo en serie de potencias de $x$ e $y$ de las siguientes funciones:

**2669.** $e^x \cos y$.

**2670.** $(1+x)^{1+y}$.

## § 4. Series de Fourier

1. Teorema de Dirichlet. Se dice que una función $f(x)$ satisface a las *condiciones de Dirichlet* en un intervalo $(a, b)$, si en este intervalo la función

1) está uniformemente acotada, es decir, $|f(x)| \leqslant M$ para $a < x < b$, donde $M$ es una constante;

2) no tiene más que un número finito de puntos de discontinuidad y todos ellos de $1^a$ especie (es decir, que en cada punto de discontinuidad $\xi$ la función $f(x)$ tiene un límite finito a la izquierda $f(\xi+0) = \lim_{\varepsilon \to 0} f(\xi-\varepsilon)$ y un límite finito a la derecha $f(\xi+0) = \lim_{\varepsilon \to 0} f(\xi+\varepsilon)$ $(\varepsilon > 0)$);

3) no tiene más que un número finito de puntos de extremos estrictos.

El *teorema de Dirichlet* afirma, que toda función $f(x)$ que satisfaga en el intervalo $(-\pi, \pi)$ las condiciones de Dirichlet en cualquier punto $x$ de este intervalo, en que $f(x)$ sea continua, ésta se puede desarrollar en *serie trigonométrica de Fourier*:

$$f(x) = \frac{a_0}{2} + a_1 \cos x + b_1 \sen x + a_2 \cos 2x + b_2 \sen 2x + \dots$$

$$\dots + a_n \cos nx + b_n \sen nx + \dots, \quad (1)$$

en que los *coeficientes de Fourier* $a_n$ y $b_n$ se calculan por las fórmulas

$$a_n = \frac{1}{\pi} \int_{-\pi}^{\pi} f(x) \cos nx \, dx \ (n = 0, \ 1, \ 2, \dots);$$

$$b_n = \frac{1}{\pi} \int_{-\pi}^{\pi} f(x) \sen nx \, dx \ (n = 1, 2, \dots).$$

Si $x$ es un punto de discontinuidad de la función $f(x)$ perteneciente al intervalo $(-\pi, \pi)$, la suma de la serie de Fourier $S(x)$ será igual a la media aritmética de los límites a la izquierda y a la derecha de la función:

$$S(x) = \frac{1}{2} [f(x-0) + f(x+0)].$$

En los extremos del intervalo $x = -\pi$ y $x = \pi$

$$S(-\pi) = S(\pi) = \frac{1}{2} [f(-\pi+0) + f(\pi-0)].$$

2. Series incompletas de Fourier. Si la función $f(x)$ es par (es decir, si $f(-x) = f(x)$), entonces, en la fórmula (1)

$$b_n = 0 \ (n = 1, 2, \dots)$$

y

$$a_n = \frac{2}{\pi} \int_0^\pi f(x) \cos nx\, dx \ (x = 0,\ 1,\ 2,\ \ldots).$$

Si la función $f(x)$ es impar (es decir, si $f(-x) = -f(x)$), entonces, $a_n = 0$ $(n = 0,\ 1,\ 2,\ \ldots)$ y

$$b_n = \frac{2}{\pi} \int_0^\pi f(x) \operatorname{sen} nx\, dx \ (n = 1,\ 2,\ \ldots).$$

Una función, dada en el intervalo $(0, \pi)$, se puede prolongar, a voluntad, en el intervalo $(-\pi, 0)$ como par o como impar; por consiguiente, puede desarrollarse en el intervalo $(0, \pi)$, en series incompletas de Fourier, como se desee, en serie de senos o de cosenos de arcos múltiples.

3. **Series de Fourier de período $2l$.** Si una función $f(x)$ satisface las condiciones de Dirichlet en un intervalo $(-l, l)$ de longitud $2l$, para los puntos de continuidad de la función, pertenecientes a este intervalo, se verificará el desarrollo

$$f(x) = \frac{a_0}{2} + a_1 \cos\frac{\pi x}{l} + b_1 \operatorname{sen}\frac{\pi x}{l} + b_2 \cos\frac{2\pi x}{l} + b_2 \operatorname{sen}\frac{2\pi x}{l} + \ldots$$

$$\ldots + a_n \cos\frac{n\pi x}{l} + b_n \operatorname{sen}\frac{n\pi x}{l} + \ldots$$

**donde**

$$\left.\begin{array}{l} a_n = \dfrac{1}{l} \displaystyle\int_{-l}^l f(x) \cos\dfrac{n\pi x}{l}\, dx \ (n = 0,\ 1,\ 2,\ \ldots), \\[4mm] b_n = \dfrac{1}{l} \displaystyle\int_{-l}^l f(x) \operatorname{sen}\dfrac{n\pi x}{l}\, dx \ (n = 1,\ 2,\ \ldots). \end{array}\right\} \tag{2}$$

En los puntos de discontinuidad de la función $f(x)$ y en los extremos del intervalo $x = \pm l$, la suma de la serie de Fourier se determina análogamente a como se hace cuando se desarrolla en el intervalo $(-\pi, \pi)$.

En el caso de que la función $f(x)$ se desarrolle en serie de Fourier en un intervalo arbitrario $(a, a+2l)$ de longitud $2l$, los límites de integración en las fórmulas (2) debe sustituirse, respectivamente, por $a$ y $a+2l$.

Desarrollar en series de Fourier, en el intervalo $(-\pi, \pi)$, las funciones que se indican a continuación, determinar la suma de las series en los puntos de discontinuidad y en los extremos del intervalo $(x = -\pi,\ x = \pi)$, construir la gráfica de la propia función y de la suma de la serie correspondiente (dentro y fuera del intervalo $(-\pi, \pi)$):

**2671.** $f(x) = \begin{cases} c_1 & \text{para} \quad -\pi < x \leqslant 0, \\ c_2 & \text{»} \qquad 0 < x < \pi. \end{cases}$

Examinar el caso particular en que $c_1 = -1$, $c_2 = 1$.

**2672.** $f(x) = \begin{cases} ax & \text{para} \quad -\pi < y \leqslant 0, \\ bx & \text{»} \quad\quad 0 \leqslant x < \pi. \end{cases}$

Examinar los casos particulares: a) $a = b = 1$; b) $a = -1$, $b = 1$; c) $a = 0$, $b = 1$; d) $a = 1$. $b = 0$.

**2673.** $f(x) = x^2$.       **2676.** $f(x) = \cos ax$.

**2674.** $f(x) = e^{ax}$.       **2677.** $f(x) = \operatorname{sh} ax$.

**2675.** $f(x) = \operatorname{sen} ax$.       **2678.** $f(x) = \operatorname{ch} ax$.

**2679.** Desarrollar en serie de Fourier la función $f(x) = \dfrac{\pi - x}{2}$, en el intervalo $(0, 2\pi)$.

**2680.** Desarrollar la función $f(x)\dfrac{\pi}{4}$, en el intervalo $(0, \pi)$, en serie de senos de arcos múltiples. Empléese el desarrollo obtenido para la suma de las series numéricas siguientes:

a) $1 - \dfrac{1}{3} + \dfrac{1}{5} - \dfrac{1}{7} + \ldots$;   b) $1 + \dfrac{1}{5} - \dfrac{1}{7} - \dfrac{1}{11} + \dfrac{1}{13} + \dfrac{1}{17} - \ldots$;

c) $1 - \dfrac{1}{5} + \dfrac{1}{7} - \dfrac{1}{11} + \dfrac{1}{13} - \ldots$

Desarrollar en series incompletas de Fourier, en el intervalo $(0, \pi)$, las funciones que se indican a continuación: a) en series de senos de arcos múltiples, b) en series de cosenos de arcos múltiples. Dibujar las gráficas de las funciones y las gráficas de las sumas de las correspondientes series en sus campos de existencia.

**2681.** $f(x) = x$. Valiéndose del desarrollo que se obtenga, hallar la suma de la serie

$$1 + \frac{1}{3^2} + \frac{1}{5^2} + \ldots$$

**2682.** $f(x) = x^2$. Valiéndose del desarrollo que se obtenga, hallar las sumas de las series numéricas:

1) $1 + \dfrac{1}{2^2} + \dfrac{1}{3^2} + \ldots$;   2) $1 - \dfrac{1}{2^2} + \dfrac{1}{3^2} - \dfrac{1}{4^2} + \ldots$

**2683.** $f(x) = e^{ax}$.

**2684.** $f(x) = \begin{cases} 1 & \text{para } 0 < x < \dfrac{\pi}{2}, \\ 0 & \text{para } \dfrac{\pi}{2} \leqslant x < \pi. \end{cases}$

**2685.** $f(x) = \begin{cases} x & \text{para } 0 < x \leqslant \dfrac{\pi}{2}, \\ \pi - x & \text{para } \dfrac{\pi}{2} < x < \pi. \end{cases}$

Desarrollar, en el intervalo $(0, \pi)$ en serie de senos de arcos múltiples, las siguientes funciones:

**2686.** $f(x) = \begin{cases} x & \text{para } 0 < x \leqslant \dfrac{\pi}{2}, \\ 0 & \text{para } \dfrac{\pi}{2} < x < \pi. \end{cases}$

**2687.** $f(x) = x(\pi - x)$.

**2688.** $f(x) = \operatorname{sen} \dfrac{x}{2}$.

Desarrollar, en el intervalo $(0, \pi)$ en serie de cosenos de arcos múltiples, las funciones:

**2689.** $f(x) = \begin{cases} 1 & \text{para } 0 < x \leqslant h. \\ 0 & \text{para } h < x < \pi. \end{cases}$

**2690.** $f(x) = \begin{cases} 1 - \dfrac{x}{2h} & \text{para } 0 < x \leqslant 2h. \\ 0 & \text{para } 2h < x < \pi. \end{cases}$

**2691.** $f(x) = x \operatorname{sen} x$.

**2692.** $f(x) = \begin{cases} \cos x & \text{para } 0 < x \leqslant \dfrac{\pi}{2}, \\ -\cos x & \text{para } \dfrac{\pi}{2} < x < \pi. \end{cases}$

**2693.** Valiéndose del desarrollo de las funciones $x$ y $x^2$ en el intervalo $(0, \pi)$, en serie de cosenos de arcos múltiples (véanse los N$^{os}$ 2681, 2682), demostrar la igualdad

$$\sum_{n=1}^{\infty} \frac{\cos nx}{n^2} = \frac{3x^2 - 6\pi x + 2\pi^2}{12} \quad (0 \leqslant x \leqslant \pi).$$

**2694\*\*.** Demostrar, que si la función $f(x)$ es par y al mismo tiempo $f\left(\dfrac{\pi}{2} + x\right) = -f\left(\dfrac{\pi}{2} - x\right)$, su serie de Fourier en el intervalo $(-\pi, \pi)$ representa de por sí el desarrollo en serie de cosenos de arcos múltiples impares, mientras que si la función $f(x)$ es impar y $f\left(\dfrac{\pi}{2} + x\right) = f\left(\dfrac{\pi}{2} - x\right)$, se desarrolla en el intervalo $(-\pi, \pi)$ en serie de senos de arcos múltiples impares.

Desarrollar las siguientes funciones en series de Fourier, en los intervalos que se indican:

**2695.** $f(x) = |x| \quad (-1 < x < 1)$.

**2696.** $f(x) = 2x \quad (0 < x < 1)$.

**2697.** $f(x) = e^x$ $(-l < x < l)$.

**2698.** $f(x) = 10 - x$ $(5 < x < 15)$.

Desarrollar, en series incompletas de Fourier en los intervalos que se indican: a) en serie de senos de arcos múltiples, y b) en serie de cosenos de arcos múltiples, las siguientes funciones:

**2699.** $f(x) = 1$ $(0 < x < 1)$.

**2700.** $f(x) = x$ $(0 < x < l)$.

**2701.** $f(x) = x^2$ $(0 < x < 2\pi)$.

**2702.** $f(x) = \begin{cases} x & \text{para } 0 < x \leqslant 1, \\ 2 - x & \text{para } 1 < x < 2. \end{cases}$

**2703.** Desarrollar la función siguiente en serie de cosenos de arcos múltiples, en el intervalo $\left( \dfrac{3}{2}, 3 \right)$,

$$f(x) = \begin{cases} 1 & \text{para } \dfrac{3}{2} < x \leqslant 2, \\ 3 - x & \text{para } 2 < x < 3. \end{cases}$$

# Capítulo *IX*

# ECUACIONES DIFERENCIALES

## § 1°. Verificación de las soluciones. Formación de las ecuaciones diferenciales de familias de curvas. Condiciones iniciales.

1. Conceptos fundamentales. La ecuación de la forma

$$F(x, y, y', \ldots, y^{(n)}) = 0, \tag{1}$$

donde $y = y(x)$ es la función que se busca, se llama *ecuación diferencial de orden n-simo*. Cualquier función $y = \varphi(x)$ que transforme la ecuación (1) en identidad, recibe el nombre de *solución* de esta ecuación, y la gráfica de dicha función se llama *curva integral*. Si la solución se da en forma implícita, $\Phi(x, y) = 0$, generalmente, recibe el nombre de *integral*.

Ejemplo 1. Probar, que la función $y = \operatorname{sen} x$ es solución de la ecuación

$$y'' + y = 0.$$

Solución. Tenemos:

$$y' = \cos x, \; y'' = -\operatorname{sen} x.$$

y, por consiguiente,

$$y'' + y = -\operatorname{sen} x + \operatorname{sen} x \equiv 0.$$

La integral

$$\Phi(x, y, C_1, \ldots, C_n) = 0 \tag{2}$$

de la ecuación diferencial (1), que contiene $n$ constantes arbitrarias independientes $C_1, \ldots, C_n$ y que es equivalente (en el campo dado) a la ecuación (1), se llama *integral general* de esta ecuación (en el campo correspondiente). Dando valores determinados a las constantes $C_1, \ldots, C_n$ en la relación (2), se obtiene una *integral particular* de la ecuación (1).

Recíprocamente, teniendo una familia de curvas (2) y excluyendo los parámetros $C_1, \ldots, C_n$ del sistema de ecuaciones

$$\Phi = 0, \; \frac{d\Phi}{dx} = 0, \; \ldots, \; \frac{d^n\Phi}{dx^n} = 0,$$

se obtiene, en general, una ecuación diferencial de la forma (1), cuya integral, en el campo correspondiente, es la relación (2).

Ejemplo 2. Hallar la ecuación diferencial de la familia de parábolas

$$y = C_1 (x - C_2)^2. \tag{3}$$

Solución. Derivando dos veces la expresión (3), tendremos:

$$y' = 2C_1 (x - C_2) \text{ e } y'' = 2C_1. \tag{4}$$

Excluyendo de las ecuaciones (3) y (4) los parámetros $C_1$ y $C_2$, hallamos la ecuación diferencial que buscábamos

$$2yy'' = y'^2.$$

Es fácil comprobar que la función (3) transforma esta ecuación en identidad.

2°. C o n d i c i o n e s   i n i c i a l e s. Si para la solución particular $y = y(x)$ de la ecuación diferencial

$$y^{(n)} = f(x, y, y', \ldots, y^{(n-1)}) \qquad (5)$$

se dan las *condiciones iniciales* (*problema de Cauchy*)

$$y(x_0) = y_0, \ y'(x_0) = y'_0, \ \ldots, \ y^{(n-1)}(x_0) = y_0^{(n-1)}$$

y se conoce la *solución general* de la ecuación (5)

$$y = \varphi(x, C_1, \ldots, C_n),$$

las constantes arbitrarias $C_1, \ldots, C_n$ se determinan, si ello es posible, del sistema de ecuaciones

$$\left.\begin{aligned}
y_0 &= \varphi(x_0, C_1, \ldots, C_n), \\
y'_0 &= \varphi'(x_0, C_1, \ldots, C_n), \\
&\cdots\cdots\cdots\cdots\cdots\cdots \\
y_0^{(n-1)} &= \varphi^{(n-1)}(x_0, C_1, \ldots, C_n),
\end{aligned}\right\}$$

E j e m p l o  3. Hallar la curva de la familia

$$y = C_1 e^x + C_2 e^{-2x}, \qquad (6)$$

que tiene $y(0) = 1$ e $y'(0) = -2$.

S o l u c i ó n. Tenemos:

$$y' = C_1 e^x - 2C_2 e^{-2x}. \qquad (7)$$

Poniendo $x = 0$, en las fórmulas (6) y (7), tenemos:

$$1 = C_1 + C_2, \quad -2 = C_1 - 2C_2,$$

de donde

$$C_1 = 0, \quad C_2 = 1$$

y, por consiguiente,

$$y = e^{-2x}.$$

Averiguar, si son soluciones de las ecuaciones diferenciales que se dan, las funciones que se indican:

**2704.** $xy' = 2y, \quad y = 5x^2.$

**2705.** $y'' = x^2 + y^2, \quad y = \dfrac{1}{x}.$

**2706.** $(x+y)\,dx + x\,dy = 0, \quad y = \dfrac{C^2 - x^2}{2x}.$

**2707.** $y'' + y = 0, \quad y = 3\operatorname{sen} x - 4\cos x.$

**2708.** $\dfrac{d^2 x}{dt^2} + \omega^2 x = 0, \quad x = C_1 \cos \omega t + C_2 \operatorname{sen} \omega t.$

**2709.** $y'' - 2y' + y = 0$;  a) $y = xe^x$,  b) $y = x^2 e^x$.

**2710.** $y'' - (\lambda_1 + \lambda_2) y' - \lambda_1 \lambda_2 y = 0$,
$y = C_1 e^{\lambda_1 x} + C_2 e^{\lambda_2 x}$.

Demostrar, que las relaciones que se indican son integrales de las ecuaciones diferenciales que se dan:

**2711.** $(x - 2y) y' = 2x - y$,  $x^2 - xy + y^2 = C^2$.

**2712.** $(x - y + 1) y' = 1$,  $y = x + Ce^y$.

**2713.** $(xy - x) y'' + xy'^2 + yy' - 2y' = 0$,  $y = \ln (xy)$.

Formar las ecuaciones diferenciales de las familias de curvas que se dan ($C, C_1, C_2, C_3$ son constantes arbitrarias);

**2714.** $y = Cx$.

**2715.** $y = Cx^2$.

**2716.** $y^2 = 2Cx$.

**2717.** $x^2 + y^2 = C^2$.

**2718.** $y = Ce^x$.

**2719.** $x^3 = C (x^2 - y^2)$.

**2720.** $y^2 + \dfrac{1}{x} = 2 + Ce^{-\frac{y^2}{2}}$.

**2721.** $\ln \dfrac{x}{y} = 1 + ay$

($a$ es un parámetro).

**2722.** $(y - y_0)^2 = 2px$

($y_0$, $p$ son parámetros).

**2723.** $y = C_1 e^{2x} + C_2 e^{-x}$.

**2724.** $y = C_1 \cos 2x + C_2 \sin 2x$.

**2725.** $y = (C_1 + C_2 x) e^x + C_3$.

**2726.** Formar la ecuación diferencial de todas las rectas del plano $XOY$.

**2727.** Formar la ecuación diferencial de todas las parábolas con eje vertical en el plano $XOY$.

**2728.** Formar la ecuación diferencial de todas las circunferencias en el plano $XOY$.

Hallar, para las familias de curvas que se dan, las líneas que satisfagan a las condiciones iniciales que se indican:

**2729.** $x^2 - y^2 = C$,  $y(0) = 5$.

**2730.** $y = (C_1 + C_2 x) e^{2x}$,  $y(0) = 0$,  $y'(0) = 1$.

**2731.** $y = C_1 \sin (x - C_2)$,  $y(\pi) = 1$,  $y'(\pi) = 0$.

**2732.** $y = C_1 e^{-x} + C_2 e^x + C_3 e^{2x}$;
$y(0) = 0$,  $y'(0) = 1$,  $y''(0) = -2$.

## § 2. Ecuaciones diferenciales de 1er. orden

1°. **Formas de ecuaciones diferenciales de 1er. orden.** La ecuación diferencial de 1er. orden con una función $y$ incógnita resuelta con relación a la derivada $y'$, tiene la forma

$$y' = f(x, y), \tag{1}$$

donde $f(x, y)$, es una función dada. En algunos casos, es conveniente considerar como función incógnita la variable $x$ y escribir la ecuación (1) en la forma

$$x' = g(x, y), \qquad (1')$$

donde $g(x, y) = \dfrac{1}{f(x, y)}$ .

Teniendo en cuenta que $y' = \dfrac{dy}{dx}$ y $x' \dfrac{dx}{dy}$ , las ecuaciones diferenciales (1) y (1') se pueden escribir en forma simétrica

$$P(x, y)\, dx + Q(x, y)\, dy = 0, \qquad (2)$$

donde $P(x, y)$ y $Q(x, y)$ son funciones conocidas.

Por solución de la ecuación (2) se entiende la función de la forma $y = \varphi(x)$ o $x = \psi(y)$, que satisface a esta ecuación. La integral general de las ecuaciones (1) y (1'), o de la ecuación (2), tiene la forma

$$\Phi(x, y, C) = 0,$$

donde $C$ es una constante arbitraria.

2°. Campo de direcciones. El conjunto de direcciones

$$\operatorname{tg} \alpha = f(x, y)$$

se llama *campo de direcciones* de la ecuación diferencial (1) y se representa generalmente por medio de un sistema de rayitas o de flechas con un ángulo de inclinación $\alpha$.

Las curvas $f(x, y) = k$, en cuyos puntos la inclinación del campo tiene un valor constante $k$, se llaman *isoclinas*. Construyendo las isoclinas y el campo de direcciones, en los casos más simples se puede dibujar aproximadamente el campo de las curvas integrales, considerándose estas últimas como curvas, que en cada uno de sus puntos tienen la dirección dada del campo.

Ejemplo 1. Construir, por el método de las isoclinas, el campo de las curvas integrales de la ecuación

$$y' = x.$$

Solución. Construyendo las isoclinas $x = k$ (líneas rectas) y el campo de direcciones, obtenemos aproximadamente el campo de las curvas integrales (fig. 105). La solución general es la familia de parábolas

$$y = \frac{x^2}{2} + C$$

Construir, por el método de las isoclinas, el campo aproximado de las curvas integrales para las ecuaciones diferenciales que se indican a continuación:

2733. $y' = -x$.

2734. $y' = -\dfrac{x}{y}$ .

2735. $y' = 1 + y^2$.

2736. $y' = \dfrac{x+y}{x-y}$ .

2737. $y' = x^2 + y^2$.

3°. Teorema de Cauchy. Si una función $f(x, y)$ es continua en un recinto determinado $U\{a < x < A,\ b < y < B\}$ y tiene en este recinto

347

derivada acotada $f'_y(x, y)$, entonces, por cada punto $(x_0, y_0)$ de $U$, pasa una, y sólo una, curva integral $y = \varphi(x)$ de la ecuación (1) $(\varphi(x_0) = y_0)$.

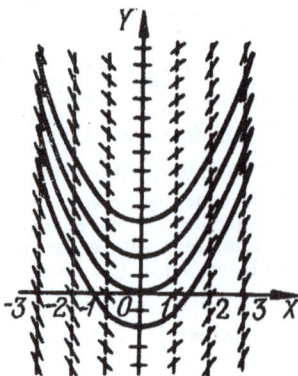

F i g. 105

4°. M é t o d o  d e  l a s  q u e b r a d a s  d e  E u l e r. Para la construcción aproximada de la curva integral de la ecuación (1), que pasa por un punto dado $M_0(x_0, y_0)$, esta curva se sustituye por una línea quebrada con vértices en $M_i(x_i, y_i)$, donde

$$x_{i+1} = x_i + \Delta x_i, \quad y_{i+1} = y_i + \Delta y_i,$$

$$\Delta x_i = h \text{ (paso del proceso).}$$

$$\Delta y_i = hf(x_i, y_i) \quad (i = 0, 1, 2, \ldots).$$

E j e m p l o  2. Por el método de Euler, hallar, para la ecuación

$$y' = \frac{xy}{2}$$

$y(1)$, si $y(0) = 1$ $(h = 0, 1)$.
Construimos la tabla siguiente:

| $i$ | $x_i$ | $y_i$ | $\Delta y_i = \dfrac{x_i y_i}{20}$ |
|---|---|---|---|
| 0 | 0 | 1 | 0 |
| 1 | 0,1 | 1 | 0,005 |
| 2 | 0,2 | 1,005 | 0,010 |
| 3 | 0,3 | 1,015 | 0,015 |
| 4 | 0,4 | 1,030 | 0,021 |
| 5 | 0,5 | 1,051 | 0,026 |
| 6 | 0,6 | 1,077 | 0,032 |
| 7 | 0,7 | 1,109 | 0,039 |
| 8 | 0,8 | 1,148 | 0,046 |
| 9 | 0,9 | 1,194 | 0,054 |
| 10 | 1,0 | 1,248 | |

De esta forma, $y(1) = 1{,}248$. Para comparar, damos el valor exacto de $y(1) = e^{1/4} \approx 1{,}284$.

Por el método de Euler, hallar las soluciones particulares de las ecuaciones diferenciales que se dan a continuación para los valores de $x$ que se indican:

**2738.** $y' = y$, $y(0) = 1$; hallar $y(1)$ $(h = 0,\ 1)$.

**2739.** $y' = x + y$, $y(1) = 1$; hallar $y(2)$ $(h = 0,\ 1)$.

**2740.** $y' = -\dfrac{y}{1+x}$, $y(0) = 2$; hallar $y(1)$ $(h = 0,\ 1)$.

**2741.** $y' = y - \dfrac{2x}{y}$, $y(0) = 1$; hallar $y(1)$ $(h = 0,\ 2)$.

## § 3. Ecuaciones diferenciales de 1.$^{\text{er}}$ orden con variables separables. Trayectorias ortogonales

1°. **Ecuaciones diferenciales de 1$^{\text{er}}$ orden con variables separables.** Se llaman ecuaciones con *variables separables*, las ecuaciones diferenciales de 1$^{\text{er}}$ orden de la forma

$$y' = f(x)\, g(y) \tag{1}$$

o bien,

$$X(x)\, Y(y)\, dx + X_1(x)\, Y_1(y)\, dy = 0. \tag{1'}$$

Dividiendo ambos miembros de la ecuación (1) por $g(y)$ y multiplicando por $dx$, tendremos $\dfrac{dy}{g(y)} = f(x)\, dx$. De donde, integrando, obtenemos la integral general de la ecuación (1) en la forma

$$\int \frac{dy}{g(y)} = \int f(x)\, dx + C. \tag{2}$$

Análogamente, dividiendo los dos miembros de la ecuación (1') por $X_1(x)\, Y(y)$ e integrando, se obtiene la integral general de la ecuación (1') en la forma

$$\int \frac{X(x)}{X_1(x)}\, dx + \int \frac{Y_1(y)}{Y(y)}\, dy = C. \tag{2'}$$

Si para un valor determinado de $y = y_0$, tenemos que $g(y_0) = 0$, la función $y = y_0$ también es solución de la ecuación (1), como es fácil convencerse directamente. Análogamente, las rectas $x = a$ e $y = b$ serán curvas integrales de la ecuación (1'), si $a$ y $b$ son de por sí raíces de las ecuaciones $X_1(x) = 0$ e $Y(y) = 0$, por cuyos primeros miembros se dividió la ecuación inicial.

Ejemplo 1. Resolver la ecuación

$$y' = -\frac{y}{x}. \tag{3}$$

En particular, hallar la solución que satisface a la condición inicial:

$$y(1) = 2.$$

Solución. La ecuación (3) se puede escribir de la forma

$$\frac{dy}{dx} = -\frac{y}{x} .$$

De donde, separando las variables, tendremos:

$$\frac{dy}{y} = -\frac{dx}{x}$$

y, por consiguiente,

$$\ln |y| = -\ln |x| + \ln C_1,$$

donde la constante arbitraria $\ln C_1$ está tomada en forma logaritmica. Después de potenciar, se obtiene la solución general

$$y = \frac{C}{x} , \qquad (4)$$

donde $C = \pm C_1$.

Al dividir por $y$ podríamos perder la solución $y = 0$, pero esta última está contenida en la fórmula (4) para $C = 0$.

Utilizando la condición inicial dada, obtenemos que $C = 2$, y, por consiguiente, la solución particular buscada es

$$y = \frac{2}{x} .$$

2°. Algunas ecuaciones diferenciales que pueden reducirse a ecuaciones con las variables separables.

Las ecuaciones diferenciales de la forma

$$y' = f(ax + by + c) \qquad (b \neq 0)$$

se reducen a ecuaciones de la forma (1) por medio de la sustitución $u = ax + by + c$, donde $u$ es la nueva función que se busca.

3°. Trayectorias ortogonales son curvas que cortan las líneas de la familia dada $\Phi(x, y, a) = 0$ ($a$ es un parámetro) formando ángulo recto. Si $F(x, y, y') = 0$ es la ecuación diferencial de la familia,

$$F\left(x, y, -\frac{1}{y'}\right) = 0$$

es la ecuación diferencial de las trayectorias ortogonales.

Ejemplo 2. Hallar las trayectorias ortogonales de la familia de elipses

$$x^2 + 2y^2 = a^2. \qquad (5)$$

Solución. Derivando ambas partes de la ecuación (5), hallamos la ecuación diferencial de la familia

$$x + 2yy' = 0.$$

De donde, sustituyendo $y'$ por $-\frac{1}{y}$, obtenemos la ecuación diferencial de las trayectorias ortogonales

$$x - \frac{2y}{y'} = 0 \text{ o bien } y' = \frac{2y}{x} .$$

Integrando, tendremos que $y = Cx^2$ (familia de parábolas) (fig. 106).

4°. **Formación de las ecuaciones diferenciales.** Al formar la ecuación diferencial en los problemas geométricos, se puede emplear con frecuencia el sentido geométrico de la derivada, como tangente del ángulo que forma la recta tangente a la curva con la dirección positiva del eje $OX$; esto permite, en muchos casos, determinar inmediatamente la relación entre la ordenada $y$ de la curva que se busca, y su abscisa $x$ e $y'$, es decir, obtener la ecuación diferencial. En otros casos (véanse los problemas Nos 2783, 2890, 2895), se utiliza el sentido geométrico de la integral definida, como área de un trapecio mixtilíneo o longitud de un arco. En este

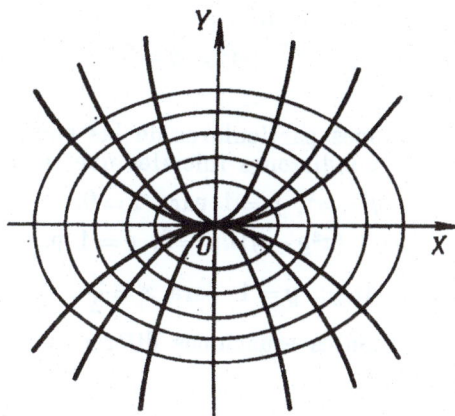

F i g. 106

caso, directamente de las condiciones del problema, se obtiene una ecuación integral simple (puesto que la función que se busca se encuentra bajo el signo integral), pero que derivando sus dos miembros, se puede con facilidad transformar en ecuación diferencial.

E j e m p l o 3. Hallar una curva que pase por el punto (3; 2), para la que la longitud del segmento de cualquiera de sus tangentes, comprendido entre los ejes de coordenadas, esté dividido en el punto de contacto en dos partes iguales.

S o l u c i ó n. Sea $M(x, y)$ el punto medio de la tangente $AB$, que según las condiciones es, a la vez, el punto de contacto (los puntos $A$ y $B$ son los puntos de intersección de la tangente con los ejes $OY$ y $OX$). De acuerdo con las condiciones, $OA = 2y$ y $OB = 2x$. El coeficiente angular de la tangente a la curva en el punto $M(x, y)$ es igual a

$$\frac{dy}{dx} = -\frac{OA}{OB} = -\frac{y}{x}.$$

Esta es la ecuación diferencial de la curva que se buscaba. Haciendo una transformación, tenemos:

$$\frac{dx}{x} + \frac{dy}{y} = 0$$

y, por consiguiente,

$$\ln x + \ln y = \ln C, \text{ o sea, } xy = C.$$

Utilizando la condición inicial, determinamos que $C = 3 \cdot 2 = 6$. Es decir, la curva que se buscaba es la hipérbola $xy = 6$.

Resolver las ecuaciones diferenciales:

**2742.** $\operatorname{tg} x \operatorname{sen}^2 y \, dx + \cos^2 x \operatorname{ctg} y \, dy = 0$.

**2743.** $xy' - y = y^3$.

**2744.** $xyy' = 1 - x^2$.

**2745.** $y - xy' = a(1 + x^2 y')$.

**2746.** $3e^x \operatorname{tg} y \, dx + (1 - e^x) \sec^2 y \, dy = 0$.

**2747.** $y' \operatorname{tg} x = y$.

Hallar las soluciones particulares de las siguientes ecuaciones, que satisfacen a las condiciones iniciales que se indican:

**2748.** $(1 + e^x) \cdot y \cdot y' = e^x$; $y = 1$ para $x = 0$.

**2749.** $(xy^2 + x) \, dx + (x^2 y - y) \, dy = 0$; $y = 1$ para $x = 0$.

**2750.** $y' \operatorname{sen} x = y \ln y$; $y = 1$ para $x = \dfrac{\pi}{2}$.

Resolver las siguientes ecuaciones diferenciales valiéndose del cambio de variables:

**2751.** $y' = (x + y)^2$.

**2752.** $y' = (8x + 2y + 1)^2$.

**2753.** $(2x + 3y - 1) \, dx + (4x + 6y - 5) \, dy = 0$.

**2754.** $(2x - y) \, dx + (4x - 2y + 3) \, dy = 0$.

En los N$^{os}$ 2755 y 2756 pasar a las coordenadas polares:

**2755.** $y' = \dfrac{\sqrt{x^2 + y^2} - x}{y}$.

**2756.** $(x^2 + y^2) \, dx - xy \, dy = 0$.

**2757\*.** Hallar una curva que tenga un segmento de tangente cuya longitud sea igual a la distancia desde el punto de contacto hasta el origen de coordenadas.

**2758.** Hallar una curva para la que el segmento de la normal, en cualquier punto de la misma, comprendido entre los ejes de coordenadas, esté dividido por este punto en dos partes iguales.

**2759.** Hallar una curva cuya subtangente tenga una longitud constante $a$.

**2760.** Hallar una curva cuya subtangente sea el doble de la abscisa del punto de contacto.

**2761\*.** Hallar una curva, para la que la abscisa del centro de gravedad de la figura plana, limitada por los ejes de coordenadas, por esta misma curva y por la ordenada de cualquiera de sus puntos, sea igual a 3/4 de la abscisa de este punto.

**2762.** Hallar la ecuación de la curva que pasa por el punto (3; 1), para la que el segmento de tangente comprendido entre el punto de contacto y el eje $OX$ esté dividido en dos partes iguales por el punto de intersección con el eje $OY$.

**2763.** Hallar la ecuación de la curva que pasa por el punto (2; 0), sabiendo que el segmento de la tangente a dicha curva, comprendido entre el punto de contacto y el eje $OY$, tiene longitud constante e igual a 2.

Hallar las trayectorias ortogonales de las familias de curvas que se dan a continuación ($a$ es un parámetro) y construir estas familias y sus proyecciones ortogonales:

**2764.** $x^2 + y^2 = a^2$.    **2766.** $xy = a$.

**2765.** $y^2 = ax$.    **2767.** $(x - a)^2 + y^2 = a^2$.

## § 4. Ecuaciones diferenciales homogéneas de 1$^{\text{er}}$ orden

1°. **Ecuaciones homogéneas.** Una ecuación diferencial

$$P(x, y)\, dx + Q(x, y)\, dy = 0 \tag{1}$$

se llama *homogénea*, si $P(x, y)$ y $Q(x, y)$ son funciones homogéneas de igual grado. La ecuación (1) puede reducirse a la forma

$$y' = f\left(\frac{y}{x}\right)$$

y por medio de la sustitución $y = xu$, donde $u$ es una nueva función incógnita, se transforma en ecuación con variables separadas. También se puede emplear la sustitución $x = yu$.

Ejemplo 1. Hallar la solución general de la ecuación

$$y' = e^{\frac{y}{x}} + \frac{y}{x}.$$

Solución. Hacemos la sustitución $y = ux$; en este caso, $u + xu' = e^u + u$ o bien,

$$e^{-u}\, du = \frac{dx}{x}.$$

Integrando, obtenemos $u = -\ln \ln \dfrac{C}{x}$, de donde

$$y = -x \ln \ln \frac{C}{x}.$$

2°. **Ecuaciones reducibles a homogéneas.** Si

$$y' = f\left(\frac{a_1 x + b_1 y + c_1}{a_2 x + b_2 y + c_2}\right) \tag{2}$$

23

y $\delta = \begin{vmatrix} a_1 & b_1 \\ a_2 & b_2 \end{vmatrix} \neq 0$, poniendo en la ecuación (2) $x = u + \alpha$, $y = v + \beta$, donde las constantes $\alpha$ y $\beta$ se determinan por el sistema de ecuaciones

$$a_1\alpha + b_1\beta + c_1 = 0, \quad a_2\alpha + b_2\beta + c_2 = 0,$$

obtenemos una ecuación diferencial homogénea respecto a las variables $u$ y $v$. Si $\delta = 0$, poniendo en la ecuación (2) $a_1x + b_1y = u$, obtenemos una ecuación con variables separadas.

Integrar las ecuaciones diferenciales:

**2768.** $y' = \dfrac{y}{x} - 1$.

**2770.** $(x - y) y \, dx - x^2 dy = 0$.

**2769.** $y' = -\dfrac{x + y}{x}$.

**2771.** Hallar, para la ecuación $(x^2 + y^2) \, dx - 2xy \, dy = 0$, la familia de curvas integrales y escoger aquellas curvas que pasan respectivamente por los puntos $(4; 0)$ y $(1; 1)$.

**2772.** $y \, dx + (2 \sqrt{xy} - x) \, dy = 0$.

**2773.** $x \, dy - y \, dx = \sqrt{x^2 + y^2} \, dx$.

**2774.** $(4x^2 + 3xy + y^2) \, dx + (4y^2 + 3xy + x^2) \, dy = 0$.

**2775.** Hallar la solución particular de la ecuación $(x^2 - 3y^2) \, dx + 2xy \, dy = 0$, con la condición de que $y = 1$ para $x = 2$.

Resolver las ecuaciones:

**2776.** $(2x - y + 4) \, dy + (x - 2y + 5) \, dx = 0$.

**2777.** $y' = \dfrac{1 - 3x - 3y}{1 + x + y}$.

**2778.** $y' = \dfrac{x + 2y + 1}{2x + 4y + 3}$.

**2779.** Hallar la ecuación de la curva, que pasa por el punto $(1; 0)$ y que tiene la propiedad de que el segmento, que intercepta su tangente en el eje $OY$, es igual al radio polar del punto de contacto.

**2780\*\*.** ¿Qué forma debe darse al espejo de un proyector para que los rayos del foco luminoso concentrado en un punto se reflejen formando un haz paralelo?

**2781.** Hallar la ecuación de la curva, cuya subtangente es igual a la media aritmética de las coordenadas del punto de contacto.

**2782.** Hallar la ecuación de la curva, para la cual, la longitud del segmento, interceptado por la normal en cualquiera de sus puntos en el eje de ordenadas, es igual a la distancia desde este punto al origen de coordenadas.

**2783\*.** Hallar la ecuación de la curva, para la cual, el área comprendida entre el eje de abscisas, la misma curva y dos ordenadas, una de las cuales es constante y la otra variable es igual a la razón del cubo de la ordenada variable a la abscisa correspondiente.

**2784.** Hallar la curva, para la cual, la longitud del segmento del eje de ordenadas, interceptado por cualquiera de sus tangentes, es igual a la abscisa del punto de contacto.

## § 5. Ecuaciones diferenciales lineales de 1$^{er}$ orden. Ecuación de Bernoulli

1°. **Ecuaciones lineales.** La ecuación diferencial de la forma

$$y' + P(x)\, y = (Q)(x) \tag{1}$$

de 1$^{er}$ grado con respecto a $y$ e $y'$, se llama *lineal*.

Si la función $Q(x) \equiv 0$, la ecuación (1) toma la forma

$$y' + P(x)\, y = 0 \tag{2}$$

y recibe el nombre de ecuación diferencial *lineal homogénea*. En este caso, las variables se separan y la solución general de la ecuación (2) es

$$y = C\, e^{-\int P(x)\, dx} \tag{3}$$

Para resolver la ecuación lineal no homogénea (1) se emplea el llamado método de *variación de la constante arbitraria*. Este método consiste en que, primeramente, se halla la solución general de la correspondiente ecuación lineal homogénea, es decir, la expresión (3). Después, suponiendo que en esta expresión $C$ es función de $x$, se busca la solución de la ecuación no homogénea (1) en la forma (3). Para ello, ponemos en la ecuación (1) $y$ e $y'$, deducidas de (3), y de la ecuación diferencial así obtenida determinamos la función $C(x)$. De esta forma, obtenemos la solución general de la ecuación no homogénea (1) de la forma

$$y = C(x)\, e^{-\int P(x)\, dx}$$

Ejemplo 1. Resolver la ecuación

$$y' = \operatorname{tg} x \cdot y + \cos x. \tag{4}$$

Solución. La correspondiente ecuación homogénea es

$$y' - \operatorname{tg} x \cdot y = 0.$$

Resolviéndola, tenemos:

$$y = C \cdot \frac{1}{\cos x}\,.$$

Considerando $C$ como función de $x$ y derivando, hallamos:

$$y = \frac{1}{\cos x} \cdot \frac{dC}{dx} + \frac{\operatorname{sen} x}{\cos^2 x} \cdot C.$$

Poniendo $y$ e $y'$ en la ecuación (4), obtenemos:

$$\frac{1}{\cos x} \cdot \frac{dC}{dx} + \frac{\operatorname{sen} x}{\cos^2 x} \cdot C = \operatorname{tg} x \cdot \frac{C}{\cos x} + \cos x, \quad \text{o} \quad \frac{dC}{dx} = \cos^2 x,$$

de donde

$$C\left(x\right) = \int \cos^2 x\,dx = \frac{1}{2}\,x + \frac{1}{4}\,\text{sen}\,2x + C_1.$$

Por consiguiente, la solución general de la ecuación (4) tiene la forma

$$y = \left(\frac{1}{2}\,x + \frac{1}{4}\,\text{sen}\,2x + C_1\right) \cdot \frac{1}{\cos x}\,.$$

Para resolver la ecuación lineal (1) se puede emplear también la sustitución

$$y = uv, \tag{5}$$

donde $u$ y $v$ son funciones de $x$. En este caso, la ecuación (1) toma la forma

$$[u' + P\left(x\right)u]\,v + v'u = Q\left(x\right). \tag{6}$$

Si se exige que

$$u' + P\left(x\right)u = 0, \tag{7}$$

de (7) hallamos $u$, y después, de (6) hallamos $v$, y por fin, de (5) hallamos $y$.

2°. Ecuación de Bernoulli. La ecuación de 1$^{\text{er}}$ orden de la forma

$$y' + P\left(x\right)y = Q\left(x\right)y^{\alpha},$$

donde $\alpha \neq 0$ y $\alpha \neq 1$, se llama *ecuación de Bernoulli*. Esta ecuación se reduce a lineal valiéndose de la sustitución $z = y^{1-\alpha}$. Se puede también emplear directamente la sustitución $y = uv$, o el método de variación de la constante arbitraria.

Ejemplo 2. Resolver la ecuación

$$y' = \frac{4}{x}\,y + x\,\sqrt{y}\,.$$

Solución. Esta es una ecuación de Bernoulli $\left(\text{en la que } \alpha = \frac{1}{2}\right)$. Poniendo

$$y = uv,$$

obtenemos:

$$u'v + v'u = \frac{4}{x}\,uv + x\,\sqrt{uv} \quad \text{o} \quad v\left(u' - \frac{4}{x}\,u\right) + v'u = x\,\sqrt{uv}. \tag{8}$$

Para determinar la función $u$ exigimos que se cumpla la relación

$$u' - \frac{4}{x}\,u = 0,$$

de donde

$$u = x^4.$$

Poniendo esta expresión en la ecuación (8), tenemos:

$$v'x^4 = x\,\sqrt{vx^4},$$

de donde hallamos $v$:

$$v = \left(\frac{1}{2}\ln|x| + C\right)^2,$$

y, por consiguiente, obtenemos la solución general en la forma

$$y = x^4 \left( \frac{1}{2} \ln |x| + C \right)^2.$$

Hallar las integrales generales de las ecuaciones:

**2785.** $\dfrac{dy}{dx} - \dfrac{y}{x} = x.$

**2786.** $\dfrac{dy}{dx} + \dfrac{2y}{x} = x^3.$

**2787\*.** $(1 + y^2)\, dx = \left( \sqrt{1 + y^2} \operatorname{sen} y - xy \right) dy.$

**2788.** $y^2\, dx - (2xy + 3)\, dy = 0.$

Hallar las soluciones particulares que satisfagan a las condiciones que se indican:

**2789.** $xy' + y - e^x = 0;\ y = b$ para $x = a.$

**2790.** $y' - \dfrac{y}{1 - x^2} - 1 - x = 0;\ y = 0$ para $x = 0.$

**2791.** $y' - y \operatorname{tg} x = \dfrac{1}{\cos x};\ y = 0$ para $x = 0.$

Hallar las soluciones generales de las ecuaciones:

**2792.** $\dfrac{dy}{dx} + \dfrac{y}{x} = - xy^2.$

**2793.** $2xy \dfrac{dy}{dx} - y^2 + x = 0.$

**2794.** $y\, dx + \left( x - \dfrac{1}{2}\, x^3 y \right) dy = 0.$

**2795.** $3x\, dy = y\, (1 + x \operatorname{sen} x - 3y^3 \operatorname{sen} x)\, dx.$

**2796.** Se dan tres soluciones particulares $y$, $y_1$ e $y_2$, de una ecuación lineal. Demostrar, que la expresión $\dfrac{y_2 - y}{y - y_1}$ conserva un valor constante para cualquier $x$. ¿Qué sentido geométrico tiene este resultado?

**2797.** Hallar las curvas, para las cuales, el área del triángulo formado por el eje $OX$, la tangente y el radio vector al punto de contacto es constante.

**2798.** Hallar la ecuación de la curva, para la cual, el segmento interceptado por la tangente en el eje de abscisas es igual al cuadrado de la ordenada del punto de contacto.

**2799.** Hallar la ecuación de la curva, para la cual, el segmento interceptado por la tangente en el eje de ordenadas es igual a la subnormal.

**2800.** Hallar la ecuación de la curva, para la cual, el segmento interceptado por la tangente en el eje de ordenadas es proporcional al cuadrado de la ordenada del punto de contacto.

**2801.** Hallar la ecuación de la curva, para la cual, la longitud de la tangente es igual a la distancia desde el punto de intersección de esta tangente con el eje $OX$ hasta el punto $M\,(0, a)$.

## § 6. Ecuaciones diferenciales exactas. Factor integrante

1°. Ecuaciones diferenciales exactas (o en diferenciales totales). Si para la ecuación diferencial

$$P\,(x, y)\,dx + Q\,(x, y)\,dy = 0 \tag{1}$$

se cumple la igualdad $\dfrac{\partial P}{\partial y} \equiv \dfrac{\partial Q}{\partial x}$, la ecuación (1) se puede escribir de la forma $dU\,(x, y) = 0$ y se llama *ecuación diferencial exacta* (o en diferenciales totales). La integral general de la ecuación (1) es $U\,(x, y) = C$. La función $U\,(x, y)$ se determina por el método que se indicó en el cap. VI, § 8, o por la fórmula

$$U = \int_{x_0}^{x} P\,(x, y)\,dx + \int_{y_0}^{y} Q\,(x_0, y)\,dy$$

(véase el cap. VII, § 9).

Ejemplo 1. Hallar la integral de la ecuación diferencial

$$(3x^2 + 6xy^2)\,dx + (6x^2y + 4y^3)\,dy = 0.$$

Solución. Esta es una ecuación diferencial exacta, ya que $\dfrac{\partial\,(3x^2 + 6xy^2)}{\partial y} = \dfrac{\partial\,(6x^2y + 4y^3)}{dx} = 12xy$ y, por consiguiente, la ecuación tiene la forma $dU = 0$.

Aquí

$$\frac{\partial U}{\partial x} = 3x^2 + 6xy^2, \quad \frac{\partial U}{\partial y} = 6x^2y + 4y^3;$$

de donde

$$U = \int (3x^2 + 6xy^2)\,dx + \varphi\,(y) = x^3 + 3x^2y^2 + \varphi\,(y).$$

Derivando $U$ con respecto a $y$, hallamos

$$\frac{\partial U}{\partial y} = 6x^2y + \varphi'\,(y) = 6x^2y + 4y^3$$

(por la condición); de donde $\varphi'\,(y) = 4y^3$ y $\varphi\,(y) = y^4 + C_0$. En definitiva obtenemos $U\,(x, y) = x^3 + 3x^2y^2 + y^4 + C_0$, y, por consiguiente, $x^3 + 3x^2y^2 + y^4 = C$ es la integral general que se buscaba de la ecuación dada.

2°. Factor integrante. Si el primer miembro de la ecuación (1) no es una diferencial exacta y se cumplen las condiciones del teorema de Cauchy, existe una función $\mu = \mu\,(x, y)$ *(factor integrante)* tal, que

$$\mu\,(P\,dx + Q\,dy) = dU. \tag{2}$$

De donde obtenemos, que la función $\mu$ satisface a la ecuación

$$\frac{\partial}{\partial y}(\mu P) = \frac{\partial}{\partial x}(\mu Q).$$

El factor integrante $\mu$ se puede hallar fácilmente en dos casos:

1) $\dfrac{1}{Q}\left(\dfrac{\partial P}{\partial y} - \dfrac{\partial Q}{\partial x}\right) = F(x)$, entonces $\mu = \mu(x)$;

2) $\dfrac{1}{P}\left(\dfrac{\partial P}{\partial y} - \dfrac{\partial Q}{\partial x}\right) = F_1(y)$, entonces $\mu = \mu(y)$.

Ejemplo 2. Resolver la ecuación

$$\left(2xy + x^2 y + \frac{y^3}{3}\right) dx + (x^2 + y^2)\, dy = 0.$$

Solución. Aquí

$$P = 2xy + x^2 y + \frac{y^3}{3}, \quad Q = x^2 + y^2 \quad \text{y} \quad \frac{1}{Q}\left(\frac{\partial P}{\partial y} - \frac{\partial Q}{\partial x}\right) = \frac{2x + x^2 + y^2 - 2x}{x^2 + y^2} = 1,$$

y, por consiguiente $\mu = \mu(x)$.

Como $\dfrac{\partial(\mu P)}{\partial y} = \dfrac{\partial(\mu Q)}{\partial x}$ o $\mu\,\dfrac{\partial P}{\partial y} = \mu\,\dfrac{\partial Q}{\partial x} + Q\,\dfrac{d\mu}{dx}$, se tendrá que

$$\frac{d\mu}{\mu} = \frac{1}{Q}\left(\frac{\partial P}{\partial y} - \frac{\partial Q}{\partial x}\right) dx = dx \quad \text{e} \quad \ln\mu = x, \quad \mu = e^x.$$

Multiplicando la ecuación por $\mu = e^x$ obtenemos:

$$e^x\left(2xy + x^2 y + \frac{y^3}{3}\right) dx + e^x(x^2 + y^2)\, dy = 0$$

que es una ecuación diferencial exacta. Integrándola, tendremos la integral general

$$y e^x\left(x^2 + \frac{y^2}{3}\right) = C.$$

Hallar las integrales generales de las ecuaciones:

**2802.** $(x + y)\, dx + (x + 2y)\, dy = 0.$

**2803.** $(x^2 + y^2 + 2x)\, dx + 2xy\, dy = 0.$

**2804.** $(x^3 - 3xy^2 + 2)\, dx - (3x^2 y - y^2)\, dy = 0.$

**2805.** $x\, dx + y\, dy = \dfrac{x\, dy - y\, dx}{x^2 + y^2}.$

**2806.** $\dfrac{2x\, dx}{y^3} + \dfrac{y^2 - 3x^2}{y^4}\, dy = 0.$

**2807.** Hallar la integral particular de la ecuación

$$(x + e^{\frac{x}{y}})\, dx + e^{\frac{x}{y}}\left(1 - \frac{x}{y}\right) dy = 0,$$

que satisfaga a la condición inicial $y(0) = 2.$

Resolver las siguientes ecuaciones, que admiten el factor integrante de las formas $\mu = \mu(x)$ o $\mu = \mu(y)$:

**2808.** $(x + y^2)\, dx - 2xy\, dy = 0$.

**2809.** $y(1 + xy)\, dx - x\, dy = 0$.

**2810.** $\dfrac{y}{x}\, dx + (y^3 - \ln x)\, dy = 0$.

**2811.** $(x \cos y - y \operatorname{sen} y)\, dy + (x \operatorname{sen} y + y \cos y)\, dx = 0$.

## § 7. Ecuaciones diferenciales de 1$^{\text{er.}}$ orden, no resueltas con respecto a la derivada

**1°. Ecuaciones diferenciales de 1$^{\text{er}}$ orden, de grado superior.** Si la ecuación

$$F(x,\ y,\ y') = 0, \tag{1}$$

por ej., es de segundo grado con respecto a $y'$, resolviéndola con respecto a $y'$, obtenemos dos ecuaciones:

$$y' = f_1(x,\ y), \quad y' = f_2(x,\ y). \tag{2}$$

De esta forma, por cada punto $M_0(x_0,\ y_0)$ de un determinado campo del plano pasarán, en general, dos curvas integrales. La integral general de la ecuación (1) tiene, en este caso, la forma

$$\Phi(x,\ y,\ C) \equiv \Phi_1(x,\ y,\ C)\,\Phi_2(x,\ y,\ C) = 0, \tag{3}$$

donde $\Phi_1$ y $\Phi_2$ son las integrales generales de la ecuación (2).

Además, para la ecuación (1) puede existir una *integral singular*. Geométricamente, la integral singular representa de por sí la envolvente de la familia de curvas (3) y puede obtenerse eliminando $C$ del sistema de ecuaciones

$$\Phi(x,\ y,\ C) = 0, \quad \Phi'_C(x,\ y,\ C) = 0 \tag{4}$$

o eliminando $p = y'$ del sistema de ecuaciones

$$F(x,\ y,\ p) = 0, \quad F'_p(x,\ y,\ p) = 0. \tag{5}$$

Debe advertirse, que las curvas determinadas por las ecuaciones (4) o (5) no son siempre soluciones de la ecuación (1); por lo cual, en cada caso concreto es necesario hacer la prueba.

Ejemplo 1. Hallar las integrales, general y singular, de la ecuación

$$xy'^2 + 2xy' - y = 0.$$

Solución. Resolviendo con respecto a $y'$, tenemos dos ecuaciones homogéneas:

$$y' = -1 + \sqrt{1 + \frac{y}{x}}, \quad y' = -1 - \sqrt{1 + \frac{y}{x}},$$

determinadas en el campo

$$x(x + y) > 0,$$

cuyas integrales generales son

$$\left(\sqrt{1 + \frac{y}{x}} - 1\right)^2 = \frac{C}{x}, \quad \left(\sqrt{1 + \frac{y}{x}} + 1\right)^2 = \frac{C}{x}$$

o

$$(2x+y-C)-2\sqrt{x^2+xy}=0, \qquad (2x+y-C)+2\sqrt{x^2+xy}=0.$$

Multiplicándolas entre sí, obtenemos la integral general de la ecuación dada

$$(2x+y-C)^2-4(x^2+xy)=0$$

o bien

$$(y-C)^2=4Cx$$

(familia de parábolas).

Derivando la integral general respecto a $C$ y eliminando $C$, hallamos la integral singular

$$y+x=0.$$

(La prueba demuestra que $y+x=0$ es solución de la ecuación dada).

La integral singular también se puede hallar derivando $xp^2+2xp-y=0$ respecto a $p$ y eliminando $p$.

2°. Resolución de la ecuación diferencial por el método de introducción de un parámetro. Si la ecuación diferencial de $1^{er}$ orden tiene la forma

$$x=\varphi(y, y'),$$

las variables $y$ y $x$ se pueden determinar por el sistema de ecuaciones

$$\frac{1}{p}=\frac{\partial\varphi}{\partial y}+\frac{\partial\varphi}{\partial p}\frac{dp}{dy}, \quad x=\varphi(y, p),$$

donde $p=y'$ desempeña el papel de parámetro.

Análogamente, si $y=\psi(x, y')$, las variables $x$ e $y$ se determinan por el sistema de ecuaciones

$$p=\frac{\partial\psi}{\partial x}+\frac{\partial\psi}{\partial p}\frac{dp}{dx}, \quad y=\psi(x, p).$$

Ejemplo 2. Hallar las integrales, general y singular, de la ecuación

$$y=y'^2-xy'+\frac{x^2}{2}.$$

Solución. Haciendo la sustitución $y'=p$, volvemos a escribir la ecuación de la forma

$$y=p^2-xp+\frac{x^2}{2}.$$

Derivando respecto a $x$ y considerando $p$ como función de $x$, tenemos

$$p=2p\frac{dp}{dx}-p-x\frac{dp}{dx}+x$$

o bien $\frac{dp}{dx}(2p-x)=(2p-x)$, o sea $\frac{dp}{dx}=1$. Integrando, obtenemos $p=x+C$.
Poniendo esto en la ecuación primitiva, tenemos la solución general:

$$y=(x+C)^2-x(x+C)+\frac{x^2}{2} \text{ o } y=\frac{x^2}{2}+Cx+C^2.$$

Derivando esta solución general respecto a $C$ y eliminando $C$, obtenemos

361

la solución singular: $y=\dfrac{x^2}{4}$. $\left(\text{La prueba demuestra que } y=\dfrac{x^2}{4} \text{ es solución}\right.$ de la ecuación dada$\Big)$.

Si se iguala a cero el factor $2p-x$, en que se hizo la simplificación, obtenemos $p=\dfrac{x}{2}$, y, poniendo este valor de $p$ en la ecuación dada, obtenemos $y=\dfrac{x^2}{4}$, es decir, la misma solución singular.

Hallar las integrales generales y singulares de las ecuaciones (en los N$^{os.}$2812—2813 construir el campo de las curvas integrales):

**2812.** $y'^2-\dfrac{2y}{x}y'+1=0.$

**2813.** $4y'^2-9x=0.$

**2814.** $yy'^2-(xy+1)y'+x=0.$

**2815.** $yy'^2-2xy'+y=0.$

**2816.** Hallar las curvas integrales de la ecuación $y'^2+y^2=1$, que pasan por el punto $M\left(0;\dfrac{1}{2}\right)$.

Resolver las ecuaciones siguientes, introduciendo el parámetro $y'=p$:

**2817.** $x=\operatorname{sen} y'+\ln y'.$

**2818.** $y=y'^2e^{y'}.$

**2819.** $y=y'^2+2\ln y'.$

**2820.** $4y=x^2+y'^2.$

**2821.** $e^x=\dfrac{y^2+y'^2}{2y'}.$

## § 8. Ecuaciones de Lagrange y de Clairaut

1°. **Ecuación de Lagrange.** La ecuación de la forma
$$y=x\varphi(p)+\psi(p),\tag{1}$$
donde $p=y'$, recibe el nombre de *ecuación de Lagrange*. Por medio de la derivación, y teniendo en cuenta que $dy=p\,dx$, la ecuación (1) se reduce a lineal con respecto a $x$:
$$p\,dx=\varphi(p)\,dx+[x\varphi'(p)+\psi'(p)]\,dp.\tag{2}$$
Si $p\not\equiv\varphi(p)$, de las ecuaciones (1) y (2) se obtiene la solución general en forma paramétrica:
$$x=Cf(p)+g(p),\qquad y=[Cf(p)+g(p)]\varphi(p)+\psi(p),$$
donde $p$ es un parámetro y $f(p)$ y $g(p)$ unas funciones conocidas determinadas. Además, puede existir solución singular, que se busca por el procedimiento general.

2°. **Ecuación de Clairaut.** Si en la ecuación (1) $\varphi(p)\equiv p$, se obtiene la *ecuación de Clairaut*
$$y=xp+\psi(p).$$

La solución general de esta ecuación tiene la forma de $y = Cx + \psi(C)$ (familia de rectas). Además, existe solución singular (envolvente), que se obtiene como resultado de eliminar el parámetro $p$ del sistema de ecuaciones

$$\begin{cases} x = -\psi'(p), \\ y = px + \psi(p). \end{cases}$$

E j e m p l o. Resolver la ecuación

$$y = 2y'x + \frac{1}{y'}. \tag{3}$$

S o l u c i ó n. Ponemos $y' = p$, en este caso, $y = 2px + \frac{1}{p}$; derivando y sustituyendo $dy$ por $p\, dx$, obtenemos:

$$p\, dx = 2p\, dx + 2x\, dp - \frac{dp}{p^2}$$

o bien,

$$\frac{dx}{dp} = -\frac{2}{p}x + \frac{1}{p^3}.$$

Resolviendo esta ecuación lineal, tendremos:

$$x = \frac{1}{p^2}(\ln p + C).$$

Por consiguiente, la ecuación general será:

$$\begin{cases} x = \frac{1}{p^2}(\ln p + C), \\ y = 2px + \frac{1}{p}. \end{cases}$$

Para hallar la integral singular según la regla general, formamos el sistema

$$y = 2px + \frac{1}{p}, \qquad 0 = 2x - \frac{1}{p^2}.$$

De aquí

$$x = \frac{1}{2p^2}, \quad y = \frac{2}{p}$$

y, por consiguiente,

$$y = \pm 2\sqrt{2x}.$$

Poniendo $y$ en la ecuación (3), nos convencemos de que la función obtenida no es solución y de que, por consiguiente, la ecuación (3) no tiene integral singular.

Resolver las siguientes ecuaciones de Lagrange:

**2822.** $y = \frac{1}{2}x\left(y' + \frac{y}{y'}\right).$

**2824.** $y = (1 + y')x + y'^2.$

**2823.** $y = y' + \sqrt{1 - y'^2}.$

**2825\*.** $y = -\frac{1}{2}y'(2x + y').$

Hallar las integrales, generales y singulares, de las siguientes ecuaciones de Clairaut y construir los campos de las curvas integrales:

**2826.** $y = xy' + y'^2$.

**2827.** $y = xy' + y'$.

**2828.** $y = xy' + \sqrt{1 + (y')^2}$.

**2829.** $y = xy' + \dfrac{1}{y'}$.

**2830.** Hallar la curva, para la cual, el área del triángulo formado por la tangente a la misma, en cualquier punto, y los ejes de coordenadas, es constante.

**7831.** Hallar la curva, si la distancia desde un punto dado hasta cualquiera de las tangentes de la misma, es constante.

**2832.** Hallar la curva, para la cual, el segmento de cualquiera de sus tangentes, comprendido entre los ejes de coordenadas, tiene una longitud constante, igual a $l$.

## § 9. Ecuaciones diferenciales diversas de 1$^{er.}$ orden

**2833.** Determinar el tipo de las siguientes ecuaciones diferenciales e indicar sus métodos de resolución:

a) $(x + y) y' = x \operatorname{arctg} \dfrac{y}{x}$;

b) $(x - y) y' = y^2$;

c) $y' = 2xy + x^3$;

d) $y' = 2xy + y^3$;

e) $xy' + y = \operatorname{sen} y$;

f) $(y - xy')^2 = y'^3$;

g) $y = xe^{y'}$;

h) $(y' - 2xy) \sqrt{y} = x^3$;

i) $y' = (x + y)^2$:

j) $x \cos y' + y \operatorname{sen} y' = 1$;

k) $(x^2 - xy)y' = y^4$;

l) $(x^2 + 2xy^3) \, dx + (y^2 + 3x^2y^2) \, dy = 0$;

m) $(x^3 - 3xy)dx + (x^2 + 3)dy = 0$;

n) $(xy^3 + \ln x) \, dx = y^2 \, dy$.

Resolver las ecuaciones:

**2834.**  a) $\left(x - y \cos \dfrac{y}{x}\right) dx + x \cos \dfrac{y}{x} \, dy = 0$;

b) $x \ln \dfrac{x}{y} \, dy - y \, dx = 0$.

**2835.** $x \, dx = \left(\dfrac{x^2}{y} - y^3\right) dy$.

**2836.** $(2xy^2 - y) \, dx + x \, dx = 0$.

**2837.** $xy' + y = xy^2 \ln x$.

**2838.** $y = xy' + y' \ln y'$.

**2839.** $y = xy' + \sqrt{-ay'}$.

**2840.** $x^2 (y+1) \, dx + (x^3 - 1)(y-1) \, dy = 0$.

**2841.** $(1 + y^2)(e^{2x} \, dx - e^y \, dy) - (1+y) \, dy = 0$.

**2842.** $y' - y \dfrac{2x-1}{x^2} = 1$.  **2845.** $(1 - x^2) y' + xy = a$.

**2843.** $ye^y = (y^3 + 2xe^y) y'$.  **2846.** $xy' - \dfrac{y}{x+1} - x = 0$.

**2844.** $y' + y \cos x = \operatorname{sen} x \cos x$.  **2847.** $y'(x \cos y + a \operatorname{sen} 2y) = 1$.

**2848.** $(x^2y - x^2 + y - 1) \, dx + (xy + 2x - 3y - 6) \, dy = 0$.

**2849.** $y' = \left(1 + \dfrac{y-1}{2x}\right)^2$.

**2850.** $xy^3 \, dx = (x^2 y + 2) \, dy$.

**2851.** $y' = \dfrac{3x^2}{x^3 + y + 1}$.

**2852.** $2dx + \sqrt{\dfrac{x}{y}} \, dy - \sqrt{\dfrac{y}{x}} \, dx = 0$.

**2853.** $y' = \dfrac{y}{x} + \operatorname{tg} \dfrac{y}{x}$.  **2861.** $e^y \, dx + (xe^y - 2y) \, dy = 0$.

**2854.** $yy' + y^2 = \cos x$.  **2862.** $y = 2xy' + \sqrt{1 + y'^2}$

**2855.** $x \, dy + y \, dx = y^2 \, dx$.  **2863.** $y' = \dfrac{y}{x}(1 + \ln y - \ln x)$.

**2856.** $y'(x + \operatorname{sen} y) = 1$.  **2864.** $(2e^x + y^4) \, dy - ye^x \, dx = 0$.

**2857.** $y \dfrac{dp}{dy} = -p + p^2$.  **2865.** $y' = 2\left(\dfrac{y+2}{x+y-1}\right)^2$.

**2858.** $x^3 \, dx - (x^4 + y^3) \, dy = 0$.  **2866.** $xy(xy^2 + 1) \, dy - dx = 0$.

**2859.** $x^2 y'^2 + 3xyy' + 2y^2 = 0$.  **2867.** $a(xy' + 2y) = xyy'$.

**2860.** $\dfrac{x \, dx + y \, dy}{\sqrt{x^2 + y^2}} +$  **2868.** $x \, dy - y \, dx = y^2 \, dx$.

$\qquad + \dfrac{x \, dy - y \, dx}{y^2} = 0$.

**2869.** $(x^2 - 1)^{3/2} \, dy + (x^3 + 3xy \sqrt{x^2 - 1}) \, dx = 0$.

**2870.** $\operatorname{tg} x \dfrac{dy}{dx} - y = a$.

**2871.** $\sqrt{a^2 + x^2} \, dy + (x + y - \sqrt{a^2 + x^2}) \, dx = 0$.

**2872.** $xyy'^2 - (x^2 + y^2) y' + xy = 0$.

2873. $y = xy' + \dfrac{1}{y'^2}$.

2874. $(3x^2 + 2xy - y^2)\, dx + (x^2 - 2xy - 3y^2)\, dy = 0$.

2875. $2yp\dfrac{dp}{dy} = 3p^2 + 4y^2$.

Hallar las soluciones de las siguientes ecuaciones, para las condiciones iniciales que se indican:

2876. $y' = \dfrac{y+1}{x}$; $y = 0$ para $x = 1$,

2877. $e^{x-y}y' = 1$; $y = 1$ para $x = 1$.

2878. $y' \operatorname{ctg} x + y = 2$; $y = 2$ para $x = 0$.

2879. $e^y (y' + 1) = 1$; $y = 0$ para $x = 0$.

2880. $y' + y = \cos x$; $y = \dfrac{1}{2}$ para $x = 0$.

2881. $y' - 2y = -x^2$; $y = \dfrac{1}{4}$ para $x = 0$.

2882. $y' + y = 2x$; $y = -1$ para $x = 0$.

2883. $xy' = y$; a) $y = 1$ para $x = 1$; b) $y = 0$ para $x = 0$.

2884. $2xy' = y$; a) $y = 1$ para $x = 1$; b) $y = 0$ para $x = 0$.

2885. $2xyy' + x^2 - y^2 = 0$; a) $y = 0$ para $x = 0$; b) $y = 1$ para $x = 0$; c) $y = 0$ para $x = 1$.

2886. Hallar una curva que pase por el punto $(0; 1)$ y que la subtangente sea igual a la suma de las coordenadas del punto de contacto.

2887. Hallar la curva, sabiendo, que la suma de los segmentos que intercepta la tangente a la misma en los ejes de coordenadas es constante e igual a $2a$.

2888. La suma de las longitudes de la normal y de la subnormal es igual a la unidad. Hallar la ecuación de la curva, sabiendo, que ésta pasa por el origen de coordenadas.

2889*. Hallar la curva, para la cual, el ángulo formado por la tangente con el radio vector del punto de contacto es constante.

2890. Hallar la curva, sabiendo, que el área comprendida entre los ejes de coordenadas, esta curva y la ordenada de cualquier punto situado en ella, es igual al cubo de esta ordenada.

2891. Hallar la curva, sabiendo, que el área del sector limitado por el eje polar, la propia curva y el radio polar de cualquiera de sus puntos, es proporcional al cubo de este radio.

2892. Hallar la curva, para la cual, el segmento que intercepta la tangente en el eje $OX$, es igual a la longitud de la propia tangente.

**2893.** Hallar la curva, para la cual, el segmento de tangente, comprendido entre los ejes de coordenadas, se divide en dos partes iguales por la parábola $y^2 = 2x$.

**2894.** Hallar la curva, para la cual, la normal a cualquiera de sus puntos es igual a la distancia desde este punto hasta el origen de coordenadas.

**2895\*.** El área de la figura limitada por una curva, los ejes de coordenadas y la ordenada de cualquier punto de la curva, es igual a la .longitud del coorrespondiente arco de la misma. Hallar la ecuación de esta curva, si se sabe, que pasa por el punto (0; 1).

**2896.** Hallar la curva, para la cual, el área del triángulo que forman el eje de abscisas, la tangente a la curva y el radio vector del punto de contacto, es constante e igual a $a^2$.

**2897.** Hallar la curva, sabiendo, que el punto medio del segmento, interceptado en el eje $OX$ por la tangente y la normal a la misma, es constante, $(a; 0)$.

Al formar la ecuación diferencial de 1er orden, sobre todo en los problemas físicos, son frecuentes los casos en que conviene emplear el llamado *método de las diferenciales*, que consiste en que, las relaciones aproximadas entre los incrementos infinitamente pequeños de las magnitudes que se buscan, ciertas con una aproximación hasta de infinitésimos de orden superior, se sustituyen por las correspondientes relaciones entre sus diferenciales, cosa que no influye en el resultado.

P r o b l e m a. En un depósito hay 190 litros de disolución acuosa que contiene 10 kg de sal. En este depósito se vierte agua con una velocidad de 3 litros por minuto y se expulsa la mezcla con velocidad de 2 litros por minuto. La concentración se mantiene homogénea removiendo el agua. ¿Cuánta sal habrá en el depósito después de transcurrida una hora?

S o l u c i ó n. Se da el nombre de concentración $c$ de una substancia dada, a la cantidad de la misma que hay en una unidad de volumen. Si la concentración es homogénea, la cantidad de substancia en un volumen $V$ será igual a $cV$.

Supongamos, que la cantidad de sal que hay en el depósito después de transcurrir $t$ min, es igual a $x$ kg. La cantidad de mezcla que hay en el depósito en este instante será $(100 + t)$ litros y, por consiguiente, la concentración $c = \dfrac{x}{100 + t}$ kg por litro.

Durante el espacio de tiempo $dt$, del depósito salen $2dt$ litros de mezcla, que contienen $2c\,dt$ kg de sal. Por esto, la variación $dx$ de la cantidad de sal que haya en el depósito se caracteriza por la relación

$$-dx = 2c\,dt, \ \text{o bien} \ -dx = \frac{2x}{100 + t}\,dt.$$

Esta es, precisamente, la ecuación diferencial que se buscaba. Separando las variables e integrando, tenemos:

$$\ln x = -2\ln(100 + t) + \ln C$$

o sea,

$$x = \frac{C}{(100 + t^2)}.$$

La constante $C$ se determina partiendo de la condición de que, cuando $t = 0$, $x = 10$, es decir, $C = 100.000$. Después de una hora, en el depósito quedarán

$$x = \frac{100.000}{160^2} \approx 3,9 \text{ kg de sal.}$$

2898*. Demostrar, que la superficie libre de un líquido pesado que gira alrededor de un eje vertical, tiene la forma de un paraboloide de revolución.

2899*. Hallar la dependencia que existe entre la presión del aire y la altura, conociendo, que esta presión es igual a 1 kgf por 1 cm² al nivel del mar y de 0,92 kgf por 1 cm² a 500 metros de altura.

2900*. Según la ley de Hooke, un cordón elástico de longitud $l$, bajo la acción de una fuerza de dilatación $F$, experimenta un incremento de longitud igual a $klF$ ($k = $ const). ¿En cuánto aumentará la longitud de este cordón, por la acción de su propio peso $W$, si se le cuelga por uno de sus extremos? (La longitud inicial del cordón es $l$).

2901. Resolver este mismo problema, pero con la condición de que en el extremo libre del cordón se suspende un peso $P$.

Al resolver los problemas 2902 y 2903, utilizar la ley de Newton, según la cual, la velocidad con que se enfría un cuerpo es proporcional a la diferencia de temperaturas del cuerpo y del medio que le rodea.

2902. Hallar la dependencia entre la temperatura $T$ y el tiempo $t$, si un cuerpo calentado hasta $T_0$ grados se introduce en un local cuya temperatura es constante e igual a $a$ grados.

2903. ¿Dentro de cuánto tiempo, la temperatura de un cuerpo calentado hasta 100°, descenderá hasta 30°, si la temperatura del local es igual a 20° y durante los primeros 20 min el cuerpo en cuestión se enfrió hasta 60°?

2904. El efecto retardador del rozamiento sobre un disco que gira dentro de un líquido, es proporcional a la velocidad angular de rotación. Hallar la dependencia de esta velocidad angular del tiempo, conociendo, que el disco, que comenzó a girar con una velocidad de 100 r.p.m., después de pasar 1 min gira a una velocidad de 60 r.p.m.

2905*. La velocidad de desintegración del radio es proporcional a la cantidad del mismo. Se sabe, que transcurridos 1600 años queda la mitad de las reservas iniciales de radio. Hallar qué tanto por ciento de radio resultará desintegrado cuando pasen 100 años.

2906*. La velocidad de salida del agua por un orificio, que se encuentra verticalmente a una distancia $h$ de la superficie libre del líquido, se determina por la fórmula

$$v = c\sqrt{2gh},$$

donde $c \approx 0,6$ y $g$ es la aceleración de la fuerza de gravedad. ¿Cuánto tiempo tardará en salir el agua que llena una caldera semiesférica de 2 m de diámetro, si sale por un orificio redondo que hay en el fondo y que tiene 0,1 m de radio?

**2907\*.** La cantidad de luz que resulta absorbida al pasar por una capa delgada de agua, es proporcional a la cantidad de luz que cae sobre ella y al espesor de la misma capa. Si al atravesar una capa de agua de 3 m de espesor queda absorbida la mitad de la cantidad inicial de luz ¿qué parte de esta cantidad llegará hasta la profundidad de 30 m?

**2908\*.** La resistencia del aire en el descenso de los cuerpos en paracaídas es proporcional al cuadrado de la velocidad con que se mueven. Hallar la velocidad límite de la caída.

**2909\*.** El fondo de un depósito, de 300 litros de capacidad, está cubierto de una mezcla de sal y de una substancia indisoluble. Suponiendo que la velocidad con que se disuelve la sal es proporcional a la diferencia entre la concentración en el instante dado y la concentración de la disolución saturada (1 kg de sal para 3 litros de agua) y que la cantidad de agua pura dada disuelve 1/3 de kg de sal por min, hallar qué cantidad de sal contendrá la disolución al cabo de una hora.

**2910\*.** La fuerza electromotriz $e$ de un circuito, con intensidad de corriente $i$, resistencia $R$ e inductancia $L$, es igual a la caída de tensión $Ri$ más la fuerza electromotriz de autoinducción $L\frac{di}{dt}$. Determinar la intensidad de la corriente $i$, en un instante $t$, si $e = E \operatorname{sen} \omega t$ ($E$ y $\omega$ son constantes) e $i = 0$ cuando $t = 0$.

## § 10. Ecuaciones diferenciales de órdenes superiores

1°. Caso de integración inmediata. Si

$$y^{(n)} = f(x),$$

se tiene

$$y = \underbrace{\int dx \int \cdots \int}_{n \text{ veces}} f(x)\,dx + C_1 x^{n-1} + C_2 x^{n-2} + \ldots + C_n.$$

2°. Casos de reducción a un orden inferior. 1) Si la ecuación diferencial no contiene $y$ de forma explícita, por ejemplo:

$$F(x, y', y'') = 0,$$

poniendo $y' = p$, obtenemos una ecuación de orden inferior en una unidad

$$F(x, p, p') = 0.$$

24

Ejemplo 1. Hallar la solución particular de la ecuación

$$xy'' + y' + x = 0,$$

que satisfaga a las condiciones

$$y = 0, \ y' = 0 \text{ para } x = 0.$$

Solución. Poniendo $y' = p$, tenemos $y'' = p'$, de donde

$$xp' + p + x = 0.$$

Resolviendo esta ecuación como lineal con respecto a la función $p$, obtenemos:

$$px = C_1 - \frac{x^2}{2}.$$

De las condiciones $y' = p = 0$ para $x = 0$, tenemos que $0 = C_1 - 0$, es decir, $C_1 = 0$. Por consiguiente

$$p = -\frac{x}{2}$$

o bien,

$$\frac{dy}{dx} = -\frac{x}{2}.$$

de donde, volviendo a integrar, obtenemos

$$y = -\frac{x^2}{4} + C_2.$$

Poniendo $y = 0$ para $x = 0$, hallamos $C_2 = 0$. Por consiguiente, la solución particular que buscábamos es

$$y = -\frac{1}{4} x^2.$$

2) Si la ecuación diferencial no contiene $x$ de forma explícita, p. ej.

$$F(y, \ y', \ y'') = 0,$$

poniendo $y' = p$, $y'' = p \dfrac{dp}{dy}$, obtenemos una ecuación de orden inferior en una unidad

$$F \left( y, \ p, \ p \frac{dp}{dy} \right) = 0.$$

Ejemplo 2. Hallar la solución particular de la ecuación

$$yy'' - y'^2 = y^4$$

con la condición de que $y = 1$, $y' = 0$ para $x = 0$.

Solución. Ponemos $y' = p$, en este caso, $y'' = p \dfrac{dp}{dy}$ y nuestra ecuación se transforma en la siguiente:

$$yp \frac{dp}{dy} - p^2 = y^4.$$

Hemos obtenido una ecuación del tipo de Bernoulli con respecto a $p$ ($y$ se considera argumento). Resolviéndola, hallamos:

$$p = \pm y \sqrt{C_1 + y^2}.$$

De la condición $y' = p = 0$ para $y = 1$, tenemos $C_1 = -1$. Por consiguiente,

$$p = \pm y \sqrt{y^2 - 1}$$

o bien

$$\frac{dy}{dx} = \pm y \sqrt{y^2 - 1}.$$

Integrando, tenemos:

$$\arccos \frac{1}{y} \pm x = C_2.$$

Poniendo $y = 1$ y $x = 0$, obtenemos que $C_2 = 0$, de donde $\frac{1}{y} = \cos x$, o $y = \sec x$.

Resolver las ecuaciones.

**2911.** $y'' = \dfrac{1}{x}$ .

**2912.** $y'' = -\dfrac{1}{2y^3}$ .

**2913.** $y'' = 1 - y'^2$.

**2914.** $xy'' + y' = 0$.

**2915.** $yy'' = y'^2$.

**2916.** $yy'' + y'^2 = 0$.

**2917.** $(1 + x^2) y'' + y'^2 + 1 = 0$.

**2918.** $y' (1 + y'^2) = ay''$.

**2919.** $x^2 y'' + xy' = 1$.

**2920.** $yy'' = y^2 y' + y'^2$.

**2921.** $yy'' - y' (1 + y') = 0$.

**2922.** $y' = -\dfrac{x}{y'}$ .

**2923.** $(x + 1) y'' - (x + 2) y' + + x + 2 = 0$.

**2924.** $xy'' = y' \ln \dfrac{y'}{x}$ .

**2925.** $y' + \dfrac{1}{4} (y'')^2 = xy''$.

**2926.** $xy''' + y'' = 1 + x$.

**2927.** $y''^2 + y''^2 = 1$.

Hallar las soluciones particulares, para las condiciones iniciales que se indican:

**2928.** $(1 + x^2) y'' - 2xy' = 0$; $y = 0$, $y' = 3$ para $x = 0$.

**2929.** $1 + y'^2 = 2yy''$; $y = 1$, $y' = 1$ para $x = 1$.

**2930.** $yy'' + y'^2 = y'^3$; $y = 1$, $y' = 1$ para $x = 0$.

**2931.** $xy'' = y'$; $y = 0$, $y' = 0$ para $x = 0$.

Hallar las integrales generales de las ecuaciones:

**2932.** $yy' = \sqrt{y^2 + y'^2} y'' - y'y''$.

**2933.** $yy'' = y'^2 + y' \sqrt{y^2 + y'^2}$.

**2934.** $y'^2 - yy'' = y^2 y'$.

**2935.** $yy'' + y'^2 - y'^3 \ln y = 0$.

Hallar las soluciones que satisfagan a las condiciones que se indican:

**2936.** $y''y^3 = 1$; $y = 1$, $y' = 1$ para $x = \frac{1}{2}$.

**2937.** $yy'' + y'^2 = 1$; $y = 1$, $y' = 1$ para $x = 0$.

**2938.** $xy'' = \sqrt{1 + y'^2}$; $y = 0$ para $x = 1$; $y = 1$ para $x = e^2$.

**2939.** $y'' (1 + \ln x) + \frac{1}{x} \cdot y' = 2 + \ln x$; $y = \frac{1}{2}$, $y' = 1$ para $x = 1$.

**2940.** $y'' = \frac{y'}{x} \left( 1 + \ln \frac{y'}{x} \right)$; $y = \frac{1}{2}$, $y' = 1$ para $x = 1$.

**2941.** $y'' - y'^2 + y' (y - 1) = 0$; $y = 2$, $y' = 2$ para $x = 0$.

**2942.** $3y'y'' = y + y'^3 + 1$; $y = -2$; $y' = 0$ para $x = 0$.

**2943.** $y^2 + y'^2 - 2yy'' = 0$; $y = 1$, $y' = 1$ para $x = 0$.

**2944.** $yy' + y'^2 + yy'' = 0$; $y = 1$ para $x = 0$ e $y = 0$ para $x = -1$.

**2945.** $2y' + (y'^2 - 6x) \cdot y'' = 0$; $y = 0$, $y' = 2$ para $x = 2$.

**2946.** $y'y^2 + yy'' - y'^2 = 0$; $y = 1$, $y' = 2$ para $x = 0$.

**2947.** $2yy'' - 3y'^2 = 4y^2$; $y = 1$, $y' = 0$ para $x = 0$.

**2948.** $2yy'' + y'^2 - y'^2 = 0$; $y = 1$, $y' = 1$ para $x = 0$.

**2949.** $y'' = y'^2 - y$; $y = -\frac{1}{4}$; $y' = \frac{1}{2}$ para $x = 1$.

**2950.** $y'' + \frac{1}{y^2} e^{y^2} y' - 2yy'^2 = 0$; $y = 1$, $y' = e$ para $x = -\frac{1}{2e}$.

**2951.** $1 + yy'' + y'^2 = 0$; $y = 0$, $y' = 1$ para $x = 1$.

**2952.** $(1 + yy') y'' = (1 + y'^2) y'$; $y = 1$, $y' = 1$ para $x = 0$.

**2953.** $(x + 1) y'' + xy'^2 = y'$; $y = -2$, $y' = 4$ para $x = 1$.

Resolver las ecuaciones:

**2954.** $y' = xy''^2 + y''^2$.

**2955.** $y' = xy'' + y'' - y''^2$.

**2956.** $y'''^2 = 4y''$.

**2957.** $yy'y'' = y'^3 - y''^2$. Destacar la curva integral que pasa por el punto $(0; 0)$ y que es tangente en éste a la recta $y + x = 0$.

**2958.** Hallar las curvas de radio de curvatura constante.

**2959.** Hallar la curva, para la cual, el radio de curvatura es proporcional al cubo de la normal.

**2960.** Hallar la curva, para la cual, el radio de curvatura es igual a la normal.

**2961.** Hallar la curva, para la cual, el radio de curvatura es dos veces mayor que la normal.

**2962.** Hallar las curvas, para las cuales, la proyección del radio de curvatura sobre el eje $OY$ es constante.

**2963.** Hallar la ecuación del cable de un puente colgante, suponiendo que la carga se distribuye uniformemente por la proyección de dicho cable sobre una recta horizontal. El peso del cable se desprecia.

**2964\*.** Hallar la posición de equilibrio de un hilo flexible, inestirable, sujeto por sus extremos a dos puntos y que tiene una carga constante $q$ (en la que se incluye el peso del propio hilo) por unidad de longitud.

**2965\*.** Un grave sin velocidad inicial resbala por un plano inclinado. Hallar la ley de su movimiento, si el ángulo de inclinación es igual a $\alpha$, y el coeficiente de frotamiento $\mu$.

Indicación. La fuerza de frotamiento es igual a $\mu N$, donde $N$ es la reacción que opone el plano.

**2966\*.** La resistencia del aire a la caída de los cuerpos puede considerarse proporcional al cuadrado de la velocidad. Hallar la ley del movimiento, si la velocidad inicial es igual a cero.

**2967\*.** Una lancha de motor, de 300 kgf de peso, se mueve en línea recta con una velocidad inicial de 66 m/seg. La resistencia del agua es proporcional a la velocidad e igual a 10 kgf cuando la velocidad es de 1 m/seg. ¿Dentro de cuánto tiempo la velocidad de la lancha será igual a 8 m/seg.

## § 11. Ecuaciones diferenciales lineales

1°. Ecuaciones homogéneas. Las funciones $y_1 = \varphi_1(x)$, $y_2 = \varphi_2(x)$, ... $y_n = \varphi_n(x)$ se llaman *linealmente dependientes*, cuando existen unas constantes $C_1, C_2, \ldots, C_n$, tales, que sin ser todas iguales a cero, se tiene

$$C_1 y_1 + C_2 y_2 + \ldots + C_n y_n \equiv 0;$$

en el caso contrario estas funciones reciben el nombre de *linealmente independientes*.

La *solución general* de la ecuación diferencial lineal homogénea

$$y^{(n)} + P_1(x) y^{(n-1)} + \ldots + P_n(x) y = 0 \qquad (1)$$

con coeficientes continuos $P_i(x)$ $(i = 1, 2, \ldots, n)$ tiene la forma

$$y = C_1 y_1 + C_2 y_2 + \ldots + C_n y_n,$$

donde $y_1, y_2, \ldots, y_n$, son soluciones linealmente independientes de la ecuación (1) (*sistema fundamental de soluciones*).

2°. Ecuaciones no homogéneas. La solución general de la ecuación diferencial *lineal no homogénea*

$$y^{(n)} + P_1(x) y^{(n-1)} + \ldots + P_n(x) y = f(x), \qquad (2)$$

siendo los coeficientes $P_i(x)$ y el segundo miembro $f(x)$ **funciones conti-nuas**, tiene la forma

$$y = y_0 + Y,$$

donde $y_0$ es la solución general de la correspondiente ecuación homogénea (1) e $Y$ una solución particular de la ecuación no homogénea dada (2).

Si se conoce un sistema fundamental de soluciones $y_1$, $y_2$, ..., $y_n$ de la ecuación homogénea (1), la solución general de la correspondiente ecuación no homogénea (2) se puede hallar por la fórmula

$$y = C_1(x) y_1 + C_2(x) y^2 + \ldots + C_n(x) y_n,$$

donde las funciones $C_i(x)$ $(i = 1, 2, \ldots, n)$ se obtienen del sistema de ecuaciones

$$\left.\begin{array}{l}
C_1'(x) y_1 + C_2'(x) y_2 \quad + \ldots + C_n'(x) y_n = 0, \\
C_1'(x) y_1' + C_2'(x) y_2' \quad + \ldots + C_n'(x) y_n' = 0, \\
\cdots\cdots\cdots\cdots\cdots\cdots\cdots\cdots\cdots \\
\cdots\cdots\cdots\cdots\cdots\cdots\cdots\cdots\cdots \\
C_1'(x) y_1^{(n-2)} + C_2'(x) y_2^{(n-2)} + \ldots + C_n'(x) y_n^{(n-2)} = 0 \\
C_1'(x) y_1^{(n-1)} + C_2'(x) y_2^{(n-1)} + \ldots + C_n'(x) y_n^{(n-1)} = f(x)
\end{array}\right\} \quad (3)$$

(*método de variación de las constantes arbitrarias*)

E j e m p l o. Resolver la ecuación

$$xy'' + y' = x^2. \quad (4)$$

S o l u c i ó n. Resolviendo la ecuación homogénea

$$xy'' + y' = 0,$$

obtenemos:

$$y = C_1 \ln x + C_2. \quad (5)$$

Por consiguiente, se puede tomar

$$y_1 = \ln x \quad \text{e} \quad y_2 = 1$$

y buscar la solución de la ecuación (4) en la forma

$$y = C_1(x) \ln x + C_2(x).$$

Formando el sistema (3) y teniendo en cuenta que la forma reducida de la ecuación (4) es $y'' + \dfrac{y'}{x} = x$, obtenemos

$$\left\{\begin{array}{l}
C_1'(x) \ln x + C_2'(x) \cdot 1 = 0, \\
C_1'(x) \dfrac{1}{x} + C_2'(x) \cdot 0 = x.
\end{array}\right.$$

De donde

$$C_1(x) = \frac{x^3}{3} + A \quad \text{y} \quad C_2(x) = -\frac{x^3}{3} \ln x + \frac{x^3}{9} + B$$

y, por consiguiente,

$$y = \frac{x^3}{9} + A \ln x + B,$$

donde $A$ y $B$ son constantes arbitrarias.

**2968.** Investigar la dependencia lineal de los siguientes sistemas de funciones;

a) $x$, $x+1$;

b) $x^2$, $-2x^2$;

c) $0$, $1$, $x$;

d) $x$, $x+1$, $x+2$;

e) $x$, $x^2$, $x^3$;

f) $e^x$, $e^{2x}$, $e^{3x}$;

g) $\operatorname{sen} x$, $\cos x$, $1$;

h) $\operatorname{sen}^2 x$, $\cos^2 x$, $1$.

**2969.** Formar la ecuación diferencial lineal homogénea, conociendo su sistema fundamental de soluciones:

a) $y_1 = \operatorname{sen} x$, $\qquad y_2 = \cos x$;

b) $y_1 = e^x$, $\qquad y_2 = xe^x$;

c) $x_1 = x$, $\qquad y_2 = x^2$;

d) $y_1 = e^x$, $\qquad y_2 = e^x \operatorname{sen} x$, $y_3 = e^x \cos x$.

**2970.** Conociendo el sistema fundamental de soluciones de la ecuación diferencial lineal homogénea

$$y_1 = x, \ y_2 = x^2, \ y_3 = x^3,$$

hallar su solución particular $y$, que satisfaga a las condiciones iniciales

$$y\,|_{x=1} = 0, \quad y'\,|_{x=1} = -1, \quad y''\,|_{x=1} = 2.$$

**2971\*.** Resolver la ecuación

$$y'' + \frac{2}{x}\, y' + y = 0,$$

conociendo su solución particular $y_1 = \dfrac{\operatorname{sen} x}{x}$.

**2972.** Resolver la ecuación

$$x^2 (\ln x - 1)\, y'' - xy' + y = 0,$$

conociendo su solución particular $y_1 = x$.

Resolver las siguientes ecuaciones lineales no homogéneas por el método de variación de las constantes arbitrarias:

**2973.** $x^2 y'' - xy' = 3x^3$.

**2974\*.** $x^2 y'' + xy' - y = x^2$.

**2975.** $y''' + y' = \sec x$.

# § 12. Ecuaciones diferenciales lineales de 2°· orden con coeficientes constantes

1°. **Ecuaciones homogéneas.** La ecuación lineal homogénea de 2° orden con coeficientes constantes $p$ y $q$, es de la forma:

$$y'' + py' + qy = 0. \tag{1}$$

Si $k_1$ y $k_2$ son las raíces de la ecuación característica

$$\varphi(k) \equiv k^2 + pk + q = 0, \qquad (2)$$

la solución general de la ecuación (1) se escribe en una de las tres formas siguientes:

1) $y = C_1 e^{k_1 x} + C_2 e^{k_2 x}$, si $k_1$ y $k_2$ son reales y $k_1 \neq k_2$;

2) $y = e^{k_1 x}(C_1 + C_2 x)$, si $k_1 = k_2$;

3) $y = e^{\alpha x}(C_1 \cos \beta x + C_2 \operatorname{sen} \beta x)$, si $k_1 = \alpha + \beta i$ y $k_2 = \alpha - \beta i$ $(\beta \neq 0)$.

2°. Ecuaciones no homogéneas. La solución general de la ecuación diferencial lineal no homogénea

$$y'' + py' + qy = f(x) \qquad (3)$$

se puede escribir en forma de suma

$$y = y_0 + Y,$$

donde $y_0$ es la solución general de la correspondiente ecuación (1) sin segundo miembro, que se determina por las fórmulas 1) —3), e $Y$ es una solución particular de la ecuación dada (3).

La función $Y$ se puede hallar por el *método de los coeficientes indeterminados* en los siguientes casos simples:

1. $f(x) = e^{ax}P_n(x)$, donde $P_n(x)$ es un polinomio de grado $n$.

Si $a$ no es raíz de la ecuación característica (2), es decir, $\varphi(a) \neq 0$, se considera $Y = e^{ax}Q_n(x)$, donde $Q_n(x)$ es un polinomio de grado $n$ con coeficientes indeterminados.

Si $a$ es raíz de la ecuación característica (2), es decir, $\varphi(a) = 0$, se considera $Y = x^r e^{ax}Q_n(x)$, donde $r$ es el grado de multiplicidad de la raíz $a$ ($r = 1$ o $r = 2$).

2. $f(x) = e^{ax}[P_n(x)\cos bx + Q_m(x)\operatorname{sen} bx]$.

Si $\varphi(a \pm bi) \neq 0$, se considera

$$Y = e^{ax}[S_N(x)\cos bx + T_N \operatorname{sen} bx],$$

donde $S_N(x)$ y $T_N(x)$ son polinomios de grado $N = \text{máx}\{n, m\}$.

Si por el contrario, $\varphi(a \pm bi) = 0$, se considera

$$Y = x^r e^{ax}[S_N(x)\cos bx + T_N(x)\operatorname{sen} bx],$$

donde $r$ es el grado de multiplicidad de la raíz $a \pm bi$ (para la ecuación de 2° orden $r = 1$).

En el caso general, para resolver la ecuación (3) se emplea el *método de variación de las constantes arbitrarias* (véase el § 11).

Ejemplo 1. Hallar la solución de la ecuación

$$2y'' - y' - y = 4xe^{2x}.$$

Solución. La ecuación característica $2k^2 - k - 1 = 0$ tiene las raíces $k_1 = 1$ y $k_2 = \frac{1}{2}$. La solución general de la correspondiente ecuación homogénea (de la forma primera) es $y_0 = C_1 e^x + C_2 e^{-\frac{x}{2}}$. El segundo miembro de la ecuación dada $f(x) = 4xe^{2x} = e^{ax}P_n(x)$. Por consiguiente, $Y = e^{2x}(Ax + B)$, ya que $n = 1$ y $r = 0$. Derivando $Y$ dos veces y poniendo las derivadas en la ecuación dada, obtenemos:

$$2e^{2x}(4Ax+4B+4A)-e^{2x}(2Ax+2B+A)-e^{2x}(Ax+B)=4xe^{2x}.$$

Simplificando por $e^{2x}$ e igualando entre sí los coeficientes que corresponden a las primeras potencias de $x$ y los términos independientes de ambos miembros de la igualdad, tenemos:

$$5A=4 \text{ y } 7A+5B=0, \text{ de donde } A=\frac{4}{5} \text{ y } B=-\frac{28}{25}.$$

De este forma, $Y=e^{2x}\left(\dfrac{4}{5}x-\dfrac{28}{25}\right)$, y la solución general de la ecuación dada es

$$y=C_1e^x+C_2e^{-\frac{1}{2}x}+e^{2x}\left(\frac{4}{5}x-\frac{28}{25}\right).$$

E j e m p l o 2. Hallar la solución general de la ecuación $y''-2y'+y=xe^x$.

S o l u c i ó n. La ecuación característica $k^2-2k+1=0$ tiene una raíz cuyo grado de multiplicidad es dos, $k=1$. El segundo miembro de la ecuación es, $f(x)=xe^x$; aquí, $a=1$ y $n=1$. La solución particular $Y=x^2e^x(Ax+B)$, puesto que $a$ coincide con la raíz $k=1$ cuyo grado de multiplicidad es igual a dos y, por consiguiente, $r=2$.

Derivando $Y$ dos veces, poniendo las derivadas en la ecuación e igualando los coeficientes, obtenemos $A=\dfrac{1}{6}$, $B=0$. Por consiguiente, la solución general de la ecuación dada se escribe de la forma

$$y=(C_1+C_2x)e^x+\frac{1}{6}x^3e^x.$$

E j e m p l o 3. Hallar la solución general de la ecuación $y''+y=x\operatorname{sen}x$.

S o l u c i ó n. La ecuación característica $k^2+1=0$ tiene las raíces $k_1=i$ y $k_2=-i$. La solución general de la correspondiente ecuación homogénea será [véase 3], donde $\alpha=0$ y $\beta=1$]:

$$y_0=C_1\cos x+C_2\operatorname{sen}x.$$

El segundo miembro tiene la forma

$$f(x)=e^{ax}[P_n(x)\cos bx+Q_m(x)\operatorname{sen}bx],$$

donde $a=0$, $b=1$, $P_n(x)=0$, $Q_m(x)=x$. A él le corresponde la solución particular

$$Y=x[(Ax+B)\cos x+(Cx+D)\operatorname{sen}x]$$

(aquí $N=1$, $a=0$, $b=1$, $r=1$).

Derivando dos veces y poniendo las derivadas en la ecuación, igualamos entre sí los coeficientes de los dos miembros de la igualdad que corresponden a $\cos x$, $x\cos x$, $\operatorname{sen}x$ y $x\operatorname{sen}x$. Como resultado, obtenemos cuatro ecuaciones: $2A+2D=0$, $4C=0$, $-2B+2C=0$, $-4A=1$, de las cuales se determinan: $A=-1/4$, $B=0$, $C=0$, $D=1/4$. Por lo que $Y=-\dfrac{x^2}{4}\cos x+\dfrac{x}{4}\operatorname{sen}x$.

La solución general será

$$y = C_1 \cos x + C_2 \operatorname{sen} x - \frac{x^2}{4} \cos x + \frac{x}{4} \operatorname{sen} x.$$

3°. **Principio de superposición de soluciones.** Si el segundo miembro de la ecuación (3) es una suma de varias funciones

$$f(x) = f_1(x) + f_2(x) + \ldots + f_n(x)$$

e $Y_i (i = 1, 2, \ldots, n)$ son las correspondientes soluciones de las ecuaciones

$$y'' + py' + qy = f_i(x) \qquad (i = 1, 2, \ldots, n),$$

la suma

$$y = Y_1 + Y_2 + \ldots + Y_n$$

es solución de la ecuación (3).

Hallar la solución general de las ecuaciones:

**2976.** $y'' - 5y' + 6y = 0$      **2982.** $y'' + 2y' + y = 0.$

**2977.** $y'' - 9y = 0.$      **2983.** $y'' - 4y' + 2y = 0.$

**2978.** $y'' - y' = 0.$      **2984.** $y'' + ky = 0.$

**2979.** $y'' + y = 0.$      **2985.** $y = y'' + y'.$

**2980.** $y'' - 2y' + 2y = 0.$      **2986.** $\dfrac{y' - y}{y''} = 3.$

**2981.** $y'' + 4y' + 13y = 0.$

Hallar las soluciones particulares que satisfagan a las condiciones que se indican:

**2987.** $y'' - 5y' + 4y = 0;$      $y = 5,\ y' = 8$ para $x = 0.$

**2988.** $y'' + 3y' + 2y = 0;$      $y = 1,\ y' = -1$ para $x = 0.$

**2989.** $y'' + 4y = 0,$    $y = 0,$    $y' = 2$ para $x = 0.$

**2990.** $y'' + 2y' = 0;$    $y = 1,$    $y' = 0$ para $x = 0.$

**2991.** $y'' = \dfrac{y}{a^2};$   $y = a,\ y' = 0$ para $x = 0.$

**2992.** $y'' + 3y' = 0;$    $y = 0$ para $x = 0$ e $y = 0$ para $x = 3.$

**2993.** $y'' + \pi^2 y = 0;$    $y = 0$ para $x = 0$ e $y = 0$ para $x = 1.$

**2994.** Indicar la forma de las soluciones particulares de las siguientes ecuaciones no homogéneas:

a) $y'' - 4y = x^2 e^{2x};$

b) $y'' + 9y = \cos 2x;$

c) $y'' - 4y' + 4y = \operatorname{sen} 2x + e^{2x};$

d) $y'' + 2y' + 2y = e^x \operatorname{sen} x;$

e) $y'' - 5y' + 6y = (x^2 + 1) e^x + x e^{2x};$

f) $y'' - 2y' + 5y = x e^x \cos 2x - x^2 e^x \operatorname{sen} 2x.$

Hallar la solución de las ecuaciones:

**2995.** $y'' - 4y' + 4y = x^2$.

**2996.** $y'' - y' + y = x^3 + 6$.

**2997.** $y'' + 2y' + y = e^{2x}$.

**2998.** $y'' - 8y' + 7y = 14$. ·

**2999.** $y'' - y = e^x$.

**3000.** $y'' + y = \cos x$.

**3001.** $y'' + y' - 2y = 8 \operatorname{sen} 2x$.

**3002.** $y'' + y' - 6y = xe^{2x}$.

**3003.** $y'' - 2y' + y = \operatorname{sen} x + \operatorname{sh} x$.

**3004.** $y'' + y' = \operatorname{sen}^2 x$.

**3005.** $y'' - 2y' + 5y = e^x \cos 2x$.

**3006.** Hallar la solución de la ecuación $y'' + 4y = \operatorname{sen} x$, que satisface a las condiciones $y = 1$, $y' = 1$ para $x = 0$.

Resolver las ecuaciones:

**3007.** $\frac{d^2x}{dt^2} + \omega^2 x = A \operatorname{sen} pt$. Examinar los casos: 1) $p \neq \omega$; 2) $p = \omega$.

**3008.** $y'' - 7y' + 12y = -e^{4x}$.

**3009.** $y'' - 2y' = x^2 - 1$.

**3010.** $y'' - 2y' + y = 2e^x$.

**3011.** $y'' - 2y' = e^{2x} + 5$.

**3012.** $y'' - 2y' - 8y = e^x - 8 \cos 2x$.

**3013.** $y'' + y' = 5x + 2e^x$.

**3014.** $y'' - y' = 2x - 1 - 3e^x$.

**3015.** $y'' + 2y' + y = e^x + e^{-x}$.

**3016.** $y'' - 2y' + 10y = \operatorname{sen} 3x + e^x$.

**3017.** $y'' - 4y' + 4y = 2e^{2x} + \dfrac{x}{2}$.

**3018.** $y'' - 3y' = x + \cos x$.

**3019.** Hallar la solución de la ecuación $y'' - 2y' = e^{2x} + x^2 - 1$, que satisface a las condiciones: $y = \dfrac{1}{8}$, $y' = 1$ para $x = 0$.

Resolver las ecuaciones:

**3020.** $y'' - y = 2x \operatorname{sen} x$.

**3021.** $y'' - 4y = e^{2x} \operatorname{sen} 2x$.

**3022.** $y'' + 4y = 2 \operatorname{sen} 2x - 3 \cos 2x + 1$.

**3023.** $y'' - 2y' + 2y = 4e^x \operatorname{sen} x$.

**3024.** $y'' = xe^x + y$.

**3025.** $y'' + 9y = 2x \operatorname{sen} x + xe^{3x}$.

**3026.** $y'' - 2y' - 3y = x(1 + e^{3x})$.

**3027.** $y'' - 2y' = 3x + 2xe^x$.

**3028.** $y'' - 4y' + 4y = xe^{2x}$.

**3029.** $y'' + 2y' - 3y = 2xe^{-3x} + (x+1) e^x$.

**3030\*.** $y'' + y = 2x \cos x \cos 2x$.

**3031.** $y'' - 2y = 2xe^x (\cos x - \operatorname{sen} x)$.

Valiéndose del método de variación de las constantes arbitrarias, resolver las ecuaciones:

**3032.** $y'' + y = \operatorname{tg} x$.

**3033.** $y'' + y = \operatorname{ctg} x$.

**3034.** $y'' - 2y' + y = \dfrac{e^x}{x}$.

**3035.** $y'' + 2y' + y = \dfrac{e^{-x}}{x}$.

**3036.** $y'' + y = \dfrac{1}{\cos x}$.

**3037.** $y'' + y = \dfrac{1}{\operatorname{sen} x}$.

**3038.** a) $y'' - y = \operatorname{th} x$;

b) $y'' - 2y = 4x^2 e^{x^2}$.

**3039.** Dos pesos iguales están colgados del extremo de un resorte. Hallar la ecuación del movimiento que efectuará uno de estos pesos, si el otro se desprende.

S o l u c i ó n. Supongamos que el aumento de longitud que experimenta el resorte bajo la acción de uno de los pesos, en estado de reposo, es igual a $a$ y que la masa de dicho peso es $m$. Designemos con la letra $x$ la coordenada de este peso, tomada en dirección vertical, a partir de la posición de equilibrio cuando sólo hay un peso.

En este caso,

$$m \frac{d^2x}{dt^2} = mg - k(x+a),$$

donde, evidentemente, $k = \dfrac{mg}{a}$, y por consiguiente, $\dfrac{d^2x}{dt^2} = -\dfrac{g}{a} x$. La solución general es $x = C_1 \cos \sqrt{\dfrac{g}{a}}\, t + C_2 \operatorname{sen} \sqrt{\dfrac{g}{a}}\, t$. Las condiciones iniciales nos dan $x = a$ y $\dfrac{dx}{dt} = 0$ para $t = 0$; de donde $C_1 = a$ y $C_2 = 0$, y, por consiguiente,

$$x = a \cos \sqrt{\frac{g}{a}}\, t.$$

**3040\*.** La fuerza que alarga a un resorte es proporcional al aumento de longitud del mismo e igual a 1 kgf, para un aumento de longitud de 1 cm. Del resorte está suspendida una carga cuyo peso es de 2 kgf. Hallar el período del movimiento oscilatorio que recibirá esta carga, si se tira de ella un poco hacia abajo y después se suelta.

**3041\*.** Una carga, cuyo peso es $P = 4$ kgf, está suspendida de un resorte al que alarga en 1 cm. Hallar la ley del movimiento de esta carga, si el extremo superior del muelle efectúa las oscilaciones armónicas verticales $y = 2 \operatorname{sen} 30t$ cm y en el momento inicial la carga estaba en reposo (la resistencia del medio se desprecia).

**3042.** Un punto material de masa $m$, es atraído por dos centros. La fuerza de atracción de cada uno es proporcional a la distancia (el coeficiente de proporcionalidad es igual a $k$). Hallar la ley del movimiento de dicho punto, sabiendo que la distancia entre los centros es de $2b$, que en el momento inicial el punto en cuestión se encontraba en el segmento que une entre sí dichos centros, a una distancia $c$ del punto medio del mismo y que su velocidad era igual a cero.

**3043.** Una cadena de 6 m de longitud se desliza, sin rozamiento, desde un soporte hacia abajo. Si el movimiento se inicia en el momento en que del soporte cuelga 1 m de cadena ¿cuánto tiempo tardará en deslizarse toda la cadena?

**3044.** Un tubo largo y estrecho gira con una velocidad angular constante $\omega$ alrededor de un eje vertical perpendicular a él. Una bola, que se encuentra dentro de dicho tubo, se desliza por él sin rozamiento. Hallar las leyes del movimiento de la bola con relación al tubo, considerando que:

a) en el momento inicial, la bola se encontraba a una distancia $a$ del eje de rotación y su velocidad en dicho momento era igual a cero;

b) en el momento inicial, la bola se encontraba en el eje de rotación y tenía una velocidad inicial de $v_0$.

## § 13. Ecuaciones diferenciales lineales de orden superior al 2°; con coeficientes constantes

1°. Ecuación homogénea. El sistema fundamental de soluciones $y_1, y_2, \ldots, y_n$ de la ecuación lineal homogénea con coeficientes constantes

$$y^{(n)} + a_1 y^{(n-1)} + \ldots + a_{n-1} y' + a_n y = 0 \tag{1}$$

se construye sobre la base del carácter que tienen las raíces de la *ecuación característica*

$$k^n + a_1 k^{n-1} + \ldots + a_{n-1} k + a_n = 0. \tag{2}$$

Es decir: 1) si $k$ es una raíz real de la ecuación (2) de grado de multiplicidad $m$, a ésta le corresponden $m$ soluciones linealmente independientes de la ecuación (1):

$$y_1 = e^{kx}, \ y_2 = xe^{kx}, \ \ldots, \ y_m = x^{m-1}e^{kx};$$

2) si $\alpha \pm \beta i$ es un par de raíces comp'ejas de la ecuación (2) de grado de multiplicidad $m$, a éllas les corresponden $2m$ soluciones linealmente independientes de la ecuación (1):

$$y_1 = e^{\alpha x} \cos \beta x, \ y_2 = e^{\alpha x} \sin \beta x, \ y_3 = xe^{\alpha x} \cos \beta x, \ y_4 = xe^{\alpha x} \operatorname{sen} \beta x, \ \ldots$$

$$\ldots, \ y_{2m-1} = x^{m-1}e^{\alpha x} \cos \beta x, \ y_{2m} = x^{m-1}e^{\alpha x} \operatorname{sen} \beta x.$$

2°. Ecuación no homogénea. La solución particular de la ecuación no homogénea

$$y^{(n)} + a_1 y^{(n-1)} + \ldots + a_{n-1}y' + a_n y = f(x) \tag{3}$$

se busca basándose en las reglas del § 12, 2° y 3°.

Hallar las soluciones generales de las ecuaciones:

**3045.** $y''' - 13y'' + 12y' = 0.$

**3046.** $y''' - y' = 0.$

**3047.** $y''' + y = 0.$

**3048.** $y^{IV} + 2y'' = 0.$

**3049.** $y''' - 3y'' + 3y' - y = 0.$

**3050.** $y^{IV} + 4y = 0.$

**3051.** $y^{IV} + 8y'' + 16y = 0.$

**3052.** $y^{IV} + y' = 0.$

**3053.** $y^{IV} - 2y'' + y = 0.$

**3054.** $y^{IV} - a^4 y = 0.$

**3055.** $y^{IV} - 6y'' + 9y = 0.$

**3056.** $y^{IV} + a^2 y'' = 0.$

**3057.** $y^{IV} + 2y''' + y'' = 0.$

**3058.** $y^{IV} + 2y'' + y = 0.$

**3059.** $y^{(n)} + \dfrac{n}{1} y^{(n-1)} +$

$$+ \dfrac{n(n-1)}{1 \cdot 2} y^{(n-2)} + \ldots$$

$$\ldots + \dfrac{n}{1} y' + y = 0.$$

**3060.** $y^{IV} - 2y''' + y'' = e^x.$

**3061.** $y^{IV} - 2y''' + y'' = x^3.$

**3062.** $y''' - y = x^3 - 1.$

**3063.** $y^{IV} + y''' = \cos 4x.$

**3064.** $y'' + y'' = x^2 + 1 + 3xe^{\cdot\cdot}.$

**3065.** $y''' + y'' + y' + y = xe^x.$

**3066.** $y'' + y' = \operatorname{tg} x \sec x.$

**3067.** Hallar la solución particular de la ecuación

$$y''' + 2y'' + 2y' + y = x,$$

que satisface a las condiciones iniciales $y(0) = y'(0) = y''(0) = 0.$

## § 14. Ecuaciones de Euler

La ecuación lineal de la forma

$$(ax+b)^n y^{(n)} + A_1 (ax+b)^{n-1} y^{(n-1)} + \ldots + A_{n-1} (ax+b) y + A_n y = f(x), \tag{1}$$

donde $a$, $b$, $A_1$, $\ldots$, $A_{n-1}$, $A_n$, son constantes, se llama *ecuación de Euler*.

Para el recinto $ax+b>0$, introducimos una nueva variable independiente $t$, poniendo:

$$ax+b=e^t.$$

Entonces,

$$y'=ae^{-t}\frac{dy}{dt}\,,\quad y''=a^2e^{-2t}\left(\frac{d^2y}{dt^2}-\frac{dy}{dt}\right),$$

$$y'''=a^3e^{-3t}\left(\frac{d^3y}{dt^3}-3\frac{d^2y}{dt^2}+2\frac{dy}{dt}\right)\text{ y así sucesivamente,}$$

y la ecuación de Euler se transforma en una ecuación lineal con coeficientes constantes.

E j e m p l o  1. Resolver la ecuación $x^2y''+xy'+y=1$.

S o l u c i ó n. Poniendo $x=e^t$, obtenemos:

$$\frac{dy}{dx}=e^{-t}\frac{dy}{dt}\,,\quad\frac{d^2y}{dx^2}=e^{-2t}\left(\frac{d^2y}{dt^2}-\frac{dy}{dt}\right).$$

Por consiguiente, la ecuación dada toma la forma

$$\frac{d^2y}{dt^2}+y=1,$$

de donde

$$y=C_1\cos t+C_2\operatorname{sen}t+1$$

o sea,

$$y=C_1\cos(\ln x)+C_2\operatorname{sen}(\ln x)+1.$$

Para la ecuación homogénea de Euler

$$x^ny^{(n)}+A_1x^{n-1}y^{(n-1)}+\ldots+A_{n-1}xy'+A_ny=0 \tag{2}$$

cuando $x>0$ se puede buscar una solución de la forma

$$y=x^h. \tag{3}$$

Poniendo en (2) $y$, $y'$, $\ldots$, $y^{(n)}$, determinadas por la relación (3), obtenemos la ecuación característica, de la que se puede hallar el exponente $k$.

Si $k$ es una raíz real de la ecuación característica, de grado $m$ de multiplicidad, a ella le corresponderán $m$ soluciones linealmente independientes

$$y_1=x^h,\ y_2=x^h\ln x,\ y_3=x^h(\ln x)^2,\ \ldots,\ y_m=x^h(\ln x)^{m-1}.$$

Si $\alpha\pm\beta i$ es un par de raíces complejas de grado $m$ de multiplicidad, a ellas les corresponderán $2m$ soluciones linealmente independientes

$$y_1=x^\alpha\cos(\beta\ln x),\ y_2=x^\alpha\operatorname{sen}(\beta\ln x),\ y_3=x^\alpha\ln x\cos(\beta\ln x),$$

$$y_4=x^\alpha\ln x\operatorname{sen}(\beta\ln x),\ \ldots,\ y_{2m-1}=x^\alpha(\ln x)^{m-1}\cos(\beta\ln x),$$

$$y_{2m}=x^\alpha(\ln x)^{m-1}\operatorname{sen}(\beta\ln x).$$

E j e m p l o  2. Resolver la ecuación

$$x^2y''-3xy'+4y=0.$$

S o l u c i ó n. Ponemos

$$y=x^h;\ y'=kx^{k-1},\ y''=k(k-1)x^{k-2}.$$

Haciendo la sustitución en la ecuación dada, después de simplificar por $x^k$, obtenemos la ecuación característica

$$k^2 - 4k + 4 = 0.$$

Resolviéndola, hallamos:

$$k_1 = k_2 = 2,$$

por consiguiente, la solución general será:

$$y = C_1 x^2 + C_2 x^2 \ln x.$$

Resolver las ecuaciones:

**3068.** $x^2 \dfrac{d^2 y}{dx^2} + 3x \dfrac{dy}{dx} + y = 0.$

**3069.** $x^2 y'' - xy' - 3y = 0.$

**3070.** $x^2 y'' + xy' + 4y = 0.$

**3071.** $x^3 y''' - 3x^2 y'' + 6xy' - 6y = 0.$

**3072.** $(3x + 2) y'' + 7y' = 0.$

**3073.** $y'' = \dfrac{2y}{x^2} .$

**3074.** $y'' + \dfrac{y'}{x} + \dfrac{y}{x^2} = 0.$

**3075.** $x^2 y'' - 4xy' + 6y = x.$

**3076.** $(1 + x)^2 y'' - 3 (1 + x) y' + 4y = (1 + x)^3.$

**3077.** Hallar la solución particular de la ecuación

$$x^2 y'' - xy' + y = 2x,$$

que satisface a las condiciones iniciales: $y = 0$, $y' = 1$ para $x = 1$.

## § 15. Sistemas de ecuaciones diferenciales

Método de eliminación. Para hallar la solución, por ejemplo, de un sistema normal de dos ecuaciones diferenciales de $1^{er}$ orden, es decir, de un sistema de la forma

$$\frac{dy}{dx} = f(x, y, z), \qquad \frac{dz}{dx} = g(x, y, z), \qquad (1)$$

resuelto con respecto a las derivadas de las funciones $y$ y $z$ que se buscan, derivamos una de ellas respecto a $x$. Tenemos, por ejemplo:

$$\frac{d^2 y}{dx^2} = \frac{\partial f}{\partial x} + \frac{\partial f}{\partial y} f + \frac{\partial f}{\partial z} g. \qquad (2)$$

Determinando $z$ de la primera ecuación del sistema (1) y poniendo la expresión obtenida

$$z = \varphi \left( x, y, \frac{dy}{dx} \right) \qquad (3)$$

en la ecuación (2), obtenemos una ecuación de 2° orden con una función incógnita $y$. Resolviéndola, hallamos:

$$y = \psi(x, C_1, C_2), \tag{4}$$

donde $C_1$ y $C_2$ son unas constantes arbitrarias. Poniendo la función (4) en la fórmula (3), determinamos la función $z$ sin necesidad de nuevas integraciones. El conjunto de las fórmulas (3) y (4), donde $y$ se ha sustituido por $\psi$, da la *solución general del sistema* (1).

Ejemplo. Resolver el sistema

$$\begin{cases} \dfrac{dy}{dx} + 2y + 4z = 1 + 4x, \\[2mm] \dfrac{dz}{dx} + y - z = \dfrac{3}{2}\,x^2. \end{cases}$$

Solución. Derivamos la primera ecuación con respecto a $x$:

$$\frac{d^2y}{dx^2} + 2\frac{dy}{dx} + 4\frac{dz}{dx} = 4.$$

Despejando $z$ en la primera ecuación tenemos

$$z = \frac{1}{4}\left(1 + 4x - \frac{dy}{dx} - 2y\right)$$

y poniendo este valor en la segunda, tendremos:

$$\frac{dz}{dy} = \frac{3}{2}\,x^2 + x + \frac{1}{4} - \frac{3}{2}\,y - \frac{1}{4}\frac{dy}{dx}.$$

Poniendo los valores de $z$ y de $\dfrac{dz}{dx}$ en la ecuación obtenida después de derivar, llegamos a la ecuación de 2° orden con una incógnita $y$:

$$\frac{d^2y}{dx^2} + \frac{dy}{dx} - 6y = -6x^2 - 4x + 3.$$

Resolviéndola, hallamos
$$y = C_1 e^{2x} + C_2 e^{-3x} + x^2 + x,$$
y entonces
$$z = \frac{1}{4}\left(1 + 4x - \frac{dy}{dx} - 2y\right) = -C_1 e^{2x} + \frac{C_2}{4}\,e^{-3x} - \frac{1}{2}\,x^2.$$

De forma análoga puede procederse' en el caso de sistemas de mayor número de ecuaciones.

Resolver los sistemas:

**3078.** $\begin{cases} \dfrac{dy}{dx} = z, \\[2mm] \dfrac{dz}{dx} = -y. \end{cases}$ 

**3079.** $\begin{cases} \dfrac{dy}{dx} = y + 5z, \\[2mm] \dfrac{dz}{dx} + y + 3z = 0. \end{cases}$

25

385

**3080.**
$$\begin{cases} \dfrac{dy}{dx} = -3y - z, \\ \dfrac{dz}{dx} = y - z. \end{cases}$$

**3081.**
$$\begin{cases} \dfrac{dx}{dt} = y, \\ \dfrac{dy}{dt} = z, \\ \dfrac{dz}{dt} = x. \end{cases}$$

**3082.**
$$\begin{cases} \dfrac{dx}{dt} = y + z, \\ \dfrac{dy}{dt} = x + z, \\ \dfrac{dz}{dt} = x + y. \end{cases}$$

**3083.**
$$\begin{cases} \dfrac{dy}{dx} = y + z, \\ \dfrac{dz}{dx} = x + y + z. \end{cases}$$

**3084.**
$$\begin{cases} \dfrac{dy}{dx} + 2y + z = \operatorname{sen} x, \\ \dfrac{dz}{dx} - 4y - 2z = \cos x. \end{cases}$$

**3085.**
$$\begin{cases} \dfrac{dy}{dx} + 3y + 4z = 2x, \\ \dfrac{dz}{dx} - y - z = x, \end{cases}$$
$y = 0, \ z = 0$ para $x = 0$.

**3086.**
$$\begin{cases} \dfrac{dx}{dt} - 4x - y + 36t = 0, \\ \dfrac{dy}{dt} + 2x - y + 2e^t = 0; \end{cases}$$
$x = 0, \ y = 1$ para $t = 0$.

**3087.**
$$\begin{cases} \dfrac{dy}{dx} = \dfrac{y^2}{z}, \\ \dfrac{dz}{dx} = \dfrac{1}{2} y. \end{cases}$$

**3088\*.** a) $\dfrac{dx}{x^3 + 3xy^2} = \dfrac{dy}{2y^3} = \dfrac{dz}{2y^2 z}$ ;

b) $\dfrac{dx}{x - y} = \dfrac{dy}{x + y} = \dfrac{dz}{z}$ ;

c) $\dfrac{dx}{y - z} = \dfrac{dy}{z - x} = \dfrac{dz}{x - y}$ ,

destacar la curva integral que pasa por el punto $(1; 1; -2)$.

**3089.**
$$\begin{cases} \dfrac{dy}{dx} + z = 1, \\ \dfrac{dz}{dx} + \dfrac{2}{x^2} y = \ln x. \end{cases}$$

**3090.**
$$\begin{cases} \dfrac{d^2 y}{dx^2} + 2y + 4z = e^x, \\ \dfrac{d^2 z}{dx^2} - y - 3z = -x. \end{cases}$$

**3091\*\*.** Un proyectil sale del cañón con una velocidad inicial $v_0$, formando un ángulo $\alpha$ con el horizonte. Hallar la ecuación del movimiento de este proyectil, tomando la resistencia del aire proporcional a la velocidad.

**3092\*.** Un punto material $M$ es atraído por un centro $O$ con una fuerza proporcional a la distancia que los separa. El movimiento comienza en el punto $A$, a la distancia $a$ del centro, con una velocidad inicial $v_0$, perpendicular al segmento $OA$. Hallar la trayectoria del punto $M$.

## § 16. Integración de ecuaciones diferenciales mediante series de potencias

Si no es posible integrar una ecuación diferencial valiéndose de funciones elementales, su solución puede buscarse en ciertos casos en forma de serie de potencias

$$y = \sum_{n=0}^{\infty} c_n (x - x_0)^n. \tag{1}$$

Los coeficientes indeterminados $c_n$ ($n = 0, 1, 2, \ldots$) se hallan poniendo la serie (1) en la ecuación e igualando los coeficientes que corresponden a potencias iguales del binomio $x - x_0$ en ambos miembros de la igualdad así obtenida.

También se puede buscar la solución de la ecuación

$$y' = f(x, y); \quad \text{donde } y(x_0) = y_0, \tag{2}$$

en forma de serie de Taylor

$$y(x) = \sum_{n=0}^{\infty} \frac{y^{(n)}(x_0)}{n!} (x - x_0)^n, \tag{3}$$

donde $y(x_0) = y_0$, $y'(x_0) = f(x_0, y_0)$ y las siguientes derivadas $y^{(n)}(x_0)$ ($n = 2, 3, \ldots$) se hallan sucesivamente derivando la ecuación (2) y sustituyendo $x$ por el número $x_0$.

Ejemplo 1. Hallar la solución de la ecuación

$$y'' - xy = 0,$$

si $y = y_0$, $y' = y_0'$ para $x = 0$.

Solución. Ponemos

$$y = c_0 + c_1 x + \ldots + c_n x^n + \ldots,$$

de donde, derivando, obtenemos:

$$y'' = 2 \cdot 1 c_2 + 3 \cdot 2 c_3 x + \ldots + n(n-1) c_n x^{n-2} + (n+1) n c_{n+1} x^{n-1} +$$
$$+ (n+2)(n+1) c_{n+2} x^n + \ldots$$

Poniendo $y$ e $y''$ en la ecuación dada, llegamos a la identidad

$$[2 \cdot 1 c_2 + 3 \cdot 2 c_3 x + \ldots + n(n-1) c_n x^{n-2} + (n+1) n c_{n+1} x^{n-1} +$$
$$+ (n+2)(n+1) c_{n+2} x^n + \ldots] - x[c_0 + c_1 x + \ldots + c_n x^n + \ldots] \equiv 0.$$

Reuniendo en el primer miembro de la igualdad obtenida los términos que tengan $x$ con igual exponente e igualando a cero los coeficientes que corresponden a estos exponentes, tendremos

$$c_2 = 0; \quad 3 \cdot 2 c_3 - c_0 = 0, \quad c_3 = \frac{c_0}{3 \cdot 2}; \quad 4 \cdot 3 c_4 - c_1 = 0, \quad c_4 = \frac{c_1}{4 \cdot 3}; \quad 5 \cdot 4 c_5 - c_2 = 0,$$

$$c_5 = \frac{c^2}{5 \cdot 4}, \text{ etc.}$$

En general,

$$c_{3k} = \frac{c_0}{2 \cdot 3 \cdot 5 \cdot 6 \cdot \ldots \cdot (3k-1) 3k}, \qquad c_{3k+1} = \frac{c_1}{3 \cdot 4 \cdot 6 \cdot 7 \cdot \ldots \cdot 3k(3k+1)},$$

$$c_{3k+2} = 0 \quad (k = 1, 2, 3, \ldots).$$

Por consiguiente,

$$y = c_0 \left(1 + \frac{x^3}{2 \cdot 3} + \frac{x^6}{2 \cdot 3 \cdot 5 \cdot 6} + \ldots + \frac{x^{3k}}{2 \cdot 3 \cdot 5 \cdot 6 \cdot \ldots \cdot (3k-1) 3k} + \ldots \right) +$$

$$+ c_1 \left(x + \frac{x^4}{3 \cdot 4} + \frac{x^7}{3 \cdot 4 \cdot 6 \cdot 7} + \ldots + \frac{x^{3k+1}}{3 \cdot 4 \cdot 6 \cdot 7 \cdot \ldots \cdot 3k(3k+1)} + \ldots \right), \tag{4}$$

donde $c_0 = y_0$ y $c_1 = y_0'$.

387

Utilizando el criterio de d'Alembert es fácil comprobar, que la serie (4) es convergente para $-\infty < x < +\infty$.

Ejemplo 2. Hallar la solución de la ecuación

$$y' = x + y; \quad y_0 = y(0) = 1.$$

Solución. Ponemos,

$$y = y_0 + y_0'x + \frac{y_0''}{2!}x^2 + \frac{y_0'''}{3!}x^3 + \ldots$$

Tenemos, $y_0 = 1$, $y_0' = 0 + 1 = 1$. Derivando los dos miembros de la ecuación $y' = x + y$, hallamos consecutivamente $y'' = 1 + y'$, $y_0'' = 1 + 1 = 2$, $y''' = y''$, $y_0''' = 2$, etc. Por consiguiente,

$$y = 1 + x + \frac{2}{2!}x^2 + \frac{2}{3!}x^3 + \ldots$$

Para el ejemplo que examinamos, la solución encontrada se puede escribir en la forma definitiva

$$y = 1 + x + 2(e^x - 1 - x) \text{ o bien, } y = 2e^x - 1 - x.$$

Análogamente debe procederse cuando se trate de ecuaciones diferenciales de órdenes superiores. La investigación de la convergencia de las series obtenidas, en general, es complicada y no se considera obligatoria al resolver los problemas de este parágrafo.

Hallar, valiéndose de series de potencias, las soluciones de las ecuaciones siguientes, con las condiciones iniciales que se indican.

En los N$^{os}$. 3097, 3098, 3099 y 3101 investigar la convergencia de las soluciones que se obtengan.

**3093.** $y' = y + x^2$; $y = -2$ para $x = 0$.

**3094.** $y' = 2y + x - 1$; $y = y_0$ para $x = 1$.

**3095.** $y' = y^2 + x^3$; $y = \frac{1}{2}$ para $x = 0$.

**3096.** $y' = x^2 - y^2$; $y = 0$ para $x = 0$.

**3097.** $(1 - x)y' = 1 + x - y$; $y = 0$ para $x = 0$.

**3098\*.** $xy'' + y = 0$; $y = 0$, $y' = 1$ para $x = 0$.

**3099.** $y'' + xy = 0$; $y = 1$, $y' = 0$ para $x = 0$.

**3100\*.** $y'' = \frac{2}{x}y' + y = 0$; $y = 1$, $y' = 0$ para $x = 0$.

**3101\*.** $y'' + \frac{1}{x}y' + y = 0$; $y = 1$, $y' = 0$ para $x = 0$.

**3102.** $\frac{d^2x}{dt^2} + x\cos t = 0$; $x = a$; $\frac{dx}{dt} = 0$ para $t = 0$.

## § 17. Problemas sobre el método de Fourier

Para hallar la solución de una ecuación diferencial lineal homogénea, en derivadas parciales, por el método de Fourier, se buscan primeramente las soluciones particulares de esta ecuación de tipo especial, cada una de las cuales representa de por sí el producto de funciones que dependen de un solo argumento. En el caso más simple, se tiene un conjunto infinito de estas soluciones $u_n$ $(n=1, 2, ...)$, linealmente independientes para cualquier número finito de ellas y que satisfacen a las *condiciones de contorno* dadas. La solución $u$ que se busca, se representa en forma de serie, de estas soluciones parciales:

$$u = \sum_{n=1}^{\infty} C_n u_n. \tag{1}$$

Quedan por determinar los coeficientes $C_n$, que se hallan partiendo de las *condiciones iniciales.*

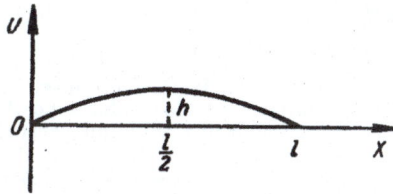

F i g. 107

P r o b l e m a. El desplazamiento transversal $u=u(x, t)$ de los puntos de una cuerda, cuya abscisa es $x$ en el instante $t$, satisface a la ecuación

$$\frac{\partial^2 u}{\partial t^2} = a^2 \frac{\partial^2 u}{\partial x^2}, \tag{2}$$

donde $a^2 = \dfrac{T_0}{\rho}$ ($T_0$ es la tensión y $\rho$ la densidad lineal de la cuerda). Hallar la forma que tendrá esta cuerda en un instante $t$, si sus extremos $x=0$ y $x=l$ están sujetos y en el instante inicial $t=0$, la cuerda tenía la forma de la parábola $u = \dfrac{4h}{l^2} x(l-x)$ (fig. 107) y sus puntos tenían una velocidad igual a cero.

S o l u c i ó n. De acuerdo con las condiciones del problema se pide hallar una solución $u=u(x, t)$ de la ecuación (2), que satisfaga a las condiciones del contorno:

$$u(0, t)=0, \quad u(l, t)=0 \tag{3}$$

y a las condiciones iniciales:

$$u(x, 0) = \frac{4h}{l^2} x(l-x), \quad u_t'(x, 0)=0. \tag{4}$$

Buscamos las soluciones, distintas de cero, de la ecuación (2) de tipo especial

$$u = X(x) T(t).$$

389

Poniendo esta expresión en la ecuación (2) y separando las variables, obtenemos:

$$\frac{T''(t)}{a^2 T(t)} = \frac{X''(x)}{X(x)}.$$

Como las variables $x$ y $t$ son independientes, la identidad (5) solo será posible en el caso en que el valor total de la relación (5) sea constante. Designando esta constante por medio de $-\lambda^2$, hallamos dos ecuaciones diferenciales ordinarias:

$$T''(t) + (a\lambda)^2 \cdot T(t) = 0 \quad \text{y} \quad X''(x) + \lambda^2 X(x) = 0.$$

Resolviendo estas ecuaciones, obtenemos:

$$T(t) = A \cos a\lambda t + B \operatorname{sen} a\lambda t,$$

$$X(x) = C \cos \lambda x + D \operatorname{sen} \lambda x,$$

donde $A$, $B$, $C$, $D$, son constantes arbitrarias. De las condiciones (3) tenemos: $X(0) = 0$ y $X(l) = 0$, por consiguiente, $C = 0$ y sen $\lambda l = 0$ (ya que $D$ no puede ser igual a cero al mismo tiempo que $C$). Por esto, $\lambda_k = \dfrac{k\pi}{l}$, donde $k$ es un número entero. Es fácil comprobar, que no se pierde generalidad si se toma para $k$ únicamente los valores positivos ($k = 1, 2, 3, \ldots$). A cada valor de $\lambda_k$ le corresponde una solución particular

$$u_k = \left( A_k \cos \frac{ka\pi}{l} t + B_k \operatorname{sen} \frac{ka\pi}{l} t \right) \operatorname{sen} \frac{k\pi x}{l},$$

que satisface a las condiciones del contorno (3).

Formamos la serie

$$u = \sum_{k=1}^{\infty} \left( A_k \cos \frac{ka\pi t}{l} + B_k \operatorname{sen} \frac{ka\pi t}{l} \right) \operatorname{sen} \frac{k\pi x}{l},$$

cuya suma, es evidente, que satisface a la ecuación (2) y a las condiciones del contorno (3).

Elijamos las constantes $A_k$ y $B_k$ de modo que la suma de la serie cumpla las condiciones iniciales (4). Como

$$\frac{\partial u}{\partial t} = \sum_{k=1}^{\infty} \frac{ka\pi}{l} \left( -A_k \operatorname{sen} \frac{ka\pi t}{l} + B_k \cos \frac{ka\pi t}{l} \right) \operatorname{sen} \frac{k\pi x}{l},$$

uponiendo $t = 0$, obtenemos:

$$u(x, 0) = \sum_{k=1}^{\infty} A_k \operatorname{sen} \frac{k\pi x}{l} \equiv \frac{4h}{l^2} x(l - x)$$

y

$$\frac{\partial u(x, 0)}{\partial t} = \sum_{k=1}^{\infty} \frac{ka\pi}{l} B_k \operatorname{sen} \frac{k\pi x}{l} \equiv 0.$$

Por consiguiente, para determinar los coeficientes $A_k$ y $B_k$ hay que desarrollar en serie de Fourier de senos la función $u\,(x,\,0)\ \dfrac{4h}{l^2}\,x\,(l-x)$ y la función $\dfrac{\partial u\,(x,\,0)}{dt}\equiv 0$.

De acuerdo con las fórmulas ya conocidas (cap. VIII, § 4, 3°), tenemos:

$$A_k=\frac{2}{l}\int_0^l\frac{4h}{l^2}\,x\,(l-x)\,\mathrm{sen}\,\frac{k\pi x}{l}\,dx=\frac{32h}{\pi^3 k^3}\,,$$

si $k$ es impar, y $A_k=0$, si $k$ es par;

$$\frac{ka\pi}{l}B_k=\frac{2}{l}\int_0^l 0\cdot\mathrm{sen}\,\frac{k\pi x}{l}\,dx=0,\quad B_k=0.$$

La solución buscada será:

$$u=\frac{32h}{\pi^3}\sum_{n=0}^{\infty}\frac{\cos\dfrac{(2n+1)\,a\pi t}{l}}{(2n+1)^3}\,\mathrm{sen}\,\frac{(2n+1)\,\pi x}{l}\,.$$

**3103\*.** En el instante inicial $t=0$, una cuerda, sujeta en sus extremos $x=0$ y $x=l$, tenía la forma de la sinusoide $u=A\,\mathrm{sen}\,\dfrac{\pi x}{l}$, siendo la velocidad de sus puntos igual a cero. Hallar la forma de esta cuerda en el instante $t$.

**3104\*.** En el instante inicial $t=0$, a los puntos de una cuerda rectilínea $0<x<l$ se les dio una velocidad de $\dfrac{\partial u}{\partial t}=1$. Hallar la forma que tendrá esta cuerda en el instante $t$, si sus extremos $x=0$ y $x=l$ están sujetos (véase el problema 3103).

**3105\*.** Una cuerda, cuya longitud es $l=100$ cm, está sujeta por sus extremos $x=0$ y $x=l$. En el instante inicial se tira de ella, cogiéndola por el punto $x=50$ cm, y se separa de su posición normal hasta una distancia $h=2$ cm y después se suelta sin empujarla. Determinar la forma de esta cuerda en cualquier instante $t$.

**3106\*.** Al vibrar longitudinalmente una varilla recta, delgada y homogénea, cuyo eje coincide con el de $OX$, el desplazamiento de su sección transversal $u=u\,(x,\,t)$, de abscisa $x$, en el instante $t$, satisface a la ecuación

$$\frac{\partial^2 u}{\partial t^2}=a^2\frac{\partial^2 u}{\partial x^2}\,,$$

donde $a^2=\dfrac{E}{\rho}$ ($E$ es el módulo de Young y $\rho$ la densidad de la varilla). Determinar las vibraciones longitudinales de una varilla horizontal elástica, cuya longitud es $l=100$ cm, que, estando sujeta por uno de sus extremos, $x=0$, y estirándose por el otro $x=100$, una longitud $\Delta l=1$ cm, se suelta después sin empujarla.

**3107.** Para la varilla recta homogénea, cuyo eje coincide con el de $OX$, la temperatura $u = u(x, t)$ de su sección de abscisa $x$, en un instante $t$, cuando no existen fuentes de calor, satisface a la ecuación de la conductividad calorífica

$$\frac{\partial u}{\partial t} = a^2 \frac{\partial^2 u}{\partial x^2},$$

donde $a$ es una constante. Determinar la distribución de la temperatura en una varilla de 100 cm de longitud, para cualquier instante $t$, si se conoce la distribución inicial de aquélla

$$u(x, 0) = 0,01x(100 - x).$$

*Capítulo* X

# CALCULOS APROXIMADOS

## § 1. Operaciones con números aproximados

1°. **Error absoluto.** El *error absoluto* de un número aproximado *a*, que sustituye a un número exacto *A*, es el valor absoluto de la diferencia entre ellos. El número Δ, que satisface a la desigualdad

$$|A - a| \leqslant \Delta, \tag{1}$$

recibe el nombre de *límite del error absoluto*. El número exacto *A* se halla entre los límites $a - \Delta \leqslant A \leqslant a + \Delta$, o, más abreviadamente, $A = a \pm \Delta$.

2. **Error relativo.** Se entiende por *error relativo* de un número aproximado *a*, que sustituye a un número exacto $A (A > 0)$, la razón del error absoluto del número *a* al número exacto *A*. El número δ, que satisface a la desigualdad

$$\frac{|A - a|}{A} \leqslant \delta, \tag{2}$$

se llama *límite del error relativo* del número aproximado *a*. Como prácticamente $A \approx a$, como límite del error relativo se toma con frecuencia el número $\delta = \dfrac{\Delta}{a}$.

3°. **Número de cifras decimales exactas.** Se dice que un número aproximado y positivo *a*, escrito en forma decimal tiene *n cifras decimales exactas* en *sentido estricto*, si el valor absoluto del error de este número no excede de $\dfrac{1}{2}$ de la unidad decimal de orden enésimo. En este caso, cuando $n > 1$, se puede tomar como límite del error relativo el número

$$\delta = \frac{1}{2k} \left( \frac{1}{10} \right)^{n-1},$$

donde *k* es la primera cifra con valor del número *a*. Recíprocamente, si se sabe que $\delta \leqslant \dfrac{1}{2(k+1)} \left( \dfrac{1}{10} \right)^{n-1}$ el número *a* tendrá *n* cifras decimales exactas en sentido estricto. En particular, el número *a* tendrá con toda seguridad *n* cifras exactas en sentido estricto, si $\delta \leqslant \dfrac{1}{2} \left( \dfrac{1}{10} \right)^{n}$.

Si el error absoluto de un número aproximado *a* no excede de una unidad decimal del último orden (como ocurre, por ej., con los números que resultan de las mediciones con exactitud hasta la unidad correspondiente), se dice que todas las cifras decimales de este número aproximado son *exactas en sentido amplio*. Cuando el número aproximado tiene más cifras significativas, éste, si es el resultado final de cálculos, se redondea generalmente de tal forma, que todas las cifras que se dejan sean exactas en sentido estricto o en sentido amplio.

En lo sucesivo supondremos que, al escribir los datos iniciales, todas las cifras son exactas (siempre que no se advierta lo contrario) en sentido estricto. En cuanto a los resultados de los cálculos intermedios, éstos podrán tener una o dos cifras de reserva.

Hay que advertir, que los ejemplos de este parágrafo, por regla general, representan de por sí los resultados finales de cálculos y, por consiguiente, las respuestas se dan en números aproximados que sólo contienen cifras decimales exactas.

4°. Suma y resta de números aproximados. El límite del error absoluto de la suma algébrica de varios números, es igual a la suma de los límites de los errores absolutos de estos números. Por esto, para que en la suma de una cantidad reducida de números aproximados, cuyas cifras decimales sean todas exactas, figuren solamente cifras exactas (por le menos en sentido amplio), hay que igualar todos los sumandos, tomando como patrón aquel que tenga menos cifras decimales, y dejar en cada uno de ellos una cifra de reserva. Luego, se sumarán los números así obtenidos, como exactos, y se redondeará la última cifra de la suma.

Si se trata de sumar números aproximados sin redondear, hay que proceder a su redondeo, conservando en cada uno de los sumandos una o dos cifras de reserva, y luego regirse por las reglas a que nos hemos referido más arriba, reteniendo en la suma las cifras de reserva correspondientes asta terminar las operaciones.

Ejemplo 1.
$215,21 + 14,182 + 21,4 = 215,2 (1) + 14,1 (8) + 21,4 = 250,8.$

El error relativo de una suma de sumandos positivos no excede al mayor de los errores relativos de sumandos.

El error relativo de una resta no es fácil de calcular. Sobre todo, cuando se trata de hallar la diferencia entre dos números próximos.

Ejemplo 2. Al restar los números aproximados 6,135 y 6,131, con cuatro cifras exactas, obtenemos una diferencia de 0,004. El límite de su

error relativo es igual a $\delta = \dfrac{\frac{1}{2}0,001 + \frac{1}{2}0,001}{0,004} = \dfrac{1}{4} = 0,25$; por consiguiente, ni una sola de las cifras de la diferencia es cierta. Por esta razón, deben evitarse, siempre que esto sea posible, las restas de números aproximados, próximos entre sí, transformando, si es preciso, la expresión de que se trate de tal forma, que desaparezca esta operación.

5°. Multiplicación y división de números aproximados. El límite del error relativo del producto y cociente de números aproximados es igual a la suma de los límites de los errores relativos de estos números. Partiendo de esto y aplicando la regla sobre el número de cifras exactas (3°), en la respuesta se conservará únicamente un número determinado de cifras.

Ejemplo 3. El producto de los números aproximados $25,3 \cdot 4,12 = 104,236$.

Suponiendo que todas las cifras de los factores sean exactas, obtendremos, que el límite del error relativo del producto será

$$\delta = \frac{1}{2 \cdot 2}0,01 + \frac{1}{4 \cdot 2}0,01 \approx 0,003.$$

De donde, el número de cifras exactas del producto será igual a tres y el resultado, si es definitivo, deberá escribirse así: $25{,}3 \cdot 4{,}12 = 104$, o más exactamente, $25{,}3 \cdot 4{,}12 = 104{,}2 \pm 0{,}3$.

6°. **Elevación a potencias y extracción de raíces de números aproximados.** El límite del error relativo de la potencia emésima de un número aproximado $a$, es igual al múltiplo m-simo del límite del error de este número.

El límite del error relativo de la raíz m-sima de un número aproximado $a$, es igual a $\dfrac{1}{m}$ parte del límite del error relativo del número $a$.

7°. **Cálculo del error resultante de diversas operaciones con números aproximados.** Si $\Delta a_1, \ldots, \Delta a_n$ son los límites de los errores absolutos de los números aproximados $a_1, \ldots, a_n$, el límite del error absoluto $\Delta S$ del resultado

$$S = f(a_1, \ldots, a_n)$$

se puede valorar aproximadamente por la fórmula

$$\Delta S = \left| \frac{\partial f}{\partial a_1} \right| \Delta a_1 + \cdots + \left| \frac{\partial f}{\partial a_n} \right| \Delta a_n.$$

En este caso, el límite del error relativo $S$ será igual a

$$\delta S = \frac{\Delta S}{|S|} = \left| \frac{\partial f}{\partial a_1} \right| \cdot \frac{\Delta a_1}{|f|} + \cdots + \left| \frac{\partial f}{\partial a_n} \right| \frac{\Delta a_n}{|f|} =$$

$$= \left| \frac{\partial \ln f}{\partial a_1} \right| \Delta a_1 + \cdots + \left| \frac{\partial \ln f}{\partial a_n} \right| \Delta a_n.$$

**Ejemplo 4.** Calcular $S = \ln(10{,}3 + \sqrt{4{,}4})$; los números aproximados $10{,}3$ y $4{,}4$ tienen todas las cifras exactas.

**Solución.** Calculamos primeramente el límite del error absoluto $\Delta S$ en su forma general: $S = \ln(a + \sqrt{b})$, $\Delta S = \dfrac{1}{a + \sqrt{b}}\left(\Delta a + \dfrac{1}{2}\dfrac{\Delta b}{\sqrt{b}}\right)$. Tene-

mos $\Delta a = \Delta b \approx \dfrac{1}{20}$; $\sqrt{4{,}4} = 2{,}0976\ldots$; dejamos $2{,}1$, ya que el error relativo del número aproximado $\sqrt{4{,}4}$ es igual a $\approx \dfrac{1}{2} \cdot \dfrac{1}{40} = \dfrac{1}{80}$; el error absoluto

será entonces $\approx 2 \cdot \dfrac{1}{80} = \dfrac{1}{40}$; es decir, de las décimas se puede estar seguro. Por consiguiente,

$$\Delta S = \frac{1}{10{,}3 + 2{,}1}\left(\frac{1}{20} + \frac{1}{2} \cdot \frac{1}{20 \cdot 2{,}1}\right) = \frac{1}{12{,}4 \cdot 20}\left(1 + \frac{1}{4{,}2}\right) = \frac{13}{2604} \approx 0{,}005.$$

Lo que significa que las centésimas son exactas.

Ahora procedemos al cálculo con una cifra de reserva:

$$\lg(10{,}3 + \sqrt{4{,}4}) \approx \lg 12{,}4 = 1{,}093; \quad \ln(10{,}3 + \sqrt{4{,}4}) \approx 1{,}093 \cdot 2{,}303 = 2{,}517.$$

Obtenemos la respuesta: $2{,}52$.

8°. **Determinación de los errores tolerables en los números aproximados cuando se fija el error que puede tener el resultado de las operaciones que con ellos se efectúan.**

Aplicando las fórmulas del punto 7, cuando se dan los valores de $\Delta S$ y de $\delta S$, y considerando iguales entre sí todas las diferenciales parciales $\left|\dfrac{\partial f}{\partial a_k}\right| \Delta a_k$ o las cantidades $\left|\dfrac{\partial f}{\partial a_k}\right| \dfrac{\Delta a_k}{|f|}$, calculamos los errores absolutos tolerables $\Delta a_1, \ldots, \Delta a_n, \ldots$ de los números aproximados $a_1, \ldots, a_n, \ldots$ que intervienen en las operaciones (*principio de la igualdad de influencias*).

Debe advertirse, que en ciertas ocasiones no es conveniente emplear el principio de la igualdad de influencias en el cálculo de los errores tolerables de los argumentos de las funciones, ya que éste puede presentar exigencias prácticamente imposibles de satisfacer. En estos casos se recomienda redistribuir los errores de la forma más racional, si ello es posible, de modo que el error total no exceda la cantidad dada. Es decir, el problema así planteado, propiamente hablando, es indeterminado.

Ejemplo 5. El volumen de la «cuña cilíndrica», es decir, del cuerpo truncado del cilindro circular por un plano, que pasando por el diámetro de la base, igual a $2R$, forma con ella un ángulo $\alpha$, se calcula por la fórmula $V = \dfrac{2}{3} R^3 \operatorname{tg} \alpha$. ¿Con qué precisión deberán medirse el radio $R \approx 60$ cm y el ángulo de inclinación $\alpha$, para que el volumen de la cuña cilíndrica pueda conocerse con una exactitud hasta de 1%?

Solución. Si $\Delta V$, $\Delta R$ y $\Delta \alpha$ son los límites de los errores absolutos de las magnitudes $V$, $R$ y $\alpha$, el límite del error relativo del volumen $V$ que se calcula será

$$\delta = \frac{3\Delta R}{R} + \frac{2\Delta \alpha}{\operatorname{sen} 2\alpha} \leqslant \frac{1}{100}.$$

Suponemos $\dfrac{3\Delta R}{R} \leqslant \dfrac{1}{200}$ y $\dfrac{2\Delta \alpha}{\operatorname{sen} 2\alpha} \leqslant \dfrac{1}{200}$. De donde

$$\Delta R \leqslant \frac{R}{600} \approx \frac{60 \text{ cm}}{600} = 1 \text{ mm};$$

$$\Delta \alpha \leqslant \frac{\operatorname{sen} 2\alpha}{400} \leqslant \frac{1}{400} \text{ de radián} \approx 9'.$$

De esta forma, aseguraremos la exactitud del 1% que se nos exigía, si medimos el radio con una precisión hasta de 1 mm y el ángulo de inclinación $\alpha$, con precisión hasta de 9′.

**3108.** Como resultado de mediciones se han obtenido los siguientes números aproximados, con todas las cifras escritas exactas en sentido amplio:

a) $12°07'14''$;  b) 38,5 cm;  c) 63,215 kg.

Calcular sus errores absolutos y relativos.

**3109.** Calcular los errores absolutos y relativos de los números aproximados, con todas las cifras escritas exactas en sentido estricto:

a) 241,7;  b) 0,035;  c) 3,14.

**3110.** Determinar el número de cifras exactas*) y escribir en la forma que corresponde los números aproximados siguientes:

---

*) Las cifras exactas se entienden en sentido estricto.

a) 48,361 con precisión de un 1%;
b) 14,9360 con precisión de un 1%;
c) 592,8 con precisión de un 2%.

**3111.** Sumar los siguientes números aproximados, con todas las cifras escritas exactas:

a) $25,386 + 0,49 + 3,10 + 0,5$;
b) $1,2 \cdot 10^2 + 41,72 + 0,09$;
c) $38,1 + 2,0 + 3,124$.

**3112.** Efectuar la resta de los siguientes números aproximados, con todas las cifras escritas exactas:

a) $148,1 - 63,871$; b) $29,72 - 11,25$; c) $34,22 - 34,21$.

**3113\*.** Calcular la diferencia entre las áreas de dos cuadrados, cuyos lados, según las mediciones, son iguales a 15,28 cm y 15,22 cm (con exactitud hasta de 0,05 mm).

**3114.** Calcular el producto de los siguientes números aproximados, con todas las cifras escritas exactas:

a) $3,49 \cdot 8,6$; b) $25,1 \cdot 1,743$; c) $0,02 \cdot 16,5$.

Indicar los límites probables de los resultados.

**3115.** Los lados de un rectángulo son iguales a 4,02 m y 4,96 m (con precisión hasta de 1 cm). Calcular el área de este rectángulo.

**3116.** Calcular el cociente de los números aproximados siguientes, cuyas cifras escritas son todas exactas:

a) $5,684 : 5,032$; b) $0,144 : 1,2$; c) $216 : 4$.

**3117.** Los catetos de un triángulo rectángulo son iguales a 12,10 cm y 25,21 cm (con precisión hasta 0,01 cm). Calcular la tangente del ángulo opuesto al primer cateto.

**3118.** Calcular las potencias que se indican de los siguientes números aproximados (las bases de las potencias son exactas en todas las cifras escritas):

a) $0,4158^2$; b) $65,2^3$; c) $1,5^2$.

**3119.** El lado de un cuadrado es igual a 45,3 cm (con precisión hasta 1 mm). Hallar el área de dicho cuadrado.

**3120.** Calcular el valor de las siguientes raíces (los números subradicales son exactos en todas las cifras escritas):

a) $\sqrt{2,715}$; b) $\sqrt[3]{65,2}$; c) $\sqrt{81,1}$.

**3121.** Los radios de las bases y la generatriz de un cono truncado son iguales respectivamente a $R = 23,64$ cm $\pm 0,01$ cm; $r = 17,31 \pm 0,01$ cm y $l = 10,21$ cm $\pm 00,1$ cm; el número $\pi = 3,14$. Calcular, según estos datos, la superficie total de este cono truncado. Acotar los errores, absoluto y relativo, del resultado.

**3122.** La hipotenusa de un triángulo rectángulo es igual a 15,4 cm $\pm 0,1$ cm; uno de los catetos es igual a 6,8 cm $\pm 0,1$ cm. ¿Con qué exactitud se pueden calcular, con estos datos, el otro cateto y el ángulo agudo adyacente a él? Hallar sus valores.

3123. Calcular el peso específico del aluminio, si un cilindro de dicho metal, de 2 cm de diámetro y 11 cm de altura, pesa 93,4 g. El error relativo de las mediciones lineales es igual a 0,01 y el de la determinación del peso, 0,001.

3124. Calcular la intensidad de la corriente, si la fuerza electromotriz es igual a 221 voltios $\pm 1$ voltio y la resistencia, 809 ohmios $\pm 1$ ohmio.

3125. El período de oscilación de un péndulo de longitud $l$ es igual a

$$T = 2\pi \sqrt{\frac{l}{g}},$$

donde $g$ es la aceleración de la gravedad. ¿Con qué precisión debe medirse la longitud de un péndulo, cuyo período de oscilación es, aproximadamente, de 2 seg, para conocer este período de oscilación con un error relativo del 0,5%? ¿Con qué exactitud deben tomarse los valores de $\pi$ y de $g$?

3126. Se necesita medir, con una precisión del 1%, el área de la superficie lateral de un cono truncado, los radios de cuyas bases tienen respectivamente 2 m y 1 m y la generatriz 5 m (aproximadamente). ¿Con qué precisión se deben medir los radios y la generatriz y con cuántas cifras debe tomarse el número $\pi$?

3127. Para determinar el módulo de Young por la flexión de una varilla de sección rectangular se emplea la fórmula

$$E = \frac{1}{4} \cdot \frac{l^3 P}{d^3 bs},$$

donde $l$ es la longitud de la varilla; $b$ y $d$, la base y la altura de la sección transversal de la misma; $s$, la sagita de flexión y $P$, la carga. ¿Con qué precisión deberán medirse la longitud $l$ y la sagita $s$, para que el error de $E$ no exceda del 5,5%, con la condición de que $P$ se conoce con una precisión hasta el 0,1% y las magnitudes $d$ y $b$ con precisión hasta el 1%; $l \approx 50$ cm y $s \approx 2,5$ cm?

## § 2 Interpolación de funciones

1°. Fórmula de interpolación de Newton. Sean $x_0$, $x_1$, ... ..., $x_n$ los valores tabulares del argumento, cuyas diferencias, $h = \Delta x_i$ ($\Delta x_i = x_{i+1} - x_i$; $i = 0, 1, ... n-1$), son constantes (*intervalo de la tabla*) e $y_0$, $y_1$, ..., $y_n$, los correspondientes valores de la función $y$. En este caso, el valor de la función $y$, para un valor intermedio del argumento $x$, se da, aproximadamente, por la *fórmula de interpolación de Newton*:

$$y = y_0 + q \cdot \Delta y_0 + \frac{q(q-1)}{2!} \Delta^2 y_0 + ... + \frac{q(q-1) \cdots (q-n+1)}{n!} \Delta^n y_0, \qquad (1)$$

donde $q = \dfrac{x - x_0}{h}$ y $\Delta y_0 = y_1 - y_0$, $\Delta^2 y_0 = \Delta y_1 - \Delta y_0$ ... son las sucesivas diferencias finitas de la función $y$. Para $x=x_i$ $(i=0, 1, \ldots, n)$, el polinomio (1) toma los valores correspondientes de la tabla $y_i$ $(i=0, 1, \ldots, n)$. Como casos particulares de la fórmula de Newton se obtienen: para $n=1$, la *interpolación lineal* y para $n=2$, la *interpolación cuadrática*. Para facilitar el uso de la fórmula de Newton, se recomienda formar previamente las tablas de las diferencias finitas.

Si $y=f(x)$ es un polinomio de $n$-simo grado,

$$\Delta^n y_i = \text{const} \quad y \quad \Delta^{n+1} y_i = 0$$

y, por consiguiente, la fórmula (1) es exacta.

En el caso general, si $f(x)$ tiene una derivada continua $f^{(n+1)}(x)$ en el segmento $[a, b]$, que contiene los puntos $x_0, x_1, \ldots, x_n$ y $x$, el error de la órmula (1) será igual a

$$R_n(x) = y - \sum_{i=0}^{n} \frac{q(q-1)\ldots(q-i+1)}{i!} \Delta^i y_0 =$$

$$= h^{n+1} \frac{q(q-1)\ldots(q-n)}{(n+1)!} f^{(n+1)}(\xi), \quad (2)$$

donde $\xi$ es un valor intermedio determinado entre $x_i$ $(i=0, 1, \ldots, n)$ y $x$. En la práctica se utiliza una fórmula aproximada más cómoda:

$$R_n(x) \approx \frac{\Delta^{n+1} y_0}{(n+1)!} q(q-1), \ldots(q-n).$$

Si se puede tomar cualquier número $n$, éste deberá elegirse de tal forma, que la diferencia $\Delta^{n+1} y_0$ sea $\approx 0$ dentro de los límites de exactitud dada. En otras palabras, las diferencias $\Delta^n y_0$ deben ser constantes en los órdenes decimales que se dan.

E j e m p l o 1. Hallar el sen 26°15′, valiéndose de los datos que dan las tablas: sen 26°$=0{,}43837$, sen 27°$=0{,}45399$ y sen 28°$=0{,}46947$.

S o l u c i ó n. Formamos la tabla

| $i$ | $x_i$ | $y_i$ | $\Delta y_i$ | $\Delta^2 y_i$ |
|---|---|---|---|---|
| 0 | 26° | 0,43837 | 1562 | −14 |
| 1 | 27° | 0,45399 | 1548 | |
| 2 | 28° | 0,46947 | | |

Aquí, $h=60′$, $q=\dfrac{26°15′-26°}{60′}=\dfrac{1}{4}$.

Aplicando la fórmula (1) y utilizando la primera línea horizontal de la tabla, tenemos

$$\text{sen } 26°15′ = 0{,}43837 + \frac{1}{4}\ 0.01562 + \frac{\frac{1}{4}\left(\frac{1}{4}-1\right)}{2!}\cdot(-0{,}00014)=0{,}44229.$$

Acotamos el error $R_2$. Aplicando la fórmula (2) y teniendo en cuenta que $|y^{(n)}| \leqslant 1$, si $y = \operatorname{sen} x$, tenemos:

$$|R_2| \leqslant \frac{\frac{1}{4}\left(\frac{1}{4}-1\right)\left(\frac{1}{4}-2\right)}{3!}\left(\frac{\pi}{180}\right)^3 = \frac{7}{128} \cdot \frac{1}{57,33^3} \approx \frac{1}{4} \cdot 10^{-6}.$$

Es decir, que todas las cifras dadas para el sen 26°15′ son exactas.

Valiéndose de la fórmula de Newton también se puede hallar el valor correspondiente del argumento $x$ partiendo de un valor intermedio dado de la función $y$ (*interpolación inversa*). Para esto, primeramente, se determina el correspondiente valor de $q$, por el método de las aproximaciones sucesivas, suponiendo:

$$q^{(0)} = \frac{y - y_0}{\Delta y_0}$$

y

$$q^{(i+1)} = q^{(0)} - \frac{q^{(i)}q^{(i)} - 1}{2!} \cdot \frac{\Delta^2 y_0}{\Delta y_0} - \ldots - \frac{q^{(i)}(q^{(i)} - 1) \ldots (q^{(i)} - n + 1)}{n!} \frac{\Delta^n y_0}{\Delta y_0}$$

$$(i = 0, 1, 2, \ldots)$$

Por $q$ se toma el valor común (¡con la exactitud dada!) de dos aproximaciones sucesivas $q^{(m)} = q^{(m+1)}$. De donde, $x = x_0 + q \cdot h$.

**Ejemplo 2.** Valiéndose de la tabla calcular aproximadamente la raíz de la ecuación sh $x = 5$.

| $x$ | $y = \operatorname{sh} x$ | $\Delta y$ | $\Delta^2 y$ |
|-----|-----|-----|-----|
| 2,2 | 4,457 | 1,009 | 0,220 |
| 2,4 | 5,466 | 1,229 | |
| 2,6 | 6,695 | | |

**Solución.** Tomando $y_0 = 4,457$, tenemos:

$$q^{(0)} = \frac{5 - 4,457}{1,009} = \frac{0,543}{1,009} = 0,538;$$

$$q^{(1)} = q^{(0)} + \frac{q^{(0)}(1 - q^{(0)})}{2} \cdot \frac{\Delta^2 y_0}{\Delta y_0} = 0,538 + \frac{0,538 \cdot 0,462}{2} \cdot \frac{0,220}{1,009} =$$

$$= 0,538 + 0,027 = 0,565;$$

$$q^{(2)} = 0,538 + \frac{0,565 \cdot 0,435}{2} \cdot \frac{0,220}{1,009} = 0,538 + 0,027 = 0,565.$$

De esta forma, se puede tomar

$$x = 2,2 + 0,565 \cdot 0,2 = 2,2 + 0,113 = 2,313.$$

**2°. Fórmula de interpolación de Lagrange.** En el caso general, el polinomio de enésimo grado, que para $x = x_i$ toma los valores dados de $y_i$ ($i = 0, 1, \ldots, n$), viene dado por la *fórmula de interpolación de*

*Lagrange*

$$y = \frac{(x-x_1)(x-x_2)\ldots(x-x_n)}{(x_0-x_1)(x_0-x_2)\ldots(x_0-x_n)}\, y_0 + \frac{(x+x_0)(x-x_2)\ldots(x-x_n)}{(x_1-x_0)(x_1-x_2)\ldots(x_1-x_n)}\, y_1 + \ldots$$

$$\ldots + \frac{(x-x_0)(x+x_1),\ldots(x-x_{k-1})(x-x_{k+1})\ldots(x-x_n)}{(x_k-x_0)(x_k-x_1)\ldots(x_k-x_{k-1})(x-x_{k+1})\ldots(x_k-x_n)}\, y_k + \ldots$$

$$\ldots + \frac{(x-x_0)(x-x_1)\ldots(x-x_{n-1})}{(x_n-x_0)(x_n-x_1)\ldots(x_n-x_{n-1})}\, y_n.$$

**3128.** Dada la tabla de valores de $x$ e $y$:

| $x$ | 1 | 2 | 3 | 4 | 5 | 6 |
|-----|---|---|---|---|---|---|
| $y$ | 3 | 10 | 15 | 12 | 9 | 5 |

Formar la tabla de las diferencias finitas de la función $y$.

**3129.** Formar la tabla de las diferencias de la función $y = x^3 - 5x^2 + x - 1$, para los valores de $x = 1, 3, 5, 7, 9$ y $11$. Cerciorarse de que todas las diferencias finitas de 3° orden son iguales entre sí.

**3130\*.** Valiéndose de la constancia de las diferencias de 4° orden, formar la tabla de las diferencias de la función $y = x^4 - 10x^3 + 2x^2 + 3x$, para los valores enteros de $x$ comprendidos en el intervalo $1 \leqslant x \leqslant 10$.

**3131.** Dada la tabla

$$\lg 1 = 0,000.$$
$$\lg 2 = 0,301,$$
$$\lg 3 = 0,477,$$
$$\lg 4 = 0,602,$$
$$\lg 5 = 0,699,$$

calcular, valiéndose de la interpolación lineal, los números: $\lg 1,7$; $\lg 2,5$; $\lg 3,1$ y $\lg 4,6$.

**3132.** Dada la tabla

$$\text{sen } 10° = 0,1736, \quad \text{sen } 13° = 0,2250,$$
$$\text{sen } 11° = 0,1908, \quad \text{sen } 14° = 0,2419,$$
$$\text{sen } 12° = 0,2079, \quad \text{sen } 15° = 0,2588,$$

completarla, calculando para ello, por la fórmula de Newton (para $n = 2$), los valores de los senos cada medio grado.

26—1016

**3133.** Formar el polinomio de interpolación de Newton para la función dada por la tabla

| $x$ | 0 | 1 | 2 | 3 | 4 |
|---|---|---|---|---|---|
| $y$ | 1 | 4 | 15 | 40 | 85 |

**3134\*.** Formar el polinomio de interpolación de Newton para la función dada por la tabla

| $x$ | 2 | 4 | 6 | 8 | 10 |
|---|---|---|---|---|---|
| $y$ | 3 | 11 | 27 | 50 | 83 |

Hallar $y$ para $x = 5,5$. ¿Para qué $x$ será $y = 20$?

**3135.** Una función está dada por la tabla

| $x$ | $-2$ | 1 | 2 | 4 |
|---|---|---|---|---|
| $y$ | 25 | $-8$ | $-15$ | $-23$ |

Formar el polinomio de interpolación de Lagrange y hallar el valor de $y$ para $x = 0$.

**3136.** Empíricamente se han determinado las magnitudes de la contracción de un resorte ($x$ mm) en dependencia de las cargas ($P\,kg$) que actáan sobre él:

| $x$ | 5 | 10 | 15 | 20 | 25 | 30 | 35 | 40 |
|---|---|---|---|---|---|---|---|---|
| $P$ | 49 | 105 | 172 | 253 | 352 | 473 | 619 | 793 |

Hallar la carga que produzca una contracción de 14 mm del resorte.

**3137.** Dada la tabla de las magnitudes $x$ e $y$

| $x$ | 0 | 1 | 3 | 4 | 5 |
|---|---|---|---|---|---|
| $y$ | 1 | $-3$ | 25 | 129 | 381 |

calcular el valor de $y$ para $x = 0,5$ y $x = 2$: a) valiéndose de la interpolación lineal; b) por la fórmula de Lagrange.

# § 3. Cálculo de las raíces reales de las ecuaciones

1°. Determinación de las aproximaciones iniciales de las raíces. La determinación aproximada de las raíces de una ecuación dada

$$f(x) = 0 \tag{1}$$

se divide en dos etapas: 1) la *separación de las raíces*, es decir, la determinación de los intervalos, lo más estrechos posibles, entre los que está comprendida una y sólo una raíz de la ecuación (1); 2) el *cálculo de las raíces* con el grado de exactitud prefijado.

Si la función $f(x)$ está determinada y es continua en el segmento $[a, b]$ y $f(a) \cdot f(b) < 0$, en este segmento $[a, b]$ habrá por lo menos una raíz $\xi$ de la ecuación (1). Esta raíz será indudablemente única, si $f'(x) > 0$ o $f'(x) < 0$ para $a < x < b$.

Para hallar aproximadamente la raíz $\xi$ se recomienda construir la gráfica de la función $y = f(x)$ en papel milimetrado. Las abscisas de los puntos de intersección de la gráfica con el eje $OX$ serán las raíces de la ecuación $f(x) = 0$. A veces, es más cómodo sustituir esta ecuación por su equivalente $\varphi(x) = \psi(x)$. Entonces las raíces de la ecuación se hallan como abscisas de los puntos de intersección de las gráficas $y = \varphi(x)$ e $y = \psi(x)$.

2°. Regla de las partes proporcionales (método de las cuerdas). Si en el segmento $[a, b]$ se encuentra una raíz única $\xi$ de la ecuación $f(x) = 0$, donde la función $f(x)$ es continua en dicho segmento $[a, b]$, al sustituir la curva $y = f(x)$ por la cuerda que une los puntos $(a; f(a))$ y $(b; f(b))$, obtenemos la primera aproximación de la raíz

$$c_1 = a - \frac{f(a)}{f(b) - f(a)} (b - a). \tag{2}$$

Para obtener la segunda aproximación $c_2$, aplicamos la fórmula (2) a aquél de los segmentos $[a, c_1]$ o $[c_1, b]$ en cuyos extremos la función $f(x)$ tenga valores de signos contrarios. De la misma forma se construyen las siguientes aproximaciones. La sucesión de los números $c_n (y = 1, 2, \ldots)$ converge hacia la raíz $\xi$, es decir

$$\lim_{n \to \infty} c_n = \xi.$$

El cálculo de las aproximaciones $c_1, c_2, \ldots$, por lo general, debe continuarse hasta que cesen de variar las cifras decimales que se conservan en la respuesta (¡de acuerdo con el grado de exactitud dado!). Para las operaciones intermedias deben tomarse una o dos cifras de reserva. Esta indicación tiene carácter general.

Si la función $f(x)$ tiene una derivada $f'(x)$ continua y diferente de cero en el segmento $[a, b]$, para acotar el error absoluto de la raíz aproximada $c_n$, se puede emplear la fórmula

$$|\xi - c_n| \leqslant \frac{|f(c_n)|}{\mu},$$

donde

$$\mu = \min_{a \leqslant x \leqslant b} |f'(x)|.$$

3°. Método de Newton (de las tangentes). Si $f'(x) \neq 0$ y $f''(x) \neq 0$ para $a \leqslant x \leqslant b$, siendo $f(a) f(b) < 0$, $f(a) f''(a) > 0$, las apro-

**403**

ximaciones sucesivas $x_n$ $(n=0,\ 1,\ 2,\ \ldots)$ de la raíz $\xi$ de la ecuación $f(x)=0$, se calculan por las fórmulas

$$x_0=a,\ x_n=x_{n-1}-\frac{f(x_{n-1})}{f'(x_{n-1})}\quad (n=1,\ 2,\ \ldots). \tag{3}$$

Cuando se cumplen estas suposiciones, la sucesión $x_n$ $(n=1,\ 2,\ \ldots)$ es monótona, y

$$\lim_{n\to\infty} x_n=\xi.$$

Para acotar los errores se puede utilizar la fórmula

$$|x_n-\xi|\leqslant\frac{|f(x_n)|}{\mu},$$

donde $\mu=\min\limits_{a\leqslant x\leqslant b}|f'(x)|$.

En la práctica resulta más cómodo el empleo de fórmulas menos complicadas

$$x_0=a,\ x_n=x_{n-1}-\alpha f(x_{n-1})\quad (n=1,\ 2,\ \ldots), \tag{3'}$$

donde $\alpha=\dfrac{1}{f'(a)}$, que dan, aproximadamente, la misma exactitud que la fórmula (3).

Si $f(b)\ f''(b)>0$, en las fórmulas (3) y (3') deberá suponerse $x_0=b$.

4°. M é t o d o  d e  i t e r a c i ó n. Supongamos que la ecuación dada se ha reducido a la forma

$$x=\varphi(x), \tag{4}$$

donde $|\varphi'(x)|\leqslant r<1$ ($r$ es una constante) para $a\leqslant x\leqslant b$. Partiendo del valor inicial de $x_0$, perteneciente al segmento $[a,\ b]$, formamos la sucesión de los números $x_1,\ x_2,\ \ldots$ según la siguiente ley:

$$x_1=\varphi(x_0),\quad x_2=\varphi(x_1),\ \ldots,\ x_n=\varphi(x_{n-1}),\ \ldots \tag{5}$$

Si $a\leqslant x_n\leqslant b\ (n=1,\ 2,\ \ldots)$, el límite

$$\xi=\lim_{n\to\infty} x_n$$

será la ú n i c a  r a í z  de la ecuación (4) en el segmento $[a,\ b]$, es decir, $x_n$ son las *aproximaciones sucesivas* de la raíz $\xi$.

La acotación del error absoluto de la enésima aproximación de $x_n$ la da la fórmula

$$|\xi-x_n|\leqslant\frac{|x_{n+1}-x_n|}{1-r}.$$

Por esto, si $x_n$ y $x_{n+1}$ coinciden con una exactitud hasta $\varepsilon$, el límite del error absoluto de $x_n$ será $\dfrac{\varepsilon}{1-r}$.

Para transformar la ecuación $f(x)=0$ a la forma (4) se sustituye esta última por la ecuación equivalente

$$x=x-\lambda f(x),$$

donde el número $\lambda\neq0$ se elige de tal forma, que la función $\dfrac{d}{dx}[x-\lambda f(x)]=$ $=1-\lambda f'(x)$ sea pequeña en valor absoluto en las proximidades del punto $x_0$ (por ej., se puede suponer que $1-\lambda f'(x_0)=0$).

E j e m p l o 1. Reducir la ecuación $2x - \ln x - 4 = 0$ a la forma (4), si la aproximación inicial de la raíz $x_0 = 2,5$.

S o l u c i ó n. Aquí $f(x) = 2x - \ln x - 4$; $f'(x) = 2 - \dfrac{1}{x}$. Escribimos la ecuación equivalente $x = x - \lambda(2x - \ln x - 4)$ y en calidad de uno de los valores convenientes de $\lambda$ tomamos 0,5, número próximo a la raíz de la ecuación

$$1 - \lambda \left( 2 - \frac{1}{x} \right) \Big|_{x=2,5} = 0, \quad \text{es decir, a } \frac{1}{1,6} \approx 0,6.$$

La ecuación inicial se reduce a la forma

$$x = x - 0,5(2x - \ln x - 4)$$

o bien,

$$x = 2 + \frac{1}{2} \ln x.$$

E j e m p l o 2. Calcular con exactitud hasta 0,01 la raíz $\xi$ de la ecuación precedente, comprendida entre 2 y 3.

C á l c u l o  d e  l a  r a í z  p o r  e l  m é t o d o  d e  i t e r a c i ó n. Aprovechamos el resultado del ejemplo 1, suponiendo $x_0 = 2,5$. El cálculo lo realizamos según las fórmulas (5), con una cifra de reserva.

$$x_1 = 2 + \frac{1}{2} \ln 2,5 \approx 2,458,$$

$$x_2 = 2 + \frac{1}{2} \ln 2,458 \approx 2,450,$$

$$x_3 = 2 + \frac{1}{2} \ln 2,450 \approx 2,448,$$

$$x_4 = 2 + \frac{1}{2} \ln 2,448 \approx 2,448.$$

Es decir, $\xi \approx 2,45$ (el proceso de aproximaciones ulteriores puede darse por terminado, ya que la tercera cifra decimal (las milésimas) se han fijado).
Procedemos a acotar el error. Aquí

$$\varphi(x) = 2 + \frac{1}{2} \ln x \text{ y } \varphi'(x) = \frac{1}{2x}.$$

Considerando que todas las aproximaciones $x_n$ se encuentran en el segmento [2,4; 2,5], obtenemos

$$r = \max |\varphi'(x)| = \frac{1}{2 \cdot 2,4} = 0,21.$$

Por consiguiente, el límite del error absoluto de la aproximación $x_3$, de acuerdo con la observación hecha anteriormente, es

$$\Delta = \frac{0,001}{1 - 0,21} = 0,0012 \approx 0,001.$$

De esta forma, la raíz exacta $\xi$ de la ecuación se encuentra entre los límites

$$2,447 < \xi < 2,449;$$

puede tomarse $\xi \approx 2,45$, y todas las cifras de este número aproximado serán exactas en sentido estricto.

CALCULOS APROXIMADOS

Cálculo de la raíz por el método de Newton. Aquí

$$f(x) = 2x - \ln x - 4, \quad f'(x) = 2 - \frac{1}{x}, \quad f''(x) = \frac{1}{x^2}.$$

En el segmento $2 \leqslant x \leqslant 3$ tenemos: $f'(x) > 0$ y $f''(x) > 0$; $f(2) f(3) < 0$ y $f(3) f''(3) > 0$. Por consiguiente, las condiciones del apartado 3°, para $x_0 = 3$, se cumplen.
Tomamos

$$\alpha = \left( 2 - \frac{1}{3} \right)^{-1} = 0,6.$$

Hacemos los cálculos por la fórmula (3′), con dos cifras de reserva

$$x_1 = 3 - 0,6 (2 \cdot 3 - \ln 3 - 4) = 2,4592;$$

$$x_2 = 2,4592 - 0,6 (2 \cdot 2,4592 - \ln 2,4592 - 4) = 2,4481;$$

$$x_3 = 2,4481 - 0,6 (2 \cdot 2,4481 - \ln 2,4481 - 4) = 2,4477;$$

$$x_4 = 2,4477 - 0,6 (2 \cdot 2,4477 - \ln 2,4477 - 4) = 2,4475.$$

En esta etapa suspendemos los cálculos, ya que las cifras de las milésimas no cambian más. Damos la respuesta: la raíz $\xi = 2,45$. Omitimos la acotación del error.

5°. Caso de un sistema de dos ecuaciones. Supongamos que hay que calcular, con un grado de exactitud dado, las raíces reales de un sistema de dos ecuaciones con dos incógnitas

$$\begin{cases} f(x, y) = 0, \\ \varphi(x, y) = 0, \end{cases} \tag{6}$$

y supongamos también, que se tiene la aproximación inicial de una de las soluciones $(\xi, \eta)$ de este sistema, $x = x_0$, $y = y_0$.

Esta aproximación inicial puede obtenerse, por ej., gráficamente, construyendo (en un mismo sistema de coordenadas cartesianas) las curvas $f(x, y) = 0$ y $\varphi(x, y) = 0$ y determinando las coordenadas de los puntos de intersección de estas curvas.

a) Método de Newton. Supongamos que el determinante funcional

$$I = \frac{\partial (f, \varphi)}{\partial (x, y)}$$

no se anula en las proximidades de la aproximación inicial $x = x_0$, $y = y_0$. En este caso, por el método de Newton, la primera aproximación del resultado del sistema (6) tiene la forma $x_1 = x_0 + \alpha_0$, $y_1 = y_0 + \beta_0$, donde $\alpha_0$, $\beta_0$ es la solución del sistema de las dos ecuaciones lineales

$$\begin{cases} f(x_0, y_0) + \alpha_0 f'_x (x_0, y_0) + \beta_0 f'_y (x_0, y_0) = 0, \\ \varphi(x_0, y_0) + \alpha_0 \varphi'_x (x_0, y_0) + \beta_0 \varphi'_y (x_0, y_0) = 0. \end{cases}$$

La segunda aproximación se consigue por el mismo procedimiento:

$$x_2 = x_1 + \alpha_1, \quad y_2 = y_1 + \beta_1,$$

donde $\alpha_1$, $\beta_1$ es la solución del sistema de ecuaciones lineales

$$\begin{cases} f(x_1, y_1) + \alpha_1 f'_x (x_1, y_1) + \beta_1 f'_y (x_1, y_1) = 0, \\ \varphi(x_1, y_1) + \alpha_1 \varphi'_x (x_1, y_1) + \beta_1 \varphi'_y (x_1, y_1) = 0. \end{cases}$$

Análogamente se obtiene la tercera y demás aproximaciones.

b) M é t o d o  d e  i t e r a c i ó n. Para la resolución del sistema de ecuaciones (6) se puede emplear el método de iteración, transformando este sistema a la forma equivalente

$$\begin{cases} x = F(x, y), \\ y = \Phi(x, y) \end{cases} \tag{7}$$

y suponiendo, que

$$|F'_x(x, y)| + |\Phi'_x(x, y)| \leqslant r < 1; \quad |F'_y(x, y)| + |\Phi'_y(x, y)| \leqslant r < 1 \tag{8}$$

en un entorno ·bidimensional determinado $U$, de la aproximación inicial $(x_0, y_0)$, que contiene también la solución exacta $(\xi, \eta)$ del sistema.

La sucesión de las aproximaciones $(x_n, y_n)$ $(n = 1, 2, \ldots)$. que converge hacia la solución del sistema (7), o; lo que es lo mismo, hacia la solución del sistema (6), se forma según la siguiente ley:

$$x_1 = F(x_0, y_0), \qquad y_1 = \Phi(x_0, y_0),$$
$$x_2 = F(x_1, y_1), \qquad y_2 = \Phi(x_1, y_1),$$
$$x_3 = F(x_2, y_2), \qquad y_3 = \Phi(x_2, y_2),$$
$$\cdots \cdots \cdots \cdots \cdots$$
$$\cdots \cdots \cdots \cdots \cdots$$

Si todas las $(x_n, y_n)$ pertenecen a $U$, $\lim_{n\to\infty} x_n = \xi$, $\lim_{n\to\infty} y_n = \eta$.

Para transformar el sistema de ecuaciones (6) a la forma (7), cumpliendo la condición (8), se puede recomendar el siguiente procedimiento. Examinamos el sistema de ecuaciones

$$\begin{cases} \alpha f(x, y) + \beta \varphi(x, y) = 0, \\ \gamma f(x, y) + \delta \varphi(x, y) = 0, \end{cases}$$

equivalente al sistema (6) con la condición de que $\begin{vmatrix} \alpha, & \beta \\ \gamma, & \delta \end{vmatrix} \neq 0$. Lo volvemos a escribir de la forma:

$$x = x + \alpha f(x, y) + \beta \varphi(x, y) \equiv F(x, y),$$
$$y = y + \gamma f(x, y) + \delta \varphi(x, y) \equiv \Phi(x, y).$$

Elegimos los parámetros $\alpha$, $\beta$, $\gamma$, $\delta$, de modo, que las derivadas parciales de las funciones $F(x, y)$ y $\Phi(x, y)$ sean iguales o próximas a cero para la aproximación inicial, es decir, hallamos $\alpha$, $\beta$, $\gamma$, $\delta$, como soluciones aproximadas del sistema de ecuaciones

$$\begin{cases} 1 + \alpha f'_x(x_0, y_0) + \beta \varphi'_x(x_0, y_0) = 0, \\ \alpha f'_y(x_0, y_0) + \beta \varphi'_y(x_0, y_0) = 0, \\ \gamma f'_x(x_0, y_0) + \delta \varphi'_x(x_0, y_0) = 0, \\ 1 + \gamma f'_y(x_0, y_0) + \delta \varphi'_y(x_0, y_0) = 0. \end{cases}$$

Eligiendo de esta forma los parámetros $\alpha$, $\beta$, $\gamma$, $\delta$ y partiendo de la suposición de que las derivadas parciales de las funciones $f(x, y)$ y $\varphi(x, y)$ varían relativamente despacio en el entorno de la aproximación inicial $(x_0, y_0)$, la condición (8) se cumplirá.

E j e m p l o 3. Reducir el sistema de ecuaciones

$$\begin{cases} x^2 + y^2 - 1 = 0, \\ x^3 - x = 0 \end{cases}$$

a la forma (7), si la aproximación inicial de la raíz es $x_0 = 0,8$, $y_0 = 0,55$.

S o l u c i ó n. Aquí $f(x, y) = x^2 + y^2 - 1$, $\varphi(x, y) = x^3 - y$; $f'_x(x_0, y_0) = 1,6$, $f'_y(x_0, y_0) = 1$, $1$; $\varphi'_x(x_0, y_0) = 1,92$, $\varphi'_y(x_0, y_0) = -1$.

Escribimos el sistema, equivalente al de partida,

$$\begin{cases} \alpha(x^2 + y^2 - 1) + \beta(x^3 - y) = 0, \\ \gamma(x^2 + y^2 - 1) + \delta(x^3 - y) = 0, \end{cases} \left( \begin{vmatrix} \alpha, & \beta \\ \gamma, & \delta \end{vmatrix} \neq 0 \right)$$

en la forma

$$x = x + \alpha(x^2 + y^2 - 1) + \beta(x^3 - y),$$
$$y = y + \gamma(x^2 + y^2 - 1) + \delta(x^3 - y).$$

Elegimos en calidad de valores numéricos convenientes de $\alpha$, $\beta$, $\gamma$, $\delta$, la solución del sistema de ecuaciones

$$\begin{cases} 1 + 1,6\ \alpha + 1,92\ \beta = 0, \\ 1,1\ \alpha - \beta = 0, \\ 1,6\ \gamma + 1,92\ \delta = 0, \\ 1 + 1,1\ \gamma - \delta = 0, \end{cases}$$

es decir, suponemos $\alpha \approx -0,3$, $\beta \approx -0,3$, $\gamma \approx -0,5$ y $\delta \approx 0,4$.

En este caso, el sistema de ecuaciones

$$\begin{cases} x = x - 0,3(x^2 + y^2 - 1) - 0,3(x^3 - y), \\ y = y - 0,5(x^2 + y^2 - 1) + 0,4(x^3 - y), \end{cases}$$

equivalente al de partida, tiene la forma (7) y en un entorno suficientemente pequeño del punto $(x_0, y_0)$ se cumplirá la condición (8).

Por el procedimiento de pruebas, separar las raíces reales de las siguientes ecuaciones y, valiéndose de la regla de las partes proporcionales, calcularlas con aproximación hasta 0,01.

**3138.** $x^3 - x + 1 = 0$.

**3139.** $x^4 + 0,5x - 1,55 = 0$.

**3140.** $x^3 - 4x - 1 = 0$.

Partiendo de las aproximaciones iniciales obtenidas gráficamente, calcular por el método de Newton, con exactitud hasta 0,01, las raíces de las ecuaciones:

**3141.** $x^3 - 2x - 5 = 0$.  **3143.** $2^x = 4x$.

**3142.** $2x - \ln x - 4 = 0$.  **3144.** $\lg x = \dfrac{1}{x}$

Utilizando las aproximaciones iniciales encontradas gráficamente, calcular por el método de iteración, con exactitud hasta 0,01, las raíces de las ecuaciones:

**3145.** $x^3 - 5x + 0,1 = 0$.        **3147.** $x^5 - x - 2 = 0$.

**3146.** $4x = \cos x$.

Hallar gráficamente las aproximaciones iniciales y calcular, con exactitud hasta 0,01, las raíces reales de las siguientes ecuaciones y sistemas:

**3148.** $x^3 - 3x + 1 = 0$.        **3154.** $x^x + 2x - 6 = 0$.

**3149.** $x^3 - 2x^2 + 3x - 5 = 0$.        **3155.** $e^x + e^{-3x} - 4 = 0$.

**3150.** $x^4 + x^2 - 2x - 2 = 0$.

**3151.** $x \cdot \ln x - 14 = 0$.        **3156.** $\begin{cases} x^2 + y^2 - 1 = 0, \\ x^3 - y = 0. \end{cases}$

**3152.** $x^3 + 3x - 0,5 = 0$.

**3153.** $4x - 7 \operatorname{sen} x = 0$.        **3157.** $\begin{cases} x^2 + y - 4 = 0, \\ y - \lg x - 1 = 0. \end{cases}$

**3158.** Calcular, con exactitud hasta 0,001, la mínima raíz positiva de la ecuación $\operatorname{tg} x = x$.

**3159.** Calcular, con exactitud hasta 0,0001, la raíz de la ecuación $x \cdot \operatorname{th} x = 1$.

## § 4. Integración numérica de funciones

**1°. Fórmula de los trapecios.** Para calcular aproximadamente la integral

$$\int_a^b f(x)\, dx$$

($f(x)$ es una función continua en $[a, b]$) se divide el segmento de integración $[a, b]$ en $n$ partes iguales y se elige el *intervalo del cálculo* $h = \dfrac{b-a}{n}$. Supongamos que $x_i = x_0 + ih$ ($x_0 = a$, $x_n = b$, $i = 0, 1, 2, \ldots, n$) son las abscisas de los puntos de división y que $y_i = f(x_i)$ son los correspondientes valores de la función subintegral $y = f(x)$. Entonces, por la *fórmula de los trapecios*, **tenemos:**

$$\int_a^b f(x)\, dx \approx h\left(\frac{y_0 + y_n}{2} + y_1 + y_2 + \ldots + y_{n-1}\right) \tag{1}$$

con un error absoluto

$$R_n \leqslant \frac{h^2}{12}(b-a)\cdot M_2,$$

donde $M_2 = $ máx. $|f''(x)|$ para $a \leqslant x \leqslant b$.

Para conseguir la exactitud dada ε, al calcular la integral, se determina el intervalo del cálculo $h$ partiendo de la desigualdad

$$h^2 \leqslant \frac{12\varepsilon}{(b-a)M_2}, \tag{2}$$

es decir, $h$ debe ser del orden $\sqrt{\varepsilon}$. El valor de $h$ así obtenido, se redondea por defecto de forma, que

$$\frac{b-a}{h} = n$$

sea un número que nos dé el número de divisiones $n$. Después de determinar $h$ y $n$ por la fórmula (1), se calcula la integral, tomando los valores de la función subintegral con una o dos cifras decimales de reserva.

2°. Fórmula de Simpson (fórmula parabólica). Si $n$ es un número par, en las notaciones 1° es válida la *fórmula de Simpson*

$$\int_a^b f(x)\, dx \approx \frac{h}{3}\,[(y_0+y_n)+4\,(y_1+y_3+\ldots+y_{n-1})+$$

$$+2\,(y_2+y_4+\ldots+y_{n-2})] \tag{3}$$

con un error absoluto

$$R_n \leqslant \frac{h^4}{180}\,(b-a)\,M_4, \tag{4}$$

donde $M_4 = $ máx. $|f^{\mathrm{IV}}(x)|$ cuando $a \leqslant x \leqslant b$.

Para asegurar la exactitud dada ε, al calcular la integral, el intervalo del cálculo $h$ se determina partiendo de la desigualdad

$$\frac{h^4}{180}\,(b-a)\,M_4 \leqslant \varepsilon, \tag{5}$$

es decir, que el intervalo $h$ tendrá el orden $\sqrt[4]{\varepsilon}$. El número $h$ se redondea por defecto de tal forma, que $n = \dfrac{b-a}{h}$ sea un número entero par.

Observación. Como no es fácil la determinación del intervalo del cálculo $h$ y del número $n$ relacionado con él, por medio de las desigualdades (2) y (5), en general, en la práctica, $h$ se halla groseramente a tanteo. Después de obtenido el resultado, se duplica el número $n$, es decir, se divide por dos el intervalo parcial $h$. Si el nuevo resultado coincide con el anterior, dentro de las cifras decimales que se conservaron, se termina el cálculo. En caso contrario, se repite el procedimiento y así sucesivamente.

Para calcular aproximadamente el error absoluto $R$ de la fórmula de cuadratura de Simpson (3) se puede emplear también el *principio de Runge*, según el cual,

$$R = \frac{|\Sigma - \overline{\Sigma}|}{15},$$

donde $\Sigma$ y $\overline{\Sigma}$, son los resultados obtenidos en los cálculos con la fórmula (3), para los intervalos $h$ y $H = 2h$, respectivamente.

**3160.** Bajo la acción de una fuerza variable $\overline{F}$, dirigida a lo largo del eje $OX$, un punto material se traslada por este eje desde la posición $x = 0$, hasta la posición $x = 4$. Calcular, aproximadamente, el trabajo $A$ de la fuerza $\overline{F}$, si se da la tabla de los valores de su módulo $F$:

| $x$ | 0,0 | 0,5 | 1,0 | 1,5 | 2,0 | 2,5 | 3,0 | 3,5 | 4,0 |
|---|---|---|---|---|---|---|---|---|---|
| $F$ | 1,50 | 0,75 | 0,50 | 0,75 | 1,50 | 2,75 | 4,50 | 6,75 | 10,00 |

Efectuar los cálculos por la fórmula de los trapecios y por la de Simpson.

**3161.** Calcular, aproximadamente, $\displaystyle\int_0^1 (3x^2-4x)\,dx$, por la fórmula de los trapecios, tomando $n=10$. Calcular esta integral exactamente y hallar los errores absoluto y relativo del resultado. Determinar el límite superior $\Delta$ del error absoluto del cálculo efectuado para $n=10$, aplicando la fórmula del error que se da en el texto.

**3162.** Calcular $\displaystyle\int_0^1 \frac{x\,dx}{x+1}$ por la fórmula de Simpson, con exactitud hasta $10^{-4}$, tomando $n=10$. Determinar el límite superior $\Delta$ del error absoluto, aplicando la fórmula del error que se da en el texto.

Calcular, con exactitud hasta 0,01, las siguientes integrales definidas:

**3163.** $\displaystyle\int_0^1 \frac{dx}{1+x}$.

**3164.** $\displaystyle\int_0^1 \frac{dx}{1+x^2}$.

**3165.** $\displaystyle\int_0^1 \frac{dx}{1+x^3}$.

**3166.** $\displaystyle\int_1^2 x\lg x\,dx$.

**3167.** $\displaystyle\int_1^2 \frac{\lg x}{x}\,dx$.

**3168.** $\displaystyle\int_0^2 \frac{\operatorname{sen} x}{x}\,dx$.

**3169.** $\displaystyle\int_0^\pi \frac{\operatorname{sen} x}{x}\,dx$.

**3170.** $\displaystyle\int_1^2 \frac{\cos x}{x}\,dx$.

**3171.** $\displaystyle\int_0^{\frac{\pi}{2}} \frac{\cos x}{1+x}\,dx$.

**3172.** $\displaystyle\int_0^1 e^{-x^2}\,dx$.

**3173.** Calcular, con exactitud hasta 0,01, la integral impropia $\int\limits_{1}^{\infty} \dfrac{dx}{1+x^2}$, empleando la sustitución $x=\dfrac{1}{t}$. Comprobar el cálculo

aplicando la fórmula de Simpson a la integral $\int\limits_{1}^{b} \dfrac{dx}{1+x^2}$, donde $b$ se elige de tal forma, que

$$\int\limits_{b}^{+\infty} \frac{dx}{1+x^2} < \frac{1}{2}\cdot 10^{-2}.$$

**3174.** La figura plana limitada por una semionda de la sinusoide $y=\operatorname{sen} x$ y el eje $OX$, gira alrededor de este eje. Calcular por la fórmula de Simpson, con exactitud hasta 0,01, el volumen del cuerpo de revolución que se engendra.

**3175\*.** Calcular por la fórmula de Simpson, con exactitud hasta 0,01, la longitud del arco de la elipse $\dfrac{x^2}{1} + \dfrac{y^2}{(0,6222)^2} = 1$, situado en el primer cuadrante coordenado.

## § 5. Integración numérica de ecuaciones diferenciales ordinarias

1°. Método de las aproximaciones sucesivas (de Picard). Supongamos que se nos da la ecuación diferencial de 1$^{\text{er.}}$ orden

$$y'=f(x, y) \qquad (1)$$

con la condición inicial $y=y_0$ para $x=x_0$.

La solución $y(x)$ de la ecuación (1) que satisface a la condición inicial dada puede expresarse, generalmente, de la forma

$$y(x) = \lim_{i\to\infty} y_i(x), \qquad (2)$$

donde las *aproximaciones sucesivas* de $y_i(x)$ se determinan por las fórmulas

$$y_0(x) = y_0,$$

$$y_i(x) = y_0 + \int\limits_{x_0}^{x} f(x, y_{i-1}(x))\, dx$$

$$(i=0, 1, 2, \ldots).$$

Si el segundo miembro $f(x, y)$ es una función determinada y continua en el entorno

$$R\{\,|x-x_0|\leqslant a, \quad |y-y_0|\leqslant b\,\}$$

y satisface en el mismo a la *condición de Lipschitz*

$$|f(x, y_1)-f(x, y_2)| \leqslant L\,|y_1-y_2|$$

($L$ es una constante), el proceso de las aproximaciones sucesivas (2) es seguro que convergerá en el intervalo

$$|x-x_0| \leqslant h,$$

donde

$$h = \min_{R} \left( a, \frac{b}{M} \right)$$

y

$$M = \max_{R} |f(x, y)|.$$

Al ocurrir esto, el error

$$R_n = |y(x) - y_n(x)| \leqslant ML^n \frac{|x-x_0|^{n+1}}{(n+1)!},$$

con tal de que

$$|x-x_0| \leqslant h.$$

El método de las aproximaciones sucesivas (*de Picard*), con pequeñas modificaciones, se puede aplicar también a los sistemas normales de ecuaciones diferenciales. En cuanto a las ecuaciones diferenciales de órdenes superiores, éstas se pueden escribir en forma de sistemas de ecuaciones diferenciales.

2°. **M é t o d o   d e   R u n g e   y   K u t t a.** Supongamos que en un segmento dado $x_0 \leqslant x \leqslant X$ hay que hallar la solución $y(x)$ del problema (1) con una exactitud dada $\varepsilon$.

Para esto, primeramente, elegimos $h = \frac{X - x_0}{n}$ (*intervalo del cálculo*), dividiendo el segmento $[x_0, X]$ en $n$ partes iguales de forma que $h^4 < \varepsilon$. Los puntos de división $x_i$ se determinan por la fórmula

$$x_i = x_0 + ih \qquad (i = 0, 1, 2, \ldots, n).$$

Los correspondientes valores de $y_i = y(x_i)$ de la función que se busca, según el *método de Runge y Kutta*, se calculan sucesivamente por las fórmulas

$$y_{i+1} = y_i + \Delta y_i,$$

$$\Delta y_i = \frac{1}{6} (k_1^{(i)} + 2k_2^{(i)} + 2k_3^{(i)} + k_4^{(i)}),$$

donde

$$i = 0, 1, 2, \ldots, n$$

y

$$k_1^{(i)} = f(x_i, y_i) h,$$

$$k_2^{(i)} = f\left(x_i + \frac{h}{2}, \ y_i + \frac{k_1^{(i)}}{2}\right) h,$$

$$k_3^{(i)} = f\left(x_i + \frac{h}{2}, \ y_i + \frac{k_2^{(i)}}{2}\right) h, \tag{3}$$

$$k_4^{(i)} = f(x_i + h, \ y_i + k_3^{(i)}) h.$$

El método de Runge y Kutta tiene un orden de exactitud de $h^4$. Una acotación grosera del error del método de Runge y Kutta en el segmento dado $[x_0, X]$ se puede obtener partiendo del principio de Runge:

$$R = \frac{|y_{2m} - \widetilde{y}_m|}{15},$$

donde $n = 2m$, $y_{2m}$ e $\widetilde{y}_m$ son los resultados de los cálculos efectuados por el esquema (3) con los intervalos $h$ y $2h$.

El método de Runge y Kutta se puede emplear también para resolver sistemas de ecuaciones diferenciales

$$y' = f(x, y, z), \quad z' = \varphi(x, y, z) \tag{4}$$

con condiciones iniciales dadas: $y = y_0$, $z = z_0$ para $x = x_0$.

3°. M é t o d o  d e  M i l n e. Para la resolución del problema (1) por el *método de Milne*, partiendo de los datos iniciales, $y = y_0$ para $x = x_0$, se hallan por cualquier procedimiento los valores sucesivos

$$y_1 = y(x_1), \quad y_2 = y(x_2), \quad y_3 = y(x_3)$$

de la función que se busca $y(x)$ (por ej., puede emplearse el desarrollo de la solución $y(x)$ en la serie (cap. IX, § 17) o hallar estos valores por el método de las aproximaciones sucesivas, o empleando el de Runge y Kutta, etc.). Las aproximaciones $\widetilde{y}_i$ e $\widetilde{\widetilde{y}}_i$ para los siguientes valores de $y_i$ $(i = 4, 5, \ldots, n)$ se hallan, sucesivamente, por las fórmulas

$$\left. \begin{aligned} \overline{y}_i &= y_{i-4} + \frac{4h}{3}(2f_{i-3} - f_{i-2} + 2f_{i-1}), \\ \widetilde{\widetilde{y}}_i &= y_{i-2} + \frac{h}{3}(\overline{f}_i + 4f_{i-1} + f_{i-2}), \end{aligned} \right\} \tag{5}$$

donde

$$f_i = f(x_i, y_i) \quad \text{y} \quad \overline{f}_i = f(x_i, \overline{y}_i).$$

Para el control, calculamos la magnitud

$$\varepsilon_i = \frac{1}{29} |\widetilde{y}_i - \widetilde{\widetilde{y}}_i|. \tag{6}$$

Si $\varepsilon_i$ no sobrepasa de una unidad del último orden decimal $10^{-m}$ que se conserva en la respuesta para $y(x)$, en calidad de $y_i$ tomamos $\widetilde{\widetilde{y}}_i$ y pasamos a calcular el siguiente valor $y_{i+1}$, repitiendo para ello el proceso indicado. Si, por el contrario, $\varepsilon_i > 10^{-m}$, hay que volver a empezar de nuevo, disminuyendo el intervalo del cálculo. La magnitud del intervalo inicial se determina, aproximadamente, de la desigualdad $h^4 < 10^{-m}$.

Para el caso de la solución del sistema (4), las fórmulas de Milne se escriben por separado, para las funciones $y(x)$ y $z(x)$. El orden del cálculo sigue siendo el mismo.

E j e m p l o  1. Dada la ecuación diferencial $y' = y - x$, con la condición inicial $y(0) = 1,5$, calcular, con exactitud hasta $0,01$, el valor de la solución de esta ecuación para el valor del argumento $x = 1,5$. Hacer los cálculos combinando los métodos de Runge—Kutta y Milne.

S o l u c i ó n. Elegimos el intervalo inicial del cálculo $h$, partiendo de la condición de que $h^4 < 0,01$. Para evitar complicaciones al escribir $h$, tomamos $h = 0,25$. En este caso, todo el intervalo de integración, desde $x = 0$ hasta $x = 1,5$, se divide en seis partes iguales de $0,25$ de longitud, por medio de los puntos $x_i$ ($i=0, 1, 2, 3, 4, 5, 6$); los correspondientes valores de $y$ y de la derivada $y'$ los designamos con $y_i$ e $y_i'$.

Los primeros tres valores de $y$ (sin contar el inicial), los calculamos por el método de Runge y Kutta (por la fórmula (3)); los otros tres valores, $y_4$, $y_5$ e $y_6$, por el método de Milne (por la fórmula (5)).

El valor $y_6$ será, evidentemente, la respuesta al problema.

El cálculo lo efectuamos con dos cifras de reserva por un esquema determinado, que comprende dos tablas, 1 y 2. Al final de la tabla 2 obtenemos la respuesta.

Cálculo del valor de $y_1$. Aquí

$$f(x, y) = -x+y, \quad x_0=0, \quad y_0=1,5, \quad h=0,25.$$

Tenemos,

$$\Delta y_0 = \frac{1}{6}\left(k_1^{(0)} + 2k_2^{(0)} + 2k_3^{(0)} + k_4^{(0)}\right) =$$

$$= \frac{1}{6}(0,3750 + 2 \cdot 0,3906 + 2 \cdot 0,3926 + 0,4106) = 0,3920;$$

$$k_1^{(0)} = f(x_0, y_0)\, h = (-0 + 1,5000)\, 0,25 = 0,3750;$$

$$k_2^{(0)} = f\left(x_0 + \frac{h}{2},\ y_0 + \frac{k_1^{(0)}}{2}\right) h = (-0,125 + 1,5000 + 0,1875)\, 0,25 = 0,3906;$$

$$k_3^{(0)} = f\left(x_0 + \frac{h}{2},\ y_0 + \frac{k_2^{(0)}}{2}\right) h = (-0,125 + 1,5000 + 0,1953)\, 0,25 = 0,3926;$$

$$k_4^{(0)} = f(x_0 + h,\ y_0 + k_3^{(0)})\, h = (-0,25 + 1,5000 + 0,3926)\, 0,25 = 0,4106;$$

$y_1 = y_0 + \Delta y_0 = 1,5000 + 0,3920 = 1,8920$ (las primeras tres cifras de este número aproximado están garantizadas).

Análogamente se calculan los valores de $y_2$ e $y_3$. Los resultados del cálculo se recogen en la tabla 1.

Cálculo del valor de $y_4$. Tenemos:

$$f(x, y) = -x+y, \quad h=0,25, \quad x_4=1;$$

$$y_0=1,5000, \quad y_1=1,8920, \quad y_2=2,3243, \quad y_3=2,8084;$$

$$y_0'=1,5000, \quad y_1'=1,6420, \quad y_2'=1,8243, \quad y_3'=2,0584.$$

Aplicando la fórmula (5), hallamos:

$$\overline{y}_4 = y_0 + \frac{4h}{3}(2y_1' - y_2' + 2y_3') =$$

$$= 1,5000 + \frac{4 \cdot 0,25}{3}(2 \cdot 1,6420 - 1,8243 + 2 \cdot 2,0584) = 3,3588;$$

$$\overline{y}_4' = f(x_4, \overline{y}_4) = -1 + 3,3588 = 2,3588;$$

$$\overline{\overline{y}}_4 = y_2 + \frac{h}{3}(\overline{y}_4' + 4y_3' + y_2') =$$

$$= 2,3243 + \frac{0,25}{3}(2,3588 + 4 \cdot 2,0584 + 1,8243) = 3,3590;$$

$$\varepsilon_4 = \frac{|\overline{y}_4 - \overline{\overline{y}}_4|}{29} = \frac{|3,3588 - 3,3590|}{29} = \frac{0,0002}{29} \approx 7 \cdot 10^{-6} < \frac{1}{2} \cdot 0,001;$$

por consiguiente, no hace falta revisar el intervalo de cálculo.

*Tabla 1.* **Cálculo de $y_1$, $y_2$ e $y_3$ por el método de Runge y Kutta**
$$f(x, y) = -x + y; \quad h = 0,25$$

| Valor de $i$ | $x_i$ | $y_i$ | $y_i' \equiv$ $\equiv f(x_i, y_i)$ | $k_1^{(i)}$ | $f\left(x_i + \dfrac{h}{2},\right.$ $\left. y_i + \dfrac{k_1^{(i)}}{2}\right)$ | $k_2^{(i)}$ |
|---|---|---|---|---|---|---|
| 0 | 0 | 1,5000 | 1,5000 | 0,3750 | 1,5625 | 0,3906 |
| 1 | 0,25 | 1,8920 | 1,6420 | 0,4105 | 1,7223 | 0,4306 |
| 2 | 0,50 | 2,3243 | 1,8243 | 0,4561 | 1,9273 | 0,4818 |
| 3 | 0,75 | 2,8084 | 2,0584 | 0,5146 | 2,1907 | 0,5477 |

| Valor de $i$ | $f\left(x_i + \dfrac{h}{2},\right.$ $\left. y_i + \dfrac{k_2^{(i)}}{2}\right)$ | $k_3^{(i)}$ | $f(x_i+h,$ $y_i+k_3^{(i)})$ | $k_4^{(i)}$ | $\Delta y_i$ | $y_{i+1}$ |
|---|---|---|---|---|---|---|
| 0 | 1,5703 | 0,3926 | 1,6426 | 0,4106 | 0,3920 | 1,8920 |
| 1 | 1,7323 | 0,4331 | 1,8251 | 0,4562 | 0,4323 | 2,3243 |
| 2 | 1,9402 | 0,4850 | 2,0593 | 0,5148 | 0,4841 | 2,8084 |
| 3 | 2,2073 | 0,5518 | 2,3602 | 0,5900 | 0,5506 | 3,3590 |

Obtenemos $y_4 = \overline{\overline{y_4}} = 3,3590$ (las primeras tres cifras de esta aproximación están garantizadas).

De forma análoga efectuamos el cálculo de los valores de $y_5$ e $y_6$. Los resultados de este cálculo se incluyen en la tabla 2.

De esta forma, finalmente, tenemos:

$$y(1,5) = 4,74.$$

4°. **Método de Adams.** Para la resolución del próblema (1) por el método de Adams, partiendo de los datos iniciales $y(x_0) = y_0$ hallamos, por cualquier procedimiento, los siguientes tres valores de la función que se busca $y(x)$:

$$y_1 = y(x_1) = y(x_0+h), \ y_2 = y(x_2) = y(x_0+2h), \ y_3 = y(x_3) = y(x_0+3h)$$

(estos tres valores se pueden obtener, por ej., por medio del desarrollo de $y(x)$ en serie de potencias (cap. IX, § 16), o hallándolos por el método de las aproximaciones sucesivas (punto 1°), o empleando el de Runge y Kutta (punto 2°) etc.).

Valiéndose de los números $x_0$, $x_1$, $x_2$, $x_3$ e $y_0$, $y_1$, $y_2$, $y_3$, calculamos las magnitudes $q_0$, $q_1$, $q_2$, $q_3$, donde

$$q_0 = hy_0' = hf(x_0, y_0), \qquad q_1 = hy_1' = hf(x_1, y_1),$$
$$q_2 = hy_2' = hf(x_2, y_2), \qquad q_3 = hy_3' = hf(x_3, y_3).$$

Después, formamos *la tabla diagonal* de las diferencias finitas de la magnitud $q$.

| $x$ | $y$ | $\Delta y =$ $= y_{n+1} -$ $- y_n$ | $y' =$ $= f(x, y)$ | $q =$ $= y'h$ | $\Delta q =$ $= q_{n+1} - q_n$ | $\Delta^2 q =$ $= \Delta q_{n+1} -$ $- \Delta q_n$ | $\Delta^3 q =$ $= \Delta^2 q_{n+1} -$ $- \Delta^2 q_n$ |
|---|---|---|---|---|---|---|---|
| $x_0$ | $y_0$ | $\Delta y_0$ | $f(x_0, y_0)$ | $q_0$ | $\Delta q_0$ | $\Delta^2 q_0$ | $\Delta^3 q_0$ |
| $x_1$ | $y_1$ | $\Delta y_1$ | $f(x_1, y_1)$ | $q_1$ | $\Delta q_1$ | $\Delta^2 q_1$ | $\Delta^3 q_1$ |
| $x_2$ | $y_2$ | $\Delta y_2$ | $f(x_2, y_2)$ | $q_2$ | $\Delta q_2$ | $\Delta^2 q_2$ | $\Delta^3 q_2$ |
| $x_3$ | $y_3$ | $\Delta y_3$ | $f(x_3, y_3)$ | $q_3$ | $\Delta q_3$ | $\Delta^2 q_3$ | |
| $x_4$ | $y_4$ | $\Delta y_4$ | $f(x_4, y_4)$ | $q_4$ | $\Delta q_4$ | | |
| $x_5$ | $y_5$ | $\Delta y_5$ | $f(x_5, y_5)$ | $q_5$ | | | |
| $x_6$ | $y_6$ | | | | | | |

El *método de Adams* consiste en continuar la tabla diagonal de diferencias valiéndose de la *fórmula de Adams*

$$\Delta y_n = q_n + \frac{1}{2} \Delta q_{n-1} + \frac{5}{12} \Delta^2 q_{n-2} + \frac{3}{8} \Delta^3 q_{n-3}. \tag{7}$$

Así, utilizando los números $q_3$, $\Delta q_2$, $\Delta^2 q_1$, $\Delta^3 q_0$, situados diagonalmente en la tabla de diferencias, valiéndonos de la fórmula (7) y poniendo en ella $n = 3$, calculamos $\Delta y_3 = q_3 + \frac{1}{2} \Delta q_2 + \frac{5}{12} \Delta^2 q_1 + \frac{3}{8} \Delta^3 q_0$. Hallado el valor $\Delta y_3$, calculamos $y_4 = y_3 + \Delta y_3$. Conociendo $x_4$ e $y_4$, calculamos $q_4 = hf(x_4, y_4)$, incluimos $y_4$, $\Delta y_3$ y $q_4$ en la tabla de diferencias y la completamos después con las diferencias finitas $\Delta q_3$, $\Delta^2 q_2$, $\Delta^2 q_1$, situadas, junto con $q_4$, en una nueva diagonal paralela a la anterior.

Después, empleando los números de esta nueva diagonal, valiéndonos de la fórmula (8) y poniendo en ella $n = 4$, calculamos $\Delta y_4$, $y_5$ y $q_5$ y obtenemos la siguiente diagonal: $q_5$, $\Delta q_4$, $\Delta^2 q_3$, $\Delta^3 q_2$. Con ayuda de esta diagonal, calculamos el valor de $y_6$ de la solución $y(x)$ que se busca y así sucesivamente.

Para calcular $\Delta y$, la fórmula de Adams (7) parte de la suposición de que las terceras diferencias finitas $\Delta^3 q$ son constantes. En correspondencia con esto, la magnitud $h$ del intervalo inicial del cálculo se determina de la desigualdad $h^4 < 10^{-m}$ (si se desea obtener el valor de $y(x)$ con exactitud hasta $10^{-m}$).

En este sentido, la fórmula de Adams (7) es equivalente a las fórmulas de Milne (5) y de Runge y Kutta (3).

La acotación de los errores, para el método de Adams, es complicada y prácticamente inútil, ya que, en general, proporciona resultados exagerados. En la práctica se sigue la marcha de las terceras diferencias finitas, eligiendo el intervalo $h$ tan pequeño, que las diferencias colindantes $\Delta^3 q_i$ y $\Delta^3 q_{i+1}$ se diferencien entre sí, como máximo, en una o dos unidades del orden dado (sin contar las cifras de reserva).

Para elevar la exactitud del resultado, la fórmula de Adams puede completarse con términos que contengan las diferencias cuartas y mayores

Tabla 2. Cálculo de $y_4$, $y_5$ e $y_6$ por el método de Milne

$$f(x, y) = -x + y; \quad h = 0,25$$

(Los datos iniciales se dan en cursiva)

| Valores de $i$ | $x_i$ | $y_i$ | $y'_i = f(x_i, y_i)$ | $y_i$ | $\bar{y}'_i = f(x_i, \bar{y}_i)$ | $\bar{\bar{y}}_i$ | $\varepsilon_i$ | $y_i$ | $y'_i = f(x_i, y_i)$ | Revisión del intervalo del cálculo (siguiendo las indicaciones de la fórmula (6)) |
|---|---|---|---|---|---|---|---|---|---|---|
| 0 | *0* | *1,5000* | *1,5000* | | | | | | | |
| 1 | *0,25* | *1,8920* | *1,6420* | | | | | | | |
| 2 | *0,50* | *2,3243* | *1,8243* | | | | | | | |
| 3 | *0,75* | *2,8084* | *2,0584* | | | | | | | |
| 4 | 1,00 | | | 3,3588 | 2,3588 | 3,3590 | $\approx 7 \cdot 10^{-5}$ | 3,3590 | 2,3590 | no es necesario |
| 5 | 1,25 | | | 3,9947 | 2,7447 | 3,9950 | $\approx 10^{-5}$ | 3,9950 | 2,7450 | no es necesario |
| 6 | 1,50 | | | 4,7402 | 3,2402 | 4,7406 | $\approx 1,4 \cdot 10^{-5}$ | 4,7406 | | no es necesario |
| | | | | | Respuesta | | | $y(1,5) = 4,74$ | | |

de la magnitud $q$. Al hacer esto, crece el número de los primeros valores de la función $y$ que se necesitan para comenzar a llenar la tabla. Las fórmulas de Adams para obtener exactitudes elevadas no las vamos a exponer aquí.

E j e m p l o 2. Calcular, por el método combinado de Runge y Kutta y Adams, para $x = 1,5$ y con una exactitud hasta $0,01$, el valor de la solución de la ecuación diferencial $y' = y - x$, con la condición inicial de que $y(0) = 1,5$ (véase el ej. 1).

S o l u c i ó n. Empleamos los valores de $y_1$, $y_2$, $y_3$, que obtuvimos al resolver el problema 1. Su cálculo se da en la tabla 1.

Los valores siguientes de $y_4$, $y_5$, $y_6$, los calculamos por el método de Adams (véanse las tablas 3 y 4).

*Tabla 3.* **Tabla principal para el cálculo de $y_4$, $y_5$ e $y_6$ por el método de Adams**

$$f(x, y) = -x + y; \quad h = 0,25$$

(Los datos iniciales se dan en cursiva)

| Valor de $i$ | $x_i$ | $y_i$ | $\Delta y_i$ | $y_i' = \\ = f(x_i, y_i)$ | $q_i = \\ = y_i'h$ | $\Delta q_i$ | $\Delta^2 q_i$ | $\Delta^3 q_i$ |
|---|---|---|---|---|---|---|---|---|
| 0 | *0* | *1,5000* |  | *1,5000* | 0,3750 | 0,0355 | 0,0101 | 0,0028 |
| 1 | *0,25* | *1,8920* |  | *1,6420* | 0,4105 | 0,0456 | 0,0129 | 0,0037 |
| 2 | *0,50* | *2,3243* |  | *1,8243* | 0,4561 | 0,0585 | 0,0166 | 0,0047 |
| 3 | *0,75* | *2,8084* | 0,5504 | 2,0584 | 0,5146 | 0,0751 | 0,0213 | |
| 4 | 1,00 | 3,3588 | 0,6356 | 2,3588 | 0,5897 | 0,0964 | | |
| 5 | 1,25 | 3,9944 | 0,7450 | 2,7444 | 0,6861 | | | |
| 6 | 1,50 | 4,7394 | | | | | | |

Respuesta: 4,74

El valor $y_6 = 4,74$ será la respuesta del problema.

En los casos de resolución de los sistemas (4), la fórmula de Adams (7) y el esquema de cálculo que se muestra en la tabla 3, se utilizan separadamente para cada una de las funciones $y(x)$ y $z(x)$.

Hallar tres aproximaciones sucesivas de las soluciones de las ecuaciones diferenciales y de los sistemas siguientes:

3176. $y' = x^2 + y^2$; $\quad y(0) = 0$.

3177. $y' = x + y + z$, $\quad z' = y - z$; $\quad y(0) = 1$, $\quad z(0) = -2$.

3178. $y'' = -y$; $\quad y(0) = 0$, $\quad y'(0) = 1$.

Tabla 4. **Tabla auxiliar para el cálculo por el método de Adams**

$$\Delta y_i = q_i + \frac{1}{2}\Delta q_{i-1} + \frac{5}{12}\Delta^2 q_{i-2} + \frac{3}{8}\Delta^3 q_{i-3}$$

| Valor de $i$ | $q_i$ | $\frac{1}{2}\Delta q_{i-1}$ | $\frac{5}{12}\Delta^2 q_{i-2}$ | $\frac{3}{8}\Delta^3 q_{i-3}$ | $\Delta y_i$ |
|---|---|---|---|---|---|
| 3 | 0,5146 | 0,0293 | 0,0054 | 0,0011 | 0,5504 |
| 4 | 0,5897 | 0,0376 | 0,0069 | 0,0014 | 0,6356 |
| 5 | 0,6861 | 0,0482 | 0,0089 | 0,0018 | 0,7450 |

Calcular aproximadamente, por el método de Runge y Kutta, suponiendo que el intervalo es $h = 0,2$, las soluciones de las siguientes ecuaciones diferenciales y sistemas, para los intervalos que se indican:

**3179.** $x' = y - x$; $y(0) = 1,5$ $(0 \leqslant x \leqslant 1)$.

**3180.** $y' = \frac{y}{x} - y^2$; $y(1) = 1$ $(1 \leqslant x \leqslant 2)$.

**3181.** $y' = z + 1$, $z' = y - \dot{x}$, $y(0) = 1$, $z(0) = 1$ $(0 \leqslant x \leqslant 1)$.

Valiéndose del método combinado de Runge y Kutta y Milne o de Runge y Kutta y Adams, calcular, con exactitud hasta 0,01, los valores de las soluciones de las ecuaciones diferenciales y sistemas que se dan a continuación, para los valores del argumento que se indican:

**3182.** $y' = x + y$; $y = 1$ para $x = 0$. Calcular $y$ para $x = 0,5$

**3183.** $y' = x^2 + y$; $y = 1$ para $x = 0$. Calcular $y$ para $x = 1$.

**3184.** $y' = 2y - 3$; $y = 1$ para $x = 0$. Calcular $y$ para $x = 0,5$.

**3185.** $\begin{cases} y' = -x + 2y + z, \\ z' = x + 2y + 3z; \ y = 2, \ z = -2 \text{ para } x = 0. \end{cases}$

Calcular $y$ y $z$ para $x = 0,5$.

**3186.** $\begin{cases} y' = -3y - z, \\ z' = y - z; \ y = 2, \ z = -1 \text{ para } x = 0. \end{cases}$

Calcular $y$ y $z$ para $x = 0,5$.

**3187.** $y'' = 2 - y$; $y = 2$, $y' = -1$ para $x = 0$

Calcular $y$ para $x = 1$.

**3188.** $y^3 y'' + 1 = 0$; $y = 1$, $y' = 0$ para $x = 1$.

Calcular $y$ para $x = 1,5$.

**3189.** $\dfrac{d^2x}{dt^2} + \dfrac{x}{2}\cos 2t = 0$; $x = 0$, $\dot{x} = 1$ para $t = 0$.

Hallar $x(\pi)$ y $x'(\pi)$.

## § 6. Cálculo aproximado de los coeficientes de Fourier

Esquema de 12 ordenadas. Sean $y_n = f(x_n)$ $(n = 0, 1, \ldots, 12)$ los valores de la función $y = f(x)$ en los puntos equidistantes $x_n = \dfrac{\pi n}{6}$ del segmento $[0, 2\pi]$, al mismo tiempo que $y_0 = y_{12}$.

Formamos las tablas:

|  | | | | | | | |
|---|---|---|---|---|---|---|---|
|  | $y_0$ | $y_1$ | $y_2$ | $y_3$ | $y_4$ | $y_5$ | $y_6$ |
|  | | $y_{11}$ | $y_{10}$ | $y_9$ | $y_8$ | $y_7$ | |
| sumas $(\Sigma)$ | $u_0$ | $u_1$ | $u_2$ | $u_3$ | $u_4$ | $u_5$ | $u_6$ |
| diferenc. $(\Delta)$ | | $v_1$ | $v_2$ | $v_3$ | $v_4$ | $v_5$ | |

|  | | | | |  | | | |
|---|---|---|---|---|---|---|---|---|
|  | $u_0$ | $u_1$ | $u_2$ | $u_3$ | | $v_1$ | $v_2$ | $v_3$ |
|  | $u_6$ | $u_5$ | $u_4$ | | | $v_5$ | $v_4$ | |
| sumas | $s_0$ | $s_1$ | $s_2$ | $s_3$ | sumas | $\sigma_1$ | $\sigma_2$ | $\sigma_3$ |
| diferenc. | $t_0$ | $t_1$ | $t_2$ | | diferenc. | $\tau_1$ | $\tau_2$ | |

Los coeficientes de Fourier $a_n$, $b_n$ $(n = 0, 1, 2, 3)$ de la función $y = f(x)$ se pueden hallar aproximadamente por las fórmulas:

$$
\begin{aligned}
6a_0 &= s_0 + s_1 + s_2 + s_3, & 6b_1 &= 0{,}5\sigma_1 + 0{,}866\sigma_2 + \sigma_3, \\
6a_1 &= t_0 + 0{,}866\,t_1 + 0{,}5\,t_2, & 6b_2 &= 0{,}866\,(\tau_1 + \tau_2), \\
6a_2 &= s_0 - s_3 + 0{,}5\,(s_1 - s_2), & 6b_3 &= \sigma_1 - \sigma_3, \\
6a_3 &= t_0 - t_2,
\end{aligned}
\tag{1}
$$

donde $0{,}866 = \dfrac{\sqrt{3}}{2} \approx 1 - \dfrac{1}{10} - \dfrac{1}{30}$.

Tenemos:

$$
f(x) \approx \frac{a_0}{2} + \sum_{n=1}^{3} (a_n \cos nx + b_n \operatorname{sen} nx).
$$

Se emplean también otros esquemas. Para facilitar el cálculo se utilizan *plantillas*.

Ejemplo. Hallar el polinomio de Fourier para la función $y = f(x)$ $(0 \leqslant x \leqslant 2\pi)$, dada por la tabla

| $y_0$ | $y_1$ | $y_2$ | $y_3$ | $y_4$ | $y_5$ | $y_6$ | $y_7$ | $y_8$ | $y_9$ | $y_{10}$ | $y_{11}$ |
|-------|-------|-------|-------|-------|-------|-------|-------|-------|-------|----------|----------|
| 38 | 38 | 12 | 4 | 14 | 4 | —18 | —23 | —27 | —24 | 8 | 32 |

S o l u c i ó n.  Formamos las tablas:

$$
y \begin{vmatrix} 38 & 38 & 12 & 4 & 14 & 4 & -18 \\ & 32 & 8 & -24 & -27 & -23 & \end{vmatrix}
$$

$$
\begin{matrix} u \\ v \end{matrix} \begin{vmatrix} 38 & 70 & 20 & -20 & -13 & -19 & -18 \\ & 6 & 4 & 28 & 41 & 27 & \end{vmatrix}
$$

$$
u \begin{vmatrix} 38 & 70 & 20 & -20 \\ -18 & -19 & -13 & \end{vmatrix} \qquad v \begin{vmatrix} 6 & 4 & 28 \\ 27 & 41 & \end{vmatrix}
$$

$$
\begin{matrix} s \\ t \end{matrix} \begin{vmatrix} 20 & 51 & 7 & -20 \\ 56 & 89 & 33 & \end{vmatrix} \qquad \begin{matrix} \sigma \\ \tau \end{matrix} \begin{vmatrix} 33 & 45 & 28 \\ -21 & -37 & \end{vmatrix}
$$

Por la fórmula (1) tenemos:

$$a_0 = 9,7; \qquad a_1 = 24,9; \qquad a_2 = 10,3; \qquad a_3 = 3,8;$$
$$b_1 = 13,9; \qquad b_2 = -8,4; \qquad b_3 = 0,8.$$

Por consiguiente,

$$f(x) \approx 4,8 + (24,9 \cos x + 13,9 \operatorname{sen} x) + (10,3 \cos 2x - 8,4 \operatorname{sen} 2x) +$$
$$+ (3,8 \cos 3x + 0,8 \operatorname{sen} 3x).$$

Valiéndose del esquema de 12 ordenadas, hallar los polinomios de Fourier para las funciones siguientes, dadas en el segmento [0, $2\pi$] por las tablas de sus valores, correspondientes a los valores equidistantes del argumento ($y_0 = y_{12}$);

**3190.** $y_0 = -7200$ $\quad y_3 = 4300$ $\qquad y_6 = 7400$ $\qquad y_9 = 7600$

$\qquad y_1 = 300$ $\qquad\quad y_4 = 0$ $\qquad\qquad y_7 = -2250$ $\quad y_{10} = 4500$

$\qquad y_2 = 700$ $\qquad\quad y_5 = -5200$ $\quad y_8 = 3850$ $\qquad y_{11} = 250$

**3191.** $y_0 = 0$ $\qquad\quad y_3 = 9,72$ $\qquad y_6 = 7,42$ $\qquad y_9 = 5,60$

$\qquad y_1 = 6,68$ $\qquad y_4 = 8,97$ $\qquad y_7 = 6,81$ $\qquad y_{10} = 4,88$

$\qquad y_2 = 9,68$ $\qquad y_5 = 8,18$ $\qquad y_8 = 6,22$ $\qquad y_{11} = 3,67$

**3192.** $y_0 = 2,714$ $\quad y_3 = 1,273$ $\qquad y_6 = 0,370$ $\qquad y_9 = -0,357$

$\qquad y_1 = 3,042$ $\quad y_4 = 0,788$ $\qquad y_7 = 0,540$ $\qquad y_{10} = -0,437$

$\qquad y_2 = 2,134$ $\quad y_5 = 0,495$ $\qquad y_8 = 0,191$ $\qquad y_{11} = 0,767$

**3193.** Calcular unos cuantos primeros coeficientes de Fourier, por el esquema de 12 ordenadas, para las siguientes funciones:

a) $f(x) = \dfrac{1}{2\pi^2}(x^3 - 3\pi x^2 + 2\pi^2 x) \quad (0 \leqslant x \leqslant 2\pi)$,

b) $f(x) = \dfrac{1}{\pi^2}(x - \pi)^2 \qquad\qquad (0 \leqslant x \leqslant 2\pi)$.

# SOLUCIONES

## Capítulo I

**1. Solución.** Como $a=(a-b)+b$, tendremos que $|a| \leqslant |a-b|+|b|$. De donde $|a-b| \geqslant |a|-|b|$ y $|a-b| = |b-a| \geqslant |b|-|a|$. Por consiguiente, $|a-b| \geqslant \|a|-|b\|$. Además, $|a-b| = |a+(-b)| \leqslant |a|+|-b| = |a|+|b|$. **3.** a) $-2 < x < 4$; b) $x < -3$, $x > 1$; c) $-1 < x < 0$; d) $x > 0$. **4.** $-24$; $-6$; 0; 0; 0; 6. **5.** 1; $1\frac{1}{4}$; $\sqrt{1+x^2}$; $|x|^{-1}\sqrt{1+x^2}$; $1/\sqrt{1+x^2}$. **6.** $\pi$; $\frac{\pi}{2}$; 0.

**7.** $f(x) = -\frac{5}{3}x + \frac{1}{3}$. **8.** $f(x) = \frac{7}{6}x^2 - \frac{13}{6}x+1$. **9.** 0,4. **10.** $\frac{1}{2}(x+|x|)$.

**11.** a) $-1 \leqslant x < +\infty$; b) $-\infty < x < +\infty$. **12.** $(-\infty, -2)$, $(-2, 2)$, $(2, +\infty)$. **13.** a) $-\infty < x \leqslant -\sqrt{2}$, $\sqrt{2} \leqslant x < +\infty$; b) $x=0$, $|x| \geqslant \sqrt{2}$. **14.** $-1 \leqslant x \leqslant 2$. Resolución. Debe ser $2+x-x^2 \geqslant 0$, o $x^2-x-2 \leqslant 0$, es decir, $(x+1) \times (x-2) \leqslant 0$. De donde, o $x+1 \geqslant 0$, $x-2 \leqslant 0$, es decir, $-1 \leqslant x \leqslant 2$; o por el contrario $x+1 \leqslant 0$, $x-2 \geqslant 0$, es decir, $x \leqslant -1$, $x \geqslant 2$, lo que no es posible. De esta forma, $-1 \leqslant x \leqslant 2$. **15.** $-2 < x \leqslant 0$. **16.** $-\infty < x \leqslant -1$, $0 \leqslant x \leqslant 1$. **17.** $-2 < x < 2$. **18.** $-1 < x < 1$, $2 < x < +\infty$. **19.** $-\frac{1}{3} \leqslant x \leqslant 1$.

**20.** $1 \leqslant x \leqslant 100$. **21.** $k\pi \leqslant x \leqslant k\pi + \frac{\pi}{2}$ $(k=0, \pm 1, \pm 2, \ldots)$. **22.** $\varphi(x) = 2x^4 - 5x^2 - 10$, $\psi(x) = -3x^6 + 6x$. **23.** a) Par; b) impar; c) par; d) impar; e) impar. **24.** Indicación. Empléese la identidad $f(x) = \frac{1}{2}[f(x)+ f(-x)] + \frac{1}{2}[f(x)-f(-x)]$. **26.** a) Periódica, $T = \frac{2}{3}\pi$; b) periódica, $T = \frac{2\pi}{\lambda}$; c) periódica, $T = \pi$; d) periódica, $T = \pi$; e) aperiódica. **27.** $y = \frac{b}{c}x$, si $0 \leqslant x \leqslant c$; $y = b$, si $c < x \leqslant a$; $S = \frac{b}{2c}x^2$, si $0 \leqslant x \leqslant c$; $S = bx - \frac{bc}{2}$, si $c < x \leqslant a$. **28.** $m = q_1 x$ cuando $0 \leqslant x \leqslant l_1$; $m = q_1 l_1 + q_2 (x-l_1)$ cuando $l_1 < x \leqslant l_1 + l_2$; $m = q_1 l_1 + q_2 l_2 + q_3 (x-l_1-l_2)$ cuando $l_1 + l_2 < x \leqslant l_1+l_2+l_3 = l$. **29.** $\varphi(\psi(x)) = 2^{2x}$; $\psi(\varphi(x)) = 2^{x^2}$. **30.** $x$. **31.** $(x+2)^2$. **37.** $-\frac{\pi}{2}$; 0; $\frac{\pi}{4}$. **38.** a) $y=0$ cuando $x=-1$, $y > 0$ cuando $x > -1$, $y < 0$ cuando $x < -1$; b) $y=0$ cuando $x=-1$ y $x=2$, $y > 0$ cuando $-1 < x < 2$, $y < 0$ cuando $-\infty < x < -1$ y $2 < x < +\infty$; c) $y > 0$ cuando $-\infty < x < +\infty$; d) $y=0$ cuando $x=0$, $x=-\sqrt{3}$ y $x=\sqrt{3}$, $y > 0$ cuando $-\sqrt{3} < x < 0$ y $\sqrt{3} < x < +\infty$, $y < 0$ cuando $-\infty < x < -\sqrt{3}$ y $0 < x < \sqrt{3}$; e) $y=0$ cuando $x=1$, $y > 0$ cuando $-\infty < x < -1$ y $1 < x < +\infty$, $y < 0$ cuando $0 < x < 1$. **39.** a) $x = \frac{1}{2}(y-3)$ $(-\infty < y < +\infty)$;

b) $x=\sqrt{y+1}$ y $x=-\sqrt{y+1}$ $(-1\leqslant y<+\infty)$; c) $x=\sqrt[3]{1-y^3}$ $(-\infty<y<$ $<+\infty)$; d) $x=2\cdot10^y$ $(-\infty<y<+\infty)$; e) $x=\dfrac{1}{3}\,\text{tg}\,y\,\left(-\dfrac{\pi}{2}<y<\dfrac{\pi}{2}\right).$

**40.** $x=y$ cuando $-\infty<y\leqslant0$; $x=\sqrt{y}$ cuando $0<y<+\infty$. **41.** a) $y=u^{10}$, $u=2x-5$; b) $y=2^u$, $u=\cos x$; c) $y=\lg u$, $u=\text{tg}\,v$, $v=\dfrac{x}{2}$; d) $y=\text{arcsen}\,u$, $u=3^v$, $v=-x^2$. **42.** a) $y=\text{sen}^2\,x$; b) $y=\text{arctg}\,\sqrt{\lg x}$; c) $y=2\,(x^2-1)$, si $|x|\leqslant1$, e $y=0$, si $|x|>1$. **43.** a) $y=-\cos x^2$, $\sqrt{\pi}\leqslant|x|\leqslant\sqrt{2\pi}$; b) $y=$ $=\lg(10-10^x)$, $-\infty<x<1$; c) $y=\dfrac{x}{3}$ cuando $-\infty<x<0$ e $y=x$ cuando $0\leqslant x<+\infty$. **46.** Indicación. Véase el apéndice VI, fig. 1. **51.** Indicación. Completando cuadrados en el trinomio de segundo grado, tendremos $y=y_0+a\,(x-x_0)^2$, donde $x_0=-b/2a$ e $y_0=(4ac-b^2)/4a$. De donde la gráfica que se busca es la parábola $y=ax^2$, desplazada a lo largo del eje $OX$ en la magnitud $x_0$ y a lo largo del eje $OY$ en la magnitud $y_0$. **53.** Indicación. Véase el apéndice VI, dibujo 2. **58.** Indicación. Véase el apéndice VI, dibujo 3. **61.** Indicación.

Esta gráfica representa de por sí la hipérbola $y=\dfrac{m}{x}$, desplazada a lo largo del eje $OX$ en la magnitud $x_0$ y a lo largo del eje $OY$ en la magnitud $y_0$. **62.** Indicación. Separando la parte entera, tendremos $y=$ $=\dfrac{2}{3}-\dfrac{13}{9}\left/\left(x+\dfrac{2}{3}\right)\right.$ (compárese con el № 61). **65.** Indicación. Véase el apéndice VI, dibujo 4. **67.** Indicación. Véase el apéndice VI, dibujo 5. **71.** Indicación. Véase el apéndice VI, dibujo 6. **72.** Indicación. Véase el apéndice VI, dibujo 7. **73.** Indicación. Véase el apéndice VI, dibujo 8. **75.** Indicación. Véase el apéndice VI, dibujo 19. **78.** Indicación. Véase el apéndice VI, dibujo 23. **80.** Indicación. Véase el apéndice VI, dibujo 9. **81.** Indicación. Véase el apéndice VI, dibujo 9. **82.** Indicación. Véase el apéndice VI, dibujo 10. **83.** Indicación. Véase el apéndice VI, dibujo 10. **84.** Indicación. Véase el apéndice VI, dibujo 11. **85.** Indicación. Véase el apéndice VI, dibujo 11. **87.** Indicación. El período de la función $T=2\pi/n$. **89.** Indicación. La gráfica que se busca es la sinusoide $y=5$ sen $2x$ con amplitud 5 y período $\pi$, desplazada hacia la derecha a lo largo del eje $OX$ en la magnitud $1\dfrac{1}{2}$. **90.** Indicación. Poniendo $a=A\cos\varphi$ y $b=-A$ sen $\varphi$, tendremos $y=A$ sen $(x-\varphi)$, donde $A=\sqrt{a^2+b^2}$ y $\varphi=\text{arctg}\left(-\dfrac{b}{a}\right)$. En nuestro caso, $A=10$, $\varphi=0,927$. **92.** Indicación. $\cos^2x=\dfrac{1}{2}$ $(1+\cos 2x)$. **93.** Indicación. La gráfica que se busca es la suma de las gráficas $y_1=x$ e $y_2=$ $=$ sen $x$. **94.** Indicación. La gráfica que se busca es el producto de las gráficas $y_1=x$ e $y_2=$ sen $x$. **99.** Indicación. La función es par. Para $x>0$ determinamos los puntos para los cuales 1) $y=0$; 2) $y=1$ y 3) $y=$ $=-1$. Cuando $x\to+\infty$ $y\to1$. **101.** Indicación. Véase el apéndice VI, dibujo 14. **102.** Indicación. Véase el apéndice VI, dibujo 15. **103.** Indicación. Véase el apéndice VI, dibujo 17. **104.** Indicación. Véase el apéndice VI, dibujo 17. **105.** Indicación. Véase el apéndice VI, dibujo 18. **107.** Indicación. Véase el apéndice VI, dibujo 18. **118.** Indicación. Véase el apéndice VI, dibujo 12. **119.** Indicación. Véase el apéndice VI, dibujo 12. **120.** Indicación. Véase el apéndice VI, dibujo 13.

**121. Indicación.** Véase el apéndice VI, dibujo. 13. **132. Indicación.** Véase el apéndice VI, dibujo 30. **133. Indicación.** Véase el apéndice VI, dibujo 32. **134. Indicación.** Véase el apéndice VI, dibujo 31. **138. Indicación.** Véase el apéndice VI, dibujo 33. **139. Indicación.** Véase el apéndice VI, dibujo 28. **140. Indicación.** Véase el apéndice VI, dibujo 25. **141. Indicación.** Formamos la tabla de los valores

| $t$ | 0 | 1 | 2. | 3 | ... | $-1$ | $-2$ | $-3$ |
|---|---|---|---|---|---|---|---|---|
| $x$ | 0 | 1 | 8 | 27 | ... | $-1$ | $-8$ | $-27$ |
| $y$ | 0 | 1 | 4 | 9 | ... | 1 | 4 | 9 |

Construyendo los puntos $(x, y)$ obtenidos, resulta la curva buscada (véase el apéndice VI, dibujo 7). (El parámetro $t$, al hacer esto, no se marca geométricamente). **142.** Véase el apéndice VI, dibujo 19. **143.** Véase el apéndice VI, dibujo 27. **144.** Véase el apéndice VI, dibujo 29. **145.** Véase el apéndice VI, dibujo 22. **150.** Véase el apéndice VI, dibujo 28. **151. Indicación.** Resolviendo la ecuación con respecto a $y$, obtenemos $y = = \pm \sqrt{25-x^2}$. Después de lo cual es fácil construir la curva que se busca por puntos. **153.** Véase el apéndice VI, dibujo 21. **156.** Véase el apéndice VI, dibujo 27. Basta construir los $(x, y)$ correspondientes a las abscisas $x = 0$, $\pm \dfrac{a}{2}$, $\pm a$. **157. Indicación.** Resolviendo la ecuación con respecto a $x$, tendremos $x = 10 \lg y - y$ (\*). De donde obtenemos los puntos $(x, y)$ de la curva que se busca, dándole a la ordenada $y$ valores arbitrarios $(y > 0)$ y calculando por la fórmula (\*) la abscisa $x$. Debe tenerse en cuenta, que $\lg y \longrightarrow -\infty$ cuando $y \longrightarrow 0$. **159. Indicación.** Pasando a las coordenadas polares $r = \sqrt{x^2+y^2}$ y $\mathrm{tg}\, \varphi = \dfrac{y}{x}$, tendremos $r = e^{\varphi}$. (véase el apéndice VI, dibujo 32). **160. Indicación.** Pasando a las coordenadas polares $x = = r \cos \varphi$ e $y = r \operatorname{sen} \varphi$, tendremos $r = \dfrac{3 \operatorname{sen} \varphi \cos \varphi}{\cos^3 \varphi + \operatorname{sen}^3 \varphi}$ (véase el apéndice VI, dibujo 32). **161.** $F = 32 + 1,8C$. **162.** $y = 0,6x\,(10-x)$; $y_{\text{máx}} = 15$ para $x = 5$. **163.** $y = \dfrac{ab}{2} \operatorname{sen} x$; $y_{\text{máx}} = \dfrac{ab}{2}$ para $x = \dfrac{\pi}{2}$. **164.** a) $x_1 = \dfrac{1}{2}$, $x_2 = 2$; b) $x = = 0,68$; c) $x_1 = 1,37$, $x_2 = 10$; d) $x = 0,40$; e) $x = 1,50$; f) $x = 0,86$. **165.** a) $x_1 = 2$, $y_1 = 5$; $x_2 = 5$, $y_2 = 2$; b) $x_1 = -3$, $y_1 = -2$; $x_2 = -2$, $y_2 = -3$; $x_3 = 2$, $y_3 = 3$; $x_4 = 3$, $y_4 = 2$; c) $x_1 = 2$, $y_1 = 2$; $x_2 \approx 3,1$, $y_2 \approx -2,5$; d) $x_1 \approx -3,6$, $y_1 \approx -3,1$; $x_2 \approx -2,7$, $y_2 \approx 2,9$; $x_3 \approx 2,9$, $y_3 \approx 1,8$; $x_4 \approx 3,4$, $y_4 \approx -1,6$; e) $x_1 = \dfrac{\pi}{4}$, $y_1 = \dfrac{\sqrt{2}}{2}$; $x_2 = \dfrac{5\pi}{4}$, $y_2 = -\dfrac{\sqrt{2}}{2}$. **166.** $n > \dfrac{1}{\sqrt{\varepsilon}}$: a) $n \geqslant 4$; b) $n > 10$; c) $n \geqslant 32$. **167.** $n > \dfrac{1}{\varepsilon} - 1 = N$: a) $N = 9$; b) $N = 99$; c) $N = 999$. **168.** $\delta = \dfrac{\varepsilon}{5}$ $(\varepsilon < 1)$. a) 0,02; b) 0,002; c) 0,0002. **169.** a) $\lg x < -N$ cuando $0 < x < \delta\,(N)$; b) $2^x > N$ cuando $x > X\,(N)$; c) $|f(x)| > N$ cuando $|x| > X\,(N)$. **170.** a) 0; b) 1; c) 2; d) $\dfrac{7}{30}$. **171.** $\dfrac{1}{2}$. **172.** 1. **173.** $-\dfrac{3}{2}$. **174.** 1. **175.** 3. **176.** 1.

**177.** $\dfrac{3}{4}$. **178.** $\dfrac{1}{3}$. **Indicación.** Emplear la fórmula $1^2+2^2+\ldots+n^2=$

$=\dfrac{1}{6}\,n\,(n+1)\,(2n+1)$. **179.** 0. **180.** 0. **181.** 1. **182.** 0. **183.** $\infty$. **184.** 0. **185.** 72.

**186.** 2. **187.** 2. **188.** $\infty$. **189.** 0. **190.** 1. **191.** 0. **192.** $\infty$. **193** $-2$. **194.** $\infty$.

**195.** $\dfrac{1}{2}$. **196.** $\dfrac{a-1}{3a^2}$. **197.** $3x^2$. **198.** $-1$. **199.** $\dfrac{1}{2}$. **200.** 3. **201.** $\dfrac{4}{3}$. **202.** $\dfrac{1}{9}$.

**203.** $-\dfrac{1}{56}$. **204.** 12. **205.** $\dfrac{3}{2}$. **206.** $-\dfrac{1}{3}$. **207.** 1. **208.** $\dfrac{1}{2\sqrt{x}}$. **209.** $\dfrac{1}{3\sqrt[3]{x^2}}$.

**210.** $-\dfrac{1}{3}$. **211.** 0. **212.** $\dfrac{a}{2}$. **213.** $-\dfrac{5}{2}$. **214.** $\dfrac{1}{2}$. **215.** 0. **216.** a) $\dfrac{1}{2}$ sen 2;

b) 0. **217.** 3. **218.** $\dfrac{5}{2}$. **219.** $\dfrac{1}{3}$. **220.** $\pi$. **221.** $\dfrac{1}{2}$. **222.** cos $a$ **223.** $-$sen $a$.

**224.** $\pi$. **225.** cos $x$. **226.** $-\dfrac{1}{\sqrt{2}}$ **227.** a) 0; b) 1. **228.** $\dfrac{2}{\pi}$. **229.** $\dfrac{1}{2}$ **230.** 0.

**231.** $-\dfrac{1}{\sqrt{3}}$. **232.** $\dfrac{1}{2}\,(n^2-m^2)$. **233.** $\dfrac{1}{2}$. **234.** 1. **235.** $\dfrac{2}{3}$. **236.** $\dfrac{2}{\pi}$. **237.** $-\dfrac{1}{4}$.

**238.** $\pi$. **239.** $\dfrac{1}{4}$. **240.** 1. **241.** 1. **242.** $\dfrac{1}{4}$. **243.** 0. **244.** $\dfrac{3}{2}$. **245.** 0. **246.** $e^{-1}$.

**247.** $e^2$. **248.** $e^{-1}$. **249.** $e^{-4}$. **250.** $e^x$. **251.** $e$. **252.** a) 1. **Resolución.**

$$\lim_{x\to 0}(\cos x)^{\frac{1}{x}}=\lim_{x\to 0}[-(1-\cos x)]^{\frac{1}{x}}=\lim_{x\to 0}\left(1-2\,\text{sen}^2\frac{x}{2}\right)^{\frac{1}{x}}=\lim_{x\to 0}\Bigg[\left(1-2\,\text{sen}^2\times\right.$$

$$\left.\times\frac{x}{2}\right)^{-\frac{1}{2\,\text{sen}^2\frac{x}{2}}}\Bigg]^{-\frac{2\,\text{sen}^2\frac{x}{2}}{x}}=e^{\lim_{x\to 0}\left(-\frac{2\,\text{sen}^2\frac{x}{2}}{x}\right)}.\ \text{Como}\ \lim_{x\to 0}\left(-\frac{2\,\text{sen}^2\frac{x}{2}}{x}\right)=$$

$$=-2\lim_{x\to 0}\left[\left(\frac{\text{sen}\,\frac{x}{2}}{\frac{x}{2}}\right)^2\frac{x^2}{4x}\right]=-2\cdot 1\cdot\lim_{x\to 0}\frac{x}{4}=0,\quad\text{tendremos}\quad\lim_{x\to 0}(\cos x)^{\frac{1}{x}}=$$

$=e^0=1$. b) $\dfrac{1}{\sqrt{e}}$. **Resolución.** Análogamente al anterior (véase a),

$$\lim_{x\to 0}(\cos x)^{\frac{1}{x^2}}=e^{\lim_{x\to 0}\left(\frac{-2\,\text{sen}^2\frac{x}{2}}{x^2}\right)}\qquad\text{Como}\quad\lim_{x\to 0}\left(\frac{-2\,\text{sen}^2\frac{x}{2}}{x^2}\right)=-2\lim_{x\to 0}\times$$

$$\times\left[\left(\frac{\text{sen}\,\frac{x}{2}}{\frac{x}{2}}\right)^2\frac{x^2}{4x^2}\right]=-\frac{1}{2},\ \text{tendremos}\ \lim_{x\to 0}(\cos x)^{\frac{1}{x^2}}=e^{-\frac{1}{2}}=\frac{1}{\sqrt{e}}.\ \textbf{253.}\ \ln 2$$

**254.** 10 lg $e$. **255.** 1. **256.** 1. **257.** $-\dfrac{1}{2}$. **258.** 1. **Indicación.** Poner $e^x-$

$-1=\alpha$, donde $\alpha\to 0$. **259.** $\ln a$. **Indicación.** Emplear la identidad

$a=e^{\ln a}$. **260.** $\ln a$. **Indicación.** Poner $\dfrac{1}{n}=\alpha$, donde $\alpha\to 0$ (véase el

№ 259). **261.** $a-b$. **262.** 1. **263.** a) 1; b) $\frac{1}{2}$. **264.** a) $-1$; b) 1. **265.** a) $-1$;

b) 1. **266.** a) 1; b) 0. **267.** a) 0; b) 1. **268.** a) $-1$; b) 1. **269.** a) $-1$; b) 1.

**270.** a) $-\infty$; b) $+\infty$. **271.** R e s o l u c i ó n. Si $x \neq k\pi$ $(k=0, \pm 1, \pm 2, \ldots)$,

$\cos^2 x < 1$ e $y=0$; si, por el contrario $x=k\pi$, $\cos^2 x = 1$ e $y=1$. **272.** $y=x$

cuando $0 \leqslant x < 1$; $y=\frac{1}{2}$ cuando $x=1$; $y=0$ cuando $x>1$. **273.** $y=|x|$.

**274.** $y=-\frac{\pi}{2}$ cuando $x<0$; $y=0$ cuando $x=0$; $y=\frac{\pi}{2}$ cuando $x>0$.

**275.** $y=1$ cuando $0 \leqslant x \leqslant 1$; $y=x$ cuando $1 < x < +\infty$. **276.** $\frac{61}{450}$. **277.** $x_1 \rightarrow$

$\rightarrow -\frac{c}{b}$; $x_2 \rightarrow \infty$. **278.** $\pi$. **279.** $2\pi R$. **280.** $\frac{e}{e-1}$. **281.** $1\frac{1}{3}$. **282.** $\dfrac{\sqrt{e^{\pi}+1}}{e^{\frac{\pi}{2}}-1}$.

**284.** $\lim\limits_{n\to\infty} AC_n = \frac{l}{3}$. **285.** $\frac{ab}{2}$. **286.** $k=1$, $b=0$; la recta $y=x$ es asíntota de

la curva $y=\frac{x^3+1}{x^2+1}$. **287.** $Q_t^{(n)} = Q_0 \left(1+\frac{kt}{n}\right)^n$, donde $k$ es el coeficiente

de proporcionalidad («regla de interés compuesto»); $Q_t = Q_0 e^{kt}$. **288.** $|x| >$

$> \frac{1}{\varepsilon}$; a) $|x| > 10$; b) $|x| > 100$; c) $|x| > 1000$. **289.** $|x-1| < \frac{\varepsilon}{2}$ cuando

$0 < \varepsilon < 1$; a) $|x-1| < 0{,}05$; b) $|x-1| < 0{,}005$; c) $|x-1| < 0{,}0005$.

**290.** $|x-2| < \frac{1}{N} = \delta$; a) $\delta = 0{,}1$; b) $\delta = 0{,}01$; c) $\delta = 0{,}001$. **291.** a) segundo;

b) tercero. $\frac{1}{2}$, $\frac{3}{2}$. **292.** a) 1; b) 2; c) 3. **293.** a) 1; b) $\frac{1}{4}$; c) $\frac{2}{3}$; d) 2;

e) 3. **295.** No. **296.** 15. **297.** $-1$. **298.** $-1$. **299.** 3. **300.** a) 1,03 (1,0296);

b) 0,985 (0,9849); c) 3,167 (3,1623). I n d i c a c i ó n. $\sqrt{10} = \sqrt{9+1} =$

$=3\sqrt{1+\frac{1}{9}}$; d) 10,954 (10,954). **301.** 1) 0,98 (0,9804); 2) 1,03 (1,0309);

3) 0,0095 (0,00952); 4) 3,875 (3,8730); 5) 1,12 (1,125); 6) 0,72 (0,7480);

7) 0,043 (0,04139). **303.** a) 2; b) 4; c) $\frac{1}{2}$; d) $\frac{2}{3}$. **307.** I n d i c a c i ó n. Si

$x>0$, cuando $|\Delta x| < x$, tenemos $|\sqrt{x+\Delta x} - \sqrt{x}| = |\Delta x|/(\sqrt{x+\Delta x} + \sqrt{x}) \leqslant$

$\leqslant |\Delta x|/\sqrt{x}$. **309.** I n d i c a c i ó n. Utilizar la desigualdad $|\cos(x+\Delta x) -$

$-\cos x| \leqslant |\Delta x|$. **310.** a) $x \neq \frac{\pi}{2} + k\pi$, donde $k$ es un número entero; b) $x \neq$

$\neq k\pi$, donde $k$ es un número entero. **311.** I n d i c a c i ó n. Utilizar la de-

sigualdad $||x+\Delta x| - |x|| \leqslant |\Delta x|$. **313.** $A=4$. **314.** $f(0)=1$. **315.** No.

**316.** a) $f(0)=n$; b) $f(0)=\frac{1}{2}$; c) $f(0)=2$; d) $f(0)=2$; e) $f(0)=0$; f) $f(0)=1$.

**317.** $x=2$, es un punto de discontinuidad de 2ª especie. **318.** $x=-1$, es un

punto de discontinuidad evitable. **319.** $x=-2$, es un punto de discontinui-

dad de 2ª especie; $x=2$, es un punto de discontinuidad evitable. **320.** $x=0$,

es un punto de discontinuidad de 1ª especie. **321.** a) $x=0$, es un punto de

discontinuidad de 2ª especie; b) $x=0$, es un punto de discontinuidad evi-

table. **322.** $x=0$, es un punto de discontinuidad evitable, $x=k\pi$ $(k=\pm 1,$

$\pm 2, \ldots)$ son puntos de discontinuidad infinita. **323.** $x=2\pi k + \frac{\pi}{2}$ $(k=0,$

$\pm 1, \pm 2, \ldots)$ son puntos de discontinuidad infinita. **324.** $x=k\pi$ $(k=0,$

$\pm 1, \pm 2, \ldots)$, son puntos de discontinuidad infinita. **325.** $x=0$, es un punto de discontinuidad de 1ª especie. **326.** $x=-1$, es un punto de discontinuidad evitable; $x=1$, un punto de discontinuidad de 1ª especie. **327.** $x==-1$, es un punto de discontinuidad de 2ª especie. **328.** $x=0$, es un punto de discontinuidad evitable. **329.** $x=1$, es un punto de discontinuidad de 1ª especie. **330.** $x=3$, es un punto de discontinuidad de 1ª especie. **332.** $x=1$, es un punto de discontinuidad de 1ª especie. **333.** La función es continua. **334.** a) $x=0$, es un punto de discontinuidad de 1ª especie; b) la función es continua; c) $x=k\pi$ ($k$, es un número entero), son puntos de discontinuidad de 1ª especie. **335.** a) $x=k$ ($k$, es un número entero), son puntos de discontinuidad de 1ª especie; b) $x=k$ ($k \neq 0$, es un número entero), son puntos de discontinuidad de 1ª especie. **337.** No, porque la función $y=E(x)$ es discontinua cuando $x=1$. **338.** 1,53. **339.** Indicación. Demostrar, que cuando $x_0$ es suficientemente grande, tenemos $P(-x_0)P(x_0) < 0$.

## Capítulo II

**341.** a) 3; b) 0,21; c) $2h+h^2$ **342.** a) 0,1; b) $-3$; c) $\sqrt[3]{a+h}-\sqrt[3]{a}$. **344.** a) 624; 1560; b) 0,01; 100; c) $-1$; 0,000011. **345.** a) $a\Delta x$; $a$; b) $3x^2\Delta x+$

$+3x(\Delta x)^2+(\Delta x)^3$; $3x^2+3x\Delta x+(\Delta x)^2$; c) $-\dfrac{2x\Delta x+(\Delta x)^2}{x^2(x+\Delta x)^2}$; $-\dfrac{2x+\Delta x}{x^2(x+\Delta x)^2}$;

d) $\sqrt{x+\Delta x}-\sqrt{x}$; $\dfrac{1}{\sqrt{x+\Delta x}+\sqrt{x}}$; e) $2^x(2^{\Delta x}-1)$; $\dfrac{2^x(2^{\Delta x}-1)}{\Delta x}$;

f) $\ln\dfrac{x+\Delta x}{x}$; $\dfrac{1}{\Delta x}\ln\left(1+\dfrac{\Delta x}{x}\right)$. **346.** a) $-1$; b) 0,1; c) $-h$; 0. **347.** 21.

**348.** 15 cm/seg. **349.** 7,5. **350.** $\dfrac{f(x+\Delta x)-f(x)}{\Delta x}$. **351.** $f'(x)=$

$=\lim\limits_{\Delta x\to 0}\dfrac{f(x+\Delta x)-f(x)}{\Delta x}$. **352.** a) $\dfrac{\Delta\varphi}{\Delta t}$; b) $\dfrac{d\varphi}{\Delta t}=\lim\limits_{\Delta t\to 0}\dfrac{\Delta\varphi}{\Delta t}$, donde $\varphi$, es la

magnitud del ángulo de rotación en el instante $t$. **353.** a) $\dfrac{\Delta T}{\Delta t}$; b) $\dfrac{dT}{dt}=$

$=\lim\limits_{\Delta t\to 0}\dfrac{\Delta T}{\Delta t}$, donde $T$ es la temperatura en el instante $t$. **354.** $\dfrac{dQ}{dt}=$

$=\lim\limits_{\Delta t\to 0}\dfrac{\Delta Q}{\Delta t}$, donde $Q$ es la cantidad de substancia en el instante $t$.

**355.** a) $\dfrac{\Delta m}{\Delta x}$; b) $\lim\limits_{\Delta x\to 0}\dfrac{\Delta m}{\Delta x}$. **356.** a) $-\dfrac{1}{6}\approx-0,16$; b) $-\dfrac{5}{12}\approx-0,238$;

c) $-\dfrac{50}{201}\approx-0,249$; $y'_{x=2}=-0,25$. **357.** $\sec^2 x$. Resolución. $y'=$

$=\lim\limits_{\Delta x\to 0}\dfrac{\mathrm{tg}(x+\Delta x)-\mathrm{tg}\,x}{\Delta x}=\lim\limits_{\Delta x\to 0}\dfrac{\mathrm{sen}\,\Delta x}{\Delta x\cos x\cos(x+\Delta x)}=\lim\limits_{\Delta x\to 0}\dfrac{\mathrm{sen}\,\Delta x}{\Delta x}\times$

$\times\lim\limits_{\Delta x\to 0}\dfrac{1}{\cos x\cos(x+\Delta x)}=\dfrac{1}{\cos^2 x}=\sec^2 x$. **358.** a) $3x^2$; b) $-\dfrac{2}{x^3}$; c) $\dfrac{1}{2\sqrt{x}}$;

d) $\dfrac{-1}{\mathrm{sen}^2\,x}$. **359.** $\dfrac{1}{12}$. Resolución. $f'(8)=\lim\limits_{\Delta x\to 0}\dfrac{f(8+\Delta x)-f(8)}{\Delta x}=$

$=\lim\limits_{\Delta x\to 0}\dfrac{\sqrt[3]{8+\Delta x}-\sqrt[3]{8}}{\Delta x}=\lim\limits_{\Delta x\to 0}\dfrac{8+\Delta x-8}{\Delta x[\sqrt[3]{(8+\Delta x)^2}+\sqrt[3]{(8+\Delta x)8}+\sqrt[3]{8^2}]}=$

$=\lim\limits_{\Delta x\to 0}\dfrac{1}{\sqrt[3]{(8+\Delta x)^2}+2\sqrt[3]{8+\Delta x}+4}=\dfrac{1}{12}$. **360.** $f'(0)=-8$, $f'(1)=0$, $f'(2)=0$.

**361.** $x_1=0$; $x^2=3$. Indicación. La ecuación $f'(x)=f(x)$ para la función dada tiene la forma $3x^2 = x^3$. **362.** 30 m/seg. **363.** 1, 2. **364.** —1.

**365.** $f'(x_0) = \dfrac{-1}{x_0^2}$. **366.** —1; 2; $\operatorname{tg} \varphi = 3$. **I n d i c a c i ó n**. Empléense los resultados del ejemplo 3 y del problema 365. **367. R e s o l u c i ó n**.

a) $f'(0) = \lim\limits_{\Delta x \to 0} \dfrac{\sqrt[3]{(\Delta x)^2}}{\Delta x} = \lim\limits_{\Delta x \to 0} \dfrac{1}{\sqrt[3]{\Delta x}} = \infty$; b) $f'(1) = \lim\limits_{\Delta x \to 0} \dfrac{\sqrt[5]{1 + \Delta x} - 1}{\Delta x} =$

$= \lim\limits_{\Delta x \to 0} \dfrac{1}{\sqrt[5]{(\Delta x)^4}} = +\infty$; c) $f'_{-}\left(\dfrac{2k+1}{2}\,\pi\right) = \lim\limits_{\Delta x \to -0} \dfrac{\left|\cos\left(\dfrac{2k+1}{2}\,\pi + \Delta x\right)\right|}{\Delta x} =$

$= \lim\limits_{\Delta x \to -0} \dfrac{|\operatorname{sen} \Delta x|}{\Delta x} = -1$; $f'_{+}\left(\dfrac{2k+1}{2}\right) = \lim\limits_{\Delta x \to +0} \dfrac{|\operatorname{sen} \Delta x|}{\Delta x} = 1$. **368.** $5x^4 -$

$-12x^2 + 2$. **369.** $-\dfrac{1}{3} + 2x - 2x^3$. **370.** $2ax + b$. **371.** $-\dfrac{15x^2}{a}$. **372.** $mat^{m-1} +$

$+ b(m+n) t^{m+n-1}$. **373.** $\dfrac{6ax^5}{\sqrt{a^2 + b^2}}$. **374.** $-\dfrac{\pi}{x^2}$. **375.** $2x^{-\frac{1}{3}} - 5x^{\frac{3}{2}} - 3x^{-4}$.

**376.** $\dfrac{8}{3} x^{\frac{5}{3}}$. **I n d i c a c i ó n**. $y = x^2 x^{\frac{2}{3}} = x^{\frac{8}{3}}$. **377.** $\dfrac{4b}{3x^2 \sqrt[3]{x}} - \dfrac{2a}{3x \sqrt[3]{x^2}}$.

**378.** $\dfrac{bc - ad}{(c + dx)^2}$. **379.** $\dfrac{-2x^2 - 6x + 25}{(x^2 - 5x + 5)^2}$. **380.** $\dfrac{1 - 4x}{x^2 (2x-1)^2}$. **381.** $\dfrac{1}{\sqrt{z}\,(1 - \sqrt{z})^2}$.

**382.** $5\cos x - 3\operatorname{sen} x$. **383.** $\dfrac{4}{\operatorname{sen}^2 2x}$. **384.** $\dfrac{-2}{(\operatorname{sen} x - \cos x)^2}$. **385.** $t^2 \operatorname{sen} t$.

**386.** $y' = 0$. **387.** $\operatorname{ctg} x - \dfrac{x}{\operatorname{sen}^2 x}$. **388.** $\operatorname{arc\,sen} x + \dfrac{x}{\sqrt{1 - x^2}}$. **389.** $x \operatorname{arctg} x$.

**390.** $x^6 e^x (x + 7)$. **391.** $xe^x$. **392.** $e^x \dfrac{x - 2}{x^3}$. **393.** $\dfrac{5x^4 - x^5}{e^x}$. **394.** $e^x (\cos x - \operatorname{sen} x)$.

**395.** $x^2 e^x$. **396.** $e^x \left(\operatorname{arc\,sen} x + \dfrac{1}{\sqrt{1 - x^2}}\right)$. **397.** $\dfrac{(x2 \ln x - 1)}{\ln^2 x}$. **398.** $3x^2 \ln x$.

**399.** $\dfrac{2}{x} + \dfrac{\ln x}{x^2} - \dfrac{2}{x^2}$. **400.** $\dfrac{2 \ln x}{x \ln 10} - \dfrac{1}{x}$. **401.** $\operatorname{sh} x + x \operatorname{ch} x$.

**402.** $\dfrac{2x \operatorname{ch} x - x^2 \operatorname{sh} x}{\operatorname{ch}^2 x}$. **403.** $-\operatorname{th}^2 x$. **404.** $\dfrac{-3 (x \ln x + \operatorname{sh} x \operatorname{ch} x)}{x \ln^2 x \cdot \operatorname{sh}^2 x}$.

**405.** $\dfrac{-2x^2}{1 - x^4}$. **406.** $\dfrac{1}{\sqrt{1 - x^2}} \operatorname{Arsh} x + \dfrac{1}{\sqrt{1 + x^2}} \operatorname{arc\,sen} x$. **407.** $\dfrac{x - \sqrt{x^2 - 1}\, \operatorname{Arch} x}{x^2 \sqrt{x^2 - 1}}$.

**408.** $\dfrac{1 + 2x \operatorname{Arcth} x}{(1 - x^2)^2}$. **410.** $\dfrac{3a}{c} \left(\dfrac{ax + b}{c}\right)^2$. **411.** $12ab + 18b^2 y$.

**412.** $16x (3 + 2x^2)^3$. **413.** $\dfrac{x^2 - 1}{(2x - 1)^8}$. **414.** $\dfrac{-x}{\sqrt{1 - x^2}}$. **415.** $\dfrac{bx^2}{\sqrt[3]{(a + bx^3)^2}}$.

**416.** $-\sqrt{\sqrt[3]{\dfrac{a^2}{x^2}} - 1}$. **418.** $\dfrac{1 - \operatorname{tg}^2 x + \operatorname{tg}^4 x}{\cos^2 x}$. **419.** $\dfrac{-1}{2 \operatorname{sen}^2 x \sqrt{\operatorname{ctg} x}}$.

**420.** $2 - 15 \cos^2 x \operatorname{sen} x$. **421.** $\dfrac{-16 \cos 2t}{\operatorname{sen}^3 2t}$. **I n d i c a c i ó n**. $x = \operatorname{sen}^{-2} t + \cos^{-2} t$.

**422.** $\dfrac{\operatorname{sen} x}{(1 - 3 \cos x)^3}$. **423.** $\dfrac{\operatorname{sen}^3 x}{\cos^4 x}$. **424.** $\dfrac{3 \cos x + 2 \operatorname{sen} x}{2 \sqrt{15 \operatorname{sen} x - 10 \cos x}}$.

**425.** $\dfrac{2 \cos x}{3\sqrt{\operatorname{sen} x}} + \dfrac{3 \operatorname{sen} x}{\cos^4 x}$. **426.** $\dfrac{1}{2 \sqrt{1 - x^2}\, \sqrt{1 + \operatorname{arc\,sen} x}}$.

**427.** $\dfrac{1}{2\,(1+x^2)\,\sqrt{\text{arctg }x}} - \dfrac{3\,(\text{arcsen }x)^2}{\sqrt{1-x^2}}$ .
**428.** $\dfrac{-1}{(1+x^2)\,(\text{arctg }x)^2}$ .

**429.** $\dfrac{e^x+xe^x+1}{2\,\sqrt{xe^x+x}}$ .
**430.** $\dfrac{2e^x-2^x\ln 2}{3\,\sqrt[3]{(2e^x-2^x+1)^2}} + \dfrac{5\ln^4 x}{x}$ .
**432.** $(2x-5)\times$

$\times\cos(x^2-5x+1) - \dfrac{a}{x^2\cos^2\dfrac{a}{x}}$ .
**433.** $-a\,\text{sen}\,(\alpha x+\beta)$.
**434.** $\text{sen}\,(2t+\varphi)$.

**435.** $-2\,\dfrac{\cos x}{\text{sen}^3 x}$ .
**436.** $\dfrac{-1}{\text{sen}^2\dfrac{x}{a}}$ .
**437.** $x\cos 2x^2\,\text{sen}\,3x^2$.
**439.** $\dfrac{-2}{x\,\sqrt{x^4-1}}$ .

**440.** $\dfrac{-1}{2\,\sqrt{x-x^2}}$ .
**441.** $\dfrac{-1}{1+x^2}$ .
**442.** $\dfrac{-1}{1+x^2}$ .
**443.** $-10xe^{-x^2}$ .

**444.** $-2x5^{-x^2}\ln 5$.
**445.** $2x10^{2x}\,(1+x\ln 10)$.
**446.** $\text{sen}\,2^t+2^t\,t\cos 2^t\ln 2$.

**447.** $\dfrac{-e^x}{\sqrt{1-e^{2x}}}$ .
**448.** $\dfrac{2}{2x+7}$ .
**449.** $\text{ctg }x\lg e$.
**450.** $\dfrac{-2x}{1-x^2}$ .
**451.** $\dfrac{2\ln x}{x} -$

$-\dfrac{1}{x\ln x}$ .
**452.** $\dfrac{(e^x+5\cos x)\,\sqrt{1-x^2}-4}{(e^x+5\,\text{sen}\,x-4\,\text{arcsen}\,x)\,\sqrt{1-x^2}}$ .
**453.** $\dfrac{1}{(1+\ln^2 x)\,x} +$

$+\dfrac{1}{(1+x^2)\,\text{arctg }x}$ .
**454.** $\dfrac{1}{2x\,\sqrt{\ln x+1}} + \dfrac{1}{2(\sqrt{x}+x)}$ .
**455.** Resolución.

$y'=(\text{sen}^3\,5x)'\cos^2\dfrac{x}{3} + \text{sen}^3\,5x\left(\cos^2\dfrac{x}{3}\right)' = 3\,\text{sen}^2\,5x\,\cos 5x\cdot 5\cos^2\dfrac{x}{3} +$

$+\,\text{sen}^3\,5x\cdot 2\cos\dfrac{x}{3}\left(-\text{sen}\dfrac{x}{3}\right)\dfrac{1}{3} = 15\,\text{sen}^2\,5x\,\cos 5x\cos^2\dfrac{x}{3} - \dfrac{2}{3}\,\text{sen}^3\,5x\,\cos\,\times$

$\times\dfrac{x}{3}\,\text{sen}\dfrac{x}{3}$ .
**456.** $\dfrac{4x+3}{(x-2)^3}$ .
**457.** $\dfrac{x^2+4x-6}{(x-3)^5}$ .
**458.** $\dfrac{x^7}{(1-x^2)^5}$ .

**459.** $\dfrac{x-1}{x^2\,\sqrt{2x^2-2x+1}}$ .
**460.** $\dfrac{1}{\sqrt{(a^2+x^2)^3}}$ .
**461.** $\dfrac{x^2}{\sqrt{(1+x^2)^5}}$ .

**462.** $\dfrac{(1+\sqrt{x})^3}{\sqrt[3]{x}}$ .
**463.** $x^5\,\sqrt[3]{(1+x^3)^2}$.
**464.** $\dfrac{1}{\sqrt[4]{(x-1)^3\,(x+2)^5}}$ .

**465.** $4x^3\,(a-2x^3)\,(a+5x^3)$.
**466.** $\dfrac{2abmnx^{n-1}\,(a-bx^n)^{m-1}}{(a-bx^n)^{m+1}}$ .
**467.** $\dfrac{x^3-1}{(x+2)^6}$ .

**468.** $\dfrac{a-3x}{2\,\sqrt{a-x}}$ .
**469.** $\dfrac{3x^2+2\,(a+b+c)\,x+ab+bc+ac}{2\,\sqrt{(x+a)\,(x+b)\,(x+c)}}$ .

**470.** $\dfrac{1+2\sqrt{y}}{6\,\sqrt{y}\,\sqrt[3]{(y+\sqrt{y})^2}}$ .
**471.** $2\,(7t+4)\,\sqrt[3]{3t+2}$.
**472.** $\dfrac{y-a}{\sqrt{(2ay-y^2)^3}}$ .

**473.** $\dfrac{1}{\sqrt{e^x+1}}$ .
**474.** $\text{sen}^3 x\cos^2 x$.
**475.** $\dfrac{1}{\text{sen}^4 x\cos^4 x}$ .
**476.** $10\,\text{tg}\,5x\,\sec^2 5x$.

**477.** $x\cos x^2$.
**478.** $3t^2\,\text{sen}\,2t^3$.
**479.** $3\cos x\cos 2x$.
**480.** $\text{tg}^4 x$.
**481.** $\dfrac{\cos 2x}{\text{sen}^4 x}$ .

**482.** $\dfrac{(\alpha-\beta)\,\text{sen}\,2x}{2\,\sqrt{\alpha\,\text{sen}^2 x+\beta\cos^2 x}}$ .
**483.** 0.
**484.** $\dfrac{1}{2}\,\dfrac{\text{arcsen}\,x\,(2\,\text{arccos}\,x-\text{arcsen}\,x)}{\sqrt{1-x^2}}$ .

**485.** $\dfrac{2}{x\,\sqrt{2x^2-1}}$ .
**486.** $\dfrac{1}{1+x^2}$ .
**478.** $\dfrac{x\,\text{arccos}\,x-\sqrt{1-x^2}}{(1-x^2)^{3/2}}$ .
**488.** $\dfrac{1}{\sqrt{a-bx^2}}$ .

**489.** $\sqrt{\dfrac{a-x}{a+x}}\,(a>0)$. **490.** $2\sqrt{a^2-x^2}\,(a>0)$. **491.** $\dfrac{-x}{\sqrt{2x-x^2}}$. **492.** arcsen $\sqrt{x}$.

**493.** $\dfrac{5}{\sqrt{1-25x^2}\arcsin 5x}$. **494.** $\dfrac{1}{x\sqrt{1-\ln^2 x}}$. **495.** $\dfrac{\operatorname{sen}\alpha}{1-2x\cos\alpha+x^2}$.

**496.** $\dfrac{1}{5+4\operatorname{sen}x}$. **497.** $4x\sqrt{\dfrac{x}{b-x}}$. **498.** $\dfrac{\operatorname{sen}^2 x}{1+\cos^2 x}$. **499.** $\dfrac{a}{2}\sqrt{e^{ax}}$.

**500.** $\operatorname{sen}2x\,e^{\operatorname{sen}^2 x}$. **501.** $2m^2 p\,(2ma^{mx}+b)^{p-1}a^{mx}\ln a$. **502.** $e^{\alpha t}\,(\alpha\cos\beta t-\beta\operatorname{sen}\beta t)$.

**503.** $e^{\alpha x}\operatorname{sen}\beta x$. **504.** $e^{-x}\cos 3x$. **505.** $x^{n-1}a^{-x^2}(n-2x^2\ln a)$.

**506.** $-\dfrac{1}{2}y\operatorname{tg}x\,(1+\sqrt{\cos x}\ln a)$. **507.** $\dfrac{3^{\operatorname{ctg}\frac{1}{x}}\ln 3}{\left(x\operatorname{sen}\dfrac{1}{x}\right)^2}$. **508.** $\dfrac{2ax+b}{ax^2+bx+c}$.

**509.** $\dfrac{1}{\sqrt{a^2+x^2}}$. **510.** $\dfrac{\sqrt{x}}{1+\sqrt{x}}$. **511.** $\dfrac{1}{\sqrt{2ax+x^2}}$. **512.** $\dfrac{-2}{x\ln^3 x}$.

**513.** $-\dfrac{1}{x^2}\operatorname{tg}\dfrac{x-1}{x}$. **514.** $\dfrac{2x+11}{x^2-x-2}$. Indicación. $y=5\ln(x-2)-$
$-3\ln(x+1)$. **515.** $\dfrac{3x^2-16x+19}{(x-1)(x-2)(x-3)}$. **516.** $\dfrac{1}{\operatorname{sen}^3 x\cos x}$. **517.** $\sqrt{x^2-a^2}$.

**518.** $\dfrac{-6x^2}{(3-2x^3)\ln(3-2x^3)}$. **519.** $\dfrac{15a\ln^2(ax+b)}{ax+b}$. **520.** $\dfrac{2}{\sqrt{x^2+a^2}}$.

**521.** $\dfrac{mx+n}{x^2-a^2}$. **522.** $\sqrt{2}\operatorname{sen}\ln x$. **523.** $\dfrac{1}{\operatorname{sen}^3 x}$. **524.** $\dfrac{\sqrt{1+x^2}}{x}$. **525.** $\dfrac{x+1}{x^3-1}$.

**526.** $\dfrac{3}{\sqrt{1-9x^2}}[2^{\arcsin 3x}\ln 2+2(1-\arccos 3x)]$. **527.** $\left(3^{\frac{\operatorname{sen}ax}{\cos bx}}\ln 3+\dfrac{\operatorname{sen}^2 ax}{\cos^2 bx}\right)\times$
$\times\dfrac{a\cos ax\cos bx+b\operatorname{sen}ax\operatorname{sen}bx}{\cos^2 bx}$. **528.** $\dfrac{1}{1+2\operatorname{sen}x}$. **529.** $\dfrac{1}{x(1+\ln^2 x)}$.

**530.** $\dfrac{1}{\sqrt{1-x^2}\arcsin x}+\dfrac{\ln x}{x}+\dfrac{1}{x\sqrt{1-\ln^2 x}}$. **531.** $-\dfrac{1}{x(1+\ln^2 x)}$.

**532.** $\dfrac{x^2}{x^4+x^2-2}$. **533.** $\dfrac{2}{\cos x\sqrt{\operatorname{sen}x}}$. **534.** $\dfrac{x^2-3x}{x^4-1}$. **535.** $\dfrac{1}{1+x^3}$.

**536.** $\dfrac{\arcsin x}{(1-x^2)^{3/2}}$. **537.** $6\operatorname{sh}^2 2x\cdot\operatorname{ch}2x$. **538.** $e^{\alpha x}(\alpha\operatorname{ch}\beta x+\beta\operatorname{sh}\beta x)$.

**539.** $6\operatorname{th}^2 2x\,(1-\operatorname{th}^2 2x)$. **540.** $2\operatorname{cth}2x$. **541.** $\dfrac{2}{\sqrt{a^4+x^4}}$. **542.** $\dfrac{1}{x\sqrt{\ln^2 x-1}}$.

**543.** $\dfrac{1}{\cos 2x}$. **544.** $\dfrac{-1}{\operatorname{sen}x}$. **545.** $\dfrac{2}{1-x^2}$. **546.** $x\operatorname{Arth}x$. **547.** $x\operatorname{Arsh}x$.

**548.** a) $y'=1$ cuando $x>0$; $y'=-1$ cuando $x<0$; $y'(0)$ no existe;
b) $y'=|2x|$. **549.** $y'=\dfrac{1}{x}$. **550.** $f'(x)=\begin{cases}-1 & \text{para }x\leqslant 0,\\ -e^{-x} & \text{para }x>0.\end{cases}$ **552.** $\dfrac{1}{2}+\dfrac{\sqrt{3}}{3}$.

**553.** $6\pi$. **554.** a) $f'_-(0)=-1$, $f'_+(0)=1$; b) $f'_-(0)=\dfrac{2}{a}$, $f'_+(0)=\dfrac{-2}{a}$;
c) $f'_-(0)=1$, $f'_+(0)=0$; d) $f'_-(0)=f'_+(0)=0$; e) $f'_-(0)$ y $f'_+(0)$ no existen.
**555.** $1-x$. **556.** $2+\dfrac{x-3}{4}$. **557.** $-1$. **558.** $0$. **561.** Resolución. Tenemos

$y' = e^{-x}(1-x)$. Como $e^{-x} = \dfrac{y}{x}$, se tiene $y' = \dfrac{y}{x}(1-x)$ o bien $xy' = y(1-\mathbf{x})$

**566.** $(1 + 2x)(1 + 3x) + 2(1 + x)(1 + 3x) + 3(x + 1)(1 + 2\mathbf{x})$

**567.** $-\dfrac{(x+2)(5x^2+19x+20)}{(x+1)^4(x+3)^5}$. **568.** $\dfrac{x^2-4x+2}{2\sqrt{x(x-1)(x-2)^3}}$. **569.** $\dfrac{3x^2+5}{3(x^2+1)} \times$

$\times \sqrt[3]{\dfrac{x^2}{x^2+1}}$. **570.** $\dfrac{(x-2)^8(x^2-7x+1)}{(x-1)(x-3)\sqrt{(x-1)^5(x-3)^4}}$.

**571.** $-\dfrac{5x^2+x-24}{3(x-1)^{1/2}(x+2)^{5/3}(x+3)^{5/2}}$. **572.** $x^x(1+\ln x)$. **573.** $x^{x^2+1} \times$

$\times (1+2\ln x)$. **574.** $\sqrt[x]{x} \dfrac{1-\ln x}{x^2}$. **575.** $x^{\sqrt{x}-\frac{1}{2}}\left(1+\dfrac{1}{2}\ln x\right)$. **576.** $x^{x^x}x^x \times$

$\times \left(\dfrac{1}{x}+\ln x+\ln^2 x\right)$. **577.** $x^{\operatorname{sen} x}\left(\dfrac{\operatorname{sen} x}{x}+\cos x \ln x\right)$. **578.** $(\cos x)^{\operatorname{sen} x} \times$

$\times (\cos x \ln \cos x - \operatorname{sen} x \operatorname{tg} x)$. **579.** $\left(1+\dfrac{1}{x}\right)^x\left[\ln\left(1+\dfrac{1}{x}\right)-\dfrac{1}{1+x}\right]$.

**580.** $(\operatorname{arctg} x)^x\left[\ln \operatorname{arctg} x + \dfrac{x}{(1+x^2)\operatorname{arctg} x}\right]$. **581.** a) $x_y' = \dfrac{1}{3(1+x^2)}$ ;

b) $x_y' = \dfrac{2}{2-\cos x}$ ; c) $x_y' = \dfrac{10}{x^{\frac{x}{2}}}$. **582.** $\dfrac{3}{2}t^2$. **583.** $\dfrac{-2t}{t+1}$. **584.** $\dfrac{-2t}{1-t^2}$.

**585.** $\dfrac{t(2-t^3)}{1-t^3}$. **586.** $\dfrac{1+5e^{\frac{t}{2}}}{3\sqrt[6]{t}}$. **587.** $\dfrac{t+1}{t(t^2+1)}$. **588.** $\operatorname{tg} t$. **589.** $-\dfrac{b}{a}$.

**590.** $-\dfrac{b}{a}\operatorname{tg} t$. **591.** $-\operatorname{tg} 3t$. **592.** $y_x' = \begin{cases} -1 \text{ para } t < 0, \\ 1 \text{ para } t > 0. \end{cases}$ **593.** $-2e^{3t}$.

**594.** $\operatorname{tg} t$. **596.** 1. **597.** $\infty$. **599.** No. **600.** Si, ya que esta igualdad es una identidad. **601.** $\dfrac{2}{5}$. **602.** $-\dfrac{b^2x}{a^2y}$. **603.** $-\dfrac{x^2}{y^2}$. **604.** $-\dfrac{x(3x+2y)}{x^2+2y}$.

**605.** $-\sqrt{\dfrac{y}{x}}$. **606.** $-\sqrt[3]{\dfrac{y}{x}}$. **607.** $\dfrac{2y^2}{3(x^2-y^2)+2xy} = \dfrac{1-y^3}{1+3xy^2+4y^3}$.

**608.** $\dfrac{10}{10-3\cos y}$. **609.** $-1$. **610.** $\dfrac{y\cos^2 y}{1-x\cos^2 y}$. **611.** $\dfrac{y}{x}\cdot\dfrac{1-x^2-y^2}{1+x^2+y^2}$.

**612.** $(x+y)^2$. **613.** $y' = \dfrac{1}{e^y-1} = \dfrac{1}{x+y-1}$. **614.** $\dfrac{y}{x}+e^{\frac{y}{x}}$. **615.** $\dfrac{y}{x-y}$.

**616.** $\dfrac{x+y}{x-y}$. **617.** $\dfrac{cy+x\sqrt{x^2+y^2}}{cx-y\sqrt{x^2+y^2}}$. **618.** $\dfrac{x\ln y-y}{y\ln x-x}\cdot\dfrac{y}{x}$. **620.** a) 0; b) $\dfrac{1}{2}$ ;

c) 0. **622.** $45°$; $\operatorname{arctg} 2 \approx 63°26'$. **623.** $45°$. **624.** $\operatorname{arctg}\dfrac{2}{e} \approx 36°21'$. **625.** $(0; 20)$;

$(1; 15)$; $(-2; -12)$. **626.** $(1; -3)$. **627.** $y = x^2-x+1$. **628.** $k = \dfrac{-1}{11}$.

**629.** $\left(\dfrac{1}{8}; -\dfrac{1}{16}\right)$. **631.** $y-5=0$; $x+2=0$. **632.** $x-1=0$; $y=0$.

**633.** a) $y=2x$; $y=-\dfrac{1}{2}x$; b) $x-2y-1=0$; $2x+y-2=0$; c) $6x+2y-\pi=0$;

$2x-6y+3\pi=0$; d) $y=x-1$; $y=1-x$; e) $2x+y-3=0$; $x-2y+1=0$ para el punto $(1; 1)$; $2x-y+3=0$; $x+2y-1=0$ para el punto $(-1; 1)$.

**634.** $7x - 10y + 6 = 0$, $10x + 7y - 34 = 0$. **635.** $y = 0$; $(\pi + 4) x + (\pi - 4) y -$
$- \dfrac{\pi^2 \sqrt{2}}{4} = 0$. **636.** $5x + 6y - 13 = 0$, $6x - 5y + 21 = 0$. **637.** $x + y - 2 = 0$.

**638.** En el punto $(1; 0)$: $y = 2x - 2$; $y = \dfrac{1-x}{2}$; en el punto $(2; 0)$: $y = -x + 2$;
$y = x - 2$; en el punto $(3; 0)$: $y = 2x - 6$; $y = \dfrac{3-x}{2}$. **639.** $14x - 13y + 12 = 0$;
$13x + 14y - 41 = 0$. **640.** I n d i c a c i ó n. La ecuación de la tangente es
$\dfrac{x}{2x_0} + \dfrac{y}{2y_0} = 1$. Por consiguiente, esta tangente corta al eje $OX$ en el punto
$A (2x_0, 0)$ y al eje $OY$ en el punto $B (0, 2y_0)$. Buscando el punto medio del
segmento $AB$, hallamos el punto $(x_0, y_0)$. **643.** $40°36'$. **644.** En el punto $(0, 0)$
las parábolas son tangentes entre sí; en el punto $(1, 1)$ se cortan bajo el
ángulo de arctg $\dfrac{1}{7} \approx 8°8'$. **647.** $S_t = S_n = 2$; $t = n = 2 \sqrt{2}$. **648.** $\dfrac{1}{\ln 2}$.

**652.** $T = 2a \operatorname{sen} \dfrac{t}{2} \operatorname{tg} \dfrac{t}{2}$; $N = 2a \operatorname{sen} \dfrac{t}{2}$; $S_t = 2a \operatorname{sen}^2 \dfrac{t}{2} \operatorname{tg} \dfrac{t}{2}$; $S_n = a \operatorname{sen} t$.

**653.** arctg $\dfrac{1}{K}$. **654.** $\dfrac{\pi}{2} + 2\varphi$. **655.** $S_t = 4\pi^2 a$; $S_n = a$; $t = 2\pi a \sqrt{1 + 4\pi^2}$;
$n = a \sqrt{1 + 4\pi^2}$; tg $\mu = 2\pi$. **656.** $S_t = a$; $S_n = \dfrac{a}{\varphi_0^2}$; $t = \sqrt{a^2 + \rho_0^2}$;
$n = \dfrac{\rho_0}{a} \sqrt{a^2 + \rho_0^2}$; tg $\mu = -\varphi_0$. **657.** 3 cm/seg; 0; $-9$ cm/seg. **658.** 15 cm/seg.

**659.** $- \dfrac{3}{2}$ m/seg. **660.** La ecuación de la trayectoria es $y = x \operatorname{tg} \alpha -$
$- \dfrac{g}{2v_0^2 \cos^2 \alpha} x^2$. El alcance es igual a $\dfrac{v_0^2 \operatorname{sen} 2\alpha}{g}$. La velocidad
$\sqrt{v_0^2 - 2v_0 g t \operatorname{sen} \alpha + g^2 t^2}$; el coeficiente angular del vector de la velocidad
$\dfrac{v_0 \operatorname{sen} \alpha - g t}{v_0 \cos \alpha}$. I n d i c a c i ó n. Para determinar la trayectoria hay que
eliminar el parámetro $t$ del sistema dado. El alcance es la abscisa del
punto $A$ (dibujo 17). Las proyecciones de la velocidad sobre los ejes:
$\dfrac{dx}{dt}$ y $\dfrac{dy}{dt}$. La magnitud de la velocidad $\sqrt{\left( \dfrac{dx}{dt} \right)^2 + \left( \dfrac{dy}{dt} \right)^2}$; el vector
de la velocidad está dirigido por la tangente a la trayectoria.
**661.** Decrece con una velocidad de 0,4. **662.** $\left( \dfrac{9}{8}, \dfrac{9}{2} \right)$. **663.** La diagonal
crece con una velocidad de $\sim 3,8$ cm/seg, el área, con una velocidad de
40 cm²/seg. **664.** El área de la superficie crece con una velocidad de
$0,2\pi$ m²/seg, el volumen, con una velocidad de $0,05\pi$ m³/seg. **665.** $\dfrac{\pi}{3}$ cm/seg.
**666.** La masa total de la barra es de 360 g, la densidad en el punto $M$
es igual a $5x$ g/cm, la densidad en el punto $A$ es igual a cero, la densidad
en el punto $B$ es de 60 g/cm. **667.** $56x^6 + 210x^4$. **668.** $e^{x^2} (4x^2 + 2)$.
**669.** $2 \cos 2x$. **670.** $\dfrac{2 (1 - x^2)}{3 (1 + x^2)^2}$. **671.** $\dfrac{-x}{\sqrt{(a^2 + x^2)^3}}$. **672.** $2$ arctg $x + \dfrac{2x}{1 + x^2}$.
**673.** $\dfrac{2}{1 - x^2} + \dfrac{2x \arcsin x}{(1 - x^2)^{3/2}}$. **674.** $\dfrac{1}{a} \operatorname{ch} \dfrac{x}{a}$. **679.** $y''' = 6$. **680.** $f''' (3) = 4320$.
**681.** $y^V = \dfrac{24}{(x + 1)^5}$. **682.** $y^{VI} = -64 \operatorname{sen} 2x$. **684.** 0; 1; 2; 2. **685.** La veloci-

28

433

dad $v=5$; 4,997; 4,7. La aceleración $a=0$; $-0,006$; $-0,06$; **$-686$. La ley del** movimiento del punto $M_1$ es $x=a\cos\omega t$; la velocidad en el momento $t$ es igual a $-a\omega\sen\omega t$; la aceleración en el momento $t$: $-a\omega^2\cos\omega t$. La velocidad inicial es igual a 0; la aceleración inicial: $-a\omega^2$; la velocidad cuando $x=0$: $\pm a\omega$; la aceleración cuando $x=0$: 0. El valor máximo de la magnitud absoluta de la velocidad: $a\omega$. El valor máximo de la magnitud absoluta de la aceleración: $a\omega^2$. **687.** $y^{(n)}=n!a^n$. **688.** a) $n!(1-x)^{-(n+1)}$,

b) $(-1)^{n+1}\dfrac{1\cdot 3\ldots(2n-3)}{2^n\cdot x^{n-\frac{1}{2}}}$. **689.** a) $\sen\left(x+n\dfrac{\pi}{2}\right)$; b) $2^n\cos\left(2x+n\dfrac{\pi}{2}\right)$;

c) $(-3)^n e^{-3x}$; d) $(-1)^{n-1}\dfrac{(n-1)!}{(1+x)^n}$; e) $\dfrac{(-1)^{n+1}n!}{(1+x)^{n+1}}$; f) $\dfrac{2n!}{(1-x)^{n+1}}$;

g) $2^{n-1}\sen\left[2x+(n-1)\dfrac{\pi}{2}\right]$; h) $\dfrac{(-1)^{n-1}(n-1)!\,a^n}{(ax+b)^n}$. **690.** a) $x\cdot e^x+ne^x$;

b) $2^{n-1}e^{-2x}\left[2(-1)^n x^2+2n(-1)^{n-1}x+\dfrac{n(n-1)}{2}(-1)^{n-2}\right]$; c) $(1-x^2)\times$

$\times\cos\left(x+\dfrac{n\pi}{2}\right)-2nx\cos\left(x+\dfrac{(n-1)\pi}{2}\right)-n(n-1)\cos\left(x+\dfrac{(n-2)\pi}{2}\right)$;

d) $\dfrac{(-1)^{n-1}\cdot 1\cdot 3\ldots(2n-3)}{2^n x^{\frac{2n+1}{2}}}[x-(2n-1)]$; e) $\dfrac{(-1)^n 6(n-4)!}{x^{n-3}}$ cuando $n\geqslant 4$.

**691.** $y^{(n)}(0)=(n-1)!$ **692.** a) $9t^3$; b) $2t^2+2$; в) $-\sqrt{1-t^2}$. **693.** a) $\dfrac{-1}{a\sen^3 t}$;

b) $\dfrac{1}{3a\cos^4 t\sen t}$; c) $\dfrac{-1}{4a\sen^4\dfrac{t}{2}}$; d) $\dfrac{-1}{at\sen^3 t}$. **694.** a) 0; b) $2e^{3at}$.

**695.** a) $(1+t^2)(1+3t^2)$; b) $\dfrac{t(1+t)}{(1-t)^3}$. **696.** $\dfrac{-2e^{-t}}{(\cos t+\sen t)^3}$. **697.** $\left(\dfrac{d^2y}{dx^2}\right)_{t=0}=1$.

**699.** $\dfrac{3\ctg^4 t}{\sen t}$. **700.** $\dfrac{4e^{2t}(2\sen t-\cos t)}{(\sen t+\cos t)^5}$. **701.** $-6e^{3t}(1+3t+t^2)$. **702.** $m^n t^m$.

**703.** $\dfrac{d^2x}{dy^2}=\dfrac{-f''(x)}{[f'(x)]^3}$; $\dfrac{d^3x}{dy^3}=\dfrac{3[f''(x)]^2-f'(x)f'''(x)}{[f'(x)]^5}$. **705.** $-\dfrac{p^2}{y^3}$.

**706.** $-\dfrac{b^4}{a^2y^3}$. **707.** $-\dfrac{2y^2+2}{y^5}$. **708.** $\dfrac{d^2y}{dx^2}=\dfrac{y}{(1-y)^3}$; $\dfrac{d^2x}{dy^2}=\dfrac{1}{y^2}$.

**709.** $\dfrac{111}{256}$. **710.** $-\dfrac{1}{16}$. **711.** a) $\dfrac{1}{3}$; b) $-\dfrac{3a^2x}{y^5}$. **712.** $\Delta y=0,009001$; $dy=$

$=0,009$. **713.** $d(1-x^3)=1$ cuando $x=1$ и $\Delta x=-\dfrac{1}{3}$. **714.** $dS=2x\Delta x$,

$\Delta S=2x\Delta x+(\Delta x)^2$. **717.** Cuando $x=0$. **718.** No. **719.** $dy=-\dfrac{\pi}{72}\approx-0,0436$.

**720.** $dy=\dfrac{1}{2700}\approx 0,00037$. **721.** $dy=\dfrac{\pi}{45}\approx 0,0698$. **722.** $\dfrac{-m\,dx}{x^{m+1}}$.

**723.** $\dfrac{dx}{(1-x)^2}$. **724.** $\dfrac{dx}{\sqrt{a^2-x^2}}$. **725.** $\dfrac{a\,dx}{x^2+a^2}$. **726.** $-2xe^{-x^2}dx$.

**727.** $\ln x\,dx$. **728.** $\dfrac{-2\,dx}{1-x^2}$. **729.** $-\dfrac{1+\cos\varphi}{\sen^2\varphi}\,d\varphi$. **730.** $-\dfrac{e^t\,dt}{1+e^{2t}}$.

**732.** $-\dfrac{10x+8y}{7x+5y}\,dx$. **733.** $\dfrac{-ye^{-\frac{x}{y}}dx}{y^2-xe^{-\frac{x}{y}}}=\dfrac{y}{x-y}\,dx$. **734.** $\dfrac{x+y}{x-y}\,dx$.

**735.** $\dfrac{12}{11}\,dx$. **737.** a) 0,485; b) 0,965; c) 1, 2; d) $-0,045$; e) $\dfrac{\pi}{4}+0,025\approx0,81$.

**738.** 565 $cm^3$. **739.** $\sqrt{5}\approx2,25$; $\sqrt{17}\approx4,13$; $\sqrt{70}\approx8,38$; $\sqrt{640}\approx25,3$.

**740.** $\sqrt[3]{10}\approx2,16$; $\sqrt[3]{70}\approx4,13$; $\sqrt[3]{200}\approx5,85$. **741.** a) 5; b) 1, 1; c) 0,93; d) 0,9.

**742.** 1,0019. **743.** 0,57. **744.** 2,03. **748.** $\dfrac{-(dx)^2}{(1-x^2)^{3/2}}$. **749.** $\dfrac{-x\,(dx)^2}{(1-x^2)^{3/2}}$.

**750.** $\left(-\operatorname{sen}x\ln x+\dfrac{2\cos x}{x}-\dfrac{\operatorname{sen}x}{x^2}\right)(dx)^2$. **751.** $\dfrac{2\ln x-3}{x^3}(dx)^3$.

**752.** $-e^{-x}(x^2-6x+6)(dx)^3$. **753.** $\dfrac{384\,(dx)^4}{(2-x)^5}$. **754.** $3\cdot2^n\operatorname{sen}\left(2x+5+\dfrac{n\pi}{2}\right)(dx)^n$.

**755.** $e^{x\cos a}\operatorname{sen}(x\operatorname{sen}a+na)(dx)^n$. **757.** No, ya que $f'(2)$ no existe.

**758.** No. El punto $x=\dfrac{\pi}{2}$ es un punto de discontinuidad de la función.

**762.** $\xi=0$. **763.** (2, 4). **765.** a) $\xi=\dfrac{14}{9}$; b) $\xi=\dfrac{\pi}{4}$ **768.** $\ln x=(x-1)-\dfrac{1}{2}(x-1)^2+\dfrac{2(x-1)^3}{3!\xi^3}$, donde $\xi=1+\theta(x-1)$, $0<\theta<1$. **769.** $\operatorname{sen}x=$ $=x-\dfrac{x^3}{3!}+\dfrac{x^5}{5!}\cos\xi_1$, donde $\xi_1=\theta_1 x$, $0<\theta_1<1$; $\operatorname{sen}x=x-\dfrac{x^3}{3!}+\dfrac{x^5}{5!}-\dfrac{x^7}{7!}\cos\xi_2$, donde $\xi_2=\theta_2 x$, $0<\theta_2<1$. **770.** $e^x=1+x+\dfrac{x^2}{2!}+\dfrac{x^3}{3!}+\cdots$ $\cdots+\dfrac{x^{n-1}}{(n-1)!}+\dfrac{x^n}{n!}e^\xi$, donde $\xi=\theta x$, $0<\theta<1$. **772.** El error: a) $\dfrac{1}{16}\dfrac{x^3}{(1+\xi)^{5/2}}$; b) $\dfrac{5}{81}\dfrac{x^3}{(1+\xi)^{8/3}}$; en ambos casos $\xi=\theta x$; $0<\theta<1$.

**773.** El error es menor de $\dfrac{3}{5!}=\dfrac{1}{40}$. **775.** R e s o l u c i ó n. Tenemos

$$\sqrt{\dfrac{a+x}{a-x}}=\left(1+\dfrac{x}{a}\right)^{\frac{1}{2}}\left(1-\dfrac{x}{a}\right)^{-\frac{1}{2}}.$$ Desarrollando ambos factores en poten-

cias de $x$, obtenemos: $\left(1+\dfrac{x}{a}\right)^{\frac{1}{2}}\approx1+\dfrac{1}{2}\dfrac{x}{a}-\dfrac{1}{8}\dfrac{x^2}{a^2}$; $\left(1-\dfrac{x}{a}\right)^{-\frac{1}{2}}\approx1+$ $+\dfrac{1}{2}\dfrac{x}{a}+\dfrac{3}{8}\dfrac{x^2}{a^2}$. Multiplicándolos, tendremos: $\sqrt{\dfrac{a+x}{a-x}}\approx1+\dfrac{x}{a}+\dfrac{x^2}{2a^2}$.

Luego, desarrollando $e^{x/a}$ en potencias de $\dfrac{x}{a}$, obtenemos el mismo poli-

nomio $e^{\frac{x}{a}}\approx1+\dfrac{x}{a}+\dfrac{x^2}{2a^2}$. **777.** $-\dfrac{1}{3}$. **778.** $\infty$. **779.** 1. **780.** 3. **781.** $\dfrac{1}{2}$.

**782.** 5. **783.** $\infty$. **784.** 0. **785.** $\dfrac{\pi^2}{2}$. **786.** 1. **788.** $\dfrac{2}{\pi}$. **789.** 1. **790.** 0. **791.** $a$. **792.** $\infty$

para $n>1$; $a$ para $n=1$; 0 para $n<1$. **793.** 0. **795.** $\dfrac{1}{5}$. **796.** $\dfrac{1}{12}$.

**797.** $-1$. **799.** 1. **800.** $e^3$. **801.** 1. **802.** 1. **803.** 1. **804.** $\dfrac{1}{e}$. **805.** $\dfrac{1}{e}$.

**806.** $\dfrac{1}{e}$. **807.** 1. **808.** 1. **810.** I n d i c a c i ó n. Hallar el $\lim\limits_{a\to0}\dfrac{S}{\dfrac{2}{3}bh}$, donde $S = \dfrac{R^2}{2}\,(\alpha - \operatorname{sen}\alpha)$ es la expresión exacta del área del segmento ($R$, es el radio de la circunferencia correspondiente).

## Capítulo III

811. $(-\infty, -2)$, crece; $(-2, \infty)$, decrece. 812. $(-\infty, 2)$, decrece; $(2, \infty)$, crece. 813. $(-\infty, \infty)$, crece. 814. $(-\infty, 0)$ y $(2, \infty)$, crece; $(0, 2)$, decrece. 815. $(-\infty, 2)$ y $(2, \infty)$, decrece. 816. $(-\infty, 1)$, crece; $(1, \infty)$, decrece. 817. $(-\infty, -2)$, $(-2, \infty)$ y $(8, \infty)$, decrece. 818. $(0, 1)$, decrece; $(1, \infty)$, crece. 819. $(-\infty, -1)$ y $(1, \infty)$, crece; $(-1, 1)$ decrece. 820. $(-\infty, \infty)$, crece. 821. $\left(0, \dfrac{1}{e}\right)$, decrece; $\left(\dfrac{1}{e}, \infty\right)$, crece. 822. $(-2, 0)$, crece. 823. $(-\infty, 2)$, decrece; $(2, \infty)$, crece. 824. $(-\infty, a)$ y $(a, \infty)$, decrece. 825. $(-\infty, 0)$ y $(0, 1)$, decrece; $(1, \infty)$, crece. 827. $y_{\text{máx}} = \dfrac{9}{4}$ cuando $x = \dfrac{1}{2}$. 828. No hay extremo. 830. $y_{\text{mín}} = 0$ cuando $x = 0$; $y_{\text{mín}} = 0$ cuando $x = 12$; $y_{\text{máx}} = 1296$ cuando $x = 6$. 831. $y_{\text{mín}} \approx -0{,}76$ cuando $x \approx 0{,}23$; $y_{\text{máx}} = 0$ cuando $x = 1$; $y_{\text{mín}} \approx -0{,}05$ cuando $x \approx 1{,}43$. Cuando $x = 2$ no hay extremo. 832. No hay extremo. 833. $y_{\text{máx}} = -2$ cuando $x = 0$; $y_{\text{mín}} = 2$ cuando $x = 2$. 834. $y_{\text{máx}} = \dfrac{9}{16}$ cuando $x = 3{,}2$. 835. $y_{\text{máx}} = -3\sqrt{3}$ cuando $x = -\dfrac{2}{\sqrt{3}}$; $y_{\text{mín}} = 3\sqrt{3}$ cuando $x = \dfrac{2}{\sqrt{3}}$. 836. $y_{\text{máx}} = \sqrt{2}$ cuando $x = 0$. 837. $y_{\text{máx}} = -\sqrt{3}$ cuando $x = -2\sqrt{3}$; $y_{\text{mín}} = \sqrt{3}$ cuando $x = 2\sqrt{3}$. 838. $y_{\text{mín}} = 0$ cuando $x = \pm 1$; $y_{\text{máx}} = 1$ cuando $x = 0$. 839. $y_{\text{mín}} = -\dfrac{3}{2}\sqrt{3}$ cuando $x = \left(k - \dfrac{1}{6}\right)\pi$; $y_{\text{máx}} = \dfrac{3}{2}\sqrt{3}$ cuando $x = \left(k + \dfrac{1}{6}\,\pi\right)$ $k = 0, \pm 1, \pm 2, \ldots)$. 840. $y_{\text{máx}} = 5$ cuando $x = 12k\pi$; $y_{\text{máx}} = 5\cos\dfrac{2\pi}{5}$ cuando $x = 12\left(k \pm \dfrac{2}{5}\right)\pi$; $y_{\text{mín}} = -5\cos\dfrac{\pi}{5}$ cuando $x = 12\left(k \pm \dfrac{1}{5}\right)\pi$; $y_{\text{mín}} = 1$ cuando $x = 6\,(2k+1)\,\pi$ $(k = 0, \pm 1, \pm 2, \ldots)$. 841. $y_{\text{mín}} = 0$ cuando $x = 0$. 842. $y_{\text{mín}} = -\dfrac{1}{e}$ cuando $x = \dfrac{1}{e}$. 843. $y_{\text{máx}} = \dfrac{4}{e^2}$ cuando $x = \dfrac{1}{e^2}$; $y_{\text{mín}} = 0$ cuando $x = 1$. 844. $y_{\text{mín}} = 1$ cuando $x = 0$. 845. $y_{\text{mín}} = -\dfrac{1}{e}$ cuando $x = -1$. 846. $y_{\text{mín}} = 0$ cuando $x = 0$; $y_{\text{máx}} = \dfrac{4}{e^2}$ cuando $x = 2$. 847. $y_{\text{mín}} = e$ cuando $x = 1$. 848. No hay extremo. 849. El valor mínimo es $m = -\dfrac{1}{2}$ cuando $x = -1$; el valor máximo $M = \dfrac{1}{2}$ cuando $x = 1$. 850. $m = 0$ cuando $x = 0$ y $x = 10$; $M = 5$ cuando $x = 5$. 851. $m = \dfrac{1}{2}$ cuando $x = (2k+1)\dfrac{\pi}{4}$; $M = 1$ cuando $x = \dfrac{k\pi}{2}$ $(k = 0, \pm 1, \pm 2, \ldots)$. 852. $m = 0$ cuando $x = 1$; $M = \pi$ cuando $x = -1$. 853. $m = -1$

cuando $x = -1$; $M = 27$ cuando $x = 3$. **854.** a) $m = -6$ cuando $x = 1$; $M = 226$ cuando $x = 5$; b) $m = -1579$ cuando $x = -10$; $M = 3745$ cuando $x = 12$. **856.** $p = -2$, $q = 4$. **861.** Cada uno de los sumandos debe ser igual a $\dfrac{a}{2}$.

**862.** El rectángulo debe ser un cuadrado cuyo lado es igual a $\dfrac{l}{4}$. **863.** Isósceles. **864.** El lado de la superficie, que está junto a la pared, debe ser dos veces mayor que el otro lado. **865.** El lado del cuadrado que se recorta debe ser igual a $\dfrac{a}{6}$. **866.** La altura debe ser dos veces menor que el lado de la base. **867.** Aquél, cuya altura es igual al diámetro de la base. **868.** La altura del cilindro, $\dfrac{2R}{\sqrt{3}}$, el radio de su base, $R\sqrt{\dfrac{2}{3}}$, donde $R$ es el radio de la esfera dada. **869.** La altura del cilindro es $R\sqrt{2}$, donde $R$ es el radio de la esfera dada. **870.** La altura del cono es $\dfrac{4}{3}R$, donde $R$ es el radio de la esfera dada. **871.** La altura del cono es $\dfrac{4}{3}R$, donde $R$ es el radio de la esfera dada. **872.** El radio de la base del cono es $\dfrac{3}{2}r$, donde $r$ es el radio de la base del cilindro dado. **873.** Aquél, cuya altura es dos veces mayor que el diámetro de la esfera. **874.** $\varphi = \pi$, es decir, la sección del canalón tiene forma de semicircunferencia. **875.** El ángulo central del sector es $2\pi\sqrt{\dfrac{2}{3}}$. **876.** La altura de la parte cilíndrica debe ser igual a cero, es decir, el recipiente debe tener forma de semiesfera. **877.** $h = (l^{\frac{2}{3}} - d^{\frac{2}{3}})^{\frac{2}{3}}$. **878.** $\dfrac{x}{2x_0} + \dfrac{y}{2y_0} = 1$. **879.** Los lados del rectángulo son $a\sqrt{2}$ y $b\sqrt{2}$, donde $a$ y $b$ son los correspondientes semiejes de la elipse. **880.** Las coordenadas de los vértices del rectángulo, situados en la parábola $\left(\dfrac{2}{3}a, \pm 2\sqrt{\dfrac{pa}{3}}\right)$. **881.** $\left(\pm\dfrac{1}{\sqrt{3}}, \dfrac{3}{4}\right)$. **882.** El ángulo es igual a la mayor de las magnitudes arccos $\dfrac{1}{k}$ y arctg $\dfrac{h}{d}$. **883.** $AM = a\dfrac{\sqrt[3]{p}}{\sqrt[3]{p} + \sqrt[3]{q}}$.

**884.** $\dfrac{r}{\sqrt{2}}$. **885.** a) $x = y = \dfrac{d}{\sqrt{2}}$; b) $x = \dfrac{d}{\sqrt{3}}$; $y = d\sqrt{\dfrac{2}{3}}$. **886.** $x = \sqrt{\dfrac{2aQ}{q}}$; $P_{mín} = \sqrt{2aqQ}$. **887.** $\sqrt{Mm}$. **Indicación.** Cuando el choque de las dos esferas es completamente elástico, la velocidad que adquiere la bola inmóvil, de masa $m_1$, después de producirse el choque con la de masa $m_2$, que se movía con velocidad $v$, será igual a $\dfrac{2m_2 v}{m_1 + m_2}$. **888.** $n = \sqrt{\dfrac{NR}{r}}$ (si este número no es entero o no es divisor del número $N$, se toma el número entero más próximo al valor obtenido, que sea divisor de $N$). Como la resistencia interna de la batería es igual a $\dfrac{n^2 r}{N}$, el sentido físico de la solución encontrada es: que la resistencia interna de la bate-

SOLUCIONES

ría deberá ser lo más próxima posible a la resistencia exterior. **889.** $y =$
$= \frac{2}{3} h$. **891.** $(-\infty, 2)$, cóncava hacia abajo; $(2, \infty)$, cóncava hacia arriba;
$M (2; 12)$ punto de inflexión. **892.** $(-\infty, \infty)$, cóncava hacia arriba.
**893.** $(-\infty, -3)$, cóncava hacia abajo; $(-3, \infty)$, cóncava hacia arriba; no
hay puntos de inflexión. **894.** $(-\infty, -6)$ y $(0, 6)$, concavidades hacia
arriba; $(-6, 0)$ y $(6, \infty)$, concavidades hacia abajo; son puntos de infle-
xión: $M_1 \left(-6; -\frac{9}{2}\right)$, $O (0; 0)$, $M_2 \left(6; \frac{9}{2}\right)$. **895.** $(-\infty, -\sqrt{3})$ y
$(0, \sqrt{3})$, concavidades hacia arriba; $(-\sqrt{3}, 0)$ y $(\sqrt{3}, \infty)$, concavidades
hacia abajo; son puntos de inflexión: $M_{1,2} (\pm \sqrt{3}; 0)$ y $O (0; 0)$.
**896.** $\left((4k+1) \frac{\pi}{2}, (4k+3) \frac{\pi}{2}\right)$, concavidad hacia arriba, $\left((4k+3) \frac{\pi}{2},\right.$
$(4k+5) \frac{\pi}{2}\right)$, concavidad hacia abajo $(k = 0, \pm 1, \pm 2, \ldots)$; puntos de inflexión: $-\left((2k+1) \frac{\pi}{2}; 0\right)$. **897.** $(2k\pi, (2k+1)\pi)$, concavidad hacia arriba;
$((2k-1)\pi, 2k\pi)$, concavidad hacia abajo $(k = 0, \pm 1, \pm 2, \ldots)$; las abscisas de los puntos de inflexión son $x = k\pi$. **898.** $\left(0, \frac{1}{\sqrt{e^3}}\right)$ concavidad
hacia abajo; $\left(\frac{2}{\sqrt{e^3}}, \infty\right)$, concavidad hacia arriba; $M \left(\frac{1}{\sqrt{e^3}}; -\frac{3}{2e^3}\right)$,
punto de inflexión. **899.** $(-\infty, 0)$, concavidad hacia arriba; $(0, \infty)$, conca-
vidad hacia abajo; $O (0, 0)$, punto de inflexión. **900.** $(-\infty, -3)$ y $(-1, \infty)$,
concavidad hacia arriba; $(-3, -1)$ concavidad hacia abajo; puntos de infle-
xión son $M_1 \left(-3; \frac{10}{e^3}\right)$ y $M_2 \left(-1; \frac{2}{e}\right)$. **901.** $x = 2$; $y = 0$. **902.** $x = 1$,
$x = 3$; $y = 0$. **903.** $x = \pm 2$; $y = 1$. **904.** $y = x$. **905.** $y = -x$ (izquierda), $y = x$
(derecha). **906.** $y = -1$ (izquierda), $y = 1$ (derecha). **907.** $x = \pm 1$, $y = -x$ (izquierda), $y = x$ (derecha). **908.** $y = -2$ (izquierda), $y = 2x - 2$ (derecha), **909.** $y = 2$.
**910.** $x = 0$, $y = 1$ (izquierda), $y = 0$ (derecha). **911.** $x = 0$, $y = 1$. **912.** $y = 0$. **913.** $x =$
$= -1$. **914.** $y = x - \pi$ (izquierda; $y = x + \pi$ (derecha). **915.** $y = a$. **916.** $y_{máx} = 0$
cuando $x = 0$; $y_{mín} = -4$ cuando $x = 2$; el punto de inflexión es $M_1 (1, -2)$.
**917.** $y_{máx} = 1$ cuando $x = \pm \sqrt{3}$; $y_{mín} = 0$ cuando $x = 0$; el punto de inflexión es $M_{1,2} \left(\pm 1; \frac{5}{9}\right)$. **918.** $y_{máx} = 4$ cuando $x = -1$; $y_{mín} = 0$ cuando
$x = 1$; el punto de inflexión es $M_1 (0; 2)$. **919.** $y_{máx} = 8$ cuando $x = -2$; $y_{mín} = 0$
cuando $x = 2$; el punto de inflexión es $M (0; 4)$. **920.** $y_{mín} = -1$ cuando $x = 0$;
los puntos de inflexión son $M_{1,2} (\pm \sqrt{5}; 0)$ y $M_{3,4} \left(\pm 1; -\frac{64}{125}\right)$.
**921.** $y_{máx} = -2$ cuando $x = 0$; $y_{mín} = 2$ cuando $x = 2$; las asíntotas son $x = 1$,
$y = x - 1$. **922.** Los puntos de inflexión son $M_{1,2} (\pm 1, \pm 2)$; la asíntota es
$x = 0$. **923.** $y_{máx} = -4$ cuando $x = -1$; $y_{mín} = 4$ cuando $x = 1$; la asíntota
es $x = 0$. **924.** $y_{mín} = 3$ cuando $x = 1$; el punto de inflexión es $M (-\sqrt[3]{2}; 0)$;
la asíntota es $x = 0$. **925.** $y_{máx} = \frac{1}{3}$ cuando $x = 0$; los puntos de inflexión
son $M_{1,2} \left(\pm 1; \frac{1}{4}\right)$; la asíntota es $y = 0$. **926.** $y_{máx} = -2$ cuando $x = 0$; las
asíntotas son $x = \pm 2$ e $y = 0$. **927.** $y_{mín} = -1$ cuando $x = -2$; $y_{máx} = 1$

438

cuando $x=2$; los puntos de inflexión son $O(0; 0)$ y $M_{1,2}\left(\mp 2\sqrt{3};\ \mp\dfrac{\sqrt{3}}{2}\right)$; la asíntota es $y=0$. **928.** $y_{máx}=1$ cuando $x=4$; el punto de inflexión es $M\left(5;\ \dfrac{8}{9}\right)$; las asíntotas son $x=2$ e $y=0$. **929.** El punto de inflexión es $O(0; 0)$; las asíntotas $x=\pm 2$ e $y=0$. **930.** $y_{máx}=-\dfrac{27}{16}$ cuando $x=\dfrac{8}{3}$; las asíntotas son $x=0$, $x=4$ e $y=0$. **931.** $y_{máx}=-4$ cuando $x=-1$; $y_{mín}=4$ cuando $x=1$; las asíntotas son $x=0$ e $y=3x$. **932.** $A(0; 2)$ y $B(4; 2)$ son los puntos extremos; $y_{máx}=2\sqrt{2}$ cuando $x=2$. **933.** $A(-8; -4)$ y $B(8; 4)$ son los puntos de los extremos. El punto de inflexión es $O(0; 0)$. **934.** El punto del extremo es $A(-3; 0)$; $y_{mín}=-2$ cuando $x=-2$. **935.** Los puntos de los extremos son $A(-\sqrt{3}; 0)$, $O(0; 0)$ y $B(\sqrt{3}; 0)$; $y_{máx}=\sqrt{2}$ cuando $x=-1$; el punto de inflexión es $M\left(\sqrt{3+2\sqrt{3}},\right.$

$\left.\sqrt{6\sqrt{1+\dfrac{2}{\sqrt{3}}}}\right)$. **936.** $y_{máx}=1$ cuando $x=0$; los puntos de inflexión son $M_{1,2}(\pm 1; 0)$. **937.** Los puntos de inflexión son $M_1(0; 1)$ y $M_2(1; 0)$; la asíntota es $y=-x$. **938.** $y_{máx}=0$ cuando $x=-1$; $y_{mín}=-1$ (cuando $x=0$). **939.** $y_{máx}=2$ cuando $x=0$; los puntos de inflexión son $M_{1,2}(\pm 1; \sqrt[3]{2})$; la asíntota es $y=0$. **940.** $y_{mín}=-4$ cuando $x=-4$; $y_{máx}=4$ cuando $x=4$ el punto de inflexión es $O(0; 0)$; la asíntota es $y=0$. **941.** $y_{mín}=\sqrt[3]{4}$ cuando $x=2$; $y_{mín}=\sqrt[3]{4}$ cuando $x=4$; $y_{máx}=2$ cuando $x=3$. **942.** $y_{mín}=2$ cuando $x=0$; las asíntotas son $x=\pm 2$. **943.** Las asíntotas son $x=\pm 2$ e $y=0$. **944.** $y_{mín}=\dfrac{\sqrt{3}}{\sqrt[3]{2}}$ cuando $x=\sqrt{3}$; $y_{máx}=-\dfrac{\sqrt{3}}{\sqrt[3]{2}}$ cuando $x=-\sqrt{3}$; los puntos de inflexión son $M_1\left(-3;\ -\dfrac{3}{2}\right)$, $O(0; 0)$ y $M_2\left(3;\ \dfrac{3}{2}\right)$; las asíntotas, $x=\pm 1$. **945.** $y_{mín}=\dfrac{3}{\sqrt[3]{2}}$ cuando $x=6$; el punto de inflexión es $M\left(12;\ \dfrac{12}{\sqrt[3]{100}}\right)$; la asíntota es $x=2$. **946.** $y_{máx}=\dfrac{1}{e}$ cuando $x=1$; el punto de inflexión es $M\left(2;\ \dfrac{2}{e^2}\right)$; la asíntota, $y=0$. **947.** Los puntos de inflexión son $M_1\left(-3a;\ \dfrac{10a}{e^3}\right)$ y $M_2\left(-a,\ \dfrac{2a}{e}\right)$; la asíntota es $y=0$. **948.** $y_{máx}=e^2$ cuando $x=4$; los puntos de inflexión son $M_{1,2}\left(\dfrac{8\pm 2\sqrt{2}}{2};\ e^{3/2}\right)$; la asíntota, $y=0$. **949.** $y_{máx}=2$ cuando $x=0$; los puntos de inflexión son $M_{1,2}\left(\pm 1;\ \dfrac{3}{e}\right)$. **950.** $y_{máx}=1$ cuando $x=\pm 1$; $y_{mín}=0$ cuando $x=0$. **951.** $y_{máx}=0,74$ cuando $x=e^2\approx 7,39$; el punto de inflexión es $M(e^{8/3}\approx 14,39;\ 0,70)$; las asíntotas, $x=0$ e $y=0$. **952.** $y_{mín}=-\dfrac{a^2}{4e}$ cuando $x=$

$=\dfrac{a}{\sqrt[3]{e}}$; el punto de inflexión es $M\left(\dfrac{a}{\sqrt[3]{e^3}};\ -\dfrac{3a^2}{4e^3}\right)$. **953.** $y_{\min}=e$ cuando

$x=e$; el punto de inflexión es $M\left(e^2;\dfrac{e^2}{2}\right)$; la asíntota es $x=1$; $y\to0$ cuando

$x\to0$. **954.** $y_{\max}=\dfrac{4}{e^2}\approx0,54$ cuando $x=\dfrac{1}{e^2}-1\approx-0,86$; $y_{\min}=0$ cuando

$x=0$; el punto de inflexión es $M\left(\dfrac{1}{e}-1\approx-0,63;\ \dfrac{1}{e}\approx0,37\right)$; $y\to0$

cuando $x\to-1+0$ (punto límite extremo). **955.** $y_{\min}=1$ cuando $x=\pm\sqrt[4]{2}$;
los puntos de inflexión son $M_{1,2}(\pm1,89;\ 1,33)$; las asíntotas, $x=\pm1$.
**956.** La asíntota es $xy=0$. **957.** Las asíntotas son $y=0$ (cuando $x\to+\infty$)

e $y=-x$ (cuando $x\to-\infty$). **958.** Las asíntotas son $x=-\dfrac{1}{e}$; $x=0$ e

$y=0$; la función no está determinada en el segmento $\left[-\dfrac{1}{e},0\right]$.

**959.** Es una función periódica de período $2\pi$. $y_{\min}=-\sqrt{2}$ cuando

$x=\dfrac{5}{4}\pi+2k\pi$; $y_{\max}=\sqrt{2}$ cuando $x=\dfrac{\pi}{4}+2k\pi$ ($k=0,\ \pm1,\ \pm2,\ldots$); los

puntos de inflexión son $M_k\left(\dfrac{3}{4}\pi+k\pi;\ 0\right)$. **960.** Es una función periódica

de período $2\pi$. $y_{\min}=-\dfrac{3}{4}\sqrt{3}$ cuando $x=\dfrac{5}{3}\pi+2k\pi$; $y_{\max}=\dfrac{3}{4}\sqrt{3}$

cuando $x=\dfrac{\pi}{3}+2k\pi$ ($k=0,\ \pm1,\ \pm2,\ldots$); los puntos de inflexión son

$M_k(k\pi;\ 0)$ y $N_k\left(\arccos\left(-\dfrac{1}{4}\right)+2k\pi;\ \dfrac{3}{16}\sqrt{15}\right)$. **961.** Es una función

periódica de período $2\pi$. En el segmento $[-\pi,\ \pi]$ $y_{\max}=\dfrac{1}{4}$ cuando $x=\pm\dfrac{\pi}{3}$;
$y_{\min}=-2$ cuando $x=\pm\pi$; $y_{\min}=0$ cuando $x=0$; los puntos de inflexión
son $M_{1,2}(\pm0,57;\ 0,13)$ y $M_{3,4}(\pm2,20;\ -0,95)$. **962.** Es una función periódica impar de período $2\pi$. En el segmento $[0,2\pi]$: $y_{\max}=1$ cuando $x=0$; $y_{\min}=$

$=0,71$ cuando $x=\dfrac{\pi}{4}$; $y_{\max}=1$ cuando $x=\dfrac{\pi}{2}$; $y_{\min}=-1$ cuando $x=\pi$;

$y_{\max}=-0,71$ cuando $x=\dfrac{5}{4}\pi$; $y_{\min}=-1$ cuando $x=\dfrac{3}{2}\pi$; $y_{\max}=1$ cuando
$x=2\pi$; los puntos de inflexión son $M_1(0,36;\ 0,86)$; $M_2(1,21;\ 0,86)$;
$M_3(2,36;\ 0)$; $M_4(3,51;\ -0,86)$; $M_5(4,35;\ -0,86)$ y $M_6(5,50;\ 0)$. **963.** Es una

función periódica de período $2\pi$. $y_{\min}=\dfrac{\sqrt{2}}{2}$ cuando $x=\dfrac{\pi}{4}+2k\pi$;

$y_{\max}=-\dfrac{\sqrt{2}}{2}$ cuando $x=-\dfrac{3}{4}\pi+2k\pi$ ($k=0,\ \pm1,\ \pm2,\ldots$); las asínto-

tas son $x=\dfrac{3}{4}\pi+k\pi$. **964.** Es una función periódica de período $\pi$; los pun-

tos de inflexión son $M_k\left(\dfrac{\pi}{4}+k\pi;\dfrac{\sqrt{2}}{2}\right)$ ($k=0,\ \pm1,\ \pm2,\ldots$); las asín-

totas son $x=\dfrac{3}{4}\pi+k\pi$. **965.** Es una función periódica par de período $2\pi$

En el segmento $[0, \pi]$: $y_{\text{máx}} = \dfrac{4}{3\sqrt{3}}$ cuando $x = \arccos \dfrac{1}{\sqrt{3}}$; $y_{\text{máx}} = 0$ cuando

$x = \pi$; $y_{\text{mín}} = -\dfrac{4}{3\sqrt{3}}$ cuando $x = \arccos \left( -\dfrac{1}{\sqrt{3}} \right)$; $y_{\text{mín}} = 0$ cuando

$x = 0$; los puntos de inflexión son $M_1 \left( \dfrac{\pi}{2}; 0 \right)$; $M_2 \left( \arcsen \dfrac{\sqrt{2}}{3}; \dfrac{4\sqrt{7}}{27} \right)$

y $M_3 \left( \pi - \arcsen \dfrac{\sqrt{2}}{3}; -\dfrac{4\sqrt{7}}{27} \right)$. **966.** Es una función periódica par de

período $2\pi$. En el segmento $[0, \pi]$: $y_{\text{máx}} = 1$ cuando $x = 0$; $y_{\text{máx}} = \dfrac{2}{2\sqrt{6}}$

cuando $x = \arccos \left( -\dfrac{1}{\sqrt{6}} \right)$; $y_{\text{mín}} = -\dfrac{2}{3\sqrt{6}}$ cuando $x = \arccos \dfrac{1}{\sqrt{6}}$;

$y_{\text{mín}} = -1$ cuando $x = \pi$; los puntos de inflexión son $M_1 \left( \dfrac{\pi}{2}; 0 \right)$; $M_2$

$\left( \arccos \sqrt{\dfrac{13}{18}}; \dfrac{4}{9} \sqrt{\dfrac{13}{18}} \right)$ y $M_3 \left( \arccos \left( -\sqrt{\dfrac{13}{18}} \right); -\dfrac{4}{9} \sqrt{\dfrac{13}{18}} \cdot \right)$

**967.** Es una función impar. Los puntos de inflexión son $M_k (k\pi: k\pi)$ $(k = 0, \pm 1, \pm 2, \ldots)$. **968.** Es una función par. Los puntos de los extremos son $A_{1,2} (\pm 2{,}83; -1{,}57)$; $y_{\text{máx}} \approx 1{,}57$ cuando $x = 0$ (punto de retroceso); los puntos de inflexión son $M_{1,2} (\pm 1{,}54; -0{,}34)$. **969.** Es una función impar. Su campo de existencia es $-1 < x < 1$. El punto de inflexión $O (0; 0)$; la asíntota $x = \pm 1$. **970.** Es una función impar. $y_{\text{máx}} = \dfrac{\pi}{2} - 1 + 2k\pi$ cuando

$x = \dfrac{\pi}{4} + k\pi$; $y_{\text{mín}} = \dfrac{3}{2}\pi + 1 + 2k\pi$ cuando $x = \dfrac{3}{4}\pi + k\pi$; los puntos de in-

flexión son $M_k (k\pi, 2k\pi)$; las asíntotas $x = \dfrac{2k+1}{2}\pi \, (k = 0, \pm 1, \pm 2, \ldots)$.

**971.** Es una función par; $y_{\text{mín}} = 0$ cuando $x = 0$; las asíntotas son $y =$

$= -\dfrac{\pi}{2} x - 1$ (cuando $x \to -\infty$) e $y = \dfrac{\pi}{2} x - 1$ (cuando $x \to +\infty$). **972.** $y_{\text{mín}} = 0$

cuando $x = 0$ (punto anguloso); la asíntota es $y = 1$. **973.** $y_{\text{mín}} = 1 + \dfrac{\pi}{2}$ cuando

$x = 1$; $y_{\text{máx}} = \dfrac{3\pi}{2} - 1$ cuando $x = -1$; el punto de inflexión (centro de simetría) es $(0, \pi)$; las asíntotas, $y = x + 2\pi$ (izquierda) e $y = x$ (derecha). **974.** Es una función impar. $y_{\text{mín}} \approx 1{,}285$ cuando $x = 1$; $y_{\text{máx}} \approx 1{,}856$ cuando

$x = -1$; el punto de inflexión es $M \left( 0, \dfrac{\pi}{2} \right)$; las asíntotas, $y = \dfrac{x}{2} + \pi$

(cuando $x \to -\infty$) e $y = \dfrac{x}{2}$ (cuando $x \to +\infty$). **975.** Las asíntotas son $x = 0$

e $y = x - \ln 2$. **976.** $y_{\text{mín}} \approx 1{,}32$ cuando $x = 1$; la asíntota es $x = 0$.

**977.** Es una función periódica de período $2\pi$. $y_{\text{mín}} = \dfrac{1}{e}$ cuando $x =$

$= \dfrac{3}{2}\pi + 2k\pi$; $y_{\text{máx}} = e$ cuando $x = \dfrac{\pi}{2} + 2k\pi \, (k = 0, \pm 1, \pm 2, \ldots)$; los pun-

tos de inflexión son $-M_k \left( \arcsen \dfrac{\sqrt{5}-1}{2} + 2k\pi; \; e^{\frac{\sqrt{5}-1}{2}} \right)$

y $N_k \left( -\text{arcsen} \dfrac{\sqrt{5}-1}{2}+(2k+1)\,\pi;\ e^{\frac{\sqrt{5}+1}{2}} \right)$. **978.** Los puntos de los extremos son $A\,(0;\ 1)$ y $B\,(1;\ 4{,}81)$. El punto de inflexión es $M\,(0{,}28;\ 1{,}74)$. **979.** El punto de inflexión es $M\,(0{,}5;\ 1{,}59)$; las asíntotas, $y \approx 0{,}21$ (cuando $x \to -\infty$) e $y \approx 4{,}81$ (cuando $x \to +\infty$). **980.** El campo de determinación de la función es el conjunto de los intervalos $(2k\pi,\ 2k\pi+\pi)$, donde $k=0$, $\pm 1$, $\pm 2$, ... La función es periódica de período $2\pi$: $y_{\text{máx}}=0$ cuando $x=\dfrac{\pi}{2}+2k\pi\ (k=0,\ \pm 1,\ \pm 2\ ...)$; las asíntotas son $x=k\pi$. **981.** El campo de determinación es el conjunto de los intervalos $\left( \left( 2k-\dfrac{1}{2} \right) \pi, \left( 2k+\dfrac{1}{2} \right) \pi \right)$, donde $k$ es un número entero. La función es periódica de período $2\pi$. Los puntos de inflexión son $M_k\,(2k\pi;\ 0)\ (k=0,\ \pm 1,\ \pm 2,\ ...)$; las asíntotas, $x=\pm \dfrac{\pi}{2}+2k\pi$. **982.** El campo de determinación es $x>0$; la función es monótona creciente; la asíntota es $x=0$. **983.** El campo de determinación es $\mid x-2k\pi \mid < \dfrac{\pi}{2}\ (k=0,\ \pm 1,\ \pm 2,\ ...)$. La función es periódica de período $2\pi$; $y_{\text{mín}}=1$ cuando $x=2k\pi\ (k=0,\ \pm 1,\ \pm 2,\ ...)$; las asíntotas son $x=\dfrac{\pi}{2}+k\pi$. **984.** La asíntota es $y \approx 1{,}57$; $y \to -\dfrac{\pi}{2}$ cuando $x \to 0$ (punto límite del extremo). **985.** Los puntos de los extremos son $A_{1,\,2} \times (\pm 1{,}31;\ 1{,}57)$; $y_{\text{mín}}=0$ cuando $x=0$. **986.** $y_{\text{mín}}=\left( \dfrac{1}{e} \right)^{\frac{1}{e}} \approx 0{,}69$ cuando $x=\dfrac{1}{e} \approx 0{,}37$; $y \to 1$ cuando $x \to +0$. **987.** El punto límite del extremo es $A\,(+0;\ 0)$; $y_{\text{máx}}=e^{\frac{1}{e}} \approx 1{,}44$ cuando $x=e \approx 2{,}72$; la asíntota es $y=1$; los puntos de inflexión, $M_1\,(0{,}58;\ 0{,}12)$ y $M_2\,(4{,}35;\ 1{,}40)$. **988.** $x_{\text{mín}}=-1$ cuando $t=1\ (y=3)$; $y_{\text{mín}}=-1$ cuando $t=-1(x=3)$. **989.** Para obtener la gráfica basta con variar $t$ entre los límites de $0$ a $2\pi$; $x_{\text{mín}}=-a$ cuando $t=\pi\ (y=0)$; $x_{\text{máx}}=a$ cuando $t=0\ (y=0)$; $y_{\text{mín}}=-a$ (punto de retroceso) cuando $t=+\dfrac{3\pi}{2}\ (x=0)$; $y_{\text{máx}}=+a$ (punto de retroceso) cuando $t=\dfrac{\pi}{2} \times (x=0)$; los puntos de inflexión cuando $t=\dfrac{\pi}{4}$, $\dfrac{3\pi}{4}$, $\dfrac{5\pi}{4}$, $\dfrac{7\pi}{4}$ son $\left( x=\pm \dfrac{a}{2\sqrt{2}},\quad y=\pm \dfrac{a}{\sqrt{2}} \right)$. **990.** $x_{\text{mín}}=-\dfrac{1}{e}$ cuando $t=-1\ (y=-e)$; $y_{\text{máx}}=\dfrac{1}{e}$ cuando $t=1\ (x=e)$; los puntos de inflexión son $\left( -\dfrac{\sqrt{2}}{e^{\sqrt{2}}},\ -\sqrt{2e^{\sqrt{2}}} \right)$ cuando $t=-\sqrt{2}$ y $\left( \sqrt{2e^{\sqrt{2}}};\ \dfrac{\sqrt{2}}{e^{\sqrt{2}}} \right)$ cuando $t=\sqrt{2}$; las asíntotas, $x=0$ e $y=0$. **991.** $x_{\text{mín}}=1$ e $y_{\text{mín}}=1$ cuando $t=0$ (punto de retroceso); la asíntota es $y=2x$ cuando $t \to +\infty$. **992.** $y_{\text{mín}}=0$ cuando $t=0$.

**993.** $ds = \dfrac{a}{y}\, dx$; $\cos \alpha = \dfrac{y}{a}$; $\operatorname{sen} \alpha = -\dfrac{x}{a}$. **994.** $ds = \dfrac{1}{a}\sqrt{\dfrac{a^4 - c^2 x^2}{a^2 - x^2}}\, dx$;

$\cos \alpha = \dfrac{a\sqrt{a^2 - x^2}}{\sqrt{a^4 - c^2 x^2}}$; $\operatorname{sen} \alpha = -\dfrac{bx}{\sqrt{a^2 - c^2 x^2}}$, donde $c = \sqrt{a^2 - b^2}$. **995.** $ds =$

$= \dfrac{1}{y}\sqrt{p^2 - y^2}\, dx$; $\cos \alpha = \dfrac{y}{\sqrt{p^2 - y^2}}$; $\operatorname{sen} \alpha = \dfrac{p}{\sqrt{p^2 + y^2}}$. **996.** $ds = \sqrt[3]{\dfrac{a}{x}}\, dx$;

$\cos \alpha = \sqrt[3]{\dfrac{x}{a}}$; $\operatorname{sen} \alpha = -\sqrt[3]{\dfrac{y}{a}}$. **997.** $ds = \operatorname{ch}\dfrac{x}{a}\, dx$; $\cos \alpha = \dfrac{1}{\operatorname{ch}\dfrac{x}{a}}$;

$\operatorname{sen} \alpha = \operatorname{th}\dfrac{x}{a}$. **998.** $dx = 2a \operatorname{sen}\dfrac{t}{2}\, dt$; $\cos \alpha = \operatorname{sen}\dfrac{t}{2}$; $\operatorname{sen} \alpha = \cos\dfrac{t}{2}$. **999.** $ds =$

$= 3a \operatorname{sen} t \cos t\, dt$; $\cos \alpha = -\cos t$; $\operatorname{sen} \alpha = \operatorname{sen} t$. **1000.** $ds = a\sqrt{1 + \varphi^2}\, d\varphi$;

$\cos \beta = \dfrac{1}{\sqrt{1 - \varphi^2}}$. **1001.** $ds = \dfrac{a}{\varphi^2}\sqrt{1 + \varphi^2}\, d\varphi$; $\cos \beta = -\dfrac{1}{\sqrt{1 + \varphi^2}}$. **1002.** $ds =$

$= \dfrac{a}{\cos^3\dfrac{\varphi}{2}}\, d\varphi$; $\operatorname{sen} \beta = \cos\dfrac{\varphi}{2}$. **1003.** $ds = a \cos\dfrac{\varphi}{2}\, d\varphi$; $\operatorname{sen} \beta = \cos\dfrac{\varphi}{2}$. **1004.** $ds =$

$= r\sqrt{1 + (\ln a)^2}\, d\varphi$; $\operatorname{sen} \beta = \dfrac{1}{\sqrt{1 + (\ln a)^2}}$. **1005.** $ds = \dfrac{a^2}{r}\, d\varphi$; $\operatorname{sen} \beta = \cos 2\varphi$.

**1006.** $K = 36$. **1007.** $K = \dfrac{1}{3\sqrt{2}}$. **1008.** $K_A = \dfrac{a}{b^2}$; $K_B = \dfrac{b}{a^2}$. **1009.** $K =$

$= \dfrac{6}{13\sqrt{13}}$. **1010.** $K = \dfrac{3}{a\sqrt{2}}$ en ambos vértices. **1011.** $\left(\dfrac{9}{8}; 3\right)$ y $\left(\dfrac{9}{8}; -3\right)$.

**1012.** $\left(-\dfrac{\ln 2}{2}; \dfrac{\sqrt{2}}{2}\right)$. **1013.** $R = \left|\dfrac{(1 + 9x^4)^{3/2}}{6x}\right|$. **1014.** $R = \dfrac{(b^4 x^2 + a^4 y^2)^{3/2}}{a^4 b^4}$.

**1015.** $R = \dfrac{(y^2 + 1)^2}{4y}$. **1016.** $R = \left|\dfrac{3}{2} a \operatorname{sen} 2t\right|$. **1017.** $R = |at|$. **1018.** $R =$

$= |r\sqrt{1 + k^2}|$. **1019.** $R = \left|\dfrac{4}{3} a \cos\dfrac{\varphi}{2}\right|$. **1020.** $R_{\min} = |p|$. **1022.** $(2; 2)$.

**1023.** $\left(-\dfrac{11}{2} a; \dfrac{16}{3} a\right)$. **1024.** $(x - 3)^2 + \left(y - \dfrac{3}{2}\right)^2 = \dfrac{1}{4}$. **1025.** $(x + 2)^2 +$

$+ (y - 3)^2 = 8$. **1026.** $pY^2 = \dfrac{8}{27}(X - p)^3$ (parábola semicúbica). **1027.** $(aX)^{\frac{2}{3}} +$

$+ (bY)^{\frac{2}{3}} = c^{\frac{4}{3}}$, donde $c^2 = a^2 - b^2$.

# Capítulo IV

En las soluciones de este apartado, para simplificar, se omite la constante arbitraria adicional $C$.

**1031.** $\dfrac{5}{7} a^2 x^7$. **1032.** $2x^3 + 4x^2 + 3x$. **1033.** $\dfrac{x^4}{4} + \dfrac{(a + b) x^3}{3} + \dfrac{abx^2}{2}$. **1034.** $a^2 x +$

$+ \dfrac{abx^4}{2} + \dfrac{b^2 x^7}{7}$. **1035.** $\dfrac{2x}{3}\sqrt{2px}$. **1036.** $\dfrac{nx^{\frac{n-1}{n}}}{n - 1}$. **1037.** $\sqrt[n]{nx}$. **1038.** $a^2 x -$

$- \dfrac{9}{5} a^{\frac{4}{3}} x^{\frac{5}{3}} + \dfrac{9}{7} a^{\frac{2}{3}} x^{\frac{7}{3}} - \dfrac{x^3}{3}$. **1039.** $\dfrac{2x^2\sqrt{x}}{5} + x$. **1040.** $\dfrac{3x^4\sqrt[3]{x}}{13} - \dfrac{3x^2\sqrt[3]{x}}{7} -$

$-6\sqrt[3]{x}$. **1041.** $\dfrac{2x^{2m}\sqrt{x}}{4m+1}-\dfrac{4x^{m+n}\sqrt{x}}{2m+2n+1}+\dfrac{2x^{2n}\sqrt{x}}{4n+1}$. **1042.** $2a\sqrt{ax}-4ax+$

$+4x\sqrt{ax}-2x^2+\dfrac{2x^3}{5\sqrt{ax}}$. **1043.** $\dfrac{1}{\sqrt{7}}\operatorname{arctg}\dfrac{x}{\sqrt{7}}$. **1044.** $\dfrac{1}{2\sqrt{10}}\ln\left|\dfrac{x-\sqrt{10}}{x+\sqrt{10}}\right|$.

**1045.** $\ln(x+\sqrt{4+x^2})$. **1046.** $\operatorname{arcsen}\dfrac{x}{2\sqrt{2}}$. **1047.** $\operatorname{arcsen}\dfrac{x}{\sqrt{2}}-\ln(x+\sqrt{x^2+2})$.

**1048\*.** a) $\operatorname{tg}x-x$. **Indicación.** Poner $\operatorname{tg}^2 x=\sec^2 x-1$; b) $x-\operatorname{th}x$.

**Indicación.** Poner $\operatorname{th}^2 x=1-\dfrac{1}{\operatorname{ch}^2 x}$. **1049.** a) $-\operatorname{ctg}x-x$; b) $x-\operatorname{cth}x$.

**1050.** $\dfrac{(3e)^x}{\ln 3+1}$. **1051.** $a\ln\left|\dfrac{C}{a-x}\right|$. **Resolución** $\displaystyle\int\dfrac{a}{a-x}\,dx=$

$-a\displaystyle\int\dfrac{d(a-x)}{a-x}=-a\ln|a-x|+a\ln C=a\ln\left|\dfrac{C}{a-x}\right|$. **1052.** $x+\ln|2x+1|$.

**Resolución.** Dividiendo el numerador por el denominador obtenemos

$\dfrac{2x+3}{2x+1}=1+\dfrac{2}{2x+1}$. De donde $\displaystyle\int\dfrac{2x+3}{2x+1}\,dx=\int dx+\int\dfrac{2dx}{2x+1}=x+$

$+\displaystyle\int\dfrac{d(2x+1)}{2x+1}=x+\ln|2x+1|$. **1053.** $-\dfrac{3}{2}x+\dfrac{11}{4}\ln|3+2x|$. **1054.** $\dfrac{x}{b}-$

$-\dfrac{a}{b^2}\ln|a+bx|$. **1055.** $\dfrac{a}{\alpha}x+\dfrac{b\alpha-a\beta}{\alpha^2}\ln|\alpha x+\beta|$. **1056.** $\dfrac{x^2}{2}+x+2\ln|x-1|$.

**1057.** $\dfrac{x^2}{2}+2x+\ln|x+3|$. **1058.** $\dfrac{x^4}{4}+\dfrac{x^3}{3}+x^2+2x+3\ln|x-1|$. **1059.** $a^2x+$

$+2ab\ln|x-a|-\dfrac{b^2}{x-a}$. **1060.** $\ln|x+1|+\dfrac{1}{x+1}$. **Indicación.**

$\displaystyle\int\dfrac{x\,dx}{(x+1)^2}=\int\dfrac{(x+1)-1}{(x+1)^2}\,dx=\int\dfrac{dx}{x+1}-\int\dfrac{dx}{(x+1)^2}$. **1061.** $-2b\sqrt{1-y}$.

**1062.** $-\dfrac{2}{3b}\sqrt{(a-bx)^3}$. **1063.** $\sqrt{x^2+1}$. **Resolución.** $\displaystyle\int\dfrac{x\,dx}{\sqrt{x^2+1}}=$

$=\dfrac{1}{2}\displaystyle\int\dfrac{d(x^2+1)}{\sqrt{x^2+1}}=\sqrt{x^2+1}$. **1064.** $2\sqrt{x}+\dfrac{\ln^2 x}{2}$. **1065.** $\dfrac{1}{\sqrt{15}}\operatorname{arctg}\left(x\sqrt{\dfrac{3}{5}}\right)$.

**1066.** $\dfrac{1}{4\sqrt{14}}\ln\left|\dfrac{x\sqrt{7}-2\sqrt{2}}{x\sqrt{7}+2\sqrt{2}}\right|$. **1067.** $\dfrac{1}{2\sqrt{a^2-b^2}}\ln\left|\dfrac{\sqrt{a+b}+x\sqrt{a-b}}{\sqrt{a+b}-x\sqrt{a-b}}\right|$.

**1068.** $x-\sqrt{2}\operatorname{arctg}\dfrac{x}{\sqrt{2}}$. **1069.** $-\left(\dfrac{x^2}{2}+\dfrac{a^2}{2}\ln|a^2-x^2|\right)$. **1070.** $x-$

$-\dfrac{5}{2}\ln(x^2+4)+\operatorname{arctg}\dfrac{x}{2}$. **1071.** $\dfrac{1}{2\sqrt{2}}\ln(2\sqrt{2}x+\sqrt{7+8x^2})$.

**1072.** $\dfrac{1}{\sqrt{5}}\operatorname{arcsen}\left(x\sqrt{\dfrac{5}{7}}\right)$. **1073.** $\dfrac{1}{3}\ln|3x^2-2|-\dfrac{5}{2\sqrt{6}}\ln\left|\dfrac{x\sqrt{3}-\sqrt{2}}{x\sqrt{3}+\sqrt{2}}\right|$.

**1074.** $\dfrac{3}{\sqrt{35}}\operatorname{arctg}\left(\sqrt{\dfrac{5}{7}}\,x\right)-\dfrac{1}{5}\ln(5x^2+7)$. **1075.** $\dfrac{3}{5}\sqrt{5x^2+1}+$

$+\dfrac{1}{\sqrt{5}}\ln(x\sqrt{5}+\sqrt{5x^2+1})$. **1076.** $\sqrt{x^2-4}+3\ln|x+\sqrt{x^2-4}|$.

**1077.** $\dfrac{1}{2}\ln|x^2-5|$. **1078.** $\dfrac{1}{4}\ln(2x^2+3)$. **1079.** $\dfrac{1}{2a}\ln(a^2x^2+b^2)+\dfrac{1}{a}\operatorname{arctg}\dfrac{ax}{b}$.

**1080.** $\dfrac{1}{2}\operatorname{arcsen}\dfrac{x^2}{a^2}$. **1081.** $\dfrac{1}{3}\operatorname{arctg}x^3$. **1082.** $\dfrac{1}{3}\ln|x^3+\sqrt{x^6-1}|$. **1083.** $\dfrac{2}{3}\sqrt{(\operatorname{arcsen}x)^3}$.

**1084.** $\dfrac{\left(\operatorname{arctg}\dfrac{x}{2}\right)^2}{4}$. **1085.** $\dfrac{1}{8}\ln\left(1+4x^2\right)-\dfrac{\sqrt{(\operatorname{arctg}2x)^3}}{3}$. **1086.** $2\sqrt{\ln\left(x+\sqrt{1+x^2}\right)}$.

**1087.** $-\dfrac{a}{m}e^{-mx}$. **1088.** $-\dfrac{1}{3\ln 4}4^{2-3x}$. **1089.** $e^l+e^{-l}$. **1090.** $\dfrac{a}{2}e^{\frac{2x}{a}}+2x-$

$-\dfrac{a}{2}e^{-\frac{2x}{a}}$. **1091.** $\dfrac{1}{\ln a-\ln b}\left(\dfrac{a^x}{b^x}-\dfrac{b^x}{a^x}\right)-2x$. **1092.** $\dfrac{2}{\ln a}\left(\dfrac{1}{3}a^{\frac{3}{2}x}+a^{-\frac{1}{2}x}\right)$.

**1093.** $-\dfrac{1}{2e^{x^2+1}}$. **1094.** $\dfrac{1}{2\ln 7}7^{x^2}$. **1095.** $-e^{\frac{1}{x}}$. **1096.** $\dfrac{2}{\ln 5}5^{\sqrt{x}}$.

**1097.** $\ln|e^x-1|$. **1098.** $-\dfrac{2}{3b}\sqrt{(a-be^x)^3}$. **1099.** $\dfrac{3a}{4}\left(e^{\frac{x}{a}}+1\right)^{\frac{4}{3}}$. **1100.** $\dfrac{x}{3}-$

$-\dfrac{1}{3\ln 2}\ln\left(2^x+3\right)$. **Indicación.** $\dfrac{1}{2^x+3}\equiv\dfrac{1}{3}\left(1-\dfrac{2^x}{2^x+3}\right)$.

**1101.** $\dfrac{1}{\ln a}\operatorname{arctg}(a^x)$. **1102.** $-\dfrac{1}{2b}\ln\left|\dfrac{1+e^{-bx}}{1-e^{-bx}}\right|$. **1103.** $\operatorname{arcsen}e^l$.

**1104.** $-\dfrac{1}{b}\cos(a+bx)$. **1105.** $\sqrt{2}\operatorname{sen}\dfrac{x}{\sqrt{2}}$. **1106.** $x-\dfrac{1}{2a}\cos 2ax$.

**1107.** $2\operatorname{sen}\sqrt{x}$. **1108.** $-\ln 10\cdot\cos(\lg x)$. **1109.** $\dfrac{x}{2}-\dfrac{\operatorname{sen}2x}{4}$. **Indicación.**

Poner $\operatorname{sen}^2 x=\dfrac{1}{2}(1-\cos 2x)$. **1110.** $\dfrac{x}{2}+\dfrac{\operatorname{sen}2x}{4}$. **Indicación.** Véase la

indicación al problema 1109. **1111.** $\dfrac{1}{a}\operatorname{tg}(ax+b)$. **1112.** $-\dfrac{\operatorname{ctg}ax}{a}-x$.

**1113.** $a\ln\left|\operatorname{tg}\dfrac{x}{2a}\right|$. **1114.** $\dfrac{1}{15}\ln\left|\operatorname{tg}\left(\dfrac{5x}{2}+\dfrac{\pi}{8}\right)\right|$. **1115.** $\dfrac{1}{a}\ln\left|\operatorname{tg}\dfrac{ax+b}{2}\right|$.

**1116.** $\dfrac{1}{2}\operatorname{tg}(x^2)$. **1117.** $\dfrac{1}{2}\cos(1-x^2)$. **1118.** $x-\dfrac{1}{\sqrt{2}}\operatorname{ctg}x\sqrt{2}-\sqrt{2}\ln\left|\operatorname{tg}\dfrac{x\sqrt{2}}{2}\right|$.

**1119.** $-\ln|\cos x|$. **1120.** $\ln|\operatorname{sen}x|$. **1121.** $(a-b)\ln\left|\operatorname{sen}\dfrac{x}{a-b}\right|$. **1122.** $5\ln\left|\operatorname{sen}\dfrac{x}{5}\right|$.

**1123.** $-2\ln|\cos\sqrt{x}|$. **1124.** $\dfrac{1}{2}\ln|\operatorname{sen}(x^2+1)|$. **1125.** $\ln|\operatorname{tg}x|$. **1126.** $\dfrac{a}{2}\operatorname{sen}^2\dfrac{x}{a}$.

**1127.** $\dfrac{\operatorname{sen}^4 6x}{24}$. **1128.** $-\dfrac{1}{4a\operatorname{sen}^4 ax}$. **1129.** $-\dfrac{1}{3}\ln(3+\cos 3x)$.

**1130.** $-\dfrac{1}{2}\sqrt{\cos 2x}$. **1131.** $-\dfrac{2}{9}\sqrt{(1+3\cos^2 x)^3}$. **1132.** $\dfrac{3}{4}\operatorname{tg}^4\dfrac{x}{3}$.

**1133.** $\dfrac{2}{3}\sqrt{\operatorname{tg}^3 x}$. **1134.** $-\dfrac{3\operatorname{ctg}^{\frac{5}{3}}x}{5}$. **1135.** $\dfrac{1}{3}\left(\operatorname{tg}3x+\dfrac{1}{\cos 3x}\right)$.

**1136.** $\dfrac{1}{a}\left(\ln\left|\operatorname{tg}\dfrac{ax}{2}\right|+2\operatorname{sen}ax\right)$. **1137.** $\dfrac{1}{3a}\ln|b-a\operatorname{ctg}3x|$. **1138.** $\dfrac{2}{5}\operatorname{ch}5x-$

$-\dfrac{3}{5}\operatorname{sh}5x$. **1139.** $-\dfrac{x}{2}+\dfrac{1}{4}\operatorname{sh}2x$. **1140.** $\ln\left|\operatorname{th}\dfrac{x}{2}\right|$. **1141.** $2\operatorname{arctg}e^x$.

**1142.** $\ln|\operatorname{th}x|$. **1143.** $\ln\operatorname{ch}x$. **1144.** $\ln|\operatorname{sh}x|$. **1145.** $-\dfrac{5}{12}\sqrt[5]{(5-x^2)^6}$.

**1146.** $\frac{1}{4}\ln|x^4-4x+1|$. **1147.** $\frac{1}{4\sqrt{5}}\operatorname{arctg}\frac{x^4}{\sqrt{5}}$. **1148.** $-\frac{1}{2}e^{-x^2}$.

**1149.** $\sqrt{\frac{3}{2}}\operatorname{arctg}\left(x\sqrt{\frac{3}{2}}\right)-\frac{1}{\sqrt{3}}\ln(x\sqrt{3}+\sqrt{2+3x^2})$. **1150.** $\frac{x^3}{3}-$

$-\frac{x^2}{2}+x-2\ln|x+1|$. **1151.** $-\frac{2}{\sqrt{e^x}}$. **1152.** $\ln|x+\cos x|$.

**1153.** $\frac{1}{3}\left(\ln|\sec 3x+\operatorname{tg}3x|+\frac{1}{\operatorname{sen}3x}\right)$. **1154.** $-\frac{1}{\ln x}$. **1155.** $\ln|\operatorname{tg}x+$

$+\sqrt{\operatorname{tg}^2x-2}|$. **1156.** $\sqrt{2}\operatorname{arctg}(x\sqrt{2})-\frac{1}{4(2x^2+1)}$. **1157.** $\frac{a^{\operatorname{sen}x}}{\ln a}$.

**1158.** $\frac{\sqrt[3]{(x^3+1)^2}}{2}$. **1159.** $\frac{1}{2}\operatorname{arcsen}(x^2)$. **1160.** $\frac{1}{a}\operatorname{tg}ax-x$. **1161.** $\frac{x}{2}-\frac{\operatorname{sen}x}{2}$.

**1162.** $\operatorname{arcsen}\frac{\operatorname{tg}x}{2}$. **1163.** $a\ln\left|\operatorname{tg}\left(\frac{x}{2a}+\frac{\pi}{4}\right)\right|$. **1164.** $\frac{3}{4}\sqrt[3]{(1+\ln x)^4}$.

**1165.** $-2\ln|\cos\sqrt{x-1}|$. **1166.** $\frac{1}{2}\ln\left|\operatorname{tg}\frac{x^2}{2}\right|$. **1167.** $e^{\operatorname{arctg}x}+\frac{\ln^2(1+x^2)}{4}+$

$+\operatorname{arctg}x$. **1168.** $-\ln|\operatorname{sen}x+\cos x|$. **1169.** $\sqrt{2}\ln\left|\operatorname{tg}\frac{x}{2\sqrt{2}}\right|-2x-$

$-\sqrt{2}\cos\frac{x}{\sqrt{2}}$. **1170.** $x+\frac{1}{\sqrt{2}}\ln\left|\frac{x-\sqrt{2}}{x+\sqrt{2}}\right|$. **1171.** $\ln|x|+2\operatorname{arctg}x$.

**1172.** $e^{\operatorname{sen}^2x}$. **1173.** $\frac{5}{\sqrt{3}}\operatorname{arcsen}\frac{x\sqrt{3}}{2}+\sqrt{4-3x^3}$. **1174.** $x-\ln(1+e^x)$.

**1175.** $\frac{1}{\sqrt{a^2-b^2}}\operatorname{arctg}x\sqrt{\frac{a-b}{a+b}}$. **1176.** $\ln(e^x+\sqrt{e^{2x}-2})$. **1177.** $\frac{1}{a}\ln|\operatorname{tg}ax|$.

**178.** $-\frac{T}{2\pi}\cos\left(\frac{2\pi t}{T}+\varphi_0\right)$. **1179.** $\frac{1}{4}\ln\left|\frac{2+\ln x}{2-\ln x}\right|$. **1180.** $-\frac{\left(\operatorname{arccos}\frac{x}{2}\right)^2}{2}$.

**1181.** $-e^{-\operatorname{tg}x}$. **1182.** $\frac{1}{2}\operatorname{arcsen}\left(\frac{\operatorname{sen}^2x}{\sqrt{2}}\right)$. **1183.** $-2\operatorname{ctg}2x$. **1184.** $\frac{(\operatorname{arcsen}x)^2}{2}-$

$-\sqrt{1-x^2}$. **1185.** $\ln(\sec x+\sqrt{\sec^2x+1})$. **1186.** $\frac{1}{4\sqrt{5}}\ln\left|\frac{\sqrt{5}+\operatorname{sen}2x}{\sqrt{5}-\operatorname{sen}2x}\right|$.

**1187.** $\frac{1}{\sqrt{2}}\operatorname{arctg}\left(\frac{\operatorname{tg}x}{\sqrt{2}}\right)$. Indicación. $\int\frac{dx}{1+\cos^2x}=\int\frac{dx}{\operatorname{sen}^2x+2\cos^2x}=$

$=\int\frac{\frac{dx}{\cos^2x}}{\operatorname{tg}^2x+2}$. **1188.** $\frac{2}{3}\sqrt{[\ln(x+\sqrt{1+x^2})]^3}$. **1189.** $\frac{1}{3}\operatorname{sh}(x^3+3)$.

**1190.** $\frac{1}{\ln 3}3^{\operatorname{th}x}$. **1191.** a) $\frac{1}{\sqrt{2}}\operatorname{arccos}\frac{\sqrt{2}}{x}$ cuando $x>\sqrt{2}$. b) $-\ln(1+e^{-x})$;

c) $\frac{1}{80}(5x^2-3)^8$; d) $\frac{2}{3}\sqrt{(x+1)^3}-2\sqrt{x+1}$; e) $\ln(\operatorname{sen}x+\sqrt{1+\operatorname{sen}^2x})$

**1192.** $\frac{1}{4}\left[\frac{(2x+5)^{12}}{12}-\frac{5(2x+5)^{11}}{11}\right]$. **1193.** $2\left(\frac{\sqrt{x^3}}{3}-\frac{x}{2}+2\sqrt{x}-2\ln|1+\sqrt{x}|\right)$.

**1194.** $\ln\left|\frac{\sqrt{2x+1}-1}{\sqrt{2x+1}+1}\right|$. **1195.** $2\operatorname{arctg}\sqrt{e^x-1}$. **1196.** $\ln x-\ln 2\ln|\ln x+2\ln 2|$.

**1197.** $\dfrac{(\text{arcsen } x)^3}{3}$. **1198.** $\dfrac{2}{3}(e^x-2)\sqrt{e^x+1}$. **1199.** $\dfrac{2}{5}(\cos^2 x-5)\sqrt{\cos x}$.

**1200.** $\ln\left|\dfrac{x}{1+\sqrt{x^2+1}}\right|$. I n d i c a c i ó n. Poner $x=\dfrac{1}{t}$. **1201.** $-\dfrac{x}{2}\sqrt{1-x^2}+$

$+\dfrac{1}{2}\text{arcsen } x$. **1202.** $-\dfrac{x^2}{3}\sqrt{2-x^2}-\dfrac{4}{3}\sqrt{2-x^2}$. **1203.** $\sqrt{x^2-a^2}-a\arccos\dfrac{a}{x}$.

**1204.** $\arccos\dfrac{1}{x}$, si $x>0$, y $\arccos\left(-\dfrac{1}{x}\right)$, si $x<0$*). I n d i c a c i ó n.

Poner $x=\dfrac{1}{t}$. **1205.** $\sqrt{x^2+1}-\ln\left|\dfrac{1+\sqrt{x^2+1}}{x}\right|$. **1206.** $-\dfrac{\sqrt{4-x^2}}{4x}$.

O b s e r v a c i ó n. En lugar de la sustitución trigonométrica se puede

utilizar la sustitución $x=\dfrac{1}{z}$. **1207.** $\dfrac{x}{2}\sqrt{1-x^2}+\dfrac{1}{2}\text{arcsen } x$.

**1208.** $2\,\text{arcsen}\sqrt{x}$. **1210.** $\dfrac{x}{2}\sqrt{x^2-a^2}+\dfrac{a^2}{2}\ln|x+\sqrt{x^2-a^2}|$. **1211.** $x\ln x-x$.

**1212.** $x\,\text{arctg}\,x-\dfrac{1}{2}\ln(1+x^2)$. **1213.** $x\,\text{arcsen}\,x+\sqrt{1-x^2}$. **1214.** $\text{sen}\,x-x\cos x$.

**1215.** $\dfrac{x\,\text{sen}\,3x}{3}+\dfrac{\cos 3x}{9}$. **1216.** $-\dfrac{x+1}{e^x}$. **1217.** $-\dfrac{x\ln 2+1}{2^x\ln^2 2}$.

**1218.** $\dfrac{e^{3x}}{27}(9x^2-6x+2)$. R e s o l u c i ó n. En lugar de integrar repetidamente por partes, se puede emplear el siguiente procedimiento de coeficientes indeterminados

$$\int x^2 e^{3x}\,dx=(Ax^2+Bx+C)e^{3x}$$

o, después de derivar,

$$x^2 e^{3x}=(Ax^2+Bx+C)\,3e^{3x}+(2Ax+B)e^{3x}.$$

Simplificando por $e^{3x}$ e igualando entre sí los coeficientes que figuran con las mismas potencias de $x$, obtenemos:

$$1=3A;\quad 0=3B+2A;\quad 0=3C+B,$$

de donde $A=\dfrac{1}{3}$; $B=-\dfrac{2}{9}$; $C=\dfrac{2}{27}$. En la forma general $\int P_n(x)e^{ax}\,dx=$
$=Q_n(x)e^{ax}$, donde $P_n(x)$ es el polinomio dado de grado $n$ y $Q_n(x)$ un polinomio de grado $n$ con los coeficientes indeterminados. **1219.** $-e^{-x}(x^2+5)$.

I n d i c a c i ó n. Véase el problema 1218*. **1220.** $-3e^{-\frac{x}{3}}(x^3+9x^2+54x+162)$.

I n d i c a c i ó n. Véase el problema 1218*. **1221.** $-\dfrac{x\cos 2x}{4}+\dfrac{\text{sen}\,2x}{8}$.

**1222.** $\dfrac{2x^2+10x+11}{4}\,\text{sen}\,2x+\dfrac{2x+5}{4}\cos 2x$. I n d i c a c i ó n. También se recomienda utilizar el método de los coeficientes indeterminados en la forma

$$\int P_n(x)\cos\beta x\,dx=Q_n(x)\cos\beta x+R_n(x)\,\text{sen}\,\beta x,$$

---

*) En lo sucesivo, en casos análogos, se indicará a veces una respuesta que corresponda solamente a una parte cualquiera del campo de existencia de la función subintegral.

donde $P_n(x)$ es el polinomio dado de grado $n$ y $Q_n(x)$ y $R_n(x)$ son unos polinomios de grado $n$ con coeficientes indeterminados (véase el problema 1218*). **1223.** $\dfrac{x^3}{3}\ln x - \dfrac{x^3}{9}$. **1224.** $x\ln^2 x - 2x\ln x + 2x$. **1225.** $-\dfrac{\ln x}{2x^2} - \dfrac{1}{4x^2}$.

**1226.** $2\sqrt{x}\ln x - 4\sqrt{x}$. **1227.** $\dfrac{x^2+1}{2}\operatorname{arctg} x - \dfrac{x}{2}$. **1228.** $\dfrac{x^2}{2}\operatorname{arcsen} x -$

$-\dfrac{1}{4}\operatorname{arcsen} x + \dfrac{x}{4}\sqrt{1-x^2}$. **1229.** $x\ln(x+\sqrt{1+x^2}) - \sqrt{1+x^2}$.

**1230.** $-x\operatorname{ctg} x + \ln|\operatorname{sen} x|$. **1231.** $-\dfrac{x}{\operatorname{sen} x} + \ln\left|\operatorname{tg}\dfrac{x}{2}\right|$. **1232.** $\dfrac{e^x(\operatorname{sen} x - \cos x)}{2}$.

**1233.** $\dfrac{3^x(\operatorname{sen} x + \cos x\ln 3)}{1+(\ln 3)^2}$. **1234.** $\dfrac{e^{ax}(a\operatorname{sen} bx - b\cos bx)}{a^2+b^2}$.

**1235.** $\dfrac{x}{2}[\operatorname{sen}(\ln x) - \cos(\ln x)]$. **1236.** $-\dfrac{e^{-x^2}}{2}(x^2+1)$. **1237.** $2e^{\sqrt{x}}(\sqrt{x-1})$.

**1238.** $\left(\dfrac{x^3}{3} - x^2 + 3x\right)\ln x - \dfrac{x^3}{9} + \dfrac{x^2}{2} - 3x$. **1239.** $\dfrac{x^2-1}{2}\ln\left|\dfrac{1-x}{1+x}\right| - x$.

**1240.** $\dfrac{\ln^2 x}{x} - \dfrac{2\ln x}{x} - \dfrac{2}{x}$. **1241.** $[\ln(\ln x) - 1]\cdot\ln x$. **1242.** $\dfrac{x^3}{3}\operatorname{arctg} 3x -$

$-\dfrac{x^2}{18} + \dfrac{1}{162}\ln(9x^2+1)$. **1243.** $\dfrac{1+x^2}{2}(\operatorname{arctg} x)^2 - x\operatorname{arctg} x + \dfrac{1}{2}\ln(1+x^2)$.

**1244.** $x(\operatorname{arcsen} x)^2 + 2\sqrt{1-x^2}\operatorname{arcsen} x - 2x$. **1245.** $-\dfrac{\operatorname{arcsen} x}{x} +$

$+\ln\left|\dfrac{x}{1+\sqrt{1-x^2}}\right|$. **1246.** $-2\sqrt{1-x}\operatorname{arcsen}\sqrt{x} + 2\sqrt{x}$. **1247.** $\dfrac{x\operatorname{tg} 2x}{2} +$

$+\dfrac{\ln|\cos 2x|}{4} - \dfrac{x^2}{2}$. **1248.** $\dfrac{e^{-x}}{2}\left(\dfrac{\cos 2x - 2\operatorname{sen} 2x}{5} - 1\right)$. **1249.** $\dfrac{x}{2} +$

$+\dfrac{x\cos(2\ln x) + 2x\operatorname{sen}(2\ln x)}{10}$. **1250.** $-\dfrac{x}{2(x^2+1)} + \dfrac{1}{2}\operatorname{arctg} x$. **Resolución.** Poniendo $u = x$ y $dv = \dfrac{x\,dx}{(x^2+1)^2}$, obtenemos $du = dx$ y $v = -\dfrac{1}{2(x^2+1)}$.

De donde $\displaystyle\int\dfrac{x^2\,dx}{(x^2+1)^2} = -\dfrac{x}{2(x^2+1)} + \int\dfrac{dx}{2(x^2+1)} = -\dfrac{x}{2(x^2+1)} +$

$+\dfrac{1}{2}\operatorname{arctg} x + C$. **1251.** $\dfrac{1}{2a^2}\left(\dfrac{1}{a}\operatorname{arctg}\dfrac{x}{a} + \dfrac{x}{x^2+a^2}\right)$. **Indicación.** Empléese la identidad $1 \equiv \dfrac{1}{a^2}[(x^2+a^2) - x^2]$. **1252.** $\dfrac{x}{2}\sqrt{a^2-x^2} + \dfrac{a^2}{2}\operatorname{arcsen}\dfrac{x}{a}$.

**Resolución.** Ponemos $u = \sqrt{a^2-x^2}$ y $dv = dx$; de donde $du = -\dfrac{x\,dx}{\sqrt{a^2-x^2}}$

y $v = x$; tenemos $\displaystyle\int\sqrt{a^2-x^2}\,dx = x\sqrt{a^2-x^2} - \int\dfrac{-x^2\,dx}{\sqrt{a^2-x^2}} = x\sqrt{a^2-x^2} -$

$-\displaystyle\int\dfrac{(a^2-x^2) - a^2}{\sqrt{a^2-x^2}}\,dx = x\sqrt{a^2-x^2} - \int\sqrt{a^2-x^2}\,dx + a^2\int\dfrac{dx}{\sqrt{a^2-x^2}}$. Por

consiguiente, $2\displaystyle\int\sqrt{a^2-x^2}\,dx = x\sqrt{a^2-x^2} + a^2\operatorname{arcsen}\dfrac{x}{a}$. **1253.** $\dfrac{x}{2}\sqrt{A+x^2} +$

$+\dfrac{A}{2}\ln|x+\sqrt{A+x^2}|$. **Indicación.** Véase el problema 1252*.

**1254.** $-\dfrac{x}{2}\sqrt{9-x^2} + \dfrac{9}{2}\operatorname{arcsen}\dfrac{x}{3}$. **Indicación.** Véase el problema 1252*.

**1255.** $\frac{1}{2}\operatorname{arctg}\frac{x+1}{2}$. **1256.** $\frac{1}{2}\ln\left|\frac{x}{x+2}\right|$. **1257.** $\frac{2}{\sqrt{11}}\operatorname{arctg}\frac{6x-1}{\sqrt{11}}$. **1258.** $\frac{1}{2}\times$

$\times\ln(x^2-7x+13)+\frac{7}{\sqrt{3}}\operatorname{arctg}\frac{2x-7}{\sqrt{3}}$. **1259.** $\frac{3}{2}\ln(x^2-4x+5)+4\operatorname{arctg}(x-2)$.

**1260.** $x-\frac{5}{2}\ln(x^2+3x+4)+\frac{9}{\sqrt{7}}\operatorname{arctg}\frac{2x+3}{\sqrt{7}}$. **1261.** $x+3\ln(x^2-6x+10)+$

$+8\operatorname{arctg}(x-3)$. **1262.** $\frac{1}{\sqrt{2}}\operatorname{arcsen}\frac{4x-3}{5}$. **1263.** $\operatorname{arcsen}(2x-1)$.

**1264.** $\ln\left|x+\frac{p}{2}+\sqrt{x^2+px+q}\right|$. **1265.** $3\sqrt{x^2-4x+5}$.

**1266.** $-2\sqrt{1-x-x^2}-9\operatorname{arcsen}\frac{2x+1}{\sqrt{5}}$. **1267.** $\frac{1}{5}\sqrt{5x^2-2x+1}+$

$+\frac{1}{5\sqrt{5}}\ln\left(x\sqrt{5}-\frac{1}{\sqrt{5}}+\sqrt{5x^2-2x+1}\right)$. **1268.** $\ln\left|\frac{x}{1+\sqrt{1-x^2}}\right|$.

**1269.** $-\operatorname{arcsen}\frac{2-x}{x\sqrt{5}}$. **1270.** $\operatorname{arcsen}\frac{2-x}{(1-x)\sqrt{2}}\ (x>\sqrt{2})$. **1271.** $-\operatorname{arcsen}\frac{1}{x+1}$.

**1272.** $\frac{x+1}{2}\sqrt{x^2+2x+5}+2\ln(x+1+\sqrt{x^2+2x+5})$. **1273.** $\frac{2x-1}{4}\sqrt{x-x^2}+$

$+\frac{1}{8}\operatorname{arcsen}(2x-1)$. **1274.** $\frac{2x+1}{4}\sqrt{2-x-x^2}+\frac{9}{8}\operatorname{arcsen}\frac{2x+1}{3}$.

**1275.** $\frac{1}{4}\ln\left|\frac{x^2-3}{x^2-1}\right|$. **1276.** $-\frac{1}{\sqrt{3}}\operatorname{arctg}\frac{3-\operatorname{sen}x}{\sqrt{3}}$. **1277.** $\ln\left(e^x+\frac{1}{2}+\right.$

$\left.+\sqrt{1+e^x+e^{2x}}\right)$. **1278.** $-\ln|\cos x+2+\sqrt{\cos^2x+4\cos x+1}|$.

**1279.** $-\sqrt{1-4\ln x-\ln^2 x}-2\operatorname{arcsen}\frac{2+\ln x}{\sqrt{5}}$. **1280.** $\frac{1}{a-b}\ln\left|\frac{x+b}{x+a}\right|\ (a\neq b)$.

**1281.** $x+3\ln|x-3|-3\ln|x-2|$. **1282.** $\frac{1}{12}\ln\left|\frac{(x-1)(x+3)^3}{(x+2)^4}\right|$.

**1283.** $\ln\left|\frac{(x-1)^4(x-4)^5}{(x+3)^7}\right|$. **1284.** $5x+\ln\left|\frac{x^{\frac{1}{2}}(x-4)^{\frac{161}{6}}}{(x-1)^{\frac{7}{3}}}\right|$. **1285.** $\frac{1}{1+x}+$

$+\ln\left|\frac{x}{x+1}\right|$. **1286.** $\frac{1}{4}x+\frac{1}{16}\ln\left|\frac{x^{16}}{(2x-1)^7(2x+1)^9}\right|$. **1287.** $\frac{x^2}{2}-\frac{11}{(x-2)^2}-\frac{8}{x-2}$.

**1288.** $-\frac{9}{2(x-3)}-\frac{1}{2(x+1)}$. **1289.** $\frac{8}{49(x-5)}-\frac{27}{49(x+2)}+\frac{30}{343}\ln\left|\frac{x-5}{x+2}\right|$.

**1290.** $-\frac{1}{2(x^2-3x+2)^2}$. **1291.** $x+\ln\left|\frac{x}{\sqrt{x^2+1}}\right|$. **1292.** $x+\frac{1}{4}\ln\left|\frac{x-1}{x+1}\right|-$

$-\frac{1}{2}\operatorname{arctg}x$. **1293.** $\frac{1}{52}\ln|x-3|-\frac{1}{20}\ln|x-1|+\frac{1}{65}\ln(x^2+4x+5)+$

$+\frac{7}{130}\operatorname{arctg}(x+2)$. **1294.** $\frac{1}{6}\ln\frac{(x+1)^2}{x^2-x+1}+\frac{1}{\sqrt{3}}\operatorname{arctg}\frac{2x-1}{\sqrt{3}}$. **1295.** $\frac{1}{4\sqrt{2}}\times$

29

$\times \ln \dfrac{x^2 + x\sqrt{2} + 1}{x^2 - x\sqrt{2} + 1} + \dfrac{\sqrt{2}}{4} \text{ arctg } \dfrac{x\sqrt{2}}{1 - x^2}$.     **1296.**     $\dfrac{1}{4} \ln \dfrac{x^2 + x + 1}{x^2 - x + 1} +$

$+ \dfrac{1}{2\sqrt{3}} \text{ arctg } \dfrac{x^2 - 1}{x\sqrt{3}}$.    **1297.**    $\dfrac{x}{2(1 + x^2)} + \dfrac{\text{arctg } x}{2}$.    **1298.**    $\dfrac{2x - 1}{2(x^2 + 2x + 2)} +$

$+ \text{arctg }(x + 1)$.    **1299.**    $\ln|x + 1| + \dfrac{x + 2}{3(x^2 + x + 1)} + \dfrac{5}{3\sqrt{3}} \text{ arctg } \dfrac{2x + 1}{\sqrt{3}} -$

$- \dfrac{1}{2} \ln(x^2 + x + 1)$.    **1300.**    $\dfrac{3x - 17}{2(x^2 - 4x + 5)} + \dfrac{1}{2} \ln(x^2 - 4x + 5) + \dfrac{15}{2} \text{ arctg }(x - 2)$.

**1301.**    $\dfrac{-x^2 + x}{4(x + 1)(x^2 + 1)} + \dfrac{1}{2} \ln|x + 1| - \dfrac{1}{4} \ln(x^2 + 1) + \dfrac{1}{4} \text{ arctg } x$.

**1302.**   $-\dfrac{3}{8} \text{ arctg } x - \dfrac{x}{4(x^4 - 1)} - \dfrac{3}{16} \ln\left|\dfrac{x - 1}{x + 1}\right|$.    **1303.**   $\dfrac{15x^5 + 40x^3 + 33x}{48(1 + x^2)^3} +$

$+ \dfrac{15}{48} \text{ arctg } x$.    **1304.**    $x - \dfrac{x - 3}{x^2 - 2x + 2} + 2\ln(x^2 - 2x + 2) + \text{arctg }(x - 1)$.

**1305.** $\dfrac{1}{21}\left(8\ln|x^3 + 8| - \ln|x^3 + 1|\right)$. **1306.** $\dfrac{1}{2}\ln|x^4 - 1| - \dfrac{1}{4}\ln|x^8 + x^4 - 1| -$

$- \dfrac{1}{2\sqrt{5}} \ln\left|\dfrac{2x^4 + 1 - \sqrt{5}}{2x^4 + 1 + \sqrt{5}}\right|$.    **1307.**   $-\dfrac{13}{2(x - 4)^2} + \dfrac{3}{x - 4} + 2\ln\left|\dfrac{x - 4}{x - 2}\right|$.

**1308.** $\dfrac{1}{3}\left(2\ln\left|\dfrac{x^3 + 1}{x^3}\right| - \dfrac{1}{x^3} - \dfrac{1}{x^3 + 1}\right)$. **1309.** $\dfrac{1}{x - 1} + \ln\left|\dfrac{x - 2}{x - 1}\right|$. **1310.** $\ln|x| -$

$- \dfrac{1}{7}\ln|x^7 + 1|$. **Indicación.** Poner $1 = (x^7 + 1) - x^7$. **1311.** $\ln|x| - \dfrac{1}{5}\times$

$\times \ln|x^5 + 1| + \dfrac{1}{5(x^5 + 1)}$.     **1312.** $\dfrac{1}{3} \text{ arctg }(x + 1) - \dfrac{1}{6} \text{ arctg } \dfrac{x + 1}{2}$.

**1313.**   $-\dfrac{1}{9(x - 1)^9} - \dfrac{1}{4(x - 1)^8} - \dfrac{1}{7(x - 1)^7}$.     **1314.**   $-\dfrac{1}{5x^5} + \dfrac{1}{3x^3} - \dfrac{1}{x} -$

$- \text{arctg } x$. **1315.** $2\sqrt{x - 1}\left[\dfrac{(x - 1)^3}{7} + \dfrac{3(x - 1)^2}{5} + x\right]$.    **1316.**   $\dfrac{3}{10a^2}\times$

$\times [2\sqrt[3]{(ax + b)^5} - 5b\sqrt[3]{(ax + b)^2}]$. **1317.** $2 \text{ arctg } \sqrt{x + 1}$. **1318.** $6\sqrt[6]{x} +$

$+ 3\sqrt[3]{x} + 2\sqrt{x} - 6\ln(1 + \sqrt[6]{x})$. **1319.** $\dfrac{6}{7} x\sqrt[6]{x} - \dfrac{6}{5}\sqrt[6]{x^5} - \dfrac{3}{2}\sqrt[3]{x^2} + 2\sqrt{x} -$

$- 3\sqrt[3]{x} - 6\sqrt[6]{x} - 3\ln|1 + \sqrt[3]{x}| + 6 \text{ arctg } \sqrt[6]{x}$.    **1320.**   $\ln\left|\dfrac{(\sqrt{x + 1} - 1)^2}{x + 2 + \sqrt{x + 1}}\right| -$

$- \dfrac{2}{\sqrt{3}} \text{ arctg } \dfrac{2\sqrt{x + 1} + 1}{\sqrt{3}}$.     **1321.** $2\sqrt{x} - 2\sqrt{2} \text{ arctg } \sqrt{\dfrac{x}{2}}$.

**1322.** $-2 \text{ arctg } \sqrt{1 - x}$.    **1323.**   $\dfrac{\sqrt{x^2 - 1}}{2}(x - 2) + \dfrac{1}{2}\ln|x + \sqrt{x^2 - 1}|$.

**1324.** $\dfrac{1}{3} \ln \dfrac{z^2 + z + 1}{(z - 1)^2} + \dfrac{2}{\sqrt{3}} \text{ arctg } \dfrac{2z + 1}{\sqrt{3}} + \dfrac{2z}{z^3 - 1}$,   donde   $z = \sqrt[3]{\dfrac{x + 1}{x - 1}}$.

**1325.** $-\dfrac{\sqrt{2x + 3}}{x}$. **1326.** $\dfrac{2x + 3}{4}\sqrt{x^2 - x + 1} - \dfrac{1}{8}\ln(2x - 1 + 2\sqrt{x^2 - x + 1})$.

450

**1327.** $-\dfrac{8+4x^2-3x^4}{15}\sqrt{1-x^2}$. **1328.** $\left(\dfrac{5}{16}x-\dfrac{5}{24}x^3+\dfrac{1}{6}x^5\right)\sqrt{1+x^2}-$

$-\dfrac{5}{16}\ln\left(x+\sqrt{1+x^2}\right)$. **1329.** $\left(\dfrac{1}{4x^4}+\dfrac{3}{8x^2}\right)\sqrt{x^2-1}-\dfrac{3}{2}\arcsen\dfrac{1}{x}$.

**1330.** $\dfrac{1}{2(x+1)^2}\sqrt{x^2+2x}-\dfrac{1}{2}\arcsen\dfrac{1}{x+1}$. **1331.** $R+\ln|x|+\dfrac{3}{2}\ln-$

$-\left(x-\dfrac{1}{2}+R\right)-\ln\left(1-\dfrac{x}{2}+R\right)$, de donde $R=\sqrt{x^2-x+1}$. **1332.** $\dfrac{1}{2}\dfrac{1+x^2}{\sqrt{1+2x^2}}$.

**1333.** $\dfrac{1}{4}\ln\dfrac{\sqrt[4]{x^{-4}+1}+1}{\sqrt[4]{x^{-4}+1}-1}-\dfrac{1}{2}\arctg\sqrt[4]{x^{-4}+1}$. **1334.** $\dfrac{(2x^2-1)\sqrt{1+x^2}}{3x^3}$.

**1335.** $\dfrac{1}{10}\ln\dfrac{(z-1)^2}{z^2+z+1}+\dfrac{\sqrt{3}}{5}\arctg\dfrac{2z+1}{\sqrt{3}}$, donde $z=\sqrt[3]{1+x^5}$.

**1336.** $-\dfrac{1}{8}\dfrac{4+3x^3}{x(2+x^3)^{2/3}}$. **1337.** $-2\sqrt[3]{(x^{-\frac{3}{4}}+1)^2}$. **1338.** $\sen x-$

$-\dfrac{1}{3}\sen^3 x$. **1339.** $-\cos x+\dfrac{2}{3}\cos^3 x-\dfrac{1}{5}\cos^5 x$. **1340.** $\dfrac{\sen^3 x}{3}-$

$-\dfrac{\sen^5 x}{5}$. **1341.** $\dfrac{1}{4}\cos^8\dfrac{x}{2}-\dfrac{1}{3}\cos^6\dfrac{x}{2}$. **1342.** $\dfrac{\sen^2 x}{2}-\dfrac{1}{2\sen^2 x}-$

$-2\ln|\sen x|$. **1343.** $\dfrac{3x}{8}-\dfrac{\sen 2x}{4}+\dfrac{\sen 4x}{32}$. **1344.** $\dfrac{x}{8}-\dfrac{\sen 4x}{32}$.

**1345.** $\dfrac{x}{16}-\dfrac{\sen 4x}{64}+\dfrac{\sen^3 2x}{48}$. **1346.** $\dfrac{5}{16}x+\dfrac{1}{12}\sen 6x+\dfrac{1}{64}\sen 12x-$

$-\dfrac{1}{144}\sen^3 6x$. **1347.** $-\ctg x-\dfrac{\ctg^3 x}{3}$. **1348.** $\tg x+\dfrac{2}{3}\tg^3 x+\dfrac{1}{5}\tg^5 x$.

**1349.** $-\dfrac{\ctg^3 x}{3}-\dfrac{\ctg^5 x}{5}$. **1350.** $\tg x+\dfrac{\tg^3 x}{3}-2\ctg 2x$. **1351.** $\dfrac{1}{2}\tg^2 x+$

$+3\ln|\tg x|-\dfrac{3}{2\tg^2 x}-\dfrac{1}{4\tg^4 x}$. **1352.** $\dfrac{1}{\cos^2\dfrac{x}{2}}+2\ln\left|\tg\dfrac{x}{2}\right|$. **1353.** $\dfrac{\sqrt{2}}{2}\times$

$\times\left[\ln\left|\tg\dfrac{x}{2}\right|+\ln\left|\tg\left(\dfrac{x}{2}+\dfrac{\pi}{4}\right)\right|\right]$. **1354.** $\dfrac{-\cos x}{4\sen^4 x}-\dfrac{3\cos x}{8\sen^2 x}+$

$+\dfrac{3}{8}\ln\left|\tg\dfrac{x}{2}\right|$. **1355.** $\dfrac{\sen 4x}{16\cos^4 4x}+\dfrac{3\sen 4x}{32\cos^2 4x}+\dfrac{3}{32}\ln\left|\tg\left(2x+\dfrac{\pi}{4}\right)\right|$.

**1356.** $\dfrac{1}{5}\tg 5x-x$. **1357.** $-\dfrac{\ctg^2 x}{2}-\ln|\sen x|$. **1358.** $-\dfrac{1}{3}\ctg^3 x+$

$+\ctg x+x$. **1359.** $\dfrac{3}{2}\tg^2\dfrac{x}{3}+\tg^3\dfrac{x}{3}-3\tg\dfrac{x}{3}+3\ln\left|\cos\dfrac{x}{3}\right|+x$.

**1360.** $\dfrac{x^2}{4}-\dfrac{\sen 2x^2}{8}$. **1361.** $-\dfrac{\ctg^3 x}{3}$. **1362.** $-\dfrac{3}{4}\sqrt[3]{\cos^4 x}+\dfrac{3}{5}\sqrt[3]{\cos^{10} x}-$

$-\dfrac{3}{16}\sqrt[3]{\cos^{16} x}$. **1363.** $2\sqrt{\tg x}$. **1364.** $\dfrac{1}{2\sqrt{2}}\ln\dfrac{z^2+z\sqrt{2}+1}{z^2-z\sqrt{2}+1}-$

$-\dfrac{1}{\sqrt{2}}\arctg\dfrac{z\sqrt{2}}{z^2-1}$, donde $z=\sqrt{\tg x}$. **1365.** $-\dfrac{\cos 8x}{16}+\dfrac{\cos 2x}{4}$.

**1366.** $-\dfrac{\operatorname{sen} 25x}{50} + \dfrac{\operatorname{sen} 5x}{10}$ . **1367.** $\dfrac{3}{5} \operatorname{sen} \dfrac{5x}{6} + 3 \operatorname{sen} \dfrac{x}{6}$ . **1368.** $\dfrac{3}{2} \times$

$\times \cos \dfrac{x}{3} - \dfrac{1}{2} \cos x$. **1369.** $\dfrac{\operatorname{sen} 2ax}{4a} + \dfrac{x \cos 2b}{2}$ . **1370.** $\dfrac{t \cos \varphi}{2} - \dfrac{\operatorname{sen}(2\omega t + \varphi)}{4\omega}$ .

**1371.** $\dfrac{\operatorname{sen} x}{2} + \dfrac{\operatorname{sen} 5x}{20} + \dfrac{\operatorname{sen} 7x}{18}$ . **1372.** $\dfrac{1}{24} \cos 6x - \dfrac{1}{16} \cos 4x - \dfrac{1}{8} \cos 2x$.

**1373.** $\dfrac{1}{4} \ln \left| \dfrac{2 + \operatorname{tg} \dfrac{x}{2}}{2 - \operatorname{tg} \dfrac{x}{2}} \right|$. **1374.** $\dfrac{1}{\sqrt{2}} \ln \left| \operatorname{tg} \left( \dfrac{x}{2} + \dfrac{\pi}{8} \right) \right|$ . **1375.** $x - \operatorname{tg} \dfrac{x}{2}$ .

**1376.** $-x + \operatorname{tg} x + \sec x$. **1377.** $\ln \left| \dfrac{\operatorname{tg} \dfrac{x}{2} - 5}{\operatorname{tg} \dfrac{x}{2} - 3} \right|$. **1378.** $\operatorname{arctg} \left( 1 - \operatorname{tg} \dfrac{x}{2} \right)$ .

**1379.** $\dfrac{12}{13} x - \dfrac{5}{13} \ln |2 \operatorname{sen} x + 3 \cos x|$. **Solución.** Ponemos. $3 \operatorname{sen} x + 2 \cos x \equiv \alpha (2 \operatorname{sen} x + 3 \cos x) + \beta (2 \operatorname{sen} x + 3 \cos x)'$. De donde $2\alpha - 3\beta = 3$, $3\alpha + 2\beta = 2$ y, por consiguiente, $\alpha = \dfrac{12}{13}$, $\beta = -\dfrac{5}{13}$. Tenemos $\displaystyle\int \dfrac{3 \operatorname{sen} x + 2 \cos x}{2 \operatorname{sen} x + 3 \cos x} dx = \dfrac{12}{13} \int dx - \dfrac{5}{13} \int \dfrac{(2 \operatorname{sen} x + 3 \cos x)'}{2 \operatorname{sen} x + 3 \cos x} dx = \dfrac{12}{13} x - \dfrac{5}{13} \times \ln |2 \operatorname{sen} x + 3 \cos x|$. **1380.** $-\ln |\cos x - \operatorname{sen} x|$. **1381.** $\dfrac{1}{2} \operatorname{arctg} \left( \dfrac{\operatorname{tg} x}{2} \right)$ . **Indicación.** Dividir el numerador y el denominador por $\cos^2 x$.

**1382.** $\dfrac{1}{\sqrt{15}} \operatorname{arctg} \left( \dfrac{\sqrt{3} \operatorname{tg} x}{\sqrt{5}} \right)$ . **Indicación.** Véase el problema 1381.

**1383.** $\dfrac{1}{\sqrt{13}} \ln \left| \dfrac{2 \operatorname{tg} x + 3 - \sqrt{13}}{2 \operatorname{tg} x + 3 + \sqrt{13}} \right|$. **Indicación.** Véase el problema 1381. **1384.** $\dfrac{1}{5} \ln \left| \dfrac{\operatorname{tg} x - 5}{\operatorname{tg} x} \right|$. **Indicación.** Véase el problema 1381.

**1385.** $-\dfrac{1}{2 (1 - \cos x)^2}$ . **1386.** $\ln (1 + \operatorname{sen}^2 x)$. **1387.** $-\dfrac{1}{2\sqrt{2}} \ln \dfrac{\sqrt{2} + \operatorname{sen} 2x}{\sqrt{2} - \operatorname{sen} 2x}$ .

**1388.** $\dfrac{1}{4} \ln \dfrac{5 - \operatorname{sen} x}{1 - \operatorname{sen} x}$ . **1389.** $\dfrac{2}{\sqrt{3}} \operatorname{arctg} \dfrac{2 \operatorname{tg} \dfrac{x}{2} - 1}{\sqrt{3}} - \dfrac{1}{\sqrt{2}} \operatorname{arctg} \dfrac{3 \operatorname{tg} \dfrac{x}{2} - 1}{2\sqrt{2}}$ . **Indicación.** Utilizar la identidad $\dfrac{1}{(2 - \operatorname{sen} x)(3 - \operatorname{sen} x)} \equiv \dfrac{1}{2 - \operatorname{sen} x} - \dfrac{1}{3 - \operatorname{sen} x}$ . **1390.** $-x + 2 \ln \left| \dfrac{\operatorname{tg} \dfrac{x}{2}}{\operatorname{tg} \dfrac{x}{2} + 1} \right|$. **Indicación.** Utilizar la identidad $\dfrac{1 - \operatorname{sen} x + \cos x}{1 + \operatorname{sen} x - \cos x} \equiv -1 + \dfrac{2}{1 + \operatorname{sen} x - \cos x}$ . **1391.** $\dfrac{\operatorname{ch}^3 x}{3} - \operatorname{ch} x$.

**1392.** $\dfrac{3x}{8}+\dfrac{\text{sh}\,2x}{4}+\dfrac{\text{sh}\,4x}{32}$ .  **1393.** $\dfrac{\text{sh}^4\,x}{4}$ .  **1394.** $-\dfrac{x}{8}+\dfrac{\text{sh}\,4x}{32}$ .

**1395.** $\ln\left|\,\text{th}\,\dfrac{x}{2}\,\right|+\dfrac{1}{\text{ch}\,x}$ .  **1396.** $-2\,\text{cth}\,2x$ .  **1397.** $\ln\,(\text{ch}\,x)-\dfrac{\text{th}^2\,x}{2}$ .

**1398.** $x-\text{cth}\,x-\dfrac{\text{cth}^3\,x}{3}$ .  **1399.** $\text{arctg}\,(\text{th}\,x)$ .  **1400.** $\dfrac{2}{\sqrt{5}}\times$

$\times\,\text{arctg}\left(\dfrac{3\,\text{th}\,\dfrac{x}{2}+2}{\sqrt{5}}\right)\left(\text{ó }\dfrac{2}{\sqrt{5}}\,\text{arctg}\,(e^x\,\sqrt{5})\right)$ .  **1401.** $-\dfrac{\text{sh}^2\,x}{2}-\dfrac{\text{sh}\,2x}{4}-\dfrac{x}{2}$ .

Indicación. Utilizar la identidad $\dfrac{-1}{\text{sh}\,x-\text{ch}\,x}\equiv\text{sh}\,x+\text{ch}\,x$ .

**1402.** $\dfrac{1}{\sqrt{2}}\ln\,(\sqrt{2}\,\text{ch}\,x+\sqrt{\text{ch}\,2x})$ .  **1403.** $\dfrac{x+1}{2}\,\sqrt{3-2x-x^2}+2\,\text{arcsen}\,\dfrac{x+1}{2}$ .

**1404.** $\dfrac{x}{2}\,\sqrt{2+x^2}+\ln\,(x+\sqrt{2+x^2})$ .  **1405.** $\dfrac{x}{2}\,\sqrt{9+x^2}-\dfrac{9}{2}\ln\,(x+$

$+\sqrt{9+x^2})$ .  **1406.** $\dfrac{x-1}{2}\,\sqrt{x^2-2x+2}+\dfrac{1}{2}\ln\,(x-1+\sqrt{x^2-2x+2})$ .

**1407.** $\dfrac{x}{2}\,\sqrt{x^2-4}-2\ln\,|\,x+\sqrt{x^2-4}\,|$ .  **1408.** $\dfrac{2x+1}{4}\,\sqrt{x^2+x}-\dfrac{1}{8}\ln\,|\,2x+1+$

$+2\,\sqrt{x^2+x}\,|$ .  **1409.** $\dfrac{x-3}{2}\,\sqrt{x^2-6x-7}-8\ln\,|\,x-3+\sqrt{x^2-6x-7}\,|$ .

**1410.** $\dfrac{1}{64}\,(2x+1)\,(8x^2+8x+17)\,\sqrt{x^2+x+1}+\dfrac{17}{128}\ln\,(2x+1+2\,\sqrt{x^2+x+1})$ .

**1411.** $2\,\sqrt{\dfrac{x-2}{x-1}}$ .  **1412.** $\dfrac{x-1}{4\,\sqrt{x^2-2x+5}}$ .  **1413.** $\dfrac{1}{\sqrt{2}}\,\text{arctg}\,\dfrac{x\,\sqrt{2}}{\sqrt{1-x^2}}$ .

**1414.** $\dfrac{1}{2\,\sqrt{2}}\ln\left|\dfrac{\sqrt{1+x^2}+x\,\sqrt{2}}{\sqrt{1+x^2}-x\,\sqrt{2}}\right|$ .  **1415.** $\dfrac{e^{2x}}{2}\left(x^4-2x^3+5x^2-5x+\dfrac{7}{2}\right)$ .

**1416.** $\dfrac{1}{6}\left(x^3+\dfrac{x^2}{2}\,\text{sen}\,6x+\dfrac{x}{6}\cos 6x-\dfrac{1}{36}\,\text{sen}\,6x\right)$ .  **1417.** $-\dfrac{x\cos 3x}{6}+$

$+\dfrac{\text{sen}\,3x}{18}+\dfrac{x\cos x}{2}-\dfrac{\text{sen}\,x}{2}$ .  **1418.** $\dfrac{e^{2x}}{8}\,(2-\text{sen}\,2x-\cos 2x)$ . **1419.** $\dfrac{e^x}{2}\times$

$\times\left(\dfrac{2\,\text{sen}\,2x+\cos 2x}{5}-\dfrac{4\,\text{sen}\,4x+\cos 4x}{17}\right)$ .  **1420.** $\dfrac{e^x}{2}\,[x\,(\text{sen}\,x+\cos x)-$

$-\text{sen}\,x]$ .  **1421.** $-\dfrac{x}{2}+\dfrac{1}{3}\ln\,|\,e^x-1\,|+\dfrac{1}{6}\ln\,(e^x+2)$ .  **1422.** $x-\ln\,(2+e^x\cdot|\cdot$

$+2\,\sqrt{e^{2x}+x+1})$ .  **1423.** $\dfrac{1}{3}\left[x^3\ln\dfrac{1+x}{1-x}+\ln\,(1-x^2)+x^2\right]$ . **1424.** $x\ln^2\times$

$\times\,(x+\sqrt{1+x^2})-2\,\sqrt{1+x^2}\ln\,(x+\sqrt{1+x^2})+2x$ .  **1425.** $\left(\dfrac{x^2}{2}-\dfrac{9}{100}\right)\times$

$\times\,\text{arccos}\,(5x-2)-\dfrac{5x+6}{100}\,\sqrt{20x-25x^2-3}$ .  **1426.** $\dfrac{\text{sen}\,x\,\text{ch}\,x-\cos x\,\text{sh}\,x}{2}$ .

**1427.** $I_n=\dfrac{1}{2\,(n-1)\,a^2}\left[\dfrac{x}{(x^2+a^2)^{n-1}}+(2n-3)\,I_{n-1}\right]$ ;  $I_2=\dfrac{1}{2a^2}\left(\dfrac{x}{x^2+a^2}+\right.$

$+\dfrac{1}{a}\,\text{arctg}\,\dfrac{x}{a}\bigg)$ ;  $I_3=\dfrac{1}{4a^2}\left[\dfrac{x\,(3x^2+5a^2)}{2a^2\,(x^2+a^2)^2}+\dfrac{3}{2a^3}\,\text{arctg}\,\dfrac{x}{a}\right]$ .  **1428.** $I_n=$

$$= -\frac{\cos x\,\operatorname{sen}^{n-1} x}{n} + \frac{n-1}{n}\,I_{n-2}; \qquad I_4 = \frac{3x}{8} - \frac{\cos x\,\operatorname{sen}^3 x}{4} - \frac{3\operatorname{sen} 2x}{16}\ ;$$

$$I_5 = -\frac{\cos x\,\operatorname{sen}^4 x}{5} - \frac{4}{15}\cos x\,\operatorname{sen}^2 x - \frac{8}{15}\cos x. \quad \textbf{1429.}\ \ I_n = \frac{\operatorname{sen} x}{(n-1)\cos^{n-1} x} +$$

$$+\frac{n-2}{n-1}I_{n-2};\ \ I_3 = \frac{\operatorname{sen} x}{2\cos^2 x} + \frac{1}{2}\ln\left|\operatorname{tg}\left(\frac{x}{2}+\frac{\pi}{4}\right)\right|;\ \ \ I_4 = \frac{\operatorname{sen} x}{3\cos^3 x} + \frac{2}{3}\,\textbf{tg}\ x.$$

**1430.** $I_n = -x^x e^{-x} + nI_{n-1};\ \ I_{10} = -e^{-x}(x^{10}+10x^9+10\cdot 9x^8+\ldots+10\cdot 9\cdot 8\ldots$

$\ldots 2x + 10\cdot 9\ldots 1).$ **1431.** $\dfrac{1}{\sqrt{14}}\operatorname{arctg}\dfrac{\sqrt{2}\,(x-1)}{\sqrt{7}}$ . **1432.** $\ln\sqrt{x^2-2x+2}-$

$-4\operatorname{arctg}(x-1).$ **1433.** $\dfrac{(x-1)^2}{2} + \dfrac{1}{4}\ln\left(x^2+x+\dfrac{1}{2}\right) + \dfrac{1}{2}\operatorname{arctg}(2x+1).$

**1434.** $\dfrac{1}{5}\ln\sqrt{\dfrac{x^2}{x^2+5}}$ . **1435.** $2\ln\left|\dfrac{x+3}{x+2}\right| - \dfrac{1}{x+2} - \dfrac{1}{x+3}$ . **1436.** $\dfrac{1}{2}\times$

$\times\left(\ln\left|\dfrac{x+1}{\sqrt{x^2+1}}\right| - \dfrac{1}{x+1}\right)$ . **1437.** $\dfrac{1}{4}\left(\dfrac{x}{x^2+2} + \dfrac{1}{\sqrt{2}}\operatorname{arctg}\dfrac{x}{\sqrt{2}}\right)$ .

**1438.** $\dfrac{1}{4}\left(\dfrac{2x}{1-x^2}+\ln\left|\dfrac{x+1}{x-1}\right|\right)$ . **1439.** $\dfrac{1}{6}\,\dfrac{x-2}{(x^2-x+1)^2} + \dfrac{1}{6}\,\dfrac{2x-1}{x^2-x+1} +$

$+\dfrac{2}{3\sqrt{3}}\operatorname{arctg}\dfrac{2x-1}{\sqrt{3}}$ . **1440.** $\dfrac{x\,(3+2\sqrt{x})}{1-2\sqrt{x}}$ . **1441.** $-\dfrac{1}{x} - \dfrac{4}{3x\sqrt{x}} - \dfrac{1}{2x^2}$ .

**1442.** $\ln\left(x+\dfrac{1}{2}+\sqrt{x^2+x+1}\right)$ . **1443.** $\sqrt{2x} - \dfrac{3}{5}\sqrt[6]{(2x)^5}$ . **1444.** $-\dfrac{3}{\sqrt[3]{x}+1}$ .

**1445.** $\dfrac{2x-1}{\sqrt{4x^2-2x+1}}$ . **1446.** $-2\,(\sqrt[4]{5-x}-1)^2 - 4\ln(1+\sqrt[4]{5-x})$

**1447.** $\ln|x+\sqrt{x^2-1}| - \dfrac{x}{\sqrt{x^2-1}}$ . **1448.** $-\dfrac{1}{2}\sqrt{\dfrac{1-x^2}{1+x^2}}$ . **1449.** $\dfrac{1}{2}\operatorname{arcsen}\times$

$\times\dfrac{x^2+1}{\sqrt{2}}$ . **1450.** $\dfrac{x-1}{\sqrt{x^2+1}}$ . **1451.** $\dfrac{1}{8}\ln\left|\dfrac{\sqrt{4-x^2}-2}{x}\right| - \dfrac{1}{8\sqrt{3}}\times$

$\times\operatorname{arcsen}\dfrac{2\,(x+1)}{x+4}$ . Indicación. $\dfrac{1}{x^2+4x} = \dfrac{1}{4}\left(\dfrac{1}{x} - \dfrac{1}{x+4}\right)$ .

**1452.** $\dfrac{x}{2}\sqrt{x^2-9} - \dfrac{9}{2}\ln|x+\sqrt{x^2-9}|.$ **1453.** $\dfrac{1}{16}(8x-1)\times$

$\times\sqrt{x-4x^2} + \dfrac{1}{64}\operatorname{arcsen}(8x-1).$ **1454.** $\ln\left|\dfrac{x}{2x+2+2\sqrt{x^2+x+1}}\right|$ .

**1455.** $\dfrac{(x^2+2x+2)\sqrt{x^2+2x+2}}{3} - \dfrac{(x+1)}{2}\sqrt{x^2+2x+2} - \dfrac{1}{2}\ln(x+1+$

$+\sqrt{x^2+2x+2}).$ **1456.** $\dfrac{\sqrt{x^2-1}}{x} - \dfrac{\sqrt{(x^2-1)^3}}{3x^3}$ . **1457.** $\dfrac{1}{3}\ln\left|\dfrac{\sqrt{1-x^3}-1}{\sqrt{1-x^3}+1}\right|.$

**1458.** $-\dfrac{1}{3}\ln|z-1| + \dfrac{1}{6}\ln(z^2+z+1) - \dfrac{1}{\sqrt{3}}\operatorname{arctg}\dfrac{2z+1}{\sqrt{3}}$ , donde $z=$

$=\dfrac{\sqrt[3]{1+x^3}}{x}$ . **1459.** $\dfrac{2}{5}\ln(x^2+\sqrt{1+x^4}).$ **1460.** $\dfrac{3x}{8} + \dfrac{\operatorname{sen} 2x}{4} + \dfrac{\operatorname{sen} 4x}{32}$ .

**1461.** $\ln|\operatorname{tg} x| - \operatorname{ctg}^2 x - \dfrac{1}{4}\operatorname{ctg}^4 x$.

**1462.** $-\operatorname{ctg} x - \dfrac{2\sqrt{(\operatorname{ctg} x)^3}}{3}$.

**1463.** $\dfrac{5}{12}(\cos^2 x - 6)\sqrt[5]{\cos^2 x}$.

**1464.** $-\dfrac{\cos 5x}{20\operatorname{sen}^4 5x} - \dfrac{3\cos 5x}{40\operatorname{sen}^2 5x} + \dfrac{3}{40}\times$

$\times\ln\left|\operatorname{tg}\dfrac{5x}{2}\right|$.

**1465.** $\dfrac{\operatorname{tg}^3 x}{3} + \dfrac{\operatorname{tg}^5 x}{5}$.

**1466.** $\dfrac{1}{4}\operatorname{sen} 2x$.

**1467.** $\operatorname{tg}^2\left(\dfrac{x}{2} + \right.$

$\left. + \dfrac{\pi}{4}\right) + 2\ln\left|\cos\left(\dfrac{x}{2} + \dfrac{\pi}{4}\right)\right|$.

**1468.** $-\dfrac{1}{\sqrt{3}}\operatorname{arctg}\dfrac{4\operatorname{tg}\dfrac{x}{2} - 1}{\sqrt{3}}$.

**1469.** $\dfrac{1}{\sqrt{10}}\operatorname{arctg}\left(\dfrac{2\operatorname{tg} x}{\sqrt{10}}\right)$.

**1470.** $\operatorname{arctg}(2\operatorname{tg} x + 1)$.

**1471.** $\dfrac{1}{2}\ln|\operatorname{tg} x +$

$+ \sec x| - \dfrac{1}{2}\operatorname{cosec} x$.

**1472.** $\dfrac{2}{\sqrt{3}}\operatorname{arctg}\left(\dfrac{\operatorname{tg}\dfrac{x}{2}}{\sqrt{3}}\right) - \dfrac{1}{\sqrt{2}}\operatorname{arctg}\left(\dfrac{\operatorname{tg}\dfrac{x}{2}}{\sqrt{2}}\right)$.

**1473.** $\ln|\operatorname{tg} x + 2 + \sqrt{\operatorname{tg}^2 x + 4\operatorname{tg} x + 1}|$.

**1474.** $\dfrac{1}{a}\ln(\operatorname{sen} ax + \sqrt{a^2 + \operatorname{sen}^2 ax})$.

**1475.** $\dfrac{1}{3}x\operatorname{tg} 3x + \dfrac{1}{9}\ln|\cos 3x|$.

**1476.** $\dfrac{x^2}{4} - \dfrac{x\operatorname{sen} 2x}{4} - \dfrac{\cos 2x}{8}$.

**1477.** $\dfrac{1}{3}e^{x^3}$

**1478.** $\dfrac{e^{2x}}{4}(2x - 1)$.

**1479.** $\dfrac{x^3}{3}\ln\sqrt{1 - x} - \dfrac{1}{6}\ln|x - 1| -$

$- \dfrac{x^3}{18} - \dfrac{x^2}{12} - \dfrac{x}{6}$.

**1480.** $\sqrt{1 + x^2}\operatorname{arctg} x - \ln(x + \sqrt{1 + x^2})$.

**1481.** $\dfrac{1}{3}\operatorname{sen}\dfrac{3x}{2} -$

$- \dfrac{1}{10}\operatorname{sen}\dfrac{5x}{2} - \dfrac{1}{2}\operatorname{sen}\dfrac{x}{2}$.

**1482.** $-\dfrac{1}{1 + \operatorname{tg} x}$.

**1483.** $\ln|1 + \operatorname{ctg} x| - \operatorname{ctg} x$.

**1484.** $\dfrac{\operatorname{sh}^2 x}{2}$.

**1485.** $-2\operatorname{ch}\sqrt{1 - x}$.

**1486.** $\dfrac{1}{5}\ln\operatorname{ch} 2x$.

**1487.** $-x\operatorname{cth} x +$

$+ \ln|\operatorname{sh} x|$.

**1488.** $\dfrac{1}{2e^x} - \dfrac{x}{4} + \dfrac{1}{4}\ln|e^x - 2|$.

**1489.** $\dfrac{1}{2}\operatorname{arctg}\dfrac{e^x - 3}{2}$.

**1490.** $\dfrac{4}{7}\sqrt[4]{(e^x + 1)^7} - \dfrac{4}{3}\sqrt[4]{(e^x + 1)^3}$.

**1491.** $\dfrac{1}{\ln 4}\ln\dfrac{1 + 2^x}{1 - 2^x}$.

**1492.** $-\dfrac{10^{-2x}}{2\ln 10}\times$

$\times\left(x^2 - 1 + \dfrac{x}{\ln 10} + \dfrac{1}{2\ln^2 10}\right)$.

**1493.** $2\sqrt{e^x + 1} + \ln\dfrac{\sqrt{e^x + 1} - 1}{\sqrt{e^x + 1} + 1}$.

**1494.** $\ln\left|\dfrac{x}{\sqrt{1 + x^2}}\right| - \dfrac{\operatorname{arctg} x}{x}$.

**1495.** $\dfrac{1}{4}\left(x^4\operatorname{arcsen}\dfrac{1}{x} + \dfrac{x^2 + 2}{3}\sqrt{x^2 - 1}\right)$.

**1496.** $\dfrac{x}{2}(\cos\ln x + \operatorname{sen}\ln x)$.

**1497.** $\dfrac{1}{5}\left(-x^2\cos 5x + \dfrac{2}{5}x\operatorname{sen} 5x +\right.$

$+ 3x\cos 5x + \dfrac{2}{25}\cos 5x - \dfrac{3}{5}\operatorname{sen} 5x\Big)$.

**1498.** $\dfrac{1}{2}\Big[(x^2 - 2)\operatorname{arctg}(2x + 3) +$

$+ \dfrac{3}{4}\ln(2x^2 + 6x + 5) - \dfrac{x}{2}\Big]$.

**1499.** $\dfrac{1}{2}\sqrt{x - x^2} + \left(x - \dfrac{1}{2}\right)\operatorname{arcsen}\sqrt{x}$.

**1500.** $\dfrac{x|x|}{2}$.

## Capítulo V

**1501.** $b-a$. **1502.** $v_0T-g\dfrac{T^2}{2}$. **1503.** 3. **1504.** $\dfrac{2^{10}-1}{\ln 2}$. **1505.** 156. **Indicación.** Dividimos el segmento del eje $OX$, desde $x=1$ hasta $x=5$, en partes tales, que las abscisas de los puntos de división formen una progresión geométrica: $x_0=1$, $x_1=x_0q$, $x_2=x_0q^2$, ..., $x_n=x_0q^n$. **1506.** $\ln\dfrac{b}{a}$. **Indicación.** Véase el problema 1505. **1507.** $1-\cos x$. **Indicación.** Utilizar la fórmula $\operatorname{sen}\alpha+\operatorname{sen}2\alpha+\ldots+\operatorname{sen}n\alpha=\dfrac{1}{2\operatorname{sen}\dfrac{\alpha}{2}}\Big[\cos\dfrac{\alpha}{2}-\cos\times$

$\times\Big(n+\dfrac{1}{2}\Big)\alpha\Big]$. **1508.** 1) $\dfrac{dI}{da}=-\dfrac{1}{\ln a}$; 2) $\dfrac{dI}{db}=\dfrac{1}{\ln b}$. **1509.** $\ln x$. **1510.** $-\sqrt{1+x^4}$. **1511.** $2xe^{-x^4}-e^{-x^2}$. **1512.** $\dfrac{\cos x}{2\sqrt{x}}+\dfrac{1}{x^2}\cos\dfrac{1}{x^2}$. **1513.** $x=$ $=n\pi\,(n=1,2,3,\ldots)$. **1514.** $\ln 2$. **1515.** $-\dfrac{3}{8}$. **1516.** $e^x-e^{-x}=2\operatorname{sh}x$. **1517.** $\operatorname{sen}x$.

**1518.** $\dfrac{1}{2}$. **Resolución.** La suma $s_n=\dfrac{1}{n^2}+\dfrac{2}{n^2}+\ldots+\dfrac{n-1}{n^2}=\dfrac{1}{n}\Big(\dfrac{1}{n}+$ $+\dfrac{2}{n}+\ldots+\dfrac{n-1}{n}\Big)$ puede considerarse como suma integral para la función $f(x)=x$ en el segmento $[0,1]$. Por esto, $\lim\limits_{n\to\infty}s_n=\int_0^1 x\,dx=\dfrac{1}{2}$. **1519.** $\ln 2$.

**Resolución.** La suma $s_n=\dfrac{1}{n+1}+\dfrac{1}{n+2}+\ldots+\dfrac{1}{n+n}=\dfrac{1}{n}\Big(\dfrac{1}{1+\dfrac{1}{n}}+$ $+\dfrac{1}{1+\dfrac{2}{n}}+\ldots+\dfrac{1}{1+\dfrac{n}{n}}\Big)$ se puede considerar como suma integral para la función $f(x)=\dfrac{1}{1+x}$ en el segmento $[0,1]$, donde los puntos de división tienen la forma $x_x=1+\dfrac{k}{n}$ $(k=1,2,\ldots,n)$. Por esto, $\lim\limits_{n\to\infty}s_n=\int_0^1\dfrac{dx}{1+x}=$ $=\ln 2$. **1520.** $\dfrac{1}{p+1}$. **1521.** $\dfrac{7}{3}$. **1522.** $\dfrac{100}{3}=33\dfrac{1}{3}$. **1523.** $\dfrac{7}{4}$. **1524.** $\dfrac{16}{3}$.

**1525.** $-\dfrac{2}{3}$. **1526.** $\dfrac{1}{2}\ln\dfrac{2}{3}$. **1527.** $\ln\dfrac{9}{8}$. **1528.** $35\dfrac{1}{15}-32\ln 3$. **1529.** $\operatorname{arctg}3-$ $-\operatorname{arctg}2=\operatorname{arctg}\dfrac{1}{7}$. **1530.** $\ln\dfrac{4}{3}$. **1531.** $\dfrac{\pi}{16}$. **1532.** $1-\dfrac{1}{\sqrt{3}}$. **1533.** $\dfrac{\pi}{4}$. **1534.** $\dfrac{\pi}{6}$. **1535.** $\dfrac{1}{3}\ln\dfrac{1+\sqrt{5}}{2}$. **1536.** $\dfrac{\pi}{8}+\dfrac{1}{4}$. **1537.** $\dfrac{2}{3}$. **1538.** $\ln 2$. **1539.** $1-\cos 1$.

**1540.** 0. **1541.** $\dfrac{8}{9\sqrt{3}}+\dfrac{\pi}{6}$. **1542.** $\operatorname{arctg} e-\dfrac{\pi}{4}$. **1543.** $\operatorname{sh}1=\dfrac{1}{2}\left(e-\dfrac{1}{e}\right)$.

**1544.** $\operatorname{th}(\ln 3)-\operatorname{th}(\ln 2)=\dfrac{1}{5}$. **1545.** $-\dfrac{\pi}{2}+\dfrac{1}{4}\operatorname{sh}2\pi$. **1546.** 2. **1547.** Es divergente. **1548.** $\dfrac{1}{1-p}$, si $p<1$; es divergente, si $p\geqslant1$. **1549.** Es divergente.

**1550.** $\dfrac{\pi}{2}$. **1551.** Es divergente. **1552.** 1. **1553.** $\dfrac{1}{p-1}$, si $p>1$; es divergente, si $p\leqslant1$. **1554.** $\pi$. **1555.** $\dfrac{\pi}{\sqrt{5}}$. **1556.** Es divergente. **1557.** Es divergente.

**1558.** $\dfrac{1}{\ln 2}$. **1559.** Es divergente **1560.** $\dfrac{1}{\ln a}$. **1561.** Es divergente. **1562.** $\dfrac{1}{k}$.

**1563.** $\dfrac{\pi^2}{8}$. **1564.** $\dfrac{1}{3}+\dfrac{1}{4}\ln 3$. **1565.** $\dfrac{2\pi}{3\sqrt{3}}$. **1566.** Es divergente. **1567.** Es convergente. **1568.** Es divergente. **1569.** Es convergente. **1570.** Es convergente. **1571.** Es convergente. **1572.** Es divergente. **1573.** Es convergente.

**1574.** Indicación. $B(p,q)=\displaystyle\int_0^{\frac{1}{2}}f(x)\,dx+\int_{\frac{1}{2}}^1 f(x)\,dx$, donde $f(x)=x^{p-1}\times$

$\times(1-x)^{q-1}$; como $\lim\limits_{x\to0}f(x)x^{1-p}=1$ y $\lim\limits_{x\to1}(1-x)^{1-q}f(x)=1$, ambas integrales son convergentes cuando $1-p<1$ y $1-q<1$, es decir, cuando $p>0$ y $q>0$. **1575.** Indicación. $\Gamma(p)=\displaystyle\int_0^1 f(x)\,dx+\int_1^\infty f(x)\,dx$, donde $f(x)=x^{p-1}e^{-x}$. La primera integral es convergente cuando $p>0$, la segunda, para cualquier $p$. **1576.** No. **1577.** $2\sqrt{2}\displaystyle\int_0^2\sqrt{t}\,dt$. **1578.** $\displaystyle\int_{\frac{\pi}{6}}^{\frac{\pi}{2}}\dfrac{dt}{\sqrt{1+\operatorname{sen}^2 t}}$.

**1579.** $\displaystyle\int_{\ln 2}^{\ln 3}dt$. **1580.** $\displaystyle\int_0^\infty\dfrac{f(\operatorname{arctg}t)}{1+t^2}\,dt$. **1581.** $x=(b-a)t+a$. **1582.** $4-2\ln 3$.

**1583.** $8-\dfrac{9}{2\sqrt{3}}\pi$. **1584.** $2-\dfrac{\pi}{2}$. **1585.** $\dfrac{\pi}{\sqrt{5}}$. **1586.** $\dfrac{\pi}{2\sqrt{1+a^2}}$. **1587.** $1-\dfrac{\pi}{4}$.

**1588.** $\sqrt{3}-\dfrac{\pi}{3}$. **1589.** $4-\pi$. **1590.** $\dfrac{1}{5}\ln 112$. **1591.** $\ln\dfrac{7+2\sqrt{7}}{9}$. **1592.** $\dfrac{1}{2}+\dfrac{\pi}{4}$.

**1593.** $\dfrac{\pi a^2}{8}$. **1594.** $\dfrac{\pi}{2}$. **1599.** $\dfrac{\pi}{2}-1$. **1600.** 1. **1601.** $\dfrac{e^2+3}{8}$. **1602.** $\dfrac{1}{2}(e^\pi+1)$.

**1603.** 1. **1604.** $\dfrac{a}{a^2+b^2}$. **1605.** $\dfrac{b}{a^2+b^2}$. **1606. Resolución.** $\Gamma(p+1)=$

$=\displaystyle\int_0^\infty x^p e^{-x}\,dx$. Utilizando la fórmula de integración por partes, ponemos

$x^p=u$, $e^{-x}\,dx=dv$. De donde $du=px^{p-1}\,dx$, $v=-e^{-x}$ y

$$\Gamma(p+1)=[-x^p e^{-x}]_0^\infty + p\int_0^\infty x^{p-1}e^{-x}\,dx=p\Gamma(p). \qquad (*)$$

Si $p$ es un número natural, utilizando la fórmula (*) $p$ veces y teniendo en cuenta, que

$$\Gamma(1)=\int_0^\infty e^{-x}\,dx=1,$$

obtenemos

$$\Gamma(p+1)=p!$$

**1607.** $I_{2k}=\dfrac{1\cdot 3\cdot 5\ldots(2k-1)}{2\cdot 4\cdot 6\ldots 2k}\dfrac{\pi}{2}$, si $n=2k$ es un número par; $I_{2k+1}=$

$=\dfrac{2\cdot 4\cdot 6\ldots 2k}{1\cdot 3\cdot 5\ldots(2k+1)}$, si $n=2k+1$ es un número impar.

$$I_9=\frac{128}{315};\quad I_{10}=\frac{63\pi}{512}.$$

**1608.** $\dfrac{(p-1)!\,(q-1)!}{(p+q-1)!}$. **1609.** $\dfrac{1}{2}\,B\left(\dfrac{m+1}{2},\dfrac{n+1}{2}\right)$. **Indicación. Poner**

$\operatorname{sen}^2 x=t$. **1610.** a) más; b) menos; c) más. **Indicación.** Dibujar la gráfica de la función subintegral para los valores del argumento en el segmento de integración. **1611.** a) el primero; b) el segundo; c) el primero. **1612.** $\dfrac{1}{3}$. **1613.** a. **1614.** $\dfrac{1}{2}$. **1615.** $\dfrac{3}{8}$. **1616.** 2 arcsen $\dfrac{1}{3}$. **1617.** $2<I<\sqrt{5}$.

**1618.** $\dfrac{2}{9}<I<\dfrac{2}{7}$. **1619.** $\dfrac{2}{13}\pi<I<\dfrac{2}{7}\pi$. **1620.** $0<I<\dfrac{\pi^2}{32}$. **Indicación.**

La función subintegral crece monótonamente. **1621.** $\dfrac{1}{2}<I<\dfrac{\sqrt{2}}{2}$.

**1623.** $s=\dfrac{32}{3}$. **1624.** 1. **1625.** $\dfrac{1}{2}$. **Indicación.** Tener en cuenta el signo de la función. **1626.** $4\dfrac{1}{4}$. **1627.** 2. **1628.** $\ln 2$. **1629.** $m^2\ln 3$. **1630.** $\pi a^2$. **1631.** 12.

**1632.** $\dfrac{4}{3}\,p^2$. **1633.** $4\dfrac{1}{2}$. **1634.** $10\dfrac{2}{3}$. **1635.** 4. **1636.** $\dfrac{32}{3}$. **1637.** $\dfrac{\pi}{2}-\dfrac{1}{3}$.

**1638.** $e+\dfrac{1}{e}-2=2\,(\operatorname{ch}1-1)$. **1639.** $ab\,[2\sqrt{3}-\ln(2+\sqrt{3})]$. **1640.** $\dfrac{3}{8}\,\pi a^2$.

**Indicación.** Véase el apéndice VI, dibujo 27. **1641.** $2a^2 e^{-1}$. **1642.** $\dfrac{4}{3}\,a^2$.

**1643.** $15\pi$. **1644.** $\dfrac{9}{2}\ln 3$. **1645.** 1. **1646.** $3\pi a^2$. I n d i c a c i ó n. Véase el apéndice VI, dibujo 23. **1647.** $a^2\left(2+\dfrac{\pi}{2}\right)$. I n d i c a c i ó n. Véase el apéndice VI, dibujo 24. **1648.** $2\pi+\dfrac{4}{3}$ y $6\pi-\dfrac{4}{3}$. **1649.** $\dfrac{16}{3}\pi-\dfrac{4\sqrt{3}}{3}$ y $\dfrac{32}{3}\pi+\dfrac{4\sqrt{3}}{3}$. **1650.** $\dfrac{3}{8}\pi ab$. **1651.** $3\pi a^2$. **1652.** $\pi(b^2+2ab)$. **1653.** $6\pi a^2$. **1654.** $\dfrac{3}{2}a^2$. I n d i c a c i ó n. Para el lazo, el parámetro $t$ varía entre los límites $0\leqslant t\leqslant+\infty$. Véase el apéndice VI, dibujo 22. **1655.** $\dfrac{3}{2}\pi a^2$. I n d i c a c i ó n. Véase el apéndice VI, dibujo 28. **1656.** $8\pi^3 a^2$. I n d i c a c i ó n. Véase el apéndice VI, dibujo 30. **1657.** $\dfrac{\pi a^2}{8}$. **1658.** $a^2$. **1659.** $\dfrac{\pi a^2}{4}$. I n d i c a c i ó n. Véase el apéndice VI, dibujo 33. **1660.** $\dfrac{9}{2}\pi$. **1661.** $\dfrac{14-8\sqrt{2}}{3}a^2$. **1662.** $\dfrac{\pi p^2}{(1-e^2)^{3/2}}$. **1663.** $a^2\left(\dfrac{\pi}{3}+\dfrac{\sqrt{3}}{2}\right)$. **1664.** $\pi\sqrt{2}$. I n d i c a c i ó n. Pasar a las coordenadas polares. **1665.** $\dfrac{8}{27}(10\sqrt{10}-1)$. **1666.** $\sqrt{h^3-a^2}$. I n d i c a c i ó n. Utilizar la fórmula $ch^2\alpha-sh^2\alpha=1$. **1667.** $\sqrt{2}+\ln(1+\sqrt{2})$. **1668.** $\sqrt{1+e^2}-\sqrt{2}+\ln\dfrac{(\sqrt{1+e^2}-1)(\sqrt{2}+1)}{e}$. **1669.** $1+\dfrac{1}{2}\ln\dfrac{3}{2}$. **1670.** $\ln(e+\sqrt{e^2-1})$. **1671.** $\ln(2+\sqrt{3})$. **1672.** $\dfrac{1}{4}(e^2+1)$. **1673.** $a\ln\dfrac{a}{b}$. **1674.** $2a\sqrt{3}$. **1675.** $\ln\dfrac{e^{2b}-1}{e^{2a}-1}+a-b=\ln\dfrac{sh\,b}{sh\,a}$. **1676.** $\dfrac{1}{2}aT^2$. I n d i c a c i ó n. Véase el apéndice VI, dibujo 29. **1677.** $\dfrac{4(a^3-b^3)}{ab}$. **1678.** $16a$. **1679.** $\pi a\sqrt{1+4\pi^2}+\dfrac{a}{2}\ln(2\pi+\sqrt{1+4\pi^2})$. **1680.** $8a$. **1681.** $2a[\sqrt{2}+\ln(\sqrt{2}+1)]$. **1682.** $\dfrac{\sqrt{5}}{2}+\ln\dfrac{3+\sqrt{5}}{2}$. **1683.** $\dfrac{a\sqrt{1+m^2}}{m}$. **1684.** $\dfrac{1}{2}[4+\ln 3]$. **1685.** $\dfrac{\pi a^5}{30}$. **1686.** $\dfrac{4}{3}\pi ab^2$. **1687.** $\dfrac{a^3\pi}{4}(e^2+4-e^{-2})$. **1688.** $\dfrac{3}{8}\pi^2$. **1689.** $v_x=\dfrac{\pi}{4}$. **1690.** $v_y=\dfrac{4}{7}\pi$. **1691.** $v_x=\dfrac{\pi}{2}$; $v_y=2\pi$. **1692.** $\dfrac{16\pi a^3}{5}$. **1693.** $\dfrac{32}{15}\pi a^3$. **1694.** $\dfrac{4}{3}\pi p^3$. **1695.** $\dfrac{3}{10}\pi$. **1696.** $\dfrac{\pi a^3}{2}(15-16\ln 2)$. **1697.** $2\pi^2 a^3$. **1698.** $\dfrac{\pi R^2 H}{2}$. **1699.** $\dfrac{16}{15}\pi h^2 a$. **1701.** a) $5\pi^2 a^3$; b) $6\pi^3 a^3$; c) $\dfrac{\pi a^3}{6}(9\pi^2-16)$. **1702.** $\dfrac{32}{105}\pi a^3$. **1703.** $\dfrac{8}{3}\pi a^3$. **1704.** $\dfrac{4}{21}\pi a^3$. **1705.** $\dfrac{h}{3}\left(AB+\dfrac{Ab+aB}{2}+ab\right)$. **1706.** $\dfrac{\pi abh}{3}$. **1707.** $\dfrac{128}{105}a^3$. **1708.** $\dfrac{8}{3}\pi a^2 b$. **1709.** $\dfrac{1}{2}\pi a^2 h$. **1710.** $\dfrac{16}{3}a^3$. **1711.** $\pi a^2\sqrt{pq}$. **1712.** $\pi abh\left(1+\dfrac{h^2}{3c^2}\right)$. **1713.** $\dfrac{4}{3}\pi abc$.

**1714.** $\frac{8\pi}{3}(\sqrt{17^3}-1)$; $\frac{16}{3}\pi a^2(5\sqrt{5}-8)$. **1715.** $2\pi[\sqrt{2}+\ln(\sqrt{2}+1)]$. **1716.**

$\pi(\sqrt{5}-\sqrt{2})+\pi\ln\frac{2(\sqrt{2}+1)}{\sqrt{5}+1}$. **1717.** $\pi[\sqrt{2}+\ln(1+\sqrt{2})]$. **1718.** $\frac{\pi a^2}{4}(e^2+$

$+e^{-2}+4)=\frac{\pi a^2}{2}(2+\text{sh }2)$. **1719.** $\frac{12}{5}\pi a^2$. **1720.** $\frac{\pi}{3}(e-1)(e^2+e+4)$. **1721.**

$4\pi^2ab$. Indicación. Aquí, $y=b\pm\sqrt{a^2-x^2}$. Tomando el signo más, obtenemos la superficie exterior del toro, mientras que con el signo menos, se obtiene la superficie interior del mismo. **1722.** 1) $2\pi b^2+\frac{2\pi ab}{\varepsilon}$ arcsen $\varepsilon$;

2) $2\pi a^2+\frac{\pi b^2}{\varepsilon}\ln\frac{1+\varepsilon}{1-\varepsilon}$; donde $\varepsilon=\frac{\sqrt{a^2-b^2}}{a}$ (excentricidad de la elipse). **1773.**

a) $\frac{64\pi a^2}{3}$; b) $16\pi^2a^2$; c) $\frac{32}{3}\pi a^2$. **1724.** $\frac{128}{5}\pi a^2$. **1725.** $2\pi a^2(2-\sqrt{2})$. **1726.** $\frac{128}{5}\pi a^2$.

**1727.** $M_X=\frac{b}{2}\sqrt{a^2+b^2}$; $M_Y=\frac{a}{2}\sqrt{a^2+b^2}$. **1728.** $M_a=\frac{ab^2}{2}$; $M_b=\frac{a^2b}{2}$.

**1729.** $M_X=M_Y=\frac{a^3}{6}$; $\bar{x}=\bar{y}=\frac{a}{3}$. **1730.** $M_X=M_Y=\frac{3}{5}a^2$; $\bar{x}=\bar{y}=\frac{2}{5}a$.

**1731.** $2\pi a^2$. **1732.** $x=0$; $\bar{y}=\frac{a}{4}\frac{2+\text{sh }2}{\text{sh }1}$. **1733.** $\bar{x}=\frac{a\,\text{sen }\alpha}{\alpha}$; $\bar{y}=0$.

**1734.** $\bar{x}=\pi a$; $\bar{y}=\frac{4}{3}a$. **1735.** $\bar{x}=\frac{4a}{3\pi}$; $\bar{y}=\frac{4b}{3\pi}$. **1736.** $x=\bar{y}=\frac{9}{20}$.

**1737.** $\bar{x}=\pi a$; $\bar{y}=\frac{5}{6}a$. **1738.** $\left(0;0;\frac{a}{2}\right)$. Resolución. Dividimos

el hemisferio en zonas esféricas elementales, de área $d\sigma$, por medio de planos horizontales. Tenemos $d\sigma=2\pi a\,dz$, donde $dz$ es la altura de la

zona. De donde $\bar{z}=\dfrac{2\pi\int\limits_0^a az\,dz}{2\pi a^2}=\dfrac{a}{2}$. Por simetría, $\bar{x}=\bar{y}=0$. **1739.** A la distan-

cia de $\frac{3}{4}$ de la altura, a partir del vértice del cono. Solución. Dividimos el cono en elementos, por medio de planos paralelos a la base. La masa de cada capa elemental será $dm_i=\gamma\pi\rho^2\,dz$, donde $\gamma$, es la densidad, $z$, la distancia desde el plano secante hasta el vértice del cono, $\rho=\frac{r}{h}z$.

De donde $\bar{z}=\dfrac{\pi\int\limits_0^h\frac{r^2}{h^2}z^3\,dz}{\frac{1}{2}\pi r^2h}=\dfrac{3}{4}h$. **1740.** $\left(0;0;+\frac{3}{8}a\right)$. Resolución.

Por simetría $\bar{x}=\bar{y}=0$. Para determinar $\bar{z}$, dividimos el hemisferio en capas elementales, por medio de planos paralelos al plano horizontal. La masa de una de estas capas elementales será $dm = \gamma\pi r^2 dz$, donde $\gamma$ es la densidad, $z$, la distancia entre el plano secante y la base del hemisferio y

$r = \sqrt{a^2 - z^2}$, el radio de la sección. Tenemos: $\bar{z} = \dfrac{\pi \displaystyle\int_0^a (a^2 - z^2) z \, dz}{\dfrac{2}{3} \pi a^3} = \dfrac{3}{8} a.$

**1741.** $I = \pi a^3$. **1742.** $I_a = \dfrac{1}{3} ab^3$; $I_b = \dfrac{1}{3} a^3 b$. **1743.** $I = \dfrac{4}{15} hb^3$. **1744.** $I_a = \dfrac{1}{4} \pi ab^3$;

$I_b = \dfrac{1}{4} \pi a^3 b$. **1745.** $I = \dfrac{1}{2} \pi (R_2^4 - R_1^4)$. Resolución. Dividimos el anillo en anillos elementales concéntricos. La masa de uno de estos elementos será $dm = \gamma 2\pi r \, dr$ y el momento de inercia, $I = 2\pi \displaystyle\int_{R_1}^{R_2} r^3 \, dr =$

$= \dfrac{1}{2} \pi (R_2^4 - R_1^4)$; $(\gamma = 1)$. **1746.** $I = \dfrac{1}{10} \pi R^4 H \gamma$. Resolución. Dividimos el cono en una serie de tubos cilíndricos elementales, paralelos al eje del cono. El volumen de uno de estos tubos elementales será $dV = 2\pi rh \, dr$, donde $r$ es el radio del tubo (es decir, la distancia hasta el eje del cono),

$h = H\left(1 - \dfrac{r}{R}\right)$, la altura del tubo; en este caso, el momento de inercia

$I = \gamma \displaystyle\int_0^R 2\pi H \left(1 - \dfrac{r}{R}\right) r^3 \, dr = \dfrac{\gamma \pi R^4 H}{10}$, donde $\gamma$ es la densidad del cono.

**1747.** $I = \dfrac{2}{5} Ma^2$. Resolución. Dividimos la esfera en una serie de tubos elementales, cuyos ejes sean el diámetro dado. El volumen elemental será

$dV = 2\pi rh \, dr$, donde $r$ es el radio del tubo y $h = 2a\sqrt{1 - \dfrac{r^2}{a^2}}$, su altura.

En este caso, el momento de inercia será: $J = 4\pi a\gamma \displaystyle\int_0^a \sqrt{1 - \dfrac{r^2}{a^2}} \, r^3 \, dr =$

$= \dfrac{8}{15} \pi a^5 \gamma$, donde $\gamma$ es la densidad de la esfera, y como la masa $M =$

$= \dfrac{4}{3} \pi a^3 \gamma$, se tendrá que $I = \dfrac{2}{5} Ma^2$. **1748.** $V = 2\pi^2 a^2 b$; $S = 4\pi^2 ab$. **1749.**

a) $\bar{x} = \bar{y} = \dfrac{2}{5} a$; b) $\bar{x} = \bar{y} = \dfrac{9}{10} p$. **1750.** a) $\bar{x} = 0$, $\bar{y} = \dfrac{4}{3} \dfrac{r}{\pi}$. Indicación.

Los ejes de coordenadas se han elegido de tal forma, que $OX$ coincide con el diámetro y el origen de coordenadas con el centro del círculo, b) $\bar{x} =$

$= \dfrac{h}{3}$. Resolución. El volumen del cuerpo, que es un doble cono engendrado por el giro de un triángulo alrededor de su base, es igual a $V=\frac{1}{3}\,\pi bh^2$, donde $b$ es la base y $h$ la altura del triángulo. Por el teorema de Guldin este mismo volumen $V=2\pi\bar{x}\,\frac{1}{2}\,bh$, donde $\bar{x}$ es la distancia desde el centro de gravedad a la base. De donde $\bar{x}=\frac{h}{3}$. **1751.** $v_0t-$

$-\frac{gt^2}{2}$. **1752.** $\frac{c^2}{2g}\ln\left(1+\frac{v_0^2}{c^2}\right)$. **1753.** $x=\frac{v_0}{\omega}\operatorname{sen}\omega t$; $v_{\mathrm{cp}}=\frac{2}{\pi}\,v_0$. **1754.** $S=$

$=10^4$ m. **1755** $v=\frac{A}{b}\ln\left(\frac{a}{a-bt}\right)$; $h=\frac{A}{b^2}\left[bt_1-(a-bt_1)\ln\frac{a}{a-bt_1}\right]$. **1756.**

$A=\frac{\pi\gamma}{2}\,R^2H^2$. Indicación. La fuerza elemental (la gravedad) es igual al peso del agua en el volumen de la capa de espesor $dx$, es decir, $dF=\gamma\pi R^2\,dx$, donde $\gamma$ es el peso de la unidad de volumen del agua. Por consiguiente, el trabajo elemental de la fuerza es $dA=\gamma\pi R^2\,(H-x)\,dx$, donde $x$ es el nivel del agua. **1757.** $A=\frac{\pi}{12}\,\gamma R^2H^2$. **1758.** $A=\frac{\pi\gamma}{4}\,R^4TM\approx0{,}79\cdot10^4=0{,}79\cdot10^7$ kgf m.

**1759.** $A=\gamma\pi R^3H$. **1760.** $A=\dfrac{mgh}{1+\dfrac{h}{R}}$; $A\infty=mgR$. Resolución. La fuerza

que actúa sobre el cuerpo de masa $m$, es igual a $F=k\,\dfrac{mM}{r^2}$, donde $r$ es la distancia hasta el centro de la Tierra. Como para $r=R$, tenemos que $F=mg$, resulta $kM=gR^2$. El trabajo que se busca tendrá la forma $A=$

$=\displaystyle\int_R^{R+h}k\,\frac{mM}{r^2}\,dr=kmM\left(\frac{1}{R}-\frac{1}{R+h}\right)=\dfrac{mhg}{1+\dfrac{h}{R}}$. Cuando $h=\infty$, tenemos que

$A\infty=mgR$. **1761.** $1{,}8\cdot10^4$ ergios. Resolución. La fuerza de acción mutua de las cargas será $F=\frac{e_0e_1}{x^2}$ dinas. Por consiguiente, el trabajo necesario para trasladar la carga $e_1$ desde el punto $x_1$ al punto $x_2$ será: $A=$

$=e_0e_1\displaystyle\int_{x_1}^{x_2}\frac{dx}{x^2}=e_0e_1\left(\frac{1}{x_1}-\frac{1}{x_2}\right)=1{,}8\cdot10^4$ erg. **1762.** $A=800\pi\ln2$ kgf m. Resolución. Para el proceso isotérmico $pv=p_0v_0$. El trabajo realizado en la expansión del gas desde el volumen $v_0$ hasta el volumen $v_1$ es igual a

$A=\displaystyle\int_{v_2}^{v_1}p\,dv=p_0v_0\ln\frac{v_1}{v_0}$. **1763.** $A\approx15.000$ kgf m. Resolución. Para el proceso adiabático es válida la ley de Poisson $pv^k=p_0v_0^k$ donde $k\approx1{,}4$.

De donde $A=\displaystyle\int_{v_2}^{v_1}\frac{p_0v_0^k}{v^k}\,dv=\frac{p_0v_0}{k-1}\left[1-\left(\frac{v_0}{v_1}\right)^{k-1}\right]$. **1764.** $A=\frac{4}{3}\,\pi\mu Pa$. Resolución. Si $a$ es el radio de la base del árbol, la presión sobre la unidad de superficie de apoyo será $p = \dfrac{P}{\pi a^2}$ . La fuerza de frotamiento de un anillo de anchura $dr$, que se encuentre a una distancia $r$ del centro, será igual a $\dfrac{2\mu P}{a^2} r\, dr$. El trabajo de la fuerza de frotamiento, sobre este anillo, durante una vuelta completa es $dA = \dfrac{4\pi\mu P}{a^2} r^2\, dr$. Por lo cual, el trabajo total $A =$

$$= \frac{4\pi\mu P}{a^2} \int\limits_0^a r^2\, dr = \frac{4}{3} \pi\mu Pa. \qquad \textbf{1765.} \quad \frac{1}{4} MR^2\omega^2. \quad \text{R e s o l u c i ó n.} \quad \text{La energía}$$

cinética de un elemento del disco $dK = \dfrac{v^2\, dm}{2} = \dfrac{\rho r^2\omega^2}{2} d\sigma$, donde $d\sigma = 2\pi r\, dr$, es el elemento de superficie; $r$, su distancia al eje de giro; $\rho$, la densidad superfical, $\rho = \dfrac{M}{\pi R^2}$. De esta forma, $dK = \dfrac{M\omega^2}{2\pi R^2} r^2\, d\sigma$. De donde, $K =$

$$= \frac{M\omega^2}{R^2} \int\limits_0^R r^3\, dr = \frac{MR^2\omega^2}{4} . \qquad \textbf{1766.} \quad K = \frac{3}{20} MR^2\omega^2. \qquad \textbf{1767.} \quad K = \frac{M}{5} R^2\omega^2 =$$

$= 2{,}3 \cdot 10^8$ kgf $m$. I n d i c a c i ó n. La cantidad de trabajo necesario es igual a la reserva de energía cinética. $\textbf{1768.}$ $p = \dfrac{bh^2}{6}$ . $\textbf{1769.}$ $P = \dfrac{(a+2b)\,h^2}{6} \approx$

$\approx 11{,}3 \cdot 10^3$ $T$. $\textbf{1770.}$ $P = ab\gamma\pi h$. $\textbf{1771.}$ $P = \dfrac{\pi R^2 H}{3}$ (componente vertical dirigida de abajo hacia arriba). $\textbf{1772.}$ $533\dfrac{1}{3}$ g. $\textbf{1773.}$ 99,8 cal. $\textbf{1774.}$ $M =$

$= \dfrac{hb^2 p}{2}$ gfcm. $\textbf{1775.}$ $\dfrac{kMm}{a\,(a+l)}$ ($k$ es la constante gravitatoria). $\textbf{1776.}$ $\dfrac{4pa^4}{8\mu l}$ .

R e s o l u c i ó n. $Q = \int\limits_0^a v \cdot 2\pi r\, dr = \dfrac{2\pi p}{4\mu l} \int\limits_0^a (a^2 - r^2)\, r\, dr = \dfrac{\pi p}{2\mu l} \left[ \dfrac{a^2 r^2}{2} - \dfrac{r^4}{4} \right]_0^a =$

$= \dfrac{\pi pa^4}{8\mu l}$. $\textbf{1777.}$ $Q = \int\limits_0^{2b} va\, dy = \dfrac{2}{3} p \dfrac{ab^3}{\mu l}$ . I n d i c a c i ó n. Dirigir el eje de abscisas por el lado mayor, inferior, del rectángulo, el de ordenadas, perpendicularmente a éste, en su punto medio. $\textbf{1778.}$ R e s o l u c i ó n. $S =$

$$= \int\limits_{v_1}^{v_2} \frac{1}{a} dv; \text{ por otra parte, } \frac{dv}{dt} = a, \text{ de donde } dt\,\frac{1}{a} dv, \text{ y por consiguiente,}$$

el tiempo necesario para el embalamiento $t = \int\limits_{v_1}^{v_2} \dfrac{dv}{a} = S$. $\textbf{1779.}$ $M_x =$

$$= -\int\limits_0^x \frac{Q}{l}\,(x-t)\,dt + \frac{Q}{2}\,x = -\frac{Q}{l}\left[ xt - \frac{t^2}{2} \right]_0^x + \frac{Q}{2}x = \frac{Qx}{2}\left( 1 - \frac{x}{l} \right). \qquad \textbf{1780.}$$

$$M_x = - \int\limits_0^x (x-t)\,kt\,dt + Ax = \frac{kx}{6}\,(l^2 - x^2).$$ **1781.** $Q = 0{,}12\,TRI_0^2$ cal. I n d i c a-

c i ó n. Utilícese la ley de Joule-Lenz.

## Capítulo VI

**1782.** $V = \frac{2}{3}\,(y^2 - x^2)\,x.$        **1783.** $S = \frac{2}{3}\,(x+y)\,\sqrt{4z^2 + 3\,(x-y)^2}.$

**1784.** $f\left(\frac{1}{2};\ 3\right) = \frac{5}{3};\ f(1;\ -1) = -2.$ **1785.** $\dfrac{y^2 - x^2}{2xy},\ \dfrac{x^2 - y^2}{2xy},\ \dfrac{y^2 - x^2}{2xy},$

$\dfrac{2xy}{x^2 - y^2}.$ **1786.** $f(x,\ x^2) = 1 + x - x^2.$ **1787.** $z = \dfrac{R^4}{1 - R^2}.$ **1788.** $f(x) = \dfrac{\sqrt{1+x^2}}{|x|}.$

I n d i c a c i ó n. Representar la función dada en la forma $f\left(\dfrac{y}{x}\right) = \sqrt{\left(\dfrac{x}{y}\right)^2 + 1}$

y sustituir $\dfrac{y}{x}$ por $x$. **1789.** $f(x,\ y) = \dfrac{x^2 - xy}{2}.$ S o l u c i ó n. Designamos

$x + y = u,\ x - y = v.$ En este caso $x = \dfrac{u+v}{2},\ y = \dfrac{u-v}{2};\ f(u,\ v) = \dfrac{u+v}{2} \cdot \dfrac{u-v}{2} +$

$+ \left(\dfrac{u-v}{2}\right)^2 = \dfrac{u^2 - uv}{2}.$ No queda más que cambiar la denominación de los

argumentos $u$ y $v$ por $x$ e $y$. **1790.** $f(u) = u^2 + 2u;\ z = x - 1 + \sqrt{y}.$ I n d i c a c i ó n.
En la identidad $x = 1 + f\left(\sqrt{x} - 1\right)$ ponemos $\sqrt{x} - 1 = u;$ entonces, $x = (u+1)^2$ y,
por consiguiente, $f(u) = u^2 + 2u.$ **1791.** $f(y) = \sqrt{1+y^2};\ z = \dfrac{x}{|x|}\,\sqrt{x^2 + y^2}.$

R e s o l u c i ó n. Cuando $x = 1$ tenemos la identidad $\sqrt{1+y^2} = 1 \cdot f\left(\dfrac{y}{1}\right),$

es decir, $f(y) = \sqrt{1+y^2}.$ En este caso, $f\left(\dfrac{y}{x}\right) = \sqrt{1 + \left(\dfrac{y}{x}\right)^2}$

y $z = x\,\sqrt{1 + \left(\dfrac{y}{x}\right)^2} = \sqrt{x^2 + y^2}.$ **1792.** a) Círculo unidad, con el centro en
el origen de coordenadas, incluida la circunferencia $(x^2 + y^2 \leqslant 1)$; b) la bisectriz
$y = x$, del I y III ángulos coordenados; c) semiplano, situado sobre la recta
$x + y = 0\,(x + y > 0)$; d) faja, comprendida entre las rectas $y = \pm 1$, incluidas
éstas en $(-1 \leqslant y \leqslant 1)$; e) cuadrado, formado por los segmentos de las rectas
$x = \pm 1$ e $y = \pm 1$, incluidos sus lados $(-1 \leqslant x \leqslant 1,\ -1 \leqslant y \leqslant 1)$; f) parte
del plano, adyacente al eje $OX$ y comprendida entre las rectas $y = \pm x$,
incluyendo estas rectas y excluyendo el origen de coordenadas $(-x \leqslant y \leqslant x,$
cuando $x > 0,\ x \leqslant y \leqslant -x$ cuando $x < 0$); g) dos fajas $x \geqslant 2,\ -2 \leqslant y \leqslant 2$
y $x \leqslant -2,\ -2 \leqslant y \leqslant 2$; h) anillo, comprendido entre las circunferencias
$x^2 + y^2 = a^2$ y $x^2 + y^2 = 2a^2$, incluida la frontera; i) las fajas $2n\pi \leqslant x \leqslant$
$\leqslant (2n+1)\,\pi,\ y \geqslant 0$ y $(2n+1)\,\pi \leqslant x \leqslant (2n+2)\,\pi,\ y \leqslant 0$, donde $n$ es un número
entero; j) la parte del plano situada por encima de la parábola $y = -x^2\,(x^2 + y > 0)$;
k) todo el plano $XOY$; l) todo el plano $XOY$, a excepción del origen de
coordenadas; m) la parte del plano situada por encima de la parábola $y^2 = x$
y a la derecha del eje $OY$, incluyendo los puntos del eje $OY$ y excluyendo

los de la parábola $(x \geqslant 0,\ y > \sqrt{x})$; n) todo el plano, a excepción de los puntos de las rectas $x=1$ e $y=0$; o) la familia de anillos concéntricos $2\pi k \leqslant x^2+y^2 \leqslant \pi(2k+1)$ $(k=0,\ 1,\ 2,\ \ldots)$. **1793.** a) I octante (incluyendo la frontera); b) I, III, VI y VIII octantes (excluyendo la frontera); c) un cubo, limitado por los planos $x=\pm 1$, $y=\pm 1$ y $z=\pm 1$, incluidas sus caras; d) una esfera de radio 1 con centro en el origen de coordenadas, incluida su superficie. **1794.** a) Un plano; las líneas de nivel son rectas, paralelas a la recta $x+y=0$; b) un paraboloide de revolución; las líneas de nivel son círculos concéntricos cuyo centro está situado en el origen de coordenadas; c) paraboloide hiperbólico; las líneas de nivel son hipérbolas equiláteras; d) un cono de 2° orden; las líneas de nivel son hipérbolas equiláteras; e) cilindro parabólico, cuyas generatrices son paralelas a la recta $x+y+1=0$; las líneas de nivel son rectas paralelas; f) superficie lateral de una pirámide cuadrangular; las líneas de nivel son contornos de cuadrados; g) las líneas de nivel son parábolas $y=Cx^2$; h) las líneas de nivel son parábolas $y=C\sqrt{x}$; i) las líneas de nivel son circunferencias $C(x^2+y^2)=2x$. **1795.** a) Parábolas $y=C-x^2\ (C>0)$; b) hipérbolas $xy=C\ (\,|\,C\,|\leqslant 1)$; c) circunferencias $x^2+y^2=C^2$; d) rectas $y=ax+C$; e) rectas $y=Cx\ (x\neq 0)$. **1796.** a) Planos paralelos al plano $x+y+z=0$; b) esferas concéntricas cuyo centro se encuentra en el origen de coordenadas; c) cuando $u>0$, hiperboloides de revolución de una hoja alrededor del eje $OZ$; cuando $u<0$, hiperboloides de revolución de dos hojas, alrededor del mismo eje; ambas familias de curvas están divididas por el cono $x^2+y^2-z^2=0$ $(u=0)$. **1797.** a) 0; b) 0; c) 2; d) $e^k$; e) no existe el límite; f) no existe el límite. I n d i c a c i ó n. En el punto b) pasar a las coordenadas polares. En los puntos e) y f) examinar las variaciones de $x$ e $y$ a lo largo de las rectas $y=kx$ y demostrar, que la expresión dada puede tender a límites diferentes, que dependen del valor del $k$ elegido. **1798.** Continua. **1799.** a) Punto de discontinuidad cuando $x=0$ e $y=0$; b) todos los puntos de la recta $x=y$ (línea de discontinuidad); c) la línea de discontinuidad es la circunferencia $x^2+y^2=1$; d) las líneas de discontinuidad son los ejes de coordenadas. **1800.** I n d i c a c i ó n. Poniendo $y=y_1=\text{const}$, obtenemos la función $\varphi_1(x)=\dfrac{2xy_1}{x^2+y_1^2}$, que es continua en todas partes, ya que cuando $y_1\neq 0$ el denominador $x^2+y_1^2\neq 0$, mientras que cuando $y_1=0$ $\varphi_1(x)\equiv 0$. Análogamente, cuando $x=x_1=\text{const}$, la función $\varphi_2(y)=\dfrac{2x_1y}{x_1^2+y^2}$ es continua en todas partes. Por el conjunto de las variables $x$ e $y$, la función $z$ tiene una discontinuidad en el punto $(0,\ 0)$, ya que no existe el $\lim z$. Efectivamente, pasando a las coordenadas polares $(x=r\cos\varphi,\ y=r\,\text{sen}\,\varphi)$,
$\substack{x\to 0 \\ y\to 0}$
obtenemos $z=\text{sen}\,2\varphi$, de donde se aprecia que, si $x\to 0$ e $y\to 0$ de manera que $\varphi=\text{const}\ (0\leqslant\varphi\leqslant 2\pi)$, $z\to\text{sen}\,2\varphi$. Como estos valores extremos de la función $z$ dependen de la dirección de $\varphi$, $z$ no tiene límite cuando $x\to 0$ e $y\to 0$.

**1801.** $\dfrac{\partial z}{\partial x}=3(x^2-ay),\ \dfrac{\partial z}{\partial y}=3(y^2-ax)$. **1802.** $\dfrac{\partial z}{\partial x}=\dfrac{2y}{(x+y)^2},\ \dfrac{\partial z}{\partial y}=-\dfrac{2x}{(x+y)^2}$.

**1803.** $\dfrac{\partial z}{\partial x}=-\dfrac{y}{x^2},\ \dfrac{\partial z}{\partial y}=\dfrac{1}{x}$. **1804.** $\dfrac{\partial z}{\partial x}=\dfrac{x}{\sqrt{x^2-y^2}},\ \dfrac{\partial z}{\partial y}=-\dfrac{y}{\sqrt{x^2-y^2}}$.

**1805.** $\dfrac{\partial z}{\partial x}=\dfrac{y^2}{(x^2+y^2)^{3/2}},\ \dfrac{\partial z}{\partial y}=-\dfrac{xy}{(x^2+y^2)^{3/2}}$. **1806.** $\dfrac{\partial z}{\partial x}=\dfrac{1}{\sqrt{x^2+y^2}}$, $\dfrac{\partial z}{\partial y}=\dfrac{y}{\sqrt{x^2+y^2}\,(x+\sqrt{x^2+y^2})}$. **1807.** $\dfrac{\partial z}{\partial x}=-\dfrac{y}{x^2+y^2},\ \dfrac{\partial z}{\partial y}=\dfrac{x}{x^2+y^2}$.

30—1016

**1808.** $\dfrac{\partial z}{\partial x}=yx^{y-1}$, $\quad\dfrac{\partial z}{\partial y}=x^y\ln x$. **1809.** $\dfrac{\partial z}{\partial x}=-\dfrac{y}{x^2}\,e^{\operatorname{sen}\frac{y}{x}}\cos\dfrac{y}{x}$,

$\dfrac{\partial z}{\partial y}=\dfrac{1}{x}\,e^{\operatorname{sen}\frac{y}{x}}\cos\dfrac{y}{x}$. **1810.** $\dfrac{\partial z}{\partial x}=\dfrac{xy^2\sqrt{2x^2-2y^2}}{|y|(x^4-y^4)}$, $\dfrac{\partial z}{\partial y}=-\dfrac{yx^2\sqrt{2x^2-2y^2}}{|y|(x^4-y^4)}$.

**1811.** $\dfrac{\partial z}{\partial x}=\dfrac{1}{\sqrt{y}}\operatorname{ctg}\dfrac{x+a}{\sqrt{y}}$, $\dfrac{\partial z}{\partial y}=-\dfrac{x+a}{2y\sqrt{y}}\operatorname{ctg}\dfrac{x+a}{\sqrt{y}}$. **1812.** $\dfrac{\partial u}{\partial x}=yz\,(xy)^{z-1}$,

$\dfrac{\partial u}{\partial y}=xz\,(xy)^{z-1}$, $\dfrac{\partial u}{\partial z}=(xy)^z\ln(xy)$. **1813.** $\dfrac{\partial u}{\partial x}=yz^{xy}\ln z$, $\dfrac{\partial u}{\partial y}=xz^{xy}\ln z$,

$\dfrac{\partial u}{\partial z}=xyz^{xy-1}$. **1814.** $f'_x(2,1)=\dfrac{1}{2}$, $f'_y(2,1)=0$. **1815.** $f'_x(1;2;0)=1$,

$f_y(1;2;0)=\dfrac{1}{2}$, $f^z(1;2;0)=\dfrac{1}{2}$. **1820.** $-\dfrac{x}{(x^2+y^2+z^2)^{3/2}}$. **1821.** $r$.

**1826.** $z=\operatorname{arctg}\dfrac{y}{x}+\varphi(x)$. **1827.** $z=\dfrac{x^2}{2}+y^2\ln x+\operatorname{sen}y-\dfrac{1}{2}$. **1828.** 1) $\operatorname{tg}\alpha=4$,

$\operatorname{tg}\beta=\infty$, $\operatorname{tg}\gamma=\dfrac{1}{4}$; 2) $\operatorname{tg}\alpha=\infty$, $\operatorname{tg}\beta=4$, $\operatorname{tg}\gamma=\dfrac{1}{4}$. **1829.** $\dfrac{\partial S}{\partial a}=\dfrac{1}{2}\,h$,

$\dfrac{\partial S}{\partial b}=\dfrac{1}{2}\,h$, $\dfrac{\partial S}{\partial h}=\dfrac{1}{2}(a+b)$. **1830. Indicación.** Comprobar, que la función es igual a cero en todo el eje $OX$ y en todo el eje $OY$ y valerse de la definición de las derivadas parciales. Cerciorarse de que $f'_x(0,0)=f'_y(0,0)=0$. **1831.** $\Delta f=4\Delta x+\Delta y+2\Delta x^2+2\Delta x\,\Delta y+\Delta x^2\Delta y$; $df=4dx+dy$; a) $\Delta f-df=8$; b) $\Delta f-df=0{,}062$. **1833.** $dz=3(x^2-y)\,dx+3(y^2-x)\,dy$. **1834.** $dz=2xy^3\,dx+$

$+3x^2y^2\,dy$. **1835.** $\partial z=\dfrac{4xy}{(x^2+y^2)^2}(y\,dx-x\,dy)$. **1836.** $dz=\operatorname{sen}2x\,dx-\operatorname{sen}2y\,dy$.

**1837.** $dz=y^2x^{y-1}\,dx+x^y(1+y\ln x)\,dy$. **1838.** $dz=\dfrac{2}{x^2+y^2}(x\,dx+y\,dy)$.

**1839.** $df=\dfrac{1}{x+y}\left(dx-\dfrac{x}{y}\,dy\right)$. **1840.** $dz=0$. **1841.** $dz=\dfrac{2}{x\operatorname{sen}\frac{2y}{x}}\left(dy-\dfrac{y}{x}\,dx\right)$

**1842.** $df(1,1)=dx-2dy$. **1843.** $du=yz\,dx+zx\,dy+xy\,dz$.

**1844.** $du=\dfrac{1}{\sqrt{x^2+y^2+z^2}}(x\,dx+y\,dy+z\,dz)$. **1845.** $du=\left(xy+\dfrac{x}{y}\right)^{z-1}\times$

$\times\left[\left(y+\dfrac{1}{y}\right)z\,dx+\left(1-\dfrac{1}{y^2}\right)xz\,dy+\left(xy+\dfrac{x}{y}\right)\ln\left(xy+\dfrac{x}{y}\right)dz\right]$.

**1846.** $du=\dfrac{z^2}{x^2y^2+z^4}\left(y\,dx+x\,dy-\dfrac{2xy}{z}\,dz\right)$. **1847.** $df(3,4,5)=$

$=\dfrac{1}{25}(5\,dz-3dx-4dy)$. **1848.** $dl=0{,}062$ cm; $\Delta l=0{,}065$ cm. **1849.** 75 cm³

(con relación a las dimensiones interiores). **1850.** $\dfrac{1}{8}$ cm. **Indicación.** Suponer que la diferencial de superficie del sector es igual a cero y de aquí hallar la diferencial del radio. **1851.** a) 1,00; b) 4,998; c) 0,273. **1853.** Con exactitud hasta 4 m (más exactamente 4,25 m). **1854.** $\pi\dfrac{\alpha g-\beta l}{g\sqrt{lg}}$.

**1855.** $d\alpha = \dfrac{1}{\rho}\, (dy \cos \alpha - dx \operatorname{sen} \alpha)$.
  **1856.** $\dfrac{dz}{dt} = \dfrac{e^t\,(t \ln t - 1)}{t \ln^2 t}$ .

**1857.** $\dfrac{du}{dt} = \dfrac{t}{\sqrt{y}}\, \operatorname{ctg} \dfrac{x}{\sqrt{y}}\, \left( 6 - \dfrac{x}{2y^2} \right)$.
  **1858.** $\dfrac{du}{dt} = 2t \ln t \operatorname{tg} t + \dfrac{(t^2+1)\operatorname{tg} t}{t} +$

$+ \dfrac{(t^2+1)\ln t}{\cos^2 t}$.
 **1859.** $\dfrac{du}{dt} = 0$.
 **1860.** $\dfrac{dz}{dx} = (\operatorname{sen} x)^{\cos x}\,(\cos x \operatorname{ctg} x - \operatorname{sen} x \ln \operatorname{sen} x)$.

**1861.** $\dfrac{\partial z}{\partial x} = -\dfrac{y}{x^2+y^2}$; $\dfrac{dz}{dx} = \dfrac{1}{1+x^2}$.
 **1862.** $\dfrac{\partial z}{\partial x} = yx^{y-1}$; $\dfrac{dz}{dx} = x^y \left[ \varphi'(x) \ln x + \dfrac{y}{x} \right]$.

**1863.** $\dfrac{\partial z}{\partial x} = 2x f_u'(u, v) + ye^{xy}f_v'(u, v)$; $\dfrac{\partial z}{\partial y} = -2yf_u'(u, v) + xe^{xy}\,f_v'(u, v)$.

**1864.** $\dfrac{\partial z}{\partial u} = 0$, $\dfrac{\partial z}{\partial v} = 1$.
  **1865.** $\dfrac{\partial z}{\partial x} = y \left( 1 - \dfrac{1}{x^2} \right) f'\left( xy + \dfrac{y}{x} \right)$ ;

$\dfrac{\partial z}{\partial y} = \left( x + \dfrac{1}{x} \right) f'\left( xy + \dfrac{y}{x} \right)$.
  **1867.** $\dfrac{du}{dx} = f_x'(x, y, z) + \varphi'(x)\,f_y'(x, y, z) +$

$+ f_z'(x, y, z)\,[\psi_x'(x, y) + \psi_y'(x, y)\,\varphi'(x)]$. **1873.** El perímetro crece con una velocidad de 2 m/seg., el área aumenta con la velocidad de 70 m²/seg.

**1874.** $\dfrac{1 + 2t^2 + 3t^4}{\sqrt{1 + t^2 + t^4}}$.
 **1875.** $20 \sqrt{5 - 2\sqrt{2}}$ km/hora.
 **1876.** $-\dfrac{9\sqrt{3}}{2}$.
 **1877.** 1.

**1878.** $\dfrac{\sqrt{2}}{2}$.
  **1879.** $-\dfrac{\sqrt{3}}{3}$.
  **1880.** $\dfrac{68}{13}$.
  **1881.** $\dfrac{\cos \alpha + \cos \beta + \cos \gamma}{3}$ .

**1882.** a) (2; 0); b) (0; 0) y (1; 1); c) (7; 2; 1). **1884.** $9i - 3j$. **1885.** $\dfrac{1}{4}\,(5i - 3j)$.

**1886.** $6i + 3j + 2k$.
 **1887.** $|\operatorname{grad} u| = 6$; $\cos \alpha = \dfrac{2}{3}$, $\cos \beta = -\dfrac{2}{3}$, $\cos \gamma = \dfrac{1}{3}$ .

**1888.** $\cos \varphi = \dfrac{3}{\sqrt{10}}$ .
  **1889.** $\operatorname{tg} \varphi \approx 8{,}944$; $\varphi \approx 83°37'$.
  **1891.** $\dfrac{\partial^2 z}{\partial x^2} =$

$= \dfrac{abcy^2}{(b^2x^2 + a^2y^2)^{3/2}}$; $\dfrac{\partial^2 z}{\partial x\, \partial y} = -\dfrac{abcxy}{(b^2x^2 + a^2y^2)^{3/2}}$; $\dfrac{\partial^2 z}{\partial y^2} = \dfrac{abcx^2}{(b^2x^2 + a^2y^2)^{3/2}}$ . **1892.** $\dfrac{\partial^2 z}{\partial x^2} =$

$= \dfrac{2\,(y - x^2)}{(x^2+y)^2}$; $\dfrac{\partial^2 z}{\partial x\, \partial y} = -\dfrac{2x}{(x^2+y)^2}$; $\dfrac{\partial^2 z}{\partial y^2} = -\dfrac{1}{(x^2+y)^2}$ . **1893.** $\dfrac{\partial^2 z}{\partial x\, \partial y} =$

$= \dfrac{xy}{(2xy + y^2)^{3/2}}$ . **1894.** $\dfrac{\partial^2 z}{\partial x\, \partial y} = 0$. **1895.** $\dfrac{\partial^2 r}{\partial x^2} = \dfrac{r^2 - x^2}{r^3}$ . **1896.** $\dfrac{\partial^2 u}{\partial x^2} = \dfrac{\partial^2 u}{\partial y^2} =$

$= \dfrac{\partial^2 u}{\partial z^2} = 0$; $\dfrac{\partial^2 u}{\partial x\, \partial y} = \dfrac{\partial^2 u}{\partial y\, \partial z} = \dfrac{\partial^2 u}{\partial z\, \partial x} = 1$. **1897.** $\dfrac{\partial^3 u}{\partial x\, \partial y\, \partial z} = \alpha\beta\gamma x^{\alpha-1}\,y^{\beta-1}z^{\gamma-1}$ .

**1898.** $\dfrac{\partial^3 z}{\partial x\, \partial y^2} = -x^2y \cos (xy) - 2x \operatorname{sen} (xy)$.
  **1899.** $f_{xx}''(0, 0) = m\,(m-1)$;

$f_{xy}''(0, 0) = mn$; $f_{yy}''(0, 0) = n\,(n-1)$. **1902.** I n d i c a c i ó n. Comprobar, utilizando las reglas de derivación y la definición de derivada parcial, que

$f_x'(x, y) = y \left[ \dfrac{x^2 - y^2}{y^2 + y^2} + \dfrac{4x^2y^2}{(x^2 + y^2)^2} \right]$ (cuando $x^2 + y^2 \neq 0$), $f_x'(0, 0) = 0$ y, por

consiguiente, $f_x'(0, y) = -y$ cuando $x = 0$ y para cualquier $y$. De donde $f_{xy}''(0, y) = -1$, en particular, $f_{xy}''(0, 0) = -1$. Análogamente, hallamos que $f_{xy}''(0, 0) = 1$.

**1903.** $\dfrac{\partial^2 z}{\partial x^2}$: $2f_v'(u, v) + 4x^2 f_{uu}''(u, v) + 4xy f_{uv}''(u, v) + y^2 f_{vv}''(u, v)$;

$\dfrac{\partial^2 z}{\partial x\, \partial y} = f_v'(u, v) + 4xy f_{uu}''(u, v) + 2(x^2 + y^2)\, f_{uv}''(u, v) + xy f_{vv}''(u, v)$;

$\dfrac{\partial^2 z}{\partial y^2} = 2f_u'(u, v) + 4y^2 f_{uu}''(u, v) + 4xy f_{uv}''(u, v) + x^2 f_{vv}''(u, v)$.

**1904.** $\dfrac{\partial^2 u}{\partial x^2} = f_{xx}'' + 2f_{xz}'' \varphi_x' + f_{zz}'' (\varphi_x')^2 + f_z' \varphi_{xx}''$.

**1905.** $\dfrac{\partial^2 z}{\partial x^2} = f_{uu}'' (\varphi_x')^2 + 2f_{uv}'' \varphi_x' \psi_x' + f_{vv}'' (\psi_x')^2 + f_u' \varphi_{xx}'' + f_v' \psi_{xx}''$;

$\dfrac{\partial^2 z}{\partial x\, \partial y} = f_{uu}'' \varphi_x' \varphi_y' + f_{uv}'' (\varphi_x' \psi_y' + \psi_x' \varphi_y') + f_{vv}'' \psi_x' \psi_y' + f_u' \varphi_{xy}'' + f_v' \psi_{xy}''$;

$\dfrac{\partial^2 z}{\partial y^2} = f_{uu}'' (\varphi_y')^2 + 2f_{uv}'' \varphi_y' \psi_y' + f_{vv}'' (\psi_y')^2 + f_u' \varphi_{vy}'' + f_v' \psi_{vy}''$.

**1914.** $u(x, y) = \varphi(x) + \psi(y)$.      **1915.** $u(x, y) = x\varphi(y) + \psi(y)$.

**1916.** $d^2 z = e^{xy} [(y\, dx + x\, dy)^2 + 2dx\, dy]$. **1917.** $d^2 u = 2(x\, dy\, dz + y\, dx\, dz + z\, dx\, dy)$.

**1918.** $d^2 z = 4\varphi''(t)(x\, dx + y\, dy)^2 + 2\varphi'(t)(dx^2 + dy^2)$.    **1919.** $dz = \left(\dfrac{x}{y}\right)^{xy} \times$

$\times \left( y \ln \dfrac{ex}{y}\, dx + x \ln \dfrac{x}{ey}\, dy \right)$;     $d^2 z = \left(\dfrac{x}{y}\right)^{xy} \left[ \left( y^2 \ln^2 \dfrac{ex}{y} + \dfrac{y}{x} \right) dx^2 + \right.$

$+ 2 \left( xy \ln \dfrac{ex}{y} \ln \dfrac{x}{ey} + \ln \dfrac{x}{y} \right) dx\, dy + \left( x^2 \ln^2 \dfrac{x}{ey} - \dfrac{x}{y} \right) dy^2 \left. \right]$.    **1920.** $d^2 z =$

$= a^2 f_{uu}''(u, v)\, dx^2 + 2ab f_{uv}''(u, v)\, dx\, dy + b^2 f_{vv}''(u, v)\, dy^2$.       **1921.** $d^2 z =$

$= (ye^x f_v' + e^{2y} f_{uu}'' + 2ye^{x+y} f_{uv}'' + y^2 e^{2x} f_{vv}'')\, dx^2 + 2\, (e^y f_u' + e^x f_v' + xe^{2y} f_{uu}'' + e^{x+y} \times$

$\times (1 + xy)\, f_{uv}'' + ye^{2x} f_{vv}'')\, dx\, dy + (xe^y f_u' + x^2 e^{2y} f_{uu}'' + 2xe^{x+y} f_{uv}'' + e^{2x} f_{vv}'')\, dy^2$.

**1922.** $d^3 z = e^x (\cos y\, dx^3 - 3 \operatorname{sen} y\, dx^2\, dy - 3 \cos y\, dx\, dy^2 + \operatorname{sen} y\, dy^3)$. **1923.** $d^3 z =$
$= -y \cos x\, dx^3 - 3 \operatorname{sen} x\, dx^2\, dy - 3 \cos y\, dx\, dy^2 + x \operatorname{sen} y\, dy^3$. **1924.** $df(1; 2) = 0$;
$d^2 f(1; 2) = 6dx^2 + 2dx\, dy + 4{,}5\, dy^2$.     **1925.** $d^2 f(0, 0, 0) = 2dx^2 + 4dy^2 + 6dz^2 -$

$- 4dx\, dy + 8dx\, dz + 4dy\, dz$.      **1926.** $xy + C$.      **1927.** $x^3 y - \dfrac{y^3}{3} + \operatorname{sen} x + C$.

**1928.** $\dfrac{x}{x+y} + \ln(x+y) + C$.      **1929.** $\dfrac{1}{2} \ln(x^2 + y^2) + 2 \operatorname{arctg} \dfrac{x}{y} + C$.

**1930.** $\dfrac{x}{y} + C$.   **1931.** $\sqrt{x^2 + y^2} + C$.   **1932.** $a = -1$, $b = -1$, $z = \dfrac{x-y}{x^2 + y^2} + C$.

**1933.** $x^2 + y^2 + z^2 + xy + xz + yz + C$.    **1934.** $x^3 + 2xy^2 + 3xz + y^2 - yz - 2z + C$.

**1935.** $x^2 yz - 3xy^2 z + 4x^2 y^2 + 2x + y + 3z + C$.        **1936.** $\dfrac{x}{y} + \dfrac{y}{z} + \dfrac{z}{x} + C$.

**1937.** $\sqrt{x^2 + y^2 + z^2} + C$. **1938.** $\lambda = -1$. **I n d i c a c i ó n.** Escribir las condiciones de diferencial exacta para la expresión $X\, dx + Y\, dy$. **1939.** $f_x' = f_y'$.

**1940.** $u = \displaystyle\int_a^{xy} f(z)\, dz + C$.    **1941.** $\dfrac{dy}{dx} = -\dfrac{b^2 x}{a^2 y}$; $\dfrac{d^2 y}{dx^2} = -\dfrac{b^4}{a^2 y^3}$; $\dfrac{d^3 y}{dx^3} = -\dfrac{3b^6 x}{a^4 y^5}$.

**1942.** La ecuación que determina a $y$, es la ecuación de un par de rectas.

**1943.** $\dfrac{dy}{dx}=\dfrac{y^x \ln y}{1-xy^{x-1}}$. **1944.** $\dfrac{dy}{dx}=\dfrac{y}{y-1}$; $\dfrac{d^2y}{dx^2}=\dfrac{y}{(1-y)^3}$. **1945.** $\left(\dfrac{dy}{dx}\right)_{x=1}=3$
ó $-1$; $\left(\dfrac{d^2y}{d^2x}\right)_{x=1}=8$ ó $-8$. **1946.** $\dfrac{dy}{dx}=\dfrac{x+ay}{ax-y}$; $\dfrac{d^2y}{dx^2}=\dfrac{(a^2+1)\,(x^2+y^2)}{(ax-y)^3}$.

**1947.** $\dfrac{dy}{dx}=-\dfrac{y}{x}$; $\dfrac{d^2y}{dx^2}=\dfrac{2y}{x^2}$. **1948.** $\dfrac{\partial z}{\partial x}=\dfrac{x^2-yz}{xy-z^2}$; $\dfrac{\partial z}{\partial y}=\dfrac{6y^2-3xz-2}{3\,(xy-z^2)}$.

**1949.** $\dfrac{\partial z}{\partial x}=\dfrac{z\operatorname{sen}x-\cos y}{\cos x-y\operatorname{sen}z}$; $\dfrac{\partial z}{\partial y}=\dfrac{x\operatorname{sen}y-\cos z}{\cos x-y\operatorname{sen}z}$. **1950.** $\dfrac{\partial z}{\partial x}=-1$; $\dfrac{\partial z}{\partial y}=\dfrac{1}{2}$.

**1951.** $\dfrac{\partial z}{xx}=-\dfrac{c^2x}{a^2z}$; $\dfrac{\partial z}{\partial y}=-\dfrac{c^2y}{b^2z}$; $\dfrac{\partial^2z}{\partial x^2}=-\dfrac{c^4\,(b^2-y^2)}{a^2b^2z^3}$; $\dfrac{\partial^2z}{\partial x\,\partial y}=-\dfrac{c^4xy}{a^2b^2z^3}$;

$\dfrac{\partial^2z}{\partial y^2}=-\dfrac{c^4\,(a^2-x^2)}{a^2b^2z^3}$. **1953.** $\dfrac{dz}{dx}=\dfrac{\begin{vmatrix}\varphi'_x & \varphi'_y \\ \psi'_x & \psi'_y\end{vmatrix}}{\psi'_y}$. **1954.** $dz=-\dfrac{x}{z}dx-\dfrac{y}{z}dy$; $d^2z=$

$=\dfrac{y^2-a^2}{z^3}dx^2-2\dfrac{xy}{z^3}dx\,dy+\dfrac{x^2-a^2}{z^3}dy^2$. **1955.** $dz=0$; $d^2z=\dfrac{4}{15}(dx^2+dy^2)$.

**1956.** $dz=\dfrac{z}{1-z}(dx+dy)$; $d^2z=\dfrac{z}{(1-z)^3}(dx^2+2dx\,dy+dy^2)$. **1961.** $\dfrac{dy}{dx}=\infty$;

$\dfrac{dz}{dx}=\dfrac{1}{5}$; $\dfrac{d^2z}{dx^2}=\dfrac{4}{25}$. **1962.** $dy=\dfrac{y\,(z-x)}{x\,(y-z)}dx$; $dz=\dfrac{z\,(x-y)}{x\,(y-z)}dx$; $d^2y=-d^2z=$

$=-\dfrac{a}{x^3\,(y-z)^3}\,[(x-y)^2+(y-z)^2+(z-x)^2]\,dx^2$. **1963.** $\dfrac{\partial u}{\partial x}=\dfrac{\partial u}{\partial y}=1$; $\dfrac{\partial^2u}{\partial x^2}=$

$=\dfrac{\partial^2u}{\partial x\,\partial y}=\dfrac{\partial^2u}{\partial y^2}=0$; $\dfrac{\partial v}{\partial x}=-1$; $\dfrac{\partial v}{\partial y}=0$; $\dfrac{\partial^2v}{\partial x^2}=2$; $\dfrac{\partial^2v}{\partial x\,\partial y}=1$; $\dfrac{\partial^2v}{\partial y^2}=0$. **1964.** $du=$

$=\dfrac{y}{1+y}dx+\dfrac{v}{1+y}dy$; $dv=\dfrac{1}{1+y}dx-\dfrac{v}{1+y}dy$; $d^2u=-d^2u=\dfrac{2}{(1+y)^2}dx\,dy-$

$-\dfrac{2v}{(1+y)^2}dy^2$. **1965.** $du=\dfrac{\psi'_v\,dx-\varphi'_v\,dy}{\begin{vmatrix}\varphi'_u & \varphi'_v \\ \psi'_u & \psi'_v\end{vmatrix}}$; $dv=\dfrac{-\psi'_u\,dx+\varphi'_u\,dy}{\begin{vmatrix}\varphi'_u & \varphi'_v \\ \psi'_u & \psi'_v\end{vmatrix}}$.

**1966.** a) $\dfrac{\partial z}{\partial x}=-\dfrac{c\operatorname{sen}v}{u}$, $\dfrac{\partial z}{\partial y}=\dfrac{c\cos v}{u}$; b) $\dfrac{\partial z}{\partial x}=\dfrac{1}{2}(v+u)$, $\dfrac{\partial z}{\partial y}=\dfrac{1}{2}(v-u)$;

c) $dz=\dfrac{1}{2e^{2u}}\,[e^{u-v}\,(v+u)\,dx+e^{u+v}\,(v-u)\,dy]$. **1967.** $\dfrac{\partial z}{\partial x}=F'_r\,(r,\,\varphi)\cos\varphi-$

$-F'_\varphi\,(r,\,\varphi)\dfrac{\operatorname{sen}\varphi}{r}$; $\dfrac{\partial z}{\partial y}=F'_r\,(r,\,\varphi)\operatorname{sen}\varphi+F'_\varphi\,(r,\,\varphi)\dfrac{\cos\varphi}{r}$. **1968.** $\dfrac{\partial z}{\partial x}=$

$=-\dfrac{c}{a}\cos\varphi\operatorname{ctg}\psi$; $\dfrac{\partial z}{\partial y}=-\dfrac{c}{b}\operatorname{sen}\varphi\operatorname{ctg}\psi$. **1969.** $\dfrac{d^2y}{dt^2}+\dfrac{dy}{dt}+y=0$. **1970.** $\dfrac{d^2y}{dt^2}=0$.

**1971.** a) $\dfrac{d^2x}{dy^2}-2y\dfrac{dx}{dy}=0$; b) $\dfrac{d^3x}{dy^3}=0$. **1972.** $\operatorname{tg}\mu=\dfrac{r}{r'}$. **1973.** $K=$

$=\dfrac{r^2+2\left(\dfrac{dr}{d\varphi}\right)^2-r\dfrac{d^2r}{d\varphi^2}}{\left[r^2+\left(\dfrac{dr}{d\varphi}\right)^2\right]^{3/2}}$. **1974.** $\dfrac{\partial z}{\partial u}=0$. **1975.** $u\dfrac{\partial u}{\partial z}-z=0$. **1976.** $\dfrac{\partial^2u}{\partial r^2}+\dfrac{1}{r^2}\times$

$\times\dfrac{\partial^2u}{\partial\varphi^2}+\dfrac{1}{r}\dfrac{\partial u}{\partial r}=0$. **1977.** $\dfrac{\partial^2z}{\partial u\,\partial v}=\dfrac{1}{2u}\dfrac{\partial z}{\partial v}$. **1978.** $\dfrac{\partial w}{\partial v}=0$. **1979.** $\dfrac{\partial^2w}{\partial v^2}=0$.

**SOLUCIONES**

**1980.** $\dfrac{\partial^2 w}{\partial u^2}=\dfrac{1}{2}$. **1981.** a) $2x-4y-z-5=0$; $\dfrac{x-1}{2}=\dfrac{y+2}{-4}=\dfrac{z-5}{-1}$; b) $3x+4y-$

$-6z=0$; $\dfrac{x-4}{3}=\dfrac{y-3}{4}=\dfrac{z-4}{-6}$; c) $x\cos\alpha+y\,\text{sen}\,\alpha-R=0$, $\dfrac{x-R\cos\alpha}{\cos\alpha}=$

$=\dfrac{y-R\,\text{sen}\,\alpha}{\text{sen}\,\alpha}=\dfrac{z-R}{0}$. **1982.** $\pm\dfrac{a^2}{\sqrt{a^2+b^2+c^2}}$; $\pm\dfrac{b^2}{\sqrt{a^2+b^2+c^2}}$;

$\pm\dfrac{c^2}{\sqrt{a^2+b^2+c^2}}$. **1983.** $2x+4y+12z-169=0$ **1985.** $x+4y+6z=\pm21$.

**1986.** $x\pm y\pm z=\pm\sqrt{a^2+b^2+c^2}$. **1987.** En los puntos $(1;\pm1;0)$ los planos tangentes son paralelos al plano $XOZ$ y en los puntos $(0;0;0)$ y $(2;0;0)$ al plano $YOZ$. La superficie carece de puntos en los cuales el plano tangente sea paralelo al $XOY$. **1991.** $\dfrac{\pi}{3}$. **1994.** La proyección sobre el

plano $XOY$: $\begin{cases} z=0, \\ x^2+y^2-xy-1=0. \end{cases}$ La proyección sobre el plano $YOZ$:

$\begin{cases} x=0, \\ \dfrac{3y^2}{4}+z^2-1=0. \end{cases}$ La proyección sobre el plano $XOZ$: $\begin{cases} y=0, \\ \dfrac{3x^2}{4}+z^2-1=0. \end{cases}$

**Indicación.** La línea de contacto de la superficie con el cilindro, que proyecta esta superficie sobre algún plano, representa de por sí el lugar geométrico de los puntos, en los que el plano tangente a la superficie dada es perpendicular al plano de proyección. **1996.** $f(x+h,\ y+k)=ax^2+2bxy+$ $+cy^2+2(ax+by)h+2(bx+cy)k+ah^2+2bhk+ck^2$. **1997.** $f(x,\ y)=1-(x+$ $+2)^2+2(x+2)(y-1)+3(y-1)^2$. **1998.** $\Delta f(x,\ y)=2h+k+h^2+2hk+h^2k$. **1999.** $f(x,\ y,\ z)=(x-1)^2+(y-1)^2+(z-1)^2+2(x-1)(y-1)-(y-1)(z-1)$. **2000.** $f(x+h,\ y+k,\ z+l)=f(x,\ y,\ z)+2[h(x-y-z)+k(y-x-z)+$ $+l(z-x-y)]+f(h,\ k,\ l)$. **2001.** $y+xy+\dfrac{3x^2y-y^3}{3!}$. **2002.** $1-\dfrac{x^2+y^2}{2!}+$

$+\dfrac{x^4+6x^2y^2+y^4}{4!}$. **2003.** $1+(y-1)+(x-1)(y-1)$. **2004.** $1+[(x-1)+$

$+(y+1)]+\dfrac{[(x-1)+(y+1)]^2}{2!}+\dfrac{[(x-1)+(y+1)]^3}{3!}$. **2005.** a) $\operatorname{arctg}\dfrac{1+\alpha}{1-\beta}\approx$

$\approx\dfrac{\pi}{4}+\dfrac{1}{2}(\alpha+\beta)-\dfrac{1}{4}(\alpha^2-\beta^2)$; b) $\sqrt{\dfrac{(1+\alpha)^m+(1+\beta)^n}{2}}\approx1+\dfrac{1}{4}(m\alpha+n\beta)+$

$+\dfrac{1}{32}[(3m^2-4m)\alpha^2-3mn\alpha\beta+(3n^2-4n)\beta^2]$. **2006.** a) $1,0081$; c) $0,902$. **Indicación.** Utilizar la fórmula de Taylor para las funciones: a) $f(x,\ y)=$ $=\sqrt{x}\ \sqrt[3]{y}$ en un entorno del punto $(1;1)$; b) $f(x,\ y)=y^x$ en un entorno del punto $(2;1)$. **2007.** $z=1+2(x-1)-(y-1)-8(x-1)^2+10(x-1)(y-1)-$ $-3(y-1)^2+\dots$ **2008.** $z_{\text{mín}}=0$ cuando $x=1$, $y=0$. **2009.** No hay extremos. **2010.** $z_{\text{mín}}=-1$ cuando $x=1$ e $y=0$. **2011.** $z_{\text{máx}}=108$ cuando $x=3$ e $y=2$. **2012.** $z_{\text{mín}}=-8$ cuando $x=\sqrt{2}$, $y=-\sqrt{2}$ y cuando $x=-\sqrt{2}$ e $y=\sqrt{2}$.

Cuando $x=y=0$ no hay extremos. **2013.** $z_{\text{máx}}=\dfrac{ab}{3\sqrt{3}}$ en los puntos $x=$

$=\dfrac{a}{\sqrt{3}}$, $y=\dfrac{b}{\sqrt{3}}$ y $x=-\dfrac{a}{\sqrt{3}}$, $y=-\dfrac{b}{\sqrt{3}}$; $z_{\text{mín}}=-\dfrac{ab}{3\sqrt{3}}$ en los puntos

$x=\dfrac{a}{\sqrt{3}}$, $y=-\dfrac{b}{\sqrt{3}}$, y $x=-\dfrac{a}{\sqrt{3}}$, $y=\dfrac{b}{\sqrt{3}}$. **2114.** $z_{\text{máx}}=1$ cuando $x=y=0$.

**2015.** $z_{mín}=0$ cuando $x=y=0$; un máximo amplio $z=\dfrac{1}{e}$ en los puntos de la circunferencia $x^2+y^2=1$. **2016.** $z_{máx}=\sqrt{3}$ cuando $x=1$, $y=-1$. **2016. 1.** $z_{mín}=6$ cuando $x=4$, $y=2$. **2016. 2.** $z_{máx}=8e^{-2}$ cuando $x=-4$, $y=-2$; no hay extremo cuando $x=0$, $y=0$. **2017.** $u_{mín}=-\dfrac{4}{3}$ cuando $x=-\dfrac{2}{3}$, $y=-\dfrac{1}{3}$ y $z=1$. **2018.** $u_{mín}=4$ cuando $x=\dfrac{1}{2}$, $y=1$, $z=1$.

**2019.** Esta ecuación determina dos funciones, de las cuales, una tiene máximo ($z_{máx}=8$) cuando $x=1$, $y=-2$; y la otra, un mínimo ($z_{mín}=-2$) cuando $x=1$, $y=-2$; en los puntos de la circunferencia $(x-1)^2+(y+2)^2=25$ cada una de estas funciones tiene un extremo en la frontera, $z=3$. I n d i-c a c i ó n. Las funciones que se mencionan en la respuesta se determinan explícitamente por las igualdades $z=3\pm\sqrt{25-(x-1)^2-(y+2)^2}$ y existen, por consiguiente, solamente dentro y en la frontera de la circunferencia $(x-1)^2+(y+2)^2=25$, en cuyos puntos ambas funciones toman el valor $z=3$. Este valor es el menor para la primera función y el mayor para la segunda. **2020.** Una de las funciones determinada por la función tiene máximo ($z_{máx}=-2$) cuando $x=-1$, $y=2$; la otra tiene mínimo ($z_{mín}=1$) cuando $x=-1$, $y=2$; ambas funciones tienen extremo en la frontera en los puntos de la curva $4x^2-4y^2-12x+16y-33=0$. **2021.** $z_{máx}=\dfrac{1}{4}$ cuando $x=y=\dfrac{1}{2}$. **2022.** $z_{máx}=5$ cuando $x=1$, $y=2$; $z_{mín}=-5$ cuando $x=-1$, $y=-2$. **2023.** $z_{mín}=\dfrac{36}{13}$ cuando $x=\dfrac{18}{13}$, $y=\dfrac{12}{13}$. **2024.** $z_{máx}=\dfrac{2+\sqrt{2}}{2}$ cuando $x=\dfrac{7\pi}{8}+k\pi$, $y=\dfrac{9\pi}{8}+k\pi$; $z_{mín}=\dfrac{2-\sqrt{2}}{2}$ cuando $x=\dfrac{3\pi}{8}+k\pi$, $y=\dfrac{5\pi}{8}+k\pi$. **2025.** $u_{mín}=-9$ cuando $x=-1$, $y=2$, $z=-2$; $u_{máx}=9$ cuando $x=1$, $y=-2$, $z=2$. **2026.** $u_{máx}=a$ cuando $x=\pm a$, $y=z=0$; $u_{mín}=c$ cuando $x=y=0$, $z=\pm c$. **2027.** $u_{máx}=2\cdot4^2\cdot6^3$ cuando $x=2$, $y=4$, $z=6$. **2028.** $u_{máx}=4\dfrac{4}{27}$ en los puntos $\left(\dfrac{4}{3};\dfrac{4}{3};\dfrac{7}{3}\right)$; $\left(\dfrac{4}{3};\dfrac{7}{3};\dfrac{4}{3}\right)$; $\left(\dfrac{7}{3};\dfrac{4}{3};\dfrac{4}{3}\right)$; $u_{mín}=4$ en los puntos $(2;2;1)\,(2;1;2)\,(1;2;2)$. **2030.** a) El valor del máximo absoluto es $z=3$ cuando $x=0$, $y=1$, b) el valor del máximo absoluto es $z=2$ cuando $x=1$, $y=0$. **2031.** a) El valor del máximo absoluto es $z=\dfrac{2}{3\sqrt{3}}$ cuando $x=\pm\sqrt{\dfrac{2}{3}}$, $y=\sqrt{\dfrac{1}{3}}$; el valor del mínimo absoluto es $z=-\dfrac{2}{3\sqrt{3}}$ cuando $x=\pm\sqrt{\dfrac{2}{3}}$, $y=-\sqrt{\dfrac{1}{3}}$; b) el valor del máximo absoluto es $z=1$ cuando $x=\pm1$, $y=0$; el valor del mínimo absoluto es $z=-1$ cuando $x=0$, $y=\pm1$. **2032.** El valor del máximo absoluto es $z=\dfrac{3\sqrt{3}}{2}$ cuando $x=y=\dfrac{\pi}{3}$ (máximo interno); el valor del mínimo absoluto es $z=0$ cuando $x=y=0$ (mínimo de frontera). **2033.** El valor del máximo absoluto es $z=13$ cuando $x=2$, $y=-1$ (máximo de frontera); el valor del mínimo absoluto es $z=-1$ cuando $x=y=1$ (mínimo interno) y cuando $x=0$, $y=-1$ (mínimo de frontera). **2034.** Cubo. **2035.** $\sqrt[3]{2V}$, $\sqrt[3]{2V}$, $\frac{1}{2}\sqrt[3]{2V}$. **2036.** Triángulo equilátero. **2037.** Cubo. **2038.** $a=\sqrt[4]{a}\cdot\sqrt[4]{a}\cdot\sqrt[4]{a}\cdot\sqrt[4]{a}$.

**2039.** $M\left(-\frac{1}{4};\frac{1}{4}\right)$. **2040.** Los lados del triángulo son: $\frac{3}{4}p$, $\frac{3}{4}p$ y $\frac{p}{2}$.

**2041.** $x=\dfrac{m_1x_1+m_2x^2+m_3x_3}{m_1+m_2+m_3}$, $y=\dfrac{m_1y_1+m_2y_2+m_3y_3}{m_1+m_2+m_3}$. **2042.** $\dfrac{x}{a}+\dfrac{y}{b}+\dfrac{z}{c}=3$.

**2043.** Las dimensiones del paralelepípedo son $\dfrac{2a}{\sqrt{3}}$, $\dfrac{2b}{\sqrt{3}}$, $\dfrac{2c}{\sqrt{3}}$, donde $a$, $b$

y $c$ son los semiejes del elipsoide. **2044.** $x=y=2\delta+\sqrt[3]{2V}$, $z=\dfrac{x}{2}$.

**2045.** $x=\pm\dfrac{a}{\sqrt{2}}$, $y=\pm\dfrac{b}{\sqrt{2}}$. **2046.** El eje mayor es $2a=6$, el eje menor, $2b=2$. Indicación. El cuadrado de la distancia del punto $(x,y)$ de la elipse a su centro (origen de coordenadas) es igual a $x^2+y^2$. El problema se reduce a buscar el extremo de la función $x^2+y^2$, con la condición de que $5x^2+8xy+5y^2=9$. **2047.** El radio de la base del cilindro es $\dfrac{R}{2}\sqrt{2+\dfrac{2}{\sqrt{5}}}$,

la altura, $R\sqrt{2-\dfrac{2}{\sqrt{5}}}$, donde $R$ es el radio de la esfera. **2048.** El canal

debe unir el punto $\left(\dfrac{1}{2};\dfrac{1}{4}\right)$ de la parábola con el punto $\left(\dfrac{11}{8};-\dfrac{5}{8}\right)$

de la recta; su longitud es igual a $\dfrac{7\sqrt{2}}{8}$. **2049.** $\dfrac{1}{14}\sqrt{2730}$. **2050.** $\dfrac{\operatorname{sen}\alpha}{\operatorname{sen}\beta}=$

$=\dfrac{v_1}{v_2}$. Indicación. Es evidente, que el punto $M$, en que el rayo pasa

de un medio a otro, deberá encontrarse entre $A_1$ y $B_1$, siendo $AM=\dfrac{a}{\cos\alpha}$,

$BM=\dfrac{b}{\cos\beta}$, $A_1M=a\operatorname{tg}\alpha$, $B_1M=b\operatorname{tg}\beta$. La duración del movimiento del rayo

es igual a $\dfrac{a}{v_1\cos\alpha}+\dfrac{b}{v_2\cos\beta}$. El problema se reduce a buscar el mínimo

de la función $f(\alpha,\beta)=\dfrac{a}{v_1\cos\alpha}+\dfrac{b}{v_2\cos\beta}$ con la condición de que $a\operatorname{tg}\alpha+$

$+b\operatorname{tg}\beta=c$. **2051.** $\alpha=\beta$. **2052.** $I_1:I_2:I_3=\dfrac{1}{R_1}:\dfrac{1}{R_2}:\dfrac{1}{R_3}$. Indicación.

Hallar el mínimo de la función $f(I_1,I_2,I_3)=I_1^2R_1+I_2^2R_2+I_3^2R_3$, con la condición de que $I_1+I_2+I_3=I$. **2053.** Un punto aislado $(0;0)$. **2054.** Punto de retroceso de 2ª especie $(0;0)$. **2055.** Punto tacnodo $(0;0)$. **2056.** Punto aislado $(0;0)$. **2057.** Punto crunodal $(0;0)$. **2058.** Punto de retroceso de 1ª especie $(0;0)$. **2059.** Punto crunodal $(0;0)$. **2060.** Punto crunodal $(0;0)$. **2061.** El origen de coordenadas es un punto aislado, si $a>b$, un punto de retroceso de 1ª especie, si $a=b$ y un punto crunodal, si $a<b$.

**2062.** Si entre las magnitudes $a$, $b$ y $c$ no hay iguales entre sí, la curva no tiene puntos singulares. Si $a=b<c$, $A(a,0)$ es un punto aislado; si $a<b=c$, $B(b,0)$ es un punto crunodal; si $a=b=c$, $A(a,0)$ es un punto de retroceso de 1ª especie. **2063.** $y=\pm x$. **2064.** $y^2=2px$. **2065.** $y=\pm R$.

**2066.** $x^{2/3}+y^{2/3}=l^{2/3}$. **2067.** $xy=\dfrac{1}{2}$ $S$. **2068.** Par de hipérbolas equiláteras conjugadas, cuyas ecuaciones, si los ejes de simetría de las elipses se toman como ejes de coordenada, tienen la forma $xy=\pm\dfrac{S}{2\pi}$. **2069.** a) La curva discriminante $y=0$ es el lugar geométrico de los puntos de inflexión y la envolvente de la familia dada; b) la curva discriminante $y=0$ es el lugar geométrico de los puntos cuspidales y la envolvente de la familia; c) la curva discriminante $y=0$ es el lugar geométrico de los puntos cuspidales pero no es la envolvente; d) la curva discriminante se descompone en las rectas: $x=0$ (lugar geométrico de los puntos crunodales) y $x=a$ (envolvente).

**2070.** $y=\dfrac{v_0^2}{2g}-\dfrac{gx^2}{2v_0^2}$. **2071.** $7\dfrac{1}{3}$. **2072.** $\sqrt{9+4\pi^2}$. **2073.** $\sqrt{3}\,(e^t-1)$. **2074.** 42.

**2075.** 5. **2076.** $x_0+z_0$. **2077.** $11+\dfrac{\ln 10}{9}$. **2079.** a) recta; b) parábola; c) elipse; d) hipérbola. **2080.** 1) $\dfrac{da}{dt}a^0$; 2) $a\dfrac{da^0}{dt}$; 3) $\dfrac{da}{dt}a^0+a\dfrac{da^0}{dt}$. **2081.** $\dfrac{d}{dt}(abc)=$

$$=\left(\dfrac{da}{dt}bc\right)+\left(a\dfrac{db}{dt}c\right)+\left(ab\dfrac{dc}{dt}\right).$$ **2082.** $4t(t^2+1)$. **2083.** $x=3\cos t$:

$y=4\,\mathrm{sen}\,t$ (elipse); $v=4j$, $w=-3i$ cuando $t=0$; $v=-\dfrac{3\sqrt{2}}{2}i+2\sqrt{2}j$,

$w=-\dfrac{3\sqrt{2}}{2}i-2\sqrt{2}j$ cuando $t=\dfrac{\pi}{4}$; $v=-3i$, $w=-4j$ cuando $t=\dfrac{\pi}{2}$.

**2084.** $x=2\cos t$, $y=2\,\mathrm{sen}\,t$, $z=3t$ (hélice circular); $v=-2i\,\mathrm{sen}\,t+2j\cos t+$ $+3k$; $v=\sqrt{13}$ para cualquier $t$; $w=-2i\cos t-2j\,\mathrm{sen}\,t$; $w=2$ para cualquier $t$, $v=2j+3k$, $w=-2i$ cuando $t=0$; $v=-2i+3k$, $w=-2j$ cuando $t=\dfrac{\pi}{2}$. **2085.** $x=\cos\alpha\cos\omega t$; $y=\mathrm{sen}\,\alpha\cos\omega t$; $z=\mathrm{sen}\,\omega t$ (circunferencia); $v=$ $=-\omega i\cos\alpha\,\mathrm{sen}\,\omega t-\omega j\,\mathrm{sen}\,\alpha\,\mathrm{sen}\,\omega t+\omega k\cos\omega t$; $v=|\omega|$; $w=-\omega^2 i\cos\alpha\cos\omega t=$ $-\omega^2 j\,\mathrm{sen}\,\alpha\cos\omega t-\omega^2 k\,\mathrm{sen}\,\omega t$; $w=\omega^2$. **2086.** $v=\sqrt{v_{x_0}^2+v_{y_0}^2+(v_{x_0}-gt)^2}$; $w_x=w_y=0$; $w_z=-g$; $w=g$. **2088.** $\omega\sqrt{a^2+h^2}$, donde $\omega=\dfrac{d0}{dt}$ es la velocidad angular de rotación del tornillo. **2089.** $\sqrt{a^2\omega^2+v_0^2-2a\omega v_0\,\mathrm{sen}\,\omega t}$.

**2090.** $\tau=\dfrac{\sqrt{2}}{2}(i+k)$; $v=-j$; $\beta=\dfrac{\sqrt{2}}{2}(i-k)$. **2091.** $\tau=\dfrac{1}{\sqrt{3}}[(\cos t-\mathrm{sen}\,t)\,i+$ $+(\mathrm{sen}\,t+\cos t)\,j+k]$; $v=-\dfrac{1}{\sqrt{2}}[(\mathrm{sen}\,t+\cos t)\,i+(\mathrm{sen}\,t-\cos t)\,j]$; $\cos(\widehat{\tau,z})=\dfrac{\sqrt{3}}{3}$; $\cos(\widehat{v,z})=0$. **2092.** $\tau=\dfrac{i+4j+2k}{\sqrt{21}}$; $v=\dfrac{-4i+5j-8k}{\sqrt{105}}$;

$\beta = \dfrac{-2i+k}{\sqrt{5}}$ . **2093.** $\dfrac{x-a\cos t}{-a\,\text{sen}\,t} = \dfrac{y-a\,\text{sen}\,t}{a\cos t} = \dfrac{z-bt}{b}$ (tangente); $\dfrac{x-a\cos t}{b\,\text{sen}\,t} =$

$= \dfrac{y-a\,\text{sen}\,t}{-b\cos t} = \dfrac{z-bt}{a}$ (binormal); $\dfrac{x-a\cos t}{\cos t} = \dfrac{y-a\,\text{sen}\,t}{\text{sen}\,t} = \dfrac{z-bt}{0}$ (normal

principal). Los cosenos directores de la tangente son: $\cos\alpha = -\dfrac{a\,\text{sen}\,t}{\sqrt{a^2+b^2}}$ ;

$\cos\beta = \dfrac{a\cos t}{\sqrt{a^2+b^2}}$ ; $\cos\gamma = \dfrac{b}{\sqrt{a^2+b^2}}$ . Los cosenos directores de la normal
principal son: $\cos\alpha_1 = \cos t$; $\cos\beta_1 = \text{sen}\,t$; $\cos\gamma_1 = 0$. **2094.** $2x-z=0$ (plano
normal); $y-1=0$ (plano osculador); $x+2z-5=0$ (plano rectificante).
**2095.** $\dfrac{x-2}{1} = \dfrac{y-4}{4} = \dfrac{z-8}{12}$ (tangente); $x+4y+12z-114=0$ (plano normal);

$12x-6y+z-8=0$ (plano osculador). **2096.** $\dfrac{x-\dfrac{t^4}{4}}{t^2} = \dfrac{y-\dfrac{t^3}{3}}{t} = \dfrac{z-\dfrac{t^2}{2}}{1}$ (tan-

gente); $\dfrac{x-\dfrac{t^4}{4}}{t^3+2t} = \dfrac{y-\dfrac{t^3}{3}}{1-t^4} = \dfrac{z-\dfrac{t^2}{2}}{-2t^3-t}$ (normal principal); $\dfrac{x-\dfrac{t^4}{4}}{1} = \dfrac{y-\dfrac{t^3}{3}}{-2t} =$

$= \dfrac{z-\dfrac{t^2}{2}}{t^2}$ (binormal); $M_1\left(\dfrac{1}{4};\ -\dfrac{1}{3};\ \dfrac{1}{2}\right)$; $M_2\left(4;\ -\dfrac{8}{3};\ 2\right)$ .

**2097.** $\dfrac{x-2}{1} = \dfrac{y+2}{-1} = \dfrac{z-2}{2}$ (tangente); $x+y=0$ (plano osculador); $\dfrac{x-2}{1} =$

$= \dfrac{y+2}{-1} = \dfrac{z-2}{-1}$ (normal principal); $\dfrac{x-2}{+1} = \dfrac{y+2}{1} = \dfrac{z-2}{0}$ (binormal); $\cos\alpha_2 =$

$= \dfrac{1}{\sqrt{2}}$ ; $\cos\beta_2 = \dfrac{1}{\sqrt{2}}$, $\cos\gamma_2 = 0$. **2098.** a) $\dfrac{x-\dfrac{R}{2}}{2} = \dfrac{y-\dfrac{R}{2}}{0} = \dfrac{z-\dfrac{\sqrt{2}}{2}R}{-\sqrt{2}}$ (tangente);

$x\sqrt{2}-z=0$ (plano normal); b) $\dfrac{x-1}{1} = \dfrac{y-1}{1} = \dfrac{z-2}{4}$ (tangente); $x+y+4z-$

$-10=0$ (plano normal); c) $\dfrac{x-2}{2\sqrt{3}} = \dfrac{y-2\sqrt{3}}{1} = \dfrac{z-3}{-2\sqrt{3}}$ (tangente); $2\sqrt{3}x+$

$+y-2\sqrt{3}z=0$ (plano normal). **2099.** $x+y=0$. **2100.** $x-y-z\sqrt{2}=0$.
**2101.** a) $4x-y-z-9=0$; b) $9x-6y+2z-18=0$; c) $b^2x_0^3x-a^2y_0^3y+$
$+(a^2-b^2)z_0^3z = a^2b^2(a^2-b^2)$. **2102.** $6x-8y-z+3=0$ (plano osculador);
$\dfrac{x-1}{31} = \dfrac{y-1}{26} = \dfrac{z-1}{-22}$ (normal principal); $\dfrac{x-1}{-6} = \dfrac{y-1}{8} = \dfrac{z-1}{1}$ (binormal).

**2103.** $bx-z=0$ (plano osculador); $\left.\begin{array}{l}x=0\\x=0\end{array}\right\}$ (normal principal); $\left.\begin{array}{l}x+bz=0,\\y=0,\end{array}\right\}$

(binormal); $\tau = \dfrac{i+bk}{\sqrt{1+b^2}}$ ; $\beta = \dfrac{-bi+k}{\sqrt{1+b^2}}$ ; $v=j$. **2106.** $2x+3y+19z-27=0$.

**2107.** a) $\sqrt{2}$; b) $\dfrac{\sqrt{6}}{4}$ . **2108.** a) $K = \dfrac{e^{-l}\sqrt{2}}{3}$; $T = \dfrac{e^{-l}}{3}$ ; b) $K=T=\dfrac{1}{2a\,\text{ch}^2\,t}$.

**2109.** a) $R=\rho=\dfrac{(y+a)^2}{a}$ ; b) $R=\rho=\dfrac{(p^4+2x^4)^3}{8p^4x^3}$ . **2111.** $\dfrac{av^2}{a^2+b^2}$ . **2112.** $K=2$,

$w_\tau=0$, $w_n=2$  cuando  $t=0$;  $K=\dfrac{1}{7}\sqrt{\dfrac{19}{14}}$ , $w_\tau=\dfrac{22}{\sqrt{14}}$, $w_n=2\sqrt{\dfrac{19}{14}}$

cuando $t=1$.

## Capítulo VII

**2113.** $4\dfrac{2}{3}$ . **2114.** $\ln\dfrac{25}{24}$ . **2115.** $\dfrac{\pi}{12}$ . **2116.** $\dfrac{9}{4}$ . **2117.** 50,4. **2118.** $\dfrac{\pi a^2}{2}$ . **2119.** 2,4.

**2120.** $\dfrac{\pi}{6}$ . **2121.** $x=\dfrac{y^2}{4}-1$; $x=2-y$; $y=-6$; $y=2$. **2122.** $y=x^2$; $y=x+9$;

$x=1$; $x=3$. **2123.** $y=x$; $y=10-x$; $y=0$; $y=4$. **2124.** $y=\dfrac{x}{3}$ ; $y=2x$; $x=1$;

$x=3$. **2125.** $y=0$; $y=\sqrt{25-x^2}$; $x=0$; $x=3$. **2126.** $y=x^2$; $y=x+2$; $x=-1$;

$x=2$. **2127.** $\displaystyle\int_0^1 dy\int_0^2 f(x,y)\,dx=\int_0^2 dx\int_0^1 f(x,y)\,dy$. **2128.** $\displaystyle\int_0^1 dy\int_y^1 f(x,y)\,dx=$

$=\displaystyle\int_0^1 dx\int_0^x f(x,y)\,dy$.  **2129.** $\displaystyle\int_0^1 dy\int_0^{2-y} f(x,y)\,dx=\int_0^1 dx\int_0^1 f(x,y)\,dy+$

$+\displaystyle\int_1^2 dx\int_0^{2-x} f(x,y)\,dy$.  **2130.** $\displaystyle\int_1^2 dx\int_{2x}^{2x+3} f(x,y)\,dy=\int_2^4 dy\int_1^{\frac{y}{2}} f(x,y)\,dx+$

$+\displaystyle\int_4^5 dy\int_1^2 f(x,y)\,dx+\int_5^7 dy\int_{\frac{y-3}{2}}^2 f(x,y)\,dx$.  **2131.** $\displaystyle\int_0^1 dy\int_{-y}^y f(x,y)\,dx+$

$+\displaystyle\int_1^{\sqrt 2} dy\int_{-\sqrt{2-y^2}}^{\sqrt{2-y^2}} f(x,y)\,dx=\int_{-1}^0 dx\int_{-x}^{\sqrt{2-x^2}} f(x,y)\,dy+\int_0^1 dx\int_x^{\sqrt{2-x^2}} f(x,y)\,dy$.

**2132.** $\displaystyle\int_{-1}^1 dx\int_{2x^2}^2 f(x,y)\,dy=\int_0^2 dy\int_{-\sqrt{\frac{y}{2}}}^{\sqrt{\frac{y}{2}}} f(x,y)\,dx$. **2133.** $\displaystyle\int_{-2}^{-1} dx\int_{-\sqrt{4-x^2}}^{\sqrt{4-x^2}} f(x,y)\,dy+$

$+\displaystyle\int_{-1}^1 dx\int_{-\sqrt{4-x^2}}^{-\sqrt{1-x^2}} f(x,y)\,dy+\int_{-1}^1 dx\int_{\sqrt{1-x^2}}^{\sqrt{4-x^2}} f(x,y)\,dy+\int_1^2 dx\int_{-\sqrt{4-x^2}}^{\sqrt{4-x^2}} f(x,y)\,dy=$

$=\displaystyle\int_{-2}^{-1} dy\int_{-\sqrt{4-y^2}}^{\sqrt{4-y^2}} f(x,y)\,dx+\int_{-1}^1 dy\int_{-\sqrt{4-y^2}}^{-\sqrt{1-y^2}} f(x,y)\,dx+\int_{-1}^1 dy\int_{\sqrt{1-y^2}}^{\sqrt{4-y^2}} f(x,y)\,dx+$

$$+\int\limits_{1}^{2} dy \int\limits_{-\sqrt{4-y^2}}^{\sqrt{4-y^2}} f(x, y)\, dx.$$

**2134.**

$$\int\limits_{-3}^{-2} dx \int\limits_{-\sqrt{9-x^2}}^{\sqrt{9-x^2}} f(x, y)\, dy +$$

$$+\int\limits_{-2}^{2} dx \int\limits_{-\sqrt{1+x^2}}^{\sqrt{1+x^2}} f(x, y)\, dy + \int\limits_{2}^{3} dx \int\limits_{-\sqrt{9-x^2}}^{\sqrt{9-x^2}} f(x, y)\, dy =$$

$$=\int\limits_{-\sqrt{5}}^{-1} dy \int\limits_{-\sqrt{9-y^2}}^{-\sqrt{y^2-1}} f(x, y)\, dx + \int\limits_{-\sqrt{5}}^{-1} dy \int\limits_{\sqrt{y^2-1}}^{\sqrt{9-y^2}} f(x, y)\, dx +$$

$$+\int\limits_{-1}^{1} dy \int\limits_{-\sqrt{9-y^2}}^{\sqrt{9-y^2}} f(x, y)\, dx + \int\limits_{1}^{\sqrt{5}} dy \int\limits_{-\sqrt{9-y^2}}^{-\sqrt{y^2-1}} f(x, y)\, dx + \int\limits_{1}^{\sqrt{5}} dy \int\limits_{\sqrt{y^2-1}}^{\sqrt{9-y^2}} f(x, y)\, dx.$$

**2135. a)** $\displaystyle\int\limits_{0}^{1} dx \int\limits_{0}^{1-x} f(x, y)\, dy = \int\limits_{0}^{1} dy \int\limits_{0}^{1-y} f(x, y)\, dx;$ **b)** $\displaystyle\int\limits_{-a}^{a} dx \int\limits_{-\sqrt{a^2-x^2}}^{\sqrt{a^2-x^2}} f(x, y)\, dy =$

$$=\int\limits_{-a}^{a} dy \int\limits_{-\sqrt{a^2-y^2}}^{\sqrt{a^2-y^2}} f(x, y)\, dx;$$ **c)** $\displaystyle\int\limits_{0}^{1} dx \int\limits_{-\sqrt{x-x^2}}^{\sqrt{x-x^2}} f(x, y)\, dy =$

$$=\int\limits_{-1/2}^{1/2} dy \int\limits_{\frac{1-\sqrt{1-4y^2}}{2}}^{\frac{1+\sqrt{1-4y^2}}{2}} f(x, y)\, dx;$$ **d)** $\displaystyle\int\limits_{1}^{1} dx \int\limits_{x}^{1} f(x, y)\, dy = \int\limits_{-1}^{1} dy \int\limits_{-1}^{y} f(x, y)\, dx;$

**e)**
$$\int\limits_{0}^{a} dy \int\limits_{y}^{y+2a} f(x, y)\, dx = \int\limits_{0}^{a} dx \int\limits_{0}^{x} f(x, y)\, dy + \int\limits_{a}^{2a} dx \int\limits_{0}^{a} f(x, y)\, dy +$$

$$+\int\limits_{2a}^{3a} dx \int\limits_{x-2a}^{a} f(x, y)\, dy.$$ **2136.** $\displaystyle\int\limits_{0}^{48} dy \int\limits_{\frac{y}{12}}^{\sqrt[3]{\frac{y}{3}}} f(x, y)\, dx.$ **2137.** $\displaystyle\int\limits_{0}^{2} dy \int\limits_{\frac{y}{3}}^{\frac{y}{2}} f(x, y)\, dx +$

$$+\int\limits_{2}^{3} dy \int\limits_{\frac{y}{3}}^{1} f(x, y)\, dx.$$ **2138.** $\displaystyle\int\limits_{0}^{\frac{a}{2}} dy \int\limits_{\sqrt{a^2-2ay}}^{\sqrt{a^2-y^2}} f(x, y)\, dx + \int\limits_{\frac{a}{2}}^{a} dy \int\limits_{0}^{\sqrt{a^2-y^2}} f(x, y)\, dx.$

**2139.** $\displaystyle\int\limits_{0}^{\frac{a\sqrt{3}}{2}} dy \int\limits_{\frac{a}{2}}^{a} f(x, y)\, dx + \int\limits_{\frac{a\sqrt{3}}{2}}^{a} dy \int\limits_{a-\sqrt{a^2-y^2}}^{a} f(x, y)\, dx.$

**2140.** $\displaystyle\int_0^a dy \int_{\frac{y^2}{4a}}^{a-\sqrt{a^2-y^2}} f(x,y)\,dx + \int_0^a dy \int_{a+\sqrt{a^2-y^2}}^{2a} f(x,y)\,dx + \int_0^{2\sqrt{2a}} dy \int_{\frac{y^2}{4a}}^{2a} f(x,y)\,dx.$

**2141.** $\displaystyle\int_{-1}^0 dx \int_0^{\sqrt{1-x^2}} f(x,y)\,dy + \int_0^1 dx \int_0^{1-x} f(x,y)\,dy.$ **2142.** $\displaystyle\int_0^{\frac{1}{2}} dx \int_0^{\sqrt{2x}} f(x,y)\,dy +$

$\displaystyle + \int_{\frac{1}{2}}^{\sqrt{2}} dx \int_0^1 f(x,y)\,dy + \int_{\sqrt{2}}^{\sqrt{3}} dx \int_0^{\sqrt{3-x^2}} f(x,y)\,dy.$ **2143.** $\displaystyle\int_0^{\frac{R\sqrt{2}}{2}} dy \int_y^{\sqrt{R^2-y^2}} f(x,y)\,dx.$

**2144.** $\displaystyle\int_0^1 dy \int_{\mathrm{arcsen}\,y}^{\pi-\mathrm{arcsen}\,y} f(x,y)\,dx.$ **2145.** $\dfrac{1}{6}$. **2146.** $\dfrac{1}{3}$. **2147.** $\dfrac{\pi}{2}\,a$. **2148.** $\dfrac{\pi}{6}$.

**2149.** 6. **2150.** $\dfrac{1}{2}$. **2151.** $\ln 2$. **2152.** a) $\dfrac{4}{3}$; b) $\dfrac{15\pi-16}{150}$; c) $2\dfrac{2}{5}$. **2153.** $\dfrac{8\sqrt{2}}{21}\,p^5$.

**2154.** $\displaystyle\int_1^3 dx \int_0^{\sqrt{1-(x-2)^2}} xy\,dy = \dfrac{4}{3}$. **2155.** $\dfrac{8}{3}\,a\,\sqrt{2a}$. **2156.** $\dfrac{5}{2}\pi R^3$. Indicación

$\displaystyle\iint_{(S)} y\,dx\,dy = \int_0^{2\pi R} dx \int_0^{y=f(x)} y\,dy = \int_0^{2\pi} R(1-\cos t)\,dt \int_0^{R(1-\cos t)} y\,dy$, donde esta

última integral se obtiene de la anterior como resultado del cambio

$x = R(t-\mathrm{sen}\,t)$. **2157.** $\dfrac{R^4}{80}$. **2158.** $\dfrac{1}{6}$. **2159.** $a^2 + \dfrac{R^2}{2}$.

**2160.** $\displaystyle\int_0^{\frac{\pi}{4}} d\varphi \int_0^{\frac{1}{\cos\varphi}} rf(r\cos\varphi, r\,\mathrm{sen}\,\varphi)\,dr + \int_{\frac{\pi}{4}}^{\frac{\pi}{2}} d\varphi \int_0^{\frac{1}{\mathrm{sen}\,\varphi}} rf(r\cos\varphi, r\,\mathrm{sen}\,\varphi)\,dr.$

**2161.** $\displaystyle\int_0^{\frac{\pi}{4}} d\varphi \int_0^{\frac{2}{\cos\varphi}} rf(r^2)\,dr.$ **2162.** $\displaystyle\int_{\frac{\pi}{4}}^{\frac{3\pi}{4}} d\varphi \int_0^{\frac{1}{\mathrm{sen}\,\varphi}} rf(r\cos\varphi, r\,\mathrm{sen}\,\varphi)\,dr.$

**2163.** $\displaystyle\int_0^{\frac{\pi}{4}} f(\mathrm{tg}\,\varphi)\,d\varphi \int_0^{\frac{\mathrm{sen}\,\varphi}{\cos^2\varphi}} r\,dr + \int_{\frac{\pi}{4}}^{\frac{3\pi}{4}} f(\mathrm{tg}\,\varphi)\,d\varphi \int_0^{\frac{1}{\mathrm{sen}\,\varphi}} r\,dr + \int_{\frac{3\pi}{4}}^{\pi} f(\mathrm{tg}\,\varphi)\,d\varphi \int_0^{\frac{\mathrm{sen}\,\varphi}{\cos^2\varphi}} r\,dr.$

SOLUCIONES

**2164.** $\displaystyle\int\limits_{\frac{\pi}{4}}^{\frac{\pi}{4}} d\varphi \int\limits_{0}^{a\sqrt{\cos 2\varphi}} rf(r\cos\varphi,\, r\,\text{sen}\,\varphi)\,dr + \int\limits_{\frac{3\pi}{4}}^{\frac{5\pi}{4}} d\varphi \int\limits_{0}^{a\sqrt{\cos 2\varphi}} rf(r\cos\varphi,\, r\,\text{sen}\,\varphi)\,dr.$

**2165.** $\displaystyle\int\limits_{0}^{\frac{\pi}{2}} d\varphi \int\limits_{0}^{a\cos\varphi} r^2\,\text{sen}\,\varphi\,dr = \frac{a^8}{12}.$ **2166.** $\frac{3}{2}\pi a^4.$ **2167.** $\frac{\pi a^3}{3}.$ **2168.** $\left(\frac{22}{9}+\frac{\pi}{2}\right)a^3.$

**2169.** $\frac{\pi a^3}{6}.$ **2170.** $\left(\frac{\pi}{3}-\frac{16\sqrt{2}-20}{9}\right)\frac{a^3}{2}.$ **2171.** $\frac{2}{3}\pi ab.$ Indicación. El jacobiano $I = abr.$ Los límites de integración: $0\leqslant\varphi\leqslant 2\pi,\ 0\leqslant r\leqslant 1.$

**2172.** $\displaystyle\int\limits_{\frac{\alpha}{1+\alpha}}^{\frac{\beta}{1+\beta}} dv \int\limits_{0}^{\frac{c}{1-v}} f(u-uv,\, uv)\, u\, du.$ Resolución. Tenemos $x = u(1-v)$ e $y = uv$;

el jacobiano $I = u.$ Determinamos los límites de $u$ en función $v$: $u(1-v)=0$ cuando $x=0,$ de donde $u=0$ (ya que $1-v\neq 0$); $u\frac{c}{1-v}$ cuando $x=c.$ Los límites de variación de $v$: como $y=\alpha x,$ $uv=\alpha u(1-v),$ de donde $v=\frac{\alpha}{1+\alpha}$;

para $y=\beta x$ hallamos, $v=\frac{\beta}{1+\beta}.$ **2173.** $I = \frac{1}{2}\left[\displaystyle\int\limits_{0}^{1} du \int\limits_{-u}^{u} f\left(\frac{u+v}{2},\,\frac{u-v}{2}\right)dv + \right.$

$+\displaystyle\int\limits_{1}^{2} du \int\limits_{u-2}^{2-u} f\left(\frac{u+v}{2},\,\frac{u-v}{2}\right)dv\left] = \frac{1}{2}\left[\int\limits_{-1}^{0} dv \int\limits_{-v}^{2+v} f\left(\frac{u+v}{2},\,\frac{u-v}{2}\right)du + \right.\right.$

$+\displaystyle\int\limits_{0}^{1} dv \int\limits_{v}^{2-v} f\left(\frac{u+v}{2},\,\frac{u-v}{2}\right)du\right].$ Indicación. Después del cambio de variables, las ecuaciones de los lados del cuadrado serán: $u=v;$ $u+v=2$ $u-v=2;$ $u=-v.$ **2174.** $ab\left[\left(\frac{a^2}{h^2}-\frac{b^2}{k^2}\right)\text{arctg}\,\frac{ak}{bh}+\frac{ab}{hk}\right].$ Resolución. La ecuación de la curva es $r^4 = r^2\left(\frac{a^2}{h^2}\cos^2\varphi - \frac{b^2}{k^2}\,\text{sen}^2\,\varphi\right),$ de donde el límite inferior para $r$ es $0$ y el superior, $r=\sqrt{\frac{a^2}{h^2}\cos^2\varphi - \frac{b^2}{k^2}\,\text{sen}^2\,\varphi}.$ Como $r$ debe ser real, $\frac{a^2}{h^2}\cos^2\varphi - \frac{b^2}{k^2}\,\text{sen}^2\,\varphi\geqslant 0;$ de donde, para el primer ángulo coordenado, tenemos que $\text{tg}\,\varphi\leqslant\frac{ak}{bh}.$ A consecuencia de la simetría del campo de integración con respecto a los ejes, se puede calcular $\frac{1}{4}$ del total de la integral, limitándose al primer cuadrante: $\displaystyle\iint\limits_{(S)} dx\,dy =$

$$= 4 \int_0^{\operatorname{arctg} \frac{ak}{bh}} d\varphi \int_0^{\sqrt{\frac{a^2}{h^2}\cos^2\varphi - \frac{b^2}{k^2}\operatorname{sen}^2\varphi}} abr\, dr.\quad \textbf{2175. a)}\ 4\frac{1}{2};\ \int_0^1 dy \int_{-\sqrt{y}}^{\sqrt{y}} dx +$$

$$+ \int_1^2 dy \int_{y-2}^{\sqrt{y}} dx;\ \textbf{b)}\ \frac{\pi a^2}{4} - \frac{a^2}{2};\ \int_0^a dx \int_{a-x}^{\sqrt{a^2-x^2}} dy.\quad \textbf{2176. a)}\ \frac{9}{2};\ \textbf{b)}\ \left(2 + \frac{\pi}{4}\right)a^2.$$

**2177.** $\dfrac{7a^2}{120}$. **2178.** $\dfrac{10}{3}a^2$. **2179.** $\pi$. **Indicación.** $-1 \leqslant x \leqslant 1$. **2180.** $\dfrac{16}{3}\sqrt{15}$.

**2181.** $3\left(\dfrac{\pi}{4} + \dfrac{1}{2}\right)$. **2182.** $\dfrac{4\pi}{3} - \sqrt{3}$. **2183.** $\dfrac{5}{4}\pi a^2$. **2184.** 6. **2185.** $10\pi$.

**Indicación.** Efectuar el cambio de variables $x - 2y = u$, $3x + 4y = v$.

**2186.** $\dfrac{1}{3}(b-a)(\beta-\alpha)$. **2187.** $\dfrac{1}{3}(\beta-\alpha)\ln\dfrac{b}{a}$. **2188.** $v = \int_0^1 dy \int_y^1 (1-x)\,dx =$

$$= \int_0^1 dx \int_0^x (1-x)\,dy.\quad \textbf{2193.}\ \frac{\pi a^3}{6}.\quad \textbf{2194.}\ \frac{3}{4}.\quad \textbf{2195.}\ \frac{1}{6}.\quad \textbf{2196.}\ \frac{a^3}{3}.\quad \textbf{2197.}\ \frac{\pi r^4}{4a}.$$

**2198.** $\dfrac{48\sqrt{6}}{5}$. **2199.** $\dfrac{88}{105}$. **2200.** $\dfrac{a^3}{18}$. **2201.** $\dfrac{abc}{3}$. **2202.** $\pi a^3(\alpha-\beta)$.

**2203.** $\dfrac{4}{3}\pi a^3(2\sqrt{2}-1)$. **2204.** $\dfrac{4}{3}\pi a^3(\sqrt{2}-1)$. **2205.** $\dfrac{\pi a^3}{3}$. **2206.** $\dfrac{4}{3}\pi abc$.

**2207.** $\dfrac{\pi a^3}{3}(6\sqrt{3}-5)$. **2208.** $\dfrac{32}{9}a^3$. **2209.** $\pi a(1-e^{-R^2})$. **2210.** $\dfrac{3\pi ab}{2}$.

**2211.** $\dfrac{3\sqrt{3}-2}{2}$. **2212.** $\dfrac{\sqrt{2}}{3}(2\sqrt{2}-1)$. **Indicación.** Efectuar el cambio

de variables $xy = u$, $\dfrac{y}{x} = v$. **2213.** $\dfrac{1}{2}\sqrt{a^2b^2 + b^2c^2 + c^2a^2}$. **2214.** $4(m-n)R^2$.

**2215.** $\dfrac{\sqrt{2}}{2}a^2$. **Indicación.** Integrar en el plano $YOZ$. **2216.** $4a^2$.

**2217.** $8a^2\arcsen\dfrac{b}{a}$. **2218.** $\dfrac{1}{3}\pi a^2(3\sqrt{3}-1)$. **2219.** $8a^2$. **2220.** $3\pi^2$. **Indicación.** Pasar a las coordenadas polares. **2220. 1. Indicación.** Proyectar la superficie sobre el plano de coordenadas $XOY$. **2220. 2.** $a^2\sqrt{2}$. **2221.** $\sigma =$

$$= \frac{2}{3}\pi a^2 \left[\left(1 + \frac{R^2}{a^2}\right)^{\frac{3}{2}} - 1\right]. \quad \text{Indicación. Pasar a las coordenadas}$$

polares. **2222.** $\dfrac{16}{9}a^3$ y $8a^2$. **Indicación** Pasar a las coordenadas polares.

**2223.** $8a^3 \operatorname{arctg} \dfrac{\sqrt{2}}{5}$ .   Indicación. $\quad \sigma = \displaystyle\int_0^{\frac{a}{2}} dx \int_0^{\frac{a}{2}} \dfrac{a\, dy}{\sqrt{a^2 - x^2 - y^2}} =$

$= 8a \displaystyle\int_0^{\frac{a}{2}} \operatorname{arcsen} \dfrac{a}{2\sqrt{a^2 - x^2}}\, dx$. Integrar por partes y después hacer la susti-

tución $x = \dfrac{a\sqrt{3}}{2} \operatorname{sen} t$; el resultado debe transformarse. **2224.** $\dfrac{\pi}{4} \Big( b\sqrt{b^2 + c^2} -$

$- a\sqrt{a^2 + c^2} + c^2 \ln \dfrac{b + \sqrt{b^2 + c^2}}{a + \sqrt{a^2 + c^2}} \Big)$.   Indicación. Pasar a las coordena-

das polares. **2225.** $\dfrac{2\pi\delta R^2}{3}$ .  **2226.** $\dfrac{a^3b}{12}$ ; $\dfrac{a^2b^2}{24}$ .  **2227.** $\bar{x} = \dfrac{12 - \pi^2}{3(4 - \pi)}$ ; $\bar{y} = \dfrac{\pi}{6(4 - \pi)}$ .

**2228.** $\bar{x} = \dfrac{5}{6} a$; $\bar{y} = 0$.  **2229.** $\bar{x} = \dfrac{2a \operatorname{sen} \alpha}{3\alpha}$ ; $\bar{y} = 0$.  **2230.** $\bar{x} = \dfrac{2}{5}$ ; $\bar{y} = 0$.  **2231.** $I_x = 4$.

**2232.** a) $I_0 = \dfrac{\pi}{32} (D^4 - d^4)$;  b) $I_x = \dfrac{\pi}{64} (D^4 - d^4)$.  **2233.** $I = \dfrac{2}{3} a^4$.  **2234.** $\dfrac{8}{5} a^4$.

Indicación. $I = \displaystyle\int_0^a dx \int_{-\sqrt{ax}}^{\sqrt{ax}} (y + a)^2 \, dy$.  **2235.** $16 \ln 2 - 9\dfrac{3}{8}$ .   Indica-

ción. La distancia desde el punto $(x, y)$ a la recta $x = y$ es igual a $d = \dfrac{x - y}{\sqrt{2}}$ , y se halla valiéndose de la ecuación normal de la recta.

**2236.** $I = \dfrac{1}{40} ka^5 [7\sqrt{2} + 3\ln(\sqrt{2} + 1)]$, donde $k$ es el coeficiente de propor-

cionalidad. Indicación. Situando el origen de coordenadas en el vértice, a partir del cual, la distancia es proporcional a la densidad de la lámina, dirigimos los ejes de coordenadas según los lados del cuadrado. El momento de inercia se determina con respecto al eje $OX$. Pasando a las coordenadas

polares, tenemos: $I_x = \displaystyle\int_0^{\frac{\pi}{4}} d\varphi \int_0^{a \sec \varphi} kr\, (r \operatorname{sen} \varphi)^2 r\, dr + \int_{\frac{\pi}{4}}^{\frac{\pi}{2}} d\varphi \int_0^{a \operatorname{cosec} \varphi} kr\, (r \operatorname{sen} \varphi)^2 r\, dr$.

**2237.** $I_0 = \dfrac{35}{16} \pi a^4$.  **2238.** $I_0 = \dfrac{\pi a^4}{2}$ .  **2239.** $\dfrac{35}{12} \pi a^4$.   Indicación.

Tomar por variables de integración $t$ e $y$ (véase el problema 2156).

**2240.** $\displaystyle\int_0^1 dx \int_0^{1-x} dy \int_0^{1-x-y} f(x, y, z)\, dz$.  **2241.** $\displaystyle\int_{-R}^R dx \int_{-\sqrt{R^2-x^2}}^{\sqrt{R^2-x^2}} dy \int_0^H f(x, y, z)\, dz$.

**2242.** $\displaystyle\int_{-a}^{a} dx \int_{-\frac{b}{a}\sqrt{a^2-x^2}}^{\frac{b}{a}\sqrt{a^2-x^2}} dy \int_{c\sqrt{\frac{x^2}{a^2}+\frac{y^2}{b^2}}}^{c} f(x, y, z)\,dz.$ **2243.** $\displaystyle\int_{-1}^{1} dx \int_{-\sqrt{1-x^2}}^{\sqrt{1-x^2}} \times$

$\times\, dy \displaystyle\int_{0}^{\sqrt{1-x^2-y^2}} f(x, y, z)\,dz.$ **2244.** $\dfrac{8}{15}(31+12\sqrt{2}-27\sqrt{3}).$ **2245.** $\dfrac{4\pi\sqrt{2}}{3}$

**2246.** $\dfrac{\pi^2 a^2}{8}.$ **2247.** $\dfrac{1}{720}.$ **2248.** $\dfrac{1}{2}\ln 2-\dfrac{5}{16}.$ **2249.** $\dfrac{\pi a^2}{5}\left(18\sqrt{3}-\dfrac{97}{6}\right).$

**2250.** $\dfrac{59}{480}\pi R^5.$ **2251.** $\dfrac{\pi abc^2}{4}.$ **2252.** $\dfrac{4}{5}\pi abc.$ **2253.** $\dfrac{\pi h^2 R^2}{4}.$ **2254.** $\pi R^3.$ **2255.** $\dfrac{8}{9}a^2.$

**2256.** $\dfrac{8}{3}r^3\left(\pi-\dfrac{4}{3}\right).$ **2257.** $\dfrac{4}{15}\pi R^5.$ **2258.** $\dfrac{\pi}{10}.$ **2259.** $\dfrac{32}{9}a^2h.$ **2260.** $\dfrac{3}{4}\pi a^3.$

Resolución. $v = 2\displaystyle\int_{0}^{2a} dx \int_{0}^{\sqrt{2ax-x^2}} dy \int_{0}^{\frac{x^2+y^2}{2a}} dz = 2\int_{0}^{\frac{\pi}{2}} d\varphi \int_{0}^{2a\cos\varphi} r\,dr \int_{0}^{\frac{r^2}{2a}} dh =$

$= 2\displaystyle\int_{0}^{\frac{\pi}{2}} d\varphi \int_{0}^{2a\cos\varphi} \dfrac{r^3\,dr}{2a} = \dfrac{1}{a}\int_{0}^{\frac{\pi}{2}} \dfrac{(2a\cos\varphi)^4}{4}\,d\varphi = \dfrac{3}{4}\pi a^3.$ **2261.** $\dfrac{2\pi a^3\sqrt{2}}{3}.$ Indi-

cación. Pasar a las coordenadas esféricas. **2262.** $\dfrac{19}{5}\pi.$ Indicación.

Pasar a las coordenadas cilíndricas. **2263.** $\dfrac{a^3}{9}(3\pi-4).$ **2264.** $\pi abc.$

**2264.1.** $\dfrac{\pi^2 abc}{4\sqrt{2}}.$ **2264.2.** $\dfrac{4\pi}{3}(\sqrt{2}-1)abc.$ **2265.** $\dfrac{abc}{2}(a+b+c).$

**2266.** $\dfrac{ab}{24}(6c^2-a^2-b^2).$ **2267.** $\bar{x}=0;\ \bar{y}=0;\ \bar{z}=\dfrac{2}{5}a.$ Indicación. Introdu-

cir las coordenadas esféricas. **2268.** $\bar{x}=\dfrac{4}{3},\ \bar{y}=0,\ \bar{z}=0.$ **2269.** $\dfrac{\pi a^2 h}{12}(3a^2+4h^2).$

Indicación. El eje del cilindro se toma como eje $OZ$, el plano de la base del cilindro como plano $XOY$. El momento de inercia se calcula con respecto al eje $OX$. Después de pasar a las coordenadas cilíndricas, el cuadrado de la distancia del elemento $r\,d\varphi\,dr\,dz$ al eje $OX$ es igual a $r^2\operatorname{sen}^2\varphi+z^2.$ **2270.** $\dfrac{\pi\rho h a^2}{60}(2h^2+3a^2).$ Indicación. La base del cono se toma como plano $XOY$; el eje del cono, como eje $OZ$. El momento de inercia se calcula con respecto al eje $OX$. Pasando a las coordenadas cilíndricas, para los puntos de la superficie del cono tenemos: $r=\dfrac{a}{h}(h-z)$, y el cuadrado de la distancia del elemento $r\,d\varphi\,dr\,dz$ al eje $OX$ será igual a $r^2\operatorname{sen}^2\varphi+z^2.$ **2271.** $2\pi k\rho h(1-\cos\alpha)$, donde $k$ es el coeficiente de proporcionalidad y $\rho$, la densidad. Resolución. El vértice del cono se toma como origen de coordenadas y su eje, como eje $OZ$. Si se introducen las

31

coordenadas esféricas, la ecuación de la superficie lateral del cono será $\psi = \dfrac{\pi}{2} - \alpha$, y la ecuación del plano de la base, $r = \dfrac{h}{\operatorname{sen} \psi}$. A causa de la simetría se tiene, que la tensión resultante está dirigida por el eje $OZ$. La masa del elemento de volumen $dm = \rho r^2 \cos \psi \, d\varphi \, d\psi \, dr$, donde, $\rho$, es la densidad. La componente, por el eje $OZ$, de la atracción que ejerce este elemento sobre la unidad de masa situada en el punto 0 es igual a $\dfrac{k \, dm}{r^2} \operatorname{sen} \psi = k\rho \operatorname{sen} \psi \cos \psi \, d\psi \, d\varphi \, dr$. La atracción resultante es igual

a $\displaystyle\int\limits_0^{2\pi} d\varphi \int\limits_0^{\frac{\pi}{2}-\alpha} d\psi \int\limits_0^{h \operatorname{cosec} \psi} k\rho \operatorname{sen} \psi \cos \psi \, dr$. **2272.** R e s o l u c i ó n. Introducimos

las coordenadas cilíndricas $(\rho, \varphi, z)$ con el origen en el centro de la esfera y de forma que el eje $OZ$ pase por el punto material, cuya masa se supone igual a $m$. La distancia desde este punto hasta el centro de la esfera, la designamos con la letra $\xi$. Sea $r = \sqrt{\rho^2 + (\xi - z)^2}$ la distancia entre el elemento de volumen $dv$ y la masa $m$. La fuerza de atracción del volumen elemental $dv$ de la esfera y del punto material $m$, está dirigida a lo largo de $r$ y numéricamente es igual a $-k\gamma m \dfrac{dv}{r^2}$, donde $\gamma = \dfrac{M}{\frac{4}{3}\pi R^3}$ es la densidad de la esfera y $dv = \rho \, d\varphi \, d\rho \, dz$ el volumen elemental. La proyección de esta fuerza sobre el eje $OZ$ será: $dF = -\dfrac{km\gamma \, dv}{r^2} \cos(\widehat{rz}) = -km\gamma \dfrac{\xi - z}{r^3} \rho \, d\varphi \, d\rho \, dz$.

De donde $F = -km\gamma \displaystyle\int\limits_0^{2\pi} d\varphi \int\limits_{-R}^{R} (\xi - z)\, dz \int\limits_0^{\sqrt{R^2-z^2}} \dfrac{\rho \, d\rho}{r^3} = km\gamma \dfrac{4}{3}\pi R^3 \dfrac{1}{\xi^2}$, pero, como

$\dfrac{4}{3}\gamma\pi R^3 = M$, tendremos $F = \dfrac{kMm}{\xi^2}$. **2273.** $-\displaystyle\int\limits_x^{\infty} y^2 e^{-xy^2}\, dy - e^{-x^3}$.

**2275.** a) $\dfrac{1}{p}\,(p>0)$; b) $\dfrac{1}{p-\alpha}$ cuando $p>\alpha$; c) $\dfrac{\beta}{p^2+\beta^2}\,(p>0)$; d) $\dfrac{p}{p^2+\beta^2}\,(p>0)$.

**2276.** $-\dfrac{1}{n^2}$. **2277.** $\dfrac{2}{p^3}$. I n d i c a c i ó n. Derivar dos veces $\displaystyle\int\limits_0^{\infty} e^{-pt}\, dt = \dfrac{1}{p}$.

**2278.** $\ln \dfrac{\beta}{\alpha}$. **2279.** $\operatorname{arctg} \dfrac{\beta}{m} - \operatorname{arctg} \dfrac{\alpha}{m}$. **2280.** $\dfrac{\pi}{2}\ln(1+\alpha)$. **2281.** $\pi\left(\sqrt{1-\alpha^2}-1\right)$.

**2282.** $\operatorname{arcctg} \dfrac{\alpha}{\beta}$. **2183.** 1. **2284.** $\dfrac{1}{2}$. **2285.** $\dfrac{\pi}{4}$. **2286.** $\dfrac{\pi}{4a^2}$. I n d i c a c i ó n.

Pasar a las coordenadas polares. **2287.** $\dfrac{\sqrt{\pi}}{2}$. **2288.** $\dfrac{\pi^2}{8}$. **2289.** Converge.

R e s o l u c i ó n. Excluimos de $S$ el origen de coordenadas junto con su entorno de amplitud $\varepsilon$, es decir, examinamos $I_\varepsilon = \displaystyle\iint\limits_{(S_\varepsilon)} \ln \sqrt{x^2 + y^2}\, dx\, dy$,

donde el recinto que se excluye es un círculo de radio $\varepsilon$ con centro en el origen de coordenadas. Pasando a las coordenadas polares, tenemos

$$I_\varepsilon = \int\limits_0^{2\pi} d\varphi \int\limits_\omega^1 r \ln r\, dr = \int\limits_0^{2\pi} \left[ \frac{r^2}{2} \ln r \Big|_\varepsilon^1 - \frac{1}{2} \int\limits_\varepsilon^1 r\, dr \right] d\varphi = 2\pi \left( \frac{\varepsilon^2}{4} - \frac{\varepsilon^2}{2} \ln \varepsilon - \frac{1}{4} \right).$$

De donde, $\lim\limits_{\varepsilon \to 0} I_\varepsilon = -\dfrac{\pi}{2}$. **2290.** Converge cuando $\alpha > 1$. **2291.** Converge.

**Indicación.** Rodeamos la recta $y = x$ con una faja estrecha y suponemos

$$\iint\limits_{(S)} \frac{dx\, dy}{\sqrt[3]{(x-y)^2}} = \lim\limits_{\varepsilon \to 0} \int\limits_0^1 dx \int\limits_0^{x-\varepsilon} \frac{dy}{\sqrt[3]{(x-y)^2}} + \lim\limits_{\delta \to 0} \int\limits_0^1 dx \int\limits_{x+\delta}^1 \frac{dy}{\sqrt[3]{(x-y)^2}}.$$ **2292.** Con-

verge cuando $\alpha > \dfrac{3}{2}$. **2293.** 0. **2294.** $\ln \dfrac{\sqrt{5}+3}{2}$. **2295.** $\dfrac{ab\,(a^2 + ab + b^2)}{3\,(a+b)}$.

**2296.** $\dfrac{256}{15} a^3$. **2297.** $\dfrac{a^2}{3} [(1 + 4\pi^2)^{\frac{3}{2}} - 1]$. **2298.** $\dfrac{a^5 \sqrt{1+m^2}}{5m}$. **2299.** $a^2 \sqrt{2}$.

**2300.** $\dfrac{1}{54} (56 \sqrt{7} - 1)$. **2301.** $\dfrac{\sqrt{a^2+b^2}}{ab} \operatorname{arctg} \dfrac{2\pi b}{a}$. **2302.** $2\pi a^2$. **2303.** $\dfrac{16}{27} (10 \sqrt{10} - 1)$.

**Indicación.** $\int\limits_C f(x, y)\, ds$ geométricamente se puede interpretar como

el área de la superficie cilíndrica que tiene la generatriz paralela al eje $OZ$, cuya base es el contorno de integración y las alturas iguales a los valores de la función subintegral. Por esto, $S = \int\limits_C x\, ds$, donde $C$ es el arco $OA$ de

la parábola $y = \dfrac{3}{8} x^2$, que une los puntos $(0; 0)$ y $(4; 6)$. **2304.** $a \sqrt{3}$.

**2305.** $2 \left( b^2 + \dfrac{a^2 b}{\sqrt{a^2 - b^2}} \operatorname{arcsen} \dfrac{\sqrt{a^2 - b^2}}{a} \right)$. **2306.** $\sqrt{a^2 + b^2} \left( \pi \sqrt{a^2 + 4\pi b^2} + \right.$

$+ \dfrac{a^2}{2b} \ln \dfrac{2\pi b + \sqrt{a^2 + 4\pi^2 b^2}}{a} \Big)$. **2307.** $\left( \dfrac{4}{3} a, \dfrac{4}{3} a \right)$. **2308.** $2\pi a^2 \sqrt{a^2 + b^2}$.

**2309.** $\dfrac{kMmb}{\sqrt{(a^2 + b^2)^3}}$. **2310.** $40 \dfrac{19}{30}$. **2311.** $-2\pi a^2$. **2312.** a) $\dfrac{4}{3}$; b) 0; c) $\dfrac{12}{5}$;

d) $-4$; e) 4. **2313.** En todos los casos 4. **2314.** $-2\pi$. **Indicación.** Utilícese las ecuaciones paramétricas de la circunferencia. **2315.** $\dfrac{4}{3} ab^2$.

**2316.** $-2 \operatorname{sen} 2$. **2317.** 0. **2318.** a) 8; b) 12; c) 2; d) $\dfrac{3}{2}$; e) $\ln (x+y)$;

f) $\int\limits_{x_1}^{x_2} \varphi(x)\, dx + \int\limits_{y_1}^{y_2} \psi(y)\, dy$. **2319.** a) 62; b) 1; c) $\dfrac{1}{4} + \ln 2$; d) $1 + \sqrt{2}$.

**2320.** $\sqrt{1+a^2} - \sqrt{1+b^2}$. **2322.** a) $x^2 + 3xy - 2y^2 + C$; b) $x^3 - x^2 y + xy^2 - y^3 + C$; c) $e^{x-y}(x+y) + C$; d) $\ln |x+y| + C$. **2323.** $-2\pi a\,(a+b)$. **2324.** $-\pi R^2 \cos^2 \alpha$.

**2325.** $\left(\dfrac{1}{6}+\dfrac{\pi\sqrt{2}}{16}\right) R^3$. **2326.** a) $-2$; b) $abc-1$; c) $5\sqrt{2}$; d) 0. **2327.** $I=$

$=\displaystyle\iint\limits_{(S)} y^2\,dx\,dy$. **2328.** $-\dfrac{4}{3}$. **2329.** $\dfrac{\pi R^4}{2}$. **2330.** $-\dfrac{1}{3}$. **2331.** 0. **2332.** a) 0;

b) $2n\pi$. Indicación. En el caso b), la fórmula de Green se emplea en el recinto comprendido entre el contorno $C$ y un círculo de radio suficientemente pequeño con centro en el origen de coordenadas. **2333.** Resolución. Si se supone que la dirección de la tangente coincide con la dirección del recorrido positivo del contorno, tendremos que $\cos(X, n)=$

$=\cos(Y, t)=\dfrac{dy}{ds}$, por consiguiente, $\displaystyle\oint\limits_{C}\cos(X, n)\,ds=\oint\limits_{C}\dfrac{dy}{ds}\,ds=\oint\limits_{C}dy=0$.

**2334.** $2S$, donde $S$ es el área limitada por el contorno $C$. **2335.** $-4$. Indicación. La fórmula de Green no se puede emplear. **2336.** $\pi ab$. **2337.** $\dfrac{3}{8}\pi a^2$.

**2338.** $6\pi a^2$. **2339.** $\dfrac{3}{2}a^2$. Indicación. Poner $y=tx$, donde $t$ es un pará-

metro. **2340.** $\dfrac{a^2}{60}$. **2341.** $\pi(R+r)(R+2r)$; $6\pi R^2$ cuando $R=r$. Indicación.

La ecuación de la epicicloide tiene la forma $x=(R+r)\cos t-r\cos\dfrac{R+r}{r}t$,

$y=(R+r)\operatorname{sen} t-r\operatorname{sen}\dfrac{R+r}{r}t$, donde $t$ es el ángulo de giro del radio del

círculo fijo, trazado en el punto de contacto. **2342.** $\pi(R-r)(R-2r)$;

$\dfrac{3}{8}\pi R^2$ cuando $r=\dfrac{R}{4}$. Indicación. La ecuación de la hipocicloide se

obtiene de la ecuación de la epicicloide correspondiente (véase el problema

2341) sustituyendo $r$ por $-r$. **2343.** $FR$. **2344.** $mg(z_1-z_2)$. **2345.** $\dfrac{k}{2}(a^2-b^2)$,

donde $k$ es el coeficiente de proporcionalidad. **2346.** a) El potencial

$U=-mgz$, el trabajo $mg(z_1-z_2)$; b) el potencial $U=\dfrac{\mu}{r}$, el trabajo

$-\dfrac{\mu}{\sqrt{a^2+b^2+c^2}}$; c) el potencial $U=-\dfrac{k^2}{2}(x^2+y^2+z^2)$, el trabajo

$\dfrac{k^2}{2}(R^2-r^2)$. **2347.** $\dfrac{8}{3}\pi a^4$. **2348.** $\dfrac{2\pi a^2\sqrt{a^2+b^2}}{3}$. **2349.** 0. **2350.** $\dfrac{4}{3}\pi abc$.

**2351.** $\dfrac{\pi a^4}{2}$. **2352.** $\dfrac{3}{4}$. **2353.** $\dfrac{25\sqrt{5}+1}{10(5\sqrt{5}-1)}a$. **2354.** $\dfrac{\pi\sqrt{2}}{2}h^4$. **2355.** a) 0;

b) $-\displaystyle\iint\limits_{(S)}(\cos\alpha+\cos\beta+\cos\gamma)\,dS$. **2356.** 0. **2357.** $4\pi$. **2358.** $-\pi a^2$. **2359.** $-a^3$.

**2360.** $\dfrac{\partial R}{\partial y}=\dfrac{\partial Q}{\partial z}$, $\dfrac{\partial P}{\partial z}=\dfrac{\partial R}{\partial x}$, $\dfrac{\partial Q}{\partial x}=\dfrac{\partial P}{\partial y}$. **2361** 0. **2362.** $2\displaystyle\iiint\limits_{(V)}(x+y+z)\,dx\,dy\,dz$.

**2363.** $2\iiint\limits_{(V)}\dfrac{dx\,dy\,dz}{\sqrt{x^2+y^2+z^2}}$ . **2364.** $\iiint\limits_{(V)}\left(\dfrac{\partial^2 U}{\partial x^2}+\dfrac{\partial^2 U}{\partial y^2}+\dfrac{\partial^2 U}{\partial z^2}\right)dx\,dy\,dz.$

**2365.** $3a^4.$ **2366.** $\dfrac{a^3}{2}$ . **2367.** $\dfrac{12}{5}\pi a^5.$ **2368.** $\dfrac{\pi a^2 b^2}{2}$ . **2371.** Esferas; cilindros.

**2372.** Conos. **2373.** Circunferencias $x^2+y^2=c_1^2$, $z=c_2$. **2376.** grad $U(A)=$

$=9i-3j-3k;$ | grad $U(A)|=\sqrt{99}=3\sqrt{11};$ $z^2=xy;$ $x=y=z.$ **2377.** a) $\dfrac{r}{r}$ ;

b) $2r;$ c) $-\dfrac{r}{r^3}$ ; d) $f'(r)\dfrac{r}{r}$ . **2378.** grad $(cr)=c;$ las superficies de nivel son

planos perpendiculares al vector $c$. **2379.** $\dfrac{\partial U}{\partial r}=\dfrac{2U}{r}$ , $\dfrac{\partial U}{\partial r}=$| grad $U$ | cuando

$a=b=c.$ **2380.** $\dfrac{\partial U}{\partial l}=-\dfrac{\cos(l,\,r)}{r^2}$ ; $\dfrac{\partial U}{\partial l}=0$ cuando $l\perp r.$ **2382.** $\dfrac{2}{r}$ .

**2383.** div $a=\dfrac{2}{r}f(r)+f'(r).$ **2385.** a) div $r=3$, rot $r=0;$ b) div $(rc)=\dfrac{rc}{r}$ ,

rot $(rc)=\dfrac{r\times c}{r}$ ; c) div $(f(r)c)=\dfrac{f'(r)}{r}(cr),$ rot $(f(r)c)=\dfrac{f'(r)}{r}c\times r.$
**2386.** div $v=0;$ rot $v=2\omega,$ donde $\omega=\omega k.$ **2387.** $2\omega n^\circ,$ donde $n^\circ$ es el vector

unitario paralelo al eje de rotación. **2388.** div grad $U=\dfrac{\partial^2 U}{\partial x^2}+\dfrac{\partial^2 U}{\partial y^2}+\dfrac{\partial^2 U}{\partial z^2}$ ;

rot grad $U=0.$ **2391.** $3\pi R^2 H.$ **2392.** a)$\dfrac{1}{10}\pi R^2 H\,(3R^2+2H^2);$ b)$\dfrac{3}{10}\pi R^2 H\,(R^2+2H^2);$
**2393.** div $F=0$ en todos los puntos a excepción del origen de coordenadas.
El flujo es igual a $4\pi m.$ **Indicación.** Al calcular el flujo, aplicar el

teorema de Ostrogradski−Gauss. **2394.** $2\pi^2 h^2.$ **2395.** $\dfrac{-\pi R^6}{8}$ . **2396.** $U=\displaystyle\int\limits_{r_0}^{r}rf(r)\,dr.$

**2397.** $\dfrac{m}{r}$ . **2398.** a) No tiene; b) $U=xyz+C;$ c) $U=xy+xz+yz+C.$ **2400.** Sí.

## Capítulo VIII.

**2401.** $\dfrac{1}{2n-1}$ . **2402.** $\dfrac{1}{2n}$ . **2403.** $\dfrac{n}{2^{n-1}}$ . **2404.** $\dfrac{1}{n^2}$ . **2405.** $\dfrac{n+2}{(n+1)^2}$ .
**2406.** $\dfrac{2n}{3n+2}$ . **2407.** $\dfrac{1}{n(n+1)}$ . **2408.** $\dfrac{1\cdot3\cdot5\ldots(2n-1)}{1\cdot4\cdot7\ldots(3n-2)}$ . **2409.** $(-1)^{n+1}.$
**2410.** $n^{(n-1)^{n+1}}$. **2416.** Diverge. **2417.** Converge. **2418.** Diverge. **2419.** Diverge.
**2420.** Diverge. **2421.** Diverge. **2422.** Diverge. **2423.** Diverge. **2424.** Diverge.
**2425.** Converge. **2426.** Converge. **2427.** Converge. **2428.** Converge. **2429.** Converge.
**2430.** Converge. **2431.** Converge. **2432.** Converge. **2433.** Converge. **2434.**
Diverge. **2435.** Diverge. **2436.** Converge. **2437.** Diverge. **2438.** Converge.
**2439.** Converge. **2440.** Converge. **2441.** Diverge. **2442.** Converge. **2443.** Converge. **2444.** Converge. **2445.** Converge. **2446.** Converge. **2447.** Converge.
**2448.** Converge. **2449.** Converge. **2450.** Diverge. **2451.** Converge. **2452.** Diverge.
**2453.** Converge. **2454.** Diverge. **2455.** Diverge. **2456.** Converge. **2457.** Diverge.

2458. Converge. 2459. Diverge. 2460. Converge. 2461. Diverge. 2462. Converge. 2463. Diverge. 2464. Converge. 2465. Converge. 2466. Converge. 2467. Diverge. 2468. Diverge. I n d i c a c i ó n. $\dfrac{a_{n+1}}{a_n} > 1$. 2470. Converge condicionalmente. 2471. Converge condicionalmente. 2472. Converge absolutamente. 2473. Diverge. 2474. Converge condicionalmente. 2475. Converge absolutamente. 2476. Converge condicionalmente. 2477. Converge absolutamente. 2478. Converge absolutamente. 2479. Diverge. 2480. Converge absolutamente. 2481. Converge condicionalmente. 2482. Converge absolutamente. 2484. a) Diverge; b) converge absolutamente; c) diverge; d) converge condicionalmente. I n d i c a c i ó n. En los ejemplos a) y d) examinar la serie

$$\sum_{k=1}^{\infty} (a_{2k-1} + a_{2k}),$$ y en los b) y c) investigar separadamente las series $\sum_{k=1}^{\infty} a_{2k-1}$

y $\sum_{k=1}^{\infty} a_{2k}$. 2485. Diverge, 2486. Converge absolutamente. 2487. Converge absolutamente. 2488. Converge condicionalmente. 2489. Diverge. 2490. Converge absolutamente. 2491. Converge absolutamente. 2492. Converge absolutamente.

2493. Sí. 2494. No. 2495. $\sum_{n=1}^{\infty} \dfrac{1+(-1)^n}{3^n}$ ; converge. 2496. $\sum_{n=1}^{\infty} \dfrac{1}{2n(2n-1)}$ ;

converge. 2497. Diverge. 2499. Converge. 2500. Converge. 2501. $|R_4| < \dfrac{1}{120}$ ,

$|R_5| < \dfrac{1}{720}$ ; $R_4 < 0$, $R_5 > 0$. 2502. $R_n < \dfrac{a_n}{2n+1} = \dfrac{1}{2^n(2n+1)\,n!}$ . I n d i c a c i ó n. El resto de la serie se puede acotar valiéndose de la suma de la progresión geométrica, que excede a dicho resto: $R_n = a_n \left[ \dfrac{1}{2} \dfrac{1}{n+1} + \left(\dfrac{1}{2}\right)^2 \dfrac{1}{(n+1)(n+2)} + \cdots \right] <$

$< a_n \left[ \dfrac{1}{2} \cdot \dfrac{1}{n+1} + \left(\dfrac{1}{2}\right)^2 \cdot \dfrac{1}{(n+1)^2} + \cdots \right]$. 2503. $R_n < \dfrac{n+2}{(n+1)(n+1)!}$ ;

$R_{10} < 3 \cdot 10^{-8}$. 2504. $\dfrac{1}{n+1} < R_n < \dfrac{1}{n}$ . R e s o l u c i ó n. $R_n = \dfrac{1}{(n+1)^2} +$

$+ \dfrac{1}{(n+2)^2} + \cdots > \dfrac{1}{(n+1)(n+2)} + \dfrac{1}{(n+2)(n+3)} + \cdots = \left(\dfrac{1}{n+1} - \dfrac{1}{n+2}\right) +$

$+ \left(\dfrac{1}{n+2} - \dfrac{1}{n+3}\right) + \cdots = \dfrac{1}{n+1}$ ; $R_n < \dfrac{1}{n(n+1)} + \dfrac{1}{(n+1)(n+2)} + \cdots = \dfrac{1}{n}$ .

2505. Para la serie dada es fácil hallar el valor exacto del resto:

$$R_n = \frac{1}{15}\left(n + \frac{16}{15}\right)\left(\frac{1}{4}\right)^{2n-2}$$

R e s o l u c i ó n. $R_n = (n+1)\left(\dfrac{1}{4}\right)^{2n} + (n+2)\left(\dfrac{1}{4}\right)^{2n+2} + \cdots$ Multiplicamos por $\left(\dfrac{1}{4}\right)^2$ :

$$\frac{1}{16} R_n = (n+1)\left(\frac{1}{4}\right)^{2n+2} + (n+2)\left(\frac{1}{4}\right)^{2n+4} + \cdots$$

Restando, obtenemos:

$$\frac{15}{16} R_n = n \left(\frac{1}{4}\right)^{2n} + \left(\frac{1}{4}\right)^{2n} + \left(\frac{1}{4}\right)^{2n+2} + \left(\frac{1}{4}\right)^{2n+4} + \ldots =$$

$$= n \left(\frac{1}{4}\right)^{2n} + \frac{\left(\frac{1}{4}\right)^{2n}}{1 - \frac{1}{16}} = \left(n + \frac{16}{15}\right)\left(\frac{1}{4}\right)^{2n}.$$

De aquí encontramos el valor de $R_n$ que se da más arriba. Poniendo $n=0$, hallamos la suma de la serie $S = \left(\frac{16}{15}\right)^2$. **2506.** 99; 999. **2507.** 2; 3; 5.

**2508.** $S=1$. Indicación. $a_n = \frac{1}{n} - \frac{1}{n+1}$. **2509.** $S=1$ cuando $x > 0$, $S = -1$ cuando $x < 0$; $S = 0$ cuando $x = 0$. **2510.** Cuando $x > 1$ es absolutamente convergente, cuando $x \leqslant 1$ es divergente. **2511.** Cuando $x > 1$ es absolutamente convergente, cuando $0 < x \leqslant 1$ converge no absolutamente, cuando $x \leqslant 0$ es divergente. **2512.** Cuando $x > e$ es absolutamente convergente, cuando $1 < x \leqslant e$ converge no absolutamente, cuando $x \leqslant 1$ es divergente. **2513.** $-\infty < x < \infty$. **2514.** $-\infty < x < \infty$. **2515.** Es absolutamente convergente cuando $x > 0$; es divergente cuando $x \leqslant 0$. Resolución. 1) $|a_n| \leqslant \frac{1}{e^{nx}}$, y cuando $x > 0$ la serie cuyo término general es $\frac{1}{e^{nx}}$ es convergente; 2) $\frac{1}{e^{nx}} \geqslant 1$ cuando $x \leqslant 0$, y $\cos nx$ no tiende a cero cuando $n \to \infty$, ya que si $\cos nx \to 0$ se deduciría que $\cos 2nx \to -1$; de esta forma, cuando $x \leqslant 0$ no se cumple el criterio necesario de convergencia. **2516.** Es absolutamente convergente cuando $2k\pi < x < (2k+1)\pi$ $(k=0, \pm 1, \pm 2, \ldots)$; en los demás puntos es divergente. **2517.** Es divergente en todas partes. **2518.** Es absolutamente convergente cuando $x \neq 0$. **2519.** $x > 1$, $x \leqslant -1$. **2520.** $x > 3$, $x < 1$. **2521.** $x \geqslant 1$, $x \leqslant -1$. **2522.** $x \geqslant 5\frac{1}{3}$, $x < 4\frac{2}{3}$.

**2523.** $x > 1$, $x < -1$. **2524.** $-1 < x < -\frac{1}{2}$, $\frac{1}{2} < x < 1$. Indicación.

Para estos valores de $x$ converge, tanto la serie $\sum\limits_{k=1}^{\infty} x^k$, como la serie

$\sum\limits_{k=1}^{\infty} \frac{1}{2^k x^k}$. Cuando $|x| \geqslant 1$ y cuando $|x| \leqslant \frac{1}{2}$ el término general de la serie no tiende a cero. **2525.** $-1 < x < 0$, $0 < x < 1$. **2526.** $-1 < x < 1$. **2527.** $-2 \leqslant x < 2$. **2528.** $-1 < x < 1$. **2529.** $-\frac{1}{\sqrt{2}} \leqslant x \leqslant \frac{1}{\sqrt{2}}$. **2530.** $-1 < x \leqslant 1$. **2531.** $-1 < x < 1$. **2532.** $-1 < x < 1$. **2533.** $-\infty < x < \infty$. **2534.** $x = 0$. **2535.** $-\infty < x < \infty$. **2536.** $-4 < x < 4$. **2537.** $-\frac{1}{3} < x < \frac{1}{3}$. **2538.** $-2 < x < 2$. **2539.** $-e < x < e$. **2540.** $-3 \leqslant x < 3$. **2541.** $-1 < x < 1$. **2542.** $-1 < x < 1$. Resolución. La divergencia de la serie cuando $|x| \geqslant 1$ es evidente (es interesante señalar, que la divergencia de la serie en los extremos del intervalo de convergencia $x = \pm 1$ se puede comprobar, no solo valiéndose del criterio necesario de convergencia, sino también con ayuda del criterio de D'Alembert). Cuando $|x|<1$ tenemos:

$$\lim_{n\to\infty}\left|\frac{(n+1)!\,x^{(n+1)!}}{n!x^{n!}}\right|=\lim_{n\to\infty}|n+)\,x^{n!n}|\leqslant\lim_{n\to\infty}(n+1)\,|x|^n=\lim_{n\to\infty}\frac{n+1}{\left|\frac{1}{x}\right|^n}=0$$

(la última igualdad se puede obtener fácilmente aplicando la regla de L'Hôpital). **2543.** $-1\leqslant x\leqslant1$. Indicación. Valiéndose del criterio de D'Alembert no sólo se puede hallar el intervalo de convergencia, sino también investigar la convergencia de la serie dada en los extremos de dicho intervalo. **2544.** $-1\leqslant x\leqslant1$. Indicación. Valiéndose del criterio de Cauchy no sólo se puede hallar el intervalo de convergencia, sino también investigar la convergencia de la serie dada en los extremos de dicho intervalo. **2545.** $2<x\leqslant8$. **2546.** $-2\leqslant x<8$. **2547.** $-2<x<4$. **2548.** $1\leqslant x\leqslant3$. **2549.** $-4\leqslant x\leqslant-2$. **2550.** $x=-3$. **2551.** $-7<x<-3$. **2552.** $0\leqslant x<4$. **2553.** $-\frac{5}{4}<x<\frac{13}{4}$. **2554.** $-e-3<x<e-3$. **2555.** $-2\leqslant$ $\leqslant x\leqslant0$. **2556.** $2<x<4$. **2557.** $1<x\leqslant3$. **2558.** $-3\leqslant x\leqslant-1$. **2559.** $1-\frac{1}{e}<$ $<x<1+\frac{1}{e}$. Indicación. Cuando $x=1\pm\frac{1}{e}$ la serie es divergente,

ya que $\lim_{n\to\infty}\dfrac{\left(1+\frac{1}{n}\right)^{n^2}}{e^n}=\dfrac{1}{\sqrt{e}}\neq0$. **2560.** $-2<x<0$. **2561.** $1<x\leqslant3$. **2562.** $1\leqslant x<5$. **2563.** $2\leqslant x\leqslant4$. **2564.** $|z|<1$. **2565.** $|z|<1$. **2566.** $|z-2i|<3$. **2567.** $|z|<\sqrt{2}$. **2568.** $z=0$. **2569.** $|z|<\infty$. **2570.** $|z|<\frac{1}{2}$. **2576.** $-\ln(1-x)$ $(-1\leqslant x<1)$. **2577.** $\ln(1+x)\,(-1<x\leqslant1)$. **2578.** $\frac{1}{2}\ln\frac{1+x}{1-x}\,(|x|<1)$.

**2579.** $\operatorname{arctg} x\,(|x|\leqslant1)$. **2580.** $\frac{1}{(x-1)^2}\,(|x|<1)$. **2581.** $\frac{1-x^2}{(1+x^2)^2}\,(|x|<1)$.

**2582.** $\frac{2}{(1-x)^3}\,(|x|<1)$. **2583.** $\frac{x}{(x-1)^2}\,(|x|>1)$. **2584.** $\frac{1}{2}\left(\operatorname{arctg} x-\right.$ $\left.-\frac{1}{2}\ln\frac{1-x}{1+x}\right)(|x|<1)$. **2585.** $\frac{\pi\sqrt{3}}{6}$. Indicación. Examinar la suma de la serie $x-\frac{x^3}{3}+\frac{x^5}{5}-\ldots$ (véase el problema 2579), cuando $x=\frac{1}{\sqrt{3}}$.

**2586.** 3. **2587.** $a^x=1+\sum_{n=1}^{\infty}\frac{x^n\ln^n a}{n!}\,(-\infty<x<\infty)$. **2588.** $\operatorname{sen}\left(x+\frac{\pi}{4}\right)=$

$$=\frac{\sqrt{2}}{2}\left[1+x-\frac{x^2}{2!}-\frac{x^3}{3!}+\frac{x^4}{4!}+\frac{x^5}{5!}-\ldots+(-1)^{\frac{n^2-n}{2}}\frac{x^n}{n!}+\ldots\right].$$

**2589.** $\cos(x+a)=\cos a-x\operatorname{sen} a-\frac{x^2}{2!}\cos a+\frac{x^3}{3!}\operatorname{sen} a+\frac{x^4}{4!}\cos a+\ldots$ $\ldots+\frac{x^n}{n!}\operatorname{sen}\left[a+\frac{(n+1)\pi}{2}\right]+\ldots(-\infty<x<\infty)$. **2590.** $\operatorname{sen}^2 x=\frac{2x^2}{2!}-$ $-\frac{2^3x^4}{4!}+\frac{2^5x^6}{6!}-\ldots+(-1)^{n-1}\frac{2^{2n-1}x^{2n}}{(2n)!}+\ldots(-\infty<x<\infty)$. **2591.** $\ln(2+x)=$

$= \ln 2 + \dfrac{x}{2} - \dfrac{x^2}{2\cdot 2^2} + \dfrac{x^3}{3\cdot 2^3} - \ldots + (-1)^{n-1} \dfrac{x^n}{n\cdot 2^n} + \ldots \ (-2 < x \leqslant 2)$. **I n d i c a - c i ó n.** Al investigar el resto, utilícese el teorema sobre la integración de la serie de potencias. **2592.** $\dfrac{2x-3}{(x-1)^2} = -\sum\limits_{n=0}^{\infty} (n+3)\,x^n \ (|\,x\,| < 1)$.

**2593.** $\dfrac{3x-5}{x^2-4x+3} = -\sum\limits_{n=0}^{\infty} \left(1 + \dfrac{2}{3^{n+1}}\right) x^n \ (|\,x\,| < 1)$. **2594.** $xe^{-2x} = x +$

$+\sum\limits_{n=2}^{\infty} \dfrac{(-1)^{n-1}\,2^{n-1}x^n}{(n-1)!} \ (-\infty < x < \infty)$. **2595.** $e^{x^2} = 1 + \sum\limits_{n=1}^{\infty} \dfrac{x^{2n}}{n!} \ (-\infty < x < \infty)$.

**2596.** $\sum\limits_{n=0}^{\infty} \dfrac{x^{2n+1}}{(2n+1)!} \ (-\infty < x < \infty)$. **2597.** $1 + \sum\limits_{n=1}^{\infty} (-1)^n \dfrac{2^{2n}x^{2n}}{(2n)!}$. **2598.** $1 +$

$+\dfrac{1}{2} \sum\limits_{n=1}^{\infty} \dfrac{(-1)^n (2x)^{2n}}{(2n)!} \ (-\infty < x < \infty)$. **2599.** $2 \sum\limits_{n=0}^{\infty} (-1)^n \dfrac{(n+2)\,3^{2n}\cdot x^{2n+1}}{(2n+1)!} \times$

$\times (-\infty < x < \infty)$. **2600.** $\sum\limits_{n=0}^{\infty} (-1)^n \dfrac{x^{2n+1}}{9^{n+1}} \ (-3 < x < 3)$. **2601.** $\dfrac{1}{2} + \dfrac{1}{2} \times$

$\times \dfrac{x^2}{2^3} + \dfrac{1\cdot 3}{2\cdot 4}\dfrac{x^4}{2^5} + \dfrac{1\cdot 3\cdot 5}{2\cdot 4\cdot 6}\dfrac{x^6}{2^7} + \ldots + \dfrac{1\cdot 3\cdot 5\ldots(2n-1)}{2\cdot 4\cdot 6\ldots 2n}\dfrac{x^{2n}}{2^{2n+1}} + \ldots \ (-2 < x < 2)$.

**2602.** $2 \sum\limits_{n=0}^{\infty} \dfrac{x^{2n+1}}{2n+1} \ (|\,x\,| < 1)$. **2603.** $\sum\limits_{n=1}^{\infty} \dfrac{(-1)^{n+1}\,2^n - 1}{n} x^n \ \left(-\dfrac{1}{2} < x \leqslant \dfrac{1}{2}\right)$.

**2604.** $x + \sum\limits_{n=2}^{\infty} (-1)^n \dfrac{x^n}{(n-1)\,n} \ (|\,x\,| \leqslant 1)$. **2605.** $\sum\limits_{n=0}^{\infty} (-1)^n \dfrac{x^{2n+1}}{2n+1} \ (|\,x\,| \leqslant 1)$.

**2606.** $x + \dfrac{1}{2}\cdot\dfrac{x^3}{3} + \dfrac{1\cdot 3}{2\cdot 4}\dfrac{x^5}{5} + \ldots + \dfrac{1\cdot 3\cdot 5\ldots(2n-1)}{2\cdot 4\cdot 6\ldots 2n}\dfrac{x^{2n+1}}{2n+1} + \ldots \ (|\,x\,| \leqslant 1)$.

**2607.** $x - \dfrac{1}{2}\cdot\dfrac{x^3}{3} + \dfrac{1\cdot 3}{2\cdot 4}\dfrac{x^5}{5} - \ldots + (-1)^n \dfrac{1\cdot 3\cdot 5\ldots(2n-1)}{2\cdot 4\cdot 6\ldots 2n}\dfrac{x^{2n+1}}{2n+1} + \ldots$

$(|\,x\,| \leqslant 1)$. **2608.** $\sum\limits_{n=1}^{\infty} (-1)^{n+1} \dfrac{2^{4n-3}x^{2n}}{(2n)!} \ (-\infty < x < \infty)$. **2609.** $1 +$

$+\sum\limits_{n=2}^{\infty} (-1)^{n-1} \dfrac{n-1}{n!} x^n \ (-\infty < x < \infty)$. **2610.** $8 + 3\sum\limits_{n=1}^{\infty} \dfrac{1+2^n+3^{n-1}}{n!} x^n$

$(-\infty < x < \infty)$. **2611.** $2 + \dfrac{x}{2^2\cdot 3\cdot 1!} - \dfrac{2\cdot x^2}{2^5\cdot 3^2\cdot 2!} + \dfrac{2\cdot 5x^3}{2^8\cdot 3^3\cdot 3!} + \ldots + (-1)^{n-1} \times$

$\times \dfrac{2\cdot 5\cdot 8\ldots(3n-4)\,x^n}{2^{3n-1}\cdot 3^n\cdot n!} + \ldots \ (-\infty < x < \infty)$. **2612.** $\dfrac{1}{6} - \sum\limits_{n=1}^{\infty} \left(\dfrac{1}{2^{n+1}} + \dfrac{1}{3^{n+1}}\right) x^n$

$(-2 < x < 2)$. **2613.** $1 + \dfrac{3}{4} \displaystyle\sum_{n=1}^{\infty} \dfrac{(1+3^{2n-1})\,x^{2n}}{(2n)!}$ $(|x| < \infty)$. **2614.** $\displaystyle\sum_{n=0}^{\infty} \dfrac{x^{4n}}{4^{n+1}}$

$(|x| < \sqrt{2})$. **2615.** $\ln 2 + \displaystyle\sum_{n=1}^{\infty} (-1)^{n-1}(1+2^{-n})\dfrac{x^n}{n}$ $(-1 < x \leqslant 1)$.

**2616.** $\displaystyle\sum_{n=0}^{\infty} (-1)^n \dfrac{x^{2n+1}}{(2n+1)(2n+1)!}$ $(-\infty < x < \infty)$. **2617.** $x + \displaystyle\sum_{n=1}^{\infty} (-1)^n \times$

$\times \dfrac{x^{2n+1}}{(2n+1)\,n!}$ $(|x| < \infty)$. **2618.** $\displaystyle\sum_{n=1}^{\infty} (-1)^{n+1} \dfrac{x^n}{n^2}$ $(|x| \leqslant 1)$. **2619.** $x +$

$+ \dfrac{1}{2 \cdot 5} x^5 + \dfrac{1 \cdot 3}{2^2 \cdot 9 \cdot 2!} x^9 + \ldots + \dfrac{1 \cdot 3 \cdot 5 \ldots (2n-1)}{2^n (4n+1)\,n!} x^{4n+1} + \ldots$ $(|x| < 1)$. **2620.** $x +$

$+ \dfrac{x^3}{3} + \dfrac{2x^5}{15} + \ldots$ **2621.** $x - \dfrac{x^3}{3} + \dfrac{2x^5}{15} - \ldots$ **2622.** $e\left(1 - \dfrac{x^2}{2} + \dfrac{x^4}{6} - \ldots\right)$.

**2623.** $1 + \dfrac{x^2}{2} + \dfrac{5x^4}{24} + \ldots$ **2624.** $-\left(\dfrac{x^2}{2} + \dfrac{x^4}{12} + \dfrac{x^6}{45} + \ldots\right)$. **2625.** $x + x^2 +$

$+ \dfrac{1}{3} x^3 + \ldots$ **2626. Indicación.** Partiendo de las ecuaciones paramétricas de la elipse $x = a \cos t$, $y = b \sen t$, calcular la longitud de la elipse y la expresión obtenida desarróllese en serie de potencias de $\varepsilon$. **2628.** $x^3 - 2x^2 - 5x - 2 = -78 + 59(x+4) - 14(x+4)^2 + (x+4)^3$ $(-\infty < x < \infty)$. **2629.** $f(x+h) = 5x^3 - 4x^2 - 3x + 2 + (15x^2 - 8x - 3)h + (15x - 4)h^2 + 5h^3$ $(-\infty < x < \infty;$

$-\infty < h < \infty)$. **2630.** $\displaystyle\sum_{n=1}^{\infty} (-1)^{n-1} \dfrac{(x-1)^n}{n}$ $(0 < x \leqslant 2)$. **2631.** $\displaystyle\sum_{n=0}^{\infty} (-1)^n \times$

$\times (x-1)^n$ $(0 < x < 2)$. **2632.** $\displaystyle\sum_{n=0}^{\infty} (n+1)(x+1)^n$ $(-2 < x < 0)$.

**2633.** $\displaystyle\sum_{n=0}^{\infty} (2^{-n-1} - 3^{-n-1})(x+4)^n$ $(-6 < x < -2)$. **2634.** $\displaystyle\sum_{n=0}^{\infty} (-1)^n \dfrac{(x+2)^{2n}}{3^{n+1}}$

$(-2 - \sqrt{3} < x < -2 + \sqrt{3})$. **2635.** $e^{-2}\left[1 + \displaystyle\sum_{n=1}^{\infty} \dfrac{(x+2)^n}{n!}\right]$ $(|x| < \infty)$.

**2636.** $2 + \dfrac{x-4}{2^2} - \dfrac{1}{4} \cdot \dfrac{(x-4)^2}{2^4} + \dfrac{1 \cdot 3}{4 \cdot 6} \cdot \dfrac{(x-4)^3}{2^6} - \dfrac{1 \cdot 3 \cdot 5}{4 \cdot 6 \cdot 8} \cdot \dfrac{(x-4)^4}{2^8} + \ldots + (-1)^{n-1} \times$

$\times \dfrac{1 \cdot 3 \cdot 5 \ldots (2n-3)}{4 \cdot 6 \cdot 8 \ldots 2n} \cdot \dfrac{(x-4)^n}{2^{2n}} + \ldots$ $(0 \leqslant x \leqslant 8)$. **2637.** $\displaystyle\sum_{n=1}^{\infty} (-1)^n \dfrac{\left(x - \dfrac{\pi}{2}\right)^{2n-1}}{(2n-1)!}$

$(|x| < \infty)$. **2638.** $\dfrac{1}{2} + \displaystyle\sum_{n=1}^{\infty} (-1)^n \dfrac{4^{n-1}\left(x - \dfrac{\pi}{4}\right)^{2n-1}}{(2n-1)!}$ $(|x| < \infty)$.

**2639.** $-2\sum\limits_{n=1}^{\infty}\dfrac{1}{2n+1}\left(\dfrac{1-x}{1+x}\right)^{2n+1}$ $(0<x<\infty)$. I n d i c a c i ó n. Hacer la

sustitución $\dfrac{1-x}{1+x}=t$ y desarrollar $\ln x$ en serie de potencias de $t$.

**2640.** $\dfrac{x}{1+x}+\dfrac{1}{2}\left(\dfrac{x}{1+x}\right)^{2}+\dfrac{1\cdot3}{2\cdot4}\left(\dfrac{x}{1+x}\right)^{3}+\ldots+\dfrac{1\cdot3\cdot5\ldots(2n-3)}{2\cdot4\cdot6\ldots(2n-2)}\left(\dfrac{x}{1+x}\right)^{n}+$

$+\ldots\left(-\dfrac{1}{2}\leqslant x<\infty\right)$. **2641.** $|R|<\dfrac{e}{5!}<\dfrac{1}{40}$. **2642.** $|R|<\dfrac{1}{11}$. **2643.** $\dfrac{\pi}{6}\approx$

$\approx\dfrac{1}{2}+\dfrac{1}{2}\dfrac{\left(\dfrac{1}{2}\right)^{3}}{3}+\dfrac{1\cdot3}{2\cdot4}\dfrac{\left(\dfrac{1}{2}\right)^{5}}{5}\approx0{,}523$. I n d i c a c i ó n. Para demostrar
que el error no excede de 0,001, hay que acotar el resto de la serie valiéndose
de la progresión geométrica que excede a este resto. **2644.** Dos términos,
es decir, $1-\dfrac{x^{2}}{2}$. **2645.** Dos términos, es decir, $x-\dfrac{x^{3}}{6}$. **2646.** Ocho tér-

minos, es decir, $1+\sum\limits_{n=1}^{7}\dfrac{1}{n!}$. **2647.** 99; 999. **2648.** 1,92. **2649.** $|R|<0{,}0003$.

**2650.** 2,087. **2651.** $|x|<0{,}69$; $|x|<0{,}39$; $|x|<0{,}22$. **2652.** $|x|<0{,}39$;
$|x|<0{,}18$. **2653.** $\dfrac{1}{2}-\dfrac{1}{2^{3}\cdot3\cdot3!}\approx0{,}4931$. **2654.** 0,7468. **2655.** 0,608. **2656.** 0,621.

**2657.** 0,2505. **2658.** 0,026. **2659.** $1+\sum\limits_{n=1}^{\infty}(-1)^{n}\dfrac{(x-y)^{2n}}{(2n)!}$ $(-\infty<x<\infty;$

$-\infty<y<\infty)$. **2660.** $\sum\limits_{n=1}^{\infty}(-1)^{n}\dfrac{(x-y)^{2n}-(x+y)^{2n}}{2\cdot(2n)!}$ $(-\infty<x<\infty;$

$-\infty<y<\infty)$. **2661.** $\sum\limits_{n=1}^{\infty}(-1)^{n-1}\dfrac{(x^{2}+y^{2})^{2n-1}}{(2n-1)!}$ $(-\infty<x<\infty;\ -\infty\ y<\infty)$.

**2662.** $1+2\sum\limits_{n=1}^{\infty}(y-x)^{n}$; $|x-y|<1$. I n d i c a c i ó n. $\dfrac{1-x+y}{1+x-y}=-1+$

$+\dfrac{2}{1-(y-x)}$. Aplicar la progresión geométrica. **2663.** $-\sum\limits_{n=1}^{\infty}\dfrac{x^{n}+y^{n}}{n}$

$(-1\leqslant x<1;\ -1\leqslant y<1)$. I n d i c a c i ó n. $1-x-y+xy=(1-x)(1-y)$.

**2664.** $\sum\limits_{n=0}^{\infty}(-1)^{n}\dfrac{x^{2n+1}+y^{2n+1}}{2n+1}$ $(-1\leqslant x\leqslant1;\ -1\leqslant y\leqslant1)$. I n d i c a c i ó n,

$\operatorname{arctg}\dfrac{x+y}{1-xy}=\operatorname{arctg}x+\operatorname{arctg}y$ (cuando $|x|\leqslant1,|y|\leqslant1$). **2665.** $f(x+h,y+k)=$

$= ax^2 + 2bxy + cy^2 + 2(ax + by)h + 2(bx + cy)k + ah^2 + 2bh + ck^2.$ **2666.** $f(1+h, 2+k) - f(1, 2) = 9h - 21k + 3h^2 + 3hk - 12k^2 + h^3 - 2k^3.$ **2667.** $1+$

$+ \sum_{n=1}^{\infty} \frac{[(x-2)+(y+2))^n}{n!}$. **2668.** $1 + \sum_{n=1}^{\infty} (-1)^n \frac{\left[x + \left(y - \dfrac{\pi}{2}\right)\right]^{2n}}{(2n!)}$.

**2669.** $1 + x + \dfrac{x^2 - y^2}{2!} + \dfrac{x^3 - 3xy^2}{3!} + \ldots$ **2670.** $1 + x + xy + \dfrac{1}{2} x^2 y + \ldots$

**2671.** $\dfrac{c_1 + c_2}{2} - \dfrac{2(c_1 - c_2)}{\pi} \sum_{n=0}^{\infty} \dfrac{\operatorname{sen}(2n+1)x}{2n+1}$; $S(0) = \dfrac{c_1 + c_2}{2}$; $S(\pm\pi) = \dfrac{c_1 + c_2}{2}$.

**2672.** $\dfrac{b-a}{4}\pi - \dfrac{2(b-a)}{\pi} \sum_{n=0}^{\infty} \dfrac{\cos(2n+1)x}{(2n+1)^2} + (a+b) \sum_{n=1}^{\infty} (-1)^{n-1} \dfrac{\operatorname{sen} nx}{n}$;

$S(\pm\pi) = \dfrac{b-a}{2}\pi.$ **2673.** $\dfrac{\pi^2}{3} + 4 \sum_{n=1}^{\infty} (-1)^n \dfrac{\cos nx}{n^2}$; $S(\pm\pi) = \pi^2.$

**2674.** $\dfrac{2}{\pi} \operatorname{sh} a\pi \left[ \dfrac{1}{2a} + \sum_{n=1}^{\infty} \dfrac{(-1)^n}{a^2+n^2}(a\cos nx - n\operatorname{sen} nx) \right]$; $S(\pm\pi) = \operatorname{ch} a\pi.$

**2675.** $\dfrac{2\operatorname{sen} a\pi}{\pi} \sum_{n=1}^{\infty} (-1)^n \dfrac{n\operatorname{sen} nx}{a^2-n^2}$, si $a$ no es número entero; $\operatorname{sen} ax$, si $a$

es número entero; $S(\pm\pi)=0.$ **2676.** $\dfrac{2\operatorname{sen} a\pi}{\pi} \left[ \dfrac{1}{2a} + \sum_{n=1}^{\infty} (-1)^n \dfrac{a\cos nx}{a^2-n^2} \right]$,

si $a$ no es entero; $\cos ax$, si $a$ es entero; $S(\pm\pi) = \cos a\pi.$ **2677.** $\dfrac{2\operatorname{sh} a\pi}{\pi} \times$

$\times \sum_{n=1}^{\infty} (-1)^{n-1} \dfrac{n\operatorname{sen} nx}{a^2+n^2}$; $S(\pm\pi)=0.$ **2678.** $\dfrac{2\operatorname{sh} a\pi}{\pi} \left[ \dfrac{1}{2a} + \sum_{n=1}^{\infty} (-1)^n \dfrac{a\cos nx}{a^2+n^2} \right]$;

$S(\pm\pi) = \operatorname{ch} a\pi.$ **2679.** $\sum_{n=1}^{\infty} \dfrac{\operatorname{sen} nx}{n}$. **2680.** $\sum_{n=1}^{\infty} \dfrac{\operatorname{sen}(2a-1)x}{2n-1}$; a) $\dfrac{\pi}{4}$; b) $\dfrac{\pi}{3}$;

c) $\dfrac{\pi}{2\sqrt{3}}$. **2681.** a) $2 \sum_{n=1}^{\infty} (-1)^{n-1} \dfrac{\operatorname{sen} nx}{n}$; b) $\dfrac{\pi}{2} - \dfrac{4}{\pi} \sum_{n=1}^{\infty} \dfrac{\cos(2n-1)x}{(2n-1)^2}$; $\dfrac{\pi^2}{8}$.

**2682.** a) $\sum_{n=1}^{\infty} b_n \operatorname{sen} nx$, donde $b_{2k-2} = \dfrac{2\pi}{2k-1} - \dfrac{8}{\pi(2k-1)^3}$, y $b_{2k} = -\dfrac{\pi}{k}$;

b) $\dfrac{\pi^2}{3} + 4 \sum_{n=1}^{\infty} (-1)^n \dfrac{\cos nx}{n^2}$; 1) $\dfrac{\pi^2}{6}$; 2) $\dfrac{\pi^2}{12}$. **2683.** a) $\dfrac{2}{\pi} \sum_{n=1}^{\infty} [1 - (-1)^n e^{a\pi}] \times$

$$\times \frac{n \operatorname{sen} nx}{a^2+n^2}; \quad \text{b) } \frac{e^{a\pi}-1}{a\pi} + \frac{2a}{\pi} \sum_{n=1}^{\infty} \frac{[(-1)^n e^{a\pi}-1]\cos nx}{a^2+n^2}. \quad \textbf{2684. a) } \frac{2}{\pi} \times$$

$$\times \sum_{n=1}^{\infty} \frac{1-\cos \frac{n\pi}{2}}{n} \operatorname{sen} nx; \quad \text{b) } \frac{1}{2} + \frac{2}{\pi} \sum_{n=1}^{\infty} \frac{\operatorname{sen}\frac{n\pi}{2}}{n} \cos nx. \quad \textbf{2685. a) } \frac{4}{\pi} \times$$

$$\times \sum_{n=1}^{\infty} (-1)^{n-1} \frac{\operatorname{sen}(2n-1)x}{(2n-1)^2}; \qquad \text{b) } \frac{\pi}{4} - \frac{2}{\pi} \sum_{n=1}^{\infty} \frac{\cos 2(2n-1)x}{(2n-1)^2}.$$

**2686.** $\sum_{n=1}^{\infty} b_n \operatorname{sen} nx$, donde $b_{2k} = (-1)^{k-1}\frac{1}{2k}$, $b_{2k+1} = (-1)^k \frac{2}{\pi(2k+1)^2}$.

**2687.** $\frac{8}{\pi} \sum_{n=1}^{\infty} \frac{\operatorname{sen}(2n-1)x}{(2n-1)^3}$. **2688.** $\frac{8}{\pi} \sum_{n=1}^{\infty} (-1)^{n-1}\frac{n \operatorname{sen} nx}{4n^2-1}$. **2689.** $\frac{2h}{\pi} \times$

$$\times \left( \frac{1}{2} + \sum_{n=1}^{\infty} \frac{\operatorname{sen} nh}{nh} \cos nx \right). \quad \textbf{2690. } \frac{2h}{\pi}\left[ \frac{1}{2} + \sum_{n=1}^{\infty} \left( \frac{\operatorname{sen} nh}{nh} \right)^2 \cos nx \right].$$

**2691.** $1 - \frac{\cos x}{2} + 2\sum_{n=2}^{\infty} (-1)^{n-1}\frac{\cos nx}{n^2-1}$. **2692.** $\frac{4}{\pi}\left[ \frac{1}{2} + \sum_{n=1}^{\infty} (-1)^{n-1}\frac{\cos 2nx}{4n^2-1} \right]$.

**2694. Resolución.** 1) $a_{2n} = \frac{2}{\pi} \int_0^{\pi} f(x)\cos 2nx\, dx = \frac{2}{\pi} \int_0^{\frac{\pi}{2}} f(x)\cos 2nx\, dx +$

$+ \frac{2}{\pi} \int_{\frac{\pi}{2}}^{\pi} f(x)\cos 2nx\, dx$. Si se hace la sustitución $t = \frac{\pi}{2} - x$ en la primera

integral y $t = x - \frac{\pi}{2}$, en la segunda, valiéndose de la supuesta identidad $f\left(\frac{\pi}{2}+t\right) = -f\left(\frac{\pi}{2}-t\right)$, es fácil observar que $a_{2n}=0$ $(n=0,1,2,\ldots)$.

2) $b_{2n} = \frac{2}{\pi} \int_0^{\pi} f(x)\operatorname{sen} 2nx\, dx = \frac{2}{\pi} \int_0^{\frac{\pi}{2}} f(x)\operatorname{sen} 2nx\, dx + \frac{2}{\pi} \int_{\frac{\pi}{2}}^{\pi} f(x)\operatorname{sen} 2nx\, dx.$

La misma sustitución que en el caso. 1), teniendo en cuenta la supuesta identidad $f\left(\frac{\pi}{2}+t\right) = f\left(\frac{\pi}{2}-t\right)$ nos conduce a las igualdades $b_{2n}=0$

$(n=1,2,\ldots)$. **2695.** $\frac{1}{2} - \frac{4}{\pi^2} \sum_{n=0}^{\infty} \frac{\cos(2n+1)\pi x}{(2n+1)^2}$. **2696.** $1 - \frac{2}{\pi} \sum_{n=1}^{\infty} \frac{\operatorname{sen} 2n\pi x}{n}$.

**2697.** $\operatorname{sh} l \left[ \dfrac{1}{l} + 2 \sum\limits_{n=1}^{\infty} (-1)^n \dfrac{l \cos \dfrac{n\pi x}{l} - \pi n \operatorname{sen} \dfrac{n\pi x}{l}}{l^2 + n^2 \pi^2} \right]$. **2698.** $\dfrac{10}{\pi} \sum\limits_{n=1}^{\infty} (-1)^n \dfrac{\operatorname{sen} \dfrac{n\pi x}{5}}{n}$.

**2699.** a) $\dfrac{4}{\pi} \sum\limits_{n=1}^{\infty} \dfrac{\operatorname{sen} 2 (n-1) \pi x}{2n-1}$; b) 1. **2700.** a) $\dfrac{2l}{\pi} \sum\limits_{n=1}^{\infty} (-1)^{n+1} \dfrac{\operatorname{sen} \dfrac{n\pi x}{l}}{n}$.

b) $\dfrac{l}{2} - \dfrac{4l}{\pi^2} \sum\limits_{n=1}^{\infty} \dfrac{\cos \dfrac{(2n-1) \pi x}{l}}{(2n-1)^2}$. **2701.** a) $\sum\limits_{n=1}^{\infty} b_n \operatorname{sen} \dfrac{nx}{2}$, donde $b_{2k+1} =$

$= \dfrac{8}{\pi} \left[ \dfrac{\pi^2}{2k+1} - \dfrac{4}{(2k+1)^3} \right]$, $b_{2k} = -\dfrac{4\pi}{k}$; b) $\dfrac{4\pi^2}{3} - 16 \sum\limits_{n=1}^{\infty} (-1)^{n-1} \dfrac{\cos \dfrac{nx}{2}}{n^2}$.

**2702.** a) $\dfrac{8}{\pi^2} \sum\limits_{n=0}^{8} (-1)^n \dfrac{\operatorname{sen} \dfrac{(2n+1) \pi x}{2}}{(2n+1)^2}$; b) $\dfrac{1}{2} - \dfrac{4}{\pi^2} \sum\limits_{n=0}^{\infty} \dfrac{\cos (2n+1) \pi x}{(2n+1)^2}$.

**2703.** $\dfrac{2}{3} - \dfrac{9}{2\pi^2} \sum\limits_{n=1}^{\infty} \dfrac{1}{n^2} \cos \dfrac{2n\pi x}{3} + \dfrac{1}{2\pi^2} \sum\limits_{n=1}^{\infty} \dfrac{\cos 2n\pi x}{n^2}$.

# Capítulo IX

**2704.** Sí. **2705.** No. **2706.** Sí. **2707.** Sí. **2708.** Sí. **2709.** a) Sí. b) no. **2710.** Sí.
**2714.** $y - xy' = 0$. **2715.** $xy' - 2y = 0$. **2716.** $y - 2xy' = 0$. **2717.** $x\,dx + y\,dy = 0$.
**2718.** $y' = y$. **2719.** $3y^2 - x^2 = 2xyy'$. **2720.** $xyy'(xy^2+1) = 1$. **2721.** $y = xy' \ln \dfrac{x}{y}$.
**2722.** $2xy'' + y' = 0$. **2723.** $y'' = y' - 2y = 0$. **2724.** $y'' + 4y = 0$. **2725.** $y'' - 2y' + y = 0$. **2726.** $y'' = 0$. **2727.** $y''' = 0$. **2728.** $(1 + y'^2) y''' - 3y' y''^2 = 0$. **2729.** $y^2 - x^2 = 25$. **2730.** $y = xe^{2x}$. **2731.** $y = -\cos x$. **2732.** $y = \dfrac{1}{6} (-5e^{-x} + 9e^x - 4e^{2x})$.
**2738.** 2,593 (el valor exacto $y = e$). **2739.** 4,780 (el valor exacto $y = 3(e-1)$).
**2740.** 0,946 (el valor exacto $y = 1$) **2741.** 1,826 (el valor exacto $y = \sqrt{3}$).
**2742.** $\operatorname{ctg}^2 y = \operatorname{tg}^2 x + C$. **2743.** $x = \dfrac{Cy}{\sqrt{1+y^2}}$; $y = 0$. **2744.** $x^2 + y^2 = \ln Cx^2$.
**2745.** $y = a + \dfrac{Cx}{1+ax}$. **2746.** $\operatorname{tg} y = C (1 - e^x)^3$; $x = 0$. **2747.** $y = C \operatorname{sen} x$.
**2748.** $2e^{\frac{y^2}{2}} = \sqrt{e} (1 + e^x)$. **2749.** $1 + y^2 = \dfrac{2}{1-x^2}$. **2750.** $y = 1$. **2751.** $\operatorname{arctg}(x+y) = x + C$. **2752.** $8x + 2y + 1 = 2 \operatorname{tg}(4x + C)$. **2753.** $x + 2y + 3 \ln |2x + 3y - 7| = C$.
**2754.** $5x + 10y + C = 3 \ln |10x - 5y + 6|$. **2755.** $\rho = \dfrac{C}{1 - \cos \varphi}$ o $y^2 = 2Cx + C^2$.

**2756.** $\ln \rho = \dfrac{1}{2\cos^2\varphi} - \ln|\cos\varphi| + C$ o $\ln|x| - \dfrac{y^2}{2x^2} = C$. **2757.** La recta $y = Cx$

o la hipérbola $y = \dfrac{C}{x}$. Indicación. El segmento de tangente es igual

a $\sqrt{y^2 + \left(\dfrac{y}{y'}\right)^2}$. **2758.** $y^2 - x^2 = C$. **2759.** $y = Ce^{\dfrac{x}{a}}$. **2760.** $y^2 = 2px$.

**2761.** $y = ax^2$. Indicación. Por la condición $\dfrac{\displaystyle\int_0^x xy\,dx}{\displaystyle\int_0^x y\,dx} = \dfrac{3}{4}x$. Derivando

dos veces respecto a $x$, obtenemos la ecuación diferencial. **2762.** $y^2 = \dfrac{1}{3}x$.

**2763.** $y = \sqrt{4-x^2} + 2\ln\dfrac{2-\sqrt{4-x^2}}{x}$. **2764.** Haz de rectas $y = kx$. **2765.** Familia de elipses semejantes $2x^2 + y^2 = C^2$. **2766.** Familia de hipérbolas $x^2 - y^2 = C$.
**2767.** Familia de circunferencias $x^2 + (y-b)^2 = b^2$. **2768.** $y = x\ln\dfrac{C}{x}$.

**2769.** $y = \dfrac{C}{x} - \dfrac{x}{2}$. **2770.** $x = Ce^{\dfrac{x}{y}}$. **2771.** $(x-C)^2 - y^2 = C^2$; $(x-2)^2 - y^2 = 4$;

$y = \pm x$. **2772.** $\sqrt{\dfrac{x}{y}} + \ln|y| = C$. **2773.** $y = \dfrac{C}{2}x^2 - \dfrac{1}{2C}$; $x = 0$. **2774.** $(x^2 +$

$+ y^2)^3 (x+y)^2 = C$. **2775.** $y = x\sqrt{1 - \dfrac{3}{8}x}$. **2776.** $(x+y-1)^3 = C(x-y+3)$

**2777.** $3x + y + 2\ln|x+y-1| = C$. **2778.** $\ln|4x+8y+5| + 8y - 4x = C$.
**2779.** $x^2 = 1 - 2y$. **2780.** Paraboloide de revolución. Resolución. Gracias a su simetría, el espejo que se busca es una superficie de revolución. El origen de coordenadas se sitúa en el foco luminoso; el eje $OX$ es la dirección del haz de rayos. Si la tangente a cualquier punto $M(x, y)$ de la curva de la sección hecha por el plano $XOY$ en la superficie que se busca, forma cor el eje $OX$ un ángulo $\varphi$, mientras que el segmento que une al origen de coordenadas con este punto $M(x, y)$ forma un ángulo $\alpha$ con el mismo eje, tendremos que $\operatorname{tg}\alpha = \operatorname{tg}2\varphi = \dfrac{2\operatorname{tg}\varphi}{1-\operatorname{tg}^2\varphi}$. Pero, $\operatorname{tg}\alpha = \dfrac{y}{x}$ y $\operatorname{tg}\varphi + y'$. La ecuación diferencial que se busca es $y - yy'^2 = 2xy'$ y su solución $y^2 = 2Cx + C^2$. La sección plana es una parábola. La superficie buscada, un paraboloide de revolución. **2781.** $(x-y)^2 - Cy = 0$. **2782.** $x^2 = C(2y+C)$. **2783.** $(2y^2 - x^2)^3 =$

$= Cx^2$. Indicación. Partir de que el área es igual a $\displaystyle\int_a^x y\,dx$. **2784.** $y =$

$= Cx - x\ln|x|$. **2785.** $y = Cx + x^2$. **2786.** $y = \dfrac{1}{6}x^4 + \dfrac{C}{x^2}$. **2787.** $x\sqrt{1+y^2} +$

$+\cos y = C$. Indicación. La ecuación es lineal con respecto a $x$ y $\dfrac{dx}{dy}$.

**2788.** $x = Cy^3 - \dfrac{1}{y}$. **2789.** $y = \dfrac{e^x}{x} + \dfrac{ab - e^a}{x}$. **2790.** $y = \dfrac{1}{2}\,(x\sqrt{1-x^2} +$

$+ \text{arcsen } x)\sqrt{\dfrac{1+x}{1-x}}$. **2791.** $y = \dfrac{x}{\cos x}$. **2792.** $y\,(x^2 + Cx) = 1$. **2793.** $y^2 =$

$= x \ln \dfrac{C}{x}$. **2794.** $x^2 = \dfrac{1}{y + Cy^2}$. **2795.** $y^3\,(3 + Ce^{\cos x}) = x$. **2797.** $xy = Cy^2 + a^2$.

**2798.** $y^2 + x + ay = 0$. **2799.** $x = y \ln \dfrac{y}{a}$. **2800.** $\dfrac{a}{x} + \dfrac{b}{y} = 1$. **2801.** $x^2 + y^2 - Cy +$

$+ a^2 = 0$. **2802.** $\dfrac{x^2}{2} + xy + y^2 = C$. **2803.** $\dfrac{x^3}{3} + xy^2 + x^2 = C$. **2804.** $\dfrac{x^4}{4} -$

$- \dfrac{3}{2}\,x^2 y^2 + 2x + \dfrac{y^3}{3} = C$. **2805.** $x^2 + y^2 - 2 \text{ arctg } \dfrac{y}{x} = C$. **2806.** $x^2 - y^2 = Cy^3$.

**2807.** $\dfrac{x^2}{2} + ye^{\frac{x}{y}} = 2$. **2808.** $\ln|x| - \dfrac{y^2}{x} = C$. **2809.** $\dfrac{x}{y} + \dfrac{x^2}{2} = C$. **2810.** $\dfrac{1}{y} \ln x +$

$+ \dfrac{1}{2}\,y^2 = C$. **2811.** $(x \text{ sen } y + y \cos y - \text{sen } y)\,e^x = C$. **2812.** $(x^2 C^2 + 1 - 2Cy)\,(x^2 +$

$+ C^2 - 2Cy) = 0$; la integral singular es $x^2 - y^2 = 0$. **2813.** La integral general es $(y + C)^2 = x^3$; integral singular no hay. **2814.** La integral general es $\left(\dfrac{x^2}{2} - y + C\right)\left(x - \dfrac{y^2}{2} + C\right) = 0$; integral singular no hay. **2815.** La integral general es $y^2 + C^2 = 2Cx$; la integral singular, $x^2 - y^2 = 0$.

**2816.** $y = \dfrac{1}{2} \cos x \pm \dfrac{\sqrt{3}}{2} \text{ sen } x$. **2817.** $\begin{cases} x = \text{sen } p + \ln p, \\ y = p \text{ sen } p + \cos p + p + C. \end{cases}$

**2818.** $\begin{cases} x = e^p + pe^p + C, \\ y = p^2 e^p. \end{cases}$ **2819.** $\begin{cases} x = 2p - \dfrac{2}{p} + C, \\ y = p^2 + 2 \ln p. \end{cases}$

La solución singular es $y = 0$. **2820.** $4y = x^2 + p^2$, $\ln|p - x| = C + \dfrac{x}{p - x}$.

**2821.** $\ln \sqrt{p^2 + y^2} + \text{arctg } \dfrac{p}{y} = C$, $x = \ln \dfrac{y^2 + p^2}{2p}$. La solución singular es $y = e^x$.

**2822.** $y = C + \dfrac{x^2}{C}$; $y = \pm 2x$. **2823.** $\begin{cases} x = \ln|p| - \text{arcsen } p + C \\ y = p + \sqrt{1 - p^2}. \end{cases}$

**2824.** $\begin{cases} x - Ce^{-p} - 2p + 2, \\ y = C\,(1 + p)\,e^{-p} - p^2 + 2. \end{cases}$ **2825.** $\begin{cases} x = \dfrac{1}{3}\left(Cp^{-\frac{1}{2}} - p\right), \\[2mm] y = \dfrac{1}{6}\left(2Cp^{\frac{1}{2}} + p^2\right). \end{cases}$

I n d i c a c i ó n. La ecuación diferencial, de la que se determina $x$ como función de $p$, es homogénea. **2826.** $y = Cx + C^2$; $y = -\dfrac{x^2}{4}$. **2827.** $y = Cx + C$; solución singular no tiene. **2828.** $y = Cx + \sqrt{1 + C^2}$; $x^2 + y^2 = 1$. **2829.** $y = Cx + \dfrac{1}{C}$; $y^2 = 4x$. **2830.** $xy = C$. **2831.** Una circunferencia y la familia de tangentes a ella. **2832.** La astroide $x^{2/3}+y^{2/3}=a^{2/3}$. **2833.** a) Homogénea; $y=xu$; b) lineal con respecto a $x$; $x=uv$; c) lineal con respecto a $y$; $y=uv$; d) ecuación de Bernoulli; $y=uv$; e) con variables separables; f) ecuación de Clairaut; reducirla a la forma $y=xy' \pm \sqrt{y'^3}$; g) ecuación de Lagrange; derivarla con respecto a $x$; h) ecuación de Bernoulli; $y=uv$; i) reducible a una ecuación con variables separables; $u=x+y$; j) ecuación de Lagrange; derivarla con respecto a $x$; k) ecuación de Bernoulli con relación a $x$; $x=uv$; l) ecuación en diferenciales exactas; m) lineal; $y=uv$; n) ecuación de Bernoulli; $y=uv$. **2834.** a) sen $\dfrac{y}{x} = -\ln|x|+C$; b) $x-y\cdot e^{Cy+1}$. **2835.** $x^2+$

$+y^4=Cy^2$. **2836.** $y=\dfrac{x}{x^2+C}$. **2837.** $xy\left(C-\dfrac{1}{2}\ln^2 x\right)=1$. **2838.** $y=Cx+$

$+C\ln C$; la solución singular es $y=-e^{-(x+1)}$. **2839.** $y=Cx+\sqrt{-aC}$; la solución singular es $y=\dfrac{a}{4x}$. **2840.** $3y+\ln\dfrac{|x^3-1|}{(y+1)^6}=C$. **2841.** $\dfrac{1}{2}e^{2x}-e^y-$

$=\text{arctg } y-\dfrac{1}{2}\ln(1+y^2)=C$. **2842.** $y=x^2(1+Ce^{\frac{1}{x}})$. **2843.** $x=y^2(C-e^{-y})$.

**2844.** $y=Ce^{-\text{sen }x}+\text{sen }x-1$. **2845.** $y=ax+C\sqrt{1-x^2}$. **2846** $y=$

$=\dfrac{x}{x+1}(x+\ln|x|+C)$. **2847.** $x=Ce^{\text{sen }y}-2a(1+\text{sen }y)$. **2848.** $\dfrac{x^2}{2}+3x+y+$

$+\ln[(x-3)^{10}|y-1|^3]=C$. **2849.** 2 arctg $\dfrac{y-1}{2x}=\ln Cx$. **2850.** $x^2=1-\dfrac{2}{y}+$

$+Ce^{-\frac{2}{y}}$. **2851.** $x^3=Ce^y-y-2$. **2852.** $\sqrt{\dfrac{y}{x}}+\ln|x|=C$. **2853.** $y=$

$=x\,\text{arcsen }(Cx)$. **2854.** $y^2=Ce^{-2x}+\dfrac{2}{5}\text{ sen }x+\dfrac{4}{5}\cos x$. **2855.** $xy=C(y-1)$.

**2856.** $x=Ce^y-\dfrac{1}{2}(\text{sen }y+\cos y)$. **2857.** $py=C(p-1)$. **2858.** $x^4=Ce^{4y}-y^3-$

$-\dfrac{3}{4}y^2-\dfrac{3}{8}y-\dfrac{3}{32}$ **2859.** $(xy+C)(x^2y+C)=0$. **2860.** $\sqrt{x^2+y^2}-\dfrac{x}{y}=C$.

**2861.** $xe^y-y^2=C$. **2862.** $\begin{cases} x=\dfrac{C}{p^2}-\dfrac{\sqrt{1+p^2}}{2p}+\dfrac{1}{2p^2}\ln(p+\sqrt{1+p^2}). \\ y=2px+\sqrt{1+p^2}. \end{cases}$

**2863.** $y=xe^{Cx}$. **2864.** $2e^x-y^4=Cy^2$. **2865.** $\ln|y+2|+2$ arctg $\dfrac{y+2}{x-3}=C$.

**2866.** $y^2+Ce^{-\frac{y^2}{2}}+\dfrac{1}{x}-2=0$. **2867.** $x^2\cdot y=Ce^{\frac{y}{a}}$. **2868.** $x+\dfrac{x}{y}=C$. **2869.** $y=$

$=\dfrac{C-x^4}{4(x^2-1)^{3/2}}$. **2870.** $y=C$ sen $x-a$. **2871.** $y=\dfrac{a^2\ln(x+\sqrt{a^2+x^2})+C}{x+\sqrt{a^2+x^2}}$.

**2872.** $(y-Cx)(y^2-x^2+C)=0$. **2873.** $y=Cx+\dfrac{1}{C^2}$, $y=\dfrac{3}{2}\sqrt[3]{2x^2}$. **2874.** $x^3+$

$+x^2y-y^2x-y^3=C$. **2875.** $p^2+4y^2=Cy^3$. **2876.** $y=x-1$. **2877.** $y=x$.

32

**2878.** $y=2$. **2879.** $y=0$. **2880.** $y=\dfrac{1}{2}(\operatorname{sen} x+\cos x)$. **2881.** $y=\dfrac{1}{4}(2x^2+2x+1)$.

**2882.** $y=e^{-x}+2x-2$. **2883.** a) $y=x$; b) $y=Cx$, donde $C$ es arbitraria; el punto $(0;\ 0)$ es el punto singular de la ecuación diferencial. **2884.** a) $y^2=x$; b) $y^2=2px$; $(0,\ 0)$ es el punto singular. **2885.** a) $(x-C)^2+$ $+y^2=C^2$; b) no tiene solución; c) $x^2+y^2=x$; $(0,\ 0)$ es el punto singular. **2886.** $y=e^{x/y}$. **2887.** $y=(\sqrt{2a}+\sqrt{x})^2$. **2888.** $y^2=1-e^{-x}$. **2889.** $r=Ce^{a\varphi}$. I n d i c a c i ó n. Pasar a las coordenadas polares. **2890.** $3y^2-2x=0$. **2891.** $r=k\varphi$. **2892.** $x^2+(y-b)^2=b^2$. **2893.** $y^2+16x=0$. **2894.** La hipérbola $y^2-x^2=C$ o la circunferencia $x^2+y^2=C^2$. **2895.** $y=\dfrac{1}{2}(e^x+e^{-x})$. I n d i c a-

c i ó n. Partir de que el área es igual a $\displaystyle\int_0^x y\,dx$, y la longitud del arco

$\displaystyle\int_0^x \sqrt{1+y'^2}\,dx$. **2896.** $x=\dfrac{a^2}{y}+Cy$. **2897.** $y^2=4C\,(C+a-x)$. **2898.** I n d i c a-

c i ó n. Aplicar el hecho de que la resultante de la fuerza de gravedad y de la centrífuga es normal a la superficie. Tomando el eje de giro como eje $OY$ y designando por $\omega$ la velocidad angular de la rotación, obtenemos, para la sección plana axial de la superficie que se busca, la ecuación diferencial $g\dfrac{dy}{dx}=\omega^2x$. **2899.** $p=e^{-0,000167h}$. I n d i c a c i ó n. La presión en cada nivel de la columna vertical de aire se puede considerar como dependiente exclusivamente de las capas que descansan más arriba. Empléese la ley de Boyle—Mariotte, según la cual, la densidad es proporcional a la presión. La ecuación diferencial buscada es $dp=-kp\,dh$. **2900.** $s=\dfrac{1}{2}klw$.

I n d i c a c i ó n. La ecuación es $ds=kw\cdot\dfrac{l-x}{l}\,dx$. **2901.** $s=\left(p+\dfrac{1}{2}w\right)kl$.

**2902.** $T=a+(T_0-a)e^{-kt}$. **2903.** Dentro de una hora. **2904.** $\omega=100\left(\dfrac{3}{5}\right)^l$

r. p. m. **2905.** En 100 años se desintegra un 4,2% de la cantidad inicial $Q_0$. I n d i c a c i ó n. La ecuación es $\dfrac{dQ}{dt}=kQ$; $Q=Q_0\left(\dfrac{1}{2}\right)^{\frac{t}{1600}}$. **2906.** $t\approx35,2$ seg. I n d i c a c i ó n. La ecuación es $\pi\,(h^2-2h)\,dh=$ $=\pi\left(\dfrac{1}{10}\right)^2 v\,dt$. **2907.** $\dfrac{1}{1024}$. I n d i c a c i ó n. La ecuación es $dQ=-kQ\,dh$;

$Q=Q_0\left(\dfrac{1}{2}\right)^{\frac{h}{3}}$. **2908.** $v\to\sqrt{\dfrac{gm}{k}}$ cuando $t\to\infty$ ($k$ es el coeficiente de proporcionalidad) I n d i c a c i ó n. La ecuación es $m\dfrac{dv}{dt}=mg-kv^2$;

$v=\sqrt{\dfrac{gm}{k}}\operatorname{th}\left(t\sqrt{\dfrac{gk}{m}}\right)$. **2909.** 18,1 kg. I n d i c a c i ó n. La ecuación es

$\dfrac{dx}{dt}=k\left(\dfrac{1}{3}-\dfrac{x}{300}\right)$. **2910.** $i=\dfrac{E}{R^2+L^2\omega^2}[(R\operatorname{sen}\omega t-L\omega\cos\omega t)+L\omega e^{-\frac{R}{L}t}]$.

**Indicación.** La ecuación es $Ri+L\dfrac{di}{dt}=E\,\mathrm{sen}\,\omega t$.  **2911.** $y=x\ln|x|+$

$+C_1x+C_2$. **2912.** $1+C_1y^2=\left(C^2+\dfrac{C_1x}{\sqrt{2}}\right)^2$. **2913.** $y=\ln|e^{2x}+C_1|-x+C_2$.

**2914.** $y=C_1+C_2\ln|x|$. **2915.** $y=C_1e^{C_2x}$. **2916.** $y=\pm\sqrt{C_1x+C_2}$.

**2917.** $y=(1+C_1^2)\ln|x+C_1|-C_1x+C_2$. **2918.** $(x-C_1)=a\ln\left|\,\mathrm{sen}\,\dfrac{y-C_2}{a}\right|$.

**2919.** $y=\dfrac{1}{2}(\ln|x|)^2+C_1\ln|x|+C_2$. **2920.** $x=\dfrac{1}{C_1}\ln\left|\dfrac{y}{y+C_1}\right|+C_2;\ y+C$.

**2921** $y=C_1e^{C_2x}+\dfrac{1}{C_2}$. **2922.** $y=\pm\dfrac{1}{2}\left[x\sqrt{C_1^2-x^2}+C_1^2\arcsin\dfrac{x}{C_1}\right]+C_2$.

**2923.** $y=(C_1e^x+1)x+C_2$. **2924.** $y=(C_1x-C_1^2)e^{\frac{x}{C_1}+1}+C_2;\ y=\dfrac{e}{2}x^2+C$

(solución singular). **2925.** $y=C_1x(x-C_1)+C_2;\ y=\dfrac{x^3}{3}+C$ (solución sin-

gular). **2926.** $y=\dfrac{x^3}{12}+\dfrac{x^2}{2}+C_1x\ln|x|+C_2x+C_3$. **2927.** $y=\mathrm{sen}\,(C_1+x)+$

$+C_2x+C_3$. **2928.** $y=x^3+3x$. **2929.** $y=\dfrac{1}{2}(x^2+1)$. **2930.** $y=x+1$.

**2931.** $y=Cx^2$. **2932.** $y=C_1\dfrac{1+C_2e^x}{1-C_2e^x};\ y=C$. **2933.** $x=C_1+\ln\left|\dfrac{y-C_2}{y+C_2}\right|$.

**2934.** $x=C_1-\dfrac{1}{C_2}\ln\left|\dfrac{y}{y+C_2}\right|$. **2935.** $x=C_1y^2+y\ln y+C_2$. **2936.** $2y^2-4x^2=1$.

**2937.** $y=x+1$. **2938.** $y=\dfrac{x^2-1}{2(e^2-1)}-\dfrac{e^2-1}{4}\ln|x|$ o $y=\dfrac{1-x^2}{2(e^2+1)}+$

$+\dfrac{e^2+1}{4}\ln|x|$. **2939.** $y=\dfrac{1}{2}x^2$. **2940.** $y=\dfrac{1}{2}x^2$. **2941.** $y=2e^x$.

**2942.** $x=-\dfrac{3}{2}(y+2)^{\frac{2}{3}}$. **2943.** $y=e^x$. **2944.** $y^2=\dfrac{e}{e-1}+\dfrac{e^{-x}}{1-e}$. **2945.** $y=$

$=\dfrac{2\sqrt{2}}{3}x^{\frac{3}{2}}-\dfrac{8}{3}$. **2946.** $y=\dfrac{3e^{3x}}{2+e^{3x}}$. **2947.** $y=\sec^2 x$. **2948.** $y=\mathrm{sen}\,x+1$.

**2949.** $y=\dfrac{x^2}{4}-\dfrac{1}{2}$. **2950.** $x=-\dfrac{1}{2}e^{-y^2}$. **2951.** No tiene solución. **2952.** $y=e^x$.

**2953.** $y=2\ln|x|-\dfrac{2}{x}$. **2954.** $y=\dfrac{(x+C_1^2+1)^2}{2}+\dfrac{4}{3}C_1(x+1)^{\frac{3}{2}}+C_2$. La solu-

ción singular es $y=C$. **2955.** $y=C_1\dfrac{x^2}{2}+(C_1-C_1^2)x+C_2$. La solución sin-

gular es $y=\dfrac{(x+1)^3}{12}+C$. **2956.** $y=\dfrac{1}{12}(C_1+x)^4+C_2x+C_3$. **2957.** $y=C_1+$

$+C_2e^{C_1x};\ y=1-e^x;\ y=-1+e^{-x};$ la solución singular es $y=\dfrac{4}{C-x}$.

**2958.** Las circunferencias. **2959.** $(x-C_1)^2-C_2y^2+kC_2^2=0$. **2960.** La catenaria $y=a\,\text{ch}\,\dfrac{x-x_0}{2}$. La circunferencia $(x-x_0)^2+y^2=a^2$. **2961.** La parábola $(x-\dot{x}_0)^2=2ay-a^2$. La cicloide $x-x_0=a\,(t-\text{sen }t)$, $y=a\,(1-\cos t)$.

**2962.** $e^{ay+C_2}=\sec\,(ax+C_1)$. **2963.** La parábola. **2964.** $y=\dfrac{C_1}{2}\dfrac{H}{q}\,e^{\frac{q}{H}x}+$

$+\dfrac{1}{2C_1}\dfrac{H}{q}\,e^{-\frac{q}{H}x}+C_2$ o $y=a\,\text{ch}\,\dfrac{x+C}{a}+C_2$, donde $H$ es la tensión horizontal

constante y $\dfrac{H}{q}=a$. Indicación. La ecuación diferencial es $\dfrac{d^2y}{dx^2}=$

$=\dfrac{q}{H}\sqrt{1+\left(\dfrac{dy}{dx}\right)^2}$. **2965.** La ecuación del movimiento es $\dfrac{d^2s}{dt^2}=$

$=g\,(\text{sen }\alpha-\mu\cos\alpha)$. La ley del movimiento es $s=\dfrac{gt^2}{2}\,(\text{sen }\alpha-\mu\cos\alpha)$.

**2966.** $s=\dfrac{m}{k}\ln\text{ch}\left(t\sqrt{g\dfrac{k}{m}}\right)$. Indicación. La ecuación del movi-

miento es $m\dfrac{d^2s}{dt^2}=mg-k\left(\dfrac{ds}{dt}\right)^2$. **2967.** Dentro de 6,45 seg. Indica-

ción. La ecuación del movimiento es $\dfrac{300}{g}\dfrac{d^2x}{dt^2}=-10v$. **2968.** a) No; b) sí;
c) sí; d) sí; e) no; f) no; g) no; h) sí. **2969.** a) $y''+y=0$; b) $y''-2y'+y=0$;
c) $x^2y''-2xy'+2y=0$; d) $y'''-3y''+4y'-2y=0$. **2970.** $y=3x-5x^2+2x^3$.

**2971.** $y=\dfrac{1}{x}\,(C_1\,\text{sen }x+C_2\cos x)$. Indicación. Emplear la sustitución

$y=y_1u$. **2972.** $y=C_1x+C_2\ln x$. **2973.** $y=A+Bx^2+x^3$. **2974.** $y=\dfrac{x^2}{3}+$

$=Ax+\dfrac{B}{x}$. Indicación. Las soluciones particulares de la ecuación

homogénea son $y_1=x$, $y_2=\dfrac{1}{x}$. Por el método de las variaciones de las

constantes arbitrarias hallamos: $C_1=\dfrac{x}{2}=A$; $C_2=-\dfrac{x^3}{6}+B$. **2975.** $y=A+$

$+B\,\text{sen }x+C\cos x+\ln|\sec x+\text{tg }x|+\text{sen }x\ln|\cos x|-x\cos x$. **2976.** $y=$
$=C_1e^{2x}+C_2e^{3x}$. **2977.** $y=C_1e^{-3x}+C_2e^{3x}$. **2978.** $y=C_1+C_2e^x$. **2979.** $y=C_1\cos x+$
$+C_2\,\text{sen }x$. **2980.** $y=e^x\,(C_1\cos x+C_2\,\text{sen }x)$. **2981.** $y=e^{-2x}(C_1\cos 3x+C_2\,\text{sen }3x)$.
**2982.** $y=(C_1+C_2x)\,e^{-x}$. **2983.** $y=e^{2x}\,(C_1e^{x\sqrt{2}}+C_2e^{-x\sqrt{2}})$. **2984.** Si $k>0$,
$y=C_1e^{x\sqrt{k}}+C_2e^{-x\sqrt{k}}$, si $k<0$, $y=C_1\cos\sqrt{-kx}+C_2\,\text{sen }\sqrt{-kx}$. **2985.** $y=$
$=e^{-\frac{x}{2}}(C_1e^{\frac{\sqrt{5}}{2}x}+C_2e^{-\frac{\sqrt{5}}{2}x})$. **2986.** $y=e^{\frac{x}{6}}\left(C_1\cos\dfrac{\sqrt{11}}{6}\,x+C_2\,\text{sen }\dfrac{\sqrt{11}}{6}\,x\right)$.
**2987.** $y=4e^x+e^{4x}$. **2988.** $y=e^{-x}$. **2989.** $y=\text{sen }2x$. **2990.** $y=1$. **2991.** $y=$
$=a\,\text{ch}\dfrac{x}{a}$. **2992.** $y=0$. **2993.** $y=C\,\text{sen }\pi x$. **2994.** a) $xe^{2x}\,(Ax^2+Bx+C)$;
b) $A\cos 2x+B\,\text{sen }2x$; c) $A\cos 2x+B\,\text{sen }2x+Cx^2e^{2x}$; d) $e^x\,(A\cos x+B\,\text{sen }x)$;

e)   $e^x(Ax^2+Bx+C)+xe^{2x}(Dx+E)$;   f)   $xe^x[(Ax^2+Bx+C)\cos 2x+$
$+(Dx^2+Ex+F)\operatorname{sen} 2x]$. **2995.** $y=(C_1+C_2x)e^{2x}+\dfrac{1}{8}(2x^2+4x+3)$. **2996.** $y=$

$=e^{\frac{x}{2}}\left(C_1\cos\dfrac{x\sqrt{3}}{2}+C_2\operatorname{sen}\dfrac{x\sqrt{3}}{2}\right)+x^3+3x^2$.   **2997.**   $y=(C_1+C_2x)e^{-x}+$

$+\dfrac{1}{9}e^{2x}$. **2998.** $y=C_1e^x+C_2e^{7x}+2$. **2999.** $y=C_1e^x+C_2e^{-x}+\dfrac{1}{2}xe^x$. **3000.** $y=$

$=C_1\cos x+C_2\operatorname{sen} x+\dfrac{1}{2}x\operatorname{sen} x$. **3001.** $y=C_1e^x+C_2e^{-2x}-\dfrac{2}{5}(3\operatorname{sen} 2x+\cos 2x)$.

**3002.**   $y=C_1e^{2x}+C_1e^{-3x}+x\left(\dfrac{x}{10}-\dfrac{1}{25}\right)e^{2x}$.   **3003.**   $y=(C_1+C_2x)e^x+$

$+\dfrac{1}{2}\cos x+\dfrac{x^2}{4}e^x-\dfrac{1}{8}e^{-x}$. **3004.** $y=C_1+C_2e^{-x}+\dfrac{1}{2}x+\dfrac{1}{20}(2\cos 2x-\operatorname{sen} 2x)$.

**3005.**   $y=e^x(C_1\cos 2x+C_2\operatorname{sen} 2x)+\dfrac{x}{4}e^x\operatorname{sen} 2x$.   **3006.**   $y=\cos 2x+$

$+\dfrac{1}{3}(\operatorname{sen} x+\operatorname{sen} 2x)$. **3007.** 1) $x=C_1\cos\omega t+C_2\operatorname{sen}\omega t+\dfrac{A}{\omega^2-p^2}\operatorname{sen} pt$; 2) $x=$

$=C_1\cos\omega t+C_2\operatorname{sen}\omega t-\dfrac{A}{2\omega}t\cos\omega t$. **3008.** $y=C_1e^{3x}+C_2e^{4x}-xe^{4x}$. **3009.** $y=$

$=C_1+C_2e^{2x}+\dfrac{x}{4}-\dfrac{x^2}{4}-\dfrac{x^3}{6}$.   **3010.**   $y=e^x(C_1+C_2x+x^2)$. **3011.** $y=C_1+$

$+C_2e^{2x}+\dfrac{1}{2}xe^{2x}-\dfrac{5}{2}x$. **3012.** $y=C_1e^{-2x}+C_2e^{4x}-\dfrac{1}{9}e^x+\dfrac{1}{5}(3\cos 2x+\operatorname{sen} 2x)$.

**3013.**   $y=C_1+C_2e^{-x}+e^x+\dfrac{5}{2}x^2-5x$.   **3014.**   $y=C_1+C_2e^x-3xe^x-x-x^2$.

**3015.** $y=\left(C_1+C_2x+\dfrac{1}{2}x^2\right)e^{-x}+\dfrac{1}{4}e^x$. **3016.** $y=(C_1\cos 3x+C_2\operatorname{sen} 3x)e^x+$

$+\dfrac{1}{37}(\operatorname{sen} 3x+6\cos 3x)+\dfrac{e^x}{9}$. **3017.** $y=(C_1+C_2x+x^2)e^{2x}+\dfrac{x+1}{8}$. **3018.** $y=C_1+$

$+C_2e^{3x}-\dfrac{1}{10}(\cos x+3\operatorname{sen} x)-\dfrac{x^2}{6}-\dfrac{x}{9}$.   **3019.**   $y=\dfrac{1}{8}e^{2x}(4x+1)-\dfrac{x^3}{6}-$

$-\dfrac{x^2}{4}+\dfrac{x}{4}$. **3020.** $y=C_1e^x+C_2e^{-x}-x\operatorname{sen} x-\cos x$. **3021.** $y=C_1e^{-2x}+C_2e^{2x}-$

$-\dfrac{e^{2x}}{20}(\operatorname{sen} 2x+2\cos 2x)$. **3022.** $y=C_1\cos 2x+C_2\operatorname{sen} 2x-\dfrac{x}{4}(3\operatorname{sen} 2x+2\cos 2x)+$

$+\dfrac{1}{4}$.   **3023.**   $y=e^x(C_1\cos x+C_2\operatorname{sen} x-2x\cos x)$.   **3024.**   $y=C_1e^x+C_1e^{-x}+$

$+\dfrac{1}{4}(x^2-x)e^x$.   **3025.**   $y=C_1\cos 3x+C_2\operatorname{sen} 3x+\dfrac{1}{4}x\operatorname{sen} x-\dfrac{1}{16}\cos x+$

$+\dfrac{1}{54}(3x-1)e^{3x}$.   **3026.**   $y=C_1e^{3x}+C_2e^{-x}+\dfrac{1}{9}(2-3x)+\dfrac{1}{16}(2x^2-x)e^{3x}$.

**3027.** $y=C_1+C_2e^{2x}-2xe^x-\dfrac{3}{4}x-\dfrac{3}{4}x^2$. **3028.** $y=\left(C_1+C_2x+\dfrac{x^3}{6}\right)e^{2x}$.

**3029.** $y=C_1e^{-3x}+C_2e^x-\dfrac{1}{8}(2x^2+x)e^{-3x}+\dfrac{1}{16}(2x^2+3x)e^x$. **3030.** $y=C_1\cos x+$

$+C_2\operatorname{sen} x+\dfrac{x}{4}\cos x+\dfrac{x^2}{4}\operatorname{sen} x-\dfrac{x}{8}\cos 3x+\dfrac{3}{32}\operatorname{sen} 3x$.   I n d i c a c i ó n.
Transformar el producto de cosenos en suma de cosenos. **3031.** $y=$
$=C_1e^{-x\sqrt{2}}+C_2e^{x\sqrt{2}}+xe^x\operatorname{sen} x+e^x\cos x$. **3032.** $y=C_1\cos x+C_2\operatorname{sen} x+$

$+\cos x \ln\left|\operatorname{ctg}\left(\frac{x}{2}+\frac{\pi}{4}\right)\right|.$  **3033.** $y=C_1\cos x+C_2\operatorname{sen}x+\operatorname{sen}x\cdot\ln\left|\operatorname{tg}\frac{x}{2}\right|.$

**3034.** $y=(C_1+C_2x)e^x+xe^x\ln|x|.$  **3035.** $y=(C_1+C_2x)e^{-x}+xe^{-x}\ln|x|.$

**3036.** $y=C_1\cos x+C_2\operatorname{sen}x+x\operatorname{sen}x+\cos x\ln|\cos x|.$  **3037.** $y=C_1\cos x+$ $+C_2\operatorname{sen}x-x\cos x+\operatorname{sen}x\ln|\operatorname{sen}x|.$  **3038.** a) $y=C_1e^x+C_2e^{-x}+(e^x+e^{-x})\operatorname{arctg}e^x;$

b) $y=C_1e^{x\sqrt{2}}+C_2e^{-x\sqrt{2}}+e^{x^2}.$  **3040.** La ecuación del movimiento es

$\frac{2}{g}\left(\frac{d^2x}{dt^2}\right)=2-k(x+2)\ (k=1);$  $T=2\pi\sqrt{\frac{2}{g}}$ seg.  **3041.** $x=$

$=\frac{2g\operatorname{sen}30t-60\sqrt{g}\operatorname{sen}\sqrt{g}t}{g-900}$ cm. Indicación. Si $x$ se cuenta a partir

de la posición de reposo de la carga, $\frac{4}{g}x''=4-k(x_0+x-y-l)$, donde

$x_0$ es la distancia desde el punto de reposo de la carga hasta el punto inicial de enganche del resorte, $l$ es la longitud del resorte en estado de reposo; por lo cual $k(x_0-l)=4$, por consiguiente, $\frac{4}{g}\frac{d^2x}{dt^2}=$

$=-k(x-y)$, donde $k=4$, $g=981$ cm²/seg. **3042.** $m\frac{d^2x}{dt^2}=k(b-x)-k(b+x);$

$x=c\cos\left(t\sqrt{\frac{2k}{m}}\right).$  **3043.** $6\frac{d^2s}{dt^2}=gs;\ t=\sqrt{\frac{6}{g}}\ln(6+\sqrt{35}).$  **3044.** a) $r=$

$=\frac{a}{2}(e^{\omega t}+e^{-\omega t});$ b) $r=\frac{v_0}{2\omega}(e^{\omega t}-e^{-\omega t}).$ Indicación. La ecuación diferencial del movimiento es $\frac{d^2r}{dt^2}=\omega^2r.$

**3045.** $y=C_1+C_2e^x+C_3e^{12x}.$ **3046.** $y=C_1+C_2e^{-x}+C_3e^x.$

**3047.** $y=C_1e^{-x}+e^{\frac{x}{2}}\left(C_2\cos\frac{\sqrt{3}}{2}x+C_3\operatorname{sen}\frac{\sqrt{3}}{2}x\right).$

**3048.** $y=C_1+C_2x+C_3e^{x\sqrt{2}}+C_4e^{-x\sqrt{2}}.$ **3049.** $y=e^x(C_1+C_2x+C_3x^2).$

**3050.** $y=e^x(C_1\cos x+C_2\operatorname{sen}x)+e^{-x}(C_3\cos x+C_4\operatorname{sen}x).$

**3051.** $y=(C_1+C_2x)\cos 2x+(C_3+C_4x)\operatorname{sen}2x.$

**3052.** $y=C_1+C_2e^{-x}+e^{\frac{x}{2}}\left(C_3\cos\frac{\sqrt{3}}{2}x+C_4\operatorname{son}\frac{\sqrt{3}}{2}x\right).$

**3053.** $y=(C_1+C_2x)e^{-x}+(C_3+C_4x)e^x.$

**3054.** $y=C_1e^{ax}+C_2e^{-ax}+C_3\cos ax+C_4\operatorname{sen}ax.$

**3055.** $y=(C_1+C_2x)e^{\sqrt{3}x}+(C_3+C_4x)e^{-\sqrt{3}x}.$  **3056.** $y=C_1+C_2x+$ $+C_3\cos ax+C_4\operatorname{sen}ax.$  **3057.** $y=C_1+C_2x+(C_3+C_4x)e^{-x}.$  **3058.** $y=(C_1+$ $+C_2x)\cos x+(C_3+C_4x)\operatorname{sen}x.$  **3059.** $y=e^{-x}(C_1+C_2x+\ldots+C_nx^{n-1}).$

**3060.** $y=C_1+C_2x+\left(C_3+C_4x+\frac{x^2}{2}\right)e^x.$

**3061.** $y=C_1+C_2x+12x^2+3x^3+\frac{1}{2}x^4+\frac{1}{20}x^5+(C_3+C_4x)e^x.$

**3062.** $y=C_1e^x+e^{-\frac{x}{2}}\left(C_2\cos\frac{\sqrt{3}}{2}x+C_3\operatorname{sen}\frac{\sqrt{3}}{2}x\right)-x^3-5.$

**3063.** $y=C_1+C_2x+C_3x^2+C_4e^{-x}+\frac{1}{1088}(4\cos 4x-\operatorname{sen}4x).$

**3064.** $y = C_1 e^{-x} + C_2 + C_3 x + \dfrac{3}{2} x^2 - \dfrac{1}{3} x^3 + \dfrac{1}{12} x^4 + e^x \left( \dfrac{3}{2} x - \dfrac{15}{4} \right).$

**3065.** $y = C_1 e^{-x} + C_2 \cos x + C_3 \operatorname{sen} x + e^x \left( \dfrac{x}{4} - \dfrac{3}{8} \right).$

**3066.** $y = C_1 + C_2 \cos x + C_3 \operatorname{sen} x + \sec x + \cos x \ln |\cos x| - \operatorname{tg} x \cdot \operatorname{sen} x + x \operatorname{sen} x.$

**3067.** $y = e^{-x} + e^{-\frac{x}{2}} \left( \cos \dfrac{\sqrt{3}}{2} x + \dfrac{1}{\sqrt{3}} \operatorname{sen} \dfrac{\sqrt{3}}{2} x \right) + x - 2.$

**3068.** $y = (C_1 + C_2 \ln x) \dfrac{1}{x}.$  **3069.** $y = C_1 x^3 + \dfrac{C_2}{x}.$

**3070.** $y = C_1 \cos (2 \ln x) + C_2 \operatorname{sen} (2 \ln x).$

**3071.** $y = C_1 x + C_2 x^2 + C_3 x^3.$  **3072.** $y = C_1 + C_2 (3x + 2) - {}^4/_3.$

**3073.** $y = C_1 x^2 + \dfrac{C_2}{x}.$  **3074.** $y = C_1 \cos (\ln x) + C_2 \operatorname{sen} (\ln x).$

**3075.** $y = C_1 x^3 + C_2 x^2 + \dfrac{1}{2} x.$  **3076.** $y = (x+1)^2 [C_1 + C_2 \ln (x+1)] + (x+1)^3.$

**3077.** $y = x (\ln x + \ln^2 x).$  **3078.** $y = C_1 \cos x + C_2 \operatorname{sen} x, \quad z = C_2 \cos x - C_1 \operatorname{sen} x.$

**3079.** $y = e^{-x} (C_1 \cos x + C_2 \operatorname{sen} x), \quad z = \dfrac{1}{5} e^{-x} [(C_2 - 2C_1) \cos x - (C_1 + 2C_2) \operatorname{sen} x].$

**3080.** $y = (C_1 - C_2 - C_1 x) e^{-2x}, \quad z = (C_1 x + C_2) e^{-2x}.$

**3081.** $x = C_1 e^t + e^{-\frac{t}{2}} \left( C_2 \cos \dfrac{\sqrt{3}}{2} t + C_3 \operatorname{sen} \dfrac{\sqrt{3}}{2} t \right),$

$y = C_1 e^t + e^{-\frac{t}{2}} \left( \dfrac{C_3 \sqrt{3} - C_2}{2} \cos \dfrac{\sqrt{3}}{2} t - \dfrac{C_2 \sqrt{3} + C_3}{2} \operatorname{sen} \dfrac{\sqrt{3}}{2} t \right),$

$z = C_1 e^t + e^{-\frac{t}{2}} \left( \dfrac{-C_3 \sqrt{3} - C_2}{2} \cos \dfrac{\sqrt{3}}{2} t + \dfrac{C_2 \sqrt{3} - C_3}{2} \operatorname{sen} \dfrac{\sqrt{3}}{2} t \right).$

**3082.** $x = C_1 e^{-t} + C_2 e^{2t}, \quad y = C_3 e^{-t} + C_2 e^{2t}, \quad z = -(C_1 + C_3) e^{-t} + C_2 e^{2t}.$

**3083.** $y = C_1 + C_2 e^{2x} - \dfrac{1}{4} (x^2 + x), \quad z = C_2 e^{2x} - C_1 + \dfrac{1}{4} (x^2 - x - 1).$

**3084.** $y = C_1 + C_2 x + 2 \operatorname{sen} x, \quad z = -2C_1 - C_2 (2x + 1) - 3 \operatorname{sen} x - 2 \cos x.$

**3085.** $y = (C_2 - 2C_1 - 2C_2 x) e^{-x} - 6x + 14, \quad z = (C_1 + C_2 x) e^{-x} + 5x - 9;$

$$C_1 = 9, \ C_2 = 4,$$

$$y = 14 (1 - e^{-x}) - 2x (3 + 4e^{-x}), \quad z = -9 (1 - e^{-x}) + x (5 + 4e^{-x}).$$

**3086.** $x = 10e^{2t} - 8e^{3t} - e^t + 6t - 1; \quad y = -20e^{2t} + 8e^{3t} + 3e^t + 12t + 10.$

**3087.** $y = \dfrac{2C_1}{(C_2 - x)^2}, \quad z = \dfrac{C_1}{C_2 - x}.$  **3088\*.** a) $\dfrac{(x^2 + y^2) y}{x^3} = C_1, \quad \dfrac{z}{y} = C_2;$

b) $\ln \sqrt{x^2 + y^2} = \operatorname{arctg} \dfrac{y}{x} + C_1, \quad \dfrac{z}{\sqrt{x^2 + y^2}} = C_2.$ c) **Indicación.** Integrando

la ecuación homogénea $\dfrac{dx}{x - y} = \dfrac{dx}{x + y}$, hallamos la *primera integral*

$\ln \sqrt{x^2 + y^2} = \operatorname{arctg} \dfrac{y}{x} + C_1.$ Luego, utilizando las propiedades de las pro-

porciones derivadas, tenemos $\dfrac{dz}{z} = \dfrac{x\,dx}{x\,(x - y)} = \dfrac{y\,dy}{y\,(x + y)} = \dfrac{x\,dx + y\,dy}{x^2 + y^2}.$ De donde

$\ln z = \frac{1}{2} \ln (x^2+y^2) + \ln C_2$ y, por consiguiente $\dfrac{z}{\sqrt{x^2+y^2}} = C_2$; c) $x+y+$ $+z=0$, $x^2+y^2+z^2=6$. I n d i c a c i ó n. Utilizando las propiedades de las proporciones derivadas, tenemos: $\dfrac{dx}{y-z} = \dfrac{dy}{z-x} = \dfrac{dz}{x-y} = \dfrac{dx+dy+dz}{0}$ ; de donde $dx+dy+dz=0$ y, por consiguiente, $x+y+z=C_1$. Análogamente $\dfrac{x\,dx}{x\,(y-z)} = \dfrac{y\,dy}{y\,(z-x)} = \dfrac{z\,dz}{z\,(x-y)} = \dfrac{x\,dx+y\,dy+z\,dz}{0}$ ; $x\,dx+y\,dy+z\,dz=0$ y $x^2+y^2+z^2=C_2$. Es decir, que las curvas integrales son las circunferencias $x+y+z=C_1$, $x^2+y^2+z^2=C_2$. De las condiciones iniciales $x=1$, $y=1$, $z=-2$, tendremos que $C_1=0$, $C_2=6$.

**3089.** $y = C_1 x^2 + \dfrac{C^2}{x} - \dfrac{x^2}{18}\,(3\ln^2 x - 2\ln x)$,

$z = 1 - 2C_1 x + \dfrac{C_2}{x^2} + \dfrac{x}{9}\,(3\ln^2 x + \ln x - 1)$.

**3090.** $y = C_1 e^{x\sqrt{2}} + C_2 e^{-x\sqrt{2}} + C_3 \cos x + C_4 \operatorname{sen} x + e^x - 2x$,

$z = -C_1 e^{x\sqrt{2}} - C_2 e^{-x\sqrt{2}} - \dfrac{C_3}{4}\cos x - \dfrac{C_4}{4}\operatorname{sen} x - \dfrac{1}{2} e^x + x$.

**3091.** $x = \dfrac{v_0 m \cos\alpha}{k}\,(1 - e^{-\frac{k}{m}t})$, $\qquad y = \dfrac{m}{k^2}\,(kv_0 \operatorname{sen}\alpha + mg)(1 - e^{-\frac{k}{m}t}) -$ $-\dfrac{mgt}{k}$. R e s o l u c i ó n. $m\dfrac{dv_x}{dt} = -kv_x$; $m\dfrac{dv_y}{dt} = -kv_y - mg$ cuando las condiciones iniciales son: $x_0 = y_0 = 0$, $v_{x_0} = v_0 \cos\alpha$, $v_{y_0} = v_0 \operatorname{sen}\alpha$ cuando $t=0$. Integrando, obtenemos:

$$v_x = v_0 \cos\alpha\, e^{-\frac{k}{m}t}, \quad kv_y + mg = (kv_0 \operatorname{sen}\alpha + mg)\, e^{-\frac{k}{m}t}.$$

**3092.** $x = a\cos\dfrac{k}{\sqrt{m}}\,t$, $y = \dfrac{v_0\sqrt{m}}{k}\operatorname{sen}\dfrac{k}{\sqrt{m}}\,t$, $\dfrac{x^2}{a^2} + \dfrac{k^2 y^2}{mv_0^2} = 1$. I n d i c a c i ó n. Las ecuaciones diferenciales del movimiento son: $m\dfrac{d^2 x}{dt^2} = -k^2 x$; $m\dfrac{d^2 y}{dt^2} = -k^2 y$.

**3093.** $y = -2 - 2x - x^2$. **3094.** $y = \left(y_0 + \dfrac{1}{4}\right) e^{2(x-1)} - \dfrac{1}{2}x + \dfrac{1}{4}$ .

**3095.** $y = \dfrac{1}{2} + \dfrac{1}{4}x + \dfrac{1}{8}x^2 + \dfrac{1}{16}x^3 + \dfrac{9}{32}x^4 + \dfrac{21}{320}x^5 + \ldots$

**3096.** $y = \dfrac{1}{3}x^3 - \dfrac{1}{7\cdot9}x^7 + \dfrac{2}{7\cdot11\cdot27}x^{11} - \ldots$

**3097.** $y = x + \dfrac{x^2}{1\cdot2} + \dfrac{x^3}{2\cdot3} + \dfrac{x^4}{3\cdot4} + \ldots$; la serie es convergente cuando $-1 \leqslant x \leqslant 1$.

**3098.** $y = x - \dfrac{x^2}{(1!)^2\cdot2} + \dfrac{x^3}{(2!)^2\cdot3} - \dfrac{x^4}{(3!)^2\cdot4} + \ldots$; la serie es convergente cuando $-\infty < x < +\infty$. I n d i c a c i ó n. Empléese el procedimiento de los coeficientes indeterminados.

**3099.** $y = 1 - \dfrac{1}{3!} x^3 + \dfrac{1 \cdot 4}{6!} x^6 - \dfrac{1 \cdot 4 \cdot 7}{9!} x^9 + \ldots$; la serie es convergente cuando

$-\infty < x < +\infty$. **3100.** $y = \dfrac{\operatorname{sen} x}{x}$. Indicación. Empléese el método

de los coeficientes indeterminados. **3101.** $y = 1 - \dfrac{x^2}{2^2} + \dfrac{x^4}{2^2 \cdot 4^2} - \dfrac{x^6}{2^2 \cdot 4^2 \cdot 6^2} + \ldots$;

la serie es convergente cuando $|x| < +\infty$. Indicación. Empléese el método de los coeficientes indeterminados.

**3102.** $x = a \left( 1 - \dfrac{1}{2!} t^2 + \dfrac{2}{4!} t^4 - \dfrac{9}{6!} t^6 + \dfrac{55}{8!} t^8 - \ldots \right)$.

**3103.** $u = A \cos \dfrac{a \pi t}{l} \operatorname{sen} \dfrac{\pi x}{l}$. Indicación. Utilizar las condiciones:

$u(0, t) = 0$, $u(l, t) = 0$, $u(x, 0) = A \operatorname{sen} \dfrac{\pi x}{l}$, $\dfrac{\partial u(x, 0)}{\partial t} = 0$.

**3104.** $u = \dfrac{2l}{\pi^2 a} \displaystyle\sum_{k=0}^{\infty} \dfrac{1}{(2k+1)^2} \operatorname{sen} \dfrac{(2k+1) \pi a t}{l} \operatorname{sen} \dfrac{(2k+1) \pi x}{l}$. Indicación.

Utilizar las condiciones: $u(0, t) = 0$, $u(l, t) = 0$, $u(x, 0) = 0$, $\dfrac{\partial u(x, 0)}{\partial t} = 1$.

**3105.** $u = \dfrac{8h}{\pi^2} \displaystyle\sum_{n=1}^{\infty} \dfrac{1}{n^2} \operatorname{sen} \dfrac{n \pi}{2} \cos \dfrac{n \pi a t}{l} \operatorname{sen} \dfrac{n \pi x}{l}$. Indicación. Utilizar

las condiciones:

$\dfrac{\partial u(x, 0)}{\partial t} = 0$, $u(0, t) = 0$, $u(l, t) = 0$, $u(x, 0) = \begin{cases} \dfrac{2hx}{l} & \text{para } 0 < x \leqslant \dfrac{1}{2}, \\[2mm] 2h \left( 1 - \dfrac{x}{l} \right) & \text{para } \dfrac{l}{2} < x < l. \end{cases}$

**3106.** $u = \displaystyle\sum_{n=0}^{\infty} A_n \cos \dfrac{(2n+1) a \pi t}{2l} \operatorname{sen} \dfrac{(2n+1) \pi x}{2l}$, donde los coeficientes $A_n =$

$= \dfrac{2}{l} \displaystyle\int_0^l \dfrac{x}{l} \operatorname{sen} \dfrac{(2n+1) \pi x}{2l} \, dx = \dfrac{8(-1)^n}{(2n+1)^2 \pi^2}$. Indicación. Utilizar las

condiciones: $u(0, t) = 0$, $\dfrac{\partial u(l, t)}{\partial x} = 0$, $u(x, 0) = \dfrac{x}{l}$, $\dfrac{\partial u(x, 0)}{\partial t} = 0$.

**3107.** $u = \dfrac{400}{\pi^3} \displaystyle\sum_{n=1}^{\infty} \dfrac{1}{n^3} (1 - \cos n\pi) \operatorname{sen} \dfrac{\pi n x}{100} e^{-\frac{a^2 n^2 \pi^2 t}{100^2}}$. Indicación. Utili-

zar las condiciones: $u(0, t) = 0$, $u(100, t) = 0$, $u(x, 0) = 0{,}01 x (100 - x)$.

## Capítulo X

**3108.** a) $\leqslant 1''$; $\leqslant 0{,}0023\%$; b) $\leqslant 1$ mm; $\leqslant 0{,}26\%$; c) $\leqslant 1$ g; $\leqslant 0{,}0016\%$.
**3109.** a) $\leqslant 0{,}05$; $\leqslant 0{,}021\%$; b) $\leqslant 0{,}0005$; $\leqslant 1{,}45\%$; c) $\leqslant 0{,}005$; $\leqslant 0{,}16\%$.
**3110.** a) 2 cifras; $48 \cdot 10^3$ ó $49 \cdot 10^3$, ya que el número está comprendido entre 47 877 y 48 845; b) 2 cifras; 15; c) 1 cifra; $6 \cdot 10^2$. Prácticamente, el resultado debe escribirse en la forma $(5{,}9 \pm 0{,}1) \cdot 10^2$. **3111.** a) 29,5; b) $1{,}6 \cdot 10^2$; c) 43,2.
**3112.** a) 84,2; b) 18,5 ó $18{,}47 \pm 0{,}01$; c) el resultado del cálculo no tiene cifras exactas, ya que la diferencia es igual a una centésima y el valor

posible del error absoluto también es una centésima. **3113\***. $1,8 \pm 0,3$ cm²· Indicación. Utilizar la fórmula del incremento del área del cuadrado. **3114.** a) $30,0 \pm 0,2$;   b) $43,7 \pm 0,1$;   c) $0,3 \pm 0,1$.   **3115.** $19,9 \pm 0,1$ m². **3116.** a) $1,1295 \pm 0,0002$;  b) $0,120 \pm 0,006$;  c) el cociente puede oscilar entre 48 y 62. Por consiguiente, en la notación del cociente no puede considerarse exacta ninguna cifra decimal. **3117.** $0,480$. La última cifra puede oscilar en una unidad. **3118.** a) $0,1729$; b) $277 \cdot 10^3$; c) 2. **3119.** $(2,05 \pm 0,01) \cdot 10^3$ cm². **3120.** a) $1,648$;  b) $4,025 \pm 0,001$;  c) $9,006 \pm 0,003$.  **3121.** $4,01 \cdot 10^3$ cm². El error absoluto es 6,5 cm². El error relativo 0,16%. **3122.** El cateto es igual a $13,8 + 0,2$  cm:   sen$\alpha = 0,44 \pm 0,01$;   $\alpha = 26°15' \pm 35'$.   **3123.**   $2,7 \pm 01$. **3124.** 0,27 amperios. **3125.** La longitud del péndulo debe medirse con exactitud de hasta 0,3 cm; los números $\pi$ y $q$ deben tomarse con tres cifras (según el principio de las influencias iguales). **3126.** Los radios y la generatriz deben medirse con error relativo de 1/300. El número $\pi$ debe tomarse con tres cifras (según el principio de las influencias iguales). **3127.** La magnitud $l$ debe medirse con precisión del 0,2% y $s$, con precisión del 0,7% (según el principio de las influencias iguales). **3128.**

| $x$ | $y$ | $\Delta y$ | $\Delta^2 y$ | $\Delta^3 y$ | $\Delta^4 y$ | $\Delta^5 y$ |
|---|---|---|---|---|---|---|
| 1 | 3 | 7 | $-2$ | $-6$ | 14 | $-23$ |
| 2 | 10 | 5 | $-8$ | 8 | $-9$ | |
| 3 | 15 | $-3$ | 0 | $-1$ | | |
| 4 | 12 | $-3$ | $-1$ | | | |
| 5 | 9 | $-4$ | | | | |
| 6 | 5 | | | | | |

**3129.**

| $x$ | $y$ | $\Delta y$ | $\Delta^2 y$ | $\Delta^3 y$ |
|---|---|---|---|---|
| 1 | $-4$ | $-12$ | 32 | 48 |
| 3 | $-16$ | 20 | 80 | 48 |
| 5 | 4 | 100 | 128 | 48 |
| 7 | 104 | 228 | 176 | |
| 9 | 332 | 404 | | |
| 11 | 736 | | | |

**3130.**

| $x$ | $y$ | $\Delta y$ | $\Delta^2 y$ | $\Delta^3 y$ | $\Delta^4 y$ |
|---|---|---|---|---|---|
| 0 | 0 | —4 | —42 | —24 | 24 |
| 1 | —4 | —46 | —66 | 0 | 24 |
| 2 | —50 | —112 | —66 | 24 | 24 |
| 3 | —162 | —178 | —42 | 48 | 24 |
| 4 | —340 | —220 | 6 | 72 | 24 |
| 5 | —560 | —214 | 78 | 96 | 24 |
| 6 | —774 | —136 | 174 | 120 | 24 |
| 7 | —910 | 38 | 294 | 144 | |
| 8 | —872 | 332 | 438 | | |
| 9 | —540 | 770 | | | |
| 10 | 230 | | | | |

Indicación. Calcular los primeros cinco valores de $y$ y, una vez obtenido $\Delta^4 y_0 = 24$, repetir este número 24 por toda la columna de las cuartas diferencias. Después de esto, la parte restante de la tabla se llena mediante operaciones de suma (avanzando de derecha a izquierda). **3131.** a) 0,211; 0,389; 0,490; 0,660; b) 0,229; 0,399; 0,491; 0,664. **3132.** 0,1822; 0,1993; 0,2165; 0,2334; 0,2503. **3133.** $1 + x + x^2 + x^3$. **3134.** $y = \dfrac{1}{96} x^4 - \dfrac{11}{48} x^3 + \dfrac{65}{24} x^2 - \dfrac{85}{12} x + 8$; $y \approx 22$ cuando $x = 5,5$; $y = 20$ cuando $x \approx 5,2$. Indicación. Al calcular $x$ para $y = 20$ tomar $y_0 = 11$. **3135.** El polinomio de interpolación es $y = x^2 - 10x + 1$; $y = 1$ cuando $x = 0$. **3136.** 158 kgf (aproximadamente). **3137.** a) $y(0,5) = -1$; $y(2) = 11$; b) $y(0,5) = -\dfrac{15}{16}$, $y(2) = -3$. **3138.** —1,325. **3139.** 1,01. **3140.** —1,86; —0,25; 2,11. **3141.** 2,09. **3142.** 2,45; 0,019. **3143.** 0,31; 4. **3144.** 2,506. **3145.** 0,02. **3146.** 0,24. **3147.** 1,27. **3148.** —1,88; 0,35; 1,53. **3149.** 1,84. **3150.** 1,31; —0,67. **3151.** 7,13. **3152.** 0,165. **3153.** $\pm 1,73$ y 0. **3154.** 1,72. **3155.** 1,38. **3156.** $x = 0,83$; $y = 0,56$; $x = -0,83$; $y = -0,56$. **3157.** $x = 1,67$; $y = 1,22$. **3158.** 4,493. **3159.** $\pm 1,1997$. **3160.** Por la fórmula de los trapecios, 11,625; por la fórmula de Simpson, 11,417. **3161.** —0,995: —1; 0,005; 0,5%; $\Delta = 0,005$. **3162.** 0,3068; $\Delta = 1,3 \cdot 10^{-5}$. **3163.** 0,69. **3164.** 0,79. **3165.** 0,84. **3166.** 0,28. **3167.** 0,10. **3168.** 1,61. **3169.** 1,85. **3170.** 0,09. **3171.** 0,67. **3172.** 0,75. **3173.** 0,79. **3174.** 4,93. **3175.** 1,29. Indic a c i ó n. Utilizar las ecuaciones paramétricas de la elipse $x = \cos t$, $y = 0,6222$ sen $t$ y transformar la fórmula de la longitud del arco a la forma

$$\int_0^{\frac{\pi}{2}} \sqrt{1 - \varepsilon^2 \cos^2 t} \cdot dt,$$ donde $\varepsilon$ es la excentricidad de la elipse. **3176.** $y_1(x) = \dfrac{x^3}{3}$ ,

$y_2(x) = \dfrac{x^3}{3} + \dfrac{x^7}{63}$, $y_3(x) = \dfrac{x^3}{3} + \dfrac{x^7}{63} + \dfrac{2x^{11}}{2079} + \dfrac{x^{15}}{59535}$ . **3177.** $y_1(x) = \dfrac{x^2}{2} - x + 1$,

$y_2(x) = \dfrac{x^3}{6} + \dfrac{3x^2}{2} - x + 1$, $\quad y_3(x) = \dfrac{x^4}{12} - \dfrac{x^3}{6} + \dfrac{3x^2}{2} - x + 1$; $\quad z_1(x) = 3x - 2$,

$z_2(x) = \dfrac{x^3}{6} - 2x^2 + 3x - 2$, $z_3(x) = \dfrac{7x^3}{6} - 2x^2 + 3x - 2$. **3178.** $y_1(x) = x$, $y_2(x) =$

$= x - \dfrac{x^3}{6}$, $\quad y_3(x) = x - \dfrac{x^3}{6} + \dfrac{x^5}{120}$ . **3179.** $y(1) = 3,36$. **3180.** $y(2) = 0,80$.

**3181.** $y(1) = 3,72$; $z(1) = 2,72$. **3182.** $y = 1,80$. **3183.** $3,15$. **3184.** $0,14$.
**3185.** $y(0,5) = 3,15$; $z(0,5) = -3,15$. **3186.** $y(0,5) = 0,55$; $z(0,5) = -0,18$.
**3187.** $1,16$. **3188.** $0,87$. **3189.** $x(\pi) = 3,58$; $x'(\pi) = 0,79$. **3190.** $429 + 1739 \cos x -$
$- 1037$ sen $x - 6321 \cos 2x + 1263$ sen $2x - 1242 \cos 3x - 33$ sen $3x$. **3191.** $6,49 -$
$- 1,96 \cos x + 2,14$ sen $x - 1,68 \cos 2x + 0,53$ sen $2x - 1,13 \cos 3x + 0,04$ sen $3x$.
**3192.** $0,960 + 0,851 \cos x + 0,915$ sen $x + 0,542 \cos 2x + 0,620$ sen $2x + 0,271 \cos 3x +$
$+ 0,100$ sen $3x$. **3193.** a) $0,608$ sen $x + 0,076$ sen $2x + 0,022$ sen $3x$; b) $0,338 +$
$+ 0,414 \cos x + 0,111 \cos 2x + 0,056 \cos 3x$.

# APENDICES

## I. Alfabeto griego

| | | | |
|---|---|---|---|
| Aα—Alfa | Hη—Eta | Nν—Nu | Tτ—Tau |
| Bβ—Beta | Θθ—Teta | Ξξ—Xi | Υυ—Ypsilon |
| Γγ—Gamma | Iι—Iota | Oο—Omicron | Φφ—Fi |
| Δδ—Delta | Kϰ—Kappa | Ππ—Pi | Xχ—Ji |
| Eε—Epsilon | Λλ—Lambda | Pρ—Ro | Ψψ—Psi |
| Zζ—Dzeta | Mμ—Mu | Σσ—Sigma | Ωω—Omega |

## II. Constantes de uso frecuente

| Magnitud | $x$ | $\lg x$ | Magnitud | $x$ | $\lg x$ |
|---|---|---|---|---|---|
| $\pi$ | 3,14159 | 0,49715 | $\dfrac{1}{e}$ | 0,36788 | $\bar{1}$,56571 |
| $2\pi$ | 6,28318 | 0,79818 | | | |
| $\dfrac{\pi}{2}$ | 1,57080 | 0,19612 | $e^2$ | 7,38906 | 0,86859 |
| | | | $\sqrt{e}$ | 1,64872 | 0,21715 |
| $\dfrac{\pi}{4}$ | 0,78540 | $\bar{1}$,89509 | $\sqrt[3]{e}$ | 1,39561 | 0,14476 |
| $\dfrac{1}{\pi}$ | 0,31831 | $\bar{1}$,50285 | $M = \lg e$ | 0,43429 | $\bar{1}$,63778 |
| $\pi^2$ | 9,86960 | 0,99430 | $\dfrac{1}{M} = \ln 10$ | 2,30258 | 0,36222 |
| $\sqrt{\pi}$ | 1,77245 | 0,24857 | 1 radián | 57°17′45″ | |
| $\sqrt[3]{\pi}$ | 1,46459 | 0,16572 | arc 1° | 0,01745 | $\bar{2}$,24188 |
| $e$ | 2,71828 | 0,43429 | $g$ | 9,81 | 0,99167 |

## III. Valores inversos, potencias, raíces y logaritmos

| $x$ | $\frac{1}{x}$ | $x^2$ | $x^3$ | $\sqrt{x}$ | $\sqrt{10x}$ | $\sqrt[3]{x}$ | $\sqrt[3]{10x}$ | $\sqrt[3]{100x}$ | lg $x$ (mantisas) | ln $x$ |
|---|---|---|---|---|---|---|---|---|---|---|
| 1,0 | 1,000 | 1,000 | 1,000 | 1,000 | 3,162 | 1,000 | 2,154 | 4,642 | 0000 | 0,0000 |
| 1,1 | 0,909 | 1,210 | 1,331 | 1,049 | 3,317 | 1,032 | 2,224 | 4,791 | 0414 | 0,0953 |
| 1,2 | 0,833 | 1,440 | 1,728 | 1,095 | 3,464 | 1,063 | 2,289 | 4,932 | 0792 | 0,1823 |
| 1,3 | 0,769 | 1,690 | 2,197 | 1,140 | 3,606 | 1,091 | 2,351 | 5,066 | 1139 | 0,2624 |
| 1,4 | 0,714 | 1,960 | 2,744 | 1,183 | 3,742 | 1,119 | 2,410 | 5,192 | 1461 | 0,3365 |
| 1,5 | 0,667 | 2,250 | 3,375 | 1,225 | 3,873 | 1,145 | 2,466 | 5,313 | 1761 | 0,4055 |
| 1,6 | 0,625 | 2,560 | 4,096 | 1,265 | 4,000 | 1,170 | 2,520 | 5,429 | 2041 | 0,4700 |
| 1,7 | 0,588 | 2,890 | 4,913 | 1,304 | 4,123 | 1,193 | 2,571 | 5,540 | 2304 | 0,5306 |
| 1,8 | 0,556 | 3,240 | 5,832 | 1,342 | 4,243 | 1,216 | 2,621 | 5,646 | 2553 | 0,5878 |
| 1,9 | 0,526 | 3,610 | 6,859 | 1,378 | 4,359 | 1,239 | 2,668 | 5,749 | 2788 | 0,6419 |
| 2,0 | 0,500 | 4,000 | 8,000 | 1,414 | 4,472 | 1,260 | 2,714 | 5,848 | 3010 | 0,6931 |
| 2,1 | 0,476 | 4,410 | 9,261 | 1,449 | 4,583 | 1,281 | 2,759 | 5,944 | 3222 | 0,7419 |
| 2,2 | 0,454 | 4,840 | 10,65 | 1,483 | 4,690 | 1,301 | 2,802 | 6,037 | 3424 | 0,7885 |
| 2,3 | 0,435 | 5,290 | 12,17 | 1,517 | 4,796 | 1,320 | 2,844 | 6,127 | 3617 | 0,8329 |
| 2,4 | 0,417 | 5,760 | 13,82 | 1,549 | 4,899 | 1,339 | 2,884 | 6,214 | 3802 | 0,8755 |
| 2,5 | 0,400 | 6,250 | 15,62 | 1,581 | 5,000 | 1,357 | 2,924 | 6,300 | 3979 | 0,9163 |
| 2,6 | 0,385 | 6,760 | 17,58 | 1,612 | 5,099 | 1,375 | 2,962 | 6,383 | 4150 | 0,9555 |
| 2,7 | 0,370 | 7,290 | 19,68 | 1,643 | 5,196 | 1,392 | 3,000 | 6,463 | 4314 | 0,9933 |
| 2,8 | 0,357 | 7,840 | 21,95 | 1,673 | 5,292 | 1,409 | 3,037 | 6,542 | 4472 | 1,0296 |
| 2,9 | 0,345 | 8,410 | 24,39 | 1,703 | 5,385 | 1,426 | 3,072 | 6,619 | 4624 | 1,0647 |
| 3,0 | 0,333 | 9,000 | 27,00 | 1,732 | 5,477 | 1,442 | 3,107 | 6,694 | 4771 | 1,0986 |
| 3,1 | 0,323 | 9,610 | 29,79 | 1,761 | 5,568 | 1,458 | 3,141 | 6,768 | 4914 | 1,1314 |
| 3,2 | 0,312 | 10,24 | 32,77 | 1,789 | 5,657 | 1,474 | 3,175 | 6,840 | 5051 | 1,1632 |
| 3,3 | 0,303 | 10,89 | 35,94 | 1,817 | 5,745 | 1,489 | 3,208 | 6,910 | 5185 | 1,1939 |
| 3,4 | 0,294 | 11,56 | 39,30 | 1,844 | 5,831 | 1,504 | 3,240 | 6,980 | 5315 | 1,2238 |
| 3,5 | 0,286 | 12,25 | 42,88 | 1,871 | 5,916 | 1,518 | 3,271 | 7,047 | 5441 | 1,2528 |
| 3,6 | 0,278 | 12,96 | 46,66 | 1,897 | 6,000 | 1,533 | 3,302 | 7,114 | 5563 | 1,2809 |
| 3,7 | 0,270 | 13,69 | 50,65 | 1,924 | 6,083 | 1,547 | 3,332 | 7,179 | 5682 | 1,3083 |
| 3,8 | 0,263 | 14,44 | 54,87 | 1,949 | 6,164 | 1,560 | 3,362 | 7,243 | 5798 | 1,3350 |
| 3,9 | 0,256 | 15,21 | 59,32 | 1,975 | 6,245 | 1,574 | 3,391 | 7,306 | 5911 | 1,3610 |
| 4,0 | 0,250 | 16,00 | 64,00 | 2,000 | 6,325 | 1,587 | 3,420 | 7,368 | 6021 | 1,3863 |
| 4,1 | 0,244 | 16,81 | 68,92 | 2,025 | 6,403 | 1,601 | 3,448 | 7,429 | 6128 | 1,4110 |
| 4,2 | 0,238 | 17,64 | 74,09 | 2,049 | 6,481 | 1,613 | 3,476 | 7,489 | 6232 | 1,4351 |
| 4,3 | 0,233 | 18,49 | 79,51 | 2,074 | 6,557 | 1,626 | 3,503 | 7,548 | 6335 | 1,4586 |
| 4,4 | 0,227 | 19,36 | 85,18 | 2,098 | 6,633 | 1,639 | 3,530 | 7,606 | 6435 | 1,4816 |
| 4,5 | 0,222 | 20,25 | 91,12 | 2,121 | 6,708 | 1,651 | 3,557 | 7,663 | 6532 | 1,5041 |
| 4,6 | 0,217 | 21,16 | 97,34 | 2,145 | 6,782 | 1,663 | 3,583 | 7,719 | 6628 | 1,5261 |
| 4,7 | 0,213 | 22,09 | 103,8 | 2,168 | 6,856 | 1,675 | 3,609 | 7,775 | 6721 | 1,5476 |
| 4,8 | 0,208 | 23,04 | 110,6 | 2,191 | 6,928 | 1,687 | 3,634 | 7,830 | 6812 | 1,5686 |
| 4,9 | 0,204 | 24,01 | 117,6 | 2,214 | 7,000 | 1,698 | 3,659 | 7,884 | 6902 | 1,5892 |
| 5,0 | 0,200 | 25,00 | 125,0 | 2,236 | 7,071 | 1,710 | 3,684 | 7,937 | 6990 | 1,6094 |
| 5,1 | 0,196 | 26,01 | 132,7 | 2,258 | 7,141 | 1,721 | 3,708 | 7,990 | 7076 | 1,6292 |
| 5,2 | 0,192 | 27,04 | 140,6 | 2,280 | 7,211 | 1,732 | 3,733 | 8,041 | 7160 | 1,6487 |
| 5,3 | 0,189 | 28,09 | 148,9 | 2,302 | 7,280 | 1,744 | 3,756 | 8,093 | 7243 | 1,6677 |
| 5,4 | 0,185 | 29,16 | 157,5 | 2,324 | 7,348 | 1,754 | 3,780 | 8,143 | 7324 | 1,6864 |

| $x$ | $\dfrac{1}{x}$ | $x^2$ | $x^3$ | $\sqrt{x}$ | $\sqrt{10x}$ | $\sqrt[3]{x}$ | $\sqrt[3]{10x}$ | $\sqrt[3]{100x}$ | lg $x$ (mantisas) | ln $x$ |
|---|---|---|---|---|---|---|---|---|---|---|
| 5,5 | 0,182 | 30,25 | 166,4 | 2,345 | 7,416 | 1,765 | 3,803 | 8,193 | 7404 | 1,7047 |
| 5,6 | 0,179 | 31,36 | 175,6 | 2,366 | 7,483 | 1,776 | 3,826 | 8,243 | 7482 | 1,7228 |
| 5,7 | 0,175 | 32,49 | 185,2 | 2,387 | 7,550 | 1,786 | 3,849 | 8,291 | 7559 | 1,7405 |
| 5,8 | 0,172 | 33,64 | 195,1 | 2,408 | 7,616 | 1,797 | 3,871 | 8,340 | 7634 | 1,7579 |
| 5,9 | 0,169 | 34,81 | 205,4 | 2,429 | 7,681 | 1,807 | 3,893 | 8,387 | 7709 | 1,7750 |
| 6,0 | 0,167 | 36,00 | 216,0 | 2,449 | 7,746 | 1,817 | 3,915 | 8,434 | 7782 | 1,7918 |
| 6,1 | 0,164 | 37,21 | 227,0 | 2,470 | 7,810 | 1,827 | 3,936 | 8,481 | 7853 | 1,8083 |
| 6,2 | 0,161 | 38,44 | 238,3 | 2,490 | 7,874 | 1,837 | 3,958 | 8,527 | 7924 | 1,8245 |
| 6,3 | 0,159 | 39,69 | 250,0 | 2,510 | 7,937 | 1,847 | 3,979 | 8,573 | 7993 | 1,8405 |
| 6,4 | 0,156 | 40,96 | 262,1 | 2,530 | 8,000 | 1,857 | 4,000 | 8,618 | 8062 | 1,8563 |
| 6,5 | 0,154 | 42,25 | 274,6 | 2,550 | 8,062 | 1,866 | 4,021 | 8,662 | 8129 | 1,8718 |
| 6,6 | 0,151 | 43,56 | 287,5 | 2,569 | 8,124 | 1,876 | 4,041 | 8,707 | 8195 | 1,8871 |
| 6,7 | 0,149 | 44,89 | 300,8 | 2,588 | 8,185 | 1,885 | 4,062 | 8,750 | 8261 | 1,9021 |
| 6,8 | 0,147 | 46,24 | 314,4 | 2,608 | 8,246 | 1,895 | 4,082 | 8,794 | 8325 | 1,9169 |
| 6,9 | 0,145 | 47,61 | 328,5 | 2,627 | 8,307 | 1,904 | 4,102 | 8,837 | 8388 | 1,9315 |
| 7,0 | 0,143 | 49,00 | 343,0 | 2,646 | 8,367 | 1,913 | 4,121 | 8,879 | 8451 | 1,9459 |
| 7,1 | 0,141 | 50,41 | 357,9 | 2,665 | 8,426 | 1,922 | 4,141 | 8,921 | 8513 | 1,9601 |
| 7,2 | 0,139 | 51,84 | 373,2 | 2,683 | 8,485 | 1,931 | 4,160 | 8,963 | 8573 | 1,9741 |
| 7,3 | 0,137 | 53,29 | 389,0 | 2,702 | 8,544 | 1,940 | 4,179 | 9,004 | 8633 | 1,9879 |
| 7,4 | 0,135 | 54,76 | 405,2 | 2,720 | 8,602 | 1,949 | 4,198 | 9,045 | 8692 | 2,0015 |
| 7,5 | 0,133 | 56,25 | 421,9 | 2,739 | 8,660 | 1,957 | 4,217 | 9,086 | 8751 | 2,0149 |
| 7,6 | 0,132 | 57,76 | 439,0 | 2,757 | 8,718 | 1,966 | 4,236 | 9,126 | 8808 | 2,0281 |
| 7,7 | 0,130 | 59,29 | 456,5 | 2,775 | 8,775 | 1,975 | 4,254 | 9,166 | 8865 | 2,0412 |
| 7,8 | 0,128 | 60,84 | 474,6 | 2,793 | 8,832 | 1,983 | 4,273 | 9,205 | 8921 | 2,0541 |
| 7,9 | 0,127 | 62,41 | 493,0 | 2,811 | 8,888 | 1,992 | 4,291 | 9,244 | 8976 | 2,0669 |
| 8,0 | 0,125 | 64,00 | 512,0 | 2,828 | 8,944 | 2,000 | 4,309 | 9,283 | 9031 | 2,0794 |
| 8,1 | 0,123 | 65,61 | 531,4 | 2,846 | 9,000 | 2,008 | 4,327 | 9,322 | 9085 | 2,0919 |
| 8,2 | 0,122 | 67,24 | 551,4 | 2,864 | 9,055 | 2,017 | 4,344 | 9,360 | 9138 | 2,1041 |
| 8,3 | 0,120 | 68,89 | 571,8 | 2,881 | 9,110 | 2,025 | 4,362 | 9,398 | 9191 | 2,1163 |
| 8,4 | 0,119 | 70,56 | 592,7 | 2,898 | 9,165 | 2,033 | 4,380 | 9,435 | 9243 | 2,1282 |
| 8,5 | 0,118 | 72,25 | 614,1 | 2,915 | 9,220 | 2,041 | 4,397 | 9,473 | 9294 | 2,1401 |
| 8,6 | 0,116 | 73,96 | 636,1 | 2,933 | 9,274 | 2,049 | 4,414 | 9,510 | 9345 | 2,1518 |
| 8,7 | 0,115 | 75,69 | 658,5 | 2,950 | 9,327 | 2,057 | 4,431 | 9,546 | 9395 | 2,1633 |
| 8,8 | 0,114 | 77,44 | 681,5 | 2,966 | 9,381 | 2,065 | 4,448 | 9,583 | 9445 | 2,1748 |
| 8,9 | 0,112 | 79,21 | 705,0 | 2,983 | 9,434 | 2,072 | 4,465 | 9,619 | 9494 | 2,1861 |
| 9,0 | 0,111 | 81,00 | 729,0 | 3,000 | 9,487 | 2,080 | 4,481 | 9,655 | 9542 | 2,1972 |
| 9,1 | 0,110 | 82,81 | 753,6 | 3,017 | 9,539 | 2,088 | 4,498 | 9,691 | 9590 | 2,2083 |
| 9,2 | 0,109 | 84,64 | 778,7 | 3,033 | 9,592 | 2,095 | 4,514 | 9,726 | 9638 | 2,2192 |
| 9,3 | 0,108 | 86,49 | 804,4 | 3,050 | 9,644 | 2,103 | 4,531 | 9,761 | 9685 | 2,2300 |
| 9,4 | 0,106 | 88,36 | 830,6 | 3,066 | 9,695 | 2,110 | 4,547 | 9,796 | 9731 | 2,2407 |
| 9,5 | 0,105 | 90,25 | 857,4 | 3,082 | 9,747 | 2,118 | 4,563 | 9,830 | 9777 | 2,2513 |
| 9,6 | 0,104 | 92,16 | 884,7 | 3,098 | 9,798 | 2,125 | 4,579 | 9,865 | 9823 | 2,2618 |
| 9,7 | 0,103 | 94,09 | 912,7 | 3,114 | 9,849 | 2,133 | 4,595 | 9,899 | 9868 | 2,2721 |
| 9,8 | 0,102 | 96,04 | 941,2 | 3,130 | 9,899 | 2,140 | 4,610 | 9,933 | 9912 | 2,2824 |
| 9,9 | 0,101 | 98,01 | 970,3 | 3,146 | 9,950 | 2,147 | 4,626 | 9,967 | 9956 | 2,2925 |
| 10,0 | 0,100 | 100,00 | 1000,0 | 3,162 | 10,000 | 2,154 | 4,642 | 10,000 | 0000 | 2,3026 |

## IV. Funciones trigonométricas

| $x°$ | $x$ (radianes) | sen $x$ | tg $x$ | ctg $x$ | cos $x$ | | |
|---|---|---|---|---|---|---|---|
| 0 | 0,0000 | 0,0000 | 0,0000 | $\infty$ | 1,0000 | 1,5708 | 90 |
| 1 | 0,0175 | 0,0175 | 0,0175 | 57,29 | 0,9998 | 1,5533 | 89 |
| 2 | 0,0349 | 0,0349 | 0,0349 | 28,64 | 0,9994 | 1,5359 | 88 |
| 3 | 0,0524 | 0,0523 | 0,0524 | 19,08 | 0,9986 | 1,5184 | 87 |
| 4 | 0,0698 | 0,0698 | 0,0699 | 14,30 | 0,9976 | 1,5010 | 86 |
| 5 | 0,0873 | 0,0872 | 0,0875 | 11,43 | 0,9962 | 1,4835 | 85 |
| 6 | 0,1047 | 0,1045 | 0,1051 | 9,514 | 0,9945 | 1,4661 | 84 |
| 7 | 0,1222 | 0,1219 | 0,1228 | 8,144 | 0,9925 | 1,4486 | 83 |
| 8 | 0,1396 | 0,1392 | 0,1405 | 7,115 | 0,9903 | 1,4312 | 82 |
| 9 | 0,1571 | 0,1564 | 0,1584 | 6,314 | 0,9877 | 1,4137 | 81 |
| 10 | 0,1745 | 0,1736 | 0,1763 | 5,671 | 0,9848 | 1,3963 | 80 |
| 11 | 0,1920 | 0,1908 | 0,1944 | 5,145 | 0,9816 | 1,3788 | 79 |
| 12 | 0,2094 | 0,2079 | 0,2126 | 4,705 | 0,9781 | 1,3614 | 78 |
| 13 | 0,2269 | 0,2250 | 0,2309 | 4,331 | 0,9744 | 1,3439 | 77 |
| 14 | 0,2443 | 0,2419 | 0,2493 | 4,011 | 0,9703 | 1,3265 | 76 |
| 15 | 0,2618 | 0,2588 | 0,2679 | 3,732 | 0,9659 | 1,3090 | 75 |
| 16 | 0,2793 | 0,2756 | 0,2867 | 3,487 | 0,9613 | 1,2915 | 74 |
| 17 | 0,2967 | 0,2924 | 0,3057 | 3,271 | 0,9563 | 1,2741 | 73 |
| 18 | 0,3142 | 0,3090 | 0,3249 | 3,078 | 0,9511 | 1,2566 | 72 |
| 19 | 0,3316 | 0,3256 | 0,3443 | 2,904 | 0,9455 | 1,2392 | 71 |
| 20 | 0,3491 | 0,3420 | 0,3640 | 2,747 | 0,9397 | 1,2217 | 70 |
| 21 | 0,3665 | 0,3584 | 0,3839 | 2,605 | 0,9336 | 1,2043 | 69 |
| 22 | 0,3840 | 0,3746 | 0,4040 | 2,475 | 0,9272 | 1,1868 | 68 |
| 23 | 0,4014 | 0,3907 | 0,4245 | 2,356 | 0,9205 | 1,1694 | 67 |
| 24 | 0,4189 | 0,4067 | 0,4452 | 2,246 | 0,9135 | 1,1519 | 66 |
| 25 | 0,4363 | 0,4226 | 0,4663 | 2,145 | 0,9063 | 1,1345 | 65 |
| 26 | 0,4538 | 0,4384 | 0,4877 | 2,050 | 0,8988 | 1,1170 | 64 |
| 27 | 0,4712 | 0,4540 | 0,5095 | 1,963 | 0,8910 | 1,0996 | 63 |
| 28 | 0,4887 | 0,4695 | 0,5317 | 1,881 | 0,8829 | 1,0821 | 62 |
| 29 | 0,5061 | 0,4848 | 0,5543 | 1,804 | 0,8746 | 1,0647 | 61 |
| 30 | 0,5236 | 0,5000 | 0,5774 | 1,732 | 0,8660 | 1,0472 | 60 |
| 31 | 0,5411 | 0,5150 | 0,6009 | 1,6643 | 0,8572 | 1,0297 | 59 |
| 32 | 0,5585 | 0,5299 | 0,6249 | 1,6003 | 0,8480 | 1,0123 | 58 |
| 33 | 0,5760 | 0,5446 | 0,6494 | 1,5399 | 0,8387 | 0,9948 | 57 |
| 34 | 0,5934 | 0,5592 | 0,6745 | 1,4826 | 0,8290 | 0,9774 | 56 |
| 35 | 0,6109 | 0,5736 | 0,7002 | 1,4281 | 0,8192 | 0,9599 | 55 |
| 36 | 0,6283 | 0,5878 | 0,7265 | 1,3764 | 0,8090 | 0,9425 | 54 |
| 37 | 0,6458 | 0,6018 | 0,7536 | 1,3270 | 0,7986 | 0,9250 | 53 |
| 38 | 0,6632 | 0,6157 | 0,7813 | 1,2799 | 0,7880 | 0,9076 | 52 |
| 39 | 0,6807 | 0,6293 | 0,8098 | 1,2349 | 0,7771 | 0,8901 | 51 |
| 40 | 0,6981 | 0,6428 | 0,8391 | 1,1918 | 0,7660 | 0,8727 | 50 |
| 41 | 0,7156 | 0,6561 | 0,8693 | 1,1504 | 0,7547 | 0,8552 | 49 |
| 42 | 0,7330 | 0,6691 | 0,9004 | 1,1106 | 0,7431 | 0,8378 | 48 |
| 43 | 0,7505 | 0,6820 | 0,9325 | 1,0724 | 0,7314 | 0,8203 | 47 |
| 44 | 0,7679 | 0,6947 | 0,9657 | 1,0355 | 0,7193 | 0,8029 | 46 |
| 45 | 0,7854 | 0,7071 | 1,0000 | 1,0000 | 0,7071 | 0,7854 | 45 |
| | | cos $x$ | ctg $x$ | tg $x$ | sen $x$ | $x$ (radianes) | $x°$ |

# V. Funciones exponenciales, hiperbólicas y trigonométricas

| $x$ | $e^x$ | $e^{-x}$ | sh $x$ | ch $x$ | th $x$ | sen $x$ | cos $x$ |
|---|---|---|---|---|---|---|---|
| 0,0 | 1,0000 | 1,0000 | 0,0000 | 1,0000 | 0,0000 | 0,0000 | 1,0000 |
| 0,1 | 1,1052 | 0,9048 | 0,1002 | 1,0050 | 0,0997 | 0,0998 | 0,9950 |
| 0,2 | 1,2214 | 0,8187 | 0,2013 | 1,0201 | 0,1974 | 0,1987 | 0,9801 |
| 0,3 | 1,3499 | 0,7408 | 0,3045 | 1,0453 | 0,2913 | 0,2955 | 0,9553 |
| 0,4 | 1,4918 | 0,6703 | 0,4108 | 1,0811 | 0,3799 | 0,3894 | 0,9211 |
| 0,5 | 1,6487 | 0,6065 | 0,5211 | 1,1276 | 0,4621 | 0,4794 | 0,8776 |
| 0,6 | 1,8221 | 0,5488 | 0,6367 | 1,1855 | 0,5370 | 0,5646 | 0,8253 |
| 0,7 | 2,0138 | 0,4966 | 0,7586 | 1,2552 | 0,6044 | 0,6442 | 0,7648 |
| 0,8 | 2,2255 | 0,4493 | 0,8881 | 1,3374 | 0,6640 | 0,7174 | 0,6967 |
| 0,9 | 2,4596 | 0,4066 | 1,0265 | 1,4331 | 0,7163 | 0,7833 | 0,6216 |
| 1,0 | 2,7183 | 0,3679 | 1,1752 | 1,5431 | 0,7616 | 0,8415 | 0,5403 |
| 1,1 | 3,0042 | 0,3329 | 1,3356 | 1,6685 | 0,8005 | 0,8912 | 0,4536 |
| 1,2 | 3,3201 | 0,3012 | 1,5095 | 1,8107 | 0,8337 | 0,9320 | 0,3624 |
| 1,3 | 3,6693 | 0,2725 | 1,6984 | 1,9709 | 0,8617 | 0,9636 | 0,2675 |
| 1,4 | 4,0552 | 0,2466 | 1,9043 | 2,1509 | 0,8854 | 0,9854 | 0,1700 |
| 1,5 | 4,4817 | 0,2231 | 2,1293 | 2,3524 | 0,9051 | 0,9975 | 0,0707 |
| 1,6 | 4,9530 | 0,2019 | 2,3756 | 2,5775 | 0,9217 | 0,9996 | —0,0292 |
| 1,7 | 5,4739 | 0,1827 | 2,6456 | 2,8283 | 0,9354 | 0,9917 | —0,1288 |
| 1,8 | 6,0496 | 0,1653 | 2,9422 | 3,1075 | 0,9468 | 0,9738 | —0,2272 |
| 1,9 | 6,6859 | 0,1496 | 3,2682 | 3,4177 | 0,9562 | 0,9463 | —0,3233 |
| 2,0 | 7,3891 | 0,1353 | 3,6269 | 3,7622 | 0,9640 | 0,9093 | —0,4161 |
| 2,1 | 8,1662 | 0,1225 | 4,0219 | 4,1443 | 0,9704 | 0,8632 | —0,5048 |
| 2,2 | 9,0250 | 0,1108 | 4,4571 | 4,5679 | 0,9757 | 0,8085 | —0,5885 |
| 2,3 | 9,9742 | 0,1003 | 4,9370 | 5,0372 | 0,9801 | 0,7457 | —0,6663 |
| 2,4 | 11,0232 | 0,0907 | 5,4662 | 5,5569 | 0,9837 | 0,6755 | —0,7374 |
| 2,5 | 12,1825 | 0,0821 | 6,0502 | 6,1323 | 0,9866 | 0,5985 | —0,8011 |
| 2,6 | 13,4637 | 0,0743 | 6,6947 | 6,7690 | 0,9890 | 0,5155 | —0,8569 |
| 2,7 | 14,8797 | 0,0672 | 7,4063 | 7,4735 | 0,9910 | 0,4274 | —0,9041 |
| 2,8 | 16,4446 | 0,0608 | 8,1919 | 8,2527 | 0,9926 | 0,3350 | —0,9422 |
| 2,9 | 18,1741 | 0,0550 | 9,0596 | 9,1146 | 0,9940 | 0,2392 | —0,9710 |
| 3,0 | 20,0855 | 0,0498 | 10,0179 | 10,0677 | 0,9950 | 0,1411 | —0,9900 |
| 3,1 | 22,1979 | 0,0450 | 11,0764 | 11,1215 | 0,9959 | 0,0416 | —0,9991 |
| 3,2 | 24,5325 | 0,0408 | 12,2459 | 12,2366 | 0,9967 | —0,0584 | —0,9983 |
| 3,3 | 27,1126 | 0,0369 | 13,5379 | 13,5748 | 0,9973 | —0,1577 | —0,9875 |
| 3,4 | 29,9641 | 0,0334 | 14,9654 | 14,9987 | 0,9978 | —0,2555 | —0,9668 |
| 3,5 | 33,1154 | 0,0302 | 16,5426 | 16,5728 | 0,9982 | —0,3508 | —0,9365 |

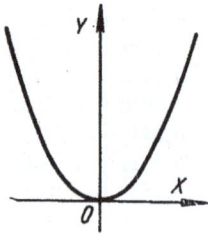

1. Parábola
$y = x^2$.

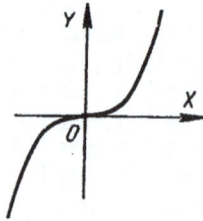

2. Parábola cúbica
$y = x^3$

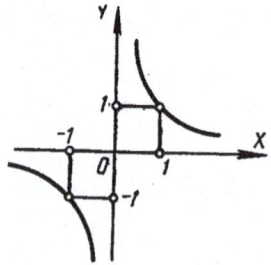

3. Hipérbola equilátera
$y = \dfrac{1}{x}$.

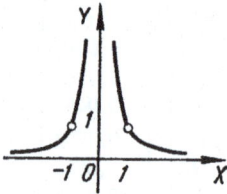

4. Gráfica de la
función fraccionaria
$y = \dfrac{1}{x^2}$.

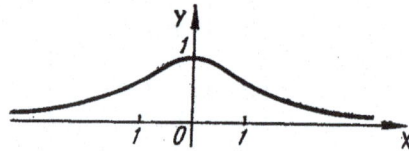

5. Curva de Agnesi
$y = \dfrac{1}{1 + x^2}$.

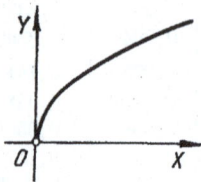

6. Parábola (rama superior)
$y = \sqrt{x}$.

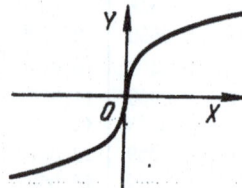

7. Parábola cúbica
$y = \sqrt[3]{x}$.

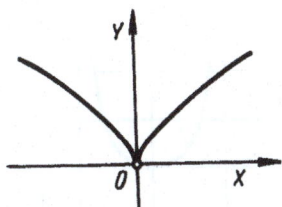

8a. Parábola de Neil

$$y = x^{\frac{2}{3}} \text{ o } \begin{cases} x = t^3, \\ y = t^2. \end{cases}$$

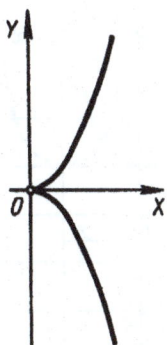

8b. Parábola semicúbica

$$y^2 = x^3 \text{ o } \begin{cases} x = t^2, \\ y = t^3. \end{cases}$$

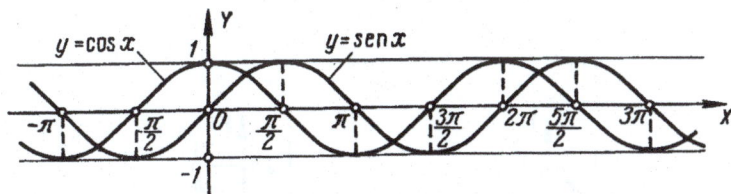

9. Sinusoide y cosinusoide
$y = \text{sen } x$ e $y = \cos x$.

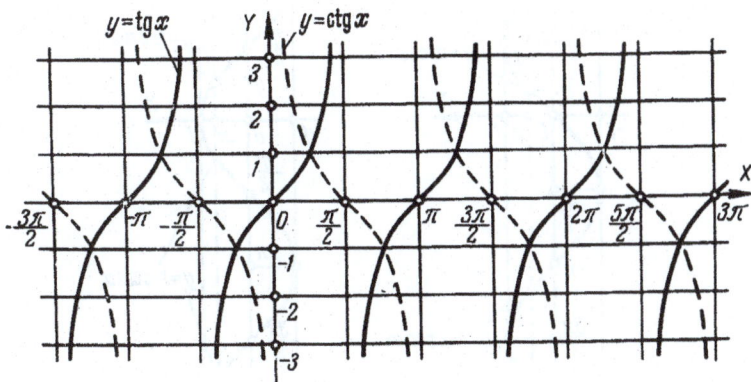

10. Tangentoide y contangentoide
$y = \text{tg } x$ e $y = \text{ctg } x$.

515

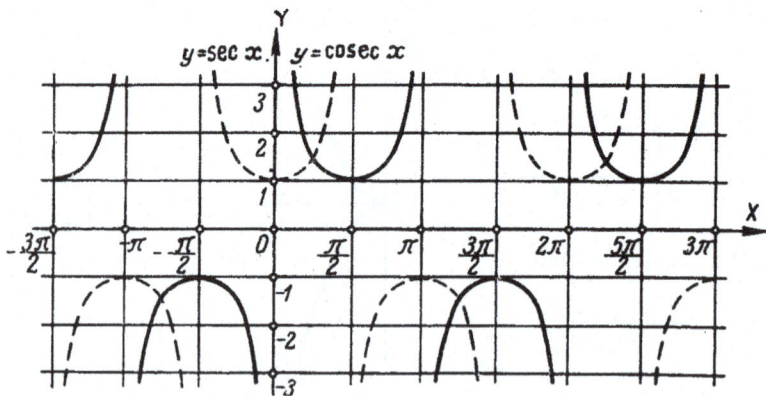

11. Gráfica de las funciones
$y = \sec x$ e $y = \operatorname{cosec} x$.

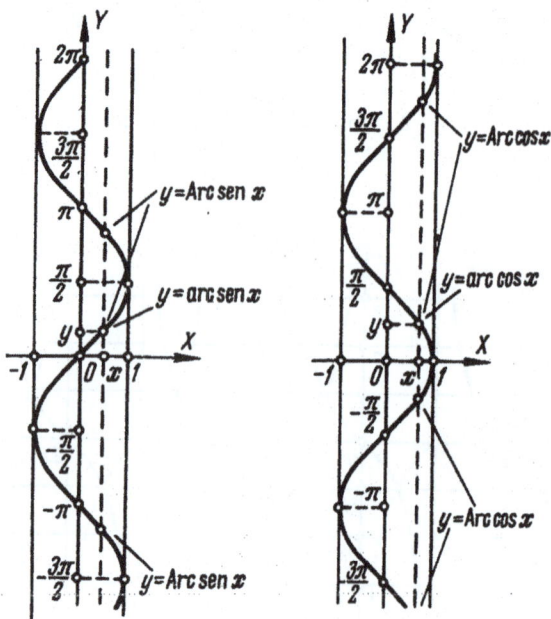

12. Gráfica de las funciones trigonométricas inversas
$y = \operatorname{Arcsen} x$ e $y = \operatorname{Arccos} x$.

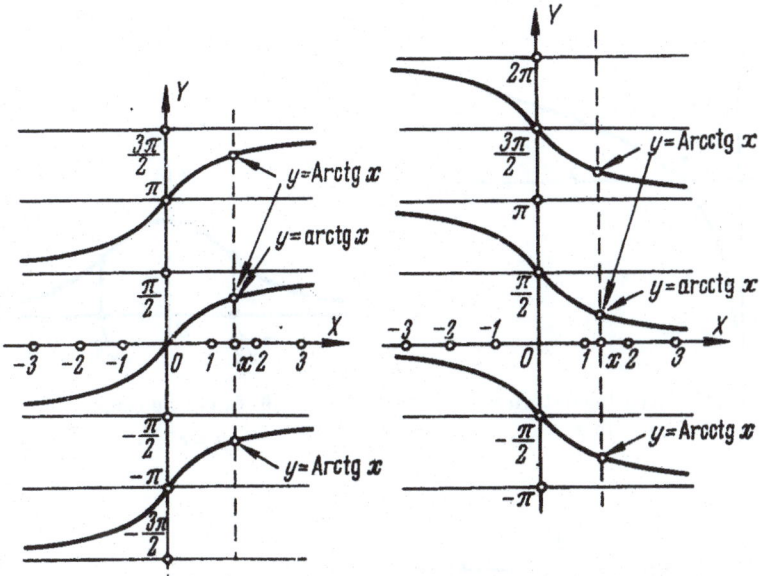

13. Gráfica de las funciones trigonométricas inversas
$y = \text{Arctg } x$ e $y = \text{Arcctg } x$.

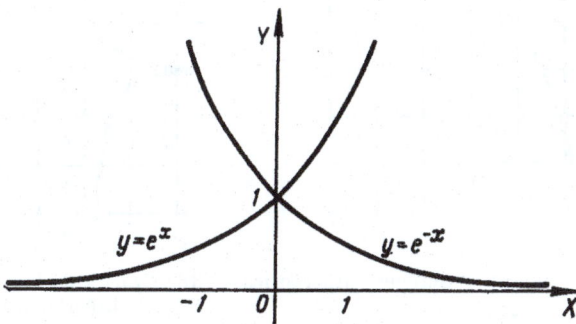

14. Gráfica de las funciones exponenciales
$y = e^x$ e $y = e^{-x}$.

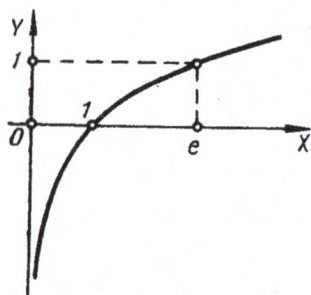

15. Curva logarítmica
$y = \ln x.$

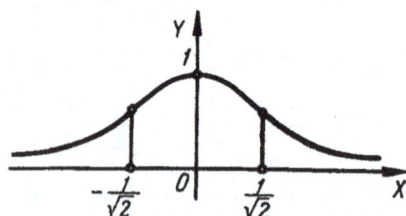

16. Curva de Gauss
$y = e^{-x^2}.$

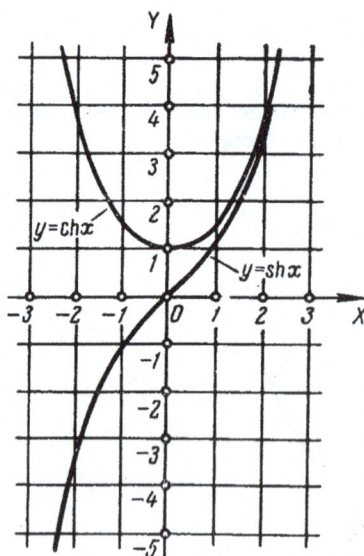

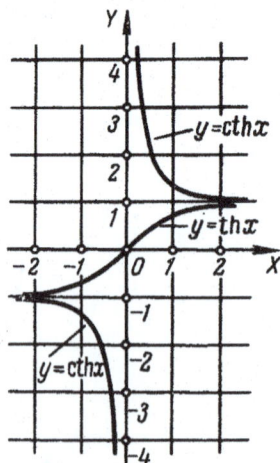

17. Gráfica de las funciones hiperbólicas

$$y = \operatorname{sh} x \equiv \frac{e^x - e^{-x}}{2} \text{ e}$$

$$y = \operatorname{ch} x \equiv \frac{e^x + e^{-x}}{2} \text{ (catenaria).}$$

18. Gráfica de las funciones hiperbólicas

$$y = \operatorname{th} x \equiv \frac{e^x - e^{-x}}{e^x + e^{-x}} \text{ e}$$

$$y = \operatorname{cth} x \equiv \frac{e^x + e^{-x}}{e^x - e^{-x}}.$$

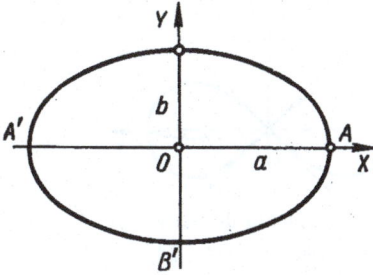

19. Elipse

$$\frac{x^2}{a^2}+\frac{y^2}{b^2}=1 \text{ o } \begin{cases} x=a\cos t, \\ y=b\,\text{sen}\,t. \end{cases}$$

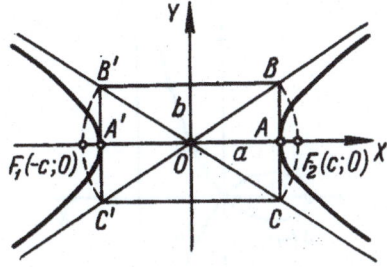

20. Hipérbola

$$\frac{x^2}{a^2}-\frac{y^2}{b^2}=1 \text{ o } \begin{cases} x=a\,\text{ch}\,t, \\ y=b\,\text{sh}\,t. \end{cases}$$

(para la rama derecha).

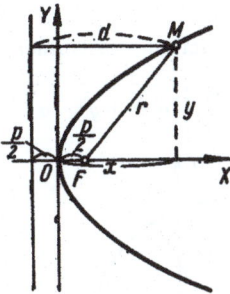

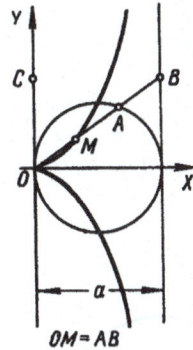

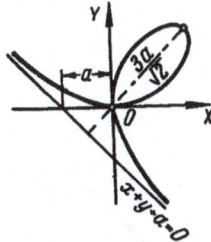

21. Parábola

$$y^2=2px.$$

22. Folium de Descartes

$$x^3+y^3-3axy=0$$

$$\text{o} \begin{cases} x=\dfrac{3at}{1+t^3}, \\ y=\dfrac{3at^2}{1+t^3}. \end{cases}$$

23. Cisoide de Diocles

$$y^2=\frac{x^3}{a-x}$$

$$\text{o} \begin{cases} x=\dfrac{at^2}{1+t^2}, \\ y=\dfrac{at^3}{1+t^2}. \end{cases}$$

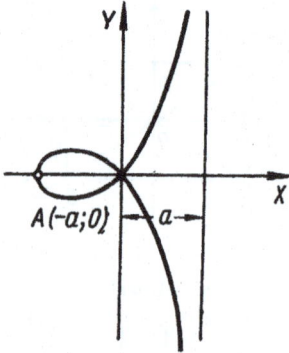

24. Estrofoide

$$y^2 = x^2 \frac{a+x}{a-x}.$$

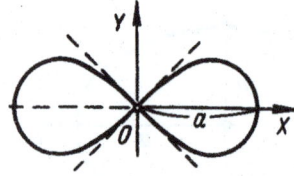

25. Lemniscata de Bernoulli

$$(x^2 + y^2)^2 = a^2(x^2 - y^2) \text{ o}$$
$$r^2 = a^2 \cos 2\varphi.$$

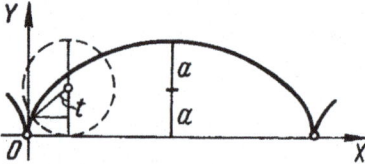

26. Cicloide

$$\begin{cases} x = a\,(t - \operatorname{sen} t), \\ y = a\,(1 - \cos t). \end{cases}$$

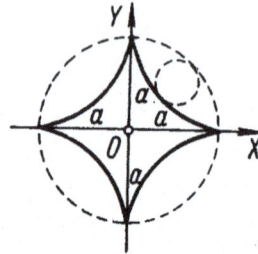

27. Hipocicloide (astroide)

$$\begin{cases} x = a\cos^3 t, \\ y = a\operatorname{sen}^3 t \end{cases} \text{o } x^{\frac{2}{3}} + y^{\frac{2}{3}} = a^{\frac{2}{3}}.$$

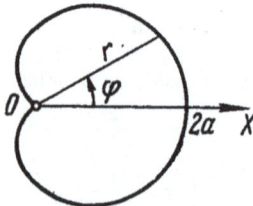

28. Cardioide

$$r = a\,(1 + \cos\varphi).$$

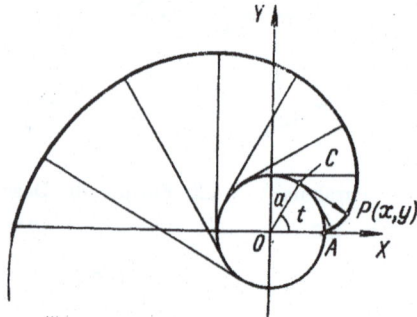

29. Evolvente (desarrollo) de la circunferencia

$$\begin{cases} x = a\,(\cos t + t\operatorname{sen} t), \\ y = a\,(\operatorname{sen} t - t\cos t). \end{cases}$$

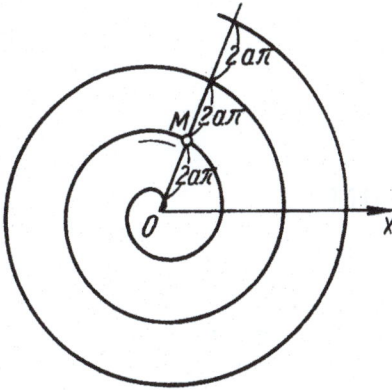

30. Espiral de Arquímedes
$r = a\varphi \ (r \geqslant 0)$.

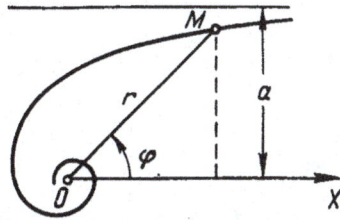

31. Espiral hiperbólica
$r = \dfrac{a}{\varphi} \ (r > 0)$.

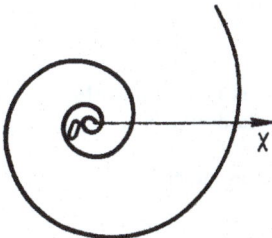

32. Espiral logarítmica
$r = e^{a\varphi}$.

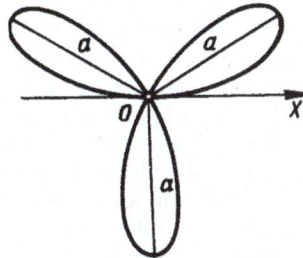

33. Rosa de tres pétalos
$r = a \operatorname{sen} 3\varphi \ (r \geqslant 0)$.

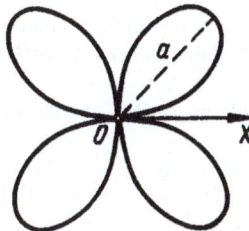

34. Rosa de cuatro pétalos
$r = a \, |\operatorname{sen} 2\varphi|$.

# INDICE